Die Nachfahren des Feuervogels Phönix

Lothar Krienitz

Die Nachfahren des Feuervogels Phönix

Springer Spektrum

Lothar Krienitz
Abteilung Experimentelle Limnologie
Leibniz Institut für Gewässerökologie und
Binnenfischerei
Stechlin
Deutschland

ISBN 978-3-662-56585-8   ISBN 978-3-662-56586-5 (eBook)
https://doi.org/10.1007/978-3-662-56586-5

Die Deutsche Nationalbibliothek verzeichnet diese Publikation in der Deutschen Nationalbibliografie; detaillierte bibliografische Daten sind im Internet über http://dnb.d-nb.de abrufbar.

Springer Spektrum
© Springer-Verlag GmbH Deutschland, ein Teil von Springer Nature 2018

Einbandabbildung: Zwergflamingos am Oloidiensee, Kenia (Foto: Lothar Krienitz, Stechlin)
Verantwortlich im Verlag: Stefanie Wolf

Gedruckt auf säurefreiem und chlorfrei gebleichtem Papier

Springer Spektrum ist ein Imprint der eingetragenen Gesellschaft Springer-Verlag GmbH, DE und ist ein Teil von Springer Nature.
Die Anschrift der Gesellschaft ist: Heidelberger Platz 3, 14197 Berlin, Germany

Für Anja und Stefan

Zusammenfassung

Flamingos gelten als die Verkörperung des Feuervogels Phönix. Das spiegelt sich in ihrem wissenschaftlichen Namen wider: Phoenicopteridae, die Phönixflügeligen. Heute existieren sechs verschiedene Flamingoarten auf der Erde, vier davon in der Neuen Welt und zwei in der Alten Welt, der Rosa Flamingo und der Zwergflamingo. *Phoeniconaias minor*, der Zwergflamingo, ist in der Lage, ausschließlich von Mikrophyten (Cyanobakterien und Algen) zu leben. Diese einmalige Beziehung zwischen den spezialisierten Vögeln und ihren Nahrungsproduzenten spielt eine zentrale Rolle in diesem Buch. In den Jahren 2001–2015 führten den Autor mehr als 30 Forschungsreisen in die Einstandsgebiete des Zwergflamingos ins östliche und südliche Afrika sowie nach Indien. Er berichtet über das Leben der Flamingos und ihrer Nahrungsalgen, über andere Vögel, über Fische und weitere interessante Tiere und auch über die Menschen, die in diesen Naturräumen leben. Die Umwelt des Zwergflamingos ist durch extreme Hitze, Vulkanasche und Salz geprägt. Er ist an das Überleben unter den harschen Bedingungen der tropischen Sodaseen und Salzpfannen angepasst und widersteht selbst der ätzenden Wirkung von Salzlauge. Doch der demographische Druck auf die salinen Feuchtgebiete wächst ständig. Die Puffersysteme ihrer Einzugsgebiete werden zunehmend durch menschliche Aktivitäten zerstört. Für den pinkfarbenen Charaktervogel der Sodaseen wird es immer schwieriger, geeigneten Lebensraum, Nahrung und Brutplätze zu finden. Das Schicksal der Zwergflamingos, den „Pink Diamonds", gilt als Indikator für den Umgang des Menschen mit seinen Naturreichtümern. Wird es den Ebenbildern des Phönix gelingen, in unserer modernen Welt zu überleben? Das Motiv des Phönix und seiner Nachfahren verkörpert die Sehnsüchte des Menschen. In den verschiedenen Kulturkreisen und Religionen symbolisieren die phönixartigen Vögel Wiedergeburt und Widerstandskraft. Für uns Biologen verkörpert das Motiv des Feuervogels die Zyklen des Lebens zwischen Geburt, Tod, Zersetzung und Wiedereinspeisung in den Kreislauf. Unsere Beobachtungen und Erlebnisse an den Flamingostandorten und ihre gedankliche Einbindung in das Phönix-Motiv sollen dem Leser Feldforschung in ungewöhnlichen Lebenszonen mit einem Augenzwinkern nahebringen. Das Buch ist für Biologen, Naturliebhaber sowie für Afrika- und Indienenthusiasten geschrieben und soll dazu anregen, über die Kreisläufe des Lebens nachzudenken.

Danksagung

Mein herzlicher Dank gilt

- dem Leibniz-Institut für Gewässerökologie und Binnenfischerei, dem Bundesministerium für Bildung und Forschung, der Deutschen Forschungsgemeinschaft, der UNESCO und der Third World Academy of Sciences (TWAS), die mir im Rahmen von verschiedenen Forschungsprojekten Feldstudien in Afrika und Indien ermöglicht und teilfinanziert haben;
- meinen Kollegen Andreas Ballot, Christina Bock, Peter und Christine Casper, Michael Schagerl, Stefan Pflugmacher und Claudia Wiegand, die tatkräftig in praktischer, theoretischer und menschlicher Hinsicht unseren Projekten zum Erfolg verholfen und zu einer respektablen Zahl gemeinsamer Veröffentlichungen beigetragen haben;
- meinen Kooperanten Kiplagat Kotut (Nairobi und Embu), Pawan K. Dadheech (Ajmer und Kishangarh), Wilferd Versfeld (Okaukuejo), die uns vor Ort eine unentbehrliche Hilfe waren;
- Wei Luo (Shanghai) für umfangreiche molekular-phylogenetische Analysen;
- Esther Schwarz-Weig (WissensWorte.de) für die Begutachtung eines frühen Manuskriptentwurfes und wertvolle Ratschläge;
- jenen Kollegen, die mir Fotos zur Verfügung stellten und bei der Bearbeitung der Abbildungen geholfen haben;
- Hendrik Schmidt (CTW4U) für den Service rund um meine Heimcomputeranlage;
- dem Springer-Verlag, insbesondere Stefanie Wolf, für die konstruktive Zusammenarbeit;
- meiner Frau Doris, die als umsichtige Mitarbeiterin die Untersuchungen leichter gemacht und uns durch ihre Vorsorge vor manch schwieriger Situation bewahrt hat. Ihre Tätigkeit und Reisen wurden aus privaten Mitteln ermöglicht.

Autor mit seiner Frau Doris, 2012 am Oloidiensee, Kenia

Inhaltsverzeichnis

Über den Autor

Autor im Ndumu-Wildreservat, 2012, Südafrika

Lothar Krienitz wurde am 14. Juni 1949 in Bernburg geboren. Den Hauptteil seines Arbeitslebens widmete er den Algen, speziell den Grünalgen, Gelbgrünalgen und Cyanobakterien, ihrer Systematik, Ökologie und Massenkultur. Die Stationen seines beruflichen Werdegangs waren: Pädagogische Hochschule Köthen (Studium, Promotion, Lehre in Kryptogamenkunde und Botanik), Universität Kischinjow (Zusatzstudium über Mikroalgen), Universität Rostock (Habilitation), Zentralinstitut für Mikrobiologie und Experimentelle Therapie, Jena, Leibniz-Institut für Gewässerökologie und Binnenfischerei, Berlin und Stechlin (Leiter des Laboratoriums für Phykologie und der Algenstammsammlung), Humboldt-Universität zu Berlin (externer Lehrbeauftragter), Kenyatta University, Nairobi, (Gastwissenschaftler).

Er ist Mitherausgeber der *Süßwasserflora von Mitteleuropa* (Springer Spektrum, Berlin) und Autor oder Koautor von mehr als 200 wissenschaftlichen Veröffentlichungen. Die reiche Flora coccaler Grünalgen in Flüssen (Elbe, Ganges, Sambesi), Seen und Teichen (Nord- und Mitteldeutschland, östliches und südliches Afrika, Nordindien) fasziniert ihn. Er untersucht Cyanobakterien und Algen in ostafrikanischen Sodaseen sowie in salinen Feuchtgebieten im südlichen Afrika und in Indien und analysiert die Bedeutung dieser Mikrophyten als Nahrung für die Zwergflamingos. Lothar Krienitz arbeitet mit Ökologen, Systematikern, Molekularbiologen und Biotechnologen aus aller Welt zusammen, speziell mit Partnern aus Ungarn, Österreich, der Slowakei, Tschechien, der Ukraine, Großbritannien, Kenia, Namibia, China, Indien, Japan, Kuwait, Kuba, Mexiko und den USA.

Sein Leitgedanke ist es, in der Algenkunde Brücken zwischen Freiland und Laboratorium, sowie zwischen klassischen und modernen Methoden zu schlagen.

Ein besonderes Vergnügen ist es für ihn, in diesem Buch seine Erfahrungen über Algen mit Beobachtungen an Vögeln, speziell an Zwergflamingos, die von Mikrophyten leben, zu verknüpfen. Anhand des Motivs des Feuervogels Phönix hat er seine Untersuchungen und Erlebnisse in den Einstandsgebieten des Zwergflamingos in Afrika und Indien in Gedanken eingebunden, die sich mit dem Wirken des Menschen auseinandersetzen.

Abbildungsverzeichnis

Tabellenverzeichnis

Kenia, Ostafrika. Der Morgen dämmert am Ufer des Sees Bogoria. Beeindruckt nehmen wir die surrealistische Szenerie in uns auf. Vor der Kulisse der noch im Düstern liegenden Hänge des Großen Afrikanischen Grabenbruchs werden die ersten Sonnenstrahlen vom jadefarbenen Wasser reflektiert. Dampfschwaden dringen aus heißen Quellen am Ufer und vom Grunde des Sees herauf und werden mit dem stärker werdenden Tageslicht durchtränkt. Zwischen diesen wogenden Wolken bewegen sich Tausende und Abertausende pinkfarbene Vögel, die Zwergflamingos. Sie leben hier an einem der harschesten Gewässer der Erde, einem Sodasee, dessen Uferlandschaft den vulkanischen Ursprung noch spüren lässt.Wir genießen das Gefühl, an einem Naturschauspiel teilzuhaben, das sich unter diesen extremen Bedingungen schon seit Jahrmillionen scheinbar ungestört täglich wiederholt.

Als Biologen, die sich auf Algen, einer Gruppe vielgestaltiger, urtümlicher Pflanzen, spezialisiert haben, reisen wir seit 2001 regelmäßig nach Ostafrika. Unser Ziel ist es, die ökologischen Wechselbeziehungen zwischen Algen, Tieren und Menschen zu untersuchen. Der Zeitraum von 15 Jahren, den wir seit unserem ersten Eindringen in die Natur Afrikas überblicken können, ist sehr kurz im Vergleich zu den Äonen von Jahren, in denen diese vermeintlich zeitlosen Naturschauspiele ablaufen. Dennoch werden wir in dieser Periode, wie in einem Zeitraffer, Zeuge dramatischer Veränderungen in der Heimat des Zwergflamingos. Dieser Vogel ist ein Kristallisationspunkt in einer spannungsgeladenen Beziehung zwischen Mensch und Natur in einer pulsierenden Region Afrikas, deren Bevölkerung ungebremst um 2–3 % pro Jahr wächst. Der Flamingo ist so symbolhaft wie sein Namensgeber, der Feuervogel Phönix, der aufs Engste mit den menschlichen Aktivitäten und Träumen verwoben ist. Die die Phantasie anregenden Feuervögel und ihre Beziehungen zu den Menschen haben uns so fasziniert, dass wir ihre Spur in Ostafrika aufgenommen und weiterverfolgt haben, bis ins südliche Afrika und nach Indien. Unsere Beobachtungen sollen hier mit Gedankensplittern über Feuervögel, deren Nachfahren, über Menschen als Gestalter des Phönix-Motivs und über unseren eigenen Weg verknüpft werden.

Der Morgen erwacht am Bogoriasee

Teil I

Die Akteure

1.1 Erscheinungsbild, Entwicklungsgeschichte und Verbreitung

Eine wunderbare Gestalt, mit prächtig gefärbten Gefieder, gehört unser Flamingo unbestreitbar unter die allermerkwürdigsten Vögel. (Johann Friedrich Naumann 1838, im Band 9 seiner 13-bändigen *Naturgeschichte der Vögel Deutschlands* [Naumann 1820–1844, 1860])

Was für ein originelles Wesen, der Flamingo, ein Meisterwerk der Evolution, perfekt angepasst an einen extrem unwirtlichen Lebensraum, in dem nur wenige Warmblütler auf Dauer überleben können. Es fallen gleich mehrere Merkmale ins Auge, die ungewöhnlich sind: die Proportionen des Körpers, der Beine, des Halses, Kopfes und Schnabels, die Färbung des Gefieders und der Augen, die speziellen Werkzeuge zur Nahrungsaufnahme.

Der eiförmige Körper trägt an seiner abgerundeten Vorderseite einen langen, dünnen Hals, der aus 18 länglichen Halswirbelknochen besteht. Der Hals ist aufgrund der frei beweglichen Wirbel außerordentlich biegsam und kann deshalb in die verschiedensten Richtungen gebeugt werden. Der verhältnismäßig kleine Kopf ist mit einem imposanten Schnabel ausgestattet. Dieser ist hakig gebogen und enthält in seinem Innenraum Lamellen, mit denen Nahrung aus dem Wasser und Schlamm gefiltert wird. Das hintere Körperende läuft in einen kurzen, mit einem Dutzend Federn bestückten Schwanz aus. Die langen, dünnen Beine sind an den Gelenken knotig verdickt. Die drei Vorderzehen sind durch Schwimmhäute verbunden, ein kurzer Hinterzeh ist frei. Eine zähe, lederne Haut schützt die Beine vor Verätzungen durch das alkalische Wasser, in dem die Vögel fast den ganzen Tag verbringen.

Flamingos tragen ein mehr oder weniger pinkfarbenes Gefieder zur Schau. Dieses Markenzeichen der Vögel hat ihnen auch ihren wissenschaftlichen Namen eingebracht: die Phoenicopteridae (frei übersetzt: die Phönix-Flügeligen, die feuerrot Geflügelten). Die Färbung der Flamingos variiert stark in Abhängigkeit vom Alter und der Artzugehörigkeit. Junge Zwergflamingos haben ein graues Federkleid, das im Laufe der Jahre immer stärker in rosafarbene Töne übergeht. Während die Körperfedern ein dezentes Pink zeigen, sind die Flügel kräftiger rötlich gefärbt. Die in Ruhestellung verdeckten Schwungfedern sind schwarzbraun. Sie werden erst beim Flügelschlagen sichtbar. Die Farbstoffe kommen aus der Nahrung; bei den Zwergflamingos ist dies das Cyanobakterium *Arthrospira fusiformis*, welches reich an Carotinoiden (Lutein, Zeaxanthin, und Beta-Carotin) ist. Durch Oxidation der Algenpigmente in der Leber und Haut werden auf fermentativem Wege Canthaxanthin, Astaxanthin, Phoenicoxanthin und Phoenicopteron aufgebaut und in den Federn eingelagert (Fox et al. 1967). Während Vögel im Allgemeinen nur 10 % ihrer Zeit für die Pflege ihres Gefieders aufwenden, putzen Flamingos während etwa 30 % der Lebenszeit ihre Federn, weil diese durch das Salzwasser verkleben und verkrusten (Mari und Collar 2000).

Was die Stellung betrifft, welche diese Vögel im System einnehmen, so ist es schwer ihnen den richtigen Platz anzuweisen. Sie machen daher dem ängstlichen Systemmacher viel zu schaffen und wurden bald hierhin, bald dorthin geworfen. (Johann Friedrich Naumann 1838, im Band 9 seiner 13-bändigen *Naturgeschichte der Vögel Deutschlands* [Naumann 1820–1844, 1860])

Vorfahren der Flamingos gehören zu den urtümlichsten Vögeln. Früheste Fossilien von Flamingoähnlichen der Gattung *Juncitarsus* stammen aus dem Mittleren Eozän und sind etwa 45 Mio. Jahre alt. Vertreter der Gattung *Elornis* aus dem Oligozän (30 Mio. Jahre) sind mit den modernen Flamingos am nächsten verwandt. Fossilien der Palaelodidae, einer ausgestorbenen Linie der Flamingoähnlichen, belegen die enge Verwandtschaft von Flamingos (Phoenicopteriformes) mit Lappentauchern (Podicipediformes) (Mayr 2014). Sie zeigen insgesamt 11 morphologische Besonderheiten des Skelettes, die nur bei diesen beiden fossilen Vogelgruppen vorkommen. Insbesondere die Form der „Rami mandibulae", die aufsteigenden Äste der unteren Schnabelknochen, dokumentiert die Verwandtschaft zu den heutigen Flamingos. Die Palaelodidae haben flamingoartige Schädel und lappentaucherartige Füße (Mayr 2005). Ein 15–20 Mio. Jahre altes Nest mit den bislang ältesten fossilen Eiern von Flamingoähnlichen aus

© Springer-Verlag GmbH Deutschland, ein Teil von Springer Nature 2018
L. Krienitz, *Die Nachfahren des Feuervogels Phönix*,
https://doi.org/10.1007/978-3-662-56586-5_1

dem Pyrenäenvorland illustriert den gemeinsamen phylogenetischen Ursprung von Flamingos und Lappentauchern, aber auch die Unterschiede in ihrer Lebensweise (Grellet-Tinner et al. 2012).

Johann Friedrich Naumann, der Altmeister der Vogelkunde, hatte Recht, die Flamingosystematiker haben es nicht leicht. Das ist auch noch heutzutage so. Molekularphylogenetische Untersuchungen zum Stammbaum der Vögel (Hackett et al. 2008) bestätigen die Sonderstellung der Flamingos. Zusammen mit den Lappentauchern bilden sie eine eigenständige Linie (Abb. 1.1).

Im weiteren Verwandtschaftskreis finden sich Tauben und Hühnervögel. Weit entfernt stehen Reiher und andere Schreitvögel, Greifvögel und der Quetzal als Taxon innerhalb der Verkehrtfüßler, um nur einige Linien der Vögel zu nennen, die in der Phantasie der Menschen als mögliche Ebenbilder des Phönix angesehen werden. Der Stammbaum zeigt, dass sich die verschiedenen Merkmale und Fähigkeiten der Vögel mehrfach und unabhängig voneinander entwickelt haben. So sind die Fertigkeiten zum Fliegen, zum

Schwimmen, zum Suchen nach Nahrung im Uferschlamm, zum Jagen von Tieren von unterschiedlichen Vogelgruppen auf diverse Weise im Verlauf der Evolution erworben worden. Dieser polyphyletische Ursprung von Überlebensstrategien, die konvergente Evolution von Ausstattungen zum Fliegen, Schwimmen, Waten und Jagen liefert auch eine parallele Argumentationslinie für die unabhängige Entstehung von Mythen über Feuervögel. Offenbar hat die Strategie der selbstinszenierten Verbrennung und Wiederauferstehung in ihrer hoffnungsgebenden, spirituellen Symbolik bei vielen Völkern der Erde ihre Spuren hinterlassen. So haben die Menschen in den verschiedenen Kulturen unterschiedlichste Mythen im Zusammenhang mit dem Phönix-Motiv erdacht und passende Lebensweisen und Lebensräume zugeordnet. Am Nil ersteht Phönix als Benu in Reihergestalt, in feuerheißen Wüsten und rauhen Gebirgen gleitet er einem Adler gleich in den Strömungen der Lüfte, am Ganges nimmt er als Garuda, eine Chimäre aus Riesengreif und Mensch, in wandelbaren Erscheinungen am Leben der Götter teil.

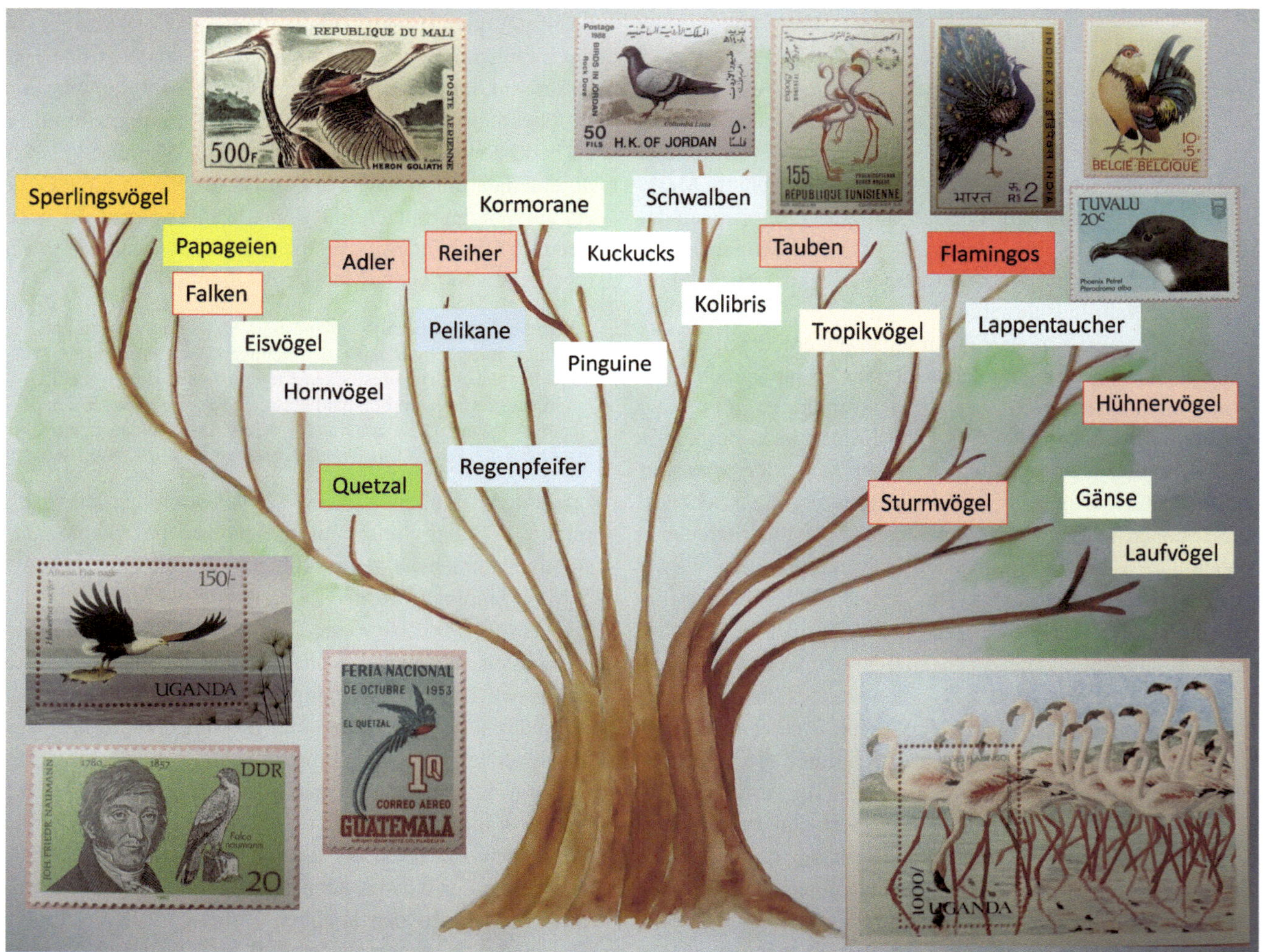

Abb. 1.1 Stammbaum der Vögel (Phylogenetische Linien nach Hackett et al. 2008). Die Flamingos sind am engsten mit den Lappentauchern verwandt. Vogelgattungen, die mit dem Phönix-Motiv in Verbindung stehen, sind rot eingerahmt und auf Briefmarken aus unserer Sammlung dokumentiert

In der Erforschung der Flamingophylogenie ist noch einiges in Bewegung, so wird die These von der Ursprünglichkeit der Phoenicopteriformes neuerdings infrage gestellt. Molekulare Analysen von Sequenzen ausgewählter mitochondrialer and nuklearer Marker deuten darauf hin, dass sich die modernen Flamingoarten erst vor 2–3 Mio. Jahren entwickelten, und zwar in der Neuen Welt. Später haben sich dann einige Arten in der Alten Welt ausgebreitet (Torres et al. 2014). Heute leben sechs verschiedene Arten von Flamingos auf unserem Planeten (Kear und Duplaix-Hall 1975; Kight 2015) (Abb. 1.2; Tab. 1.1).

Die Flamingos werden in die Ordnung Phoenicopteriformes, Familie Phoenicopteridae eingegliedert. Die Familie besteht wiederum aus zwei Unterfamilien. Die eine Unterfamilie vereint die drei Mitglieder der Gattung *Phoenicopterus*, die andere Unterfamilie enthält die beiden *Phoenicoparrus*-Arten und *Phoeniconaias minor*, den Zwergflamingo. Gemeinsam sind allen Arten die mehr oder weniger starken Anklänge von Rot in Gefieder und anderen Körperteilen. Der

innere Bau des Schnabels des Zwergflamingos unterscheidet sich durch die feinen Lamellen von dem der anderen Arten. Das Verbreitungsgebiet von vier Flamingoarten ist auf Süd- und Mittelamerika beschränkt: Anden-Flamingo, James-Flamingo, Chilenischer Flamingo und Karibischer Flamingo. Die beiden anderen Arten, auf die wir uns hier konzentrieren, sind nicht in Amerika heimisch (Tab. 1.1). Der Zwergflamingo lebt in Afrika und Indien und erreicht mit 2–3 Mio. die höchsten Individuenzahlen. Die etwa 600.000 Individuen des Rosa Flamingos kommen ebenfalls in diesen Regionen vor und darüber hinaus noch im Mittelmeerraum, in Arabien und Vorderasien.

Die Siedlungsdichte des Zwergflamingos erreicht in vier Populationen folgende Werte: 1,5–2,5 Mio. Vögel in Ostafrika, 390.000 im nordwestlichen Indien, 55.000–65.000 im südwestlichen Afrika und 15.000–25.000 in Westafrika. Der Zwergflamingo wurde regelmäßig in 29 Ländern nachgewiesen, der Hauptanteil der Populationen lebt in 10 „Kernländern“. Die größten Individuendichten wurden in Kenia (bis 1,5 Mio.) und Tansania (bis zu 600.000) gezählt (Childress et al. 2008).

Der Zwergflamingo kommt gemeinsam mit dem Rosa Flamingo vor (Abb. 1.3). Letzterer stellt allerdings weniger als 10 % der gesamten Flamingopopulation an den Standorten in Afrika. Beide Arten konkurrieren nicht direkt miteinander, da sie ein unterschiedliches Nahrungsspektrum bevorzugen.

Wie kann man die beiden Arten unterscheiden? In Ostafrika werden sie einfach „Greater“ (für „Greater Flamingo“, Großer oder Rosa Flamingo) und „Lesser“ (für „Lesser Flamingo“, Kleiner Flamingo, Zwergflamingo) genannt. Die Rosa Flamingos sind deutlich über 1 m hoch, während die Zwergflamingos knapp unter 1 m bleiben. Hals und Beine der Rosa Flamingos sind länger, die rosa Farbe der erwachsenen Tiere ist wesentlich blasser, der Schnabel ist nur an der Spitze schwarz, und die Augen sind hellgelb. Zwergflamingos fallen durch den dunklen, burgunderroten bis schwarzbraunen Schnabel und die roten Augen auf (Abb. 1.4).

Abb. 1.2 Porträts der heute lebenden Flamingoarten (Grafik: Doris Krienitz)

1.2   Lebensraum und Lebenszyklus

Put your foot down and more often than not you tread on rough volcanic rubble; where there is not volcanic rubble there is fine dust that rises in clouds when herds of cattle or game move over it. Touch a tree and it is thorny; camp near water and you are eaten alive by mosquitos, although you need not fear the lions that still roar around you in the wilder parts. Sit in the shade and you will sit on a thorn, if not something worse. Such country is not for those who like an easy life, but has its attraction for lovers of wild landscape and the freedom of the bush. It is the harsh wastes that are the home of the flamingos. There may be three million Lesser Flamingos and fifty thousand Greater Flamingos living on the chain of alkaline lakes in the Rift Floor of Kenya and Tanganyika and there are certainly more flamingos

Tab. 1.1 Vergleich der sechs existierenden Flamingoarten. (Nach Brown 1959; Kear und Duplaix-Hall 1975; Krienitz et al. 2016b)

Art	Verbreitung Zahl Schutzstatus	Merkmale
Phoeniconaias minor Saint Hilaire 1798 Zwergflamingo	Afrika, Indien 2–3 Mio. NT[a]	Körperhöhe 99 cm, Körperfarbe weißlich bis rosa, Beine rosa Schnabel: vollständig dunkel-burgund bis schwarz, Querschnitt tief gekielt, Augen rot Nahrung: Cyanobakterien und Algen
Phoenicopterus roseus Pallas 1811 Rosa Flamingo	Afrika, Vorderasien, Südeuropa 600.000 LC	Körperhöhe 110–150 cm, Körperfarbe weißlich, hellrosa Flügelspitzen, Beine rosa, Schnabel: Basis rosa, Spitze schwarz, Querschnitt flach gekielt, Augen hellgelb, Nahrung: kleine Weich- und Krebstiere, Insektenlarven, Wasserflöhe, Pflanzensamen
Phoenicopterus ruber Linnaeus 1758 Karibischer Flamingo	Mittelamerika, Karibik, nördliches Südamerika 870.000 LC	Körperhöhe 110–150 cm, Körperfarbe leuchtend karminrosa, Rumpf heller als Schwanz und Hals, Beine hellrosa bis grau Schnabel: Basis weißlich, Mitte rosa, Spitze schwarz, Querschnitt flach gekielt, Augen hellgelb Nahrung: kleine Weich- und Krebstiere
Phoenicopterus chilensis Molina 1782 Chilenischer Flamingo	Chile, Argentinien 200.000 NT	Körperhöhe 100 cm, Körperfarbe rosa mit roten Streifen, Beine grau, mit rosa Füßen Schnabel: Basis weißlich, Spitze schwarz, Querschnitt flach gekielt, Augen hellgelb Nahrung kleine Weich- und Krebstiere, Wasserflöhe Urtierchen
Phoenicoparrus jamesi Sclater 1886 James-Flamingo	Hochanden (Chile, Peru, Bolivien, Argentinien) 100.000 NT	Körperhöhe 90–92 cm (kleinste Flamingoart), Körperfarbe hellrosa, Beine grau-orange, Hinterzehe fehlt Schnabel: am Ansatz roter Streifen, Basis leuchtend gelb, kurze Spitze schwarz, Querschnitt tief gekielt, Augen schwarz Nahrung: Kieselalgen
Phoenicoparrus andinus Philippi 1854 Anden- oder Gelbfuß- Flamingo	Hochanden (Chile, Peru, Bolivien, Argentinien) 34.000 VU	Körperhöhe 102–110 cm, Körperfarbe zart rosa, schwarzes Federdreieck am Schwanzbereich, Hals kräftig rosa, Beine gelb, Hinterzehe fehlt Schnabel: Basis hellgelb, Spitze schwarz, Querschnitt tief gekielt, Augen schwarz, Nahrung: Kieselalgen

[a] Der Schutzstatus entspricht den Kategorien der Roten Liste der IUCN (2017): LC = Least Concern (nicht gefährdet), NT = Near Threatened (potenziell gefährdet), VU = Vulnerable (gefährdet). (http://www.birdlife.org)

to be seen here than in the rest of the world put together. It is the Lesser Flamingo which is East Africa's special bird. (Leslie Brown 1959, *The Mystery of the Flamingos*)

Wohin immer du deine Füße setzt, ist raues vulkanisches Geröll, und wo nicht, dort ist feiner Aschestaub, der zu Wolken aufsteigt, wenn Rinderherden oder Wildtiere darüber hinwegziehen. Berühre einen Baum, und er ist dornig, raste nahe des Wassers, und die Moskitos fressen dich bei lebendigem Leibe. Obwohl du die Löwen nicht fürchten musst, brüllen sie aus der Ferne der Wildnis. Setz dich in den Schatten, und du wirst auf einem Dorn oder etwas Schlimmerem sitzen. Solch Land ist nichts für jene, die das gemütliche Leben lieben, aber die Freunde wilder Landschaft und Freiheit werden es lieben. Diese harsche Wildnis ist die Heimat der Flamingos. Es sind an die drei Millionen Zwergflamingos und fünfzigtausend Rosa Flamingos, die in der Kette der Sodaseen am Grunde des Afrikanischen Grabens von Kenia und Tanganjika leben – mit Sicherheit mehr Flamingos als man, alle zusammengezählt, im Rest der Welt sehen kann. Es ist der Zwergflamingo, der Ostafrikas Charaktervogel ist. (Übersetzung L.K.)

Auch noch heute, Jahrtausende nachdem diese Landschaft entstand, ist der vulkanische Ursprung der Sodaseen im Großen Afrikanischen Grabenbruch unübersehbar und bringt spektakuläre Naturschauspiele hervor. Die unter der Erdoberfläche gefangene Hitze schafft sich Raum durch zischende Geysire und brodelnd heiße Quellen. Bakterienverkrustete Schlünde im Lavagestein weisen in die Tiefe der Verbindungskanäle zu den flüssig gekochten Gesteinsschichten.

Abb. 1.3 Wie auf dem Laufsteg: Vergleich des Zwergflamingos (vordere Reihe) mit dem Rosa Flamingo (direkt dahinter) am Bogoriasee

Die Akazienbüsche am Ufer der Seen erscheinen zugleich abweisend und anziehend. Trockenes, scharfdorniges Gestrüpp bedeckt sich mit leuchtendem Grün, wenn Regen kommt. Betörende Blüten recken sich den Bienen entgegen, die eifrig den Nektar sammeln, aus dem der nach Savanne duftende Honig entsteht. Dicht gedrängte, von Dampfwolken eingehüllte Flamingoschwärme künden von der schier unerschöpflichen Produktivität des Sees.

Der Lebensraum der Zwergflamingos ist für viele Tiere und Pflanzen aufgrund der hohen Temperaturen, des Salzgehaltes und der Alkalinität feindlich. Tagsüber herrschen, ohne Schatten, Lufttemperaturen von 40–50 °C. Solche Werte können auch an der Wasser- oder Sedimentoberfläche erreicht werden. Der Salzgehalt in afrikanischen äquatorialen Sodaseen mit dichtem Flamingoaufkommen, z. B. den Seen Nakuru und Bogoria, beträgt 30–50 ‰ (=Gramm pro Liter). Der pH-Wert pendelt um 10, kennzeichnet also eine ätzende Lauge. Die Flamingos haben sich hervorragend an

die extremen Bedingungen in dieser engen ökologischen Nische angepasst. Diese Bedingungen fördern auch alkaliphile, halo- und thermotolerante Mikroorganismen (Grant 2004).

Die hohen Konzentrationen der chemischen Bestandteile im Wasser der Sodaseen werden durch Auslösung von Salzen aus der Vulkanasche erreicht. Da die Seenbecken keine nennenswerten Abflüsse haben (man bezeichnet solche Gewässer als endorheisch), können die gelösten Chemikalien nicht abgeleitet werden. Es bleibt dem See praktisch alles erhalten, was aus dem Einzugsgebiet an Chemikalien ausgelöst und über Flüsse, Niederschläge und (heiße) Quellen zugeführt wird. Durch die hohe Verdunstungsrate am Äquator werden die Salze noch aufkonzentriert (Schagerl und Renaut 2016). Ein typischer Sodasee ist durch hohe Konzentrationen an Natrium- und niedrige Konzentrationen an Calcium- und Magnesiumionen gekennzeichnet. Im Zusammenhang mit den Sodaseen werden oftmals drei Begriffe gebraucht, die

Abb. 1.4 Zwergflamingos am Bogoriasee

immer wieder zu Verwechslungen führen: Soda (Natriumcarbonat), Natron (Natriumhydrogencarbonat) und Trona (eine Mischung aus Soda und Natron).

Wie der Feuervogel Phönix, der aus der Asche aufersteht, so haben auch die Flamingos sinnbildlich ihren Ursprung in der Asche, denn aus der Hinterlassenschaft feuerspeiender Vulkane bauen sie ihre Nester. So entsteht neues Leben auf lebensfeindlichem Grund. Noch vor etwa einem Jahrhundert war kaum etwas darüber bekannt, woher die jungen Flamingos kamen. In den Erzählungen der Maasai waren die jungen Flamingos Kinder der Salzseen, aus deren unzugänglicher Mitte sie auf unerklärbarem Wege zur Welt kamen. Erste Beobachtungen über Flamingonester und Brutkolonien in Ufernähe der Sodaseen wurden Anfang des 20. Jahrhunderts mitgeteilt (Van Someren 1922). Der britische Ornithologe Leslie Brown (1917–1980), der Pionier der Flamingoforschung, beruflich als Landwirtschaftsexperte in der Kolonialverwaltung Kenias tätig, brachte durch intensive Feldforschungen in den 1950er Jahren fundamentale Erkenntnisse über das Leben der Zwerg- und der Rosa Flamingos Ostafrikas an die Öffentlichkeit. Die Ergebnisse fasste er in seinem legendären Buch *The Mystery of the Flamingos* (1959) zusammen. In den Jahren 1954–1969 beobachteten er und

Alan Root (1937–2017) das Brutverhalten der Flamingos am Natronsee und am Magadisee (Brown und Root 1971). Diese Beobachtungen sind in ihrer Sorgfalt und Detailtreue sowie ihrem hohen Aufwand bis heute unübertroffen. Sie erfassen zum ersten Mal den kompletten Lebenszyklus der Zwergflamingos, von der Balz über die Eiablage bis zum ersten Flug. Jahrzehnte später gelangen einem internationalen Filmteam aufsehenerregende Dokumentaraufnahmen zum Brutgeschäft der Zwergflamingos im schwer zugänglichen zentralen Teil des Natronsees (Disneynature 2008).

Zwergflamingos erreichen ihre sexuelle Reife mit 3–4 Jahren. Die Balz der Vögel ist ein individuenreiches Spektakel, das in der Regel nicht an den Brutstandorten stattfindet, sondern an anderen Sodaseen, z. B. am Bogoriasee (Abb. 1.5).

Die balzenden Zwergflamingos nehmen eine intensivere Pinkfärbung des Gefieders an und bilden dichte Schwärme in dunklerem Rot. Sie heben sich dadurch von den umgebenden, nicht balzenden und dezenter gefärbten Artgenossen ab. Die Balz kann täglich mehrere Stunden in Anspruch nehmen und sich über Wochen und Monate wiederholen. Gruppen von mehr als 1000 Vögeln drängen sich dicht aneinander und marschieren oder fließen, besser gesagt, serpentinenartig

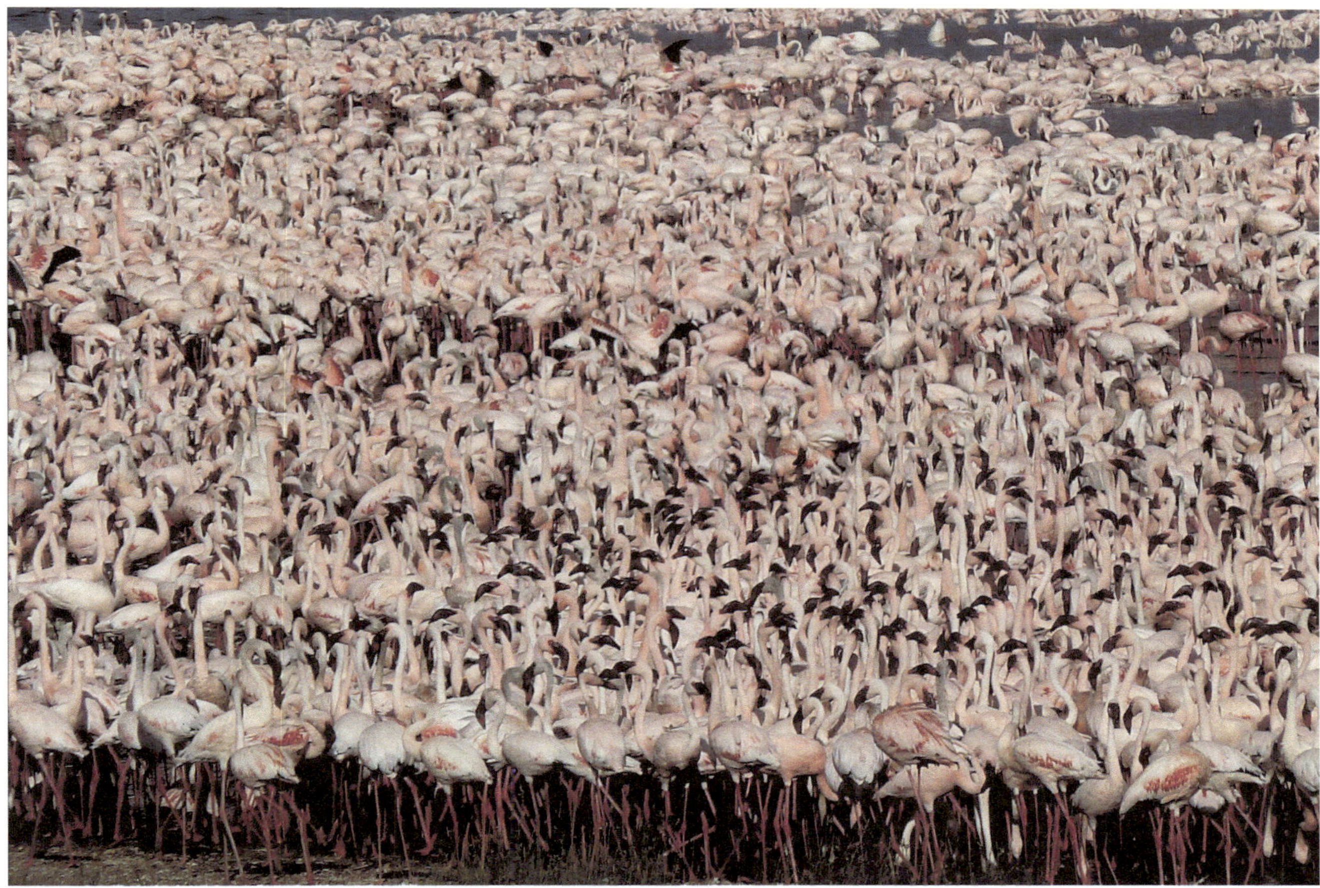

Abb. 1.5 Die Balz der Zwergflamingos am Bogoriasee im Januar 2011

durch den ganzen Schwarm wie Soldaten oder Balletttänzer. Sie stellen dabei Kopf, Hals und Brust in eine aufrechte Haltung kerzengerade nach oben. Kopf und Nacken werden ruckartig und synchron bewegt. Während die Kerngruppe hin und her fließt, finden sich an den Rändern der Gruppe Zuschauer, die salutierend mit den Flügeln schlagen. Kopulationsbereite Paare sondern sich später von der Hektik der Balzgemeinschaft ab und vollziehen einen schnörkellosen Akt. Nach der Kopulation bleibt das Paar bis zum Bruterfolg zusammen. Die Eltern wechseln sich beim Brüten ab, damit der Partner Zeit hat, nach Nahrung zu suchen, die sich oftmals nur in weit entfernten Gewässern finden lässt. Dabei fliegen die Flamingos nicht selten 100–180 km; eine größere Entfernung ist jedoch während des Brütens nicht zu bewältigen.

Das Bruthabitat des Zwergflamingos wird zuweilen mit dem Vorhof der Hölle verglichen: erbarmungslose Hitze und ätzende Salzlauge bilden eine brutale Umgebung für das Brutgeschäft. Die Vögel bauen ihre Nester auf dem 50–75 °C heißen Boden. Die vulkanförmigen Nester sind bis 50 cm hoch, und die Eier werden oben in die kraterartige Mulde gelegt. Durch Verdunstung wird durch den sogenannten Schornsteineffekt hier eine kühlere Temperatur von

25 °C erreicht. Die Höhe des „Kraterrandes" wird von den Flamingos manchmal aufgestockt, wenn Überflutungsgefahr besteht. Die Flamingos bauen die Nester aus feuchtem Schlamm, indem sie mit dem Schnabel wie mit einem Spachtel arbeiten. Ab und zu nehmen sie auch Schlamm direkt in den Schnabel auf und sondern ihn über dem Nest ab. Die Weibchen brüten nicht jedes Jahr und legen jeweils nur ein, selten zwei weiße, 72–86 × 48–51 mm große Eier, die bald durch den Morast graubraun gefärbt werden. Die Zwergflamingos platzieren ihre Nester möglichst dicht beieinander; es kommen etwa fünf Stück auf einen Quadratmeter. Nester errichten sie an vielen Sodaseen, aber zum Brüten finden sie nur an wenigen Standorten die ungestörte Ruhe. Diese harschen Ruhezonen sollten weitestgehend unzugänglich sein für Störenfriede und Fraßfeinde, besonders Menschen, Raubvögel, Raubkatzen und andere Prädatoren wie Paviane und die marodierenden Marabus. In der Brutkolonie herrscht eine gewisse Enge, so dass die Vögel mitunter ein territoriales Schutzverhalten zeigen, das sie bereits beim Nestbau offenbaren, indem sie ihr Federkleid chrysantemenhaft aufstellen, wenn sich Artgenossen zu sehr nähern.

Der Natronsee an der Grenze zwischen Kenia und Tansania ist der einzige Standort in Ostafrika, der die

Voraussetzungen hat, mehr oder weniger regelmäßig Bruterfolge zu gewährleisten. Die hydrologischen Bedingungen für ein erfolgreiches Brutgeschäft werden besonders nach der „kleinen" Regenzeit (Oktober bis Dezember) erfüllt, wenn moderate Regenfälle den Untergrund feucht genug machen, damit Schlamm für den Nestbau verfügbar ist. Überflutete Gebiete sind nicht geeignet. Am besten ist es, wenn die Wasserstände in einem gefluteten Gebiet zurückgehen und trockenfallende Inseln hinterlassen, auf denen die Nester gebaut werden, während die umgebenden Zonen noch von Flachwasser bestanden sind. Die Wasserstände sind jedoch außerordentlich schwankend, so dass jede Brutsaison von einer Vielzahl Unwägbarkeiten begleitet ist. Bedingt durch den Untergrund und die Sedimentbeschaffenheit, sind zwei Gebiete am Natronsee für den Bau von Brutkolonien besonders geeignet, am Fuße des Vulkans Gelai auf viskosem Schlamm und nahe des Shompole-Vulkanmassivs auf kristallinen Sodakrusten. Am Gelai werden die Brutkolonien in engen Clustern gebaut, die sich mit unregelmäßigen Morastzonen abwechseln. Am Shompole werden die Nester perlschnurartig an den Rändern der polygonförmigen Salzkrusten aufgereiht. Die höchste Zahl an Paaren des Zwergflamingos, die am Natronsee gebrütet haben, betrug 570.000 im Jahre 1957. Davon siedelten 150.000 Paare am Shompole, im Norden des Sees, und 420.000 auf der Gelai-Schlammzone im Süden (Brown und Root 1971). Weitere bemerkenswerte Bruterfolge wurden in den Jahren 1954, 1958, 1960/61 beobachtet – mit 130.000–510.000 geschlüpften Küken. Berichte über Bruterfolge in jüngerer Zeit nehmen ab, oder es werden Beobachtungen mitgeteilt, die misslungene Brutversuche der Zwergflamingos am Natronsee betreffen. So berichten Baker und Aeberhard im Bulletin der Flamingo-Spezialistengruppe 2007 unter der Rubrik „in situ breeding" über das Geschehen am Natronsee von Dezember 2006 bis Juli 2007. Die zur Jahreswende gebauten Nester wurden von starkem Regen weggespült, was zu hohen Verlusten unter Elternvögeln und Küken führte. Nachdem dann im Mai die Flut zurückgegangen war, begannen die Brutpaare wieder mit dem Nestbau, und im Juli waren mehrere Hundertausend Eier gelegt und schon teilweise ausgebrütet. Doch dann sorgten Marabus für eine Katastrophe, indem sie Elternvögel von den Nestern vertrieben, Küken töteten und Eier zerstörten. Es wird deutlich, dass erfolgreiche Brutereignisse nur unregelmäßig stattfinden. Harper et al. (2003) haben zu Beginn unseres Jahrtausends kalkuliert, dass die Brutzahlen trotz stark schwankender Erfolgsrate ausreichend seien, um die Reproduktion der ostafrikanischen Flamingopopulation zu gewährleisten. Inwieweit diese Einschätzung auch heute noch aufrechterhalten werden kann, bedarf neuer gründlicher Feldbeobachtungen. Ein Hoffnungsschimmer wird durch den Bericht von BirdLife International (2012) über den Bruterfolg am Natronsee im Zeitraum von September 2012 bis Januar 2013 vermittelt, als 120.000 Küken ausgebrütet wurden (Ndoo 2013).

Am Magadisee bauten Zwergflamingos im Jahre 1962 mehr als eine Million Nester. Das ist die bisher höchste Brutdichte, die an einem Sodasee dokumentiert wurde. Ein solch starkes Brutereignis hat am Magadisee bisher nur einmal stattgefunden. Extrem starke Regenfälle am Natronsee veranlassten die sich dort versammelnden Brutpaare, auf den benachbarten Magadisee auszuweichen, wo sie 350.000 Küken bis zur Flugreife großgezogen haben. Es wurde geschätzt, dass für den Nestbau am Magadi etwa 20.000 t Sodaschlamm verbraucht wurden, eine größere Menge als in der am See operierenden Magadi Soda Factory im gleichen Jahr verarbeitet wurde.

Außerhalb von Ostafrika sind fünf weitere Standorte bekannt, an denen der Zwergflamingo in der Lage ist zu brüten: die Etosha-Pfanne (Namibia), die Makgadikgadi-Pfanne (Botswana), Kamfers Dam (Südafrika) sowie zwei Salzpfannen im Rann of Kutch (Indien). Die Zahlen der Flamingoküken, die außerhalb Ostafrikas aufgezogen werden, sind jedoch vergleichsweise niedrig. So kann davon ausgegangen werden, dass der Natronsee der Geburtort für die meisten existierenden Zwergflamingos ist. Es wird vermutet, dass es zum Austausch zwischen den Populationen im östlichen und südlichen Afrika sowie in Indien kommt. Der Zwergflamingo ist zwar kein Zugvogel, jedoch ist er in der Lage, weite Flüge von mehreren Hundert Kilometern pro Tag zu unternehmen, um in Abhängigkeit von den lokalen Bedingungen geeignete Gewässer für die Nahrungsaufnahme und das Brutgeschäft aufzusuchen. Unlängst haben molekulare Untersuchungen diese Vermutung gestützt. Es wurde ein moderater Genfluss zwischen den Populationen am Bogoriasee in Kenia und der Makgadikgadi-Salzpfanne in Botswana nachgewiesen (Zaccara et al. 2011). Die Zahl der Migranten beträgt 3–4 pro Generation (25 Jahre). Auch zwischen Bogoria und dem Rann of Kutch in Indien wurde ein Genaustausch von 2–3 Migranten pro Generation kalkuliert (Parasharya et al. 2015).

Widmen wir uns nun wieder dem Lebenszyklus der Zwergflamingos. Nach circa 28 Tagen Brut schlüpfen die Küken. Dies geschieht in einer Brutkolonie möglichst synchron im Zeitraum von wenigen Tagen. Es wurde am Natronsee aber auch beobachtet, dass sich die Brutsaison über drei Monate hinziehen kann. Dann haben die Küken allerdings nur eine gute Überlebenschance, wenn mindestens 5000 gleichzeitig ausgebrütet werden. Eier oder Küken, die außerhalb der Stoßzeiten das Licht der Welt erblicken, haben nur geringe Chancen, ohne den Schutz der Gruppe zu gedeihen. Sie vertrocknen oder werden zertrampelt.

In der ersten Woche nach dem Schlüpfen werden die Küken von den Eltern mit einer hellroten, nährstoffreichen Kropfmilch gefüttert, wie man es auch von den Tauben kennt. Die Schnäbel der Küken haben noch nicht die wuchtige, gebogene Form, wie sie für Flamingos typisch ist. Die Eltern füttern nur ihre eigenen Küken. Danach beginnen die in graue Daunen gehüllten Küken die Nester zu verlassen. In Gruppen streunen sie, zunächst ungelenk, durch die Kolonie und halten Ausschau nach richtigem, algenbürtigen Flamingofutter. Das ist eine gefährliche Phase, denn der sodahaltige Schlamm mit seinen wuchernden Salzkristallen haftet an den Beinen und bildet tennisballgroße Klumpen, die steinhart werden. Mit diesem schweren Ballast sind die Küken zum Sterben verurteilt. Im Rekordbrutjahr 1962 am Magadi verendeten etwa 50.000 Küken, weil sie bewegungsunfähig waren. An die 27.000 Küken wurde von herbeigeeilten Naturschützern gerettet, welche die Fußfesseln mit Hämmern zertrümmerten. Mehrere Hundertausend Küken wurden von der Magadi Soda Company davor bewahrt, solche Salz- und Schlammklumpen an den Beinen zu bilden, indem man Süßwasser in jene Sodapfannen pumpte, in denen sich die Kükenschwärme versammelt hatten.

Die Gruppen der Jungvögel werden von Woche zu Woche größer, und dann, nach 7–8 Wochen, wenn sie sich zu Tausenden gesammelt haben, verlassen sie die Kolonie. Sie werden von ein paar Elternvögel begleitet, die wahrscheinlich ihre eigenen Küken verloren haben und in der Kolonie nicht mehr gebraucht werden. Sie sind auf der Suche nach weniger salzigem Wasser, das eventuell mehr Nahrungsalgen gedeihen lässt. In der ersten Woche nach Verlassen der Nester ändert sich die Farbe der Daunen der Jungvögel von grau zu bräunlich. In der zweiten Woche fangen die Federn an zu wachsen. Das graue Federkleid ist nach 7–8 Wochen vollständig entwickelt. Nach 10 Wochen starten sie ihre ersten Flugversuche. Im Alter von 70–90 Tagen erstarken ihre Flügel; die großen Gruppen zerfallen in kleine Schwärme flugfähiger Vögel, die keinerlei Assistenz mehr von Elternvögel brauchen. Sie brechen nun zu neuen Ufern auf, um ihr Alltagsgeschäft an anderen Seen aufzunehmen, das vorwiegend in der Nahrungssuche und Gefiederpflege besteht. Nach 3–4 Jahren beginnen sie zum ersten Mal zu balzen, und der Kreislauf beginnt von vorn. Zwergflamingos haben eine Lebenserwartung von 20–50 Jahren. Im Jahr 2013 hat man am Bogoriasee die Leiche eines beringten Zwergflamingos gefunden. Er gehörte zu jenen 8000 Jungvögeln, die 1962 am Magadisee beringt wurden – er war also 51 Jahre alt (Boyes 2013). Beringte Flamingos findet man selten, denn die Ringe korrodieren unter den rauhen Bedingungen an den Sodaseen.

1.3   Ernährung und Verhalten

When feeding, geese produce a pellet every three or four minutes (flamingos may do so even more frequently). (Ralph A. Lewin 1999, *Merde. Excursions into scientific, cultural and socio-historical coprology*)

Wenn Gänse fressen, produzieren sie alle drei bis vier Minuten ein Kotpellet (Flamingos können dies noch häufiger tun). (Übersetzung L.K.)

Zur Nahrungsaufnahme neigen die Flamingos ihren Kopf in das seichte Wasser und bringen ihn dabei in eine Position, bei der die obere Schnabelhälfte nach unten gerichtet ist, was übrigens einmalig in der Klasse der Aves, der Vögel, ist. Hu Berry (1939–2012), der Nestor der Flamingoforschung in der Etosha-Pfanne in Namibia, prägte den Begriff der „upside-down beaked feeders of micro-organisms". Mit der oberen Schnabelhälfte seihen sie Futterorganismen aus dem Wasser oder dem Schlamm (Abb. 1.6). Dabei bleiben die Nasenlöcher meistens über dem Wasserspiegel und dienen der Zufuhr von Atemluft. Mit der Zunge presst der Vogel die Nahrungspartikel enthaltende Suspension durch den Filterapparat der oberen Schnabelhälfte. Dieser Pumpmechanismus läuft beim Rosa Flamingo ca. 5-mal pro Sekunde, während der Zwergflamingo 15- bis 20-mal pro Sekunde pumpt. Vergleicht man den Schnabelaufbau des Zwergflamingos (Spezialist) mit dem des Rosa Flamingo (Generalist), so fallen wesentliche Unterschiede ins Auge. Die Zwergflamingos haben feinere und dichter stehende Filterlamellen (20 pro mm^2) auf der Innenseite ihrer Schnäbel. Die Lamellen sind mit 25–40 gefransten Plättchen pro cm^2 versehen (Jenkin 1957). Die Plättchen sind nach hinten gerichtet, wenn die Nahrungssuspension aufgesaugt wird. Wenn die Flüssigkeit wieder nach außen gepumpt wird, richten sich die Plättchen auf und halten die Nahrung zurück. Nachdem sich genügend Futter im Schnabel angesammelt hat, drücken Muskeln am Zungengrund die Nahrung in die Speiseröhre. Zwergflamingos filtern kleinere Nahrungspartikel, die vor allem aus Cyanobakterien und Kieselalgen bestehen. Die Partikel, die ein Zwergflamingo filtern kann, sind 15–800 μm groß. Der Rosa Flamingo nimmt zwar auch Futteralgen auf, jedoch bevorzugt er größere Nahrungsorganismen wie Kleinkrebse, Mollusken und andere Kleintiere oder gar Pflanzensamen. Der Schnabel des Zwergflamingos ist wesentlich tiefer gekielt und damit großvolumiger und aufnahmefähiger als der des Rosa Flamingos. Die Schnabelflanken tragen eine Reihe von zahnartigen Excludern, die unverdauliche größere Partikel abfangen (Krienitz 2009).

Bevorzugte Nahrung des Zwergflamingos ist *Arthrospira*, eine fadenförmige, spiralig gewundene Cyanobakterienart, die auch (vor allem im kommerziellen Gebrauch) als *Spirulina* bezeichnet wird (Vareschi 1978; Kaggwa et al. 2013a). *Arthrospira* kann äußerst dichte Populationen in den Sodaseen entwickeln, so dass sich dicke Häute auf der Gewässeroberfläche bilden. *Arthrospira* unterscheidet sich von *Spirulina* in der Gestalt, in den Umweltansprüchen und in ihrer Evolution. Die Größe von *Arthrospira* passt hervorragend zur Dichte der Filterlamellen des Flamingoschnabels. Das Cyanobakterium bildet 100–500 μm lange Fäden, deren Spiralen eine Breite von 20–60 μm haben, so dass eine optimale Filterrate gewährleistet ist. Der Zwergflamingo ist das einzige warmblütige Tier, das in der Lage ist, sich ausschließlich von Cyanobakterien oder Algen zu ernähren. Er

Abb. 1.6 Schnabel eines erwachsenen Zwergflamingos. (**a**) Position bei der Nahrungsaufnahme; (**b**) Innenseite des Schnabels mit Filterlamellen; (**c**) Seitenansicht mit Exkludern und Nahrungspartikeln: blaugrüne Spiralen von *Arthrospira fusiformis* (A) und hellbraune, schleimige Klumpen von *Cyanospira capsulata* (C), welche die Exkluder verkleben; (**d**) vergrösserte Lamellenreihen mit Algenkolonien; (**e**) Ringe auf dem Wasser zeigen die hohe Frequenz des Pumpmechanismus' bei der Nahrungsaufnahme. Skalen = 500 µm (**c**), bzw. 1 mm (**d**). (**b** nach Krienitz 2009, © Wiley-VCH Verlag GmbH & Co. KGaA, reproduziert mit freundlicher Genehmigung; **c** nach Krienitz und Kotut 2010)

kann außer *Arthrospira* alternativ auch andere Mikrophyten verzehren – wichtig ist, dass sie größenmäßig zu den Filterlamellen passen. Wir fanden Cyanobakterien aus drei und Algen aus neun Ordnungen von Mikrophyten, die den Zwergflamingos als Nahrung dienten. Ihr Nährwert ist allerdings nicht so hoch wie der von *Arthrospira*. Neben seiner Nahrung nimmt der Zwergflamingo Sand (Grit) zu sich, um die dicken Zellwände der mikroskopischen Pflanzen aufzubrechen. Mehr als 80 % der Grit-Partikel sind kleiner als 0,5 mm. In den Fäkalien der Flamingos kann man noch die äußere, gewundene Grundgestalt von *Arthrospira* oder die Schiffchen der Diatomeen aus Kieselsäure unter dem Mikroskop erkennen (Ridley et al. 1955). Nur das Innere der Zellen ist durch die Verdauungssäfte ausgelaugt. Wie bei anderen Pflanzenfressern unter den Vögeln, beispielsweise den Gänsen, ist der Kot von der pflanzlichen Kost grünlich gefärbt und enthält noch viel unverdautes Material. So produzieren die Flamingos zahlreiche blaugrüne, weiche Kotpellets und tragen so zu einer scharfen Geruchskomponente in den von ihnen besiedelten Arealen bei.

Bei Nahrungsaufnahmeexperimenten an gefangenen Zwergflamingos am Nakurusee wurden folgende Fraßleistungen ermittelt (Vareschi 1978): Ein Flamingo kann etwa 30 l Wasser pro Stunde filtrieren. Er nimmt dabei durchschnittlich 5,6 g Trockenmasse von *Arthrospira* auf. Bei einem durchschnittlichen „Flamingotag" von 12,5 Stunden, sind das ca. 72 g Trockenmasse. Die gesamte Flamingopopulation des Nakurusees nahm im Versuchszeitraum im Jahre 1972 täglich 60 t Trockenmasse auf, was 50–94 % der täglichen Algenproduktion im See entsprach. Sodaseen zählen zu den produktivsten Ökosystemen der Welt. Doch Lebensgemeinschaften und Produktivität der Sodaseen sind starken Schwankungen unterworfen. Das tropische Klima mit seiner Hitze und seinen sporadischen, aber heftigen Regenfällen lässt die Seen einerseits trockenfallen oder es flutet sie. Diese hydrologischen Bedingungen verursachen drastische Änderungen des Salzgehaltes. Wenn die Verdunstung den Wasserzufluss übersteigt, erhöht sich die Konzentration der Mineralien im Wasser, und der Salzgehalt steigt. Andererseits verdünnen starke Süßwasserzuflüsse den Salzgehalt im See. Das hat Einfluss auf Flora und Fauna des Gewässers. So durchlaufen die Sodaseen Stadien, in denen die hohe Biomasse von *Arthrospira* ungeheure Zahlen von Zwergflamingos gedeihen lässt. Wir erleben dann eine Nahrungsnetzbeziehung zwischen einem warmblütigen Konsumenten (Zwergflamingo), der direkt von einem mikroskopischen Primärproduzenten (Cyanobakterium) lebt. Diese Interaktion ist einmalig in der Tier- und

Pflanzenwelt. In Phasen extremer Dürre und Salzkonzentration oder bei hohem Wasserspiegel, aber niedriger Salinität, wachsen dagegen ganz andere Cyanobakterien und Algen, und viele von ihnen können nicht als Nahrung für die Zwergflamingos dienen. Der Mangel an Nahrung ist eine mögliche Ursache für das Wanderverhalten der Zwergflamingos. Auf ihren Flugwanderungen suchen die Vögel hauptsächlich nach zwei Dingen: ausreichend Nahrung und einem geeigneten Platz für ihr Brutgeschäft. Sie überwinden dabei Distanzen von 450 km nonstop in einer Maximalgeschwindigkeit von 70 km pro Stunde. Diese Flüge finden meistens nachts statt, um Angriffe von Raubvögeln zu vermeiden. Um ihr nomadisches Verhalten zu untersuchen, wurden 2001 fünf Zwergflamingos in Botswana und 2002 vier in Kenia mit Satellitensendern ausgestattet. Die Vögel legten unterschiedliche Distanzen zurück, verblieben jedoch innerhalb ihrer südwestafrikanischen bzw. ostafrikanischen Population. Am weitesten flog ein Vogel, der innerhalb von 15 Monaten in 70 Etappen insgesamt 7870 km zurücklegte und dabei mehrmals 11 verschiedene Seen Ostafrikas aufsuchte (McCulloch et al. 2003; Childress et al. 2006).

Zwergflamingos sind außerordentlich soziale Vögel. Sie „verstecken" sich in der großen Gruppe, die ihnen Schutz bietet („selfish herds"). Sie können in riesigen Schwärmen leben. Wenn ein Angreifer auf einen Schwarm Flamingos trifft, ist er von der Menge irritiert und weiß zunächst nicht, welches Individuum er fangen soll. Erst wenn der Jäger den Schwarm aufscheucht, werden die kranken und schwachen Tiere sichtbar. Zwergflamingos synchronisieren ihre Aktivitäten, z. B. das Brüten. Dieses Verhalten macht das Fenster für ihre Fraßfeinde zeitlich eng, und bei der Masse der in diesem kurzen Zeitraum verfügbaren Beute fällt Verlust nicht so sehr ins Gewicht. Die Zwergflamingos brauchen sich nicht als Einzelindividuum zu verbergen, etwa mit Tarnfärbung wie andere Vogelarten. Im Gegenteil, Flamingos stellen eine auffällige Farbe zur Schau. Die pinke Färbung des Gefieders ist wirklich ungewöhnlich in der Klasse der Vögel, doch sie hat sich offensichtlich bewährt. Sie passt gut in die harsche Umgebung, die, wie z. B. am Magadi- und am Natronsee, von den rötlichen Farben der Salzlake geprägt ist. Diese großen Schwärme der Zwergflamingos machen jedes Treffen mit ihnen zu einem unvergesslichen Erlebnis.

1.4 Gefährdung und Schutz

Flamingos fly into a fragile future. (Hu Berry 2008, *Flamingos fly into a fragile future*)

Flamingos fliegen in eine zerbrechliche Zukunft. (Übersetzung L.K.)

In der Roten Liste der Internationalen Union für Naturschutz (IUCN) ist der Zwergflamingo in der Kategorie „near threatened" (potenziell gefährdet) eingeordnet. Er ist einer Fülle

von Gefahren ausgesetzt (Childress et al. 2008). Die größte Gefahr geht von einer Zerstörung seines speziellen Lebensraums aus. Die Gründe für diese Gefährdung sind vielfältig. Sie umfassen sowohl natürliche Ursachen, wie Flutung oder Austrocknung durch klimatische Einflüsse, als auch anthropogene Ursachen, wie Entwaldung, Melioration, Landwirtschaft, Industrie und damit verbundene Änderungen und Verunreinigungen im Einzugsgebiet der Flamingohabitate. Weiterhin löst der Mensch Gefahren aus, indem er Nester und Uferzonen zerstört und illegalen Handel mit Vögeln und ihren Eiern betreibt. Eine Reihe von Prädatoren, wie Hunde, Hyänen, Schakale, Mangusten, Paviane, Adler, Geier und Marabus (Abb. 1.7), haben Flamingos in ihrem Beuteschema. Konkurrenten im Nahrungsnetz, wie planktonfressende Fische oder algenfressendes Zooplankton, reduzieren das Nahrungsangebot für die Zwergflamingos. Gifte, wie Pestizide, Schwermetalle und bakterienbürtige Toxine, beispielsweise Botulin und Cyanotoxine, können die Vögel töten oder schwächen, so dass sie für bakterielle oder virale Infektionen empfänglicher sind. Allerdings verstehen wir erst wenig vom Wechselspiel dieser Gefährdungen.

In den letzten Jahrzehnten wurde wiederholt über massenweises Sterben von Zwergflamingos an ostafrikanischen Sodaseen berichtet (Ndetei und Muhandiki 2005; Nonga et al. 2011). Die Ursachen für diese traurigen Ereignisse sind nicht völlig geklärt, werden jedoch mit dem Raubbau an den Ökosystemen in Zusammenhang gebracht (Krienitz et al. 2003a). Wahrscheinlich spielen mehrere Faktoren gleichzeitig eine Rolle, möglicherweise sind auch Infektionen und Vergiftungen beteiligt. Immer mehr rückt das Problem von qualitativ und quantitativ ungenügender Nahrung in die Diskussion. Darüberhinaus benötigen Zwergflamingos das dramatisch verknappte Süßwasser zum Trinken und zum Reinigen des Gefieders. Interessanterweise sind die am gleichen Standort vorkommenden Rosa Flamingos nicht von den hohen Sterberaten betroffen. Obwohl in wesentlich geringerer Individuendichte an den ostafrikanischen Sodaseen lebend sind Rosa Flamingos nicht so sehr gefährdet wie die Zwergflamingos. Gründe der geringeren Gefährdung liegen in einem diverseren Nahrungssortiment und auch in ihrer weiteren geographischen Verbreitung in Afrika, Asien und Europa.

Hier sind einige Beispiele über die Schwierigkeiten, die es gibt, die Flamingos zu schützen und die Ursachen ihrer Gefährdung besser zu ergründen. Weitere Informationen finden sich in den Kapiteln zu den untersuchten Gewässerhabitaten. Gerade am wichtigsten Standort für die Fortpflanzung des Zwergflamingos, dem Natronsee, bündeln sich die Probleme. Dieser See ist von der Konvention über Feuchtgebiete von internationaler Bedeutung als RAMSAR-Standort eingestuft, er ist jedoch nicht durch die Gesetze der beiden Anrainerländer Kenia und Tansania geschützt. Gleich mehrere Projekte zur industriellen Nutzung sind eingereicht und gegenwärtig unter kontroverser Diskussion. Ein Staudamm für den nördlichen Zufluss zum See, dem Ewaso

Abb. 1.7 Flamingos als Nahrung für Prädatoren. (**a**) Raubadler bei der Rupfung eines jungen Zwergflamingos (Foto: Helmut Rönicke); (**b**) Marabus verwerten Flamingoleichen; (**c**) Sperbergeier im Anflug; (**d**) Haushund mit Flamingoknochen; (**e**) Tüpfelhyäne lauert am Ufer des Nakurusees auf Beute

Ng'iro, soll der Erzeugung von Strom aus Wasserkraft dienen. Eine Sodafabrik soll am Natronsee gebaut werden. Kosten-Nutzen-Analysen sprechen gegen das Projekt (Kadigi et al. 2014). Eine Autobahn, die den Serengeti National Park queren und auch das Einzugsgebiet des Natronsees tangieren wird, ist geplant. Diese Maßnahmen sind gefährlich für die Flamingopopulation und die weltbekannten Wildbestände in dieser Region. Wenn die Pläne Realität werden, wird die Balance der empfindlichen Ökosysteme vor allem durch folgende Umstände gestört (Baker 2011):

- Die Verarbeitung des Rohsodas bedarf immenser Wassermengen (voraussichtlich 3 Mio. Liter am Tag). Dieses Süßwasser muss aus den Feuchtgebieten, aus Quellen und saisonalen Zuflüssen gepumpt werden. Dabei wird das hydrologische Regime völlig aus dem Gleichgewicht gebracht. Wassermangel führt zur Austrocknung der Seenfläche und erlaubt es den Zwergflamingos nicht, ihre Nester zu bauen und Nahrung zu finden.
- Die Vielzahl von Zugvögeln findet keine Rast- und Futtergebiete mehr.

- Die Siedlungsmöglichkeiten der einheimischen Pastoralisten werden beschnitten.
- Die Gräben, Zäune und Pipelines, die das Gebiet durchziehen werden, sind ein tödliches Hindernis für die Schwärme der Flamingoküken, die in einem bestimmten Stadium ihrer Entwicklung die Salzfläche des Sees überqueren.
- Ökonomisch wird das Gebiet aus der Balance gebracht. Einerseits schafft das Sodawerk Arbeitsmöglichkeiten und Profit. Andererseits zerstört es Arbeitsplätze im Bereich des Ökotourismus. Das einsetzende Bevölkerungswachstum durch die Sodawerke und ihre Infrastruktur kurbelt die zerstörerische Holzkohleproduktion an. Das Wildern von „Bushmeat" wird signifikant zunehmen.
- Bei der Planung der Autobahn wird in Kauf genommen, dass die spektakulären Tierwanderungen, vor allem die der mehr als eine Million Gnus, im Serengeti-Mara-Gebiet empfindlich gestört werden. Das Wanderungsgebiet würde praktisch in zwei Hälften geteilt, und mittendrin die Autobahn. Die Zoologische Gesellschaft Frankfurt kalkuliert, dass der Gnubestand von 1,3 Mio. auf 200.000 zurückgehen würde.

Betrachten wir die Problematik der Umweltgifte, so ergibt sich ein bruchstückartiges Bild. Über die Gefahren durch Schwermetalle und Pestizide wird ausführlich von Wissenschaftlern berichtet. Eine kritische Bewertung der Konzentrationen im Abgleich mit dem Handbuch der chemischen Risikobewertung (Eisler 2000) durch ein internationales Expertenteam auf einer Tagung in Illinois im September 2004 kam zu der Schlussfolgerung, dass die gemessenen Werte in den Salzseen keine akuten Todesfälle auslösen können (Anderson et al. 2005). Die Gefahr besteht allerdings darin, dass sich diese Gifte im Boden, in den Sedimenten und in den Organismen akkumulieren. Regelmäßige Überprüfung der Toxinbelastung wäre nötig, kann aber derzeit nicht realisiert werden.

Da sich Zwergflamingos hauptsächlich von Cyanobakterien ernähren, ist die Frage aufgekommen, welche Gefahr Cyanotoxine für die Vögel darstellen. Inzwischen konnte mehrfach nachgewiesen werden, dass Cyanotoxine am Massensterben des Zwergflamingos an den Sodaseen des afrikanischen Grabenbruchs beteiligt waren (Krienitz et al. 2005; Nonga et al. 2011). Bisher fand man in den Cyanobakterien Microcystine (Lebergifte) und Anatoxin-a (Nervengift). Die Proben enthielten bis zu 800 µg Microcystine und 63 µg Anatoxin-a pro Gramm Trockengewicht. Die Aufnahme der potenziell toxischen Nahrung geschieht in einer kurzgeschlossenen Nahrungskette vom Cyanobakterium direkt zum warmblütigen Konsumenten Zwergflamingo und kann schnell zur Wirkung kommen (Codd et al. 2003). Setzt man die von Vareschi (1978) ermittelte Nahrungsmenge von 72 g Phytoplankton-Trockenmasse pro Tag und die potenziell darin enthaltenen Toxinmengen zu bisher bekannten tödlichen Konzentrationen für Warmblütler (meistens Mäuse) in Beziehung, lässt sich schließen, dass ein etwa 2 kg schwerer, erwachsener Flamingo täglich ein Vielfaches der tödlichen Dosis einnehmen würde. Standardisierte Toxizitätstests an Vögeln sind allerdings noch nicht etabliert, und speziell für Flamingos ist bisher überhaupt keine letale Konzentration bekannt. Es ist unsicher, wie groß die Wirkungsunterschiede der Toxine auf die Vögel bei naturgegebener Aufnahme durch die Nahrung im Vergleich zur künstlichen, in Tests durch Injektion verabreichter Toxine sind. So zeigte Anatoxin-a bei oraler, also naturnaher Aufnahme, eine 7-mal schwächere Wirkung auf Wasservögel (Carmichael et al. 1975). Hinzu kommt, dass die Bildung von Toxinen durch Cyanobakterien äußerst starken Schwankungen unterliegt, deren Ursachen bisher noch nicht genügend geklärt sind.

Giftige Cyanobakterien existieren seit 1500–2000 Mio. Jahren auf unserem Planeten (Rantala et al. 2004), Flamingos jedoch erst seit 2–45 Mio. Jahren (Mayr 2005; Torres et al. 2014). Die Vögel waren also von Anfang an mit dem Problem der Cyanotoxine konfrontiert, und es kann davon ausgegangen werden, dass sie eine adaptive Antwort darauf gefunden haben. Die Ableitung der Gifte über das Blut in die Federn könnte ein solcher Entgiftungsmechanismus sein. In der Tat wurden auch schon Cyanotoxine in den Federn der Zwergflamingos gefunden (Metcalf et al. 2006, 2013). Die Frage bleibt, inwieweit dieser Entgiftungsmechanismus effektiv funktioniert, wenn die Vögel solch vielfältigen Stressoren in ihrer Umwelt ausgesetzt sind, wie sie an den Sodaseen herrschen.

Ein weiteres Toxin, das unter Wasservögeln große Verluste verursachen kann, ist Botulin. Es wird vom Bakterium *Clostridium botulinum* synthetisiert, das im Boden weit verbreitet ist. Um aktiv zu werden und Toxine zu produzieren, braucht es warme, anaerobe Bedingungen. Diese Bedingungen herrschen in sich zersetzenden Pflanzen und Tieren, in denen oftmals Maden leben. Zersetzte Teile und Maden werden über die Nahrungskette aufgenommen. Vermutlich tötet Botulin relativ häufig auch Zwergflamingos. Der Nachweis ist bisher jedoch nur einmal gelungen: 2013 starben mehr als 1000 Flamingos am Kamfers Dam, Kimberley, Südafrika. Die Opfer werden durch das Toxin paralysiert, können sich also nicht mehr bewegen und verhungern (Wildeboer 2013).

Die wichtigsten bakteriellen Infektionskrankheiten der Zwergflamingos sind Tuberkulose, Cholera und Entzündungskrankheiten durch opportunistische Bakterien. Die Vogel-Tuberkulose, auch Vogel-Mycobacteriose genannt, wird durch *Mycobacterium avium* verursacht und wurde mehrfach in den ostafrikanischen Riftvalleyseen nachgewiesen. Gerade für die Zwergflamingos mit ihrem geselligen Verhalten stellt diese Krankheit eine große Gefahr dar. Sie breitet sich rasend schnell in einem Schwarm aus. Sie kommt sowohl in Wildvögeln als auch in Hausgeflügel häufig vor (Cooper et al. 2014). Die Vogel-Cholera wird von *Pasteurella multocida* verursacht, und hat vermutlich ein Flamingo-Massensterben am Bogoriasee im Jahre 2002 verursacht (Anderson et al. 2005). Geschwächte Flamingos fallen Infektionen zum Opfer, die von opportunistischen Bakterien ausgelöst werden, also jenen Mikroben, die zu Millionen im Körper der Vögel existieren können, und normalerweise keinen Schaden verursachen. Zu diesen Keimen zählen *Pseudomonas aeruginosa, Corynebacterium* spp., *Escherichia coli* und *Proteus* spp. Bis heute ist noch nicht geklärt, ob all diese Keime ständige Begleiter der Vögel in Sodaseen sind oder ob sie vor einem Ausbruch von Vektoren auf die Flamingos übertragen werden, und auf welchen Wegen das passiert. Unter Verdacht stehen Pelikane und Greifvögel. Von Marabus wird angenommen, dass sie Keime aus Müllgruben und Schlachtabfällen, die sie mit großer Vorliebe durchwühlen, auf die Flamingos übertragen (Cooper 1990).

Der Zwergflamingo wird oftmals als „Pink Diamond" bezeichnet. Er ist der Charakter- und Indikatorvogel saliner Feuchtgebiete in Afrika und Indien und übt eine große Anziehungskraft auf uns aus. Doch seine Zukunft ist ungewiss, denn wir Menschen greifen immer stärker in seinen Lebensraum ein. Schutzmaßnahmen für den Zwergflamingo sind am wirksamsten, wenn sie den Schutz des gesamten Ökosystems einschließen. Das ist besonders wichtig angesichts der wenigen Orte, an denen dieser Vogel ungestört brüten kann. Den Brutstandorten, speziell dem Natronsee gebührt oberste Priorität. Doch auch die Sodaseen, an denen Zwergflamingos nicht brüten, wo sie sich jedoch zu riesigen Schwärmen zusammenfinden, um Nahrung aufzunehmen, sind unverzichtbar für ihr Überleben. Auch die Kleingewässer zwischen den großen Flamingoseen werden von den Zwergflamingos auf ihren Wanderungen benötigt, als „Stopover" zum Rasten und Dümpeln. All diese Gewässer können wiederum nur ausreichend geschützt werden, wenn ihre Einzugsgebiete geschont werden. Dies erfordert schwierige Interessenabwägungen bezüglich Besiedlung und Nutzung durch den Menschen. Politische und ethnische Konflikte sowie ökonomische Verteilungskämpfe in den expandierenden Gebieten menschlicher Ansiedlungen in der Nähe der Flamingohabitate haben eine äußerst komplizierte Lage geschaffen. Besonders schwerwiegend hat sich die Abholzung der umgebenden Bergwälder und deren nachfolgende landwirtschaftliche und industrielle Nutzung erwiesen. Die Sodaseen haben in den letzten Jahrzehnten enormen Schaden genommen, und es bedarf vereinter Anstrengungen, um massive Schutzmaßnahmen durchzusetzen (Krienitz et al. 2016b; Oduor und Kotut 2016).

Tab. 1.2 Anzahl der Zwergflamingos, gezählt in den Kernländern ihrer Verbreitung im Zeitraum 2001–2007. (Nach Childress et al. 2008)

Land	Anzahl der Zwergflamingos (Minimum – Maximum)
Kenia	279.620–1.452.513
Tansania	549.327–633.215
Indien	17.045–411.355
Namibia	8991–56.025
Südafrika	6946–31.398
Äthiopien	3269–24.021
Guinea	11.125–13.000
Mauretanien	160–4800
Uganda	44–1785
Botswana	18–412
Summe	**865.441–2.643.824**

Mehr als 40 Fachleute aus aller Welt haben sich 2006 in Nairobi getroffen, um einen Aktionsplan zum Schutz des Zwergflamingos zu initiieren (Childress et al. 2008). Erklärtes Langzeitziel des Planes ist es, den Gefährdungsstatus des Zwergflamingos von „near threatened" zu „least concern" zu verringern. Der Rahmenplan zur Verwirklichung der Schutzmaßnahmen ist detailliert und berücksichtigt alle Formen der Gefährdung und Möglichkeiten ihrer Eindämmung. Doch der Weg ist steinig und erfordert in den 10 Kernländern der Hauptverbreitung des Vogels (Tab. 1.2) energische Schritte zur Umsetzung der Schutzmaßnahmen. Oftmals werden diese Maßnahmen verschoben, weil es vermeintlich dringendere Probleme zu lösen gibt, um die überbordende Zunahme der menschlichen Bevölkerung in den Griff zu bekommen. Wir dürfen jedoch nicht resignieren, denn die Lösung der Probleme zur Entwicklung der menschlichen Gesellschaft in diesen Ländern steht nicht in Widerspruch mit dem Schutz des Zwergflamingos. Beide Aufgaben könnten sinnvoll miteinander verknüpft werden.

2.1 Was sind Algen, und was können sie?

Wir müssen uns damit abfinden, dass sich der sprachlich überlieferte, einer vergleichsweise naiven Auffassung entstammende Ausdruck „Algen" nicht mit einer naturgegebenen Ordnungskategorie … zur Deckung bringen lässt. (S. Jost Casper 1991, *Die Algen*)

Algen sind dem „normalen" Menschen etwas suspekt. Zwar hat jedermann ein Bild von den großen Tangen der Weltmeere, aber die schier unüberschaubare Fülle der anderen Algen lässt sich nicht mit bloßem Auge erkunden. Dazu braucht man ein gutes Mikroskop, oder man sieht und riecht sie in Massenaufkommen, in Algenblüten, die unsere Gewässer unansehnlich machen. Viele der Stoffe, die sie produzieren, sind noch nicht vollständig erforscht, einige davon sind giftig. Algen tauchen von Zeit zu Zeit auf „wie Phönix aus der Asche", besonders häufig zur Sommerzeit, wenn „Killeralgen" die Badestrände an den Küsten und im Binnenland besiedeln – gerade rechtzeitig, um das journalistische Sommerloch mit reißerischen Artikeln in der Boulevardpresse zu füllen. Als Weltreisende verfrachten wir Menschen die Algen an unseren Schuhsohlen, an den Schiffskörpern und im Ballastwasser der Schiffe in alle Winkel der Erde. Wenn diese Ankömmlinge auf geeignete Bedingungen treffen, können sie sich in den neuen Siedlungsgebieten unkontrolliert vermehren. So werden seit den 1990er Jahren an den Küsten des Mittelmeeres und der Adria episodisch Hunderte Urlauber von Hautausschlägen oder Fieberkrämpfen geplagt. Auslöser sind Dinoflagellaten der Gattung *Ostreopsis*, die aus den Tropen eingeschleppt wurden. Besonders gefährlich sind Aerosole, die aus den Algenblüten entweichen und Atemwegsbeschwerden verursachen. Vor allem sind es Gifte aus der Gruppe der Palytoxine, die von *Ostreopsis* als Schutz gegen Fraßfeinde gebildet werden, aber eine schädliche Kettenreaktion in der marinen Lebewelt bis hin zu Warmblütlern auslösen (Pistocchi et al. 2011).

Doch auch in nordischen Gewässern kommt es zu Kalamitäten mit Algen. In der Nordsee bilden einzellige Flagellaten (*Prymnesium* [früher *Chrysochromulina*] *polylepis*)

riesige „Teppiche" aus Algen, deren Stoffwechselprodukte als weißlicher Schaum auf der Oberfläche schwimmen. Diese „Algenpest" wird mit dem Tod von Fischen und anderen Meerestieren in Zusammenhang gebracht. Dabei sind die Algen nicht an dem Dilemma schuld, sondern der Mensch, der die Meere als Müllkippe benutzt. Die Algen antworten mit ihrem Massenwachstum auf das Überangebot von Nährstoffen und sind im Prinzip als Signalgeber, als Warnleuchte für unkontrollierte Überfrachtung der Gewässer mit schädlichen Stoffen zu betrachten.

In den Binnengewässern sind es vor allem die Cyanobakterien mit ihren Leber- und Nervengiften, die Anlass zur Sorge geben. So wird weltweit über den Tod von Haus- und Wildtieren berichtet, die mit Cyanotoxinen verseuchtes Wasser getrunken haben. Auch Menschen sind von Vergiftungen durch Cyanotoxine betroffen. Der spektakulärste Fall ereignete sich 1996 in einem Dialysezentrum der brasilianischen Stadt Caruaru. Hier wurden Patienten mit ungefiltertem Wasser aus dem Tabocas-Stausee behandelt, das Microcystine enthielt. Mehr als 100 Patienten litten an Leberversagen, 26 Menschen starben (Jochimsen et al. 1998). Auch für die binnenländischen Wasserressourcen gilt, die Cyanobakterienblüten sind das äußere Zeichen für schlechten Umgang des Menschen mit seinen Gewässerökosystemen (Chorus 2001).

Dennoch, die meisten algenbürtigen Stoffe bringen dem Menschen Nutzen. Der Trend ist offensichtlich, die Zahl jener Menschen, die positiv über Algen denken, nimmt zu. Internetblogger bringen es auf den Punkt: „Schnitzel & Schminke". Sie umreißen damit zwei vielversprechende Gebiete für den Einsatz von Algen – als veganer Fleischersatz und zur Pflege unserer Gesichter und Körper. Man schreckt nicht vor Superlativen zurück, wenn es um die Algen als Nahrung der Zukunft geht. Eine Chimäre der „Superfoodalgen" *Chlorella* und *Spirulina* wird zum „Gigafood" *Chlorulina spirellii* – in einem gelungenen Aprilscherz (Ullmann 2015). Man setzt große Hoffnungen auf diese kaum erschlossenen „Wunderorganismen" als Heilpflanzen,

© Springer-Verlag GmbH Deutschland, ein Teil von Springer Nature 2018
L. Krienitz, *Die Nachfahren des Feuervogels Phönix*,
https://doi.org/10.1007/978-3-662-56586-5_2

als Produzenten hochwertiger Rohstoffe, bioaktiver Substanzen für Naturkosmetik, Nahrungsergänzungsmittel, Tierfutter oder als Lieferanten von Biotreibstoff.

Die Erdoberfläche ist zu 70 % von Meeren bedeckt, von denen ein großer Teil für die Algenkultur, als „landwirtschaftliche" Nutzfläche der Zukunft, zur Verfügung steht. Zu den wichtigsten Stoffgruppen, die aus Meeresalgen erzeugt werden, gehören die Alginate, die Salze der Alginsäure. Sie haben eine gelatineartige Konsistenz und dienen als Grundsubstanz für Soßen, Puddings, Kosmetika, Zahnpasta, Imprägniermittel und hochwertiges Papier (Geldscheine). Zahnärzte fertigen Abdrücke des Mundinnenraumes für die „dritten" Zähne mit Alginatmasse an. Chirurgen verwenden resorbierbare Fäden aus Alginaten. Feinkost aus Asien, getrocknete Tange, sind reich an Mineralien, Vitaminen und Eiweißen.

Mikrophyten (Cyanobakterien und Mikroalgen) bieten für den Menschen vielfältige Verwendungsmöglichkeiten. Im Vergleich zu Makrophyten haben sie eine 5-mal höhere Biomasseausbeute, weil sie nicht, wie Landpflanzen, Energie in die Erhaltung der komplizierten Strukturen des Pflanzenkörpers stecken müssen, sondern direkt in Nachwuchs investieren können. Sie produzieren Polysaccharide, Vitamine, Farbstoffe und wertvolle ungesättigte Fettsäuren – alles Naturprodukte, die der Mensch nutzen kann. Die Biotechnologie von Mikroalgen steht immer stärker im Fokus von Einrichtungen, die Grundlagenforschung und Anwendungsforschung verknüpfen, wie z. B. der hochmoderne AlgaePARC der Universität Wageningen, Holland (Bosma et al. 2014). In Deutschland ist die Roquette Klötze GmbH & Co. KG der führende Anbieter von biotechnologischen Produkten aus Massenkulturen der Grünalge *Chlorella* (www.algomed.de). In den Firmengewächshäusern winden sich 500 m Glasrohre, in denen Suspensionen von *Chlorella* zirkulieren und mittels Photosynthese wertvolle Biomasse produzieren. Es gibt inzwischen eine Vielzahl von technisch ausgefeilten Bioreaktoren, die auf Suspensionskultur basieren. Ein neuartiges System zur Kultur von Algenbiofilmen auf porösen Oberflächen wurde unlängst von Wissenschaftlern der Universität zu Köln etabliert (Podola et al. 2017). Dieser innovative Ansatz bietet viele Vorteile, z. B. eine wesentlich bessere Lichtausnutzung, eine flüssigkeitsarme Kultur und dadurch eine einfachere Erntetechnik.

Die Vorteile für die Algenbiotechnologie in den ariden Klimazonen der Tropen liegen allerdings nicht bei ausgefeilten Bioreaktoren, sondern in der Nutzung von „Open pond"-Systemen (Borowitzka und Moheimani 2013). Diese offenen Teiche arbeiten in unseren Breiten nicht effektiv, weil das Klima zu „gemäßigt" ist und viele Kontaminationen in die Kulturen gelangen, z. B. durch invasive Algenarten, welche die Kulturalgen verdrängen sowie durch Keime und Parasiten. In den Teichen der Tropen mit starker Hitze und Sonneneinstrahlung wachsen spezialisierte Algen, die in diesen salzigen Extremhabitaten heimisch sind (Extremophile),

nahezu ungestört, denn andere Algen und diverse Parasiten ertragen die harschen Bedingungen nicht. Derartige Kultursysteme könnten im äquatorialen Afrika und Indien profitabel arbeiten. Sie würden ohnehin in unfruchbaren Landstrichen etabliert werden, die für andere Bewirtschaftungsformen nicht geeignet sind. Doch auch hier gilt: Die Auswahl der eingesetzten Algenstämme entscheidet über den Erfolg. Am besten eignen sich jene Organismen, die spontan in diesen unwirtlichen, aber hochproduktiven Habitaten gedeihen.

Algen, die Organismen der Zukunft. Was ist Traum und was ist Wirklichkeit? Was macht die Faszination der Algen aus und treibt Wissenschaftler dazu, sich mit ihnen zu beschäftigen? Eines ist klar, Algen werden in ihrer Vielfalt und in den Möglichkeiten, die in ihnen stecken, unterschätzt. Das fängt schon damit an, dass man verdrängt, dass sie die Hauptgruppe der photosynthetischen Pflanzen darstellen. Verglichen damit sind die großen Blütenpflanzen nur eine kleine Gruppe grüner Pflanzen. Die verschiedenen phylogenetischen Linien der Algen umfassen eine Spannbreite, die von den grünen Urformen der Landpflanzen (die Grünalgen), über enge Verwandte der Pilze (die Dino- oder Panzerflagellaten), über Verwandte der Schlafkrankheit erregenden Trypanosomen (Euglenophyten, die Schönaugengeißler) bis hin zu Gruppen, die sich sowohl autotroph durch Photosyntheseals auch heterotroph, indem sie organische Stoffe oder Organismen, wie Bakterien aufnehmen, ernähren können (die Schlundgeißler und Goldalgen). Sie sind also in den verschiedensten Entwicklungslinien niederer Pflanzen und Tiere vertreten und stellen damit keine natürliche Gruppe im Sinne der Systematik dar, sie sind einfach gesagt, eine Sammelgruppe. Auch die hier so oft erwähnten Cyanobakterien werden ökologisch gesehen zu den Algen („Blaualgen") gezählt, aber wegen ihres Zellbaus und ihrer Entwicklungsgeschichte gehören sie zu den Bakterien.

Aufgrund der Heterogenität der Algen lässt sich eine Definition nur schwer formulieren. Es handelt sich um niedere Pflanzen mit polyphyletischem Ursprung. Um sie von den anderen Organismengruppen abzugrenzen, bedarf es einiger Fachtermini: Algen sind Thallophyten, ihr Vegetationskörper ist nicht in Blätter, Stengel und Wurzel gegliedert, wie der Sproß der höheren Pflanzen, die Kormophyten. Algen sind Kryptogamen, das heißt, ihre Vermehrung findet im Verborgenen statt, und nicht wie bei den Phanerogamen in Form auffallender Fortpflanzungsorgane wie Blüten. Algen sind Protisten, abgeleitet vom griechischen Wort „protos" (= erster, früherer, älterer), also ursprüngliche, „primitive" Organismen. Protisten werden in Protophyten (sich vorwiegend autotroph ernährende „Urpflänzchen") und Protozoen („Urtierchen" mit heterotropher Ernährung) unterteilt. Proto**phy**ten darf man nicht mit Proto**cy**ten verwechseln, jenen einfachen Mikroorganismen, die noch keine Organellen, wie Zellkerne und Chloroplasten in ihren Zellen besitzen. Cyanobakterien sind Protocyten, während die echten Algen Eucyten sind, also Zellkern und andere Organelle bilden.

Auch die Wissenschaft von den Algen ist begrifflich nicht ohne Tücken zu umschreiben. Es stehen zwei Begriffe zur Verfügung: Algologie und Phykologie. Die Algologie basiert auf dem lateinischen Begriff „alga" (= Seegras). Der griechische Begriff „algos" bedeutet Schmerz. Man könnte die Algologie also auch als Schmerzkunde auffassen. Wenn wir uns manch erbarmungslose Piste in Afrika und Indien auf dem Weg zu unseren Probenahmestellen in Erinnerung rufen, dann war der Zugang zu Algenproben aus einigen Feuchtgebieten wirklich eine Form der Schmerzkunde. Wir nutzen hier konsequenterweise den Begriff „Phykologie", der von griechisch „phykos", Tang, abgeleitet ist.

Zeitgemäße Phykologie sollte Brücken zwischen Labor- und Feldforschung sowie zwischen klassischen mikroskopischen und modernen molekularbiologischen Methoden schlagen. Algenkundler sind zur interdisziplinären Zusammenarbeit geboren. Das liegt zunächst an der Fülle verschiedenartigster Organismen aus den divergierenden Entwicklungslinien, die Algenforscher für die Wissenschaft anbieten können. Algenkulturen werden in der physiologischen Grundlagenforschung eingesetzt, so wurden beispielsweise wichtige Schritte der Photosynthese mithilfe von Grünalgen studiert. Auch für Biotests sind Algen bestens geeignet, da sie einfach und schnell unter standardisierten Laborbedingungen kultiviert werden können. Algen bilden als Produzenten von Biomasse die Schaltstellen zwischen den Zersetzern (Bakterien, Pilzen) und den Konsumenten (Zooplankton, Fische, Zwergflamingos). Daraus ergibt sich, gerade auch für unsere Arbeit, ein interessantes Feld, das Phykologie und Ökologie verknüpft.

Bezüglich ihrer Bedeutung für die Stoffkreisläufe auf der Erde können Algen gar nicht hoch genug eingeschätzt werden. Als wichtigste Primärproduzenten gelten sie als die Urnahrung des Lebens auf der Erde. Man bezeichnet manchmal das Wasser als das „Blut der Erde", dann wären die Algen die Blutkörperchen darin. Doch Algen leben nicht nur im Wasser, sie kommen auch im Boden, auf Steinen, auf Schnee und Eis, auf Tieren und Pflanzen und in verschiedenen Lebensgemeinschaften (Symbiosen), z. B. den Flechten, vor. Gerade die Bodenalgen sind in ihrem Erscheinungsbild schwer für den Nichtfachmann zu erfassen, es sei denn, sie wachsen an den Wänden unserer Häuser. Algenkundler fanden besonders große Mengen Algen an Mauern, die reichlich mit Urin von Hunden und Menschen begossen worden waren, z. B. in der Nähe von Gaststätten. In den urbanen Habitaten der nordirischen Stadt Galway wurden 101 Arten Cyanobakterien und 98 Grünalgen nachgewiesen (Rindi 2007). Im Boden selbst sind Algen nach den Pilzen, Bakterien und Actinomyceten die viertwichtigste ökologische Gruppe, die in den feuchten Hohlräumen in Biofilmen leben und bis zu 1500 kg Biomasse pro Hektar produzieren. Sie kitten die Bodenkrümel und tragen zur Bodenfruchtbarkeit bei. Sie verdienen ihre Erwähnung hier, weil sie als

Erstbesiedler mineralischer Substanz fungieren. Sie besiedeln nackte Felsen, vulkanisches Urgestein, Deponien industrieller Abfallstoffe und verbrannte Erde, sie tragen also das Phönix-Gen in sich.

Unsere Aufmerksamkeit gilt hier jedoch dem Phytoplankton, der „Schwebelebewelt" der Gewässer. Wer die Algen kennt, kann schon viel über den Zustand eines Habitats aussagen. Wenn man die Steuerglieder im Stoffkreislauf der Ökosysteme versteht, kann man helfend eingreifen, den Gewässerzustand zu verbessern. Das Phytoplankton spielt eine Schlüsselrolle im Energiefluss, im Nahrungsnetz der Gewässer. Algen als Hauptprimärproduzenten sind zentrale Schaltstellen in aquatischen Systemen. Sie setzten mithilfe des Sonnenlichtes unter Verbrauch von Kohlendioxid die im Lebensraum vorhandenen Nährstoffe in Biomasse um. Dabei produzieren die Algen nicht nur Biomasse, sondern durch Photosynthese auch Sauerstoff. Der Nährstoffgehalt eines Gewässers beinflusst die Menge Biomasse, die in der lichtdurchfluteten (euphotischen) Schicht der Gewässer produziert wird. In einem gesunden Kreislauf dient die Algenbiomasse als Nahrungsgrundlage vieler kleiner Tiere (Zooplankton), wie z. B. der Wasserflöhe. Diese werden von den Friedfischen gefressen, und Friedfische werden von Raubfischen gefressen. Die Raubfische gehören zur Nahrung des Menschen. Tiere und Menschen verdauen die Nahrung und produzieren wiederum Abfallstoffe, die sie in die Gewässer zurückleiten. Wenn die Einträge zu hoch sind, die Nährstoffbelastung des Gewässers steigt, dann wird zu viel Algenbiomasse produziert, die nicht vollständig vom Zooplankton verzehrt werden kann. Die ungefressenen Algen sterben eines Tages ab, sinken auf den Grund des Gewässers und werden dort von Bakterien zersetzt. Dabei wird der so wertvolle Sauerstoff verbraucht, und die Bakterien produzieren bei ihrer Arbeit Faulgase wie Methan und Schwefelwasserstoff. Dann kommt es zu einem Zustand, den auch der Laie als „schlecht" erkennt und besorgt sagt: „Der See kippt um". Die bei der Zersetzung durch Mikroben stattfindende Remineralisierung in einem Gewässer führt die Nährstoffe dem Kreislauf wieder zu. Die Algen sind somit die „Feuervögel" in unseren Gewässern. Wenn eine Alge sich durch Zellteilung vermehrt, geht die Substanz der Mutterzelle in die Tochterzellen über, es geht also nichts verloren, und Algen sind in gewisser Weise unsterblich. Wenn eine Alge allerdings doch durch ungünstige Lebensbedingungen abstirbt, dann bildet sich aus ihrer „Asche" eine neue Alge, ein neuer Phönix.

Aufgrund ihrer einfachen Vermehrungsweisen durch Zellteilung und Sporenbildung haben Phytoplankter hohe Reproduktionsraten und geben eine schnelle Antwort auf Veränderungen der Umwelt. Der kanadische Seenforscher David W. Schindler fand heraus, dass die Artzusammensetzung des Phytoplanktons zu den frühesten Indikatoren für Umweltveränderungen in Seen gehört (Schindler 1987). Chemische Parameter „schlagen" erst viel später an. Phytoplanktongemeinschaften haben einen wesentlich höheren Grad an Artendiversität als andere eukaryotische Organismen in Nahrungsketten (wie z. B. Zooplankton und Fische). Aus dieser schnell wandelbaren Zusammensetzung der Algenwelt ergibt sich eine gute Möglichkeit, frühzeitig Gefahren für das Gewässer zu erkennen. Die Struktur der Phytoplanktongemeinschaft entscheidet auch wesentlich über die Nutzbarkeit der Wasserressource. Die Bildung von Toxinen und großen, schleimigen Kolonien durch Cyanobakterien und Geruchsstoffe aus Goldalgen beispielsweise, beeinträchtigen die Wasserqualität erheblich.

Nun konzentrieren wir uns auf jene Cyanobakterien und Algen, die eine wichtige Rolle in den Flamingoseen spielen. Für die Flamingos, deren riesige Schwärme gewaltige Mengen Nahrungsalgen pro Tag benötigen, ist von überlebenswichtiger Bedeutung, dass die Mikrophyten es schaffen, jeden Tag aufs Neue diese Mengen Biomasse zu produzieren. Sodaseen gehören zu den produktivsten Ökosystemen der Welt (Tab. 2.1) und leisten diese Aufgabe in Phasen, in denen das Cyanobakterium *Arthrospira fusiformis* das Plankton dominiert.

2.2 Cyanobakterien und Algen aus den Flamingoseen

… they extract the green microscopic growth from the water … (Leslie Brown 1959, *The Mystery of the Flamingos*)

… sie extrahieren das grüne mikroskopische Wachstum aus dem Wasser … (Übersetzung L. K.)

2.2.1 *Arthrospira* – die Grundnahrung der Zwergflamingos

Arthrospira ist ein fadenförmiges, spiralig gewundenes Cyanobakterium (Abb. 2.1). In den Sodaseen Afrikas finden wir nur eine Art: *A. fusiformis*, die unter den extremen Bedingungen außerordentlich gut gedeiht. Sie wächst in stark alkalischem Milieu, bei pH-Werten von 9,5 bis fast 10 und toleriert Temperaturen von maximal 35 °C. Diese Art ist besonders produktiv bei Salzkonzentrationen von 22–62 ‰. Es wurden rekordverdächtige Biomassewerte von 200–1430 mg/l gemessen (Kaggwa et al. 2013b). Größe und Form der Fäden von *A. fusiformis* variieren stark: Fadendicke 3–15 µm, Durchmesser der Spiralen 15–60 µm, Abstand zwischen deren Windungen 0–80 µm. Diese Parameter werden von Umweltfaktoren beeinflusst. Große Exemplare in lockeren Spiralen dominieren bei hohen Phosphorkonzentrationen, Turbulenz des Wasserkörpers, hoher Temperatur und Salinität. Große Spiralen mit engen Windungen überwiegen, wenn die Nitratkonzentration und der Fraßdruck hoch sind, und bei Infektionen mit Cyanophagen (Kaggwa et al. 2013b; Schagerl et al. 2015). In Gewässern mit niedriger Salinität entwickelt sich ein kleiner Ökotyp mit einer Fadendicke von 4–5 µm (Krienitz et al. 2013b).

Genau wie der Zwergflamingo ist *A. fusiformis* eine Charakterart der Sodaseen und bildet die wichtigste und wertvollste Nahrungsgrundlage für diese Vögel. Hervorzuheben ist der hohe Anteil von 60–70 % Eiweiß am Trockengewicht. *Arthrospira* ist nicht nur für Zwergflamingos eine reichhaltige und gesunde Nahrung, sondern wird auch vom Menschen genutzt. Dichte Freilandpopulationen und Massenkulturen von *Arthrospira* gelten als wichtige Quelle von pflanzlichem Eiweiß und gesundheitsfördernden Inhaltsstoffen (Ciferri 1983). Seit Jahrhunderten werden im Tschad, in Indien, in Mexiko und anderen tropischen Ländern luftgetrocknete „Quasi-Monokulturen" aus Binnenseen und Teichanlagen für die menschliche Ernährung genutzt. *Arthrospira*-Arten sind die meistgenutzten Cyanobakterien in Massenkulturen überhaupt. Irreführenderweise wird für diese Handelsprodukte der Name „*Spirulina*" verwendet (vgl. 2.2.2). Es wird über außerordentlich positive Einflüsse der aus den Kulturen gewonnenen Produkte auf die menschliche Gesundheit berichtet. Mineralien, Spurenelemente, Aminosäuren, Vitamine und weitere nützliche Inhaltsstoffe in einer besonders

Tab. 2.1 Bruttoprimärproduktion (BPP) ausgewählter Ökosysteme in g Sauerstoff pro m² und Jahr. (Nach Schagerl und Burian 2016, ergänzt)

Ökosystem	Vorkommen	BPP	
Arktische Tundra	USA, Alaska	445	(Turner et al. 2006)
Tropischer Süßwassersee	Äthiopien, Tana	887	(Wondie et al. 2007)
Getreide-, Sojabohnenfeld	USA, Illinois	1621	(Turner et al. 2006)
Prärie	USA, Kansas	1877	(Turner et al. 2006)
Tropischer Süßwassersee	Ostafrika, Victoriasee	2500	(Talling 1987)
Nadelholzforst	USA, Oregon	2840	(Turner et al. 2006)
Hartholzforst	USA, Massachusetts	3547	(Turner et al. 2006)
Tropische Lagune	Golf von Mexico	4450	(Ziegler und Brenner 1998)
Tropischer Sodasee	Kenia, Bogoria	4875	(Oduor und Schagerl 2007)
Tropischer Regenwald	Brasilien, Amazonien	6317	(Turner et al. 2006)
Tropischer Sodasee	Kenia, Nakuru	6854	(Oduor und Schagerl 2007)

Abb. 2.1 *Arthrospira fusiformis,* die Hauptnahrung der Zwergflamingos. (**a**) dicke Aufrahmung von *Arthrospira* mit Flamingofedern in der Süd-bucht des Bogoriasees (nach Krienitz und Kotut 2010); (**b-e**) unterschiedlich dicht gewundene, großzellige Fäden; (**f**) kleinzelliger Ökotyp aus dem Oloidiensee. (**d**) *Arthrospira* (A) gemeinsam mit ihrem Konkurrenten *Picocystis* (P) im Bogoria; (**e**) auf dem Sediment: *Arthrospira* in einem Klumpen von Kieselalgen (*Nitzschia*) eingeschlossen. Skala = 25 µm

günstigen Zusammensetzung geben dem menschlichen Körper Vitalität.

Der Markt mit „*Spirulina*"-Pillen boomt. Eine potenzielle Toxizität wird weitgehend ausgeschlossen. In der Tat sind bisher wenig klare Befunde über die toxische Wirkung von *Arthrospira* („*Spirulina*") publiziert. Erste Verdachtsmomente ergeben sich aufgrund eines medizinischen Berichts aus einem japanischen Hospital über Leberschäden bei einem Patienten nach Einnahme von „*Spirulina*"-Präparaten (Iwasa et al. 2002). In neuester Zeit wird über neurotoxische Effekte durch BMAA (Beta-N-Methylamino-L-Alanin) aus *Arthrospira* berichtet (Mazokopakis et al. 2008). Unsere Befunde an *Arthrospira* in Afrika zeigten, dass zwar die meisten *Arthrospira*-Proben und -Kulturen unbedenklich sind, aber in einem Sortiment von 40 Reinkulturen dieses Cyanobakteriums wurden drei Stämme gefunden, die Gifte (Microcystine, Anatoxin-a) bildeten (Krienitz et al. 2005). Kollegen aus Tansania berichteten über ein Massensterben der Zwergflamingos am See Big Momela im Arusha National Park im Jahre 2004. Die Wissenschaftler fertigten aus der *Arthrospira*-Suspension, die im See wuchs, Extrakte, die in toxikologischen Tests an Mäusen eine hohe Mortalität verursachten (Lugomela et al. 2006). Yin et al. (2017) wiesen geringe Konzentrationen von Microcystinen in *Arthrospira* aus dem Bogoriasee nach. Es gibt keine andere Lösung: die Qualität und die Toxizität von *Arthrospira* im Freiland und in Kultur muss regelmäßig überwacht werden, um vor Gefährdungen gefeit zu sein.

2.2.2　*Spirulina* – die vermeintliche Doppelgängerin

Wie im vorhergehenden Kapitel erwähnt, wird der Name „*Spirulina*" oftmals irrtümlich für *Arthrospira* verwendet. Es ist jedoch wichtig, beide Cyanobakteriengattungen auseinanderzuhalten, denn es gibt diakritische Merkmale in der Gestalt, in der Ökologie und in der Entwicklungsgeschichte. Morphologisch unterscheidet sich *Spirulina* durch ihre grazileren Fäden (Abb. 2.2). An den ostafrikanischen Seen findet man *Spirulina* im Sediment und in heißen Quellen, es ist eine benthische Form, während *Arthrospira* im Plankton der Gewässer wächst. In Sequenzanalysen wurde nachgewiesen, dass die beiden Gattungen in distinkte Linien gehören (Ballot et al. 2004a). Dies drückt sich auch in der Zugehörigkeit zu unterschiedlichen Ordnungen aus. Während *Arthrospira* in die Oscillatoriales gestellt wird, ist *Spirulina* die Charaktergattung der Spirulinales (Komárek et al. 2014).

2.2.3　*Anabaenopsis* und *Cyanospira* – die Begleiterinnen

Wie im Abschn. 1.3 ausgearbeitet wurde, ist die Hauptnahrung der Zwergflamingos aufgrund wechselnder hydrologischer und chemischer Bedingungen nicht immer verfügbar. Schon die ersten Biologen, die an die Sodaseen

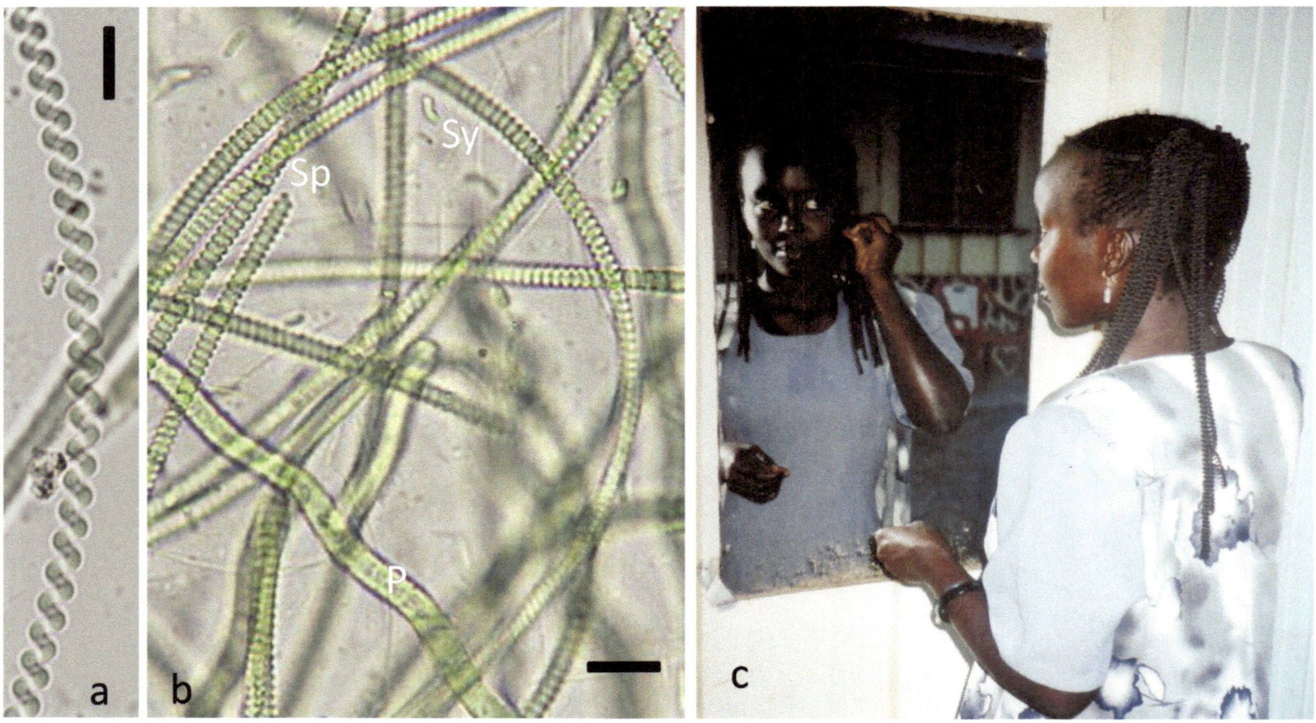

Abb. 2.2 *Spirulina*, die vermeintliche Doppelgängerin von *Arthrospira*. (**a**) *Spirulina major* vom Sediment einer Wasserstelle am Natronsee; (**b**) *S. subsalsa* (Sp), Synechococcus (Sy) und *Phormidium terebriformis* (P) aus heißen Quellen am Ufer des Bogoriasees; (**c**) Margareth, deren Haarstil an *Spirulina* erinnert. Skala = 20 μm

Ostafrikas reisten, wiesen auf dieses Phänomen hin. Die Zoologin Penelope Jenkin (1902–1994), Teilnehmerin der Percy-Sladen-Expedition der Linnean Society of London im Jahre 1929, berichtete, dass *Arthrospira* von anderen Futteralgen, wie z. B. Kieselalgen, ersetzt werden könne. Sie übergab ihre Planktonproben an die Phykologin Florence Rich (1865–1939) zur näheren Begutachtung. Diese fand heraus, dass Vertreter der Cyanobakterien-Gattung *Anabaenopsis* als Konkurrenten von *Arthrospira* auftraten. In den Sodaseen Afrikas wurden insgesamt fünf verschiedene Arten dieser Gattung gefunden (Krienitz et al. 2013a). *Anabaenopsis* bildet vielzellige, perlschnurartige Fäden tonnenförmiger

Zellen, die von typischen Zellformen der Nostocales, Heterocyten (Spezialzellen, in denen enzymatisch Luftstickstoff fixiert wird) und Akineten (Dauerzellen), unterbrochen werden (Abb. 2.3). Arten von *Anabaenopsis* können vom Zwergflamingo aufgenommen werden. Wie nahrhaft sie im Vergleich zu *Arthrospira* sind, wurde bisher nicht untersucht.

Sehr ähnlich sind Arten der Gattung *Cyanospira*, die sich durch lange Ketten von Akineten im Zellfaden und noch größere und kompaktere Fadenklumpen, die von dicken Schleimhüllen umgeben sind, unterscheiden. Die dicken Kolonien verstopfen die Excluder und Lamellen des Flamingoschnabels und behindern so die Nahrungsaufnahme.

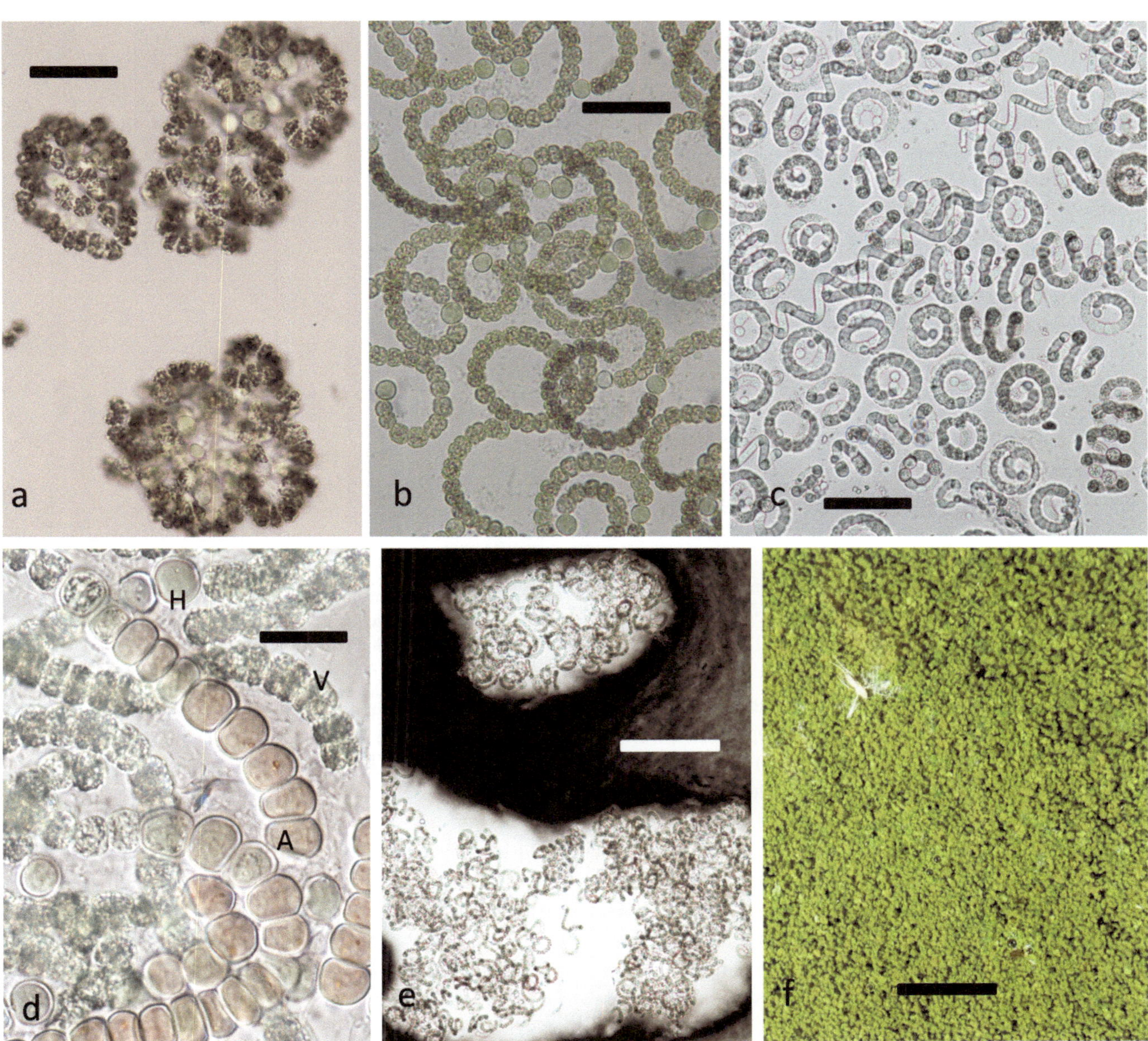

Abb. 2.3 *Anabaenopsis* und *Cyanospira*. (**a**) *Anabaenopsis abijatae* (Nakuru); (**b**) *A. arnoldii* (Elmentaita); (**c**) *A. elenkinii* (Oloidien); (**d–f**) *Cyanospira capsulata* (Bogoria); (**d**) stark vergrösserte Filamente mit vegetativen Zellen (V), Heterocyten (H) und Ketten bräunlicher Akineten (A); (**e**) die Probe wurde einer „Negativfärbung" mit Ausziehtusche unterzogen, die Schleimhülle verhindert das Eindringen der Tusche in die Kolonie, die von einem schwarzen Tuscherand umgeben ist; (**f**) *C. capsulata* bildet makroskopisch sichtbare Kolonien. Skala = 10 µm (**d**) 25 µm (**a, b**), 100 µm (**c**), 250 µm (**e**), 1 cm (**f**). (Nach Krienitz et al. 2013a, mit freundlicher Genehmigung von © Springer)

Dadurch leiden die Zwergflamingos an Hunger und werden geschwächt. So erhöht sich bei ihnen auch das Risiko, von Infektionskrankheiten befallen zu werden.

2.2.4 *Haloleptolyngbya alcalis* und *Phormidium etoshii* – die Neuentdeckten

Dem Mikroskopiker begegnen praktisch in allen Proben hauchdünne (Durchmesser etwa 1 µm), unverzeigte Fäden von Cyanobakterien, mal häufiger, mal in ganz geringen Mengen. Man findet sie im Freiland unter denkbar unterschiedlichsten Bedingungen, im Süßwasser bis hin zu hochkonzentriertem Salzwasser, und auch in heißen Quellen. Wenn man die lebenden Proben in Kulturgefäßen vor sich hinwachsen lässt, so setzen sich die dünnen Fadengeflechte an den Wänden fest und haben innerhalb weniger Wochen alles überwuchert. Was sind das für geheimnisvolle und anpassungsfähige Organismen? Schwierige Fälle für Systematiker! Wenn man wirklich nur auf das Mikroskop angewiesen ist, wird man wohl bald resignieren und das Material unter *Leptolyngbya* spp. einordnen. Komárek und Anagnostidis (2005) setzten sich in ihren Bestimmungsschlüsseln mit mehr als 150 Taxa auseinander und bezeichneten die Gattung als schwierigen Fall, der dringend einer Revision unterzogen werden muss. Molekularbiologen fanden heraus, dass es sich um eine polyphyletische Gattung handelt, die in zahlreichen Linien evolviert ist. Wenn man also molekulare Werkzeuge zur Verfügung hat, sollte man nicht aufgeben, sondern tiefer in die Systematik des aufgesammelten Materials eindringen. Im Nakurusee zeigten sich immer, wenn *Arthrospira* schwächelte, Fladen aus dünnfädigen *Leptolyngbya*-ähnlichen Organismen, die wir nach mühevoller Arbeit als neue Gattung und Art beschreiben konnten: *Haloleptolyngbya alcalis* (Dadheech et al. 2012). Diese neue Gattung (Abb. 2.4) befindet sich in guter Gesellschaft, denn später wurden weitere neue Gattungen innerhalb der Familie Leptolyngbyaceae entdeckt, zum Beispiel: *Pantanalinema* und *Alkalinema* (Vieira Vaz et al. 2015) und *Thermoleptolyngbya* (Scutio und Moro 2016). In der Klon-Bibliothek der heißen Quellen am Bogoriasees wurden neun Linien von *Leptolyngbya*-Ähnlichen gefunden, von denen sechs Linien noch an keinem anderen Ort der Welt nachgewiesen wurden und die ihrer taxonomischen Neubearbeitung harren (Dadheech et al. 2013a). Wir haben also noch viele neue Gattungen in diesem Verwandtschaftskreis zu erwarten.

Unsere Untersuchungen zeigten, dass *Haloleptolyngbya* zwar kein gutes Futter für die Zwergflamingos war, weil sie filzige Fladen bildete, aber in jungem Zustand kam sie als mögliche Ersatznahrung infrage. Die Art wächst auf dem Sediment und steigt später an die Wasseroberfläche. Am Elmentaitasee beobachteten wir in einer *Arthrospira*-freien Phase, wie einige Zwergflamingos Aufrahmungen von *Haloleptolyngbya* fraßen.

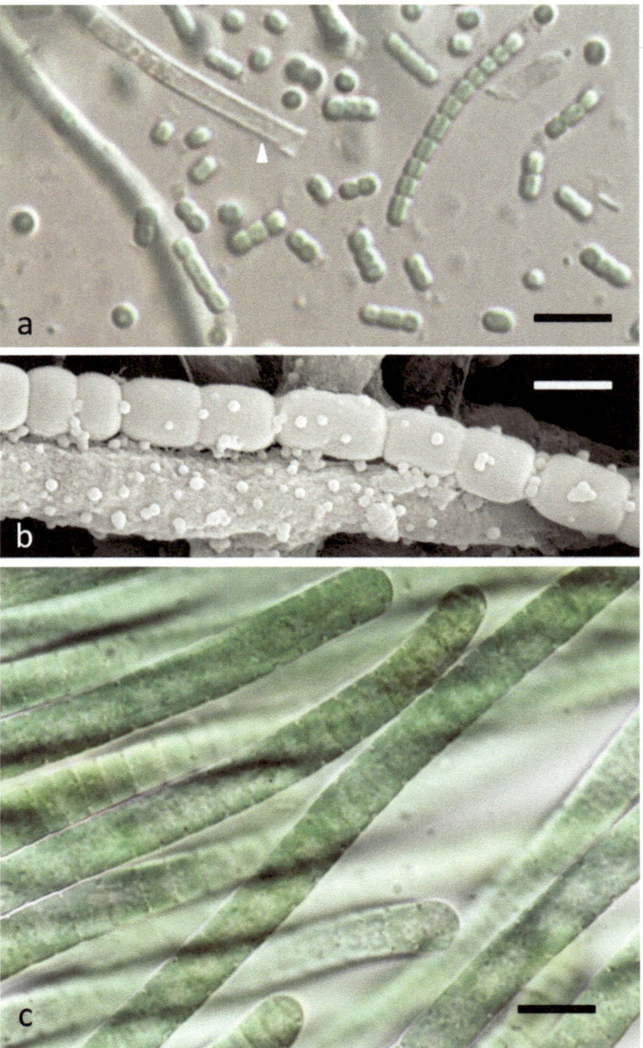

Abb. 2.4 Einzelzellen und Fäden von *Haloleptolyngbya alcalis* aus dem Nakurusee im Licht- (**a**) und Rasterelektronenmikroskop (REM) (**b**); (**a**) das Cyanobakterium kann eine farblose Hülle um die Fäden bilden, die Pfeilspitze zeigt auf eine leere Hülle; (**b**) im REM sieht man einen Faden ohne Hülle (oben), die Zellabgrenzungen werden deutlich, und einen Faden mit Hülle; die Oberfläche der Fäden ist von kugelförmigen Bakterien besiedelt. (**c**) *Phormidium etoshii* (Okandeka Spring), die Charakterart der Feuchtgebiete im Etosha National Park. Skala 10 µm (**a, c**), 2 µm (**b**)

Eine weitere harte Nuß galt es für uns in der Etosha-Pfanne zu knacken. Auf dieser Salzpfanne konnte bisher keine *Arthrospira* gefunden werden. Doch wovon leben die Zwergflamingos hier? Ganz offensichtlich sind sie auf Ersatznahrung angewiesen, wie Kieselalgen und verschiedene fädige Cyanobakterien. In fast allen Proben fanden wir ein fädiges Cyanobakterium mit 4–7 µm Fadendurchmesser. Wir ordneten sie grob in die Gattung *Phormidium* ein, weil sie zeitweilig dünne Hüllen um die Fäden bildeten (siehe Abb. 2.4). Doch auch *Phormidium* ist ein Problemfall, ähnlich wie *Leptolyngbya*. Die Gattung ist ebenfalls polyphyletisch und hat kaum brauchbare morphologische Differenzmerkmale. Komárek und Anagnostidis (2005) diskutierten mehr als 250

Taxa innerhalb ihres Kapitels über *Phormidium*. Da dieses Cyanobakterium aber in Etosha allgegenwärtig ist, mussten wir eine Lösung finden, denn es ist offensichtlich der cyanobakterielle Hauptprimärproduzent in der Salzpfanne und könnte als Nahrung für den Zwergflamingo dienen. Leider ließ sich das Cyanobakterium nicht kultivieren. Erst als wir eine Quasi-Monokultur in der Okandeka-Quelle im Zentrum des Etosha National Park fanden (Abschn. 6.2), konnten wir ihre DNS extrahieren und phylogenetische Analysen durchführen. Es handelte sich um eine neue Art, die wir als *Phormidium etoshii* beschrieben (Dadheech et al. 2013b). Ihre nächstverwandten Arten sind *P. terebriforme* und *P. acuminatum*, die vor allem in Thermalquellen vorkommen.

2.2.5 *Anomoeoneis, Campylodiscus* und *Opephora* – die Alternativen

Wenn die Populationen von *Arthrospira* nicht ausreichend entwickelt sind, erschließen Zwergflamingos andere Algenarten als alternative Nahrung. Kieselalgen (Diatomeen) auf dem Schlamm der Seen dienen als zweitwichtigste Nahrungsquelle für Zwergflamingos. Diese Kieselalgen sind viel weiter verbreitet, haben jedoch den Nachteil, dass sie wesentlich langsamer wachsen als *Arthrospira*. Daraus ergibt sich eine um ein bis zwei Zehnerpotenzen niedrigere „carrying capacity" (die durch gegebene Umweltbedingungen, wie Nahrungsverfügbarkeit, ermöglichte Populationsdichte eines Organismus) der Gewässer mit Kieselalgendominanz. So erklären sich die kleineren Flamingoschwärme in Gebieten mit vorwiegender Kieselalgennahrung (Tuite 2000). Die Kieselalgenbestände in den Flamingohabitaten sind divers und artenreicher als die Cyanobakterienpopulationen.

Kieselalgen sind von einer äußeren Schale aus Kieselsäure gekennzeichnet, die entweder bilateralsymmetrisch (bei pennaten Diatomeen) oder radiärsymmetrisch (bei zentrischen Diatomeen) geformt ist. Diese Schale besteht aus zwei Hälften, der Epitheka (der oberen, größeren Hälfte) und der Hypotheka (der unteren, kleineren Hälfte), die wie eine Bonbonschachtel mit Deckel und Boden ineinander gestülpt sind. Kieselalgen vermehren sich ungeschlechtlich durch Zellteilung. Dabei weichen die beiden Hälften auseinander, und jede Hälfte bildet eine neue Hypotheka. Das führt zwangsläufig dazu, dass 50 % der Tochterzellen kleiner werden als ihre Mutterzellen, was zu einer Verkleinerung der Population führt. Wenn eine Mindestgröße erreicht ist, setzt geschlechtliche Fortpflanzung ein, bei der eine Auxospore entsteht, welche als Ausgangsstadium einer neuen, großen Zelle dient. Nun kann der vegetative Teilungszyklus wieder einsetzen und so lange währen, bis wieder eine Auxosporenbildung nötig wird. Wir schildern dies hier im Detail, weil diese Verkleinerung der vegetativen Zellen Konsequenzen für die Flamingos haben können. Die Zellmaße müssen nämlich passen, um von den Lamellen im Flamingoschnabel aus dem Wasser und Schlamm gefiltert werden zu können.

In allen von uns untersuchten Flamingonahrungsgründen wurden mehr als 100 verschiedene Kieselalgenarten gefunden (Krienitz et al. 2016a). Hier zeigen wir die drei häufigsten und markantesten Arten aus drei verschiedenen Fundgebieten (Abb. 2.5). In den Sodaseen Ostafrikas dominierte *Anomoeoneis sphaerophora*, eine schiffchenförmige Kieselalge mit Längen von 50–150 μm – gut von den Flamingos zu filtern. In marinen Küstenzonen und Salzevaporationsteichen von Namibia war die schiffchen- bis keulenförmige *Opephora* sp. das dominierende Element. Die Größe dieser Kieselalge war mit Längen von 4–18 μm im Überlappungsbereich von fressbar bzw. nicht fressbar für die Flamingos – Nahrungspartikel, die größer als 15 μm sind, können von den Filtern aufgenommen werden. Der Fraßdruck der Vögel führt dazu, dass besonders kleinzellige Exemplare, die durch die Filter durchrutschen den Grundstock für stabile Populationen in den Gewässern schaffen können. In Indien, in den Wasserlöchern des Little Rann of Kutch dominierte *Campylodiscus bicostatus*, eine rundliche Art mit leicht gekrümmten Schalen und speziell geformten Wellenstrukturen im Randbereich. Ihre Größe von 50–75 μm Durchmesser passt ins Nahrungsspektrum der Flamingos.

2.2.6 *Chlorella, Mychonastes* und *Raphidocelis* – die Überlebenskünstler

Diese drei Gattungen von Grünalgen haben, jede auf ihre Art, Geschichte in der Algenkunde geschrieben (Abb. 2.6). Die kleinen, kugelförmigen Zellen (Durchmesser 2–10 μm) der Grünalge *Chlorella* werden oftmals als „grüne Bälle" bezeichnet. Sie kommen praktisch überall vor, in der Luft, im Boden, im Wasser. Der bekannte holländische Mikrobiologe Martinus Willem Beijerinck (1851–1931) begann das Kapitel zur Neubeschreibung der Art *Chlorella vulgaris*, der Gemeinen Kugelalge, mit folgenden Sätzen:

> Am 10. April 1889 bemerkte ich, dass das Wasser eines seichten Teiches in der Nähe von Delft durch mikroskopische Algen intensiv grün gefärbt war. Die grüne Farbe war beinahe ebenso stark wie diejenige des Grases am Ufer; durch eine Schicht von einem Centimeter konnte Druckschrift nicht mehr gelesen werden. (Beijerinck 1890)

Ganz abgesehen von der cleveren Methode, die Sichttiefe eines Wasserkörpers zu messen, wenn keine Secchi-Scheibe (eine weiße Scheibe, die solange ins Wasser herabgelassen wird, bis sie unsichtbar ist) vorhanden ist, sondern nur eine Zeitung, hat *Chlorella* von diesem Tage an die Laboratorien der Welt als universeller Modellorganismus erobert. Ihre einfache Handhabung, ihr überbordetes Wachstum und ihre physiologische Ähnlichkeit zu höheren Pflanzen machen sie unentbehrlich in biochemischen, physiologischen und biotechnologischen Untersuchungen. Doch trotz der weiten Beachtung, die diese Alge erfuhr, wurde sie aufgrund ihrer merkmalsarmen Gestalt oft falsch bestimmt. Mehr als 100 verschiedene Arten „grüner

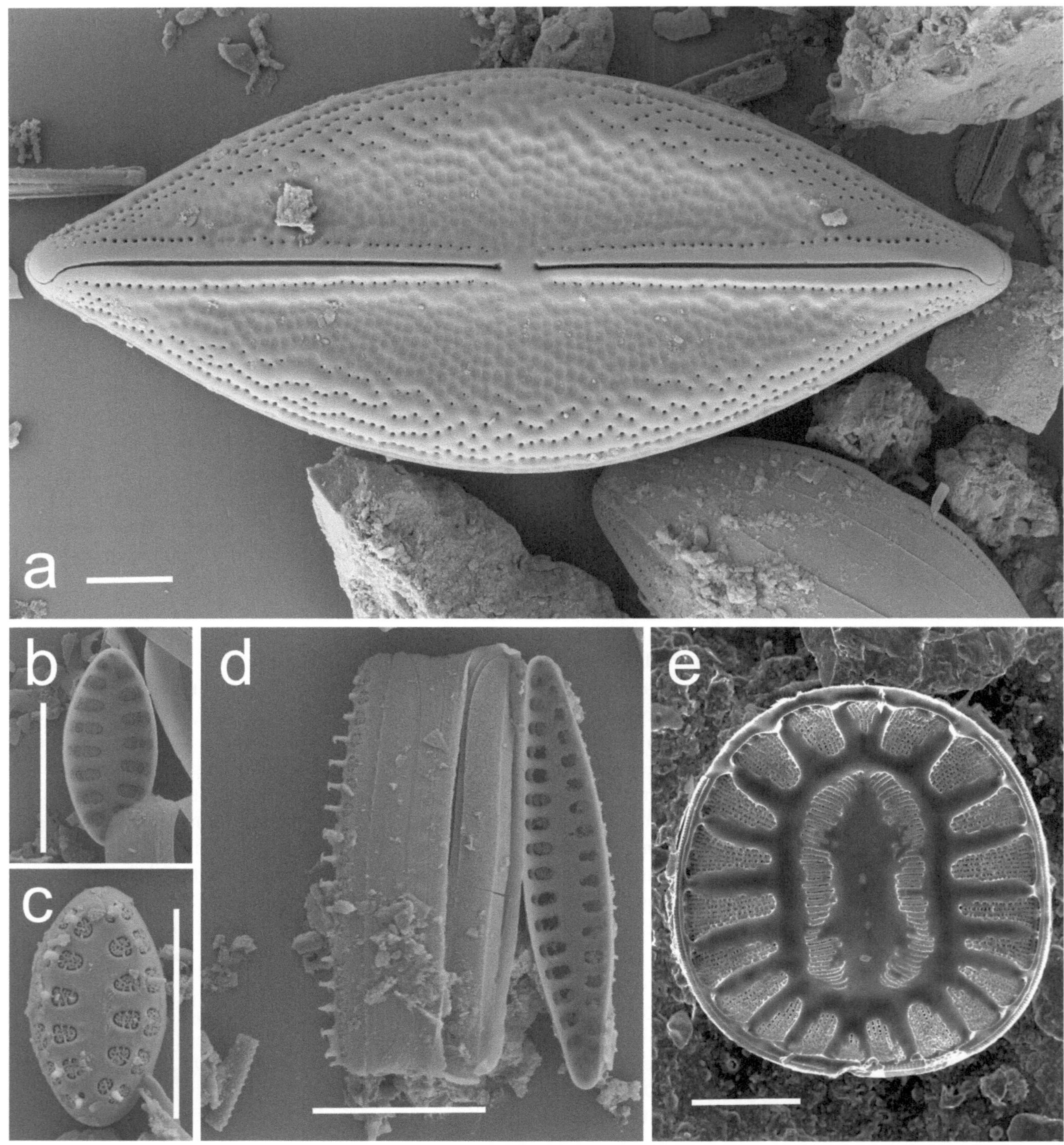

Abb. 2.5 Rasterelektronenmikroskopische Aufnahmen von häufigen Kieselalgen aus Flamingohabitaten (Fotos: Thomas Hübener); (**a**) *Anomoeoneis sphaerophora* (Nakuru); (**b–d**) *Opephora* sp. (Walvis Bay Lagoon); (**e**) *Campylodiscus bicostatus* (Little Rann of Kutch). Skala = 5 µm (**a–d**), 20 µm (**e**). (**a–e** Nach Krienitz et al. 2016a, mit freundlicher Genehmigung von © Springer)

Bälle" wurden unter dem guten Namen von *Chlorella* etabliert, doch die meisten dieser Kügelchen gehörten in ganz andere Gattungen (Krienitz et al. 2015). In unseren Untersuchungsgewässern fanden wir nicht nur die echte *Chlorella*, sondern auch ihre Verwandten aus anderen Gattungen, von denen wir mehrere neu beschreiben mussten. Die Chlorellaceae gliedern sich in zwei Hauptlinien, die *Chlorella*-Klade und die *Parachlorella*-Klade. Unter anderem benannten wir zwei der phykologischen Neubeschreibungen aus der *Parachlorella*-Klade nach nilotischen (Menschen-)Stämmen im Riftvalley: *Masaia* und *Kalenjinia* (Krienitz et al. 2012b). Im krokodilreichen Mara-Fluss entdeckten wir die neue Gattung *Marasphaerium*, und in Abwasserteichen der Stadt Nakuru fanden wir *Compactochlorella*.

Abb. 2.6 Vertreter von Gattungen coccaler Grünalgen der Sodaseen in Phasen niedriger Salinität; (**a**) *Parachlorella* sp. (Elmentaita), (**b**) *Masaia oloidea* (Oloidien), (**c**) *Mychonastes* sp. (Nakuru), (**d**) *Raphidocelis* sp. (Nakuru). (**e**) Krokodil mit einem Überzug aus Grünalgen auf der Wange (Pfeil). Von einer Probenahme zur Identifizierung der Algen wurde aus Sicherheitsgründen abgesehen. Skala = 10 µm

Auch *Mychonastes* bildet grüne Kugeln, ist allerdings kleiner als *Chlorella* und wurde erst viel später entdeckt. Zuerst wurde sie als Alge des Brackwassers beschrieben (Simpson und Van Valkenburg 1978). Inzwischen sind die 2–5 µm kleinen Bällchen in 15 verschiedenen Arten aus dem Süßwasser bekannt. Dennoch findet man sie kaum in den Artenlisten der Limnologen, denn sie werden schlichtweg übersehen. Nach unseren Erfahrungen gibt es kaum eine Wasserprobe, die keine *Mychonastes* enthält. Es ist zu vermuten, dass sie in einigen Jahrzehnten einen ähnlichen Bekanntheitsgrad erlangen könnten wie *Chlorella*. Nachdem wir unsere vergleichenden mikroskopischen und molekularbiologischen Untersuchungen veröffentlicht hatten (Krienitz et al. 2011), fanden Kollegen aus aller Welt diese Winzlinge in ihren Proben. So wurden sie als Endosymbionten von Schwämmen im Baikalsee entdeckt

(Chernogor et al. 2013) und als wachstumsintensive Formen in chinesischen Algenmassenkulturen (Yuan et al. 2011).

Raphidocelis ist eine hörnchenförmige Grünalge, deren Urtyp als „*Selenastrum capricornutum*" in die Geschichte der Biotests eingegangen ist. Ähnlich wie *Arabidopsis* (Ackerschmalwand aus der Familie der Kreuzblütler) für die Gefäßpflanzen, wird *Raphidocelis* als Laboralge für eine Fülle von biologischen Tests verwendet, von toxikologischen bis zu physiologischen Untersuchungen, die aufgrund der Vergleichbarkeit darauf angewiesen sind, dass die Testorganismen unter standardisierten Bedingungen angezogen werden. Eine hörnchenförmige Grünalge (unter dem Namen *Kirchneriella*) wurde aus dem Awasasee im äthiopischen Riftvalley isoliert und in Tests eingesetzt. Dabei überstand sie Salinitäten von 0,4–19,4 ‰ ohne eine Schädigung des Photosyntheseapparates (Ferroni et al. 2007).

Ein artenreiches Spektrum dieser Grünalgengattungen ist für die Flutungsphasen der Salzseen charakteristisch, wenn die Salinität geringe Werte (unter 5 ‰) erreicht und *Arthrospira* auskonkurriert wird. In leicht salinen Wasserproben geben sich diese Überlebenskünstler ein Stelldichein. Schon Vareschi (1978, 1982) fand verschiedene Grünalgen als Spieler in diesem Intermezzo der Phytoplanktongesellschaft, wenn *Arthrospira* und die Zwergflamingos den Nakurusee verlassen hatten. Wenn jedoch der Regen ausbleibt und die Salinität wieder steigt, erscheint *Arthrospira* in Massen und lockt die Flamingos an den Sodasee. *Chlorella, Mychonastes, Raphidocelis* und ihrer Verwandten müssen nun die für sie zu harschen Bedingungen anderswo überdauern: im Boden, in Wasserlöchern, in Oxidationsteichen der Stadt Nakuru oder am Grunde des Sees, jederzeit bereit, wieder die Dominanz zu übernehmen. Die Eigenschaft, praktisch aus dem Nichts zu kommen und in kürzester Zeit Blüten zu bilden, die Fähigkeit in dichten Suspensionen zu wachsen, hat sie auch als hochproduktive Kulturorganismen für die Biotechnologie interessant gemacht (Krienitz et al. 2016c).

2.2.7   *Picocystis* und *Nannochloropsis* – die winzigen Kraftprotze

Diese beiden Gattungen repräsentieren die Größenklasse des Picoplanktons in unseren Probengewässern, d. h. sie sind extrem winzig, so um die 2 µm, also zwei Tausendstel Millimeter (Abb. 2.7). Beide Arten kommen in den Salzseen nur unter grenzwertigen Bedingungen vor: *Picocystis*, wenn die Salzkonzentration extrem hoch ist (50–300 ‰), und *Nannochloropsis*, wenn nur noch wenig Salz im Wasser ist (unter 3 ‰). *Picocystis* gehört zu einer primitiven, wenig bekannten Grünalgengruppe, den Prasinophyten, die überwiegend im Meer vorkommen. *Nannochloropsis* ist eine Eustigmatophyte und steht den Gelbgrünalgen nahe.

Picocystis salinarum wurde von dem Phykologen Ralph A. Lewin (1921–2008) zum ersten Mal in einem Salzteich der Salzwerke in San Francisco (Salinität etwa 100 ‰) entdeckt (Lewin et al. 2000). Später wurde die Alge im Mono Lake, Kalifornien, USA, bei einer Salinität von 85 ‰ nachgewiesen, und an einem Fundort in der Inneren Mongolei betrug die Salinität 188 ‰. Bei unseren Probenahmen fanden wir *P. salinarum* in Afrika und Indien ab einer Salinität von über 50 ‰. Das ist die Konzentrationsstufe, bei der es für *Arthrospira* zu salzig wird. Dieser Verdrängungswettbewerb zwischen *Picocystis* und *Arthrospira*, zwischen „David und Goliath" wurde zum ersten Mal von uns in einem afrikanischen Flamingosee dokumentiert, im Bogoriasee, als der grüne Picoplankter das Cyanobakterium im Jahre 2006 in die Knie zwang. Leider ist *Picocystis* für die Flamingos viel zu winzig, so dass sie von keiner Filterlamelle im Flamingoschnabel aufgefangen werden kann. So mussten sich die Zwergflamingos auf die Suche nach

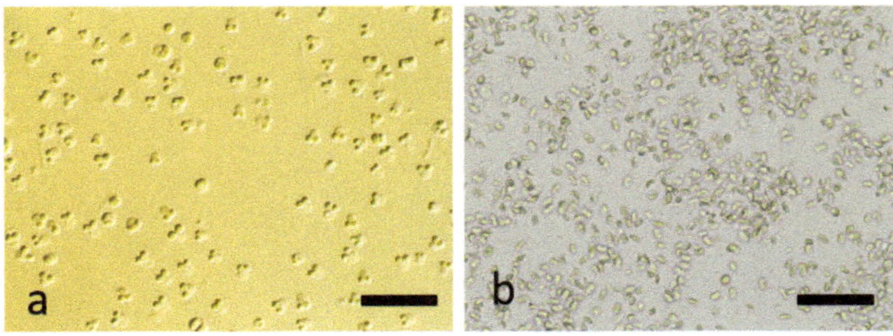

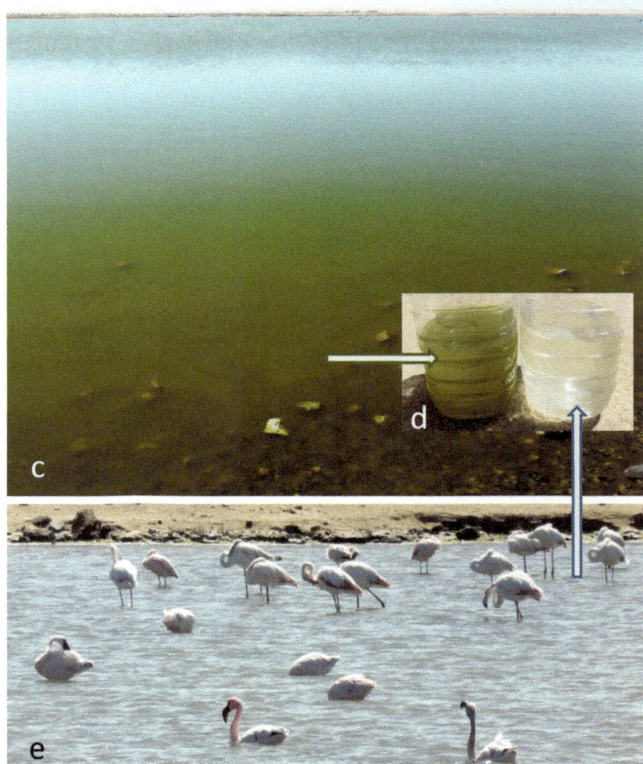

Abb. 2.7 *Picocystis salinarum* (**a**, Bogoria) und *Microchloropsis salina* (**b**, Swakop Salt) – zu winzig als Nahrung für die Zwergflamingos; (**c**) Vegetationsfärbung durch *M. salina* in einem Teich der Swakop Salt Company, (**d**) Wasserproben aus den Salzteichen der Firma, links die dichte Algenprobe aus dem Teich (**c**), der nicht von Zwergflamingos besucht wird, rechts die dünne Probe aus dem Nachbarteich (**e**), in dem die Flamingos Kieselalgen aus dem Sediment aufnehmen. Skala = 10 µm. (**a** nach Krienitz 2009, © Wiley-VCH Verlag GmbH & Co. KGaA, reproduziert mit freundlicher Genehmigung)

anderen Nahrungsquellen machen und verließen den Bogoriasee (Krienitz et al. 2012a).

Nannochloropsis ist ein Picoplankter, der in den Ozeanen und anderen Salzgewässern in mehreren Arten vorkommt (Andersen et al. 1998), und durch seinen hohen Gehalt an ungesättigten Fettsäuren eine wertvolle Nahrung im Nahrungsnetz darstellt (Volkman et al. 1993). In Shrimpsfarmen werden diese marinen Arten als Futterzusatz eingesetzt. Doch hier möchte ich über eine Art berichten, die wir neu entdeckt haben – die erste *Nannochloropsis*-Art aus dem Süßwasser, die wir deshalb *Nannochloropsis limnetica* nannten. Der „locus classicus", der Ort, an dem die Art zum ersten Mal gefunden wurde, war ein kleiner Teich im Dorf Schwarz in

Mitteldeutschland. Als wir das Teichwasser begutachteten, schien es, als ob Färbung, Geruch und Konsistenz zu keiner der Hunderten von Proben, die wir aus anderen Dorfteichen entnommen hatten, passten. Das Wasser verströmte irgendwie eine andere Energie. Wir überführten die Alge aus der Wasserprobe in Reinkultur, und molekulare Untersuchungen bewiesen die Eigenständigkeit der Art (Krienitz et al. 2000). Der Gehalt an Omega-3-Fettsäuren übertraf alle Erwartungen und war unter bestimmten Kulturbedingungen höher als bei marinen Species (Krienitz und Wirth 2006). Später fanden Kollegen diese Art in mehreren Gewässern von North Dakota, USA, (Fawley und Fawley 2007) und im Baikalsee (Fietz et al. 2005). Wir waren verwundert, als wir diese Art auch im Nakurusee fanden, denn der Unterschied zu den Bedingungen im Baikal könnte nicht größer sein. In einem Salzevaporationsteich in Swakopmund, Namibia, entdeckten wir Massenentwicklungen einer nahen Verwandten von *Nannochloropsis: Microchloropsis salina*, die eine höhere Salinität von 60–70 ‰ bevorzugte (siehe Abb. 2.7b).

An dieser Stelle soll nochmals auf die Bedeutung dieser Mikroalgen für die Biotechnologie eingegangen werden. Gerade am Beispiel von *Nannochloropsis* können die Chancen der Biotechnologie illustriert werden. Modellrechnungen über mögliche Ernteerträge von Mikroalgen haben ergeben, dass viele der Kalkulationen zu optimistisch sind. Das gilt jedoch nicht für tropische Gewässer (aufgrund der klimatischen Bedingungen) und für *Nannochloropsis* (aufgrund der hohen Wachstumsraten und des hohen Lipidgehaltes) (Moody et al. 2014). Fazit: Viele der Träume von Algenbiotechnologen könnten mit *Nannochloropsis* und ihren Verwandten realisiert werden.

2.2.8 Phytoflagellaten – die Konkurrenten

Der Begriff „Phytoflagellaten" ist eine Sammelbezeichnung für Algen, die mit einer oder mehreren Geißeln ausgestattet sind und sich aktiv in ihrem Ökosystem fortbewegen können, um Nischen aufzusuchen, in denen die Bedingungen förderlich für sie sind. Sie schwimmen dorthin, wo die Licht- und Nährstoffbedingungen günstig sind. Doch nicht nur räumlich sind die Phytoflagellaten flexibel, sondern auch physiologisch. Das gilt insbesondere für ihre Ernährungsweise, die autotroph, mixotroph und heterotroph sein kann. Viele von ihnen betreiben also nicht nur Photosynthese, sondern ernähren sich z. B. von Bakterien. So können die Phytoflagellaten als „Grenzgänger" zwischen Pflanze und Tier angesehen werden. Sie sind in gewisser Weise für alle Lebensbedingungen offen und reagieren flexibel auf sich ändernde Bedingungen in den Sodaseen, besonders, wenn *Arthrospira* im Rückzug begriffen ist. Wir gehen hier auf diese Flagellaten ein, weil sie zu den Konkurrenten von *Arthrospira* gehören (Abb. 2.8).

In den Sodaseen kommen als häufigste Flagellaten die Euglenophyta (Schönaugengeißler) vor, speziell Vertreter der Gattung *Euglena*, die „Augentierchen". Das „schöne Auge" im Namen bezieht sich auf ein spezielles Lichtsinnesorgan, den Augenfleck (Stigma, Pigmentfleck), der mit einer lichtempfindlichen Schwellung an der Geißelbasis kombiniert ist. Euglenen sind durch eine flexible Zellwand gekennzeichnet, die es ihnen ermöglicht, ihre Gestalt zu verändern. Oftmals bilden sie in den Buchten von Seen und kleineren Tümpeln schwimmende Häute aus Neuston.

Cryptophyta (Schlundgeißler) sind winzige Flagellaten, die gewissermaßen als „Lückenspringer" in Übergangsphasen der Gewässer Dominanz zeigen. Sie sind jedoch zart und überstehen meistens die Fixierungsprozedur nicht, so dass sie im mikroskopischen Präparat unterrepräsentiert sind. Außerdem sind sie zu klein, um von den Flamingos verzehrt zu werden. Auch die Dinophyta (Panzergeißler) zeigen Präsenz in den Sodaseen, wenn *Arthrospira* nicht gut wächst. Die ökologische Rolle dieser beiden Flagellatengruppen in Sodaseen ist noch nicht erforscht.

Phytomonadina (Sammelbezeichnung für grüne Flagellaten aus der Klasse der Chlorophyta) kommen in den ostafrikanischen Sodaseen sporadisch vor. In der Klon-Bibliothek des Nakurusees fanden sich Verwandte der Gattung *Dunaliella*, einer kleinen Alge, die wir in Indien im Sambharsee in Massenentwicklungen fanden, die aber aufgrund ihrer Winzigkeit als Flamingonahrung nicht infrage kam. Das Gleiche gilt für den grünen Flagellaten *Tetraselmis*, den wir in den Teichen des Bird Paradise in Walvis Bay, Namibia, nachwiesen.

2.3 Mikrophytensukzessionen in Sodaseen Kenias

Wie die wechselhaften Mikrophytenbestände ineinandergreifen und die Flamingopopulationen beeinflussen, soll hier exemplarisch an vier Sodaseen Kenias, die wir zwischen 2001 und 2015 mindestens einmal im Jahr beprobt haben, gezeigt werden (Abb. 2.9). Wir haben uns in den Säulendiagrammen auf die Jahresmittelwerte der Biomasse von *Arthrospira, Anabaenopsis, Cyanospira* und summarisch alle anderen Mikrophyten („others") konzentriert. Wichtigstes Steuerglied in diesen abflusslosen Seen ist der Wasserstand. Er hat erheblichen Einfluss auf die Konzentration des Salzes, die wir als Salinität angeben. Die drastischen Änderungen in der Salinität zeugen vom Auf und Ab im Wasserregime im Wechselspiel von Niederschlag, anderen Zuflüssen (Flüsse, Quellen, unterirdische Zuflüsse) und Verdunstung. Wenn die Verdunstung den Zufluss übersteigt, sinkt der Wasserspiegel, und die Salinität steigt. Das Nahrungsnetz und die Biodiversität reagieren prompt auf die Veränderungen.

Bogoriasee. In den ersten fünf Untersuchungsjahren herrschten stabile Verhältnisse. Bei einer Salinität von 45–50 ‰ wuchs *Arthrospira* gut, und die Flamingos hatten

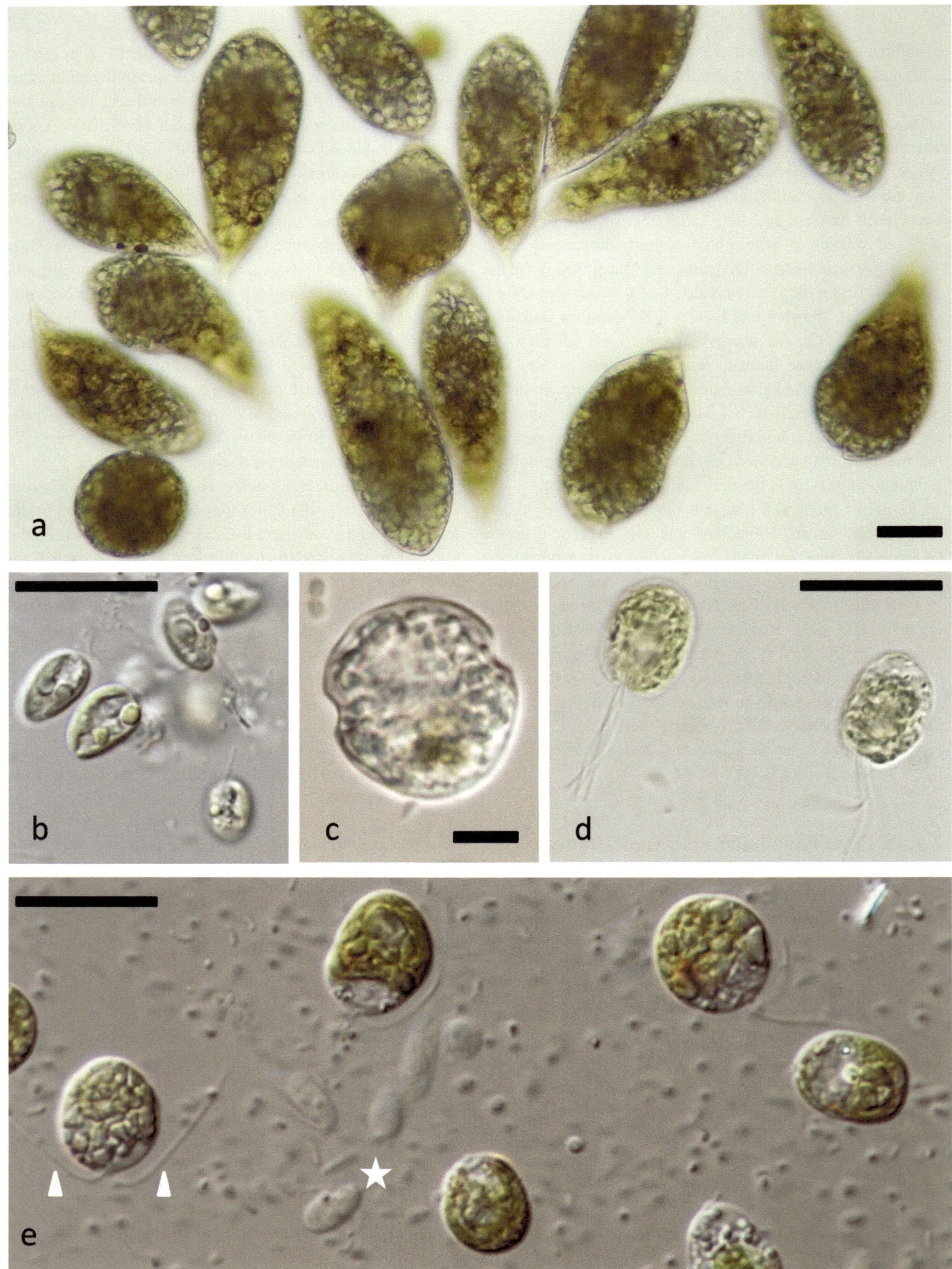

Abb. 2.8 Phytoflagellaten aus salinen Feuchtgebieten; (**a**) *Euglena hemichromata.*, (**b**) Cryptomonade, (**c**) Dinoflagellat, (**a–c** Nakuru), (**d**) *Tetraselmis* sp. (Bird Paradise, Walvis Bay), (**e**) *Dunaliella salina* (Sambhar Sagar), weiße Pfeilspitzen zeigen auf die Geißeln des grünen Flagellaten; in der Probe sind zahlreiche Bakterien (Punkte) und heterotrophe Flagellaten (weißer Stern). Skala = 10 μm

ausreichend Nahrung. Als im Jahre 2006 die kritische Salinität von 50–55 ‰ überschritten wurde, war das *Arthrospira*-Angebot gering, weil *Picocystis* als Konkurrent auftrat (siehe Abb. 2.7a). Folgerichtig verließen die Vögel den See.

Erst 2008 erhöhte sich das *Arthrospira*-Aufkommen wieder, wurde jedoch durch große, nicht fressbare, schleimige Kolonien von *Cyanospira capsulata* (siehe Abb. 2.3) begrenzt, so dass die Flamingos nicht genug Nahrung hatten. 2010 und

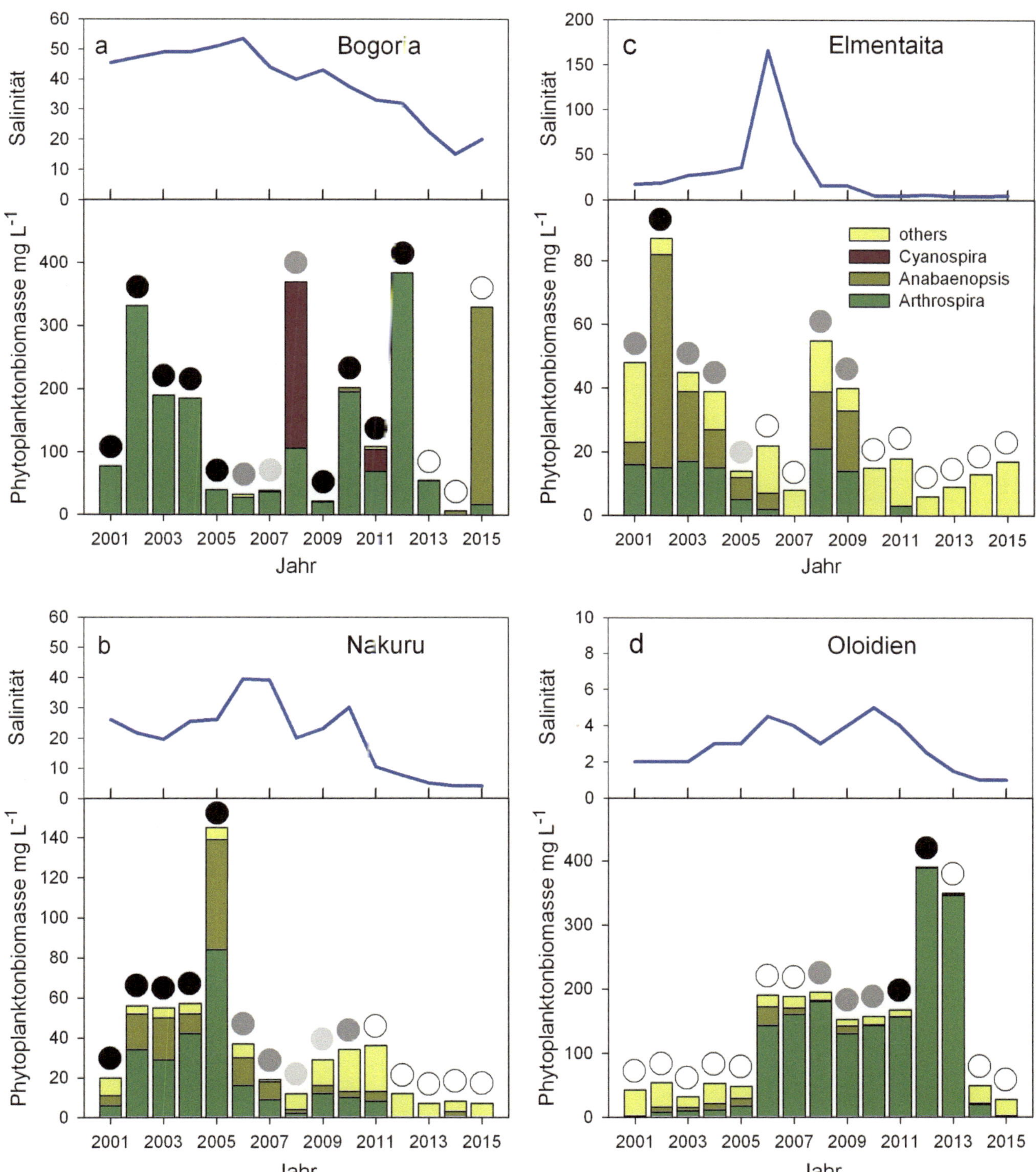

Abb. 2.9 Salinität (‰) und Phytoplankton-Sukzessionen (Jahresmittelwerte) in vier Sodaseen des Kenianischen Riftvalleys in den Jahren 2001–2015. (**a**) Bogoriasee, (**b**) Nakurusee, (**c**) Elmentaitasee, (**d**) Oloidiensee. Die Abundanzgruppen der Flamingos werden durch Kreise oberhalb der Phytoplanktonsäulen dargestellt: schwarz >100.000, dunkelgrau >10.000, hellgrau >1000, weiß <1000. (Grafik: Katrin Teubner, modifiziert nach Krienitz et al. 2016a, mit freundlicher Genehmigung von © Springer)

Tab. 2.2 Cyanobakterien und Algen aus Flamingohabitaten und ihre Eignung als Nahrung für den Zwergflamingo. Nahrungskategorie: 5 = Hauptnahrung, 4 = geeignet, 3 = größenabhängig geeignet oder nicht geeignet, 2 = zu groß, 1 = zu klein. (Nach Krienitz et al. 2016a)

Taxon Nahrungskategorie	Hauptvorkommen	Salinitäts- bereich [‰]
Arthrospira fusiformis großzellig 5	Bogoria, Elmentaita, Nakuru, Simbi, Sonachi (Kenia), Big Momela (Tansania), Chitu (Äthiopien), Sambhar Sagar (Indien)	hohe Abundanz 11–55 niedrige Abundanz 0–300
Arthrospira fusiformis, kleinzellig 5	Oloidien (Kenia), Bird Paradise Walvis Bay (Namibia), Kamfers Dam (Südafrika)	1,1–4,1
Anabaenopsis abijatae 4	Bogoria, Elmentaita, Nakuru (Kenia), Abijata (Äthiopien)	10–30
Anabaenopsis arnoldii 4	Elmentaita, Nakuru (Kenia), Burunge (Tansania)	10–30
Anabaenopsis elenkinii 4	Oloidien (Kenia)	1–15
Anabaenopsis sp. 4	Etosha-Pfanne, Bird Paradise (Namibia)	18–26
Cyanospira capsulata 2	Bogoria, Magadi (Kenia)	30–40
Cyanospira rippkae 4	Nakuru (Kenia)	25–35
Haloleptolyngbya alcalis 4	Nakuru, Elmentaita (Kenia), Natron (Tansania)	5–10
Oscillatoria div. spec., *Phormidium* div. spec. *Nodularia* sp. 4	Etosha-Pfanne (Namibia), Makgadikgadi-Pfanne (Botswana), Sambhar Sagar (Indien)	1–55
Einzellige Picocyanobacterien, *Synechococcus* sp. 1	Elmentaita, Oloidien, Abwasserteiche Nakuru (Kenia), heiße Quellen Bogoria (Kenia), Makat, Manyara (Tansania), Bagusa, Katwe (Uganda)	0–300
Kieselalgen (Sodaseen) 4	Nakuru, Magadi (Kenia), Natron (Tansania)	3–63
Kieselalgen (Marines Wattenmeer) 4	Lagune Walvis Bay (Namibia)	35–36
Kieselalgen (Salzteiche) 4	Salzteiche (Namibia)	35–68
Kieselalgen (Salzpfannen) 4	Etosha-Pfanne (Namibia), Little Rann of Kutch (Indien)	1,7–37
Picocystis salinarum 1	Bogoria, Nakuru, Magadi (Kenia), Sambhar Sagar (Indien)	50–300
Coccale Grünalgen 3	Nakuru, Elmentaita, Magadi, Oloidien, Sonachi (Kenia), Etosha-Pfanne (Namibia), Makgadikgadi-Pfanne (Botswana)	1–12–(40)
Microchloropsis salina 1	Salzteiche Swakopmund (Namibia)	60–70

Tab. 2.2 (Fortsetzung)

Taxon Nahrungskategorie	Hauptvorkommen	Salinitäts- bereich [‰]
Coccale Eustigmatophyten 1	Elmentaita, Nakuru (Kenia)	3–6
Dunaliella sp. 1	Sambhar Sagar (Indien)	120–200
Tetraselmis sp. und andere grüne Flagellaten 1	Bird Paradise Walvis Bay (Namibia), Nakuru (Kenia)	5–60
Euglena div. spec. 4	Nakuru (Kenia), Bird Paradise Walvis Bay (Namibia)	1–6
Cryptomonaden 1	Nakuru (Kenia)	9–23

2012 entwickelten sich *Arthrospira* und Zwergflamingos wieder gut, doch dann kam es zu starken Regenfällen und vermutlich auch zu unterirdischen Zuströmen von Wasser, so dass der Seenspiegel stieg, die Salinität bis auf Werte von 15 ‰ absank und die Zwergflamingos nichts zu fressen fanden. Die in einigen Bereichen des Sees beobachteten Blüten von *Anabaenopsis abijatae* konnten das Nahrungsdefizit im Jahre 2015 nicht entschärfen.

Nakurusee. Zwischen 2001 und 2005 dominierten *Arthrospira* und zwei Arten von *Anabaenopsis* das Phytoplankton und konnten eine Flamingopopulation von 10.000–100.000 Individuen ernähren. Im Januar 2010 induzierte das trockene Wetter einen Anstieg der Salinität auf 51 ‰ und eine Massenentwicklung von *Picocystis*. Ab November 2010 kam es zu einem ständigen Anstieg des Wasserspiegels bis 2015. Die Salinität fiel auf 3 ‰, und es setzten sich im Phytoplankton nichtfressbare kleinzellige Grünalgen und Schlundgeißler durch. Die wenigen Tausend Zwergflamingos ernährten sich von benthischen Kieselalgen. Zum Ende des Untersuchungszeitraums ging die Flamingozahl gegen null.

Elmentaitasee. In den Jahren 2001–2005 setzte sich das Plankton wie im Nakurusee aus *Arthrospira* und *Anabaenopsis* zusammen, so dass mehrere Zehntausend Zwergflamingos ernährt werden konnten. 2002 stieg die Zahl der Vögel sogar über 100.000. Das war im gesamten Untersuchungszeitraum das einzige starke Flamingoaufkommen. 2006 trocknete der See nahezu aus, und die Salinität zeigte ein Jahresmittel von mehr als 150 ‰, zeitweilig stieg der Wert auf 300 ‰. Die Zwergflamingos verließen den See bis auf wenige Hundert Exemplare. Ab 2010 wurde der See schrittweise wieder durch Niederschläge aufgefüllt, die Salinität sank auf 4 ‰, und verschiedene Grün- und Gelbgrünalgen sowie kleinzellige Cyanobakterien dominierten das Plankton, das keinen Nährwert für die Zwergflamingos hatte.

Oloidiensee. Dieser kleine See ist entwicklungsgeschichtlich mit dem Süßwassersee Naivasha verbunden. Es hat Phasen gegeben, in denen der Wasserspiegel so hoch war, dass beide Gewässer verbunden waren. Als wir 2001 die Untersuchungen begannen, waren beide Seen getrennt, und bis 2010 ist der Wasserspiegel fortlaufend gesunken und die Salinität gestiegen. 2006 wurde eine Salinität von 3 ‰ erreicht, und *Arthrospira* begann zu gedeihen. Es handelte sich allerdings um eine wesentlich kleinere Form als in den anderen Sodaseen, in denen höhere Salinitäten herrschten (siehe Abb. 2.1). Wir betrachten die kleinzellige *Arthrospira* im Oloidiensee als Ökotyp, der sich an niedere Salinitäten angepasst hat. Das Wachstum setzte sich bis 2012 fort. *Arthrospira* in Mengen von mehreren Hundert Milligramm pro Liter lockten Zwergflamingos an, deren Population von mehreren Tausend bis zu 200.000 im Jahre 2012 anwuchs. Danach machte sich auch hier der stark steigende Wasserspiegel bemerkbar. Die *Arthrospira*- und Zwergflamingopopulationen kollabierten. Seit 2013 sind Oloidien- und Naivashasee wieder miteinander verbunden.

Die Unterschiede im Aufkommen an Nahrungsalgen für den Zwergflamingo in den vier Hauptseen unserer Untersuchungen machten uns neugierig, wie es denn in den anderen Siedlungsgebieten dieses Vogels aussieht. Welche Nahrung nehmen die Zwergflamingos in den anderen Verbreitungsgebieten auf? Wir machten uns auf den Weg zu weiteren Sodaseen Ostafrikas und schließlich in die salinen Feuchtgebiete des südlichen Afrikas und Indiens. Das Algenangebot für die Zwergflamingos in den Untersuchungsgebieten ist in Tab. 2.2 zusammengefasst.

3.1 Benu am Nil

Komme zum Pharao!
Gib ihm seine Tugenden im Himmel und seine Macht auf Erden,
Heiliger Habicht mit den funkelnden Flügeln, *Phönix* mit den
mannigfaltigen Farben, Renner, den man nicht einholen kann am
Morgen seiner Geburten.
(*Preislied des Morgens*, von Priestern bei der Sphinx gesungen, überliefert von Apollonius von Tyana, zitiert nach Gerlach 1998, *Phönix: Symbol der unsterblichen Seele in Mythen und Legenden*)

In Gedanken versetzen wir uns 6000 Jahre zurück ins Alte Ägypten in die Nähe von Iunu, der Sonnenstadt, zu einer Zeit, als gerade die Hieroglyphenschrift im Entstehen war und es noch einige Hundert Jahre bis zur Inthronisation des ersten Pharaos dauern würde. Nahe des Sonnentempels, am Rande eines kunstvoll bewässerten Gartens voller Dattelpalmen (*Phoenix dactylifera*), steht ein vom Flugsand besonders bizarr gezeichnetes Exemplar dieser Bäume. Der einstmals üppige Schopf der Palmwedel hat sich, dem Winde abgekehrt, nach einer Seite ausgerichtet und gibt den Blick auf die traubigen Fruchtstände voller Datteln frei. Doch der unvergleichlich schöne, stolze, reiherähnliche Vogel Phönix, mit dem purpur gezeichneten Federkleid beachtet weder die süßen Datteln im Wipfel der Palme noch die glänzenden Käfer oder die sich in der aufgehenden Sonne ruckartig reckenden bunten Agamen. Er versucht stattdessen, die spärlichen Tropfen des Morgentaus an den Spitzen der Palmblätter aufzunehmen, um seine Lebensenergien ein letztes Mal aufzutanken. Zeit seines Lebens hat er sich von Flüssigkeit ernährt. In seiner Jugend im fernen Indien hat er Säfte der *Amomum*-Pflanzen, unter anderem Kardamom, aus der Familie der Ingwergewächse genossen und hat später auch duftende Tränen des harzigen Weihrauchbaumes verzehrt.

Bevor er von Indien über Persien hierher geflogen kam, machte er in Arabien Rast und sammelte die Kräuter des Libanons für sein Nest. Doch nun hat er sich nahe des lebensspendenden Nils eingenistet, auf dem sanften Urhügel, der sich über den steigenden und sinkenden Fluten des Stromes erhebt, und auf dem alles begann. Von den Priestern und Bauern dieses fruchtbaren Landstriches wird er Benu, der Totenvogel, genannt. Benu bringt die Seelen der als würdig empfundenen Toten zum Sonnengott Re. Später, wenn die Pharaonen ihre Macht entfalten werden, indem sie zu Re, der einflussreichsten Gottheit Kontakt aufnehmen, ist auch ein Nachfahr des alten Benu zur Stelle, um als Ba, als Erscheinungsform und Seele des Sonnengottes zu dienen. So steigt er jeden Morgen als rot-gleißende Sonnenscheibe aus den Fluten des Nils, Re und die Flammen des sich erneuernden Feuers verkörpernd.

Nun ist Benu *alias* Phönix jedoch zu dem Palmhain gekommen, um nach einem langen, fried- und aufopferungsvollen Leben sein letztes Nest zu bauen. Im Wipfel der Palme bindet er schmiegsame Zweige, wie jene der leuchtend gelb blühenden *Cassia* und Ähren der einschläfernden Narde *Valeriana*, in die raschelnden, leicht brennbaren Palmwedel. In das Flechtwerk seines Scheiterhaufens fügt er balsamisch duftende Harze und Rinden des Weihrauches *Boswellia*, der Myrrhe *Commiphora*, und gestoßenen Zimtes *Cinnamomum* ein. Als die Sonne im Zenit steht, wird die Hitze unerträglich, und die kunstvolle Komposition aus Brennstoffen kommt zur Selbstentzündung. Wuchtig mit den Flügeln schlagend, entfesselt Phönix den würzigen Rauch und die Flammen, in denen er verbrennt (Abb. 3.1).

In der glimmenden Asche findet sich am nächsten Morgen ein noch glühendes Ei, aus dem ein kleiner, wurmartiger Embryo schlüpft. Am übernächsten Tag hat sich der süßlich riechende Wurm zu einem Phönix-Küken gewandelt, das in wenigen Stunden heranwächst und sich schließlich am dritten Tag neugeboren, strahlend jung und schön aus der Asche erhebt. Nun zieht es den jungen Vogel in seinen Sonnentempel in der Stadt Iunu, die später von den Griechen Heliopolis genannt wird, wo er aus Weihrauch ein Ei formt, in das er die Asche seines Vorfahren füllt und feierlich bestattet.

So könnte sich die Geschichte des Feuervogels Phönix zugetragen haben. Die Berichte, Sagen und Mythen darüber können unterschiedlicher und phantasievoller gar nicht sein.

© Springer-Verlag GmbH Deutschland, ein Teil von Springer Nature 2018
L. Krienitz, *Die Nachfahren des Feuervogels Phönix*,
https://doi.org/10.1007/978-3-662-56586-5_3

Abb. 3.1 Der Feuervogel Phönix auf seinem brennenden Nest. (Kugelschreiber-Zeichnung: Lothar Krienitz, Aquarell-Kolorierung: Doris Krienitz)

Sie sind widersprüchlich in vielerlei Hinsicht, z. B. bezüglich der Herkunft des Phönix, seines Aussehens, seines Alters, dem Hergang seines Todes und Wiedererstehens. Oftmals werden die Überlieferungen aus verschiedenen Kulturkreisen und Zeiträumen vermischt. So ist es auch in unserer Eingangsgeschichte geschehen; es handelt sich hierbei um ein Digest von Informationen aus verschiedenen Epochen. Es ist schwierig, aber anregend, Vorstellungen über die facettenreiche Erscheinung dieses mystischen und mythischen Vogels und seiner Reflexion in den Köpfen der Menschen in den einzelnen Verbreitungsgebieten und Entwicklungsphasen zu gewinnen. Die Überlagerung der Mythen des ägyptischen Benu und des griechischen Phönix, das Motiv der Selbstverbrennung als Wiederauferstehungsprozedur und auch die Erkenntnis von der kosmopolitischen Verbreitung dieses Motivs sind schrittweise im Laufe der Jahrhunderte zusammengefügt worden.

Doch zurück ins alte Ägypten. Hier symbolisiert Benu als Lebensspender und Erneuerer gleich in mehrfacher Weise den Zyklus von Vergehen und Wiederkehr. Als Wasservogel, in Reihergestalt, kommt er immer dann, wenn die ersehnten Fluten des Nils die Felder überschwemmen. Als Auge des Sonnengottes Re, als Sonnenscheibe, leitet er jeden Tag von neuem ein. Im Totenreich, als Ba des Sonnengottes, bereitet er die würdigen Toten auf ein neues Leben vor. Zur Blütezeit der Pharaonen vor 3500 Jahren ist seine Bedeutung noch gestiegen, denn er ist Symbol für alles Gute: Wasser, Sonne, die Chance auf ein ewiges Leben. Der Pharao soll die direkte Verbindung zu den Göttern herstellen, sie besänftigen und als Mittler zwischen Ordnung (Nil, Wasser) und Chaos (Wüste, Sand) dienen. Auf ihm lastet eine schwere Bürde, das Volk verlangt nach den Wassern des Nils, denn ohne die alljährlichen fruchtbaren, Leben spendenden Fluten des Stromes würde das Land in tödlicher Agonie versinken. Erst, wenn die Reiher und die Heiligen Ibisse aus dem Süden geflogen kommen und von der Flut künden, kann der Pharao aufatmen. Gruppen des Rosa Flamingos stehen im Wasser zwischen den frischen Binsenbeständen und suchen nach Insektenlarven und Amphibienlaich. Ibisse picken nach Wasserschnecken, die im Nil als Zwischenwirte des gefürchteten parasitären Pärchenegels *Schistosoma* dienen, dem Erreger der Bilharziose, deren Krankheitsbild schon die Leibärzte des Pharao kennen.

Nun können bald die Felder bestellt werden. Doch auch in der Phase des Anbaus und der Pflege der Feldfrüchte gilt es für den Herrscher, im Zusammenwirken mit den Priestern, das Wohlwollen der Götter zu sichern. Zu fragil und brisant sind die Interaktionen der Götter und deren Sachwalter auf Erden; sie können nicht ohne geschickten und starken Lenker dem Selbstlauf überlassen werden. Allenthalben gibt es Konflikte zwischen den Kräften von Ordnung und Chaos, die das Wasserregime des Nils beeinflussen und auch die Wirkungsfelder des Benu tangieren. Hier sind einige Beispiele:

Es gibt einen tödlichen Konflikt zwischen den Brüdern Osiris und Seth, den Söhnen von Geb (Gott der Erde) und Nut (Göttin des Himmels). Osiris ist tüchtig und unterweist die Ägypter im Anbau der Feldfrüchte und in Nutztierhaltung im Überflutungsbereich des Nils. Er erhält von seinem Vater das Königtum über das fruchtbare Land. Seth hingegen als Verbündeter der Jäger erhält das Königtum über das wüste Land. Schließlich tötet der neidische Seth seinen Bruder Osiris, zerstückelt ihn und verteilt die Stücke übers ganze Land. Isis, die Schwester und Frau des Osiris, sammelt die Leichenteile, fügt sie zusammen und erweckt den Körper zu neuem Leben. Sie zeugen den falkenköpfigen Horus, der die weltlichen Aufgaben und die Rache seines Vaters übernimmt, aber auch die Ratsversammlung der Götter leitet, während Osiris zum Herrscher der Unterwelt wird. Osiris ist damit nicht nur Oberster des Totengerichtes, sondern auch Gott der Auferstehung und entsteigt bei heranwachsender Ernte dem Totenreich. Später wird Osiris mit dem Sonnengott Re verschmelzen, dem Schöpfer und Erhalter der Welt.

Es gibt Konflikte zwischen den großen Tieren des Nils, die auch von Göttern symbolisiert werden. Der Lebensraum der Nilpferde schwindet mit der Trockenheit. Die

Nilkrokodile hingegen sehnen sich, wie alle Reptilien, nach der Hitze und dem Chaos. Sie gedeihen, wenn andere sterben. Toeris, die Nilpferdgöttin lässt den Nil über seine Ufer treten. Ursprünglich soll sie eine Verbündete von Seth gewesen sein. Auch Nilpferde werden in ihrer aggressiven Kraft Seth zugeordnet. Später, im Gewand der Nut, erweckt sie den von Seth getöteten Osiris zu neuem Leben (man sieht, der Erfolg hat viele Mütter, denn die Wiederbelebung des Osiris wird an anderer Stelle Isis zugeschrieben). Toeris ist die Schutzgöttin von Mutter und Kind, und Göttin des Frohsinns. Der Gott Sobek, der Krokodilsgott und Gott des Wassers (Wasser wurde als Schweiß der Krokodile gedeutet) und der Fruchtbarkeit, hat für reiche Ernten gesorgt. Trotz ihrer Gefährlichkeit waren Krokodile hoch angesehen, als Künder des Wassers. Diese kontroversen Schilderungen zeigen die Vielschichtigkeit im Wirken der Götter und der Natur und lassen es sinnvoll erscheinen, einen gottgleichen Herrscher in Gestalt des Pharaos einzusetzen, der für das irdische und geistige Wohl seiner Untertanen zu sorgen hat.

Im alten Ägypten gibt es eine strenge Bewertung der Leistung eines Verstorbenen nach seinem Tode durch das sogenannte Totengericht oder das Ewige Gericht. Wer diese Prüfung besteht, erhält die Möglichkeit zur Wiedergeburt und zum ewigen Leben. Derjenige, der durch die Prüfung fällt, stirbt dann den endgültigen, den „zweiten Tod", vor dem sich die Ägypter fürchten. Nachdem ein Verstorbener in der Unterwelt ein Labyrinth an Wegen, Flüssen, Bergen, Toren und anderen Hindernissen überwunden hat, gelangt er zum Totengericht. Sein Herz wird in eine Urne gegeben und gewogen. Als Gegengewicht dient die Feder der Maat. Maat ist eine Göttin mit vielen Funktionen, wie Göttin der Wahrheit, der Gerechtigkeit und der Weltordnung. Sie gilt als Tocher, Mutter oder Ba (wie auch Benu) des Sonnengottes Re und begleitet ihn auf seiner Sonnenbarke. Maat trägt eine große Straußenfeder im glänzenden, pechschwarzen Haar und die stellt sie jeweils dem Gericht, dem sie immer beiwohnt, als Gewicht zur Verfügung. Senkt sich die Waage auf jener Seite, wo das Herz liegt, nach unten, hat der Tote verspielt. Eine Verschlingerin, Seelenfresserin, eine Inkarnation (Fleischwerdung) des Nichts, mit dem Kopf eines Krokodils, dem Rumpf einer Löwin und dem Hintern eine Nilpferds frisst das Herz, und der Tote stirbt seinen zweiten Tod.

Osiris ist der Vorsitzende des Totengerichts. Toth, Gott der Weisheit, symbolisiert durch einen Ibiskopf, führt die Liste der Verstorbenen, die würdig sind, im Totenreich aufgenommen zu werden. In seiner Eigenschaft als Mondgott, ist er Re als Stellvertreter untergeordnet. Der schakalköpfige Anubis, der leitende Totengott, ein weiteres Kind des Re, prüft das Lot der Waage und überwacht die Prozedur. Er ist auch Herr der Reinigungsstätte, wo die Toten ausgeweidet und einbalsamiert und, assistiert von Benu, auf ihr neues, ewiges Leben vorbereitet werden. Die Einbalsamierer füllen den gereinigten Bauchraum der Leichen mit jenen würzigen Pflanzenteilen, die auch Phönix für den Bau seines Nestes verwendet, wie Weihrauch, Myrrhe und Zimt. Nachdem die Glückseligen das ewige Leben erreicht haben, unterliegen sie keinem Zwang mehr und genießen ihr Dasein mit Bootsfahren, Fischen, Jagen, Lieben und Essen (Born 2013).

Die Zyklen des Nils, die Kreisläufe der Natur und die von Ackerbau und Viehzucht am Nil, die Auseinandersetzungen der Götter, die Machtspiele in den Palästen und Tempeln — all diese ambivalenten Abläufe sind in überzeugender Weise durch das Motiv des Phönix symbolisiert, der in Ägypten in der Inkarnation des Toten- und Sonnenvogels Benu wirkt.

Die Völker der Antike, die Griechen und Römer, sind von der ägyptischen Hochkultur fasziniert, sie reisen an den Nil und tragen in ihren Erzählungen wesentlich zur Diversifizierung des Phönix-Bildes bei. Sie prägen auch am nachhaltigsten die Namensgebung des Phönix und der Stadt seines Wirkens: Hyperion oder Heliopolis, das geistige Zentrum im alten Ägypten. Sie sind es auch, die das vergleichsweise realitätsnahe, mit der Natur vernetzte Lebensbild des Benu am Nil in immer mystischere Sphären überführen.

Als wohl Erster dieser Kulturreisenden hat der Grieche Hesiod (etwa 700 v. u. Z.) über Phönix Kunde gebracht und auch einige differierende Kalkulationen des Alters von Phönix gewagt: So lebt Phönix 9-mal länger als Raben, die wiederum 3-mal länger als Hirsche leben, und Nymphen, die Töchter des Zeus, leben 10-mal länger als Phönix. Erst mithilfe anderer Autoren, wie Plutarch (46–119 u. Z.), der eine Altersangabe zu Nymphen (9720 Jahre) publiziert, lässt sich das Alter von Phönix mit 972 Jahren veranschlagen. Das passt gut, denn nach Ansicht der antiken Chronisten leben Raben 108 Jahre, während man Hirschen mit 36 Jahren lediglich ein Drittel der Lebenszeit von Raben zugesteht. An anderer Stelle, bei Hesiod, lebt Phönix jedoch 972 Generationen zu je 33 1/3 Jahren, also 32.400 Jahre! Herodot (etwa 484–425 v. u. Z.), der sich auf Informationen ägyptischer Priester beruft, meint, dass Phönix alle 500 Jahre verbrennen und auferstehen würde (Van Den Broek 1971). Dieser Zeitraum wird von vielen Autoren als gegeben akzeptiert. Interessant ist auch noch eine Angabe von Tacitus (55–120 u. Z.), der das Alter des Phönix mit 1461 Jahren bemisst. Diese Zeitangabe steht mit dem von Ägyptern entdeckten Zyklus des Sirius, dem hellsten Fixstern der Nacht und dem einzigen mit gleichbleibendem Zyklus, in Zusammenhang: (4 × 365 Tage + 1 Tag im Schaltjahr = 1.461). Sirius steht bezeichnenderweise für „Verbrennen" (aus dem Griechischen) und wird auch aus zweierlei Gründen „Hundsstern" genannt. Einerseits ist er der Hauptstern des Sternbildes Großer Hund, und andererseits symbolisiert er den Gott Anubis, dessen Schakalkopf an einen Hund erinnert. Einige Quellen identifizieren Sirius auch mit Benu selbst. Der Zyklus des Sirius wird als Sothis-Zyklus bezeichnet, nach der Göttin des Neujahrs und Spenderin des lebendigen Wassers.

Der römische Dichter Ovid (43 v. u. Z.–18 u. Z.) setzte Phönix in seinen *Metamorphosen*, dem klassischen antiken Werk über die Wandlungen und Vielgestaltigkeit der Natur und des Menschen, ein literarisches Denkmal.

> Nur ein Vogel besteht, der selbst sich zeugt und erneuert,
> Phoenix bei den Assyrern genannt. Nicht Kräuter und Feldfrucht
> nähren ihn, sondern der Saft von Amomum und Tränen des
> Weihrauchs.
> Wenn er erfüllte die Zeit und fünf Jahrhunderte lebte,
> macht er ein Nest sich zurecht (im Wipfel der schwankenden
> Palme
> oder im Eichengezweig) mit Krallen und reinlichem Schnabel.
> Wenn er sich Kassia dann und Ähren der öligen Narde
> unterlegt und Stücke von Zimt samt gelblicher Myrrhe,
> setzt er sich oben darauf und endet in Düften das Leben.
> Dann steigt neu, wie es heißt, vom Leibe des Vaters ein kleiner
> Phoenix, welchem bestimmt, gleich viele der Jahre zu leben.
> Wenn den kräftig gemacht und der Bürde gewachsen das Alter,
> hebt er des Nestes Gewicht von den Ästen des ragenden Baumes,
> trägt in kindlicher Treue die eigene Wieg und des Vaters
> Grab durch wehende Luft, und gelangt zu der Stadt Hyperions,
> legt er es hin vor dem Tor im geweihten Raum Hyperions. (Ovid
> [Publius Ovidus Naso] 1971, *Metamorphosen*)

Der Leser kann sich selber ein Bild von Gemeinsamkeiten und Unterschieden machen, wenn er die Worte des Ovid mit dem vergleicht, was in unserer Eingangsgeschichte über die Verbrennung des Phönix aus verschiedenen Überlieferungen zusammengetragen wurde. Ovid vermutet Assyrien als Heimat des Phönix. Wie für dieses orientalische Land voller Düfte zu erwarten, ist die Aufzählung der ätherisch duftenden Pflanzen, die Phönix seinem Scheiterhaufen beifügt, detailliert. Wie Herodot, begrenzt auch Ovid das Alter des Phönix auf 500 Jahre. Die Species des Verbrennungsstandortes wird vage gehalten. Auch in späteren Schriften ist man über die Art des Baumes, auf dem die Verbrennung stattfindet, unterschiedlicher Meinung, was augenscheinlich von regionalen Gegebenheiten abhängt: Am häufigsten werden Palme, Eiche, Lebens- und Balsambaum genannt. Auch, ob Phönix das Feuer selbst entzündet oder dies durch Fremdeinwirkung geschieht, ist durchaus umstritten. Nur über eines ist man sich einig: Die Verbrennung des Feuervogels bedeutet nicht sein Ende, sondern die Wiedergeburt eines gleichartigen Wesens.

Die meisten Legenden gehen davon aus, dass Phönix von Indien über Arabien nach Ägypten vordrang und dann von dort die Welt eroberte. Wie er in Indien evolvierte, welche Vorfahren er hatte, ist nicht bekannt. In Ägypten hat er sowohl mythische als auch naturwissenschaftliche Wurzeln. Verschiedene Mythen des Alten Ägyptens vermitteln, dass Phönix aus dem Herzen, aus sterblichen Überresten oder aus der Asche des Gottes Osiris, dem Gott der Auferstehung und des Aufsteigens, dem Vater des Pharaos, erwuchs.

Neben der mythischen Interpretation der Herkunft des Phönix gibt es auch noch eine paläontologische Hypothese, die

Tab. 3.1 Ägyptische Hieroglyphen zum Phönix-Motiv aus Alan Gardiners Zeichenliste, daneben ihre Kategorisierung und Bedeutung. (Gardiner 1927)

G27		Flamingo (*Phoenicopterus roseus*)	Als Phonogramm für rot, Rote Krone, Wüste, Ausland
G31		Benu, Phönix, Purpurreiher (*Ardea bennuides, Ardea purpurea*)	Als Determinativ von Phönix und Purpurreiher

besagt, dass Benu, die Urform des ägyptischen, reiherartigen Phönix, auf den ausgestorbenen Riesenreiher *Ardea bennuides* zurückgeht. Über fossile Knochen dieses Reihers, die seit Ende der 1950er Jahre auf der Arabischen Halbinsel zusammen mit Flamingoknochen ausgegraben wurden, berichtete die Paläontologin Ella Hoch vom Geologischen Museum der Universität Kopenhagen (Bühler 2007, mit Bildern des Vogels aus ägyptischen Ausgrabungsstätten). Das Alter der Knochen wurde auf 3800–4700 Jahre datiert, was gut zur Phönix-Saga und dem Arbeitszeitraum des Benu in den Tempeln der ältesten Pharaonendynastien in Ägypten passt. Die größte Ähnlichkeit dieses etwa 1,40 m hohen Schreitvogels zu heute noch lebenden Reihern besteht zum Goliathreiher (*Ardea goliath*). Andere fossile Arten der Gattung *Ardea* sind bereits aus dem Miozän bekannt und sind bis zu 20 Mio. Jahre alt. Funde fossiler Reiher der Gattung *Proardea* stammen aus dem Unteren Eozän und sind etwa 50 Mio. Jahre alt.

Der Ägyptologe Sir Alan Gardiner (1879–1963) hat die häufigsten mittelägyptischen Hieroglyphen katalogisiert. Er ordnete die 763 Zeichen in 26 Gruppen. Die Gruppe G ist eine der umfangreichsten und enthält 57 Zeichen über Vögel. Zwei dieser Hieroglyphen stehen im Zusammenhang mit dem Phönix-Motiv. Während die Hieroglyphe für den Flamingo mehr an einen Storch erinnert, ist der Feuervogel Benu gut getroffen (Tab. 3.1).

3.2 Garuda am Ganges

> Garuda – halb Mensch, halb Adler, das Vehikel des Gottes Vishnu. (www.harekrsna.de/garuda-e.htm)

Wie Voltaire in seiner Erzählung *Die Prinzessin von Babylon* berichtet, soll im Lande der Gangariden, einem Nachbarland Indiens, der Feuervogel schon seit knapp 30.000 Jahren am östlichen Ufer des Ganges leben. Somit käme der älteste Phönix vom indischen Subkontinent. In Gangaridien leben Mensch und Tier noch in friedlichem Einklang und bilden eine unbesiegbare Gemeinschaft. Als der König von Indien das Land mit 10.000 Elefanten und einer Million Kriegern zu erobern versucht, wird er vernichtend geschlagen. Nach einem Bad in den heilkräftigen Wassern des Ganges, muss er sich in einer sechsmonatigen Kur der landesüblichen, friedfertigen Lebensweise der Gangariden anpassen, d. h.

> [er muss] sich nur von Pflanzen ernähren, die die Natur hervorbringt, um alles, was da atmet, zu erhalten. Die mit Fleisch genährten und mit starken Getränken animierten Menschen haben alle versäuertes, scharfes Blut, das sie auf hundert verschiedene Weisen toll macht. Ihr größter Wahnsinn ist die Sucht, das Blut ihrer Brüder zu vergießen und fruchtbare Landstriche zu verwüsten, um über Leichenfelder zu herrschen. (Voltaire 1768, in der Übersetzung von Ilse Lehmann).

Die Induskultur (6500–1800 v. u. Z.) stellt Phönix pfauenähnlich dar. Der Pfau ist zwar eines der symbolträchtigsten Tiere Indiens, aber zweifelsohne ist Garuda, der Sonnenvogel, die Verkörperung des Phönix (Abb. 3.2). Garuda hat den Grundbauplan eines riesigen Greifvogels, besitzt aber auch noch nützliche Akzessoirs, wie ein Paar menschlicher Arme und Hände, die ihn zum universellen Tragetier des mächtigen Gottes Vishnu perfektionieren. Vishnu als Mitglied der führenden Dreiergruppe hinduistischer Götter (Trimurti) – Brahma, Vishnu und Shiva – ist für den Erhalt der Welt und die Funktionalität ihrer Kreisläufe zuständig. So kommt ihm Garuda als umtriebiger Assistent sehr zu statten. Um sich eine ungefähre Vorstellung von der Größe dieses Vogels zu verschaffen: Er hat eine Spannweite von mehreren Meilen. Ein Mensch kann sich in seinem Gefieder verbergen wie eine Milbe.

Eines der schönsten Bilder, die Garuda darstellen, ist mit der Geschichte des Gajendra Moksha, der Rettung des Elefantenkönigs Gajendra verbunden, die in den Bhagavata Purana, einer der ältesten Mythensammlungen Indiens beschrieben ist: Gajendra war mit seiner Herde in einer fruchtbaren Landschaft am Ufer eines tiefen Sees am Fuße der Trikut-Berge auf Nahrungssuche, als er ins Lotusblumen bedeckte Wasser geriet. Ein riesiges Krokodil packte ihn am Bein und zog ihn immer tiefer. Gajendra spürte, dass er den Kampf verlieren würde und bat Vishnu, den Gott, der die Welten erhält, um Hilfe. Doch dieser war mit seiner Frau Lakshmi beschäftigt, die etwas ungehalten war über die Störung, denn sie spielte mit ihrem Gatten Würfelspiele und war gerade am Gewinnen. So musste Gajendra dreimal flehen, bis Vishna sich bequemte, auf seinem Tragevogel Garuda herbeizufliegen und Gajendra zu retten. Mitten im Fluge schoss Vishnu sein Sudarshan Chakra, eine diskusförmige Waffe, auf das Krokodil ab und verletzte es tödlich am Kopf. Gajendra, ein verzauberter Prinz, kam frei, und nicht nur das, er erreichte in seiner ursprünglichen menschlichen Gestalt sein Moksha-Stadium, die Unsterblichkeit, ohne weiterhin an dem zermürbenden Zyklus von Tod und Wiedergeburt teilnehmen zu müssen. Auch für das Krokodil endete der Kampf glimpflich. Weil es durch die heftige Berührung mit Vishnus Chakra

starb, kehrte es in seine frühere menschliche Inkarnation zurück und erlangte einen dauerhaften Platz im Himmel.

Eine andere Geschichte über Garuda, niedergeschrieben im Mahabharata, dem längsten Epos der Hindus, berichtet vom Deal zwischen Vishnu und Garuda über dessen Erlangung der Unsterblichkeit. Zunächst war Garudas Geburt ein gewaltiges Ereignis. Als die Eierschale barst, aus der er schlüpfte, entstand ein flammendes Inferno, und das Ende der Welt schien nahe. Deshalb baten die Götter Garuda, seine Größe und Energie zu reduzieren, was er tat. Eines Tages verlor seine Mutter Vinata eine hinterlistige Wette und geriet in die Gewalt ihrer bösen Schwester Kadru, der Mutter der Schlangen und Hüterin der Schlangengrube. Für die Freigabe seiner Mutter verlangten die Schlangen von Garuda die Beschaffung des Wassers des ewigen Lebens, Amrita. Doch das war eine schier unlösbare Aufgabe.

Dieses Lebenselixir wurde eifersüchtig von den Göttern bewacht, war es doch die Grundlage ihrer Unsterblichkeit. Daher schützten sie den Aufbewahrungsort von Amrita in dreifacher Weise: mit einem dichten Ring aus Feuer, mit einem Ring scharfer, rotierender Messer und mit zwei gigantischen Giftschlangen. Garuda nahm seinen scheunengroßen Schnabel voll Wasser und löschte den Feuervorhang. Anschließend verringerte er seine Größe so weit, bis er unversehrt zwischen den rotierenden Messern hindurch schlüpfen konnte. Wieder zu alter Größe zurückgekehrt, zermalmte er die beiden Schlangen und sog (wie heutzutage die Flamingos) das Wasser des Lebens, ohne einen Tropfen davon zu verlieren, in seinen Schnabel und machte sich auf den Weg zu den wartenden Schlangen. Auf seinem Weg traf er Vishnu, der ihm versprach, ihn unsterblich zu machen, auch ohne Amrita trinken zu müssen, wenn er in Zukunft als sein Tragetier dienen würde. Garuda willigte ein, unter der Bedingung, erst noch seine Mutter gegen Amrita freizutauschen. Bevor er dies tat, ging er noch ein Geschäft mit Indra ein, dem Gott der Krieger, des Sturmes und Regens, und versprach, wenn der Tausch Mutter gegen Amrita vollzogen wäre, könne er das Wasser des Lebens zurückerobern, falls Indra ihm die Schlangen als Futter zuführen würde. Gesagt, getan. Man sieht, die Inder waren schon früher geschäftstüchtig, und nichts geht über gute Beziehungen. Nachdem Garuda Amrita in einem irdenen Krug bei der Schlangengrube aufgenommen hatte, flog er zum wartenden Indra und vergoss dabei vier Tropfen des Wassers des Lebens. Dort, wo die Tropfen aufschlugen, befinden sich heute heilige Plätze der Hindus: Haridwar, Nasik, Ujjain und Allahabad.

Eines der eindrucksvollsten Beispiele zum Thema Vergehen und Wiedererstehen im menschlichen Leben ist durch die hinduistischen Verbrennungszeremonien gegeben. Der Hindu glaubt, dass er mehrere Leben in verschiedenen Inkarnationen zu durchlaufen hat. Durch einen ständigen

Abb. 3.2 Darstellungen aus der hinduistischen Götterwelt. (**a**) links: Saraswati, Göttin der Wissenschaft und Künste, rechts: Gott Vishnu, der Bewahrer, auf Garuda reitend, dem Elefantenkönig Gajendra zur Hilfe eilend (Gajendra Moksha), in der Mitte: Nachbildungen des Garuda aus Metall, den Charakter einer Chimäre zwischen Vogel und Mensch vermittelnd; (**b**) Garuda-Statue (Garuda-Tempel in Bundi) und ein Großvater, der seiner Enkelin das Fliegen beibringen möchte

Kreislauf von Tod und Wiedergeburt strebt er einem finalen, nahezu unerreichbaren Ziel, der Erlösung (Moksha, Mukti), der Unsterblichkeit und Glückseligkeit, entgegen. Die vollständige physische Verbrennung des Körpers ermöglicht es der Seele, zu wandern und in einem neuen Körper Platz zu finden. Bevor die Seele in einem neuen Organismus wiedergeboren wird, ist im Reich des Totengottes Yama, Sohn der Sonne, darüber zu richten, welche guten und schlechten Leistungen der Verstorbene erbracht hat. Als Hauptkriterium für die Bewertung dient das Karma, die Integration aller positiven und negativen Elemente seines gerade verflossenen Lebens. Anhand des Karmas wird entschieden, in welcher Reinkarnation (Wieder-Fleischwerdung), sei es bevorzugterweise als Mensch oder doch nur als Tier oder Pflanze, der neue Lebensweg zu beschreiten ist. Die Entscheidung trifft Yama persönlich. Es kann demzufolge zu subjektiven Fehlentscheidungen kommen, denn ein objektives Kriterium, wie etwa die Feder der Maat am ägyptischen Totengericht, gibt es in der Unterwelt des Yama nicht. Das Streben der Hindus nach Moksha ist verständlich, denn nach einem Leben als Mensch möchte man nicht gerade als primitive pflanzliche oder tierische Reinkarnation erweckt werden.

3.3 Weltweit – Phönix ist überall

Wie Phoenix aus der Asche erneuert sich das Leben endlos. In allen Großkulturen rund um die Welt gibt es dieses Symbol. Es schenkt Zuversicht und Kraft. (Gerda von Gerlach 1998, *Phönix. Symbol der unsterblichen Seele in Mythen und Legenden*)

Der unerschöpfliche Wandertrieb zieht Phönix vom indischen Subkontinent über verschiedene Umwege nach Ägypten, zurück nach Arabien und Indien, nach Hellas, Rom, ins Abendland oder gar nach Fernost und Amerika. Aber die Chronisten sind relativ sicher, dass er regelmäßig, vermutlich alle 500 Jahre, nach Ägypten zurückkehrt. Also einmal um die ganze Welt. An all den Stätten seines inspirierenden Wirkens, unterschiedlich in Gestalt und Namen, brennt er sich in die Hirne der nach Unsterblichkeit lechzenden Menschen ein. Phönix wird zum Symbol für den ewigen Kreislauf des Lebens, der unendlichen Schleife von Vergehen und Wiedergeburt, in welcher Form auch immer sich diese Reinkarnation im Glauben und in den Beobachtungen der Völker vollzieht.

Voltaire (1768) schrieb eine faszinierende Geschichte über die weite Reise der Prinzessin von Babylon, in der auch Phönix eine Hauptrolle spielt. Phönix, im blühenden Alter von 27.900 Jahren und sechs Monaten, begleitet seinen Herrn Amazan, Sohn eines berühmten Schäfers in Gangaridien, auf seinem Wege vom östlichen Ufer des heiligen Ganga nach Babylon, um ihn im Wettbewerb um die Schönste aller Bräute, Formosante, die Tochter des Königs Bel, zu unterstützen. Amazan tritt gegen die Herrscher Ägyptens, Indiens und der Skyten an – und gewinnt. Doch

dann ruft ihn die Kunde, dass sein Vater im Sterben liege, nach Hause zurück. Phönix bleibt in Babylon, um Formosante, die sich in Amazan verliebt hat, zu unterstützen. Am Rande der Feierlichkeiten zur Brautwerbung wird Phönix von einem verirrten Pfeil aus dem Bogen des betrunkenen Pharaos getroffen und verendet. Zuvor bittet er Formosante, „Verbrennt mich und versäumt nicht, meine Asche in das glückliche Land östlich der alten Stadt Aden oder Eden zu bringen und dort auf einem kleinen Scheiterhaufen aus Zimtrinde und Gewürznelken in der Sonne auszubreiten." Ausgerüstet mit einer Wahrsagung des Hausorakels im Palast des Bel, macht sich Formosante auf die Reise: „Alles vermischt sich: lebendig und tot; Untreue und Beständigkeit; Verlust und Gewinn; Unheil und Glück."(Voltaire 1768).

Im „glücklichen Arabien" angekommen, erbaut die Prinzessin mit ihren wunderschönen Händen den gewünschten Scheiterhaufen, und aus der Asche, die aus der goldenen Urne auf die Feuerstelle gegeben wurde, ward ein großes Ei, aus dem ein neuer, prächtiger Phönix emporstieg. Und so sprach Phönix zu seiner Retterin:

> Die Auferstehung, Herrin, ist die einfachste Sache von der Welt … Alles ist Auferstehung in dieser Welt: Die Raupen erstehen als Schmetterlinge auf, ein Kern, den man in die Erde legt, als Baum. Alle in die Erde verscharrten Tiere entstehen als Kräuter oder Pflanzen wieder und dienen anderen Tieren als Nahrung, von deren Körpern sie bald einen Bestandteil bilden: alle Teilchen, die zu einem Körper gehörten, werden in andere Wesen umgewandelt. Ich bin allerdings das einzige Geschöpf, dem der große Ormuzd die Gnade zuteil werden ließ, in seiner eigenen unveränderten Wesensart aufzuerstehen. (Voltaire 1768)

Nach der Auferstehung des Phönix, konnte die Suche nach Amazan aufgenommen werden, um die Liebenden zusammenzuführen. Voltaire führt die Reisegruppe um die halbe Welt, und es müssen viele Abenteuer bestanden werden, die in ihrer Ambivalenz das Hausorakel in Babylon voll bestätigen. In einem grandiosen Finale auf der Iberischen Halbinsel rettet Amazan seine geliebte Formosante vor dem Scheiterhaufen der Inquisition und überlässt stattdessen die katholischen Eiferer, die Anthropokäer (Menschenverbrenner), den Flammen, aus denen es für sie keine Wiederkehr gibt.

Lasst uns ein paar weitere Stationen des Feuervogels quer über unseren Erdball verfolgen. In Arabien sind es vor allem zwei Regionen, die mit den Mythen des Phönix in Zusammenhang gebracht werden: das Land der Königin Saba, der heutige Jemen, sowie Phönizien, der heutige Libanon.

Die Sabäer bewohnten einen fruchtbaren Landstrich im Süden der arabischen Halbinsel, ein Land, in dem man den Garten Eden vermutet. Seefahrer bemerkten den Duft dieses Landes bis hin zu ihren Schiffen, die auf dem Seeweg die Verbindung nach Indien und Ägypten ermöglichten. In Saba, so überlieferte Herodot, gibt es einen Berg, auf dem Phönix lebt. Das Bild des Phönix über der Sonne in einer Mondschale stellt das Phönix-Mysterium der Sabäer dar, das auch in andere Kulturkreise überbracht wurde. Es wird vermutet, dass Saba der Ausgangspunkt der Heiligen Drei Könige war, von wo aus sie die Produkte des Landes, Gold, Myrrhe und Weihrauch, nach Bethlehem und Nazareth, dem Geburtsort des „Phönix" Jesus, brachten. Die ursprünglichen Namen dieser hochrangigen Boten sind unklar; bei den syrischen Christen hießen sie Larvandad, Hormisdas und Gushnasaph. Später wurden sie mit den heute üblichen Namen Caspar, Melchior und Balthasar ausgestattet.

Die Phönizier erhielten ihren Namen von den Griechen. Phönix machte vor allem in Phönizien Station, um Kräuter für sein Nest zu sammeln. Hier gilt er als der Gott der Phönix(Dattel)palme (*Phoenix dactylifera*), der Haupternährerin. Die Ableitung des Namens Phönizien und seiner Bewohner, und schließlich auch des Feuervogels, lässt verschiedene Ursprünge zu. Hier interessieren wir uns für „phoinikea", das Wort für die purpurrote Farbe, denn es passt am besten zum Phönix-Motiv und dem Federkleid der Flamingos. Rot ist die Farbe des Feuers und der aufgehenden Sonne. Rot ist die Farbe des lebensspendenden Blutes und der Liebe. Die Phönizier gewinnen den roten Farbstoff aus Purpurschnecken (*Hexaplex trunculus*) und anderen marinen Schnecken, etwa der Herkuleskeule (Brandhorn, *Haustellum brandaris*). Die Herstellung ist kompliziert und kostspielig. Der Farbstoff ist begehrt, denn schon in der Antike schmücken sich die Herrscher mit purpurroten Mänteln. Die Phönizier halten die lebenden Meeresschnecken in Reusen gefangen. Aus der Atemhöhle der Schnecken wird ein Drüsenkörper entfernt und ein weißes Sekret ausgequetscht, das drei Tage in Salz gelagert und anschließend zehn Tage gekocht wird. Der zu färbende Stoff wird in die noch farblose Flüssigkeit getaucht, und beim Trocknen unter Lichteinwirkung bildet sich die rote Farbe.

In Griechenland verdingt sich der Feuervogel Phönix auf verschiedenste Weise im Olymp: als Attribut der Göttin der Morgenröte, Eos, die in ihrem Sonnenwagen allmorgentlich am Firmament aufsteigt, als Adler des Zeus, als Symbol des Aquarius, dem Träger des Kruges, der das Wasser des Lebens enthält und damit den Garanten des immerwährenden Lebens darstellt.

Weltweit kommt Phönix auch in der Gestalt eines Hühnervogels vor, dem feuerroten Hahn. Er ist ein ambivalentes Symbol der Fruchtbarkeit und der Zerstörung durch Feuer (Schumacher 2001). In der assyrischen Mythologie ist der Hahn das Symbol des Feuergottes Nusku. In vielen Ländern ist er das Sinnbild des Feuers und der Kraft von ehrgeizigen Interessengruppen, wie Parteien und Vereinigungen. In Afrika ist er das Symbol mächtiger Parteien, wie z. B. der KANU (Kenya African National Union). Er ist der Nationalvogel des indischen Bundesstaates Kerala, wo Hinduismus, Christentum, Islam und Kommunismus eine Zweckgemeinschaft bilden. Der gallische Hahn gilt als Nationaltier Frankreichs. Vermutlich leitet sich die Bezeichnung „Gallier" für

die Franzosen aus dem lateinischen „gallus" (der Hahn) ab. Aus Fontanes Stechlinsee im Nordosten Deutschlands steigt der rote Hahn auf, um von historischen Ereignissen zu künden. In einigen Gebieten unseres Planeten sollte man allerdings eine gewisse Vorsicht mit der Interpretation des roten Hahnes walten lassen. So ist der „red cock" zuweilen sexistisch-pornographisch gemeint – als respektables Fortpflanzungsorgan.

Phönix als Inkarnation des Lichtes wird auch durch das Christentum, der heute am weitesten verbreiteten Religion, die in den Wüsten der östlichen Mittelmeeranrainer entstand und auf Europa und die Welt übergriff, vereinnahmt. Die Mutter Maria war es, die die Lichtgestalt Jesus gebar und damit Phönix eine Identität verschaffte, die später in die ganze Welt exportiert und dort missioniert wurde. Doch anders als Phönix wird Jesus Christus nicht auf einem Scheiterhaufen verbrannt. Er wird nicht wie ein irdischer Körper den Zersetzungskreisläufen überlassen: Nach seinem Tode am Kreuz kommt er in eine Gruft und wird dort nach etwa drei Tagen wieder auferstehen.

Denn wie Jona drei Tage und drei Nächte im Bauch des Fisches war, so wird der Menschensohn drei Tage und drei Nächte im Schoß der Erde sein. (Matthäus 12,40)

Nach der Wiedergeburt steigt er in den Himmel auf und nimmt an der rechten Seite des Gottvaters Platz.

Als Feng Huan kreist eine mögliche Inkarnation des Phönix in der Gestalt eines Goldfasans mit Pfauenschwanz und Hahnenkopf durch Fernost. In China ist er omnipräsenter Glücksbringer. Als der vermeintliche Rote Vogel ist er eines der vier heiligen Wundertiere – die drei anderen sind der Grüne Drache, der Weiße Tiger und der Dunkle Krieger, eine Chimäre aus Schildkröte und Schlange. Der Rote Vogel ist in jeder Beziehung ambivalent und verkörpert Yin (negative Ladung) und Yang (positive Ladung), die beiden sich ergänzenden polaren Lebensenergien. Feng ist männlich, Yang, der heiße solare Feuervogel; Huan ist weiblich, Yin, die kühle lunare Lichtgestalt. Sein Kopf verkörpert die Sonne, sein geschwungener Rücken den Halbmond, die Flügel stellen den Wind dar, die Füße die Erde, und sein Schwanz die Bäume und Blumen. Dennoch – und das spricht für die Widersprüchlichkeit und Unerschöpflichkeit des Phönix-Motivs – gibt es Quellen, die die Identität von Feng Huan und Phönix anzweifeln. Gewichtiges Argument dafür ist der „normale" Fortpflanzungsmodus des Feng Huan ohne Zuhilfenahme des Feuers.

Phönix als Feng Huan hat Virusforscher dazu angeregt, über das Gleichnis dieses weltreisenden Vogels mit dem Grippevirus nachzudenken. Das Cover der Zeitschrift *Emerging Infectious Diseases* zierte im Jahr 2005 (Heft 11) eine Kopie einer chinesischen Seidenmalerei eines unbekannten Meisters aus dem 16. Jahrhundert, ein prachtvolles Exemplar des Feng Huan als Herrscher der Vögel darstellend. In dem Kunstwerk treffen die Lehren des Konfuzius über das Zusammenwirken eines Individuums mit seiner Familie, der Gesellschaft und dem Universum symbolhaft auf die Launen der Natur (in Gestalt von Wandervögeln, zweier Reiher und zweier Enten). Der Grippevirus wird verglichen mit Phönix auf seinem Weg um die Welt, sich ständig neu rekombinierend, in verschiedenen Warmblütlern, gewissermaßen auf deren Asche, neue Viren bildend, mit pandemischem Potenzial (Potter 2005).

Selbst in der neuen Welt hat Phönix seine Inkarnation, den Quetzal (*Pharomachrus mocinno*). In Lateinamerika lebt dieser seltene, scheue Vogel mit der feuerroten Brust und den langen Schwanzfedern in den Nebelwäldern. Er ist das heute lebende Ebenbild des Quetzalcoatl, einer multifunktionellen Gottheit der Azteken, und des Kukulkan der Maya in Gestalt einer gefiederten Schlange.

Warum wandert Phönix durch Zeit und Raum? Warum hetzt er um die ganze Welt? Um die Analogie zum Flamingo herzustellen – tut er es, um Nahrung und ein ungestörtes Terrain für den Nestbau zu suchen? Weite Flüge zur Nahrungssuche erübrigen sich, da Phönix genügsam ist und von aromatischen Flüssigkeiten lebt, die er an Ort und Stelle seines Wirkens finden könnte. Das Brutgeschäft ist im Falle von Phönix brandstifterischer Nestbau, er könnte es in jedem beliebigen Baum tun. Es müsste also noch andere Ursachen für seinen Wandertrieb um die ganze Welt geben. Einleuchtender wäre es, davon auszugehen, dass Phönix nicht nur *ein* Vogel ist, der weltweit operiert. Wir sollten akzeptieren, dass Phönix verschiedene Reinkarnationen hat, die gleichzeitig und unabhängig voneinander existieren und sich auf unterschiedliche Art fortpflanzen. Phönix selbst war so weise, den Ursprung der Pflanzen und Tiere (und darin schließen wir ihn, den mystischen Feuervogel, mit ein) *nicht* in einer Region zu vermuten. So berichtet er über seinen Vater:

> Er wusste von seinen Vorfahren, dass alle Generationen der Tiere von den Ufern des Ganges stammten. Aber ich bin nicht so eitel, diese Meinung zu teilen. Ich kann nicht glauben, dass die Füchse Albions, die Murmeltiere der Alpen und die Wölfe Galliens aus meinem Lande kommen. Ebensowenig kann ich mir denken, dass die Tannen und Eichen Eurer Länder von den Palmen und Kokosbäumen Indiens abstammen. (Voltaire 1768)

Kann man sagen, dass all diese Ableger des Phönix miteinander verwandt sind? Wir haben im Stammbaum der Vögel neben den Flamingos weitere Vertreter des Phönix auf Erden einbezogen (siehe Abb. 1.1):

- die Greifvögel Adler und Falke, die in vielen mythischen Darstellungen den Grundbauplan des imposanten Körpers des Phönix liefern
- die Schreitvögel Reiher und Ibis, die in den ursprünglichen Mythen große Ähnlichkeiten zu Benu, dem Phönix vom Nil offenbaren

- die Hühnervögel Pfau, Goldfasan und der feuerrote Hahn, die mit ihrem Schwanzschmuck und ihrem leuchtendem Gefieder die Phantasie anregen
- die Taube als Überbringerin des Ölzweigs, einen möglichen Neuanfang symbolisierend
- den Quetzal, das Ebenbild des Phönix in der neuen Welt,
- die Röhrennasen mit dem Phönix-Albatros (*Pterodroma alba*) einer vom Aussterben bedrohten Art aus dem tropischen und subtropischen Pazifikgebiet

Es zeigt sich, dass diese Kreaturen rund um Phönix und den „phönixflügeligen" Flamingos auf die gesamte Breite des natürlichen Systems der Vögel verteilt sind. Die verschiedenen Inkarnationen des Phönix sind biologisch nicht miteinander verwandt. Ihre Nähe beziehen sie aus spirituellen Argumenten. Der Mensch sieht sie in seiner Phantasie als Verkörperung seiner Sehnsüchte. In den verschiedenen Kulturkreisen und Religionen symbolisieren diese phönixartigen Vögel Wiedergeburt und Widerstandskraft. Für uns Biologen verkörpert das Motiv des Feuervogels die Zyklen des Lebens zwischen Geburt, Tod, Zersetzung und Wiedereinspeisung in den Kreislauf.

Im Gegensatz zu Phönix ist über die mythische Kraft des Flamingos sehr viel weniger bekannt, denn in seinen Hauptverbreitungsgebieten in Afrika, gibt es keine schriftlichen Überlieferungen. Lediglich einige Felsmalereien und Gravuren im südlichen Afrika künden von spirituellen Zusammenkünften unter dem Zeichen des Flamingos. Das Gleichnis von der Flamingofeder in dem gleichnamigen Buch von Sir Laurens van der Post (1906–1996) ist eine der wenigen, aus Schriften bekannt gewordenen mythischen Deutungen eines Körperteils der Flamingos:

> Wir wissen nur eines: wenn eine solche Feder zu uns getragen wird von einem Manne, wie er es war, so ist dies ein Zeichen, dass ein großer Traum geträumt worden ist. … Wenn dann das Ende des Sommers kommt, die Felder abgeerntet sind und das Korn in den Truhen liegt, dann ist die Zeit gekommen, den Traum zu leben, zu erfüllen. (Laurens van der Post 1955, *Flamingo Feather*, Übersetzung Margarete Landé)

4.1 Mensch, Phönix und Feuer

Feuer ist weit mehr als bloße Energie, es ist der Sprung vorwärts in ein neues menschliches Denken. (Laurens van der Post, zitiert nach Peter Ammann 2006, *Mythisches Feuer*)

Wenn besonders kluge Schüler (Ravenclaws) der Eliteschule für Hexerei und Zauberei auf Schloss Hogwarts Einlass in den klinkenlosen Gemeinschaftsraum begehrten, mussten sie eine knifflige Frage beantworten, zum Beispiel: „Was war zuerst da: der Phönix oder die Flamme?" Die junge Hexe Luna Lovegood, die ein bisschen verrückte Begleiterin von Harry Potter, antwortete, dass „ein Kreis keinen Anfang hat" (und demzufolge auch kein Ende). Ein Kreis reflektiert die Unendlichkeit. Die Wege des Phönix und der Flamme sind also unendliche Kreise (Rowling 2007).

Gilt die salomonische Antwort der Luna Lovegood über die endlosen Kreise auch für die Frage „Wer war zuerst da, der Phönix oder der Mensch?" Wenn wir davon ausgehen, dass Phönix ein Phantasieprodukt des Menschen ist, dann muss der Mensch zuerst dagewesen sein. Ist das wirklich so? Wahrscheinlich nicht, denn der Mensch hat seit seinem Erscheinen auf der Szenerie schon einen Teil des Phönix in sich, in Teilen seines Genoms, seines Gehirns, seines Unterbewusstseins. So kommt es wohl der Wahrheit am nächsten, wenn man bei dieser Frage von einem kontinuierlichen Kreislauf ohne Anfang und Ende ausgeht.

Der Mensch trägt in seinem Erbgut all die Informationen seiner Vorfahren mit sich. Der Neurophysiologe Paul MacLean (1913–2007) fand heraus, dass bestimmte Teile unseres Gehirns Relikte aus grauer Vorzeit sind (Sagan 1977). Unser Reptilienhirn beispielsweise, stammt vom Dinosaurier. Dieser Teil unseres Hirns ist für die Freund-Feind-Kennung verantwortlich. Wenn bei uns die rote Lampe angeht und wir unser Revier abgrenzen, dann hat sich soeben unser Saurierhirn eingeschaltet. Das Leopardenhirn dagegen ist für die Risikobereitschaft und den Jagdtrieb, z. B. auf der Autobahn, verantwortlich. Das Primatengehirn ist eine unserer neueren, teilweise noch unterentwickelten Errungenschaften und ist für Verstand und Logik dienlich. Das Phönixhirn ist zuständig für das Feuer in uns und seine Erneuerung.

Die ersten echten Vorfahren des Menschen tauchten vor 4–7 Mio. Jahren auf der Bühne des Geschehens in den afrikanischen Savannen auf. Es kann vermutet werden, dass sie Anteile eines Vogelhirns in sich trugen, das von den 30–50 Mio. Jahre alten Vorfahren jener Vögel erbt wurde, in deren Gefieder Phönix schlüpfte. Also war Phönix schon in den Urmenschen, als diese noch in den kalten Nächten frierend durch die afrikanische Savanne irrten. Als ein Blitz in einem Baum einschlug, sagte der Phönix-Teil im Gehirn unserer Vorfahren: „Nutzt das Feuer!" Wie Funde von Feuerstellen des *Homo erectus* in Ostafrika vermuten lassen, könnte das vor etwa 1,6 Mio. Jahren passiert sein. Das Feuer ermöglichte den Urmenschen eine hochwertigere Nahrung, durch eine bessere Aufbereitung des Fleisches. Das Kraftfutter trug wesentlich zur Entwicklung des Gehirns bei. Später konnte der Mensch damit prahlen, der Erfinder des Feuers gewesen zu sein, obwohl Phönix ihm diese Idee eingegeben hatte.

Es ist fatal, dass die Nutzung des Feuers durch den Menschen dazu führte, dass unter anderem der Flamingo auf dem Grill landete. Oftmals verletzten sich diese Vögel an ihren grazilen Beinen, wenn sie in Panik vor Raubtieren flohen. Die Urmenschen konnten sie leicht einfangen und verzehren. Noch heute jagen unsere Verwandten, die Paviane, in Afrika leidenschaftlich gerne Flamingos.

Wo evolvierten die Vorfahren des modernen Menschen, des *Homo sapiens*? Einige der Sodaseen Ostafrikas werden als „amplifier lakes" (Verstärkerseen) bezeichnet. Es sind jene Gewässer im Großen Afrikanischen Grabenbruch, die besonders stark den krassen hydrologischen Gegensätzen im Einzugsgebiet ausgesetzt sind. Dazu gehören die Seen Elmentaita, Nakuru, Naivasha in Kenia, Ziway und Awassa in Äthiopien und Eyasi in Tansania (Trauth et al. 2010). Extrem hohe Niederschlagsmengen in den hochgelegenen Teilen der Landschaft – der Grabenrand erhebt sich mehr als 1000 m über den Senken – stehen extrem hohen Verdunstungsraten der Seen am Grunde des Grabens gegenüber.

© Springer-Verlag GmbH Deutschland, ein Teil von Springer Nature 2018
L. Krienitz, *Die Nachfahren des Feuervogels Phönix*,
https://doi.org/10.1007/978-3-662-56586-5_4

Diese Kombination führt dazu, dass die „amplifier lakes" Klimaschwankungen besonders stark ausgesetzt sind. Das verstärkt den Einfluss auf die Biosphäre in den Einzugsgebieten der Seen. Die Fortpflanzungsgemeinschaften im Bereich der „amplifier lakes" unterliegen einem hohen Evolutionsdruck, um sich an die dramatisch wechselnden Bedingungen anzupassen. Die Seen im trockenen Tal des Grabenbruchs bilden natürliche Barrieren für die Wanderung, Vermischung und Konkurrenz von Populationen mobiler Organismen, wie Säugetiere einschließlich der Hominiden. So können sich an beiden Seiten der Barriere durch verminderte Verbreitung kulturell und genetisch unterschiedliche Gruppen bilden.

Was sagen die Paläoanthropologen dazu? Trotz vieler Kontroversen und obwohl jeder neue Fund neue Fragen und Diskussionen auslöst, gilt Afrika südlich der Sahara, und im Besonderen der Große Afrikanische Grabenbruch als eine Wiege der Menschheit. Bedeutende Glieder dieser Evolution, die mit vielen blind endenden Verzweigungen verlief, waren *Australopithecus anamensis, Homo rudolfensis, Homo habilis Homo ergaster* und *Homo erectus*. Hier in den Savannen Afrikas erlernte *A. anamensis* vor 4 Mio. Jahren wohl als erster Hominide den aufrechten Gang. Die vier genannten Arten der Gattung *Homo* lebten gleichzeitig vor knapp 2 Mio. Jahren in Ostafrika. Ob und wie diese Hominiden miteinander kommuniziert haben, ist bis heute noch völlig offen. *H. rudolfensis* hatte noch viele Ähnlichkeiten mit den Australopithecinen, wie den breiten Kauapparat, aber sein Gehirn war verhältnismäßig groß. *H. habilis* stellte mit Geschick scharfkantige Steinwerkzeuge durch Behauen von Geröllsteinen her. *H. ergaster* hatte kleinere „Mahlzähne" und verzehrte schon fleischliche Nahrung. *H. erectus* vereinte all diese evolutionären Errungenschaften in sich und war der erste Vertreter der Gattung, der sein Verbreitungsgebiet nach Asien und Europa ausweitete. Dort lieferte er Erbmasse für die Evolution des *H. sapiens*, dessen archaische Formen vor etwa 200.000 oder, wie unlängst an Funden aus Marokko ermittelt (Richter et al. 2017), vor 300.000 Jahren entstanden sein könnten und dessen Erben später die ganze Welt erobern sollten. Erst *H. sapiens* wird Spiritualität und Kultur zugeschrieben, d. h. er war der Erste und Einzige, der den Phönix nicht nur unbewusst in sich hatte, sondern auch nach dessen Woher und Wohin fragte. Die Spuren unserer Vorfahren an den Ufern unserer Probengewässer gaben uns immer wieder Anlass, abends am Lagerfeuer innezuhalten, über unsere Geschichte nachzudenken und die aktuellen Fragen und das Schicksal der Menschen, denen wir begegneten, mit einzubeziehen.

Die Grundidee des Phönix-Motivs wiederholt sich in historischer und moderner Zeit wie ein unendlicher Kreis: Auf den Resten einer (selbst)zerstörerischen Aktion, oft mit Feuer oder verheerenden Niederlagen verbunden, wird ein neues, vitales Individuum oder eine neue, leistungsfähige Lebens- und Kampfgemeinschaft begründet. Das Phönix-Motiv ist in unserem Alltag allgegenwärtig. Es erscheint auf Münzen, Wappen, Flaggen und vor allem in unseren Gedanken, in unseren Wünschen und Träumen. Sportvereine führen den Feuervogel in ihrem Namen, denn sie alle wollen im Falle einer Niederlage trotzdem wie Phönix aus der Asche aufsteigen.

Die Rettungskapsel, welche die 33 chilenischen Bergleute, aus 630 m Tiefe durch einen 60 cm breiten, eigens mit modernster Technik gebohrten Rettungsschacht ans Tageslicht geholt hatte, trug den Namen des Phönix. Diese Aktion im Oktober 2010 in der Atakamawüste, der Heimat der Anden-und Chilenischen Flamingos, wurde von großem internationalen Presserummel begleitet. Die Rettungsaktion beinhaltete die Chance für Wirtschaftslenker, wie Phönix eine „Auffrischung" zu erfahren und Anstöße zu gewinnen, um die unseligen Arbeitsbedingungen der Bergleute zu verbessern.

Auch die Stadt Phoenix in Arizona, USA, am Nordrand der Sonora-Wüste im „Tal der Sonne", nutzt das Phönix-Motiv. Die indianischen Hohokam-Ureinwohner bauten vor knapp 2000 Jahren ein Bewässerungssystem für ihre Dörfer und Felder, indem sie aus dem fast 200 km entfernten Salt River Wasser mittels eines Kanalsystems heranführten. Hunderte Jahre später wurde diese Kultur durch anhaltende Trockenheit und Brände zerstört. Um 1800, gewissermaßen auf der prähistorischen Asche, wurde durch Einwanderer eine neue Siedlung begründet, die mit neu geschaffenen Bewässerungskanälen der Wüste fruchtbares Land abrangen und ihr zu neuer Blüte verhalfen. Phoenix ist die sechstgrößte Metropole der USA und eine der am schnellsten wachsenden urbanen Ballungsräume. Inzwischen leben 4 Mio. Menschen in und um Phoenix. (Neuigkeiten über die Arbeit der Vogelschützer in dieser Wüstenstadt gibt es in Abschn. 4.3.)

4.2 Das Verhältnis des Menschen zu den Vögeln

> Sorget Euch nicht! Sehet die Vögel unter dem Himmel, sie säen nicht, sie ernten nicht, sie sammeln nicht in die Scheunen, und euer himmlischer Vater nähret sie doch. (Matthäus 6.26)

Von Vögeln erwartet der Mensch primär nichts „Vernünftiges", er erwartet von ihnen Erbauung, geistige Nahrung, z. B. durch ihren Gesang und das schöne Aussehen ihres Gefieders. Schon der griechische Sonnengott Apollo hielt auf seinem Wege sein Vehikel, die Sonne, an, um dem betörenden Gesang des Phönix zu lauschen und dessen leuchtendes Gefieder zu betrachten.

Der Flamingo-„Gesang" ist eher wenig erbaulich, er ist schnarrend, zeitweilig schrill wie das Geschrei von Gänsen. Aber in großen Schwärmen werden die Geräusche bei der Nahrungsaufnahme auf angenehme Weise potenziert. Ihr gemütliches Grummeln vermittelt Geborgenheit, denn

Flamingos sind soziale Vögel. Ihr schönes Aussehen und ihr Verhalten als „Teamplayer" in einer schwierigen Umwelt macht sie für den Menschen so attraktiv. Da Zwergflamingos in unwirtlichen Gebieten leben, normalerweise weitab von den Siedlungen der Menschen, stören sie ihn nicht in seinem Alltag. Die Schönheit der Flamingos und ihr vom Menschen als meist angenehm empfundenes Verhalten führt an einigen Stellen seiner Lebensräume zu ungewöhnlichen Flamingo-Mensch-Gemeinschaften. Beispielhaft für diese auf Akzeptanz beruhenden Beziehungen sind einige Salzbauern in Indien, die ihre Evaporationsteiche direkt neben Flamingobrutkolonien gebaut haben, über die wir noch berichten werden. Der Flamingo repräsentiert viele positive Seiten der Vogelwelt. So verwundert es nicht, wenn in den Vorgärten von Florida geschätzte 1,5 Mio. Flamingoskulpturen stehen. Auch in deutschen Baumärkten werden immer häufiger lebensgroße Flamingoplastiken angeboten. Es handelt sich bei diesen Kunstwerken vorwiegend um Nachbildungen des Karibischen oder des Rosa Flamingos. Schade nur, dass sie dann in einsamen Einzelexemplaren in den Gartenlandschaften stehen, weil sich niemand diese Plastiken in Schwärmen leisten möchte. Weitere Beispiele der Widerspiegelung der Flamingos durch den Menschen finden sich in Abb. 4.1 und in der Literatur. So hat Caitlin B. Kight eine akribische Zusammenstellung von Flamingo-Memorabilien veröffentlicht (Kight 2015).

Nehmen wir noch eine andere Vogelgattung, die allenthalben unsere Wege kreuzt, die Tauben und ihre Verwandten aus der Familie der Fruchttauben. Sie sind allgegenwärtige Begleiter auf unseren Reisen. Eine schier unendliche Zahl von Arten, Formen und Farbspielen des glänzenden Gefieders. Überall, wo wir an naturnahen Plätzen übernachten, begleiten sie gurrend unseren Tagesausklang, und am frühen Morgen wecken sie uns mit ihren vertrauten Rufen. Im afrikanischen Dorngestrüpp, auf den felsigen Ufern ihrer Badeplätze nahe der indischen Tempel, im schwülen Dickicht der tropischen Wälder, ja, und auch in den Ballungsgebieten auf den Dächern und denkmalsbestandenen Plätzen der Städte, gibt es Tauben zu beobachten. Namentlich die Abkömmlinge der Felsentaube (*Columba livia* forma *livia*), die Haus- oder Brieftaube erbauen den Menschen. In den Naturreservaten Indiens begegnen uns die noch ziemlich wilden Vertreter der „forma *intermedia*", während in Europa die verwilderten Vertreter der „forma *urbana*" auf den großen Plätzen, Kirchen, Schlössern vagabundieren. Unsere Mitmenschen mit züchterischer Gabe haben weltweit an die tausend mehr oder weniger schöne bzw. flugstarke Zuchtrassen kreiert.

Doch die etwas oberflächliche „friedliche Koexistenz" und das vergnügliche Zusammenleben mit unseren gefiederten Freunden spiegeln die komplexe Wechselbeziehung zwischen Mensch und Vogel nur teilweise wider. Wir müssen Facetten beleuchten, bei der die eine Seite Schaden nimmt. Beginnen wir mit den Schadwirkungen der Vögel auf den

Menschen, die sich aus ihren natürlichen Überlebensstrategien entwickelt haben und erst zum Problem wurden, als sie mit uns konfrontiert wurden. Einer der häufigsten Vögel der Welt, der Blutschnabelweber (*Quelea quelea*), hält trotz Abwehr- und Bekämpfungsmaßnahmen seine hohe Zahl von mehr als 1,5 Mrd. Individuen in den Trockensavannen Afrikas. Er lebt normalerweise von Insekten und Wildgräsersamen. In der Etosha-Pfanne in Namibia wurden beispielsweise im Jahre 1978 über 4,8 Mio. Jungvögel ausgebrütet. Dabei wurden 13 t Insekten und 1 t Grassamen konsumiert (Berry et al. 2004). Wenn der Blutschnabelweber jedoch in Schwärmen von mehreren Hunderttausend in die Getreidefelder der menschlichen Siedlungen einfällt, richtet er großen Fraßschaden an Weizen, Hafer, Hirse, Reis und anderen Körnerfrüchten an. Mit einer Körperlänge von ca. 12 cm und einem Gewicht von 15–26 g, kann er täglich 18 g Körner verzehren und im Schwarm tonnenweise Ernte vernichten. Gemessen an diesen apokalyptischen Dimensionen des Nahrungsverlustes für die Landbevölkerung in Afrika, sind die Schäden, die Vögel in unseren heimischen Feldern anrichten, vernachlässigbar. Sperlinge picken Saat aus unseren Beeten, Tauben und Krähen knicken Jungpflanzen ab, Stare räubern unsere Kirschen. Spechte hacken Löcher in die Polystyroldämmstoffe unserer Häuserfassaden, Schwalben koten Wände voll. Wir versuchen es mit Vogelscheuchen aller Art, von ausgedienten CDs, schillernden Staniolstreifen bis hin zu phantasievollen Attrappen vermeintlich furchteinflössender Zeitgenossen.

Wieviel höher ist doch der Nutzen, den wir durch Vögel erfahren. Sie vernichten Unmengen an Schadinsekten und Mäusen und halten so unsere Nutzpflanzen gesund. Ein Meisenpaar braucht für die Aufzucht einer Brut (7–9 Junge) etwa 50 kg Insekten. Eine Eulenfamilie vertilgt ein Dutzend Mäuse am Tag. Vögel beteiligen sich erfolgreich an unseren Aufforstungsmaßnahmen, indem sie Samen verbreiten. Am Beispiel der Eibe (*Taxus baccata*) wird klar, dass es erst die Vögel sind, welche die kraftvolle Keimung widerstandsfähiger Pflanzensamen ermöglichen. Die Eibe bildet phönixfarbene Scheinfrüchte, deren Hülle (Arillus) fleischig, saftig und gleichzeitig der einzige ungiftige Teil des Baumes ist. Die lockenden Früchte werden von Amsel, Drossel, Fink und Star sowie anderen Vogelarten verzehrt. Bei der Darmpassage wird der fleischige Fruchtmantel verdaut, und die Samenschale wird durch ätzende Magen-Darm-Säfte aufbereitet. Nachdem der Samen ausgeschieden ist, keimt er. Dabei werden ihm noch Nährstoffe aus dem Vogelkot mit auf den Weg gegeben. Viele weitere fleischige Früchte werden auf diese Art verbreitet, wie Kirsche, Holunder, Datteln. Diese Form der Samenverbreitung nennt man Endozoochorie. Andere Vögel transportieren Baumsamen im Schnabel oder im Kropf, werfen sie später aus, um einen Vorrat für schlechte Zeiten anzulegen. Samen, die nicht verzehrt werden, können dann auskeimen. Eichelhäher sammeln

Abb. 4.1 Kunst, Kitsch und Kosmetik zum Thema Flamingos. (**a**) Ölgemälde mit Zwergflamingos; (**b**) Holzschnitzerei, (**c**) Metallarbeit, (**d**) Seife. (Die Urheber der Stücke sind nicht bekannt)

Eicheln und verstecken sie als Wintervorrat. Kleiber horten eine Fülle verschiedener Samen, z. B. von Linde, Buche und Nadelbäumen. Diese Verbreitungsform nennt man Synzoochorie.

Etliche Vogelarten, wie Geier, Marabus und Raben, fressen Aas, sie sind nekrophag und sorgen für Hygiene in unserer Umwelt. Ein fatales Beispiel vom indischen Subkontinent zeigt, wie Geier Opfer eines pharmazeutischen Produktes des Menschen werden. So manche heilige Kuh wird alt und leidet unter Schmerzen. Deshalb wird sie mit Diclofenac, einem Entzündungshemmer für Menschen und Haustiere, behandelt. Tote Kühe bleiben oftmals am Ort ihres Hinscheidens liegen oder landen auf der Müllkippe zur Kompostierung. Ursprünglich haben Geier geholfen, die verwesenden Körper zu entsorgen. Viele der Kuhkadaver enthalten allerdings hohe Konzentrationen des Schmerzmittels. Obwohl Geier robuste Tiere sind, denen selbst Leichengifte nichts anhaben können, sind sie empfindlich gegen Diclofenac. Sie sterben an Nierenversagen. Maßgeblich an der Aufklärung der Ursachen des Geiersterbens in Pakistan und Indien haben der Toxikologe Lindsay Oaks von der Washington State University und sein internationales Forscherteam beigetragen (Oaks et al. 2004). Sie berichteten über die verheerende Wirkung von Diclofenac auf die Geierpopulationen, die auf 1–3 % zurückgegangen sind. Das betrifft alle drei in Indien heimischen Arten (*Gyps bengalensis, G. indicus, G. tenuirostris*), die sich in freier Wildbahn nicht mehr auf natürliche Weise regenerieren können. Aufzuchtstationen, künstliche Futterplätze und Schutzzonen mit mehreren Hundert Kilometern Radius sollen nun Abhilfe schaffen. Erfolge stellen sich nur langsam ein, von den ehemals 40 Mio. Geiern in Indien leben heute nur noch 4000. Die ökologischen Stoffkreisläufe sind empfindlich gestört. Der Einsatz von Diclofenac wurde zwar stark reduziert, ist allerdings aufgrund seines günstigen Preises noch nicht vom Markt verschwunden. Lindsay Oaks (1960–2011) hat auch an den Sodaseen Ostafrikas toxikologische Studien betrieben. Sein früher Tod hat ihn daran gehindert, seine Untersuchungen an Flamingos erfolgreich abzuschließen.

Alfred Hitchcock (1899–1980) hat mit seinem Filmklassiker *Die Vögel* ungewollt dazu beigetragen, eine toxische Nahrungskettenbeziehung aufzuklären Der Film zeigt, wie in Bodega Bay, an der kalifornischen Küste, große Schwärme aggressiver Möven und Krähen Menschen überfielen und zu Tode hackten. Außerdem richteten die enthemmten Vögel ein Inferno an der Bausubstanz des Ortes an. Die überlebenden Menschen waren traumatisiert und wohl nicht mehr in der Lage, einen panikfreien Umgang mit den Vögeln zu pflegen. Was wollte uns der Meister damit sagen? Hitchcock hielt sich in dieser Frage vornehm zurück. Wahrscheinlich wollte er einen spannungsgeladenen Film gestalten, der den Zuschauer in seinem Kinosessel immer kleiner werden und die Haare zu Berge stehen ließ. Andere Interpreten sinnierten

über die Rache der Natur am Menschen nach. Wissenschaftler deckten interessante Wechselwirkungen in der Nahrungskette der Seevögel auf. Ausgangspunkt der detektivischen Arbeit war ein Artikel in der Zeitung *Santa Cruz Sentinel*: Am 18.08.1961 strandeten Tausende „verrückte“ Seevögel und erbrachen Anchovis-Fischchen. Dreißig Jahre später war ein ähnliches Phänomen zu beobachten, als orientierungslose Braunpelikane starben. Im Magen der verendeten Pelikane fanden sich Kleinfische, die zuvor giftige Kieselalgen der Gattung *Pseudo-nitzschia* aufgenommen hatten. Diese Algen hatten größere Mengen des Nervengiftes Domoinsäure produziert. Das Toxin ist als Verursacher des „Amnesic Shellfish Poisoning“ bekannt, bei dem Menschen nach dem Genuss von Meeresfrüchten, die das Algengift über die Nahrungskette angereichert haben, starke neurotoxische Symptome zeigen, die bis zum Tod führen können. Massenentwicklungen von 23 Arten der Gattung *Pseudo-nitzschia* können dieses Gift in den Küstengewässern produzieren. Um die Frage zu klären, ob das Ereignis im Jahre 1961, das Hitchcock inspirierte, möglicherweise ebenfalls auf giftige Kieselalgen zurückzuführen sei, analysierten die Forscher den Verdauungstrakt von Zooplankton, der mikroskopischen Nahrungstiere der Kleinfische, aus der damaligen Zeit und wurden fündig (Bargu et al. 2012). Sie wiesen größere Mengen *Pseudo-nitzschia* nach. So kommen Algen und Vögel in einem wissenschaftlichen Thriller zusammen und helfen, das Mysterium der durchgeknallten Vögel in dem Film zu entzaubern. Ob Hitchcock das gefallen hätte?

Schon der weise Voltaire wies auf das ambivalente Verhältnis des Menschen zu Vögeln und den anderen Tieren hin: Phönix antwortete auf die Frage von Prinzessin Formosante, warum außer ihm alle anderen Vögel und Tiere auf das Sprechen, das sie ursprünglich beherrschten, verzichtet haben:

> Ja, weil die Menschen schließlich die Gewohnheit angenommen haben, uns zu verspeisen, anstatt sich mit uns zu unterhalten und weiterzubilden. Diese Barbaren! Hätten sie nicht überzeugt sein müssen, dass wir, die wir dieselben Organe, dieselben Empfindungen, Bedürfnisse und Begierden haben wie sie, auch gleich ihnen das besitzen, was man eine Seele nennt. (Voltaire 1768)

Im Alten Rom wurde anlässlich der legendären Gastmähler der reichen Patrizier schüsselweise Zunge und Hirn der Rosa Flamingos gereicht. Das Gemälde des amerikanischen Malers George Catlin (1796–1872) „Ambush for Flamingoes in South America“ aus dem Jahre 1857 zeigt einen Heckenschützen, wie er Karibischen Flaminos an ihren Nestern auflauert (https://www.artexpertswebsite.com/pages/artists/catlin.php). Es besteht kein Zweifel, dass Menschen diese Vögel oder deren Eier verzehrt haben. Auch die Bergleute in der Atakama schätzten Flamingos auf ihrem Tisch. Sie bereiteten aus ihnen eine kräftige Brühe gegen Lungenkrankheiten, die sie sich unter Tage zuzogen. Heutzutage sollten die strengen Schutzmaßnahmen dies verhindern. Es ist kaum anzunehmen, dass die Bergleute, die 2010 mit der Phönix-Kapsel gerettet wurden, mit solch einer Brühe versorgt wurden. Aus Indien kommen verstörende Nachrichten. Zum Jahreswechsel 2011/2012 war man im Little Rann of Kutch Wilderern auf die Schliche gekommen, die 64 Zwergflamingos getötet hatten. Vermutlich war dies kein Einzelfall, und die Vögel wurden an gewissenlose Händler verkauft und zu Flamingocurry verarbeitet. Werden Flamingos heutzutage in Afrika gegessen? Unsere Gesprächspartner reagierten irritiert, als wir ihnen diese Frage stellten. Sie meinten, Flamingos gehören nicht mehr zum Nahrungsspektrum der Kenianer, sondern doch eher Rinder und Hühner.

Diese Diskussion mit unseren Kooperanten erhellte das besondere Verhältnis der Afrikaner zu ihrem „chickenfood", das immer stärker von europäischen Importen von billig produziertem Geflügelfleisch gestört wird. Auch in Kenia gibt es „Hühner-Ghettos" mit Populationsdichten ähnlich wie in großen Flamingokolonien. „A life from two hens to billionaire" (sinngemäß: „Mit zwei Hennen zum Milliardär") titelte die Zeitung *Daily Nation*, Nairobi, am 12.10.2010 (Misiko 2010). Hier ist die Geschichte des „Hühner-Ghetto"-Gründers von Kenia, Nelson Muguku, der mit 78 Jahren im Oktober 2010 als bekannter Philanthroph starb. Der Kikuyu wurde 1932 geboren. Seine Träume, an einer Hochschule zu studieren, wurden von den kolonialistischen Lehrern zunächst zunichte gemacht. Er hatte solch brilliante Resultate bei den schriftlichen Prüfungen, dass man ihn beschuldigte, betrogen zu haben und warf ihn von der Schule. Später schloss er seine Lehre als Zimmermann ab und machte sein Examen an einer Ingenieurschule. Er wurde als Lehrer an einem pädagogischen College eingesetzt. Als er zwei Hennen, einen Hahn und 2000 Kenya-Shilling (etwa 20 €) zusammen hatte, quittierte er seinen Dienst am College und begann als Hühnerzüchter. Seine Frau quittierte ebenfalls ihren Dienst als Lehrerin, um ihren Mann auf der Geflügelfarm zu unterstützen. Zunächst verkaufte er vor allem Küken, die einen Tag alt waren, und Eier. Später stieg er mit Hühnerfleisch zum Lieferanten von McDonald's und des Präsidenten Jomo Kenyatta auf. Er betrieb vier modernste Brutinkubatoren, deren Wartung er eigenhändig bis zu seinem Tode durchführte. So produzierte er 500.000 Hühner täglich und wurde zum größten Aktionär an der heimischen Börse. Er unterstützte Talente aus armen Familien sowie Schul- und Kirchenbauten. Er war so beliebt, dass, als er eines Tages von bewaffneten Räubern auf seiner Farm überfallen wurde, ihm die ganze Stadt zur Hilfe kam.

Nicht allen Vögeln ist es gelungen, sich den Nachstellungen des Menschen zu entziehen. So manche Species ist auf der Strecke geblieben, wie der für die Menschen viel zu gutmütige Dodo, die viel zu schmackhafte Felsentaube und der Riesenalk, das Wahrzeichen des Naumann-Museums in Köthen. In seiner Vorrede zum Buch über *Fallen und Fänge zum Vogelstellen* schreibt J. A. Naumann (1818) vor 200 Jahren eine in unsere Zeit passende Parabel über Vögel und ihr gefährdetes Ökosystem:

> … die Menschen haben sich vermehrt, die Vögel vermindert …. Vielleicht sind diejenigen Länder, wo damals unsere Zugvögel herkamen, jetzt mehr bevölkert und deswegen Wälder ausgerottet, Brüche und Seen abgestochen und urbar gemacht, wo sie sonst ihre Bruten ungestört aushecken konnten.

Obwohl Vögel für ihn immer etwas Anbetungswürdiges, Mystisches besaßen oder ihm auch nur ganz einfach als Nahrungsgrundlage dienten, hat der Mensch so manche Art aus purer Jagdlust ausgerottet. Viele Vögel sind Opfer der menschlichen Eitelkeit geworden. Im 19. Jahrhundert schmückten sich Frauen gerne mit Vogelfedern und drapierten damit Hüte und andere Kleidungsstücke. Schumacher (2001) trug aus der Literatur Beispiele zusammen, welche unglaublichen Zahlen von Vögeln für die damalige Modeindustrie verarbeitet wurden. Eine Firma in Leipzig importierte jährlich 4,25 Mio. Lärchenflügel und 1,5 Mio. Schneehahnflügel aus Finnland. Ein Händler in London erhielt in einer einmaligen Lieferung Ende des 19. Jahrhunderts 400.000 Kolibris und 6000 Paradiesvögel. In Paris bezog ein Modeatelier jährlich 200.000 Schwalbenbälge.

Vögel gelten als Glücksbringer, besonders dann, wenn man vom Kot eines Vogels getroffen wird. Offenbar wird das Kriegsglück des Admirals Lord Nelson (1758–1805) posthum von den Tauben am Trafalgar Square in London gewürdigt, denn von der Statue des berühmten Seefahrers müssen in regelmäßigen Abständen insgesamt 500 kg Taubenkot pro Jahr entfernt werden, was den britischen Steuerzahlern 35.000 £ kostet (Lewin 1999). Ein positiveres Image hat die Taube in ihrer Rolle als Nachrichtenüberbringer. Besondere Symbolkraft erlangte die Taube mit dem Ölzweig im Schnabel, die den Reisenden in der Arche Noah damit verkündete, dass sie Land gefunden habe und ein Ende der Sintflut in Sicht sei. Pablo Picasso (1881–1973) nahm später die Taubensymbolik in zahlreichen Darstellungen auf und schuf das Gleichnis der Friedenstaube.

Vögel verleihen dem Menschen Flügel und lassen ihn in neue Dimensionen vordringen. Sie liefern ihm Leitbilder, Baupläne, Überlebensmodelle und Visionen zum Erschließen von Raum und Zeit. Sie helfen ihm, zu träumen, Hindernisse zu überwinden und Freiheit in seinem Denken zu gewinnen. Die lange Geschichte der Luftfahrt ist von Visionären geprägt, um nur einige zu nennen: Ikarus, Leonardo da Vinci (1452–1519), Otto Lilienthal (1848–1896). Letzterer äußerte sich 1894 beim Aufschütten des knapp 60 m hohen „Fliegeberges" in Lichterfelde bei Berlin, von dem er Tausende Flugversuche startete, über seinen Traum, frei wie ein Vogel das Luftreich zu beherrschen. Dadurch würden die Grenzen der Länder an Bedeutung verlieren, weil sie sich nicht mehr absperren ließen. Der Erfindungsgeist der Konstrukteure, der Nachfolger Lilienthals, lässt in atemberaubender Geschwindigkeit neuartige Flugmaschinen entstehen, doch keine davon hat bisher die Flugkunst der Vögel erreicht.

Vögel bieten vielfältige Ansätze, sich mit ihnen als Hobby zu beschäftigen. Die Vogelfreunde, Birdwatcher oder kurz „Birder" genannten Zeitgenossen, sind außergewöhnliche Menschen, denen kein Weg zu weit und keine Anstrengung zu schwer ist, um ihre gefiederten Bezugsorganismen zu beobachten. Viele von ihnen besitzen eine Artenliste, in der sie ihre Nachweise abhaken. Nach Lieckfeld und Straaß (2002) gibt es weltweit etwa 9000–10.000 Vogelspecies, von denen ein guter Birder mindestens ein Drittel gesehen haben muss. Bei mancher Vogelart fühlt er sich überglücklich, wenn es ihm gelingt, ein einziges Exemplar zu Gesicht zu bekommen, wie im Falle des Quetzal. Bei anderen Arten, wie etwa unserem Zwergflamingo, möchte er hohe Individuendichten erleben. Auch als Philatelist kann man sich auf Vögel spezialisieren. Bereits bis Juni 1996 sind 12.500 Briefmarken mit Vogelmotiven editiert worden. Auf ihnen sind etwa 2500 verschiedene Arten dargestellt (Eriksen und Eriksen 1996). Inzwischen dürfte die Zahl an Marken und Arten erheblich gestiegen sein. Alle sechs Flamingoarten wurden bereits auf Briefmarken verewigt (Abb. 4.2).

Karibischer Flamingo, 1935   Rosa Flamingo, 1956
Zwergflamingo, 1966   Chilenischer Flamingo, 1970
James-Flamingo, 1982   Anden-Flamingo, 2002

Abb. 4.2 Die jeweils älteste Briefmarkenausgabe zu den sechs Flamingoarten

Die Wissenschaft der Vogelkundler, die Ornithologie, ist immer stärker gefordert, die Antwort der Vögel auf Änderungen in ihrer Umwelt zu untersuchen und herauszufinden, welche Bedeutung das schließlich für uns Menschen hat. Die Metropole Phoenix, Arizona, ist hier für uns in mehrfacher Hinsicht interessant: wegen ihres Namens, ihres wüstennahen Standorts und wegen der Aktivitäten von Ornithologen mit sozioökonomischen Ansätzen in ihrem urbanen Ballungsraum. Städtische Lebensräume der Megacity Phoenix sind gewissermaßen Gegenkonzepte zu jenen Habitaten, die unsere Flamingos bevorzugen. Beide Lebensräume sind im ariden Klima etabliert, d. h. im 30-jährigen Mittel übersteigt die Verdunstung die Niederschlagsmengen in ihrem Einzugsgebiet. Beide Lebensräume unterscheiden sich neben ihrer geographischen Lage in der Alten bzw. Neuen Welt vor allem in ihren Nutzungsformen. Im einen Lebensraum dominiert die menschliche Bevölkerung, im anderen finden große Flamingoschwärme ihr Einstandsgebiet, welches möglichst wenige anthropogene Störungen aufweisen sollte, obwohl die Zivilisation ungebremst auf die Refugien der Flamingos zurollt. Die Avifauna dieser beiden Lebensräume unterscheidet sich deutlich. Während die Flamingohabitate an den Sodaseen von dieser einen Species dominiert werden, aber mit einer reichen Begleitvogelwelt von bis zu 300 Arten ausgestattet sein können, ist die städtische Vogeldiversität von Phoenix geringer. Hostetler und Knowles-Yanet (2003) wiesen insgesamt 65 Arten in Phoenix nach. Davon konnten nur 26 Arten einen stabilen Bestand ausbilden, vor allem Tauben, Sperlinge, Stare, Finken und Spechte.

Die Ornithologen untersuchten die komplexen Einflüsse der unterschiedlichen Landnutzung sowie sozialer, kultureller, ökonomischer und politischer Interaktionen auf die Vogelwelt von Phoenix. Lediglich bei vier Arten korrelierte die Verbreitung mit der Landnutzung: beim Haussperling (*Passer domesticus*) als Allerweltsvogel und drei speziell in Amerika vorkommenden Arten mit unterschiedlichen Standortansprüchen: Die Carolina-Taube (*Zenaida macroura*), Morgen- oder Trauertaube genannt, ist einer der häufigsten Vögel Nordamerikas und hält sich in der Nähe von Wasserstellen auf. Obwohl jährlich 70 Mio. Carolina-Tauben gejagt werden, ist ihr Bestand infolge hoher Reproduktionsraten stabil geblieben. Der Keilschwanz-Regenpfeifer (*Charadrius vociferus*) bevorzugt die Nähe von Gebäuden, Wiesen und Weiden. Die Helmwachtel (*Callipepla gambelli*) lebt an ariden Standorten. Für die anderen Arten zeigten sich schwierig zu interpretierende Verbreitungsmuster, die von Aktivitäten wie Lärm, Verkehr, Gartenbau, Hunde- und Katzenhaltung abhängig waren. Es scheint, als ob der Kampf um eine hohe Biodiversität der Vögel in Phoenix in den Vorgärten, Höfen und Grünflächen entschieden wird. Die dort angebauten Pflanzen sind von zwei Grundmustern geprägt, einer natürlichen Trockenvegetation und einer künstlich eingeführten, exotischen Pflanzenwelt mit hohem Wasserbedarf.

Die Mischung dieser Grundmuster und die menschliche Nutzung der unterschiedlichen urbanen Vegetationsräume beeinflussen die Avifauna grundsätzlich. So ist eine Quintessenz der Studie, dass höhere Diversität der Vogelarten mit steigendem Bildungsgrad der Bewohner von Phoenix einhergeht. Die Motivation der Menschen, sich mit Vögeln zu beschäftigen, die Befriedigung, die sie aus der Vogelvielfalt ziehen, das Anliegen, in ihrer Umgebung Lebensräume für Vögel zu schaffen, z. B. durch Anpflanzungen, ist positiv mit der aktuellen Vogeldiversität in ihren Wohngebieten korreliert (Lerman und Warren 2011).

Ein moderner Ornithologe ist umso erfolgreicher, je mehr er sich interdisziplinär vernetzt. Die Zusammenarbeit mit Kollegen, beispielsweise mit Ökologen, Toxikologen, Tierärzten, Agrar- und Forstwissenschaftlern, Botanikern, Zoologen, Genetikern und letztlich – wie in diesem Buch gezeigt wird – auch mit Algenkundlern, lässt sich durch eine Fülle neuer Möglichkeiten heutzutage zielführend gestalten. Enormen Einfluss auf unser Wissen über die Vögel und ihre Verbreitung werden moderne molekulargenetische Analysen und Methoden der Telemetrie haben, von einfachen Transmittern, Drohnen bis hin zu langlebigen, satellitengestützten Erkundungssystemen (Krause et al. 2013).

4.3 Autobiographisches, Team und Arbeitsziele

Den Weg der Wege sollst Du gehen. Was ist das?
Der Weg der Wege ist kein Weg. Das Nichts ist er und das All.
Der Weg, der bald in den Himmel führt, bald in die Unterwelt.
Bald ist er lieblich, bald schrecklich,
bald führt er dich zur Freude, bald zu Qualen.
Bald begegnest du Scharen von Menschen darauf,
bald bist du allein.
Das ist der Weg, von dem niemand zurückkehrt.
Du möchtest ihn vermeiden
und folgst doch immer wieder seinen Spuren.
Das ist der Weg, der nur für dich bestimmt ist.
Der Weg der Wege – das bist du selbst. (Armin T. Wegener 1982, *Am Kreuzweg der Welten*, aus dem Zyklus „Die Straße nirgendwohin")

Wie haben sich nun in meinem Leben Algen und Vögel zusammengefügt?

Wenn ich auf die Arbeit an diesem Manuskript zurückblicke, beschleicht mich der Gedanke, dass ich in eine Mystikfalle getappt bin. Mir scheint, dass ich schon seit Kindesbeinen vom Phönix-Motiv gefangen war. Der Weg, der mich zu den Flamingos führte, war lang und voller aufregender und schöner Erlebnisse. Nun zeigt sich, dass Feuervögel und ihre Verwandten und Eigenheiten ihrer Umwelt, wie Soda und Salz ständige Begleiter auf diesem Wege waren.

Geboren 1949 in Bernburg, der Stadt, in der seit den 1880ern Soda produziert wird, war mir der Geruch von Soda von Anfang an vertraut. Die Einwohner der Stadt empfanden

ihn nicht als angenehm. Er kam zu meiner Zeit aus dem Sodawerk „Walter Ulbricht" in der Köthenschen Straße. Bis zum Ende des Zweiten Weltkrieges war die Fabrik Bestandteil des Solvay-Konzerns aus Belgien und sie wurde nach dem Ende der DDR demselben wieder eingegliedert. Die grüne Oase unserer Familie zum Anbau von Obst und Gemüse war unser Schrebergarten in der Auelandschaft der Saale unweit des Sodawerkes. Wenn der Wind ungünstig stand, litten wir unter dem Gestank der Industrieanlagen und der Chemikalien, wie Ammoniak zur Sodaproduktion. Zuweilen überrieselte weißer Staub unseren Garten.

Durch meinen Großvater wurde ich frühzeitig auf die Vögel und ihre Flugleistungen aufmerksam gemacht. Er war leidenschaftlicher Brieftaubenzüchter. An den Wochenenden, wenn Wettflüge veranstaltet wurden, bei denen seine Tauben aus mehreren Hundert Kilometern Entfernung in den heimischen Schlag zurückkehrten, fieberte die ganze Familie mit.

Meine Beziehung zu roten Hähnen ist gemischt und zieht sich wie ein roter Faden durch verschiedene Stationen meines Daseins. Als ich als Siebenjähriger auf dem elterlichen Bauernhof meiner Schulkameraden spielte, sprang der rote Hahn von hinten auf meine Schulter und hackte in Richtung meines Auges. Die Narbe direkt unter dem Auge ist erst jetzt im Alter mit dem Anschwellen und Faltigwerden meiner Tränensäcke verschwunden. In Moldawien, während meines postgradualen Studiums über Mikroalgen begegnete mir der Kopf des Hahns zum Festtagsessen in Aspik. In Neuglobsow am Stechlin, meiner Hauptarbeitsstätte, ist er allgegenwärtig im See und in den Häusern. In Afrika zeigt er sich als exhibitionistisches Symbol übermächtiger Parteien und ihrer an den Hebeln der Macht festgewachsenen Politiker.

Als Student in Köthen war ich der Tradition der beiden „Naumänner", Vater und Sohn, den Vogelkundlern aus der Köthener Ackerebene verpflichtet, die schon vor 200 Jahren ein naturgetreues Bild der Vögel entwarfen. Bernburg und Köthen waren Kreisstädte im damaligen Bezirk Halle, dem Chemiebezirk der DDR, in dem die Produktion von Salz eine wichtige Rolle spielte. Schon seit mehr als 500 Jahren haben die Halloren, die Salzsieder, das Leben der Region geprägt. Sie hatten das Privileg des Fischens und Vogelstellens. Nach den silbernen Knöpfen ihrer Trachten ist eine Pralinensorte benannt, die Hallorenkugeln, die schon in meiner Kindheit das Leben versüßten und später den Weg ins vereinte Deutschland fanden.

Als Junge im frühen Schulalter arbeitete ich oft mit meinen Eltern und Großeltern auf unserem Acker am Rande der Stadt. Eines Tages wurden wir von einem heftigen Gewitter überrascht und schafften es nicht mehr bis nach Hause. Peitschender Regen durchnässte uns, wir blickten auf die blasigen Bäche, die sich auf den Feldern gebildet hatten. Ich erinnere mich noch heute an das Bild, das sich mir bot: ein goldener Vogel flog mit gemessenem Flügelschlag durch den Regen über die Sturzbäche hinweg und entschwand ganz langsam aus meinem Blickfeld. Das waren die bizarren Vorstellungen eines phantasierenden Kindes, das vorm Einschlafen zu lange in Märchen- und Vogelbüchern gelesen hat. In meinen Träumen in späterer Zeit sehe ich den Vogel allerdings noch öfter.

Nach einer schwierigen Operation an meiner Halswirbelsäule im Jahre 1995, bei dem vier Wirbel mit einer Titanplatte fusioniert wurden, verbrachte ich noch einen Tag auf der Intensivstation in der Hilflosigkeit eines halbschlafartigen Zustandes. In meinem Hirn liefen mehrere Endlosschleifen ab, von denen mir zwei noch gegenwärtig sind. Die erste handelt von einer freundlichen Krankenschwester, die regelmäßig an mein Bett trat. Ich frage sie jedes Mal nach der Uhrzeit, und sie antwortet jedes Mal, dass es erst halb zwei sei und ich noch viel Zeit hätte und schlafen solle. Ich versuche, ihr zu antworten, dass sie das doch schon so oft zu mir gesagt habe, aber ich bekomme kein Wort heraus. Sie schwebt wieder von dannen, um alsbald wieder an mein Bett zu treten … Die zweite Endlosschleife handelt von dem goldenen Vogel, den ich seinerzeit auf unserem Acker gesehen hatte. Genauso wie damals fliegt er majestätisch, von links nach rechts an mir vorbei, nicht fassbar, entschwindend, um dann wieder von links zu kommen … Die Endlosschleifen werden erst unterbrochen, als mich endlich zwei Schwestern wecken und mich auf meinem Bett sanft ruckelnd durch die Flure fahren. Der Traum von den Flamingos endete damals noch nicht, sondern sollte zu einem Motto meiner Arbeit werden.

Auf zwei Stationen, die besonders wichtig auf meinem Weg zu den Flamingos waren, möchte ich hier noch näher eingehen: Köthen und Stechlin im Osten Deutschlands.

Köthen ist eine Kleinstadt in Sachsen-Anhalt mit einer langen kulturellen Tradition. Der Reformpädagoge Wolfgang Ratke (1571–1635) wirkte von 1618 bis 1620 hier und begründete eine neue Didaktik, die auf Anschaulichkeit und das Erarbeiten von Zusammenhängen basierte. Die Fruchtbringende Gesellschaft zur Pflege der deutschen Sprache wurde in Köthen gegründet und hatte von 1617 bis 1650 ihren Hauptsitz im Schloss im Herzen der Stadt. Johann Sebastian Bach (1685–1750) hat sieben Jahre lang (1717–1723) als Kapellmeister in Köthen gearbeitet und Teile seiner „Brandenburgischen Konzerte" hier komponiert.

Das Köthener Schloss beheimatet in seinem klassizistischen Teil ein ganz besonderes Kleinod: das Naumann-Museum. Hier wird der Nachlass des Begründers der wissenschaftlichen Vogelkunde Mitteleuropas, Johann Friedrich Naumann (1780–1857) und seines Vaters Johann Andreas Naumann (1744–1826) aufbewahrt. J. F. Naumann war ein vielseitiger Mensch. Seinen Lebensunterhalt bestritt er hauptsächlich als Landwirt, Handwerker, Jäger und Taxidermist (Präparator) im Dorf Ziebigk bei Köthen. Er war praktizierender Botaniker und Pomologe (Obstkundler). In

seinem ausgedehnten Garten mit Wäldchen fanden sich 700 Arten fremder Gewächse, in seiner Baumschule kultivierte er 26 verschiedene Pflaumensorten. Berühmt wurde er als Ornithologe und Künstler. Er setzte das Lebenswerk seines Vaters fort, der bereits ein vierbändiges Werk über die Vögel Deutschlands und der angrenzenden Länder veröffentlicht hatte und an dem sein Sohn als Illustrator und Textbearbeiter beteiligt war (Naumann 1795–1804). Das Hauptwerk J. F. Naumanns ist die dreizehnbändige *Naturgeschichte der Vögel Deutschlands*, die zwischen 1820 und 1860 in Leipzig gedruckt wurde. Dieses monumentale Werk beschreibt detailgetreu und ausführlich die heimische Vogelwelt und enthält knapp 400 filigrane, handkolorierte Kupferradierungen. Insgesamt schuf J. F. Naumann über tausend ornithologische Grafiken (Naumann 1820–1844, 1860).

Im Band 9 der *Naturgeschichte* (Ausgabe von 1838) widmete J. F. Naumann 35 Seiten den Flamingos, die in die Ordnung Hygrobatae, Wasserstelzen, eingruppiert wurden. Auf Tafel 233 gibt er lebensnahe Darstellungen eines einjährigen, eines zweijährigen und eines erwachsenen Rosa Flamingos: „Von dieser merkwürdigen Vogelgattung besitzt Europa nur Eine [sic] Art." Er konzentriert sich auf diese, in Südeuropa vorkommende Species und erwähnt den Zwergflamingo nicht. Unter den Exponaten im Naumann-Museum finden sich drei Präparate des Rosa Flamingos und zwar genau aus jenen Altersgruppen, die auf der Bildtafel dargestellt wurden. Offenbar haben sie als Modell für den Kupferstich gedient (Abb. 4.3). Diese Bildtafel erschien im gleichen Jahr, als der amerikanische Ornithologe und Maler John James Audubon (1785–1851) sein Hauptwerk *The Birds of America* beendete (Audubon 1827–1838). In diesem Werk findet sich eine treffliche Kupfertafel des Amerikanischen (Karibischen) Flamingos (http://www.audubon.org/birds-of-america/american-flamingo).

Im Jahre 1887 wurde in Köthen das Gebäude des Herzoglich Anhaltinischen Landesseminars für Lehrerbildung feierlich eingeweiht. In dem großen, soliden Gebäude wurden dann in all den Jahren unter wechselnden politischen Systemen Lehrer ausgebildet. 1974 entstand aus dem Pädagogischen Institut eine Hochschule, die nach Wolfgang Ratke benannt wurde, und dessen Credo „Ratio vicit, vetustas cessit!" (Die Vernuft hat gesiegt, das Alte ist überwunden!) war das Motto der neuen Bildungseinrichtung. Von 1968 bis 1972 wurde ich hier zum Diplomlehrer für Biologie und Chemie ausgebildet. 1977 promovierte ich über das Thema „Grundlagen eines Algizidtests als Beitrag zur Komplettierung des *Chlorella*-Testsystems". Meine Lehrer entstammten alle einer Generation, die den Zweiten Weltkrieg überlebt hatte. Gewissermaßen wie Phönix aus der Asche kommend, waren sie voller Elan, eine neue Zukunft zu gestalten. So wurden sie als Neulehrer oder an verschiedenen Brennpunkten, wo junge Leute mit Tatkraft gebraucht wurden, eingesetzt. Unser Rektor, Heinz Böhm (1928–2011), war als

Abb. 4.3 Rosa Flamingos, Kupferstich von Johann Friedrich Naumann (1838) aus dem 9. Band seiner Naturgeschichte der Vögel Deutschlands (Digitalisat freundlicherweise zur Verfügung gestellt von der Niedersächsischen Staats- und Universitätsbibliothek Göttingen, Signatur 8 ZOOL IX, 6011:9)

Häuer in der SAG (Sowjetische Aktiengesellschaft) Wismut, im Uranabbau, tätig, bevor er seinen Weg über die Pädagogische Hochschule in Potsdam bis zu seiner Berufung als Professor für Botanik nach Köthen nahm. Er war der Motor unserer Einrichtung und ein Arbeitstier; er brauchte nur 2–3 Stunden Schlaf pro Nacht und 5 Minuten Kurzschlaf zur Mittagszeit. Das pragmatische Motto von Ratke aufnehmend, etablierte er eine erfolgreiche Forschungsgruppe über die Massenkultur von Algen und ihren Einsatz als Testorganismen. Die dafür ausgewählten Algen ersetzten aufgrund ihres schnellen Wachstums aufwändige Gewächshauskulturen höherer Pflanzen. Die Testergebnisse lagen um ein Vielfaches schneller vor und waren viel kostengünstiger zu haben. So wurden Unkrautbekämpfungsmittel des Chemiekombinates Bitterfeld auf ihre Wirksamkeit getestet. In Klötze, wo heute die Roquette Klötze GmbH & Co. KG

Algenmassenkultur betreibt, errichtete Heinz Böhm in den 1970er Jahren einen Algen-Fermentor, der schon beachtliche Mengen Biomasse von *Chlorella* produzierte. Doch damals war es noch zu früh für solche visionären Ansätze.

Es kam damit zu einem an den Lehrerbildungseinrichtungen der DDR unüblichen Vorgang: die Einwerbung von Drittmitteln für die Forschung aus der Industrie. Unsere Forschungsgruppe war effizient in der Ausbildung. Zahlreiche Diplomanden (150) und Doktoranden (30) schlossen ihre Themen über anwendungsorientierte Algenkunde und Grundlagenforschung zur Algenphysiologie ab.

Im Rahmen meines Themas sollte ich – neben der hauptsächlich als Testorganismus eingesetzten einzelligen Kugelgrünalge *Chlorella* – weitere Algen aus verschiedenen systematischen Gruppen für die Bedingungen des *Chlorella*-Testsystems verfügbar machen. So hatte ich Gelegenheit, eine Brücke ins Freiland zu schlagen, wo ich aus Seen, Teichen und Flüssen geeignete Algenstämme isolierte. Ich arbeitete als Wissenschaftlicher Assistent im Fachgebiet Spezielle Botanik und war für die Praktika verantwortlich. Die Seminargruppen wurden bewusst auf 30 Studenten begrenzt, und für die Laborpraktika nochmals in zwei Untergruppen unterteilt. Dadurch war die Ausbildung intensiv. Es herrschte eine motivierende, familiäre Atmosphäre an der Hochschule.

Mein direkter Vorgesetzter und Fachbetreuer war Walter Wenzel (1927–2010), Leiter des Bereiches „Spezielle Botanik". Er teilte in den vier Jahren bis zu meiner Promotion sein enges Büro mit mir. Dieses „Büro" war in Wirklichkeit ein Allzweckraum von etwa 20 m² Größe. Wenn man eintrat, standen zur Linken zwei alte Schränke aus furnierten Spanplatten. Sie beherbergten Walters Habseligkeiten sowie seine Ringbinder mit Recherchen und Untersuchungsergebnissen. Die Schränke dienten als Raumteiler. Hinter ihnen befand sich die Algenstammsammlung, etwa 200 verschiedene Isolate robuster coccaler Grünalgen. Daneben war eine Liege platziert, auf der Walter drei Nächte in der Woche übernachtete. Rechter Hand standen Bücherregale, ein kleiner Schrank für mich und in der Mitte ein Besprechungstisch, dessen vorderes Ende mein Schreibarbeitsplatz war. An die gegenüberliegende Seite, gewissermaßen wie ein T-Stück, hatte Walter seinen Schreibtisch gestellt, an dem er thronte. Wir saßen uns also gegenüber, und für Besucher standen je zwei Stühle links und rechts unserer Blickachse am Besprechungstisch zur Verfügung. Der Platz reichte irgendwie aus. Computer gab es noch nicht, und ansonsten verbrachte ich die meiste Zeit im Labor.

Beim Übertragen der Algenkulturen auf frischen Nährboden arbeitete Walter an seinem Schreibtisch, seine gedrungene Gestalt reckend, seinen kugelförmigen Kopf, der ihm bei den Studenten den Spitznamen *Mucor* (Köpfchenschimmelpilz) einbrachte, kess nach hinten gerichtet. In der rechten Hand hielt er im Wechsel jeweils seine unter Volldampf stehende Zigarette bzw. die ausgeglühte Impföse zur Übertragung des Inokulums. In der linken Hand, zwischen den Fingern aufgereiht, das alte Algenkulturröhrchen, ein Kulturröhrchen mit frischem Nährboden und jeweils die Wattestöpsel der beiden Röhrchen. Dann vollzog er in einer Kulthandlung, bei der er sich gerne von Besuchern respektvoll beobachten ließ, den Schlängelstrich zum Übertrag der alten in die neue Kultur. Fürs sterile Arbeiten stand eine UV-Lampe zur Verfügung, die Walter des Abends, wenn er hier übernachtete, zur Bräunung seines Oberkörpers und Gesichtes einsetzte. Eines Abends war er unter der UV-Lampe mit nacktem Oberkörper eingeschlafen und erst nach gut einer Stunde aufgewacht. Jeden anderen hätte das eventuell getötet, doch nicht Walter Er war voller Widerstandskraft und hat seine Arbeit, zwar rot und verbrannt wie Phönix, am nächsten Tag getan, wie üblich.

Walter Wenzel war es auch, der den Kontakt zu Ludwig Baege (1932–1989), dem Leiter des Naumann-Museums herstellte. Er schätzte dessen Kompetenz und Kreativität, die er mit voller Kraft für den Aufbau des Museums und dessen Reputation einsetzte. Wir schrieben eine gemeinsame Veröffentlichung mit Ludwig, bei der es um den realitätsnahen Stil von Naumanns Kupferstichen in seiner Naturgeschichte der Vögel ging (Wenzel et al. 1980). Naumann charakterisierte in seinen Darstellungen mit wenigen Details, z. B. typischen Pflanzen oder Landschaften das jeweilige Ökosystem der Vögel. Seine Pflanzendarstellungen sind so genau, dass eine Bestimmung derselben möglich ist. Es handelt sich bei den Pflanzenstaffagen nicht um willkürliches künstlerisches Beiwerk, sondern sie gehören zur wissenschaftlichen Gesamtaussage über die abgebildeten Vögel. Auf seiner Flamingotafel bildet er eine karge Meereslandschaft mit wenigen Büscheln salzliebenden Grases ab, also wiederum typisch für die Rosa Flamingos (siehe Abb. 4.3).

Der bildungspolitische Wind aus Berlin wehte uns heftig ins Gesicht. Volksbildungsministerin Margot Honecker (1927–2016) hatte die Idee, Unterstufenlehrerausbildung in der DDR auf Hochschulniveau zu heben. Dazu wurde die PH Köthen umprofiliert. Die gerade erst unter der Initiative von Professor Böhm aufgebauten Laboratorien kamen unter den Presslufthammer. Es wurden daraus Räume für die Ausbildung von Unterstufenlehrern geschaffen. Böhm wurde als Rektor ersetzt. Margot Honecker hatte sich für das Fegefeuer gegen pragmatische Wissenschaftler entschieden und unsere Hochschule zerlegt, obwohl zuvor erst Millionen Mark in den Ausbau einer modernen Infrastruktur gesteckt worden waren. Wir waren zu sehr Außenseiter in der sozialistischen Hochschullandschaft. Die nach dem reinigenden Feuer verbleibenden „guten Leute" sollten dann in den „Lehrkörper" unserer Konkurrenzeinrichtung, der PH Halle, eingegliedert werden. Das Angebot, nach Halle zu gehen, habe ich abgelehnt, um auf eigene Faust eine neue Arbeitsstelle zu suchen. Wie sich herausstellte, war das eine gute Entscheidung, ohne die ich dieses Buch nie hätte schreiben können. So verdanke ich Margot Honecker teilweise und indirekt meinen glücklichen Weg zu den Flamingos.

1985 nahm ich meine Arbeit an der Limnologischen Forschungsstelle der Akademie der Wissenschaften der DDR am Stechlinsee in Neuglobsow auf. Im gleichen Jahr schloss ich meine Promotion B zum Dr. sc. nat. an der Universität Rostock über coccale Grünalgen ab. An gleicher Stelle habilitierte ich 1991. Neuglobsow wird nachgesagt, schon immer ein bisschen anders gewesen zu sein als der Rest Deutschlands. Hier strandete so mancher eigenwillige Charakter in der Einsamkeit der Natur. Neuglobsow ist ein kleines Dorf direkt am Ufer des Stechlins. Das ist ein besonders schöner, kristallklarer, 68 m tiefer See inmitten dichter, von Buchen und Kiefern geprägter Mischwälder. Der See entstand am Ende der Weichseleiszeit vor etwa 12.000 Jahren durch das Abschmelzen eines gewaltigen Toteisblocks aus Gletschereis (Feierabend und Koschel 2011). Hier gibt es noch manche einsame Bucht, in die man sich zurückziehen und denken kann, die Zeit stehe still. Schon Theodor Fontane (1819–1898) schwärmte in seinen *Wanderungen durch die Mark Brandenburg* von der herrlichen Seenlandschaft (Fontane 1862). In diese symbolträchtige Naturkulisse bettete er sein Alters- und Meisterwerk *Der Stechlin* ein. Der Dichter lässt an einem fiktiven Schloss am Ufer des Sees (dem Sitz des Majors a. D. Dubslav von Stechlin) Gesprächspartner zusammenfinden und über die Wege und Ziele des Lebens, über das Kommen und Gehen disputieren. Auch ein sagenumwobenes Tier spielt in den gewichtigen Auslassungen ein Rolle – ein Ableger des Phönix, der rote Hahn vom Stechlin, der immer dann aus den Tiefen des Sees aufsteigt, „wenn's draußen was Großes gibt" (Fontane 1898). Möglicherweise geht die Eigenwilligkeit der Landschaft und der Menschen am Stechlin ein bisschen auf dieses berühmte Sagentier zurück? Die Menschen heute sehen es mit einem Augenzwinkern.

Ursprünglich war der rote Hahn das Schreckgespenst der Fischer am See. Der Sage nach riss er den Fischer Minack aus seinem Boot in die Tiefe, als dieser seinen Fang bei stürmischem Wetter nicht preisgeben wollte (Abb. 4.4). Fontane brachte das Aufsteigen des roten Hahns mit vulkanischen Ereignissen auf Island und Java und mit einem Erdbeben bei

Abb. 4.4 Der rote Hahn vom Stechlin, in Öl gemalt von Doris Krienitz

Lissabon in Zusammenhang. Die Limnologen (Süßwasserforscher) von Neuglobsow liefern wissenschaftliche Erklärungsversuche zum Phänomen des roten Hahns. So wird der „Süßwasser-Phönix" als irrlichterhafte Stichflamme interpretiert, die durch Selbstentzündung des aufsteigenden Methangases entfacht wird (Krausch 1968). Dieses Gas entsteht in Zersetzungszyklen aus abgestorbenen Pflanzen und Tieren am Grunde des Sees. Auch die Algenkundler können mit einem Deutungsversuch aufwarten. Möglicherweise handelt es sich um Massenentwicklungen der „Burgunderblutalge", des Cyanobakteriums *Planktothrix rubescens* (einer nahen Verwandten von *Arthrospira*), deren Aufkommen im vergangenen Jahrhundert mehrfach im Stechlin dokumentiert wurde (Padisák et al. 2010). Wenn die „Blutalge" vom Wind in Buchten des Sees zu dichten Aufrahmungen zusammengetrieben wird und rote, sturmgepeitschte Wellen vor düsteren Wolken aufspritzen, dann kann das schon die Phantasie anregen. So ähnlich geschah es einst in biblischer Zeit am Nil, als „alles Wasser im Strom ward in Blut verwandelt" (Exodus, 2. Mose 7,20).

Doch zurück zum 400-Seelen-Dorf Neuglobsow und seinen kontroversen Bewohnern in der Zeit nach Fontane. Karl Litzmann (1850–1936), in Neuglobsow geboren, im Ersten Weltkrieg General an der Ostfront, Kriegsheld als „Löwe von Brzeziny" und im Rahmen eines Staatsbegräbnisses unter Hitlers Teilnahme am Stechlin begraben. Einer, der auf der anderen Seite der politischen Gräben stand, war Armin T. Wegener (1886–1978), Schriftsteller, Reisender, Pazifist, Kommunist, Opfer der Nazis, Todgesagter und doch Überlebender. Er verbrachte mit seiner Frau, der jüdischen Schriftstellerin Lola Landau (1892–1990), mehrere Jahre vor dem Zweiten Weltkrieg die Sommer in seinem Haus der „Sieben Wälder" in Neuglobsow. Die Schriftsteller Hanns Krause (1916–1994) und seine Frau Lori Ludwig (1924–1986) lebten zu DDR-Zeiten in Neuglobsow. Krause war Verfasser von 30 Kinderbüchern, die vorwiegend im Gebrüder Knabe Verlag in Weimar erschienen und die ich, wie meine Altersgefährten, in meiner Kindheit gerne gelesen habe.

Später kamen weniger kunstbegabte Leute in den Ort, z. B. die Erbauer des ersten Kernkraftwerkes der DDR am Ufer des Stechlinsees und die Wissenschaftler, die Limnologen, um die ökologischen Auswirkungen des Kernkraftwerkes auf den bis dato relativ unberührten See zu erforschen. Zur Kühlung des Reaktors, der von 1966 bis 1990 in Betrieb war, wurde Wasser aus dem benachbarten, nährstoffreicheren Nehmitzsee entnommen, durch die Aggregate des Kraftwerkes geleitet und um etwa 10 °C erwärmt in den Stechlin überführt. Über den Polzowkanal und den Gerlinsee schloss sich der Kreislauf zum Nehmitzsee. Das glasklare Wasser des Stechlins und seine Lebewelt wurden nachhaltig beeinflusst. Zunächst schien es, als könne der See den Schaden kompensieren, aber inzwischen sind die Zeichen der Nährstoffanreicherung deutlicher denn je. Der Gehalt an Phosphor, eines wichtigen Pflanzennährstoffes, hat sich erhöht.

Der Reichtum an Armleuchteralgen in den unterseeischen Wiesen, der Sauerstoffvorrat in den Tiefenzonen des Sees und die Klarheit des Wasserkörpers sind zurückgegangen.

Weitere Schübe neuen Erbgutes brachten in der Phase von 1970 bis 1989 die Urlauber des Freien Deutschen Gewerkschaftsbundes und Kurgäste und deren Betreuer und Therapeuten in den einsamen Ort am Stechlin, der in dieser Phase wohl seine höchste Bevölkerungsdichte erlangte. Pro Jahr übernachteten etwa 75.000 Urlauber oder Kurgäste in Neuglobsow. In seinem vorletzten Buch *Die Roten Hähne vom Stechlin* schildert Hanns Krause, wie sich Kinder damit auseinandersetzen, dass einige der Besucher sorglos mit der Umwelt am See umgehen und mit ihren Autos in den Wald und ans Ufer fahren. So kommen die Kinder als „Rote Hähne" aus ihrem Versteck und versuchen, die Umweltsünder zu erziehen. Ihre Maßnahmen begleiten sie mit Zweizeilern, die sie unter die Scheibenwischer der Autos stecken: „Benutzt im Urlaub Eure Füße, vom ROTEN HAHN die besten Grüße!" (Krause 1980).

Im Frühjahr 1989, als Wahlen in der Republik anstanden, braute sich in Neuglobsow eine Umbruchsituation zusammen, an der Hanns Krause Anteil hatte. Es schien, als ob sich der rote Hahn zum Zugvogel gemausert hätte, ins Land zog und überall Unruhe stiftete, besonders in Leipzig, wo die Bevölkerung gegen die politische Arroganz auf die Straße zog. Doch keiner hatte damals Zeit, das Leuchten des Hahnes zu ergründen, und die Burgunderblutalge hatte nur ein geringes Aufkommen im Jahre 1989, als „Großes" am Stechlin geschah und ein bisschen Geschichte gemacht wurde. In einer Wahlversammlung am 21. März 1989 sollten die Wahlvorschläge zur „Nationalen Front" wie üblich abgenickt werden. Der kritische Beitrag des unbescholtenen Bürgers Hanns Krause über die Machenschaften der Bonzen im Ort brachte den Stein ins Rollen: Von den etwa 100 anwesenden wahlberechtigten Einwohnern haben 20 für den Wahlvorschlag gestimmt, 30 lehnten ihn ab, und der Rest enthielt sich der Stimme. Somit waren die in Parteifilz verstrickten Kandidaten abgewählt. Zu diesem Zeitpunkt war ich in Jena, in unserem Stamminstitut. Meine Frau Doris hat unsere Familie auf dieser denkwürdigen Versammlung in der „Seeterrasse" vertreten und berichtete anschließend stolz von dem befreienden Erlebnis, aus der Staatsroutine auszubrechen. Sie hatte mit Überzeugung gegen die Kandidaten gestimmt. Am nächsten Tag stand im *Neuen Deutschland*, dass in 12.777 Wahlkreisen die Wahlvorschläge der Nationalen Front bestätigt worden seien. „Lediglich in der Gemeinde Neuglobsow, Kreis Gransee, ist der unterbreitete Wahlvorschlag für die Gemeindevertretung nicht bestätigt worden." Ein unerhörter Vorgang in der DDR-Wahlmaschinerie, der zu Vergleichen mit den Demonstrationen in der „Heldenstadt" Leipzig führte und Neuglobsow den inoffiziellen Titel eines „Heldendorfes" einbrachte, der zwar etwas überzogen war, aber Anlass zu heiterer Erinnerung gab. In Berlin soll der Affront ein unterschiedliches Echo gehabt haben. Der

Wahlleiter Egon Krenz(*1937) hat das „energische Aufbegehren" der Neuglobsower als „Bereicherung der sozialistischen Demokratie" bezeichnet. Erich Honecker (1912–1994) hingegen sprach von „Konterrevolution" (Lüderitz und Gerth 2009).

Als sieben Monate später die Mauer fiel, erhielt ich eine Einladung von Professor Uwe Gert Schlösser (*1934) zu einem Vortrag an der Universität Göttingen, wo sich die größte Algenkultursammlung Deutschlands befindet. Herr Schlösser hatte für mich die Nummer 14 des 43. Jahrgangs des Nachrichtenmagazins *Spiegel* vom 3. April 1989 aufgehoben, in der unter der Überschrift „Sex und Suff" über die Umbruchsituation in Neuglobsow berichtet wurde. Es war ein großes Geschenk der Geschichte, dass wir friedlich durch dieses historische Nadelöhr gekommen sind und dass nun jeder auf seine Art neu am Rad des Glücks drehen konnte. So trugen wir ehemaligen DDR-Bürger alle ein gutes Stückchen des Phönix in uns ins vereinte Deutschland, und waren gefordert, einen Neuanfang zu wagen.

Eine vogelkundliche Allegorie beleuchtet die Facette der neuen Reisefreiheit, die wir damals gewonnen haben. Nachdem unser Staatsapparat dafür gesorgt hatte, dass sich unser Bewegungsraum auf die DDR und einige sozialistische Länder beschränkte, stand uns nun die Welt offen. Unfassbar! Atemberaubend! Marianne Birthler (*1948) bedauerte in einem Interview anlässlich ihres Abschieds als Bundesbeauftragte für Stasiunterlagen im März 2011, dass nach der Wende nicht alle ihrer Mitmenschen in der Lage waren, ihre Chancen zu genießen.

> Das ist wie bei einem Vogel, der lange in einem Käfig gesessen hat. Dann machen Sie die Tür auf, der Vogel fliegt natürlich raus und dreht drei irre Runden im Zimmer. Und was macht er dann? Er setzt sich wieder in seinen Käfig, weil er die Freiheit nicht gewohnt ist, weil sie ihm Angst macht. Wenn man keine Gelegenheit hatte zu lernen, als freier, verantwortlicher Mensch zu leben, kriegt man das nicht plötzlich antrainiert. (Birthler 2011)

Auf nach Afrika! Nun zu unserer Arbeit vor Ort, an den Flamingoseen. Die Untersuchungen über Diversität des Phytoplanktons in Binnengewässern Ostafrikas und Auswirkungen auf die Gewässerökologie wurden durch ein Projekt des Bundesministeriums für Bildung und Forschung im Rahmen der BIOLOG-Initiative (Biodiversity and Global Change) gefördert. Ein UNESCO/TWAS-Projekt (International Basic Sciences Programm) unterstützte unsere Arbeiten über *Arthrospira* in Afrika und Indien. In einem DFG-Projekt wurden Arbeiten an coccalen Grünalgen gefördert. Weitere finanzielle Unterstützung erhielten wir aus dem Haushalt des Leibniz-Institutes für Gewässerökologie und Binnenfischerei sowie aus privaten Mitteln.

Unser Team setzte sich – je nach Zielsetzung der jeweiligen Bereisung – aus unterschiedlichen Fachleuten zusammen. Als Themenleiter habe ich an allen Felduntersuchungen teilgenommen. Von deutscher Seite haben zwei Doktoranden, Andreas Ballot und Christina Bock, und der

Sedimentmikrobiologe Peter Casper und seine Frau Christine (Umweltanalyse) mitgearbeitet. Meine Frau Doris, ebenfalls Biologin, hat an vielen Sammelreisen teilgenommen. Im Ausland waren unsere Hauptansprechpartner und Kooperanten Kiplagat Kotut (Kenia), Pawan K. Dadheech (Indien) und Wilferd Versfeld (Namibia) sowie ihre Doktoranden und Techniker. In den Naturschutzbehörden und Schutzgebieten standen uns Berater zur Seite. Zahlreiche internationale Kooperanten unterstützten unsere Analysen und arbeiteten mit uns an Veröffentlichungen.

Den Ausgangspunkt unserer Studien bildeten die algenkundlichen Untersuchungen, speziell zum Phytoplankton, den schwebenden Mikrophyten (Cyanobakterien und Algen) im Wasser. Dazu hatten wir in unserem Fahrzeug als Grundausstattung ein Feldmikroskop mit, um an den Gewässern unmittelbar nach der Probenahme frisches Material zu mikroskopieren. Auf halbwegs glattem Untergrund, bevorzugt auf der Kühlerhaube unseres Fahrzeugs, wurde das Mikroskop aufgestellt. Von der ersten mikroskopischen Begutachtung hing es ab, wie wir mit dem Probenregime weiter fortfahren mussten. Es galt, spezielle Erfordernisse der jeweils vorherrschenden Algengruppe zu berücksichtigen und zu entscheiden, in welcher Konzentration Fixierungsmittel zugesetzt werden und wie lebendes Material für die Gewinnung von Reinkulturen oder DNS für molekular-phylogenetische Analysen zu verarbeiten war. In der Regel entnahmen wir eine Probe mit dem Planktonnetz und eine Schöpfprobe von der Wasseroberfläche und verteilten diese nach unterschiedlicher Behandlung in Aufbewahrungsgefäße: Erstens eine lebende Probe, mit dem Planktonnetz angereichert, zur Gewinnung von Kulturen und DNS, zweitens eine dichte Probe, mit Formaldehyd fixiert, zur dauerhaften Aufbewahrung und späteren mikroskopischen Analyse auf Artenzusammensetzung im Labor, drittens eine mit Iod-Kaliumiodid-Lösung (Lugolsche Lösung) fixierte Probe in Originalkonzentration für die spätere Auszählung der Algen unter dem Umkehr-Mikroskop zur Bestimmung der Phytoplanktonbiomasse, viertens diverse, durch Glasfaserfilter angereicherte Proben für Toxinanalysen oder DNS-Extraktion. Falls es sich bei der Probenahme herausstellte, dass bestimmte Plankter, z. B. Cyanobakterien im Wasserkörper geschichtet verteilt waren, mussten die Proben mit einem Spezialschöpfer aus genau definierten Wasserschichten geschöpft und separat abgefüllt werden. Dieser Schöpfer besteht aus einer Röhre, die oben und unten mit einem Deckel versehen ist. Über Scharniere können die Deckel auf- und zugeklappt werden. Bei der Probenahme wird der geöffnete Schöpfer an einer Schnur in die gewünschte Wassertiefe herabgelassen und dann geschlossen. Dies geschieht, indem ein Gewicht an der Schnur nach unten saust und einen Schließmechanismus auslöst. Einblicke in unsere Feldarbeit geben Abb. 4.5–4.7.

Außerdem wurden einige physikalische und chemische Charakteristika des Probengewässers protokolliert: Sichttiefe, Salinität, Leitfähigkeit, pH-Wert, Nährstoffgehalt. Für

Abb. 4.5 Felduntersuchungen I. (**a**) Abschöpfen einer Blüte von Cyanobakterien, (**b**) Zugang zu einer Kahmhaut von Cyanobakterien am morastigen Seeufer; (**c**) Anreichern einer Probe mit dem Planktonnetz, (**d**) Mikroskopieren der Wasserproben vor Ort; (**e**) Entnahme einer Wasserprobe aus der Tiefe des Gewässers mittels eines Spezialschöpfers – die Algen (grün) stehen bis dicht über dem Sediment (braun); (**f**) Filtrieren von Probenmaterial (Fotos **a-c**, **e**, **f**: Doris Krienitz)

Abb. 4.6 Felduntersuchungen II. (**a**) Messung der Sichttiefe mit einer weißen Secchi-Scheibe; (**b**) Messung physikalischer Wasserparameter; (**c**) Ausstechen einer Probe aus dem getrockneten Sediment; (**d**) Portionieren von Sedimentproben; (**e**) Aufsammeln von Flamingoleichen. (Nach Koenig 2006), (**f**) Abtransport der toten Tiere (Fotos **e**, **f**: Doris Krienitz)

Abb. 4.7 Felduntersuchungen III. (**a, b**) Probenaufarbeitung und Einlagerung; (**c**) Vorbereitung einer Studentengruppe auf die Felduntersuchungen; (**d**) Information interessierter Beobachter bei der Probenahme; (**e**) unerwarteter Gast in der Feldküche, (**f**) Fischgerichte. (Fotos **a, b, d**: Doris Krienitz)

Sedimentanalysen, speziell zur Toxinbestimmung, wurden mit einem Zylinder Oberflächensedimente ausgestochen. An den Sodaseen haben wir von strategischen Punkten am Seeufer die Flamingozahlen abgeschätzt und in abgestuften Abundanzklassen erfasst: „mehr als 100.000", „mehr als 10.000", „mehr als 1000" und „unter 1000".

Zum Nachweis von Cyanotoxinen wurden Wasserblüten durch Glasfaserfilter gefiltert. Im Labor wurden in einer aufwändigen Prozedur die Toxine extrahiert und mit Standardproben verschiedener Toxine abgeglichen. Bisher konnten wir in den Cyanobakterien Microcystine (Lebergifte) und Anatoxin-a (Nervengift) sowie neurotoxische Aminosäuren nachweisen. Es war notwendig, diese Gifte direkt im Körper der Zwergflamingos zu detektieren (Ballot et al. 2004b).

An drei wichtigen Sodaseen Kenias (Nakuru, Bogoria, Oloidien) haben wir die Möglichkeiten genutzt, die moderne molekulare Analysenmethoden für Ökologen bieten. Von bestimmten Proben, die mit herkömmlichen Mitteln nicht in ihrer Vielfalt erfasst werden konnten, wurde eine Klon-Bibliothek der Lebensgemeinschaft erstellt, d. h. in unserem Falle DNS-Sequenzen des 18S rRNA-Gens (für Eukaryten) und des 16S rRNA-Gens (für Prokaryoten). Diese Gene und erlauben einen guten Überblick und Vergleich, denn sie kommen praktisch universell in allen Organismen vor. Ribosomen sind Riesenmoleküle aus Ribonukleinsäuren und Proteinen, an denen die Eiweißsynthese in den Zellen erfolgt. Die genetischen Analysen waren besonders in Phasen interessant, wenn die Seen von einer Vielzahl winziger, schwer identifizierbarer Mikrophyten besiedelt wurden. Wir setzten sie ein, um verschiedene Bereiche eines vernetzten Ökosystems zu vergleichen, wie am Bogoriasee, wo heiße Quellen, Freiwasser und Sediment miteinander „kommunizieren". Mithilfe der DNS-Sequenzen konnten wir jenen Organismen auf die Spur kommen, die unscheinbar in der Probe schlummern und auf ökologische Bedingungen warten, die ihnen verstärktes Wachstum ermöglichen. Diese Organismen werden als „ökologisches Gedächtnis" bezeichnet. Padisák et al. (2010) haben darüber aus dem Stechlinsee berichtet. Für unsere Sodaseen sind die Mikrophyten des ökologischen Gedächtnisses von besonderer Bedeutung, wenn die dichten Populationen von *Arthrospira* kollabieren und die Konkurrenten aus ihren Nischen kommen, um den Platz dieses Hauptprimärproduzenten im Gewässer einzunehmen.

Während die Entnahme von Mikrophytenproben zu unserer täglichen Routine gehörte, mussten wir das Sezieren von Flamingoleichen zur Entnahme von Körpergewebe neu in unser Repertoire aufnehmen. Es galt, Proben von frisch gestorbenen Flamingos zu sammeln. Nach dem Massensterben an den Sodaseen, blieben zwar viele Leichen am Ufer zurück, die meisten davon lagen jedoch in unbrauchbaren Klumpen schnell faulenden Fleisches vor uns. Am Tage konnten wir den Wettlauf mit den Marabus nicht gewinnen, denn diese versetzten den sterbenden Flamingos mit ihrem riesigen Schnabel den Todeshieb, pickten die warme Leber aus dem Leib des Opfers und zerrten Darmstränge zu Tage. Auch andere Fleischfresser machten sich an den Leichen zu schaffen: Adler, Geier, Paviane, Hyänen und Hunde. Diese Flamingos schieden für unsere Probenahme aus.

Manchmal, in den frühen Morgenstunden, stand der Wind günstig und trieb so viele Flamingoleichen ans Ufer, dass die Marabus und anderen Prädatoren es gar nicht schaffen konnen, sie zu „verarbeiten". Außerdem waren die Flamingos nicht mehr warm. Sie waren in der Nacht gestorben und durch die relativ kühlen Nachttemperaturen gut erhalten. Wir konnten also an unser trauriges Werk gehen. Wir mussten zügig arbeiten, denn bereits früh am Morgen stach die Sonne erbarmungslos, und die Hitze wurde noch von der reflektierenden Seenoberfläche potenziert. Vlieslappen dienten uns als Schweißband und, mit Gin getränkt, als Mundschutz. Wir arbeiteten so, dass der Wind von unseren Körpern weg blies, damit wir möglichst kein eventuell infektiöses Material einatmeten. Kleine Stücke der Leber, des Darms und des Hirns gaben wir in Probenröhrchen und fixierten sie mit Methanol.

Vergleichsweise einfach war die Entnahme der Federproben. Interessant war dabei zu sehen, wie Blutgefäße bis in die Federkiele reichten. Von anderen Vogelarten ist bekannt, dass sich Gifte über den Blutkreislauf in den Federn ablagern können. Wir wurden in den Federn der Zwergflamingos fündig und konnten Cyanotoxine nachweisen. Offensichtlich leiten die Flamingos über die Blutgefäße, die durch die Federkiele führen, giftige Stoffe von den inneren Organen weg in die Federn.

An den Flamingoseen hatte jemand eine besondere Geschäftsidee: den Verkauf von Blumen, die aus Flamingofedern gefertigt wurden. Auch das berühmte Foto des Models Epiphany von der Agentur Surazuri, das schöne „Face of Kenya" darstellend, ist bestückt mit einem herrlichen Kopfschmuck aus Flamingofedern (http://davidbeattyphotography.format.com/2133953-portraits#30). Wenn man von den herbeieilenden Kindern eine gebastelte Blume aus Flamingofedern kauft, macht man sich keine Gedanken, dass man eine zweifelhafte Geschäftsidee fördert, dass die Federn Gift enthalten könnten, und dass es generell verboten ist, diese Federn auszuführen. Da der Zwergflamingo laut CITES-Abkommen (Convention on International Trade in Endangered Species) in Kategorie 2 (nahezu gefährdet) eingestuft ist, genießt er einen strengen Schutz. Dieser Schutz beinhaltet ein Ausfuhrverbot. Um unsere Proben mit nach Deutschland nehmen zu können, bedurfte es vier Genehmigungen: eine themenbezogene Forschungsgenehmigung des Ministeriums für Hochschulbildung, Wissenschaft und Technologie in Kenia, eine Genehmigung eines Amtstierarztes, eine Exportgenehmigung der CITES-Behörde beim KWS (Kenya Wildlife Service) zur Ausfuhr aus Kenia und eine Importgenehmigung des Bundesamtes für Naturschutz zur Einfuhr nach Deutschland. Am 12.10.2014 ist das Nagoya-Protokoll in

Kraft getreten. Damit wird der Wissenschaftler noch stärker gefordert, all die Regularien des ABS („Access to genetic resources and the fair and equitable sharing of benefits from their utilization") zu erfüllen. Wir sehen unseren Beitrag zum fairen Nutzenausgleich mit unseren Partnern in Afrika und Indien darin, alle Ergebnisse und Materialien verfügbar zu machen und gemeinsam zu publizieren. Auf diese Weise sind in mehr als 15 Jahren Zusammenarbeit 35 gemeinsame Veröffentlichungen in internationalen Fachjournalen erschienen, deren Datengrundlage frei verfügbar ist.

Welche Ziele haben wir mit unserer Arbeit verfolgt?

- Durch die Analyse der Artenzusammensetzung und Biomasseproduktion des Phytoplanktons haben wir den ökologischen Zustand von Binnengewässern Afrikas und Indiens eingeschätzt.
- Wir haben die wechselhaften Bestände potenzieller Nahrungsalgen für den Zwergflamingo untersucht und die Überlebenschancen dieses Charaktervogels der Salzseen in Afrika und Indien bewertet.
- Wir haben das Auftreten von Massenentwicklungen toxischer Cyanobakterien analysiert und das damit verbundene Risiko für die Gewässerökosysteme aufgezeigt.
- Wir haben Algenreinkulturstämme isoliert, ihre Systematik studiert und ihre potenzielle Nutzung in der Biotechnologie abgeschätzt.
- Wir haben Studenten, Hochschullehrer und Naturschützer beraten, wie sie mit den wertvollen Gewässerressourcen in ihren Ländern umgehen sollten.

Es war ein Glücksfall, bei diesen eher nüchternen wissenschaftlichen Untersuchungen zum Phytoplankton als Bereicherung die Zwergflamingos zu treffen. Der nächste gedankliche Schritt war die Verknüpfung mit dem Phönix-Motiv als inspirierendes Element, sich einerseits mit den Naturkreisläufen, aber andererseits mit den Zyklen der menschlichen „Begleitfauna" zu beschäftigen. Beide Linien, die phykologisch-ökologische und die ornithologisch-mythische haben sich gegenseitig beeinflusst und motivierend gewirkt, über den Kreislauf des Lebens in diesen exotischen Lebensräumen zu berichten.

Teil II

Die Schauplätze

East Africa is still a land in which discovery lies upon the doorstep; and nowhere more so than in the varied assembly of freshwater and alkaline lakes. (Leslie Brown 1971, *East African Mountains and Lakes*)

Ostafrika ist ein Land, in dem noch Entdeckungen vor der Haustür gemacht werden können; und nirgendwo gilt das mehr als für das Ensemble der Süßwasser- und Sodaseen. (Übersetzung L. K.)

Diese von Leslie Brown getroffene Einschätzung des Forschungsbedarfs an ostafrikanischen Seen gilt noch heute, knapp 50 Jahre später. Wohl jeder Forscher, der die Magie dieser tropischen Lebensräume gespürt hat, wird den festen Vorsatz fassen, tiefer in das Netzwerk der Organismen und ihrer Wechselwirkungen mit den Umweltfaktoren, mit den Aktivitäten der Menschen an ihren Ufern einzudringen. So ist im Laufe eines Jahrhunderts eine stattliche Kollektion wissenschaftlicher Beiträge über die Seen Ostafrikas zusammengekommen. Es mangelt jedoch nach wie vor an Studien, die sich über längere Zeiträume und mithilfe interdisziplinärer Ansätze der Dynamik dieser einmaligen Gewässerwelt widmen. Möglichst viele dieser Habitate sollten gleichzeitig, mit verschiedenen Fragestellungen und Methoden gemeinsam von diversen Fachleuten untersucht werden.

Mir scheint, das größte Defizit limnologischer Forschung in Ostafrika besteht darin, dass es nur ansatzweise gelungen ist, die einheimische Elite der Universitäten und wissenschaftlichen Institutionen zu aktivieren und auszustatten. Um die unwiederbringlichen Ökosysteme, die Naturreichtümer der ostafrikanischen Länder für die zukünftigen Generationen zu erhalten, bedarf es langfristiger Forschungsprogramme und regelmäßiger Analyse der Umweltparameter. Zu oft werden logistische und finanzielle Hemmnisse für das Versäumnis verantwortlich gemacht, Feldforschung und Management der Gewässerökosysteme in die regulären Ausbildungsprogramme des wissenschaftlichen Nachwuchses einzubeziehen.

Ostafrika hat wie kaum eine andere Region unserer Welt einen überwältigenden Reichtum an Wildtieren. Das ist ein Geschenk der Natur an uns alle. Insbesondere für die Länder Kenia, Tansania, Uganda und Äthiopien stellen die Naturräume mit ihrer Fauna und Flora ökonomische Ressourcen dar. Der Tierreichtum ist eng mit den Gewässern verbunden, denn Wasser ermöglicht erst das Leben. Doch der demographische Druck auf die Gewässer in Ostafrika wächst ständig. Die Feuchtgebiete werden durch Landwirtschaft, Fischerei und zunehmend Industrie übernutzt und verunreinigt (Odada et al. 2003). Die Puffersysteme ihrer Einzugsgebiete werden zerstört. Für den Charaktervogel der ostafrikanischen Sodaseen, den Zwergflamingo, wird es immer schwieriger, geeigneten Lebensraum zu finden. Er braucht intakte Salzseen auf seiner Suche nach Nahrung und einem ungestörten Platz, an dem er seine Jungen zur Welt bringen kann. Er ist an keine Grenzen gebunden und wechselt zwischen den Ländern und ihren Seen. Doch er hängt davon ab, wie es dem Menschen gelingt, das Gleichgewicht, die natürlichen Kreisläufe dieser Seen zu erhalten. Das Schicksal des Zwergflamingos ist ein Indikator für den Umgang des Menschen mit seinen Naturreichtümern.

5.1 Kenia – Einstieg und Drehkreuz

Im Jahre 1996 erhielt ich einen handgeschriebenen Brief eines Wissenschaftlers aus Kenia. Kiplagat Kotut fragte an, ob er seine Doktorarbeit mithilfe eines Stipendiums des Deutschen Akademischen Austauschdienstes bei uns im Institut abschließen könnte. Ich lud ihn ein. Nach drei Jahren schloss er nicht nur seine Doktorarbeit erfolgreich ab, sondern es begann eine langjährige gute Zusammenarbeit. Sein Arbeitsschwerpunkt war das Phytoplankton im Turkwel-Gorge-Stausee. Dieses Gewässer liegt in einer abgelegenen Region Nordkenias, die Negativklischees bedient, wie bewaffnete Überfälle und Viehdiebstahl zwischen den Hirtenstämmen und schwer zu befahrende Pisten in wenig erschlossenem Terrain. Nichtsdestotrotz ist Kiplagat zwei Jahre lang jeden Monat mit seinem klapprigen Privatauto 500 km zum Turkwel gefahren und hat akribisch Wasser- und Planktonproben entnommen.

© Springer-Verlag GmbH Deutschland, ein Teil von Springer Nature 2018
L. Krienitz, *Die Nachfahren des Feuervogels Phönix*,
https://doi.org/10.1007/978-3-662-56586-5_5

Später konnten wir einen anderen Geldgeber überzeugen, unsere Zusammenarbeit für vier Jahre (2001–2004) finanziell zu begleiten. In einem großen internationalen Verbund von Biodiversitätsforschern BIOTA (BIOdiversity monitoring Transect Analysis) hatten wir die Möglichkeit, in einem beigeordneten, vom Bundesministerium für Bildung und Forschung(BMBF) geförderten Projekt die Diversität des Phytoplanktons und dessen Einfluss auf Wasserqualität und Nutzbarkeit in 50 Binnengewässern Kenias zu untersuchen.

5.1.1   Nairobi – Ein guter Start

Elimu ni nguvu – Bildung ist eine Quelle der Stärke (Leitmotiv der Kenyatta University, Nairobi)

Im Juni 2001 ist es soweit. Alle Geräte und Ausrüstungen haben die Mühsal der Importformalitäten in Kenia überstanden, und wir, d. h. unser deutscher Doktorand Andreas Ballot und ich, stehen in Kiplagats Laboratorium an der Kenyatta University Nairobi (KU). Die meisten Gebäude der KU waren früher einmal Standorte der britischen Kolonialarmee am Rande der Stadt. Der Lehrbetrieb wurde hier 1965 als Zweigstelle der Nairobi University aufgenommen. Im Jahre 1985 erhielt die Bildungsstätte den Status einer eigenständigen Universität. Der Campus ist weitläufig und großzügig begrünt. Die Lehr- und Forschungsausrüstung der KU beschränkt sich auf das Wesentliche. Doch schrittweise werden neue Gebäude errichtet, Hörsäle und Laboratorien besser ausgestattet. Die Zahl der Studenten ist auf über 10.000 gestiegen. Damit ist die KU nach der Nairobi University die zweitgrößte Universität im Land. Wir richten unseren Arbeitsplatz am Department of Life Science ein, in einem kleinen Nebenraum des Botanik-Hörsaals. Unser Labor teilen wir mit den Mikrobiologen. In den ersten Tagen, die den Behördengängen dienen, kommen wir in einem Gästehaus der Universität unter, das – typischerweise – ganz nach britischem Geschmack, mit wuchtigen Plüschsesseln und steif getischlerten Stühlen eingerichtet ist.

Wir haben noch kein eigenes Projektfahrzeug und nehmen deshalb das Angebot unseres amerikanischen Kollegen Donald an, der uns mit seinem Pajero aushilft. Don hat seine Forschung über Treibhausgase sieben Monate früher in Kenia gestartet. Zuvor hatte er einige Monate an unserem Institut in Deutschland gearbeitet und die Produktion des Treibhausgases Methan im Stechlinsee gemessen, wo wir ihn kennengelernt und uns über die Fügung des Schicksals gefreut haben, dass unsere beiden Projekte in Afrika parallel laufen.

In den sieben Monaten, bevor wir ihn an der KU Nairobi trafen, hat er schon eine Menge im Lande erlebt und detailliert per Email berichtet, um uns mental aufzubauen und auf unsere Reise nach Kenia gut vorzubereiten. So gab es Berichte, wie Labor und Büro seines Kooperanten an der

Nairobi Universität überfallen und die gesamte Computerausrüstung geraubt wurde. Später wurde Don in Muthaiga, dem Diplomatenviertel der Stadt, von einem riesigen Hund attackiert, der laut Beschreibung ohne Weiteres mit der Hundebestie aus dem Märchen vom Feuerzeug von Hans Christian Andersen zu vergleichen war. Dons linker Oberarm und seine Schulter wurden zerfleischt; mehrere Wochen Krankenhausaufenthalt waren die Folge. Als der Arm fast ausgeheilt war und Don sich wieder ans Steuer setzen konnte, musste er drei Stunden in seinem Auto verbringen mit dem Lauf einer Pistole an der Schläfe – die Straßenräuber, die sein Geld wollten, konnten nicht glauben, dass er nur so wenig Geld in der Tasche hatte. Nach seinen Angaben hatte er lediglich 80 Kenia-Schilling am Mann, nach damaligem Umtauschkurs etwas mehr als 1 DM. Don berichtete über Löwen im Nakuru National Park, die zu Menschfressern wurden. Ihnen waren zwei Ranger zum Opfer gefallen, davon eine junge Mutter, von der man frühmorgens nur noch den Kopf fand.

Don ist ein quirliger Mittsechziger. Als er unser Gästehaus betritt, ist er in Begleitung von zwei hochgewachsenen kenianischen Studentinnen. Sie halten sich lange, in angeregter Unterhaltung, in der offenen Tür auf. Durch die Eintrittspforte drücken Schwärme stechlustiger Moskitos in unsere Bleibe. Wir würden gerne die Modalitäten zur Nutzung des Pajero klären, aber Don ist zunächst auf gutes Essen aus, das wir leider am ersten Tag (ohne Fahrzeug im Gästehaus festsitzend) nicht bieten können. Er lässt sich nicht davon abbringen, in ein nahegelegenes Hotel zu fahren, um Fleisch zu besorgen. Er entschwindet mit dem Pajero und seinen Begleiterinnen. Wir warten drei Stunden, bis er alleine erscheint, lediglich mit einem kleinen Hühnchen. Nachdem wir dann endlich die Regularien geklärt haben, fährt Don gegen Mitternacht in sein Hotel ins Stadtzentrum. Damit unterläuft er seine eigene Warnung: „Never use Thika Road at night!" (Fahre niemals nachts auf der Thika-Straße), denn dort legt man angeblich Nagelbretter aus, um Autofahrer zu stoppen und auszurauben.

Am nächsten Morgen kommt Don mit dem Pajero zurück, und es gibt vor der offiziellen Übergabe des Fahrzeugs noch eine Probefahrt mit ihm durch die Staus des überbordenden Nairobis. Da wir uns erst an den Linksverkehr und die bei der Fahrt Tuchfühlung nehmenden Fahrzeuge auf den Straßen gewöhnen müssen, übernimmt Kiplagat als Einheimischer routiniert das Steuer und demonstriert seine flüssig-elegante Fahrkunst, selbst über Stock und Stein. Don ist angetan von Kips Fahrstil und beruhigt, dass sein Fahrzeug in guten Händen ist. „Be a good driver and be proud of it!" (Sei ein guter Fahrer und sei stolz darauf!) ermuntert uns ein Plakat am Straßenrand. Wir werden es auf all unseren Touren mit Glück beherzigen.

Anlässlich eines Zwischenstopps zur Begrüßung von Kiplagats Frau Monica, die in einer Firma für Mini-Kredite zur Frauenförderung arbeitet, lernen wir von Don, wie man in Kenia Begrüßungsformalitäten beachtet. Bevor man in ein langes Palaver über nebensächliche Dinge verfällt, um dann diplomatisch auf das Hauptanliegen des Treffens zu sprechen kommt, begrüßt man sich unter Männern mit einem kräftigen Handschlag. Dieser Handschlag kann bei besonderer Zuwendung lang anhalten oder dreigeteilt sein und zwar wie folgt:

- Schritt 1: Handschlag wie gehabt
- Schritt 2: Die Begrüßenden umfassen mit beherztem Griff die aufgestellten Daumen des Gegenübers
- Schritt 3: Handschlag wie gehabt.

Die fließende Ausführung dieser Prozedur braucht Training, und ihr anlassbezogener Einsatz ist selbst unter Kenianern noch Gegenstand von Diskussionen, wie uns Kip verrät. Da wir es aus aktuellem Anlass mit Frauen zu tun haben, denn Monica hat sich gerade mit zwei ihrer Kolleginnen extra auf dem Innenhof der Firma aufgereiht, bieten sich weitere Begrüßungsrituale an:

- Man übersieht die Frauen einfach, was wir aber peinlich und unhöflich fänden.
- Man verbeugt sich kurz und lässt sich vom Gastgeber vorstellen. Frauen, die noch keinen Kontakt mit Besuchern aus Übersee hatten, verhalten sich nämlich scheu und schauen verschämt an den Männern vorbei. Handschlag verbietet sich von selbst;
- Man lernt von Don, packt die Lady mit eisernem Griff und versucht das in der westlichen Welt so sehr in Mode gekommene Ritual des Scheinküsschens (Bussi-Bussi) auf beide Wangen durchzuziehen. Da Monica und ihre Kolleginnen fast zwei Köpfe größer sind als er, landet Dons Kopf irgendwo zwischen ihren Brüsten.

Offenbar hat Kip später das von Don Erlernte mit seiner Frau trainiert. Jedes Mal in den Jahren nach diesem ersten Begrüßungsritual, reisst uns Monica beim Handshake förmlich den Arm aus, fixiert uns mit forschem, direktem Blick in die Augen, umarmt uns herzig und vollzieht zwei kühne Schmatzer.

Monate später ergibt sich die Möglichkeit, an ein eigenes Projektauto zu denken. Wir haben für den Kauf eines Gebrauchtwagens etwa 10.000 € zur Verfügung. Da es ein kräftiges Geländefahrzeug sein muss, ist die Summe gering. Dennoch werden wir fündig. Es ist ein Pajero des Baujahres 1994, aus Japan importiert, Kilometerstandsanzeige 94.000 km. In Kenia kauft man ein gebrauchtes Fahrzeug, so wie es ist, und anschließend kommen erst die Reparaturen und Aufrüstungen. Kip und sein Cousin David, ein Automechaniker, brauchen eine geschlagene Stunde, um das Gesamtpaket auszuhandeln. Dann könnte der Deal laufen, wenn wir nicht mit Schrecken feststellen müssten, dass das

Geld, das von unserer Verwaltung nach Nairobi überwiesen wurde, von der kenianischen Bank aus unerfindlichen Gründen zurückgeschickt wurde. Es entspinnt sich ein mehrstündiger Verhandlungs- und Wartemarathon in der Bank, bis es wieder aus Deutschland zurückgeordert wird, und uns in bar ausgezahlt werden kann. Da es mit Parkplätzen im Bankenviertel von Nairobi schlecht steht, muss Kip mit Dons Auto wie ein Uhrzeiger um den Block zirkulieren, während David und ich in der Bank wie auf glühenden Kohlen sitzen und auf das Geld warten. David gesteht mir, dass er anlässlich eines Praktikums in Deutschland eine Vorstellung davon bekommen habe, was Zeit für einen Wert haben könne. Kip mag ähnliche Gedanken gehegt haben. Wir können aber nicht auf das Fahrzeug in der Warteschleife verzichten und es weit weg vom Geschehen parken, denn mit soviel Bargeld sollte man besser nicht durch Nairobi laufen. Als wir das Geld (gut 1 Million Kenia-Shilling) endlich haben, rufen wir Kip mit dem Handy an und bitten ihn zum Hintereingang der Bank, steigen erleichtert ins Auto und fahren zum Händler. Fazit: Wir haben innerhalb eines (!) Tages, zwar mit Geburtswehen, ein eigenes Projektfahrzeug und werden damit noch weit über 200.000 km durch Ostafrika fahren (Abb. 5.1).

Gleich am Anfang, bei der Zusammenstellung unserer Feld- und Laborausrüstung, kommen Angehörige einer weiteren Nationalität ins Spiel: die Inder. Zunächst waren es die indischen Geschäftsleute in Kenia, später fanden wir indische Forschungspartner auf den Spuren der Zwergflamingos. Es ist interessant zu erfahren, wie die Inder mit ihren Ideen nach Ostafrika kamen und dort das Leben, besonders den Handel nachhaltig beeinflussten. Die britische Kolonialmacht baute Ende des 19. Jahrhunderts die Kenia-Uganda-Eisenbahn, um strategischen Einfluss auf das Gebiet an den Quellen des Nils zu erlangen und benötigte dafür billige Schienenarbeiter. Sie holten mehr als 30.000 Inder aus ihrer Kolonie nach Afrika, zum Aufbau der verrückten „Lunatic Line", der Eisenbahnlinie zum Mond (so genannt, weil das Gebiet, in das sie führte, in etwa so unbekannt war wie unser Erdtrabant). Doch erst durch zwei menschenfressende Löwen (Maneater von Tsavo) kochte dieser Arbeitskräftetransfer in der damaligen internationalen Presse hoch. Die Löwen töteten 134 Inder und Einwohner der umliegenden Dörfer, bis der britische Ingenieur und Leiter des Brückenbaus über den Fluss Tsavo, John Henry Patterson (1867–1947), die Tiere nach langem Ansitzen erschießen konnte. Die beiden Löwenkadaver verkaufte Patterson an das Chicago Field Museum of Natural History. Über 100 Jahre später wurden die Löwen durch den Film *The Ghost and The Darkness* weltberühmt. Viele der überlebenden Inder blieben in Kenia und bereicherten das Land mit ihrem Geschäftssinn, ihrem Fleiß und Ideenreichtum. Ohne diese geschäftstüchtigen Inder hätten wir einen viel schlechteren Start gehabt. In ihren kleinen, speziellen Stores konnten wir unsere Ausrüstung komplettieren.

Abb. 5.1 Unser Projektauto. (**a**) auf Tour; (**b**) in der Werkstatt; (**c–f**) weitere Verkehrsteilnehmer

Insgesamt habe ich zwischen 2001 und 2015 knapp 500 Tage in Kenia gearbeitet, auf 23 Reisen verteilt. Dabei habe ich den Aufenthalt in der City so kurz wie möglich gehalten. Es war immer eine Erleichterung und ein Privileg, den hektischen Moloch hinter sich zu lassen, Richtung Untersuchungsgewässer. So sind lediglich etwa 50 Tage in der Hauptstadt zusammengekommen. Ich kann nicht sagen, dass mir Nairobi dabei ans Herz gewachsen ist, aber ich habe großen Respekt vor den Menschen bekommen, wie sie ihr schwieriges Leben in der Metropole gestalten, mit viel Humor, ganz egal, in welcher Tretmühle sie gelandet sind.

Die meiste Zeit habe ich wohl auf den löchrigen Straßen im Stau zugebracht, wie im Autoscooter, Stoßstange an Stoßstange auf der legendären Outer Ring Road, dem Zubringer zum Flughafen und zu den Ausfallstraßen in alle Himmelsrichtungen. Es ließ sich einfach nicht vermeiden, mehrmals pro Kampagne das Stadtzentrum zu queren, denn unsere Zielgebiete waren in sternförmiger Richtung verteilt. Der Flughafen, das Gewerbegebiet und die Wohnung von Kiplagat im Osten. Die Kenyatta University im Nordosten. Das Hauptquartier des Kenya Wildlife Service im Süden. Richtung Mombasa ging es nach Südosten, Richtung Magadi nach Südwesten, ins Riftvalley und zum Victoriasee nach Nordwesten.

Inzwischen sind einige mehrspurige Schnellstraßen gebaut worden sowie verschiedene Bypässe, die den Ballungsraum weiträumig umfahren. Diese Bypässe sind noch nicht ganz so überfüllt und lassen Zeit, den Blick über all die aufregenden Entwicklungen schweifen zu lassen, die sich am Rande des Asphalts abzeichnen. Baustellen über Baustellen, Technikparks, Supermärkte, Tankstellen, exklusive Wohnanlagen hinter hohen, mit Stacheldraht gespickten Mauern, Mittelklassewohnblocks auf ödem Geröll, grelle Vergnügungszonen, provisorische Verkaufsstände unter Plastikplanen, Floristen, die in formschönen Tontöpfen Setzlinge exotischer Bäume und Sträucher feilbieten, die sie mit dem kahmhäutigen Restwasser aus den Baugruben gießen – sie alle bilden einen Nährboden für die heranwachsende Supercity.

Auf dem Eastern Bypass fahren wir kilometerweit an jungen Eukalyptusplantagen entlang. Augenscheinlich handelt es sich hier um ein Gelände, das mit Bedacht und Weitsicht geplant wurde. Wenn das Holz später an die Holzkohleindustrie verkauft werden kann, schützt man die Wälder der einheimischen Edelhölzer vor Zerstörung und das Bauland wird frei, in allerbester Straßenlage auf dem Weg zum Flughafen. Die kenianischen Kollegen erahnen unsere Frage. Das Land gehört der präsidialen Familie Kenyatta, die mehr als die Hälfte des Profits aus den Holzkohlemeilern für sich beansprucht.

Auch die gefürchtete Thika Road, die an der KU vorbeiführt, ist jetzt ein Highway. Selbst die Outer Ring Road wird nun dreispurig ausgebaut (2017). Aber die Fahrt auf solchen Straßen wird infolge der rüden Fahrweise der Hauptstädter nicht ungefährlicher. Zu allem Überfluss muss man nicht nur auf die Verkehrsteilnehmer achten, sondern noch auf all die anderen, die „Hawker" (Straßenhändler), die mit ihren spannenden Offerten (von Satellitenschüsseln bis zu Bildern des Präsidenten) direkt ans Auto kommen, die Bettler mit ihren erbarmungswürdigen Verstümmelungen, die listigen Polizisten, die immer dort sind, wo man sie nicht gebrauchen kann. Die „sleeping policeman" sollte man nicht ignorieren – es sind die „bumps", die „verkehrsberuhigenden" Wälle aus Asphalt quer zur Fahrtrichtung, die das Auto ganz schön zum Rumpeln bringen, wenn man sie zu forsch überfährt. Schafe, Ziegen, Rinder laufen auf der Straße und manchmal, im Südteil der Stadt, auch Löwen, die aus dem Nairobi National Park entwichen sind.

Nairobi ist weltweit inzwischen auf den 2. Platz der stauanfälligsten Metropolen gerückt, nach Kalkutta und vor Mumbai. Der „Traffic Index" ermittelt die durchschnittliche Dauer, bis ein Beruftätiger auf Arbeit kommt; in Nairobi sind das 62,44 min. Die Hauptlast des städtischen Nahverkehrs wird durch überladene Kleinbusse (Matatus) abgedeckt, deren Fahrer zu den aggressivsten Verkehrsteilnehmern zählen.

Bei den Fahrten hat unser guter alter Pajero manche Blessur abbekommen, jede Beule hat ihn unattraktiver für Diebe gemacht. Priorität hat die Fahrtüchtigkeit, alles andere ist nur Kosmetik. Damit liegen wir ganz schön quer zu den Ansichten „normaler" Autofahrer, die in einem Land mit enormem Wasserdefizit ihre Wagen, so oft es geht, mit viel Hingabe, Shampoo und Wasser pflegen.

Mit zunehmender Habituierung an das „hustle and bustle" der City und um die Wege möglichst kurz zu halten, steigen wir immer öfter in einem kleinen Gästehaus im quirligen Stadtteil Donholm ab. „Rusam Village" ist Luftlinie nicht mehr als drei Steinwürfe von der Outer Ring Road entfernt und dient uns als Refugium und Startrampe. Auf kleiner Grundfläche von gut 100 m² ist das Gästehaus bis in eine luftige Höhe von vier Stockwerken ausgebaut. An den soliden Außenmauern von 4 m Höhe prallt das turbulente Treiben der Straße ab. Wie in einem Kokon, sauber von der Außenwelt abgeschirmt, können wir nach der Anreise oder vor der Abreise unsere Ausrüstung ordnen und unseren Adrenalinspiegel ein wenig absenken. Salomon, der umtriebige Besitzer, gönnt sich nur 1–2 Stunden Schlaf in der Nacht und die gleiche Spanne zur Mittagszeit. Ein Perfektionist, der seine wenigen Mitarbeiter ständig auf Trab hält und sämtliche Abläufe kontrolliert. Dazu gehören intensive Gespräche mit den Gästen und Rückkopplungen zu dem, was auf der Straße und im Lande passiert. Ein Seismograph und Ratgeber. Salomon ist ein Garant von Zuverlässigkeit in Reisephasen, in denen man gerne die entspannende ostafrikanische Losung „pole, pole" (ruhig, ruhig) leben möchte.

Eine etwas gewöhnungsbedürftige Seite der Unterkunft sei noch erwähnt. Die meisten Gäste des „Rusam Village" gehören zur Zunft der Missionare und kommen aus den USA und Großbritannien. Wir erhalten eher unfreiwillig eine Standortbestimmung unserer eigenen Mission als Wissenschaftler. Aus den Gebärden und Ansagen der Missionare kommen ganz klare Signale, wie hoch sie ihren Nutzen für die Afrikaner einschätzen. Wir sind von der Vielfalt der Glaubensrichtungen und ihrer vermeintlichen Wohltaten für ihre Jünger verwirrt und, mit Verlaub, beträchtlichen Zweifeln und Vorbehalten erlegen. So weit wir das einschätzen können, bedürfen Missionare keinerlei Genehmigung von den Behörden, ihr Geschäftsmodell in allen Regionen des Landes zu praktizieren. Als Wissenschaftler hingegen absolvieren wir erst mal einen Hürdenlauf durch die Büros der Permit-Erteiler, bevor wir unsere Pipette in einen Wasserkörper tauchen dürfen. Nicht unerheblich sind die Gebühren, die wir entrichten müssen. Daraus lassen sich eventuell Schlüsse über die Wertigkeit der unterschiedlichen Berufsstände für die Administratoren des Landes ziehen. Gelten Missionare als arme Schlucker, und sind Wissenschaftler reiche Cashcows? Wie auch immer, eine Losung, die wir im „Rusam" lesen, spornt uns an: „Be strong, and let your heart take courage, all ye that hope in the LORD."(Seid getrost und unverzagt, alle, die ihr des Herrn harret! Psalm 31,24). Passt genau für uns, die wir des Lords Phönix und seiner Ableger im Rift harren.

5.1.2 Nakuru und Elmentaita – Wiege der Flamingoforschung

Our data show that the trophic structure of Lake Nakuru has no predictable long-term continuity. There is no „normal" or „typical" Lake Nakuru ecosystem, but a sequence of different states of varying duration and stability. (Ekkehard Vareschi und Jürgen Jacobs 1985, *The ecology of Lake Nakuru*)

Unsere Daten zeigen, dass die trophische Struktur des Nakurusees keine vorhersagbare Langzeitkontinuität hat. Es gibt kein „normales" oder „typisches" Ökosystem des Nakurusees, aber eine Abfolge von unterschiedlichen Stadien unterschiedlicher Dauer und Stabilität. (Übersetzung L. K.)

Unser erstes Ziel im Riftvalley ist der Nakuru National Park, mit dem Nakurusee als Herzstück, dem Mekka der Flamingoenthusiasten. Der See ist weltberühmt und wahrscheinlich der meistbesuchte Flamingosee auf unserem Planeten. Leslie Brown bedauerte diesen Umstand. Auf seiner Suche nach Gebieten, in denen der Zwergflamingo brüten könnte, fand er 1951 Nester am Nakuru, bewertete den See jedoch als zu stark von Besuchern frequentiert und demzufolge zu unruhig für das Brutgeschäft der Vögel. Er räsonierte, dass möglicherweise Jahrzehnte zuvor die Bedingungen noch günstiger gewesen seien, als nur wenige Reisende dort picknickten. Kolonel Richard Meinertzhagen (1878–1967), ein britischer

Sicherheitsoffizier und Ornithologe, hat dort 1915 zahlreiche Flamingoeier vorgefunden, von denen er einige zum Frühstück verzehrte (Brown 1959).

Bei unseren Vorbereitungen stießen wir auf eine Reihe von Würdigungen, die der Nakurusee im Laufe der Jahre erfahren hat. Die Postverwaltung der Ostafrikanischen Gemeinschaft gab 1966 eine Briefmarke heraus, die den Nakurusee mit Flamingoschwärmen zeigt (siehe Abb. 4.2). In die RAMSAR-Liste der Feuchtgebiete von internationaler Bedeutung wurde der Nakurusee 1990 aufgenommen, gefolgt vom Bogoria- (2001) und vom Elmentaitasee (2005). Seit 2011 gehören die drei Seen zum UNESCO-Welterbe.

Am Beispiel des Nakuru hat Ekkehard Vareschi als Erster die Ökologie eines tropischen Sodasees und das Nahrungsverhalten der Zwergflamingos in Beziehung gesetzt (Vareschi 1978). In den Jahren 1972–1976 arbeitete er in einem Feldlaboratorium am Ufer des Sees und machte ihn zum bestuntersuchten Sodasee in Afrika. Seine tiefgründigen Publikationen über die Stoffkreisläufe des Nakurusees gehören zur Pflichtliteratur für Ökologen saliner Gewässer. Sein Laboratorium fiel einem Brand zum Opfer und wurde nie wieder aufgebaut. Die Reste der Fundamente erinnern noch heute an diesen Platz intensiver wissenschaftlicher Arbeit am Puls der Natur.

Der Nakurusee ist sehr flach, seine mittlere Tiefe liegt lediglich bei 0,5–3,5 m und ist damit äußerst sensibel gegenüber klimatisch und anthropogen verursachten Schwankungen des Wasserhaushalts. Das Seebecken kann zeitweilig völlig austrocknen oder bei Flutungen weit über die Ufer treten. So vergrößerte sich zum Beispiel seine Oberfläche von 31,8 km^2 im August 2010 um 71,9 % auf 54,7 km^2 im September 2013 (Onywere et al. 2013). In den See fließen fünf Flüsse, die bekanntesten sind Njoro, Makalia und Nderit. Sie bringen die in Form von Nähr-, Schweb- und Schadstoffen verschlüsselten Botschaften des Menschen über die Grenzen des Parks in das Schutzgebiet und belasten seine Tier- und Pflanzenwelt. Die Stadt Nakuru verursacht den Hauptanteil der Zufuhren, doch auch im ländlichen Raum, den die Flüsse passieren und versorgen, pulsiert das Leben. Am Beispiel des Njoro beschreibt Mathooko (2001) minutiös die Nutzungssukzession eines typischen afrikanischen Flusses, der sich durch eine bewirtschaftete Landschaft schlängelt. In den Dörfern gibt es zwei Hauptphasen des Zugangs im Tagesablauf: zwischen 6:00 und 11:00 Uhr und zwischen 16:00 und 19:00 Uhr Uhr. Im Morgengrauen kommen erst die Frauen, dann die Männer und dann die Kinder. Sie holen Wasser, waschen ihre Wäsche, baden und erleichtern sich. Die Viehherden zerstören die Pflanzendecke am Ufer und tragen durch ihre Ausscheidungen zur Nährstoffbelastung bei. Wenn man diese, durch die biblische Botschaft „Seid fruchtbar, mehret euch und erfüllet die Erde!"(Genesis, 9) unterstützte Szenerie mit den ursprünglichen Zuständen vergleicht, wird die eskalierende Bilanz deutlich, mit der das

Einzugsgebiet konfrontiert ist. In einer Zeit, die den meisten Bewohnern nicht mehr in Erinnerung ist, waren die Hauptelemente der Wälder des Einzugsgebietes Ostafrikanischer Wacholder (*Juniperus procera*), Afrikanischer Ölbaum (*Olea europaea* subsp. *cuspidata*) und Abyssinische Akazie (*Acacia abyssinica*). Die Forste waren von einer Fülle an Kräutern besiedelt, von denen 11 % essbar waren und 55 % als pflanzliche Medizin genutzt wurden, um 330 verschiedene Gesundheitsprobleme zu lindern. Der Mensch und seine Nutztiere haben diese Habitate zerstört, die Biodiversität vernichtet, Raum für invasive Pflanzen geschaffen und den Wasserhaushalt durcheinandergebracht. Die Folge ist die unkontrollierbare Gewalt von hydrologischen Extremereignissen auf den Nakurusee mit seiner einmaligen Tierwelt. So hat es der Indikatorvogel der Sodaseen schwer, über lange Zeiträume hinweg Bedingungen vorzufinden, die sein Überleben sichern (Mathooko und Kariuki 2000).

Um zu den Hunderttausenden Flamingos zu kommen, muss man erst mal das „Gate" überwinden – das Eingangstor (Abb. 5.2). Das Gate ist wie eine Pforte in eine andere Welt. Eine bunte Mischung von Menschen lagert um die Gebäude mit den Schaltern der Eintrittskarten verkaufenden Hostessen: Listig blickende afrikanische Reiseleiter, Touristen in verschwitzter Outdoor-Kleidung, sich aufblähende Typen mit lässig-dröhnigem Spachgebaren und manchmal ein paar verrückte Wissenschaftler, die irgendwie nicht in dieses Szenario passen und bloß so schnell wie möglich zu den Flamingos kommen wollen. Auf dem Parkplatz stehen Kleinbusse, in denen erschöpfte Reisende in den Sitzen hängen, ergeben, aber hoffnungsvoll den Erlebnissen mit den Tieren im Park entgegenfiebern. Aus großen Schulbussen quellen Hunderte Schüler in Uniform oder Sonntagskleidung, die hochmotiviert herumtollen und auf Einlass warten. Ihre elegant gekleideten Lehrer im Geschäftsanzug, eine Hand am Ohr haltend, telefonieren sich mit ihrem Handy zurück in eine andere, nicht so animalische Welt in den Wohngebieten an den Stadträndern, wo ihre Frauen auf die Rückkehr der in die Wildnis Gereisten warten. Für uns ist es genau umgedreht. Wir sind froh, dem, nach Raubtiergesetzen funktionierenden Moloch Nairobi, endlich entkommen zu sein.

Paviane und Meerkatzen lungern herum, springen auf die Kühlerhauben. Sie drücken ihre Finger und feuchten Mäuler gegen die Frontscheiben der Fahrzeuge und hoffen darauf, dass nachlässige Menschen ein Autofenster offenlassen, damit sich ihnen die Möglichkeit bietet, einzudringen, Plastikbeutel und Rucksäcke herauszuzerren und auf schmackhaften Inhalt zu prüfen. Im Laufe der Jahre werden sie offensichtlich immer raffinierter. Im Januar 2013 dringt ein starkes Alphamännchen in unser Fahrzeug, indem es die hintere Seitentür selbst öffnet! Nur mithilfe einer bewaffneten Rangerin war es möglich, den zähnefletschenden Pavian zu vertreiben.

Ich warte in der Schlange am Schalter und erlebe bei den vor mir Stehenden den immer wiederkehrenden Teufelskreis

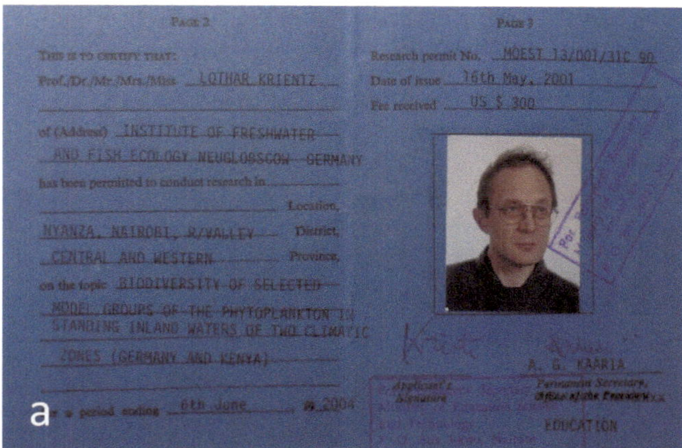

Abb. 5.2 Eingang in den Nakuru National Park. (**a**) unser erstes Forschungspermit; (**b**) Besuchergruppe vor dem Gate; (**c**) Schulklasse im Park auf Flamingobeobachtung

der vergeblichen Versuche, einen möglichst günstigen Eintrittstarif zu erhaschen: „Kenyan Citizens" (Einheimische), „Residents" (Angesiedelte) oder „Non-Residents" (Ausländer), das ist hier die Frage. Während im normalen Leben möglichst alle im reichen Ausland leben wollen, gilt es hier, den Status eines einheimischen oder eingewanderten Kenianers nachzuweisen, was zu Preisabschlägen führen würde.

Inzwischen gilt die klare Linie: Wer nicht mittels Passport seinen heimischen Status dokumentieren kann, zahlt Non-Residents-Tarif.

Der Nakuru National Park ist jenes Naturreservat in Kenia, das nach der Masai Mara den zweitgrößten Profit bringt. Dem Zwergflamingo wird aufgrund von ökologisch-ökonomischen Bewertungen mindesten ein Drittel des Einkommens zugeschrieben, das durch den Ökotourismus im Park generiert wird (Navrud und Mungatana 1994). Noch nicht einmal die großen Parks wie Tsavo Ost und West, die von den Touristenzentren an der Küste in Mombasa und Umgebung bereist werden, haben solch hohen Besucherzulauf. Die reiche Zahl an attraktiven Wildtieren, wie die „Pink Diamonds", die Zwergflamingos (Abb. 5.3), die vielen anderen Vögel, die Säugetiere, wie Nashörner (Abb. 5.4), Rothschild-Giraffen, Büffel, diverse Gazellen, Antilopen, Löwen, Leoparden und Hyänen auf engstem Raum um den Nakurusee, die Nähe zur Hauptstadt Nairobi und relativ einfache Anfahrtsbedingungen machen diesen Park zum Besuchermagneten.

Unser erster Weg im Juni 2001 zu den Flamingos am Nakurusee ist unvergesslich. Aufgrund eines Geheimtips von Don haben wir das Quartier im Park vorbestellt – im Gästehaus des Wildlife Club of Kenya (WCK). Am Gate müssen wir angeben, wo wir nächtigen werden, wenn wir abends den Park nicht verlassen wollen. So antworten wir brav: „DawwelYouSeeKej." Bei der Anfahrt sehen wir die seltenen Rothschild-Giraffen direkt unter den Strommasten, die zum Gästehaus führen. Büffel- und Antilopenherden grasen ganz in der Nähe. Mit Respekt erinnern wir uns an Dons Berichte: Unweit von hier hat sich die Tragödie mit den menschenfressenden Löwen abgespielt. Und im Fieberakazienwald ist der Motor seines Jeeps ausgefallen, inmitten einer riesigen Büffelherde gefangen. Halbwüchsige Bullen haben sich ihre Hinterteile am Chassis gerieben. Don musste eine halbe Stunde warten, bis sie abgezogen waren und er mit seiner Begleitung das Fahrzeug wieder in Gang bringen konnte.

Auf der Veranda des WCK können wir unsere Ausrüstung zur Probenaufbereitung aufstellen, mit Blick in die Weite

Abb. 5.3 Abendstimmung am Nakurusee im Januar 2006. Die dichten Flamingoschwärme entsprechen unseren Erwartungen an die Vogelwelt eines Sodasees (nach Krienitz 2009, ©Wiley-VCH Verlag GmbH & Co. KGaA, reproduziert mit freundlicher Genehmigung)

Abb. 5.4 Szenerien im Nakuru National Park. (**a**) Blick von den Babooncliffs auf das Seeufer mit weißer Trona und pinkigem Saum mit Flamingos; (**b**) junger Zwergflamingo beim Aufnehmen einer Neustonhaut aus *Euglena*; (**c**) Breitmaulnashörner blockieren den Weg zum Ufer des Sees und zu den Flamingos, die in der Ferne zu sehen sind; (**d**) Pelikane auf Jagd nach Fisch

der Savanne bis zum Waldrand. Die Küche können wir als Meßlabor missbrauchen, wenn wir mit dem Probenwasser zurückkommen. Bis zum Seeufer sind es nur 10 Autominuten. Doch aus dem Nordwesten dringt die Stadt Nakuru mit ihrem Lärm, Staub und Müll bis an die Parkgrenze vor.

Wenn wir uns einem Sodasee im ostafrikanischen Grabenbruch nähern, werden alle unsere Sinne berührt. Unsere Augen können sich nicht sattsehen an dem wogenden Meer von rosa Vogelkörpern. Unsere Ohren empfangen die geschäftigen Laute der Vögel bei der gemeinsamen Nahrungsaufnahme. Unsere Haut spürt die erbarmungslose Hitze, die über dem See flimmert. Wir schmecken das Salz im Staub, der durch die Luftbewegung aufgewirbelt wird. Unsere Nase nimmt die ätzende Geruchskomposition aus Soda, sich zersetzenden Nahrungsalgen und Fäkalien der Vögel auf.

Weite Bereiche des Ufers sind trockengefallen, und in kleinen Restlöchern finden sich stinkende, verfaulende Klumpen von Cyanobakterien. Wir sind von den vielen Flamingoleichen überrascht. Doch Jahre später, bei den Massensterben 2006 und 2008, werden noch viel mehr tote Flamingos am Ufer liegen. Manche Kollegen kalkulieren, dass die Mortalitätsrate in all den Jahren an den Sodaseen Kenias noch im normalen Bereich einer so dichten Vogelpopulation liege (Harper et al. 2003). Wir sind verwirrt, denn wir haben, wie viele Besucher, die zum ersten Mal an einen solchen See kommen, eine Idealvorstellung vom jadefarbenen Wasser und den darin „weidenden" pinkfarbenen Schwärmen von Zwergflamingos. Und nun sieht alles so problemgeladen aus … Wir nehmen an fünf verschiedenen Stellen des Sees unsere Wasserproben. Flamingogewebe entnehmen wir diesmal noch nicht. Darauf sind wir technisch und mental nicht vorbereitet, und wie wir erst später lernen müssen, sind dazu eine Menge Vorkehrungen notwendig und Genehmigungen einzuholen.

Nach der Rückkehr vom See arbeiten wir unsere Proben auf und starten die Wasseranalysen. Nach einigen Anfangsschwierigkeiten ist das Spektrophotometer in Gang gebracht. Im Mikroskop erleben wir die nächste Überraschung, das Wasser ist nicht, wie herkömmlich angenommen wird, von einer *Arthrospira*-Monokultur besiedelt, sondern es finden sich noch manche andere Arten invasiver Cyanobakterien.

Erst jetzt wird uns die Tragweite der Ausarbeitungen Vareschis über die verschiedenen Stadien des Sees so richtig bewusst. Im Verlaufe seiner 5-jährigen Studienperiode beobachtete er drei Stadien: 1) das Stadium der Dominanz von *Arthrospira fusiformis*, das mit einer imposanten Zwergflamingopopulation einhergeht, 2) das Stadium niedriger Algendichte, dominiert von Kieselalgen, und 3) Übergangsstadien, die es nur einer geringen Anzahl von Zwergflamingos ermöglichen, Nahrung zu finden. Diese Befunde veranlassten ihn zu der Schlussfolgerung, dass es kein „typisches" Stadium in der Sukzession eines Sodasees gibt (siehe Zitat am Anfang dieses Kapitels). Wird es uns gelingen, neue Erkenntnisse über diese Phänomene beizutragen?

Doch nun werden wir aus unseren Überlegungen, wissenschaftliche Großtaten zu vollbringen, herausgerissen. Richard, der Hausmeister und Gästebetreuer („caretaker") des WCK braucht dringend Hilfe. Seine Frau Vacancia hat schwere Typhus- und Malaria-Anfälle. Sie gehört zum Stamme der Luo, den Fischessern vom Victoriasee. Weite Uferbereiche dieses größten Binnensee Afrikas sind mit Sumpfgebieten bedeckt, der Heimat unzähliger Moskitos, die in feuchtschwüler Atmosphäre als unfreiwillige Überträger schwerer Krankheiten, wie Malaria, wirken. Von einer Besuchsreise zu ihrer großen Familie im Luo-Land ist Vacancia gleich mit zwei schweren Krankheiten zurückgekommen. Gegen 22:00 Uhr bittet uns Richard, ihn und seine Frau in ein nahegelegenes Dorf zu fahren, damit er Hilfe suchen kann oder jemand findet, der sie ins Krankenhaus einliefern kann. Letzteres kann sich in Kenia als langwierige und schwierige Prozedur erweisen. So machen wir uns zu unserer ersten Nachtfahrt im unübersichtlichen und dunklen Afrika auf, zu dem Dorf, in dem wir Hilfe finden und einen Menschen, den wir mit ausreichend Geld ausstatten, damit er Vacancia in seinem klapprigen Auto in ein städtisches Hospital fährt. Diesmal überlebt Vacancia, nur zwei Jahre später, gewinnen die todbringenden Keime.

Am Nakurusee haben wir mehr als 30 Messkampagnen durchgeführt und beeindruckende Szenerien unter kontrastierenden Bedingungen in unseren Erinnerungen abgespeichert. In den Jahren 2001–2005 veränderte sich der Wasserstand kaum, und mehr als die Hälfte des Phytoplanktons wurde von *Arthrospira* produziert, den anderen Teil stellten

Anabaenopsis und eukaryotische Algen, vor allem Kieselalgen. Die Flamingozahlen lagen meistens über 100.000.

Das Bild änderte sich dramatisch im Jahre 2006, als große Teile des Sees austrockneten und von einer kristallinen Kruste aus Trona bedeckt waren. Es war ganz schwierig, überhaupt an Probenwasser zu kommen. Das Auto war zu schwer und lief immer Gefahr, in dem schwarzen, zähen Morast unter der Tronaschicht einzusacken. So machten wir uns zu Fuß auf den Weg bis zum verbleibenen Wasserrand, immer wieder bis zum Knie einsinkend. Die Menge des Phytoplanktons war zwar reduziert, aber die Zusammensetzung hatte sich noch nicht geändert. Die Zahl der Flamingos war auf etwa 10.000 gesunken. Die Tronafläche war von Flamingoleichen bedeckt (Abb. 5.5). Die Tageszeitungen titelten reißerisch „Todescamp Nakuru". Das staatliche Veterinärlabor fand heraus, dass die geschwächten Vögel an Entzündungen starben, die von opportunistischen Keimen verursacht wurden. Bis zum Januar 2010 setzte sich die Trockenheit fort, der Salzgehalt stieg über 50 ‰, schließlich brach die *Arthrospira*-Population zusammen und wurde von der picoplanktischen Grünalge *Picocystis salinarum* ersetzt.

Abb. 5.5 Am Nakurusee im September 2006. (**a**) der See ist fast ausgetrocknet und hat sich zu einem Flamingofriedhof gewandelt; (**b**) Leiche eines Zwergflamingos. Schon bald werden die Naturprozesse die Karkasse zersetzen und in einen neuen Kreislauf des Lebens einbeziehen

Abb. 5.6 Der Nakurusee ist 2013 geflutet. Die Zwergflamingos haben den See verlassen. Der grüne Ufersaum lädt Störche und Reiher zum Fang von Amphibien ein

Im Herbst 2010 setzten starke Regenfälle ein, die den Wasserstand wieder anhoben (Abb. 5.6). Die Hoffnungen auf eine Rückkehr der dichten Flamingopopulation wurden nicht erfüllt. Das Wasser stieg und stieg, bis 2015. Die Straßen um den See wurden überflutet, und es mussten neue Pisten angelegt werden, die wieder überflutet wurden. Es war eine schwere Zeit für den Kenya Wildlife Service. Der Salzgehalt des Wassers sank auf Werte um 3 ‰, und von *Arthrospira* keine Spur. Das Wasser wurde von Süßwasserarten erobert, Kieselalgen, Grünalgen, Gelbgrünalgen und Euglenen siedelten sich an. Aus den Klärteichen der expandierenden Stadt Nakuru lief das Wasser in den See und führte neue Invasionsarten ein. Bis zum Abschluss unserer Untersuchungen trat noch keine Verbesserung der Zustände am Nakurusee ein. Umweltschützer machen die Abholzung der Bergwälder im Einzugsgebiet des Sees mitverantwortlich, weil dadurch das Wasserrückhaltevermögen empfindlich gestört wird.

Wir haben den von Vareschi beschriebenen Stadien noch zwei weitere Stadien hinzugefügt, jeweils am oberen und unteren Ende der Salinitätsskala. Unter hypersalinen Bedingungen (über 50 ‰) ist *Picocystis salinarum* die einzige Alge, die im See dichte Populationen entwickeln kann (Krienitz et al. 2012a). Unter hyposalinen Konzentrationen (unter 3 ‰) entwickelt sich eine außerordentlich hohe Diversität an Chlorophyten, Chromophyten und Euglenophyten, die jedoch keine große Bedeutung für die Ernährung der Zwergflamingos haben (Luo et al. 2013). Von all den fünf unterschiedlichen Stadien des Sodasees, war nur das Stadium der Dominanz von *Arthrospira fusiformis* relevant für die Unterstützung einer dichten Population des Zwergflamingos (Krienitz et al. 2016a).

Um mehr über die Algen zu erfahren, die als „ökologisches Gedächtnis" in der Phase der *Arthrospira*-Dominanz in Nischen untergetaucht waren und nun das ausgesüßte Gewässer eroberten, erstellten wir in den Jahren 2011 und 2015 zwei Klon-Bibliotheken des Planktons (Luo et al. 2013; Krienitz et al. 2016a). Wir kamen dabei manchem verborgenen Organismus auf die Spur, z. B. den Verwandten der grünen Kugeln um *Chlorella* und grünen Flagellaten um *Chlamydomonas* und *Pteromonas*, die offensichtlich aus den Abwasserteichen von Nakuru oder über den Njoro-Fluss eingewandert waren. Der schwer identifizierbare Schlundgeißler *Guillardia*, der bisher nur von marinen Standorten bekannt war, tauchte in unserer Klon-Bibliothek auf. Auch *Isochrysis*-DNS wurde gefunden. Das ist ein wichtiger mariner Organismus für die Aquakultur, der mit den Coccolithophoriden (Kalkflagellaten) verwandt ist, die im Meer kalkhaltige Wasserblüten verursachen. Aus der Gruppe der Cyanobakterien gab es interessante Nachweise, besonders bemerkenswert *Nodularia*, die wir lichtmikroskopisch lediglich in der Makgadikgadi-Pfanne in Botswana identifizieren konnten. Offensichtlich ist dieses fadenförmige Cyanobakterium des Brackwassers weiter verbreitet als bisher angenommen.

Vareschis ökologische Untersuchungen betrafen nicht nur die Flamingos und ihre Nahrungsgrundlage (Vareschi 1978, 1982), sondern mehrere Abhandlungen galten dem gesamten Nahrungsnetz und seinen Wechselwirkungen mit der Umwelt. Zum Beispiel die Zooplankter, die schwebende Lebewelt der Kleintiere (Rädertierchen, Wasserflöhe, Insektenlarven), sowie die Fische konkurrierten als primäre Konsumenten direkt mit den Zwergflamingos beim Verzehr von *Arthrospira* (Vareschi und Vareschi 1984; Vareschi und Jacobs 1984). Die einzige Fischart im See, *Alcolapia grahami,* wurde aus dem Magadisee entnommen und künstlich in den Nakuru eingesetzt, um die Biodiversität zu fördern (Vareschi 1979). Das hatte drastische Folgen für die Nahrungskette, denn die Fische lockten etwa 50 verschiedene Arten von fischfressenden Vögeln als sekundäre Konsumenten an. Herausragende Bedeutung kam den Pelikanen (*Pelecanus onocrotalus*) zu, die mehr als 90 % der Fischpopulation konsumierten (Vareschi und Jacobs 1985).

All diese Untersuchungsberichte bereicherten unsere Arbeit am Nakurusee und öffneten unseren Blick für die Facetten des Lebens und Sterbens an einem Sodasee. Gleichzeitig mussten wir erkennen, wie begrenzt die Möglichkeiten unseres kleinen Teams waren und wie wichtig es wäre, in einem größeren Verbund von Spezialisten den Nakurusee und die anderen Sodaseen in Ostafrika zu untersuchen. Wir begannen, ein EU-Projekt zu planen, zu dem wir Kollegen aus Ostafrika und der EU einladen wollten, gemeinsam zu forschen. Mitten in unsere Vorbereitungen platzte ein einschneidendes Ereignis. In der Nacht des 5. März 2003 fanden wir keinen Platz im Wildlife Club of Kenya und wechselten deshalb zum Hostel des World Wide Fund for Nature (WWF) ganz in der Nähe, unterhalb der Lion-Hills. Der Caretaker Washington umsorgte uns aufmerksam. Nach dem gemeinsamen Abendessen legte er eine Bibel auf seinen Schoß und begann mit uns über die Weitsicht des Herrn zu philosophieren. Gerade hatten mich heftige Schmerzen in der Wirbelsäule an meine Grenzen erinnert, denn in unseren Knochen steckten schon drei martialische Wochen auf den Pisten von Kenia und Uganda. Deshalb zog ich mich frühzeitig in mein Bett zurück. Ich hörte, wie Washington und Andreas draußen mit einem neuen Gast sprachen. Dieser bezog alsbald das Nachbarzimmer und führte lange Telefongespräche mit seinen Bekannten in Kenia. Am anderen Morgen begrüßten wir uns, beide müde von der unruhigen Nacht. Überraschung! Es war Ekkehard Vareschi, unser großes Vorbild. Ich war schlagartig hellwach. Da er sich nach seiner Zeit an den Sodaseen anderen Forschungsgebieten gewidmet hatte, wie zum Beispiel den Robben des Wattenmeeres, dem Verhalten der Honigbienen, dem Benthos von Eisbergen der Antarktis, den Rädertierchen auf Jamaika, der UV-Resistenz von Zooplankton in Neuseeland, hatten wir ihn aus den Augen verloren. Doch nun stand er vor uns, ein jung gebliebener Typ in seinen frühen Sechzigern. Er hatte große Pläne. In den letzten Jahren seines Wissenschaftlerdaseins wollte er zu seinen Wurzeln zurückfinden. Er hatte beschlossen, einen EU-Antrag zu erarbeiten und die Koryphäen der Salzseenforschung in Ostafrika zu integrieren. Dazu sollte seine aktuelle Reise dienen. Viele der Kollegen, die er im Visier hatte, waren vor 30 Jahren seine Studenten gewesen und bekleideten nun hohe Positionen in der Forschung und im Naturschutz Ostafrikas. Nach einer kurzzeitigen Schockstarre, die parallel gelagerten Pläne unserer Gruppen zur Kenntnis nehmend, kamen wir schnell zum Entschluss, unsere Kräfte zu bündeln. Für unseren gemeinsamen Antrag im Rahmen eines Aufrufs im Umweltforschungsprogramm der EU zur Biodiversität und zum nachhaltigen Management von Ressourcen holten wir mehr als 20 Kollegen und ihre Teams ins Boot. Sie kamen aus Kenia, Tansania, Uganda, Äthiopien, Großbritannien, Ungarn und Deutschland.

Es war eine harte Zeit, unsere Ziele und Interessen zu ordnen und in einem harmonisierten Antrag zu vereinen, ganz zu schweigen, wie schwer es uns fiel, die vielen Formblätter zu bedienen – alles noch unter dem Einfluss der Kinderkrankheiten des Internets in Ostafrika. Als Koordinator konnten wir unseren Mikrobiologen Peter Casper gewinnen, der ein großes Arbeitspensum in der zur Verfügung stehenden Zeit bewältigte. Am Ende waren wir mit der Kommunikation und unserem Konzept zufrieden und gingen optimistisch ins Rennen. Doch unser Antrag fiel in Brüssel durch. Nach diesem Rückschlag zogen sich die Arbeitsgruppen wieder in ihre kleineren Einheiten zurück. Ekkehard ließ sich jedoch nicht entmutigen und forcierte seinen Plan von der Rückkehr als Forscher an die ostafrikanischen Sodaseen.

Die Zentrale unserer Kampagnen in Nakuru bildete das Gästehaus des Wildlife Club of Kenya. Mitten im Park gelegen, konnten wir mehrfach am Tage an unsere Probenstellen fahren, ohne jedes Mal am Gate ein- und auschecken zu müssen. Die einfache Unterkunft bot alles, was wir brauchten, Betten, Strom, Wasser, Freiland-Arbeitsplatz auf der Veranda, Küche zum Selbstzubereiten unserer Mahlzeiten und als Messlabor, und schließlich Schutz vor dem Trubel des Tourismusbetriebes. Allerdings waren wir manchmal nicht allein im WCK, sondern Kleinbusladungen internationaler (vorwiegend amerikanischer) Budget-Touristen nutzten die Einrichtung ebenfalls. Das Aufkommen dieser Gäste zeigte Amplituden, die mit allfälligen Reisewarnungen des US-Aussenministeriums negativ korrelierten.

Das Auf- und Ab dieser kleinen Touristengruppen von 2–6 Gästen zuzüglich Fahrer, Reiseführer und Koch ließ uns unfreiwillig hinter die Kulissen des Reisegeschäftes blicken. Neben den Pirschfahrten gehörten die Mahlzeiten zu den Höhepunkten des Tages. Dazu wurde ein entsprechend hoher Aufwand getrieben. Manche Köche standen der ganzen Tag in der Küche. Um die Kühlkette für die opulenten Fleischvorräte aufrechtzuerhalten, wurden abends mächtige Rindfleischbatzen und Hühnchen aus den Kühlboxen des Kleinbusses ausgeladen und für eine Nacht in den Kühlschrank des WCK verfrachtet. Das Kühlgerät lief auf Hochtouren, die Schale zum Auffangen des kondensierten Wassers war am Morgen übergelaufen und formte unappetitliche Pfützen auf dem Boden. Richard zog grinsend zwei ertrunkene Mäuse an ihren Schwänzen aus der Abdampfschale.

Eine besondere Überraschung bot sich eines Morgens für mich, als ich meinen „Wunderbeutel" ins Auto packen wollte. Dieser Plastikbeutel enthielt einen Teil wichtiger Kleinutensilien und Verbrauchsmaterialien griffbereit für die Feldarbeit, wie Pipetten, Pinzetten und Probenröhrchen. Es handelte sich um einen großen gelben Beutel mit einem Elefantenkopf bedruckt, das Symbol der Supermarktkette Nakumat. Da der Koch jede Verantwortung abstritt, hat offensichtlich eine amerikanische Touristin (eine ältere Dame mit Putzfimmel) gedacht, dass der „gelbe Sack" der Abfallbehälter sei. Jedenfalls war mein Material mit Fleisch- und anderen schmierigen Essensresten besudelt.

Ein herausragender amerikanischer Reisender war Senator Barack Obama, der allerdings nicht leiblich, sondern nur in Form ganztägiger Fernsehübertragungen ins WCK kam. Der neue Caretaker Samson vernachlässigte seine Pflichten und hing am 26.08.2006 den ganzen Tag am voll auf afrikanische Lautstärke aufgedrehten Fernseher. Der smarte Barack, mit kenianischen Wurzeln, tourte durch's Land und ließ die Herzen höher schlagen. Mehr als die Hälfte der Kenianer träumte davon, ihn eines Tages als Staatsoberhaupt zu gewinnen. Die Tageszeitungen überboten sich in Lobpreisungen und veröffentlichten so manchen erzieherischen Artikel wie: „Wofür müssen wir Kenianer uns schämen?" Die Liste der Mängel, die die Kenianer in Leserzuschriften zusammentrugen, war lang. Um es auf den Punkt zu bringen, die Strahlkraft Obamas ließ die Menschen offen bekennen, dass es an Persönlichkeiten im Lande fehle, die motivieren und inspirieren können, die sagen, was sie tun, und tun, was sie sagen, die nicht der Raffgier und Korruption verfallen sind. Die damalige Justizministerin, Martha Karua, die gerade mit der Selbstbedienungsmentalität der „Eliten" in den Chefetagen etwas aufräumen wollte, sah es

noch nicht so pessimistisch und erklärte im Fernsehen „This is our country, you can run, but one day you will be gotten." (Das ist unser Land, du kannst wegrennen, aber eines Tages wirst du gefasst). Doch die „eiserne" Martha konnte nicht verhindern, dass bislang die „Großen" meist ungeschoren blieben. Obama zog es später dann doch vor, Präsident der Vereinigten Staaten von Amerika zu werden.

Der kleine Bruder des Nakurusees liegt knapp 20 km südöstlich – es ist der See Elmentaita. Sein Name kommt aus der Sprache der Maasai („muteita", staubiger Platz) und erinnert an einen oft vorkommenden Zustand, bei dem die Ebene des Sees austrocknet und heftige Windhosen Staub aufwirbeln. Ähnlich wie der Nakurusee ist der Elmentaita ein flacher See, eigentlich ist er eine Salzpfanne. Seine mittlere Tiefe reicht selten über 1 m, er kann jedoch zeitweilig völlig austrocknen oder stark geflutet sein. Er ist nur halb so groß wie der Nakuru, seine mittlere Oberflächenausdehnung von 20 km^2 kann extremen Schwankungen unterliegen.

Die Geschichte der Seen im zentralen Riftvalley Kenias im Laufe der letzten Million Jahre (Mittleres Pleistozän bis Frühes Holozän) ist eine komplizierte Abfolge von Phasen der Austrocknung und Flutung (Bergner et al. 2009). Vor etwa 1 Million Jahre erstreckte sich auf dem Gebiet der heutigen Seen Nakuru, Elmentaita und Naivasha ein großer, zusammenhängender Süßwassersee von etwa 1000 km^2 Oberfläche. Vor 100.000 Jahren war er auf zwei mittelgroße Seen von je 500 km^2 geschrumpft, dem gemeinsamen Vorläufer der Seen Nakuru und Elmentaita und dem Vorläufer des Naivashasees. Vor 10.000 Jahren hatte sich die Oberfläche der beiden Urseen wieder auf 760 bzw. 680 km^2 erweitert. Der Vorläufer von Nakuru und Elmentaita war 180 m tief.

Bei der Erforschung dieser Seengeschichte wurde neben den in der Geologie und der Paläontologie üblichen Datierungsmethoden auch ein algenbasierter Datierungsansatz verfolgt. In diesen Süßwasserseen gediehen nämlich zahlreiche Diatomeen, deren Kieselsäurepanzer sedimentierten und dicke Lager aus Diatomit (Kieselgur) bildeten. Aufgrund der systematischen Zugehörigkeit der fossilen Kieselalgen konnten die betreffenden geologischen Schichten zugeordnet werden.

Im Gebiet hielten sich Horden des Frühmenschen *Homo erectus* auf, der hier im Zeitraum vor 100.000 bis 500.000 Jahren lebte, jagte und Steinwerkzeuge produzierte. Die steinernen Artefakte und Knochen von Beutetieren wurden im Laufe der Jahrtausende von vulkanischer Asche und Diatomit eingehüllt und geschützt. Louis Leaky (1903–1972) entdeckte sie im Jahre 1928. Die Fundstätte wurde Kariandusi Prehistoric Site genannt und zum Nationalen Monument erklärt. Wenn man heutzutage an diesen einsamen Ort kommt, trifft man neben den prähistorischen Funden auf eine Diatomitindustrie, gleich in der Nachbarschaft. Diatomit wird von den Maasai als Make-up verwendet. Dieses Material aus Kieselalgenschalen ist ein vielseitig verwendbarer

Rohstoff. Er dient als Filtermaterial für Abwasser, Badewasser und Getränken (z. B. Bier). Die Bruchstücke der Diatomeenschalen können den Darmtrakt von Kerbtieren zerstören und werden deshalb zur Bekämpfung von Schadinsekten eingesetzt. Vor allem ist Kieselgur jedoch ein hitzebeständiger Trägerstoff für Katalysatoren und Biozide. Der schwedische Chemiker Alfred Nobel (1833–1896) hat die Kieselgur als Trägerstoff des hochexplosiven Nitroglyzerins bekannt gemacht. Mit diesem Sprengstoff getränkte Kieselgur ist als Dynamit in die Geschichte eingegangen und hat zum Reichtum des Erfinders und Stifters beigetragen.

Eine der frühen Expeditionen zur Erkundung des ostafrikanischen Riftvalleys war die von René Jeannel (1879–1965, Entomologe) und Camille Arambourg (1885–1969, Paläontologe) geleitete „Mission Scientifique de l'Omo" (1932–1933) nach Äthiopien und Kenia. An der Expedition nahm der Hydrobiologe Pierre-Alfred Chappius (1891–1960) teil. Letzterer übergab Proben aus dem Elmentaitasee an den Phytoplanktologen Hans Bachmann (1866–1940). Dieser berichtete nach eingehender mikroskopischer Untersuchung über die Invasion der dominierenden *Arthrospira*-Population durch *Anabaenopsis* (Bachmann 1939). Ich habe diesen langen Weg einer klassischen Wasserprobe aus dem Elmentaita im Detail aufgeführt, um zu zeigen, wie das früher mit dem Weiterleiten der Proben vonstatten ging, und welche Vorteile es bietet, ein Mikroskop mitzuführen, um gleich an Ort und Stelle eine erste Einschätzung vornehmen zu können.Übrigens, auch wir fanden, wie Bachmann, in unseren ersten Proben vom Elmentaita *Arthrospira* und *Anabaenopsis*. Doch das Bild sollte sich ändern. Schneller und stärker als im Nakuru ging das Wasser des Elmentaita zurück. Die Salinität schoss bis 2006 auf einen Wert von fast 300 ‰. In dem verbliebenen Wasserkörper konnten nur noch Verwandte des Cyanobakteriums *Synechococcus* überleben. Als das Wasser wieder stieg, erholten sich *Arthrospira* und *Anabaenopsis* und der Flamingosbestand kurzzeitig, doch ab 2010 waren sie praktisch nicht mehr vorhanden. Die Flamingos verschwanden und waren bis 2015 nur noch in wenigen Hundert Exemplaren anzutreffen. Wie in den anderen Seen des kenianischen Rifts führten starke Regenfälle zu einem enormen Anstieg des Wasserspiegels. Das Phytoplankton wurde von verschiedenen Picocyanobakterien und pennaten Diatomeen geprägt, später kamen noch coccale Grün- und Gelbgrünalgen hinzu.

Zur gleichen Zeit, als Ekkehard Vareschi am Nakuru forschte, studierte John Melack den Elmentaita. Aufgrund dieser Untersuchungen diskutierte Melack (1988) die möglichen Ursachen, die zum Zusammenbruch der *Arthrospira*-Populationen führen könnten: z. B. Änderungen in den Wasserständen, der Salinität und des Nährstoffgehaltes, Konkurrenz durch kleine, schnellwüchsige coccale und begeißelte Algen, Infektionen durch Bakeriophagen und Autolyse. All diese Ursachen konnten später bestätigt werden. Der Befall durch Cyanophagen ist offenbar eines der Hauptprobleme von *Arthrospira*, wie unlängst ein Team der Universität Wien herausgefunden hat (Peduzzi et al. 2014).

Der Elmentaitasee ist in neuerer Zeit Gegenstand molekularer Untersuchungen zur Diversität und biotechnologischen Verwendung extremophiler Bakterien geworden (Mwirichia et al. 2010). Neben der Vielfalt heterotropher Bakterien wurde die Diversität der Cyanobakterien verdeutlicht. So fanden sich Vertreter aus 15 verschiedenen Gattungen. Der zeitweise extreme Rückgang des Wassers mit der exzessiven Steigerung der Salinität schafft günstige Bedingungen für die Extremophilen.

Im Vergleich zu den anderen Seen im Riftvalley ist das Ufer des Elmentaita für die Wasseruntersuchungen schwieriger zu erreichen. Zwei große „Conservancies" umgeben den See und riegeln das Ufer ab. Sie befinden sich vorwiegend in weißer Hand und werden von den Nachfahren eines jener Kolonisatoren verwaltet, die sich durch großen Landhunger auszeichneten: Lord Delamere (Hugh Cholmondeley, 3. Baron Delamere, 1870–1931). Er brachte die Region westlich und nördlich des Sees in seine Hand und nutzte sie zunächst vorwiegend als Weideland für seine Rinder. Viel Pioniergeist steckte er in die Züchtung von Getreide und Nutztieren, die an das Klima in Zentralkenia angepasst waren. In kleinerem Maße betrieb er Wildschutz und nannte seinen Besitz „Soysambu-Ranch", von seinen Erben in „Soysambu-Conservancy"konvertiert. Es ist trotz einiger aktueller Versuche, das Land besser für die Öffentlichkeit und Wissenschaftler zugänglich zu machen, eine elitäre Zone geblieben. Seit Gründerzeiten tummelten sich hier namhafte Gäste. Winston Churchill schoss hier Warzenschweine. Jomo Kenyatta, Kenias erster Präsident, veranstaltete kurz vor seinem Tod ein kleines Picknick, bei dem 300 Tänzer auftraten. Aga Khan, der steinreiche und wohltätige Ismailit, lunchte hier.

Wir ließen uns nicht abhalten, einen Versuch zu starten, über die Soysambu-Conservancy einen Stützpunkt für unsere Seenbereisung zu bekommen. Carol, eine junge engagierte Britin, war dabei unsere Verbündete. Wir kannten sie aus Nakuru und Nairobi und bewunderten ihren unermüdlichen Einsatz für den Naturschutz als Mitarbeiterin verschiedener Organisationen. Gerade war sie als Bauleiterin eines besonderen Projektes in der Soysambu-Conservancy berufen worden. Ein alter Kuhstall des Delamere-Clans sollte zu einem Labor und Begegnungszentrum für Wissenschaftler umgebaut werden. Für freuten uns schon darauf, dort zusammen mit Kollegen arbeiten zu können. Nach drei Jahren intensiver Bautätigkeit, waren die Stallungen umgebaut und eine zünftige Einweihung stand bevor. Da wir zu dieser Zeit nicht in Kenia waren, wollten wir bei unserem nächsten Probengang die Stätte gebührend bewundern und unseren Einstieg vorbereiten. Doch Carol war nicht aufzufinden. Am Gate bekamen wir einen Besucherpass ausgestellt, den wir vor Ort von der Managerin des Zentrums unterschreiben lassen sollten. Als wir über den vertrauten Weg dort ankamen, wies uns eine resolute Dame ab: „Strictly private!" Den Besucherpass unterschrieb sie mit „Delamere". Später begegneten wir Carol in Nairobi, die frustriert war, weil man sie nach getaner Arbeit abserviert hatte.

Über einen Mitarbeiter der Kariandusi Site bekamen wir den Tip, dass inzwischen ein weiteres Zentrum zur Erforschung des Elmentaitasees auf Soysambu eröffnet worden war. Er begleitete uns dorthin. Doch der Zeitpunkt war nicht glücklich gewählt, denn man steckte gerade in der Vorbereitung einer großen Hochzeit. Der Empfang war kühl, man gab uns zu verstehen, dass wir offenbar nicht ins Beuteschema passten.

Das Gebiet östlich und südlich des Sees, die „Kekopey-Ranch" vermachte Delamere damals seinem Schwager Galbraith Lowry Egerton Cole (1881–1929). Nunmehr als „Kekopey-Conservancy" deklariert ist dieser Teil des Landes inzwischen auf verschiedenste Eigentümer, auch wohlhabende Schwarzafrikaner, und Interessengruppen verteilt. Auf der Conservancy befinden sich ein paar Quellen (30–45 °C), die Kekopey Springs, die den Maasai in Trockenzeiten als Wasserreserve dienen.

Soysambu und Kekopey sind wiederum in die Nakuru-Conservancy eingegliedert, die sich bis zum Naivashasee erstreckt. Dieses Areal stellt einen Wildkorridor zwischen Nakuru und Naivasha dar, dürfte aber außerhalb der assoziierten Nationalparks (Nakuru, Hell's Gate und Longonot) ziemlich ungemütlich für die Wildtiere werden, denn die urbanen Siedlungs- und Nutzungsgebiete expandieren in rasender Geschwindigkeit: die Stadt Naivasha, die Farmen, die Gewächshausflächen, die Straßen – all das sind massive Hindernisse für die Tiere. Immerhin bewegen sich noch solche großen Säugetiere wie Zebras, Elenantilopen, Wasserböcke, Gnus, Gazellen und Büffel, frei in der Conservancy (Ogutu et al. 2017).

Nur ein kleiner Zugang zum See befindet sich in öffentlicher Hand. Nahe der Fernverkehrsstraße zwischen Naivasha und Nakuru haben Einheimische einen Schlagbaum aufgebaut. Wenn man hier seinen Obulus entrichtet, kann man zum Ufer fahren und Wasserproben nehmen. Doch die Wächter machen es den Besuchern nicht leicht. Sie lüften erst den Schlagbaum, wenn man sich die Offerten der Andenkenhändler angesehen hat. Diejenigen, die gleich kaufen, bevor sie zum See durchgewunken werden, machen einen Fehler, denn sie unterliegen nach der Rückkehr nochmals aggressiven Angeboten, bis sich der Schlagbaum hebt und ihnen den Weg in die Freiheit eröffnet. Es ist besser, sich die Angebote anzusehen, ein bisschen zu feilschen, denn die Preise befinden sich in luftiger Höhe, und dann auf die Rückkehr von der Probenahme zu verweisen. Am Ende des Trips geht es dann noch mal ans „Eingemachte". Irgendwie wird man sich dann

doch einig, und wir sind wieder mal um ein paar Seifensteinschnitzereien mit der Szenerie des Riftvalleys oder mit tierischen Motiven reicher. Wir haben versucht, alternativ über das Gelände verschiedener Luxushotels bis ans Ufer vorzudringen, aber das gestaltet sich ähnlich lästig wie am Community-Schlagbaum. Erst muss der Manager befragt werden, und dann geht es in Begleitung eines lustlosen „Servants" hinunter zum eingezäunten Ufer.

Nur für einen Zeitraum von etwa 5 Jahren bot sich eine bessere Gelegenheit. Das Flamingo Camp, direkt am unverbauten Ufer des Sees, hatte seine freundlichen Pforten geöffnet. Einfache, kühle Naturstein-Bandas mit passablen Betten, Arbeitstisch, Dusche und WC ließen uns die Nächte hier gut überstehen, obwohl draußen der salzhaltige Wind über den See pfiff und die Hundemeute heulte. Die wenigen anwesenden Flamingos trugen mit ihren Geknarze zum permanenten Geräuschpegel bei. Emotional gesehen war es einer der schönsten Übernachtungsstätten überhaupt. Es war der einzige Schlafplatz direkt am Ufer eines Sodasees mit all seinen Besonderheiten.

Das Erwachen des Morgens durfte man auf keinen Fall in der Banda verschlafen. Sobald es dämmerte, hielt es uns nicht mehr auf den durchgelegenen Matratzen. Die steifen Knochen bewegen, etwas eiskaltes Wasser ins Gesicht und auf den Körper gerieben und schon saßen wir vor der Hütte, um den Wechsel der Farben zu beobachten. Der Wind hatte sich inzwischen gelegt und die Geruchskomposition des Sodasees stieg wieder in unsere Nasen, unterlegt mit dem aromatischen Duft der Kräuter und Hecken am Hang. Am gegenüberliegenden Ufer zeichneten sich noch dunkel die markanten Konturen des „Sleeping Warriors" ab, eine Krater- und Felsformation, die an einen liegenden Maasai-Krieger erinnert (Abb. 5.7).

In kurzer Zeit wurde das Flamingo Camp zum Geheimtip in der Schicki-Micki-Szene Nairobis, und an den Wochenenden war es gut gebucht. Die jungen Wilden der Banker- und Makler-Garde gaben sich die Klinken, die Tusker- und Whisky-Flaschen in die Hand. Die eigentlichen Wunder der umgebenden Natur nahmen sie nur noch als verschwommene Kulisse ihres gespreizten Treibens wahr. Durch Zufall waren wir an einem Sonntag in dieser Subkultur gelandet, und es gab keine Alternative, als unsere vorbestellte Banda zu beziehen. Die betrunkene Horde jagte mit ihren Autos über das ausgetrocknete Ufer, so lange, bis sich ein Pickup festgefahren hatte. Wir bekamen diese Show gewissermaßen bei einem Bier vor der Haustür geboten. Alle vorhandenen PKW versuchten ihr Glück, das Fahrzeug aus dem Schlamm zu ziehen, doch sie waren zu schwach. Nun kamen sie zu uns und wirkten erstaunlich nüchtern. Ob wir wohl mal unseren Pajero vor ihr Auto spannen könnten. Das haben wir getan, aber wir waren nicht stark genug.

Abb. 5.7 Abendszenerie mit Flamingos vor dem „Sleeping Warrior" am Elmentaita, 2009

Nun kamen einschlägig vorbereitete Einheimische auf den Plan. Sie nahmen uns vertraulich zur Seite. Es wäre zwar nobel von uns, den „Clients" aus dem Dreck helfen zu wollen, doch das sollten wir dann besser ihnen überlassen. Im Übrigen würden die Gäste diesen „Thrill" genießen und das Steckenbleiben gehöre zum Spiel. Schritt für Schritt buddelten nun die Profis die Karre aus dem Morast und verdienten sich ihren Unterhalt für die nächsten Tage.

Dieses Treiben währte nicht lange. Das Flamingo Camp wurde heruntergewirtschaftet. Irgendwann fiel die Wasser- und Stromversorgung aus, und eine Banda brannte nieder. Das Personal landete auf der Straße. Drei Jahre später war auf der Asche des Flamingo Camps ein neues, prunkvolles „Camp" auferstanden, die „Elmentaita Sentrim Lodge". Wir argwöhnten, dass die Makler- und Banker-Schickeria aus Nairobi wohl nicht ganz unbeteiligt an der Reinkarnation des Camps war.

Man braucht kein Hellseher zu sein, um der Nakuru-Conservancy mit ihren Seen Nakuru, Elmentaita und Naivasha eine schwierige Zukunft vorherzusagen. Hervorgegangen aus einem großen Ursee sind diese wundervollen Gewässerlandschaften im Verlaufe einer Million Jahre nun in der Moderne angekommen. Knallharte privaten Wirtschaftsinteressen stehen den Naturschutzbemühungen entgegen. Doch die Naturschutzgebiete an sich stellen ein großes ökonomisches Potenzial dar. Man wird Abwägungen treffen müssen, die den Erhalt der Natur berücksichtigen.

5.1.3 Naivasha und Oloidien – Schmelztiegel

Naivasha is perhaps unsurpassed in its softness and beauty by any other of the lakes in the Rift. Here the beauty is not just in the landscape, but in the whole wild world that awakens and returns to sleep every day … The hour of greatest beauty is the one just before nightfall. Dusk on the equator is a rapid dimming. Yet a Naivasha sunset grows its own blooms. Skeins of egrets, ducks, geese and pelicans blossom against the purpling dusk that clings to the Riftvalley walls. (Collin Willock 1974, *Africas's Riftvalley*)

Naivasha wird vielleicht von keinem anderen See des Riftvalleys an Sanftheit und Anmut übertroffen. Die Pracht ist nicht nur in der Landschaft, sondern in der gesamten wilden Natur, die jeden Tag erwacht und zur Ruhe zurückfindet … Die Stunde vor Einbruch der Dunkelheit ist am schönsten. Die Dämmerung am Äquator kommt schnell. Doch der Sonnenuntergang am Naivasha erwächst zu eigenem Glanz. Schwärme von Reihern, Enten, Gänsen und Pelikanen erblühen vor feuerrotem Dämmerschein, der sich an den Wänden des Rifts abzeichnet. (Übersetzung L. K.)

Der Naivasha ist für uns das eindringlichste Beispiel eines magischen Süßwassersees, der durch konkurrierende Nutzerinteressen förmlich eingeschmolzen wurde. Es galt, die Algenbiozönose des Sees als Spiegelbild der fortschreitenden Degradation innerhalb von 15 Jahren zu erfassen und den Tiefpunkt der unrühmlichen Entwicklungen zu dokumentieren. Wir wurden Zeuge eines interessanten Nebeneffektes, bei dem ein neues Refugium für den Zwergflamingo entstand: der Oloidien, der sich durch das Sinken des Wasserspiegels aus einer ehemaligen Bucht des Naivasha zu einem eigenständigen See formte und ein attraktives Nahrungsangebot auf Zeit für unseren Leitvogel produzierte.

Der Naivashasee ist nach dem Victoriasee die zweitgrößte Süßwasserressource in Kenia. Es ist der kühlste und salzärmste von den kleineren Seen im Gregory Riftvalley (Worthington und Worthington 1933). Auf einer Höhe von 1890 m gelegen hat der See eine Oberfläche von 100–160 km^2 und ist unter starken Schwankungen im Mittel um 6 m tief. Seine maximale Tiefe beträgt 30 m (Harper et al. 2011). Noch vor vier Jahrzehnten wurde der Naivashasee als kristallklarer Diamant des Großen Afrikanischen Grabenbruchs bezeichnet (Abb. 5.8). Enthusiastisch wurde er als Birder- und Anglerparadies nahe Nairobi gepriesen (Brown 1971), obwohl er schon Krankheitssymptome zeigte.

Weiße Siedler hatten das Land am See unter sich aufgeteilt und lebten mit ihren Familien von der Landwirtschaft, die sie dort betrieben. Die verstärkten menschlichen Aktivitäten im Einzugsgebiet führten etwa seit Ende der 1930er Jahre zu einer Anreicherung von Nähr- und Schwebstoffen im Wasser und im Sediment (Stoof-Leichsenring et al. 2011). In dieser Phase setzte ein Wechsel in der Kieselalgengemeinschaft ein. Die Arten, die als Aufwuchs im Litoral oder auf Wasserpflanzen lebten, wurden durch planktische Taxa ersetzt. Das war als Zeichen eines veränderten Lichtregimes zu werten, hervorgerufen durch die Eintrübung des Wasserkörpers (Stoof-Leichsenring et al. 2012).

Die Eutrophierung des Naivashasees setzte sich mit wachsender Bevölkerungsdichte fort. Ende der 1960er lebten lediglich 7000 Menschen am See, 1989 waren es schon 35.000, 15 Jahre später hatte sich die Einwohnerzahl verzehnfacht, und 2010 waren es 500.000. Die Ankömmlinge waren von der Hoffnung auf Arbeit angetrieben und dachten, „die Straßen von Naivasha seien aus Gold", wie ein Mitglied der Lake Naivasha Water Resource Users Authority bemerkte. Viele dieser Menschen leben in Slums an der Peripherie der Stadt Naivasha und haben keine Toilette, und selbst jene, die ans Klärsystem angeschlossen sind, tragen ebenfalls zur Nährstoffbelastung bei, denn die Abwasserreinigung ist ungenügend.

Der Naivashasee liegt in einer tropischen, semi-ariden Zone im Regenschatten der Aberdares Range und unterliegt dramatischen Wasserstandsschwankungen. Die Fluktuation als Antwort auf Trockenheit bzw. Flutung kann mehrere Meter innerhalb weniger Monate betragen (Becht et al. 2006). Drei Flusssysteme münden in den See und bringen im Mittel unterschiedliche Wassermengen ein: Malewa 153 Mio. m^3 pro Jahr, Gilgil 24 Mio. m^3 und Karati eine unbekannte Menge während der Regenzeit. Als El Niño 1997–1998 für extreme Regenfälle sorgte, hob sich der Wasserspiegel um 3 m, was in den flachen nördlichen Bereichen des Sees zu einer Ausdehnung der Uferlinie um 1 km führte (Everard et al. 2002).

Die zugeführten Wassermengen reichten jedoch nicht. Exzessive Wasserableitung für geothermische Energiegewinnung, Gewächshauskulturen, Ackerflächen und expandierende menschliche Siedlungsgebiete am Ufer des Sees und seiner Zuflüsse ließen den Seespiegel sinken (Harper et al. 2011). Die sumpfigen Gebiete am Ufer fielen trocken, und die Vegetation, vor allem Papyrus (*Cyperus papyrus*), die den See als natürlicher Pflanzenfilter vor erodierendem Material aus dem Einzugsgebiet schützte, ging verloren. Nur

noch 10 % der ursprünglichen Vegetationsfläche blieb erhalten (Morrison und Harper 2009). Die Flüsse, insbesondere der Malewa, transportieren Massen an Boden und Nährstoffen aus dem abgeholzten Umland, das nun als landwirtschaftliche Kulturfläche dient. Unbehandelte Abwässer aus den Siedlungen und dem Farmland, Fäkalien von Menschen, Kühen, Ziegen, Schafen und Wildtieren, wie Büffel und Nilpferde, düngen den See und machen ihn verwundbar (Kitaka et al. 2002).

Das Ökosystem des Naivashasees wurde durch die Einfuhr von fremden Arten („alien species") beträchtlich verändert und hat in den meisten Fällen darunter gelitten. Insgesamt wurden im letzten Jahrhundert 23 exotische Arten von Fischen, Wirbellosen und Makrophyten eingesetzt oder eingeschleppt (Gherardi et al. 2011). Einige von ihnen kann man getrost als „Monster" bezeichnen. Die invasiven Arten etablierten ein kompliziertes Netzwerk von Wechselbeziehungen, die zum Verschwinden der heimischen Arten und unerwarteten Nebenwirkungen führten.

Der Import von fremden Arten in das Nahrungsnetz des Naivashasees begann 1925, als der Fischwart in Kenya, R. E. Dent, *Oreochromis spilurus niger* („*Tilapia nigra*", Schwarze Tilapie) einsetzte, um die Fischerei anzukurbeln, denn zuvor waren nur ökonomisch uninteressante, kleine Fischarten heimisch, wie *Aplocheilichthys „antinorii"* (Leuchtaugenfisch, 3–4,5 cm lang) (Worthington und Worthington 1933). Nach drei Jahren hatte sich die Tilapie prächtig entwickelt, und der Fischwirt startete ein anderes Experiment. Im Jahre 1929 setzte er den Top-Raubfisch *Micropterus salmoides* (Forellenbarsch) ein, der aus Amerika stammte, in Europa habituiert und über Mombasa nach Naivasha importiert wurde. Mit diesem Raubfisch sollten die Sportangler angelockt werden. Im Rahmen der kommerziellen Fischerei wurden in den 1950er Jahren weitere Tilapia-Arten eingesetzt. Nach der Auslöschung der einheimischen *Aplocheilichthys „antinorii"* in den 1960ern, setzte sich die Fischgemeinschaft ausschließlich aus fremden Arten zusammen (Hickley et al. 2004). In der kommentierten Liste der Süßwasserfische Kenias wird darauf hingewiesen, dass der Artname des Leuchtaugenfisches „*antinorii*" nicht berechtigt ist, weil es sich um eine eigenständige neue Art handelt. So haben wir es hier mit einem Beispiel zu tun, bei dem eine Art ausgelöscht wurde, bevor sie formal beschrieben werden konnte (Seegers et al. 2003).

Ende der 1990er Jahre wurde der Gemeine Karpfen (*Cyprinus carpio*) aus einer Fischfarm am Gilgil-Fluss unbeabsichtigt durch El-Niño-Regen eingespült. Wenige Jahre später hatte er sich die absolute Dominanz erkämpft (Britton et al. 2007). Die Wirkung des Karpfens als „Ökosystem-Ingenieur" auf das Gewässer ist kritisch zu bewerten. Er frisst die Wasserpflanzen weg und wühlt die Sedimente auf. Er bildet fortan den Grundstock der kommerziellen Fischerei und wird oftmals in großen Exemplaren (ca. 20 kg) gefangen (Abb. 5.9). Aus Sicht der Nahrungshygiene gilt er als

Abb. 5.8 Naturkaleidoskop am Naivashasee. (**a**) Vogelwelt am Ufersaum mit Papyrus und Binsen, v.l.n.r. Heilige Ibisse, Nimmersattstorch, Graureiher; (**b**) Nilpferde inmitten der üppigen Ufervegetation; (**c**) der Rote Amerikanische Flusskrebs fühlt sich als Einwanderer seit mehr als 40 Jahren im See heimisch; (**d**) die Wasserhyazinthe bewohnt erst sein 30 Jahren den Naivashasee; gelbgrüne Kolonien von *Microcystis* entwickeln als Antwort auf erhöhte Nährstoffkonzentrationen dichte Wasserblüten

Abb. 5.9 Karpfenküche am Naivashasee. Der Karpfen ist der dominante Fisch im See. (**a**) draußen bei den Wasserhyazinthen warten schon die Marabus auf Fischabfälle; (**b**) riesige Karpfen werden in der Küche zubereitet; (**c**) kleinere Karpfen werden im Stück frittiert

bedenklich, weil er häufig mit Fäkalkeimen kontaminiert ist. Das ist eine Folge der ungenügenden Abwasserreinigung im Einzugsgebiet (Donde et al. 2014).

Ein anderer Fall von Einfuhr fremder Arten in den Naivashasee ist *Procambarus clarkii* (Roter Amerikanischer Sumpfkrebs, „Louisiana Crayfish"), der 1970 inokuliert wurde, um die Wirtschaft am See zu fördern, denn dieser Krebs ist eine Delikatesse für Gourmets. Hunderte Tonnen des Krebses wurden nach Europa, vor allem Schweden und Deutschland, lebend ausgeführt. Die maximale Populationsdichte erreichte der Krebs im Naivashasee mit 19 Mio. ausgewachsenen Tieren (entsprechen 500 t) im Jahre 1981. Der Sumpfkrebs trägt zur Eindämmung der Bilharziose bei, indem er Wasserschnecken frisst, die als Zwischenwirt von *Schistosoma* dienen. Doch der „Crayfish" zeigte eine extreme Schwankung in der Populationsdichte und beeinflusste die Makrophytenflora (Gherardi et al. 2011). Er fraß die einheimischen Wasserpflanzen im Naivashasee weg, wie verschiedene Arten von *Potamogeton* (Laichkraut), *Najas* (Nixkraut) und *Nymphaea caerulea* (Blauer Lotus), die durch invasive Pflanzen ersetzt wurden (Smart et al. 2002). Der Sumpfkrebs besitzt eine zähe Natur, findet immer neue Lösungen zum Überleben und lässt sich aus einem Ökosystem kaum noch verbannen, wenn er erst mal Fuß gefasst hat. Nachdem die Pflanzen unter Wasser vertilgt waren, drang der Krebs bis 40 m in die Uferzone vor und fraß dort. Für die Erweiterung seiner Weidegründe nutzte der nachtaktive Krebs mit Wasser gefüllte Fußabdrücke der Nilpferde, in denen er den Tag verbrachte (Grey und Jackson 2012).

Im Jahre 1988 zog *Eichhornia crassipes*, die Wasserhyazinthe aus Brasilien, in den Naivashasee ein, produzierte dichte Pflanzenteppiche auf der Wasseroberfläche und ließ kein Licht in die Tiefe dringen. Um diese Entwicklung zu kontrollieren, führte man die Wasserkäfer *Cyrtobagous salviniae* und *Neochetina eichhorniae* ein. Nachdem man die Makrophyten zeitweilig reduzieren konnte, taten die verstärkten Einflüsse von Nährstoffen ihr Übriges, die nun für massives Wachstum von Phytoplankton sorgten, so dass das Wasser noch trüber wurde. Während Melack (1979b) in den Jahren 1973 und 1974 eine Sichttiefe von 1–1,5 m ermittelt hatte, betrug sie seit 2010 lediglich 20–30 cm. Koloniale Cyanobakterien übernahmen den Hauptanteil der Primärproduktion im See. Erste Massenentwicklungen von Cyanobakterien wurden in den 1980er Jahren nachgewiesen (Kalff und Watson 1986). Heutzutage sind sie häufige Arten der Phytoplanktongemeinschaft (Harper 2006).

Schließlich ist der Wandel der Bevölkerung am Naivashasee eine Geschichte der Einwanderung von „Aliens", von Fremden. Es waren hauptsächlich die Maasai, die hier ihr nomadisches Hirtenleben führten. Den See nannten sie „Nai'posha" (rauhes Wasser). Weiße Kolonialisten, die 1896 die Siedlung Naivasha gründeten, und rund um den See Farmen aufbauten, beanspruchten große Flächen von ihnen – für 99 Jahre, wie sie sagten, aber, wen interessiert heute noch solch eine Zusage? Die Maasai sind auf Restflächen zurückgedrängt und müssen hart um Zugangsrechte zum See kämpfen, um ihr Vieh zu tränken.

Nach der Unabhängigkeit blieben die meisten Ländereien in weißer Hand. Lediglich einige Pachtflächen wurden von reichen Kikuyu übernommen. Die Kikuyus betrachten Naivasha als ihr ureigenes Siedlungsgebiet und leiten gegenüber anderen Ethnien ihren Anspruch auf Dominanz ab. Doch gerade die Erschließung der geothermischen Energie, der Blumen- und Gemüsezucht und des Tourismus hat eine Menge arbeitssuchender Menschen aus anderen Regionen Kenias herbeigelockt. Beispielsweise sind zahlreiche Luos, Luyias und Kalenjins zugezogen. Die Region könnte ein Schmelztiegel der Völker und Kulturen sein und eine Vorbildwirkung für das zerstrittene Land ausüben. Aber das Gegenteil ist der Fall. Die schwelenden Konflikte sind nach den Wahlen 2007 in Gewalt ausgebrochen, und die Wunden sind bis heute nicht geheilt (Lang und Sakdapolrak 2015). Kikuyus sehen die Luos nicht als Menschen, sondern als Tiere an und vertreiben sie aus ihren Wohngebieten. Luos drohen den Kikuyus mit Vergeltung, wenn ihr Kandidat Raila Odinga Präsident werden würde.

Die Erdgeschichte mit ihren heftigen Bewegungen der Erdkruste hat ein Sinnbild für die Konflikte am See geschaffen: das Höllentor – ein paar Speerwürfe vom Naivashasee entfernt. Im Hell's Gate National Park ist ein enges Tal mit imposanter Kulisse zu durchwandern, die Njorowa-Schlucht. Die steilen, 50 m hohen Felswände sind nur wenige Meter voneinander entfernt, und aus Rissen dringt höllenmäßiger Dampf. Hier spielte sich am 22. April 2012 eine Tragödie ab, die ihren Tribut von hoffärtigen jungen „Aliens" forderte. Eine Kirchengemeinde aus Nairobi veranstaltete im Hell's Gate eine teambildende Maßnahme. Die Wandergruppe wurde von Maasai geführt. Die erfahrenen Guides haben ein Gespür für die Veränderungen und Zeichen in der Natur. An diesem Tage spürten sie eine aufkommende Gefahr, warnten die Jugendlichen, schlugen ihnen vor, sicherheitshalber aus dem Tal aufzusteigen, doch sie ernteten nur Spott. Die Flutwelle, geboren aus dem Regen in den ungeschützten Bergen westlich des Hell's Gate kam mit brutaler Macht und riss 51 Menschen mit sich. Sieben Jugendliche konnten nur noch tot geborgen werden. Diejenigen, die sich auf höher gelegene Absätze retten konnten, blickten mit Schaudern auf die gurgelnde Flut unter ihren Füßen. Ein Video, das einer von ihnen mit dem Handy aufgenommen hat, zeigt die Kraft der Welle, die sich durch die enge Schlucht zwängt.

Wir verbrachten diesen Tag ganz in der Nähe mit Untersuchungen am Naivashasee und hatten keinen Tropfen Regen abbekommen, obwohl im April die Große Regenzeit herrscht. Von dem dramatischen Ereignis erfuhren wir erst am nächsten Tag aus den Tageszeitungen. Wir kennen die Njorowa-Schlucht gut, denn für Algenkundler ist Hell's Gate ein Paradies. An den dampfenden Quellen wachsen archaische blauschwarze Matten von Cyanobakterien, die den höllischen Bedingungen trotzen. Wir erinnern uns an einen unserer vormaligen Aufenthalte in der Schlucht. Ein Maasai aus den Manyattas nahe des Hell's Gate, der dort als Touristenführer eingesetzt war, beobachtete uns bei der Aufsammlung von Material aus den Felsquellen und fragte nach unserem Tun. Wir erzählten ihm, dass wir Wasserproben aus den Seen, Flüssen und Quellen des Landes entnehmen, um aus den Algen, die darin leben, auf den Gesundheitszustand der Gewässer zu schliessen. Er zupfte nachdenklich an seinen roten Haarzöpfchen und bemerkte: „Ihr Weißen seid merkwürdig, erst nehmt ihr uns das Land weg, dann bringt ihr den See aus dem Gleichgewicht, und nun kommt ihr, untersucht Proben und wollt uns Ratschläge erteilen."

Zwischen 2001 und 2015 waren wir etwa 30-mal am Naivashasee, oft zweimal während einer Messkampagne (am Anfang und am Ende), um feinskaligere Änderungen innerhalb eines Monats zu ergründen. Der See hat uns in seinen Bann gezogen. Dort, wo das Ufer noch nicht bebaut ist, thront eine grüne Kulisse aus riesigen Fieberakazien über dem Papyrussaum und den prustenden Nilpferden in den Schwimmpflanzen (siehe Abb. 5.8). Schwarz-weiße Seidenaffen balgen sich im Geäst. Seeadler stoßen ihre Lockrufe aus. Reiher, Rallen, Störche, Eisvögel und Kormorane tummeln sich im Pflanzendickicht des Ufers. Und immer wieder überrascht uns die wechselhafte Algenwelt unter dem Mikroskop. Doch der alles überlagernde Eindruck ist von den Gewächshäusern geprägt, die kilometerweit das Ufer säumen. Sie sind so allgegenwärtig, dass sie kritische Aufmerksamkeit provozieren. Die anderen Wasserschlucker und Umweltsünder geraten dagegen etwas in den Hintergrund. Die geothermischen Anlagen sind im Busch verborgen und nur über den Eintritt im Hell's Gate National Park erreichbar. Die Siedlungs- und Ackerbereiche als Hauptverursacher der Nährstofflast durchfährt man einfach, leider oftmals gedankenlos, denn sie gehören zum „normalen" Leben in afrikanischen Ballungsgebieten an wasserspendenden Seen.

Umweltschützer berichten, dass man vor 30 Jahren kristallklares Wasser direkt aus dem See zum Trinken entnehmen konnte. Heute ist das Wasser von Phytoplankton eingetrübt. Nun, 15 Jahre nach unserem ersten Algenfang am Naivasha, wird uns immer deutlicher, in welcher Geschwindigkeit sich die Zerstörung des Sees fortsetzt – sie scheint unvermeidbar, wenn es so weitergeht.

Was fanden wir heraus? Wir dokumentierten den rapiden Wandel der Gemeinschaften des Phytoplanktons und den Verlust an Wasserqualität (Ballot et al. 2009). In Proben, aus den Jahren 2008–2011 wiesen wir erstmals Cyanotoxine (Microcystine und Anatoxin-a) sowie Cyanotoxingene nach (Krienitz et al. 2013c). Als Quellen der Toxine identifizierten wir Arten der kolonialen *Microcystis* und der fädigen *Planktothrix*. Unsere Befunde wurden durch Analysen von Nyachiro et al. (2016) bestätigt.

Weite Teile des Ufers des Naivashasees sind in privater Hand, und es ist nicht einfach, an das freie Wasser zu kommen. Glücklicherweise ist der Zugang über den Bootssteg des „Fisherman's Camps" problemlos. Die Campbetreiber passen den Steg den wechselnden Wasserständen an. Notfalls wird ein Damm aus verrotteten Wasserhyazinthen aufgeschüttet, um den zurückgegangenen Wassersaum zu erreichen. Vom Landungssteg aus können wir ohne Boot Planktonproben nehmen. Falls nötig, mieten wir direkt am Steg einen Kahn. Besonders wichtig: bürokratische Scharmützel, wie sie an den Schlagbäumen anderer Besitztümer üblich sind, müssen wir hier nicht überstehen.

Für die Nacht hat man die Wahl zwischen zwei „strategischen" Plätzen: Der erste Platz eine einfachen Hütte im „Top Camp", eines Ablegers des „Fisherman's Camps", hoch oben über dem See, wo der Blick über die Uferregion bis nach Naivasha downtown schweift. Von hier kann man das Anwachsen der Gewächshausflächen aus der Vogelperspektive beobachten. Der Platz ist romantisch, inmitten von mächtigen Kandelaber-Euphorbien, Flötenakazien und duftenden Kräutern. Abends dringt afrikanische Musik aus dem Tal. Auf dem Lagerfeuer kann man seine Mahlzeiten selber zubereiten, muss die Lebensmittelbestände jedoch sicher lagern, sonst werden sie Opfer aggressiver Ameisen. Man kann das Abendessen auch im wenige Kilometer entfernten „Geothermal Club" einnehmen, wo sich die Angestellten der Erdwärme-Industrie ein Stelldichein liefern.

Der zweite Platz ist ein Zimmer im „Elsamere Conservation Centre" auf einem wunderschönen Grundstück am See. Auch hier kommt man ungehindert ans Ufer, allerdings ist die Wahrscheinlichkeit groß, dass die Bucht von dichten *Eichhornia*-Beständen bedeckt ist. Wir befinden uns auf dem ehemaligen Land von Joy und George Adamson, den weltberühmten Löwenschützern. Joys Bücher *Born Free, Living Free* und *Forever Free* und dazugehörige Filme über ihr Leben mit der Löwin Elsa spielten finanzielle Mittel ein, die fast ausnahmslos in Naturschutzprojekte flossen. So konnte z. B. das Gebiet um Hell's Gate zum Nationalpark umgewandelt und vor dem Zugriff der landhungrigen Industrie geschützt werden. Es ist nicht billig auf Elsamere, aber man trifft auf eine interessante Mischung von Gästen, die von Naturschützern, Blumenzüchtern und Entwicklungshelfern

die gesamte Palette der „Stakeholder" (Interessenvertreter) umfasst. Es ist eine Art Informationsbörse und Kontaktschmiede. Beim Dinner, das gemeinsam und förmlich eingenommen wird, kann man trefflich über das Für und Wider der Entwicklungen am See streiten. So wird unser Bild über den Schmelztiegel Naivasha immer komplexer.

Greifen wir das Beispiel der Blumenindustrie heraus, weil es so einfach und überzeugend erscheint, aber doch so schwierig ist, hinter die Kulissen zu schauen. Es ist schier unmöglich, herauszubekommen, wer denn wirklich von dem Run auf die Seeufer des Naivasha am Ende profitiert. Das Land Kenia, Staatsbedienstete und Lobbyisten, Besitzer der Farmen im In- und Ausland, Farmarbeiter und ihre Familien, ihre Ärzte, Betreiber der Infrastruktur, Fluglinien, Spediteure mit ausgeklügelter Logistik, Chemiekonzerne, Großhändler, Supermärkte, Blumenläden und ihre Kunden, Liebespaare am Valentinstag? Wohl jeder in der Kette partizipiert ein bisschen, aber nur wenige machen den großen Reibach. Der große Verlierer könnte der Naivashasee sein.

Bestimmte Schnittblumenarten, vor allem die Rosen, können nicht in jeder beliebigen Region der Erde angebaut werden. Es wird ein warmes, aber nicht zu heißes Höhenklima vorausgesetzt, dann bilden sich besonders große und üppige Blüten. So ist die Rosenindustrie nicht durch Zufall nach Kenia gekommen, sondern als Folge der außergewöhnlichen klimatischen Bedingungen und der Möglichkeiten, billig zu produzieren. Ernsthafte Konkurrenz erwächst nur in ähnlich gelegenen Höhenlagen, wie im Rift von Äthiopien und in den Anden Südamerikas. In Kenia agieren internationale Konsortien, nicht nur reiche Kenianer und Europäer, sondern auch Araber, Inder und andere Nationalitäten profitieren vom Boom. Deutsche Unternehmen waren Pioniere im Rift der Rosen und haben mit schön geformten Rosensorten aufgewartet, die den langen Transportweg vom Produzenten zum Verbraucher bestens überstehen. Heute gehören sie zu den fortschrittlichsten Rosenproduzenten mit höchsten ökologischen, technischen und sozialen Standards (Kordes Roses East Africa, Kreative Roses).

Welche Vorwürfe macht man den Blumenzüchtern? In den 1980er Jahren sind am Naivasha die ersten Schnittblumenfarmen gegründet worden. Heute ist das Land der Hauptlieferant für Schnittblumen, vor allem Rosen. Mehr als zwei Drittel der in Europa verkauften Rosen, kommen aus Kenia. Wie Pilze schießen neue Gewächshäuser aus dem Boden (Abb. 5.10), denn für ihre Errichtung braucht man keine Baugenehmigung. Inzwischen (2012) soll es etwa 50 Rosenfarmen am Naivasha geben. Wer Land hat und Geld, baut am See Gewächshäuser und nimmt sich das Wasser, ohne einen Cent dafür zu bezahlen. Immerhin benötigt eine Rose bis zur Schnittreife mindestens 5 l Wasser. Die Blumenfarmen pumpen über Rohrleitungen das Wasser direkt aus dem

Abb. 5.10 Gartenarbeiterinnen am Naivashasee. (**a**) Feierabendprozession vor den Gewächshäusern; (**b**) Einkaufsgelegenheiten; (**c**) Kinder vor den Betriebswohnungen der Blumenfarmen

See in die Gewächshäuser oder sie entnehmen den kostenlosen Rohstoff aus Brunnen über das Grundwasser – und im Gegenzug bedienen sie die Natur mit Abwässern. Wenn man kalkuliert, dass ein Unternehmen wie der Markführer Karuturi, mit 3000 Angestellten der größte Rosenproduzent weltweit, im Jahr 500 Mio. Rosen produziert, braucht er

2,5 Mio. m³ Wasser. Zum Vergleich: Im Land Brandenburg kostet 1 m³ Wasser, über den sogenannten Gartenzähler verbilligt berechnet, 1,48 €. Karuturi müsste also in Deutschland pro Jahr 3,7 Mio. € an Bewässerungskosten bezahlen. Auch die Lohnkosten wären in Brandenburg höher. Am Naivashasee verdient ein Arbeiter, der täglich 9 Stunden die Rosen mit Pestiziden spritzt, pro Monat 30–100 € und kann mit erheblichen gesundheitlichen Schäden rechnen. Es ist unfassbar, dass manche Sträusse mit 19 Rosen für 1,99 € in deutschen Supermärkten verkauft werden, also etwa 10 ct pro Rose. In Kenia kalkuliert man 5 ct Produktionskosten für eine Rose.

Mit dem Argument der Arbeitsplätze nimmt man Kritikern den Wind aus den Segeln. Insgesamt sind etwa 50.000 Arbeitsplätze am Naivasha geschaffen worden. Wenn allerdings der See und sein Einzugsgebiet ausgeplündert sind, machen sich die Profiteure mit dem Gewinn aus dem Staub, und Tausende Arbeitslose am unteren Ende der Nahrungskette können sehen, wo sie bleiben, denn sie können den Besitzern nicht folgen, zum Beispiel nach Äthiopien.

Besteht diese Kritik zu Recht oder zu Unrecht? „Wir Blumenzüchter sind eigentlich die besten Ökologen, denn wir sind vom Wasser abhängig und brauchen es in einwandfreier Qualität und in großen Mengen", vertraut mir ein holländischer Produzent von Schnittblumen an. In der Tat, viele Firmen haben inzwischen ihre Hausaufgaben gemacht. Nachdem im Jahre 2012 der See in einem äußerst schlechten Zustand war, kam es zum Umdenken und zur Sorge um die Fortdauer der Wasserversorgung. Einige Produzenten fangen Regenwasser auf, um es anstelle des Seewassers zu nutzen. Sie haben geschlossene Wasserkreisläufe geschaffen, in denen das Wasser wiederverwendet wird und haben auf wassersparende Tropfen-Bewässerung und Hydroponik umgestellt. Andere leiten das Abwasser durch „constructed wetlands", einer Art Pflanzenkläranlage, in der *Hydrocotyle* (Wassernabel), *Cyperus* (Zypergras, Sauergräser, Papyrus), *Pistia* (Wassersalat) und andere Pflanzen Schadstoffe aus dem Wasser herausfiltern, bevor es in den See zurückgeleitet wird (Kimani et al. 2012). Man legt zunehmend Wert auf integrierten Pflanzenschutz, um den Einsatz von chemischen Pestiziden zu reduzieren.

Immer mehr Farmen schließen sich „Fairtrade" an und versuchen, ihren Arbeitern gute soziale und ökologische Bedingungen zu schaffen. Sie trainieren ihre Angestellten, haben Sicherheitsnormen, stellen sauberes Trinkwasser, freie Mahlzeiten und Bustransfers zur Verfügung, bauen Gesundheitszentren, Schulen, Kindergärten, Sportplätze, Kirchen, Betriebswohnungen und gehen damit weit über das hinaus, was der Staat an Sozialleistungen bieten kann.

Am Südufer des Naivashasees gibt es eine Flamingofarm. Doch hier werden keine Flamingos, sondern Rosen gezüchtet. Die Farm machte 2011 durch eine besondere Aktion auf sich und ihre verantwortungsvolle Produktionsweise aufmerksam und schaffte es bis in die Nachrichten des Flugmagazins *Msafiri* von Kenya Airways (Ausgabe Mai/Juni 2012). Als im April 2011 Prinz William und Kate den Bund fürs Leben schlossen, ließ die Flamingofarm 13.000 einzelne Rosen von Männern in Maasai-Tracht in der Londoner U-Bahn verteilen.

David Harper, Professor an der Universität Leicester, UK, ist der führende Gewässerforscher am Naivashasee. Er arbeitet seit mehr als 30 Jahren regelmäßig in Kenia und hat in diesem Zeitraum lange Datenreihen über den See ermittelt. Er kennt die ganze Problematik und Polemik und fährt einen vermittelnden Kurs zwischen den Wassernutzern und Wasserschützern. Als die Alarmzeichen sich mehrten, organisierte er 1999 eine wissenschaftliche Tagung über den Zustand des Sees (Harper et al. 2002). Unter seiner Initiative entwarfen Entscheidungsträger einen Managementplan und riefen zum verantwortungsvollen Umgang mit diesem Schatz der Mutter Natur auf. In seinem Artikel „The sacrifice of Lake Naivasha" (Das Opfer des Naivashasees) (Harper 2006), hält er ein Plädoyer zum Schutz des Sees. Er bereitet seine Beobachtungen für eine breite Leserschaft auf und drängt zum Handeln, bevor es zu spät ist.

Wir besuchen ihn in seinem Camp am Naivashasee, in dem er mit freiwilligen Forschern des Earthwatch Institutes das ökologische Desaster am See untersucht. Er sieht es so: „Wir haben einen langen Kampf vor uns, aber wenn wir keine Lösungen finden, wird kein See mehr bleiben, den wir schützen können, und das wäre eine Katastrophe für Kenia." Um den Naivashasee vor dem Kollaps zu bewahren, schlägt Harper zunächst folgende ökonomische Maßnahmen vor: Der reale Wert des Wassers muss den Nutzern deutlich gemacht werden. Dazu muss ein Wasserentnahmelimit vorgegeben und eine Gebühr für das entnommene Wasser erhoben werden. Doch die Blumenzüchter in Kenia sind nicht einsichtig, fühlen sich ungerecht behandelt, nur wenige sind bereit zu zahlen, und die Regierung hat keine Mittel, diese Maßnahme zu begleiten. So kam man auf die erfolgsverheißende Idee, mittels eines Preisaufschlags am Ende der Nutzerkette, die Blumenhändler und ihre Kunden in Europa und Übersee zu beteiligen (Mekonnen et al. 2012). Jeder von uns kann sich sein eigenes Urteil bilden, an den Blumenständen der Supermärkte, in der „Quengelzone" vor der Kasse. Wer Naivasha gesehen hat, tut sich schwer beim Rosenkauf.

Inzwischen haben starke Regenfälle nach 2012 dem Gebiet eine Verschnaufpause verschafft, der Wasserspiegel ist wieder gestiegen, und man atmet etwas auf. Doch die Ökologen warnen: Diese Phase könnte nur von kurzer Dauer sein, denn im See, im Sediment schlummern die Schlammdepots voller Nährstoffe, die jederzeit eine neue Phase des Untergangs einleiten können.

Im Februar 2014, gerade zur besten Zeit des Rosenhandels, zum Valentinstag, erschüttert eine Nachricht die Menschen am Naivashasee. Der Marktführer Karuturi hat bankrott gemacht, 3000 Mitarbeiter verlieren ihre Arbeit und wissen nicht weiter. Die Rosen in den Gewächshäusern verrotten, denn man kann sie ja nicht essen. Die Sozialeinrichtungen schließen und werden dem Verfall preisgegeben. Die meisten der 2000 Betriebwohnungen sind verlassen worden.

Zum Valentinstag 2017 unternehmen Reporter der Zeitung *Daily Nation* eine Fahrt an den Naivashasee und bestätigen, dass es Karuturi nicht mehr gibt und kein neuer Investor das Gelände übernommen hat: „No Valentine's Day rose from Karuturi flower farm again." Das „Sher Karuturi Hospital" ist geschlossen. Hölzerne Hinweisschilder „doctors lounge", „nurses bay", „radiology" bleichen aus. Diagnostische Ausrüstungen und Patientenbetten verstauben. Die Reporter berichten von hilflosen Menschen, die noch auf dem Firmengelände umherirren, um etwas zum Überleben zu suchen. Sie hören darüber, dass Kolobus-Affen wegen ihres seidigen Fells gewildert werden und das Seeufer zertrampelt und verunreinigt wird. Benachbarte Farmer befürchten, dass Parasiten und Krankheiten, die nun auf den verwildernden Rosenbeeten von Karuturi gedeihen, auf ihre Kulturen übergreifen könnten. Der Betreiber des „Crayfish Camp" beklagt das Ausbleiben von Gästen, besonders der Vertreter von Chemiefirmen, die in besseren Zeiten ihre Pestizide an den Mann brachten (Okeyo 2017).

Im Zusammenhang mit der Rosenproduktion am Naivashasee geriet allerdings noch eine andere Seite internationaler Wirtschaftsbeziehungen ins Schlaglicht – die Verhandlungsmethoden der EU bei der Durchsetzung des EPA (Economic Partnership Agreement) Abkommens. Dieses Abkommen wird zwischen der EU und 78 Ländern Afrikas, der Karibik und des Pazifikraumes (vorwiegend ehemaligen Kolonien) verhandelt. Es geht dabei vor allem um zollfreien Handel – ein kompliziertes Interessengeflecht. Viele Entwicklungsländer fürchten, dass ihre einheimischen Firmen durch subventionierte Billigimporte aus der EU ins Abseits gedrängt werden und zögern mit dem Vertragsabschluss, so auch Kenia. Dem wurde kurzerhand nachgeholfen. Im Herbst 2014 verhängte die EU Strafzölle auf Importe aus Kenia, unter anderem 30 % auf Schnittblumen. Nach wenigen Wochen waren die kenianischen Verhandlungsführer „überzeugt" worden und unterzeichneten das Abkommen, die Tansanier widerstehen noch bis heute. Schwer zu sagen, ob es zu einer Win-Win-Situation kommen wird, und wie es für die Rosenbauern am Naivashasee ausgeht.

Wer hätte das erwartet? Am Rande des Konfliktes um die Wasserressourcen des Naivashasees, ergab sich die überraschende Möglichkeit für die Zwergflamingos, neues Terrain zu erobern. Eine ehemalige Bucht des Naivashasees, die Oloidien-Bay, hat sich durch die Seespiegelabsenkungen selbständig gemacht und wurde in den frühen 1980ern vom Naivasha abgetrennt. Seitdem hat der „neue" See eine eigene Entwicklung durchlaufen. Im Juni 2001 kamen wir zum ersten Mal an den Oloidien und beobachteten das muntere

Treiben dort. Frauen aus dem nahegelegenen Dorf Kongoni wuschen am Ufer Wäsche und ihre Kinder, Maasai trieben ihre Schafe, Ziegen und Rinder zum Tränken. Es kamen so viele Nutztiere zum Trinken, dass wir bei unserer Probenahme am Ufer förmlich von den durstigen Tieren überrannt wurden. Der Salzgehalt des Sees betrug damals 1,8 ‰, und es dominierten noch Grünalgen im Plankton.

Fünf Jahre später war der Salzgehalt auf 3,3 ‰ gestiegen, und das Plankton wurde von der Flamingonahrung *Arthrospira* dominiert. Während der Phase des Massensterbens des Zwergflamingos am Nakurusee im August 2006 hat sich der bis dato nur kleine Schwarm am Oloidien von einigen Hundert Zwergflamingos auf mehrere Tausend Vögel bis zu einem Maximum von 20.000 Individuen erhöht. Doch auch hier starben die Flamingos massenweise, weil sie den bakteriellen Erreger einer entzündlichen Krankheit vom Nakurusee mitgebracht hatten. Im Juli 2008, als die Flamingos am Bogoriasee starben, war eine dichte (und offenbar gesunde) Gemeinschaft von mehreren Tausend Flamingos am Oloidien anzutreffen. Es scheint, als hätte sich dieser kleine brackige See zum Ausweich-„Paradies" für Zwergflamingos entwickelt.

Eine große Überraschung erleben wir im Januar 2011. Der Himmel ist pink über dem Oloidien: Zehntausende Zwergflamingos fliegen über dem See. Einheimische Bootsführer bieten Bootstouren an, und ihre Kunden bekommen einmalige Eindrücke geboten. Leider gehen die Bootsführer nicht gerade sorgsam mit den Flamingos um, fahren zu dicht heran und scheuchen die Vögel auf. Bis 2012 wird sich der Flamingotourismus noch fortsetzen (Abb. 5.11). Inzwischen haben verschiedene Hotels die Fahrt an den Oloidien als spezielles Angebot in ihr Programm aufgenommen und Vogelfreunde aus aller Welt kommen und staunen. Unter den Bootsführern von Kongoni bricht Goldgräberstimmung aus, die jedoch bald ein jähes Ende finden sollte.

Aber was ist los an den beiden Sodaseen Nakuru und Bogoria, den Dreh- und Angelpunkten des Flamingolebens im Riftvalley? Die Algennahrung am Nakuru stimmt nicht mehr, denn dort leben zur Zeit nur ein paar Zehntausend Flamingos – eine böse Überraschung für jene Touristen, die an den berühmten See kommen, um das Massenspektakel der Flamingos zu erleben. Kleinzellige Grünalgen, die durch die „Maschen" der Filterapparate der Vögel „fallen", haben *Arthrospira* verdrängt. Im Gegensatz dazu haben am Bogoria dicke schleimige Kolonien des Cyanobakteriums *Cyanospira* das Regime übernommen. Diese Blaualge ist viel zu groß, um vom Flamingo aufgenommen zu werden. Konsequenterweise haben die Zwergflamingos diesen beiden Sodaseen den Rücken gekehrt und sind zum Oloidien gekommen.

So wird die Situation für die Flamingoliebhaber am Oloidien immer interessanter. Doch der Preis ist hoch für die Menschen, die in Kongoni in der Nähe des Sees leben.

Der Salzgehalt ist inzwischen so gestiegen (6 ‰), dass das Wasser weder für den Menschen noch seine Nutztiere trinkbar ist. Kleinere Viehherden werden deshalb aus Wasserlöchern am Ufer des Sees getränkt, die dort gegraben werden, um salzärmeres (0,7 ‰) Uferfiltrat, zu sammeln.

April 2012. Wir spüren am Ufer des Sees Oloidien, dass wir an einem „Schmelztiegel" stehen, dessen Wasser immer mehr verdampft. Fast eine viertel Million Zwergflamingos haben sich hier versammelt. Einige von ihnen fangen an, Nester zu bauen (Abb. 5.12) und unternehmen erfolglose Brutversuche. Vor 50 Jahren war der Oloidien noch eine Bucht des Süsswassersees Naivasha. Vor 30 Jahren wurde er von diesem separiert. Vor 10 Jahren lebten hier nicht mehr als ein paar Hundert Zwergflamingos. Erst vor 5 Jahren begann sich hier ihre Individuenzahl zu erhöhen, nachdem der Salzgehalt auf Werte von über 3–4 ‰ gestiegen war und *Arthrospira* ihre nahrhafte Massenentfaltung starten konnte. Die jetzige Situation ist neu für dieses kleine Gewässer. Man kann sagen, dass auf dieser auf 5 km^2 geschrumpften Wasserfläche in dieser Zeit ein großer Teil der kenianischen Flamingopopulation ernährt werden muss. Zum Vergleich: Als Vareschi 1972 und 1973 seine Untersuchungen am Nakurusee durchführte und nachwies, dass ein erwachsener Flamingo täglich etwa 72 g Trockenmasse an *Arthrospira* zu sich nimmt, lebten dort durchschnittlich 915.000 Zwergflamingos auf einer Fläche von 40 km^2. Die Flamingos am Nakurusee verzehrten damals 60 t *Arthrospira* täglich. Das waren 50–94 % der gesamten Primärproduktion des Gewässers (Vareschi 1978).

Nun müssen hier am Oloidiensee täglich tonnenweise Arthrospiren produziert werden, um die Zwergflamingos zu ernähren. Ausgehend von Vareschis Daten brauchen 200.000 Zwergflamingos pro Tag 14,4 t *Arthrospira*. Bei einer Wachstumsrate von 0,1 mg Trockenmasse pro Stunde und einer Vegetationszeit von 12 h pro Tag haben wir kalkuliert, dass etwa 15 t *Arthrospira* täglich im Oloidien produziert werden können – das würde also gerade ausreichen. Wird diese „Algenkulturanlage" im Seeformat die gigantische Aufgabe auf Dauer bewältigen können, bei all den Unwägbarkeiten der Wechselbeziehungen im Nahrungsnetz? Die Flamingos liefern im Kreislaufsystem genügend Fäkalien, um den Nährstoffzyklus anzuheizen. Aber gelingt die bakterielle Zersetzung des Flamingokots störungsfrei? Wie lange wird es ausreichend Ausgangsmaterial an *Arthrospira* geben, um die tägliche Produktion unter Ausnutzung der Nährstoffe und des Sonnenlichtes zu realisieren? Könnte es durch den erhöhten Fraßdruck der Vögel dazu kommen, dass die Cyanobakterien ihre Wachstumsrate erhöhen? Das wäre durchaus denkbar, denn durch das „Wegfressen" der Nahrung erhöht sich die Transparenz des Wasserkörpers und damit die Effizienz der Lichtzufuhr.

Die Entwicklung verlief nur teilweise so, wie vorausgesagt. Bis Januar 2013 stieg die *Arthrospira*-Biomasse im

Abb. 5.11 Flamingotourismus am Oloidiensee, im Januar 2012. (**a**) Boote warten auf den Einstieg der Gäste; (**b**) Nilpferde posieren vor den Flamingos; (**c**) Flugshow der Flamingos

Abb. 5.12 Zwergflamingos beim Nestbau am Oloidiensee, April 2012. (**a**) Nester werden in Vulkanform gebaut; (**b**) Zwergflamingo beim Brutversuch auf seinem Nest, doch dieses Unterfangen wird von den Bewohnern der nahen Kongoni-Siedlung gestört

Abb. 5.13 Was kommt nach den Flamingos am Oloidiensee? (**a**) das Wasser am Oloidien steigt, und die letzten Zwergflamingos sind auf der Suche nach Nahrung, während die Maasaihirten ihre Rinder zum Tränken führen, Dezember 2012; (**b**) Fischer machen Beute; (**c**) ein Priester vollzieht Taufrituale

See kontinuierlich und erreichte Maximalwerte von 300 t. Allerdings sind diese hohen Werte dem Sinken der Flamingozahlen zu verdanken. Von Dezember 2012 bis Ende 2013 hielten sich nur noch wenige Hundert Zwergflamingos am Oloidien auf (Abb. 5.13). Die starken Regenfälle hatten das Wasser wieder auf eine Salinität von 2,2 ‰ zurückgebracht. Die Produktion von *Arthrospira* sank dann bis Januar 2014 auf 15 t ab, und 2015 wurde keine *Arthrospira* mehr gefunden. Inzwischen hat sich die Salinität auf 1 ‰ verringert (Krienitz et al. 2013b). Wie am Anfang unserer Untersuchungen am Oloidiensee, bestimmten coccalen Grün- und Blaualgen die Zusammensetzung des Phytoplanktons (Luo et al. 2017).

Schon im April 2013 hatte sich der Wasserspiegel so weit erhöht, dass die Verbindungsstelle zwischen dem Naivasha- und Oloidiensee geflutet wurde. Die beiden Seen wuchsen wieder zusammen. Die Anekdote vom Flamingorefugium am Oloidien ist zu Ende. Als wir 2014 den schmalen Landstreifen zwischen den Seen besuchen, tummeln sich im Verbindungskanal zahlreiche Jungfische. Nun bricht die Zeit anderer Interessenvertreter an, die Zeit der Fischer. Im Februar 2015 posiert Nancy, die ehemalige Kassenwärterin der bootsführenden Flamingofreunde am Oloidien, mit einer großen Tilapie vor unserer Kamera. Es bleiben viele Fragen offen. Warum verließen die Flamingos schon Ende 2012 den Oloidien, obwohl hier noch genügend Nahrung wuchs, es aber am Bogoria und Nakuru nichts zu fressen gab? Wo sind die Flamingos hingeflogen? Wie hoch ist ihre Zahl überhaupt noch in Ostafrika? Wir machen uns auf den Weg zu den anderen Stätten des Flamingolebens. Dieser Weg ist steinig, aber auch staubig – von der Vulkanasche.

5.1.4 Bogoria und Baringo – das volle Vogelleben

I have never swum in Lake Hannington again, nor do I intend to, but that single experience gave me more insight into the environment of the Lesser Flamingo than any other. I felt profound sympathy for them, that by their nature they are obliged to live in this foul fluid, corrosive as it was to any minor abrasion of the skin, drying to a fine white irritating powder when I had emerged from it, but rich in blue-green algae on which the Lesser Flamingo feeds. (Leslie Brown 1959, *The Mystery of the Flamingos*)

Ich bin nie wieder im Lake Hannington geschwommen, und werde es auch nicht wieder tun, denn diese einmalige Erfahrung hat mir mehr Einblicke in die Umwelt des Zwergflamingos gegeben, als irgendetwas anderes. Ich fühlte große Anteilname für sie, die aufgrund ihrer Natur in solch fauliger Flüssigkeit leben müssen, die jede kleine Verletzung der Haut angreift und zu einem feinen, weißen, ätzenden Puder trocknet, wenn man aus ihr auftaucht, aber reich an Blaualgen ist, von denen der Zwergflamingo lebt. (Übersetzung L. K.)

Was hat Leslie Brown eigentlich zu diesem einmaligen Badeerlebnis im Bogoriasee veranlasst? Nun, es war ein Ausflug mit zwei Freunden, denen er das Flamingospektakel zeigen wollte. Als die Männer am späten Nachmittag am See ankamen, stellten sie fest, dass sie nicht gut vorbereitet waren, was ihre Mahlzeiten betraf. Leslie schoss deshalb eine Kap-Ente, die in die alkalische „Algensuppe" abstürzte und durch den Wind vom Ufer weggetrieben wurde. Die beiden Gäste weigerten sich, die Beute aus dem See zu holen und schlugen stattdessen vor, sich mit ein paar Bisquits zu bescheiden. Leslie musste selber ins „Wasser", um das Dinner zu retten. Für seine Initiative belohnte er sich, indem er die Entenbrust genoss und den anderen die Keulen und Flügel überließ.

Viele von uns erwarten erbarmungslose Hitze am Äquator in Ostafrika. Das ist prinzipiell richtig. Doch inwieweit das zu einer Belastung wird, hängt von verschiedenen Umständen ab. Die Höhenlage des Reiseziels ist von großer Bedeutung, denn auch am Äquator wird es kühler, je höher man kommt. Südlich des Äquators liegen drei unserer wichtigsten Anlaufpunkte in folgender Höhe über dem Meeresspiegel: Nairobi 1644 m, Naivasha 1942 m, Nakuru 1759 m. Falls die Sonne nicht gerade im Zenit steht, warten diese Orte mit angenehmem Klima auf. Doch auf dem Weg zu einem unserer Hauptuntersuchungsgebiete, dem Bogoriasee, geht es, geographisch gesehen, abwärts bis auf knapp 1000 m und damit bezüglich der Temperatur erheblich aufwärts. Von Nakuru kommend überqueren wir bei Kilometer 40 den Äquator nach Norden. Von nun an geht es, auf 90 km verteilt, in sanften Wellen mehr als 700 m talwärts durch die Dornsavanne. Irgendwann spüren wir unvermittelt die Luftveränderung, den Glutkessel, und unser Körper scheint in eine Art fiebrigen Kochungsprozess überzugehen. Doch das geht schnell vorbei. Wir gewöhnen uns rasch an die Hitze, die uns gar nicht so belastet, denn die Luftfeuchtigkeit ist niedrig. Wir haben noch Dons Warnung im Hinterkopf, der meinte, an den Bogoriasee fahren nur Leute mit spezieller Mission. Doch er gehört bekennendermaßen auch zu diesen „Verrückten". Die Szenerie, die uns am See erwartet, ist so überwältigend, dass wir uns selbst durch die ausdörrende Mittagshitze nicht abhalten lassen, unser Probenbesteck auszupacken. Ja,

die Glut hat motivierende Wirkung, denn sie ist ein Attribut Afrikas. Wir sind am Ziel angekommen – im Flamingoparadies (Abb. 5.14 und 5.15).

Vom Gate der Lake Bogoria National Reserve sind es noch einmal 14 km bis zum Wahrzeichen des Parks, den wasserspeienden heißen Quellen, deren dampfende Wolken die Flamingos in einen weißen Schleier hüllen. Doch der Weg wird nicht lang und bietet bei jeder unserer 23 Messkampagnen eine abwechslungsreiche Szenerie. Beim ersten Mal, im Juni 2001, zeigt sich folgende Situation. Wenige Kilometer nach dem Eingang am nördlichen Ende des langgezogenen Sees (ca. 20 km lang, ca. 4 km breit, 12 ± 4 m tief), dort, wo der Loboi-Fluss einmündet, empfangen uns die ersten Gruppen von Flamingos. Die Flussmündung ist von abgestorbenen Baumgerippen umsäumt, aus einer Zeit, als der hohe Stand des alkalischen Wassers die Akazienabtötete. Verstreute Herden von Rindern, Ziegen, Schafen und Zebras fressen die spärlich sprießenden Grashalme. Straußenpärchen stapfen über den rissigen Boden, der mit porösen graubraunen Lavabrocken übersät ist. Marabus lungern am Fluss und warten auf Beute.

Die Schwärme der Flamingos sind hier noch nicht so dicht wie am mittleren und südlichen Teil des Sees, und wir können üben, die beiden Flamingoarten zu unterscheiden. Wenn sie nebeneinander stehen, wird ihre unterschiedliche Größe deutlich: Der Zwergflamingo ist 40–50 cm kleiner als der Rosa Flamingo. Erwachsene Zwergflamingos sind intensiver rötlich gefärbt als die dezent wirkenden Rosa Flamingos. Wenn die Reflektion des Wassers nicht zu hoch ist, kann man die unterschiedliche Farbe der Schnäbel und Augen wahrnehmen. Bei den „Lessers" sind die Schnäbel dunkelburgund und die Augen hellrot. Die „Greaters" haben rosa Schnäbel mit schwarzen Spitzen und gelbe Augen.

Unterwegs werden wir von Dikdiks mit großen Kulleraugen beobachtet. Die Zwergantilopen stehen am Wegrand und springen scheu in das schützende Dorngestrüpp, wenn wir uns ihnen nähern. Sie sind paarweise unterwegs, und man sagt, sie seien unzertrennlich. Warzenschweinfamilien pflügen den Boden auf der Suche nach nahrhaften Wurzeln und Würmern. Klippschliefer sonnen sich auf den Felsen. Am Wegrand ragen bizarr geformte Termitenhügel auf. Eine Pavianhorde tobt hinter einem taumelnden Flamingo her, der sich offensichtlich am Fuß verletzt hat.

In den Buchten des Sees schimmern die blaugrünen Massen von *Arthrospira* und geben dem Wasser eine surrealistische Färbung. Jene *Arthrospira*-Fäden, die an der Wasseroberfläche dem intensiven Sonnenlicht zu nahe kommen, denaturieren und rahmen auf. Sie bilden grünspanfarbene, faltige Überzüge auf dem Wasser und verströmen einen fauligen Geruch, der an den Chemiefachraum unserer Schulzeit erinnert.

Zunächst führt uns die Piste am Westufer des Sees an das Geysir-Gebiet im Loburu-Delta. Hier sprudeln heiße Quellen

Abb. 5.14 Flamingoparadies Bogoriasee, Januar 2011

und fließen in dampfenden Bächen direkt in den See. Einige der Minikrater sieden in ihrem Zentrum, und in mehr oder weniger regelmäßigen Abständen eruptieren sie und stoßen Wassersäulen von bis zu 5 m Höhe in die Luft. Später erfahren wir, dass der Kochpunkt hier, auf knapp 1000 m über dem Meeresspiegel, nicht bei 100 °C sondern bei 97,5 °C liegt. An anderen Stellen sind die Temperaturen wesentlich niedriger und erreichen gerade einmal 40 °C. Die Ränder der Quellen und der Boden der Bäche sind mit Polstern aus Cyanobakterien ausgekleidet, die in den unterschiedlichsten Farben glänzen. Am häufigsten sind blaugrüne und orangerote Nuancen zu finden. Für den Probenehmer ist es beim ersten Mal ziemlich schwierig, ein System zu finden, um von

den Kahmhäuten und dem Plankton im See sowie den diversen Biofilmen in den Quellen einen möglichst umfassenden Überblick zu gewinnen und für die anschließenden mikroskopischen Proben repräsentatives Material zu sammeln. Die Abertausende Flamingos haben da schon mehr Erfahrung. Sie konzentrieren sich nicht auf die schlierigen Aufrahmungen in Ufernähe oder die festen Matten in den Quellbächen, sondern auf die dichten Suspensionen der planktischen Cyanobakterien im Freiwasser.

Weitere 2 km südlich des Loburu-Deltas erreichen wir das Chemurkeu-Gebiet, das brodelt und dampft, als ob ein Feuer unter der Lavakruste brennt. Am Gipfel des hügeligen Geländes faucht ein kaminartiger Krater und stößt 1 m hohe

Abb. 5.15 Der Bogoriasee aus der Luft: dichte Flamingoschwärme drängen sich in Ufernähe. (Foto: William Kimosop)

Fontänen aus. Im südlichen Teil des abschüssigen Geländes entwässern zahlreiche Quellen. Kurz bevor sie in den See münden, erreichen sie eine Temperatur, die für die Flamingos zuträglich ist. Sie kommen zu Tausenden hierher, um zu trinken und ihr Gefieder zu waschen (Abb. 5.16). Wir erinnern uns an Leslie Browns Beobachtungen zu diesem Thema. Er wunderte sich, warum an manchen Stellen die Flamingos von einem Bein auf das andere traten und vermutete, dass es ihnen zu warm sei. Er probierte sein neues Thermometer aus, das auf hohe Temperaturen geeicht war. Die Vögel waren in der Lage, Wasser bis zu einer Temperatur von 68 °C zu trinken, was offensichtlich ihre Füße auf eine harte Probe stellte. Nun fragte sich Leslie, wie heiß er als Mensch trinken könne und stellte fest, dass ihm sein Frühstückskaffee aus der Thermoskanne bei 72 °C mundete. Allerdings würde er bei dieser Temperatur nicht, wie die Flamingos, beim Trinken im Wasser stehen.

Nun geht es an die Südspitze des Sees. Hinter einer Landenge hat sich ein nahezu separierter Seeteil gebildet, der noch dichter mit *Arthrospira*-Suspension gefüllt ist, die von großen Flamingoschwärmen genutzt wird. Ganz im Süden umgibt ein dichter Fieberakazienforst die drei Zuflüsse, Emsos (saisonal) und zwei unbenannte permanente Bäche. Über hügeliges, von lästigen Tsetsefliegen besiedeltes Gebiet geht es an die Südostflanke des Sees. Hier im Süden finden sich weitere heiße Quellen, deren Dämpfe vor den hohen Wällen der Bruchstufe aufsteigen.

Insgesamt leiten etwa 200 heiße Quellen am Ufer des Bogoria Wasser in den See. Damit hat der Bogoria die größte Geysirdichte in Afrika und mit der 5 m hohen Fontäne des „KL 30" im Loburu-Delta gleichzeitig den höchsten „Heißwasserspeier" des Kontinents. Die Aktivität der Geysire hängt allerdings in hohem Maße vom Wasserstand ab und ist in Phasen niedrigen Wassers besonders hoch. Vergleicht man den durchschnittlichen Jahresniederschlag von 700–900 mm mit der Verdunstungsrate von 2500 mm, wird klar, wie wichtig der Wasserzufluss aus den Quellen ist, um den Wasserspiegel zu halten. Ein Drittel des zufließenden Wassers kommt aus den Quellen, zwei weitere Drittel jeweils aus den Flüssen und Niederschlägen (Renaut et al. 2008). Es bleibt die bange Frage, wie sich das Wasserregime und die ökologische Situation ändern werden, wenn die Begehrlichkeiten der Energiewirtschaft in Erfüllung gehen, das geothermische Potenzial der heißen Quellen am Bogoria auszubeuten (Renaut et al. 2017). Nationale und internationale Vogelschutzorganisationen sind in großer Besorgnis.

Ein Vergleich unserer Messwerte und Mikrophytenproben aus dem Seewasser und den heißen Quellen zeigt eine höhere

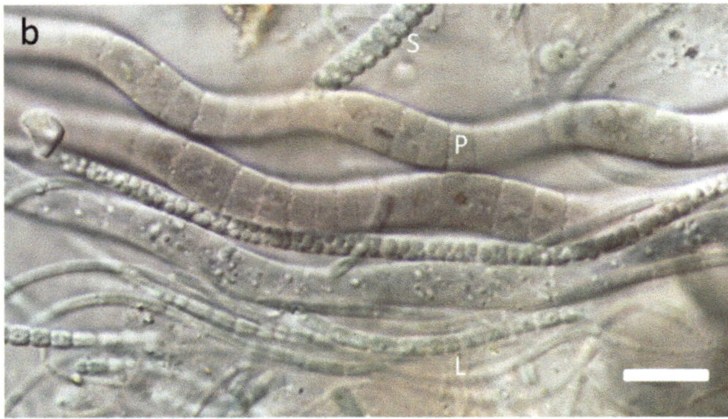

Abb. 5.16 Das Leben an den heißen Quellen am Bogoriasee. (**a**) Flamingos kommen an den Mündungsbereich der Quellen, um zu trinken und ihr Gefieder zu reinigen; (**b**) die Quellen sind überweigend mit fädigen Cyanobakterien besiedelt: *Planktothrix* (P), *Leptolyngbya* (L), und *Spirulina* (S); (**c**) schon die unterschiedliche Färbung und Konsistenz der Filtrate aus verschiedenen Bereichen der Quellen, zeugt von der hohen Diversität dieser Extremhabitate

Salinität und höhere Nährstoffwerte im See (Tab. 5.1). Diese chemischen Parameter sind gewissermaßen die treibenden Kräfte hinter den opulenten Wachstumsraten von *Arthrospira*.

Ein mikroskopischer Vergleich der Cyanobakterien des Seewassers mit den heißen Quellen zeigt Unterschiede zwischen beiden Habitaten. Während wir im See ausschließlich *Arthospira* finden, sind die Quellen von einer reichen Flora einzelliger und fädiger Cyanobakterien besiedelt, hauptsächlich Arten von *Synechococcus*, *Spirulina*, *Oscillatoria* und *Leptolyngbya* (Krienitz et al. 2003b). Molekulare Befunde aus späteren Jahren zeigen eine enorme Vielfalt von Genotypen. Viele DNS-Sequenzen unterscheiden sich von denen anderer Organismen aus heißen Quellen anderer Ertteile und klimatischer Zonen (Dadheech et al. 2013a).

Tab. 5.1 Umweltparameter und Cyanotoxinkonzentrationen im Nakurusee sowie im Bogoriasee und seinen heißen Quellen im Juni und November 2001. (Nach Ballot et al. 2003; Krienitz et al. 2005)

	Nakurusee	Bogoriasee	Heiße Quellen
Salinität [‰]	26,2	45,6	3,5
pH-Wert	10,2	10,0	9,0
Gesamt-Stickstoff [mg/l]	5,7	1,4	<0,5
Gesamt-Phosphor [mg/l]	7,8	5,4	0,019
Microcystine [µg/g Cyanobakterien-Trockenmasse]	149–4593	9–1164	0–836
Anatoxin-a [µg/g Cyanobakterien-Trockenmasse]	5–222	0–104	0–20

Wie am Nakuru werden wir auch am Bogoria gleich bei unseren ersten Aufenthalten mit einigen Hundert Leichen von Zwergflamingos konfrontiert. Im Juni sammeln wir nur Proben von Cyanobakterien aus dem See und den heißen Quellen. Im November entnehmen wir zusätzlich Flamingogewebe: Darm, Hirn, Leber, Mageninhalt und Fäkalproben. Die Ergebnisse bestätigen unsere Vermutung, dass giftige Cyanobakterien zum Tod der Vögel beigetragen haben könnten. Die maximalen Konzentrationen (Tab. 5.1) an hepatotoxischen Microcystinen und neurotoxischem Anatoxin-a betragen nur 50–25 % der der Proben aus dem Nakurusee, jedoch immer noch im gefährlichen Bereich. Auch in den Flamingogeweben können wir Toxine nachweisen (Krienitz et al. 2005). Bei diesen Befunden handelt es sich weltweit um Erstnachweise von Cyanotoxinen in Biofilmen heißer Quellen, in *Arthrospira*-dominierter Flamingonahrung und im Flamingogewebe. Später werden in heißen Quellen Saudiarabiens (Mohamed 2008), im Plankton von tansanischen Sodaseen und dort verendeten Flamingos ebenfalls Cyanotoxine nachgewiesen (Lugomela et al. 2006; Nonga et al. 2011).

In der *Arthrospira*-Population im Bogoriasee werden erst 15 Jahre später wieder Microcystine gefunden (Yin et al. 2017). Bei Untersuchungen zu Ernährungsgewohnheiten der lokalen Bevölkerung, die an Untererernährung leidet, wird getrocknete Biomasse von *Arthrospira* aus dem Bogoriasee als Nahrungsergänzung angeboten. Das untersuchte Material enthält in geringen Mengen Microcystine (1,15 ng/g Trockenmasse), die in diesen Konzentrationen unbedenklich sind. Eine regelmäßige Kontrolle ist jedoch nötig, denn die Schwankungen in der Toxinproduktion von Cyanobakterein sind außerordentlich hoch.

Was ist an unseren Befunden besonders überraschend? Eigentlich verwundert die Entdeckung von Toxinen in den Cyanobakterien der heißen Quellen nicht, denn gerade unter den Verwandten der Gattung *Oscillatoria* gelten viele als potenziell giftig. Eine große Überraschung ist es jedoch, in den von *Arthrospira* beherrschten Planktonproben Toxine zu finden, denn dieses nahrhafte Cyanobakterium galt bislang als ungiftig. Wir haben uns Gedanken gemacht, wo die Ursachen für die unerwartete Toxizität liegen und sind zu der Hypothese gekommen, dass es einen horizontalen Gentransfer zwischen den toxischen Oscillatoriales der heißen Quellen und *Arthrospira* im See gegeben haben könnte. Die enge Vernetzung der Quellhabitate mit dem See sprechen dafür. Außerdem haben wir einen *Arthrospira*-Genotyp direkt in den Quellen gefunden (Dadheech et al. 2013a). Der Nachweis des Gentransfers ist bisher jedoch noch nicht geführt worden.

Im Jahre 2006 erleben wir die Phase der „Eindampfung" des Sees um knapp 1 m Wasserhöhe, was dazu führt, dass weite Teile des Ufers trockenliegen. Diese Situation lockt noch mehr Besucher an den See. Es hat sich im Lande herumgesprochen, dass die meisten Quellen gut zugänglich sind, und so kommen Busladungungen von Schülern, Lehrern und Betriebsausflüglern, um dieses grandiose Naturschauspiel zu erleben. Die Quellen sind umlagert von Menschen, die Atemübungen machen, um die therapeutische Wirkung des Dampfes auszunutzen und den Stadtmief aus ihren Lungen zu verdrängen. Besonders Eifrige kochen in Plastikbeuteln die mitgebrachten Hühnereier (Abb. 5.17). Die vielen Besucher zertrampeln die Binsen und Kräuter, welche die Quellen einrahmen. Die kühleren Quellzonen mit ihren Algenmatten werden barfuß begangen und zerstört. Manchmal kommt es zu Zwischenfällen, wenn Vorwitzige die Temperatur falsch einschätzen und sich verbrühen. Weiße Knochengerippe von Rindern, Ziegen und Flamingos am Grunde der kochenden Kessel zeugen von der Vergänglichkeit des Lebens.

Im Wasser des Sees tun sich erstaunliche Dinge. Durch die Aufkonzentration der Salze steigt die Salinität auf über 55 ‰. Das ist eine kritische Konzentration, die *Picocystis salinarum* Vorschub leistet und *Arthrospira* nur noch schwach wachsen lässt. Da *Picocystis* zu klein ist, um von den Filterlamellen im Schnabel der Zwergflamingos aufgenommen zu werden, fehlt es an Nahrung für die Vögel, die daraufhin den See verlassen. Erst um 2008 sinken die Salzkonzentrationen im See wieder, und *Arthrospira* und die Flamingos kommen zurück. Das Problem ist nur, dass sich in die Flamingonahrung dicke, schleimige Kolonien von 1–2 mm Größe gemischt haben, welche die Filterlamellen der Zwergflamingos verstopfen. Es handelt sich um *Cyanospira capsulata*. Dieses Cyanobakterium konkurriert mit *Arthrospira* um die Nährstoffe und ist ungleichmäßig im See verteilt. Zwei Drittel der Biomasse stammt von *Cyanospira*. Dort, wo *Cyanospira* dominiert, finden sich keine Flamingos. Man erkennt diese Zonen schon mit bloßem Auge an den bräunlich-grünen Wolken, in denen die Kolonien erscheinen (Krienitz et al. 2013a). Dort, wo *Arthrospira* dominiert, halten sich noch einige Tausend Flamingos auf.

Am Ufer, besonders in der Loburu-Zone, bietet sich ein schreckliches Bild. Dicht an dicht liegen verrottende Flamingoleichen (Abb. 5.18). Mitarbeiter des Schutzgebietes zählen 30.000 tote Flamingos. Doch unsere Analysen erbringen keinerlei Nachweis von Cyanotoxinen, weder im Plankton noch in den Biofilmen der heißen Quellen noch in den Flamingoleichen. Parallel haben unsere Kollegen aus der Arbeitsgruppe Schagerl an der Universität Wien in Zusammenarbeit mit der Egerton University, Kenia, Analysen durchgeführt und keine Toxine gefunden (Straubinger-Gansberger et al. 2014). Welche Erklärungen gibt es für das Massensterben? Möglicherweise handelt es sich um einen Kaskadeneffekt. Zunächst werden die Flamingos durch einen Mangel an geeigneten Nahrungsalgen und durch das Verstopfen der Filterlamellen geschwächt und dann von opportunistischen Keimen infiziert. Auch das vom Bakterium *Clostridium botulinum* produzierte Gift Botulin könnte eine Ursache gewesen sein. Leider ist über dieses Massensterben keinerlei Information von den zuständigen staatlichen Laboratorien an die Öffentlichkeit gelangt.

Im Jahre 2010 schlägt das Pendel des Wasserstandes wieder in die entgegengesetzte Richtung. Starke Regenfälle lassen den Wasserspiegel steigen. Das Wasser hat inzwischen die von der Parkverwaltung angebrachten Warnschilder und Einzäunungen überflutet. Jene Touristen, die 2010 und in den darauffolgenden Jahren an den Bogoriasee kommen und sich auf die Geysire gefreut haben, werden enttäuscht. Der Hauptgeysir KL 30 ist vom Wasserspiegel bedeckt und zeigt sich nur durch sporadisch emporquellende Wasserstrudel. Immerhin werden die Besucher durch Rekordzahlen von Flamingos am See entschädigt. Die zugeflossenen Wassermengen lassen den Salzgehalt von 47 ‰ (Januar 2010) auf 28 ‰ (November 2010) sinken, was den Flamingos und ihren Nahrungsorganismen offenbar nicht schadet. In den Buchten drängen sich die Vögel. Jährlich zählen Mitarbeiter der kenianischen Wildschutzbehörden die Flamingos am Bogoriasee mithilfe von Hubschraubern und ermitteln in dieser Phase Zahlen, die die Millionengrenze übersteigen.

Doch der Wasserspiegel steigt unaufhaltsam. Im Jahr 2013 haben die Wassermassen die Uferstraße geflutet. Man kann nur noch über eine provisorische Piste durch die Berge an den mittleren Teil des Sees gelangen. Dort stehen die meisten heißen Quellen unter Wasser. An den Südteil des Sees kommt man von Norden aus nur noch unter größten Anstrengungen mit einem starken Geländewagen. Das Wasser ist so stark verdünnt, dass die Salinität auf 15 ‰ sinkt. *Arthrospira* ist aus dem Plankton verschwunden. Die wenigen noch hier gebliebenen Zwergflamingos leiden Hunger. In den Dornbüschen hängen Flamingoleichen. Jene Flamingos, die sich auf die Reise nach anderen Futtergründen machen wollen, stranden vor Schwäche in den Akazien. Erst Ende 2016 gibt es Entwarnung, der Wasserspiegel sinkt, und die Flamingos kehren zurück. So bieten die Probenkampagnen am Bogoriasee für uns Wechselbäder der Gefühle mit hohen Amplituden.

Abb. 5.17 Wechselnde Szenerien am Bogoriasee von 2006 bis 2015. (**a**) Geysir KL 30, der größte seiner Art in Afrika; (**b**) Besucher kochen mitgebrachte Hühnereier in den heißen Quellen; (**c**) Weihnachten 2009 locken die Geysire zahlreiche Gäste ins Schutzgebiet; (**d, e**) fünf Jahre später sind die Quellen und Geysire geflutet und künden nur noch in Form von Strudeln von ihrer unterirdischen Existenz (Pfeil); (**f**) erst 2015 geht der Seespiegel zurück, am Rande der zerstörten Uferstraße spiegeln sich Kudus (Wappentiere des Reservates) in den Pfützen

Abb. 5.18 Massensterben der Zwergflamingos am Bogoriasee. (**a**) im August 2008 war *Arthrospira* in ausreichenden Mengen vorhanden, und Cyanotoxine wurden nicht nachgewiesen. Als Todesursache wurde Botulin vermutet; (**b**) im Dezember 2013 war der Wasserspiegel stark gestiegen, die *Arthrospira*-Population kollabierte, und die Zwergflamingos hungerten, geschwächte Vögel verfingen sich im Dorngestrüpp und verendeten

Nach der Probenahmefahrt im Hotel angekommen, spüren wir den wilden Geruch unseres Schuhwerks. Wenn wir die Schuhe in einen Plastikbeutel stecken und so mit nach Deutschland nehmen würden, hätten wir ein gutes Sortiment an mikro- und makrobiologischer DNS-Vielfalt illegal, aber schwer kontrollierbar exportiert. Das zeigt das Dilemma der Aufsichtsbehörden. Sie machen es den Forschern schwer bei der Erteilung einer Exporterlaubnis für biologische Proben. Aber in Kenia wird die Infrastruktur zum intensiven Studium des Materials, wie z. B. die molekulare Analyse und die Haltung lebender Kulturen erst langsam aufgebaut. Deshalb ist es sinnvoll, die Proben in Zusammenarbeit mit Partnern im Ausland auszuwerten. Es gilt, dass nur jene Organismen geschützt werden können, die einen Namen tragen. So bleiben den Entscheidungsträgern im Forschungsministerium Kenias zwei Alternativen: entweder die Proben im Lande belassen und eine eigene Forschungslandschaft aufbauen oder zulassen, dass Proben zur Analyse ins Ausland gehen.

Hier berichte ich über eine wahre Begebenheit, über die Weltreise einer Mikrobe aus dem Bogoriasee, die genau von jener Stelle startete, wo das Sodawasser mit heißem Quellwasser zusammenkommt. Diese rauhe Umwelt beheimatet spezielle Mikroorganismen, extremophile Bakterien, die gut in der heißen, alkalischen Lauge des Sees und der Geysire überleben können. Das sind Bedingungen, die mit einem Waschtrog in einem Westernfilm vergleichbar sind. Ein Team aus holländischen und britischen Wissenschaftlern isolierte 1998 ein Bakterium aus der „Seifenlauge" des Bogoriasees, überführte es nach Europa und gewann daraus ein Enzym, das sich gut vermarkten liess. Es wurde an den bekannten, weltweit operierenden USA-Konzern Procter & Gamble verkauft. Dort wird das Enzym für die Herstellung eines Mittels zum Erreichen des Wascheffekts bei Jeansstoffen verwendet. Mit den „stonewashed" Jeans werden Millionen Dollar verdient, aber das Land, das dieses Bakterium unfreiwillig an die internationale Industrie abgegeben hat, geht leer aus. Nun versuchen Rechtsanwälte des Public Interest Intellectual Property Advisors (PIIPA) in den USA, ein paar Millionen für Kenia rauszuhandeln (Mbaria 2004). Besser wäre es jedoch, gleich beim Überführen der Ergebnisse in die Industrie eine Vereinbarung über das „Benefitsharing" abzuschließen. Ein aktuelles Thema; es hat dazu schon große internationale Kongresse gegeben, und es wurde viel Papier dazu bedruckt. Wie kann man ein Land, das seine Biodiversität zur Verfügung stellt, am Gewinn beteiligen? Inzwischen greift das Nagoya-Protokoll mit seinen Regularien zur Nutzung der biologischen Vielfalt. Bezüglich Mikroben sind diese Vorschriften schwer zu kontrollieren und setzen Fairness der Partner voraus (Heuer 2009).

Nun sitzen wir von der Tageshitze ausgelaugt, umgeben von Reagensgläsern, Filtern und in allen Farben schillernden Wasserproben in unserer Unterkunft und starten die allabendliche „Routine" der Probenaufarbeitung. Um die Aufsammlungen einzuengen und in machbare Transporteinheiten zu überführen, bedarf es einiger Stunden, die wir umschwirrt von Mücken nicht ohne „Sundowner" und Moskito-Repellents meistern können. Ganz wichtig für unsere Arbeiten sind Strom- und Wasseranschluss und ein Arbeitstisch, so dass nicht alle Unterkünfte in der Nähe des Flamingoparadieses geeignet sind. Im Laufe der 15 Jahre mussten wir aus Mangel an Alternativen einen erheblichen Anstieg des Komforts und der damit verbundenen Unkosten in Kauf nehmen.

In den ersten Jahren quartierten wir uns im „Papyrus Inn" ein, in optimaler Entfernung von nur 200 m vom Loboi-Gate. Besser geht es nicht. Einfachste, kostengünstige Bedingungen bieten alles, was der Forschungsreisende braucht: spartanische Zimmer mit zwei Betten, Stühlen und einem Tisch. Jedes Bett verfügt über ein kompaktes Kopfkissen mit Rüschenbezug, in den Flecken aus Speichel und Kopfschweiß unserer Vornutzer eingebrannt sind. Stromanschluss im Raum, fließend Wasser auf dem Innenhof. Bar und Restaurant mit Getränken und Gerichten für alle Notfälle – Bier, Gin, Ugali (der obligatorische Maiskloß), Sukuma Wiki (fein gehäckselter Blattkohl) und zähes Ziegenstew. Externer „Longdrop-Restroom" (auf gut Deutsch: Plumpsklo) am Rande des Grundstücks. Wir haben uns aus Erschöpfung schnell an die Gegebenheiten gewöhnt. Doch bevor Kiplagat zum ersten Mal hier übernachtet, werden wir Zeugen seiner klaren Ansage ans Personal: „It really smells, you should take some detergents. "Frei übersetzt: „Hier stinkt's, geht mal mit Wasser und Seife drüber!" Später wird Kip die Unterkunft im „Papyrus" als Beispiel für den hohen Grad unserer Anpassungsfähigkeit an einfache Bedingungen heranziehen.

Man muss bei der Auswahl seines Zimmers nur zwei Standorte vermeiden, zum einen das Zimmer neben der Küche, aus der nachts Töpfeklappern, Essensgerüche, laute Musik und Gespräche bis direkt ans Bett dringen, zum anderen den Raum am Ende des Innenhofes neben den Duschen und Klosetts, die bis zum frühen Morgen von ankommenden Gästen geräusch- und dunstintensiv frequentiert werden. Aber irgendwie kommt man hier ohnehin nicht zur Ruhe – das Nachwirken des aufregenden Tages am See, die Hitze, die rastlosen Moskitos außerhalb des Netzes, die anschwellenden Partybässe aus der Bar und die scheppernden Autokarosserien beim nächtlichen Checkup durch ihre nimmermüden Besitzer. Erst im Dämmerlicht des schnell hereinbrechenden Morgens gibt sich das gastfreundliche Haus der verdienten Erholungsphase hin, aber da sind wir schon auf dem Weg zum Gate.

Am Spiegel im Innenhof des „Papyrus Inn" kommen die Ladies nicht vorbei, ohne ihre Frisuren zu richten. Viele Afrikanerinnen lieben es, ihre natürliche, wollige Haarpracht durch eingeflochtene Kunststrähnen zu erweitern. Es stellt sich heraus, dass eine positive Korrelation zwischen Haarmode und den Cyanobakterien des Bogoriagebietes besteht. Margareth, eine Caretakerin, trägt z. B. *Spirulina*-Löckchen, d. h. ganz eng gewellte Haarteile, die so aussehen wie echte *Spirulina* aus den Algenmatten der heißen Quellen (siehe Abb. 2.2 c). Sarah, eine Kellnerin, trägt hingegen *Arthrospira*-Wellen, in großzügigen Undulationen und Locken, die morphologisch mit dem planktischen Nahrungsorganismus der Zwergflamingos übereinstimmen.

Irgendwann, so um 2005, stellt das „Papyrus Inn" seinen Service ohne Vorwarnung ein; der Besitzer hat wohl andere

Pläne mit dem Grundstück. Weitere 200 m vom Gate entfernt eröffnet das neue Gasthaus „Zakayos", benannt nach seinem freundlichen und umtriebigen Besitzer. Wir prüfen es am helllichten Tag auf seine Eignung als Ersatz für das „Papyrus". Ausgedehnter Biergarten voller aufgekratzter Gäste, vibrierende Musikboxen, Zimmerausstattung mit brillenlosen, benutzt riechenden Klobecken direkt neben dem Bett, dienen uns als Entscheidungshilfen, es bei einem gut gekühlten Tusker im Schatten eines Sonnendaches aus Schilfrohr zu belassen.

So spült uns das Schicksal schließlich in eines der angenehmsten Hotels in Kenia, das „Lake Bogoria Hotel". Es ist als „Spa"- und Tagungshotel ausgelegt. In einem von heißen Quellen gespeisten Schwimmbecken kann man seine müden Knochen nach einem anstrengenden Tag aufweichen. In einem Konferenzraum finden regelmäßig Workshops der angesagtesten Unternehmen und Administrationen des Landes statt. Glücklicherweise findet sich an der Rezeption immer wieder eine Lösung, uns trotz „voller" Belegung doch noch in einem schönen Cottagezimmer am Hang unterzubringen. Von hier aus schweift der Blick über die Akaziengipfel, in denen die Marabus des Bogoriasees ihre Nester gebaut haben und dem Familienleben frönen. Jahre später erfahren wir, dass das Hotel in Besitz der Familie Moi ist. Doch die Angestellten des Hotels sind nicht nur aus dem Stamm des ehemaligen Präsidenten, den Kalenjin, rekrutiert, sondern reflektieren die tribale Vielfalt des Landes. Als draußen im Lande die Stammeskonflikte nach den 2007er Wahlen in Gewalt mündeten, erwies sich das kosmopolitische Hotel als Hort der Ruhe und Stabilität. Für uns bietet das Hotel alle Bequemlichkeiten, gute Arbeitsbedingungen und perfekte Versorgung. Lediglich der Leiter der Bar erregt unser Missfallen, weil er dazu neigt, das Volumen der Drinks zu halbieren, aber deren Preise zu verdoppeln. Dagegen hilft nur strikte Selbstbevorratung.

Wir verlassen die Bequemlichkeiten des Bogoria-Hotels und machen uns auf den Weg nach Baringo. Auf halber Strecke erreichen wir Marigat, einen kleinen Marktflecken, der eine Atmosphäre versprüht, wie sie letzten Versorgungspunkten am Rande der Wildnis zueigen ist. Der staubige Ort mitten im Dornbusch liegt an der Hauptstraße, die von Nakuru in den wilden Norden führt. Praktisch besteht Marigat nur aus zwei Straßen, der Hauptstraße mit zwei Tankstellen, dem Matatu-Bahnhof, einer beigeordneten Absteige, dem Marktplatz und einer Nebenstraße mit allerlei Einkaufsmöglichkeiten, Fleischläden, Werkstätten und einer Bank. Zusätzlich führen noch ein paar holprige Nebenstraßen zur Post und zur „Yellow Bar". Marigat hat für uns strategische Bedeutung. Während wir am Bogoriasee nach der Schließung des „Papyrus Inn" keine andere Wahl haben, als im „Lake Bogoria Hotel" bei „Full Board" (Vollpension) abzusteigen, erwartet uns in „Roberts Camp" am Baringo eine Küche zur

Selbstversorgung. Gerne kochen wir hier unsere Mahlzeiten selbst. Dazu kaufen wir in Marigat alles Nötige ein, Ziegenfleisch für Stew, Gemüse, Getränke und Brot.

Es ist später Vormittag im Biergarten der „Yellow Bar". Ein paar feuchtglänzende Stellen auf dem Fußboden künden davon, dass er gerade frisch gewischt wurde, um die Spuren der Nacht zu beseitigen. Gleich neben den Kisten mit den leeren Schnapsflaschen und den Käfigen mit den Hühnern, die hier ihre letzten Stunden verbringen, bevor sie für die Versorgung der Gäste geschlachtet werden, sitzen schon etliche angetrunkene Männer, die uns mit Interesse mustern. Obwohl wir nur 2- bis 3-mal im Jahr hierher kommen, um unseren Getränkevorrat in dieser trockenen Gegend zu erneuern, ruft einer von ihnen hocherfreut: „These are clients, I remind them!" (Das sind Kunden, ich erinnere mich an sie!). Erwischt! Das kann gut sein, denn unser vorausgegangener Besuch war an einem denkwürdigen Tag, als wir die Chefin der „Yellow Bar" überzeugen konnten, mit uns ein Gruppenfoto vor den mit „Kenya King" und „Tusker" bestückten, vergitterten Regalen zu machen. Es war am 11.11.2011 um 11 Uhr 11. Unser Sonderwunsch hatte sich also bei den damaligen Stammgästen herumgesprochen und eingeprägt.

Lake Baringo's landscape is today more than a pasture suffering from abuse. It is a laboratory for Kenya's and the world's scientists. (G. W. Burnett und K. M. Rowntree, 1990, *Agriculture, research and tourism in the landscape of Lake Baringo, Kenya*)

Die Landschaft des Baringosees ist heute mehr als nur eine Weide, die an Übernutzung leidet. Sie ist ein Laboratorium für die Wissenschaftler Kenias und der Welt (Übersetzung L. K.).

Von Marigat geht es weiter nach Norden in das Dörfchen Kampi ya Samaki direkt am Ufer des Baringosees. Die Straße dorthin ist von Schlaglöchern übersät und nach starken Regenfällen in den Berghängen des Riftvalleys zeitweilig von Wasser überflutet. Mitunter muss man mehrere Stunden warten, bis das Wasser mit seiner bräunlichen Last aus abgespülter Erde und Geröll wieder abgeflossen ist – in den Baringosee. An den Flutrinnen versammelt sich ein buntes Völkchen. Aus den Matatus und Pickups quellen Reisende und beobachten die strömenden Wassermassen. Bündel von lethargisch hängenden Hühnern sind am Dach der Fahrzeuge angebunden, und auch Schafe und Ziegen bleiben festgezurrt auf den Ladeflächen. Wenn das Wasser zu sinken beginnt, schickt man als Erstes Radfahrer in die Flutrinne, um den Wasserstand zu prüfen. Das Fahrrad geschultert, machen sich die Männer auf ihren gefährlichen Weg durch das Wasser. Sie dürfen dabei nicht straucheln, denn die Gefahr, hinweggerissen zu werden, ist hoch. Als Nächstes wagen sich jene Jeeps, die ihren Auspuff nach oben tragen, auf die vage Flusspassage, und erst am Ende der Überquerer trauen wir uns mit unserer geringen Erfahrung durch den Fluss.

Am Ufer des Baringosees angelangt, bietet sich für uns wieder ein völlig unterschiedliches Bild im Vergleich zu den anderen Seen im ostafrikanischen Riftvalley. Sein Wasser ist goldbraun und trübe durch die Bodenpartikel, die von den knapp 10 zeitweiligen Zuflüssen eingespült werden. Die saisonalen Flüsse, z. B. Araben, Dau und Mugun reißen mehr Schlamm und Gestein mit sich als die permanenten Flüsse, z. B. Molo und Parkerra. Die extreme Bodenerosion im Einzugsgebiet, der Marigat- und der Loboi-Ebene und in den Bergen des Mau Forests, der Tugen und Mochogoi Hills, des Laikipia Escarpments und der Nyahururu Uplands ist eine Folge der Entwaldung und Überweidung. Alles, was an Boden aus dem Einzugsgebiet in den See gespült wird, setzt sich dort ab, macht ihn flacher und lässt ihn altern. Eine Zweigstelle des Kenya Marine and Fisheries Research Institute (KMFRI) ist in Kampy ya Samaki etabliert. Die Wissenschaftler kalkulierten, dass jährlich etwa 10,38 Mio. t Bodenpartikel in den See gespült werden. Wasserpflanzen sind nahezu aus dem See verschwunden, weil sie nicht genügend Licht erhalten. Daher gibt es kaum eine benthische Fauna. Das Phytoplankton gilt als artenarm (was nicht stimmt) und leidet ebenfalls unter Lichtmangel. Die Fischpopulation hat Probleme, sich aufgrund von Nahrungsmangel und Überfischung zu regenerieren. Deshalb müssen häufig Fangverbote ausgesprochen werden. Die Zukunft der Fischer sieht düster aus.

Doch trotz seiner vielen Probleme strahlt der Baringosee Kraft und Schönheit aus. Der See wirkt groß und hat eine maximale Tiefe von 8 m. Im Mittel ist er 21 km lang, 13 km breit und hat eine Oberfläche von 168 km². Dennoch kann man vom einem zum anderen Ufer blicken. Die Beleuchtung wirkt magisch, und die Berghänge am gegenüberliegenden Ufer schimmern bläulich oder bräunlich. Der Blick über den See wird von felsigen Inseln unterbrochen, von denen die zentrale Ol-Kokwe-Insel am größten ist und ein Areal mit heißen Quellen beherbergt. Der Sonnenaufgang ist phantastisch und lässt die Inseln neben der gleißenden Sonnenscheibe als düstere Konturen auf dem silbrigen Seespiegel schwimmen. Der frühe Morgen ist die Zeit der Wasserholerinnen, die mit geschürzten Röcken einige Schritte ins Wasser steigen, um den Ufersand nicht in die Kanister zu spülen. Mit scheuen Bewegungen waschen sie sich den Schweiß von Gesicht und Nacken und spülen den Mund mit Seewasser aus. In der Morgenkühle ist noch alles frisch. Die Uferpflanzen verströmen aromatische Düfte, durchmischt mit Blasen von Moorgas, die aus dem Sediment steigen. Nilpferde finden nach dem nächtlichen Weidegang am Ufer grunzend ins kühle Nass zurück. Nilkrokodile flutschen ins Wasser, auf der Flucht vor den nahenden Menschen. Die Fischer sind längst draußen bei ihren Stellnetzen, um mit ihren Fängen der wenig später bereits glühenden Sonne zuvorzukommen. Bis zum Mittag liegt der See wie flüssiges Metall, auf dem die Boote der Touristen gleiten. Wohl dem, der Zeit findet, die erwachende Vogelwelt zu genießen. Nachmittags kommt eine steife Brise auf, die gelbe Wellenkämme aufschäumt und das Geschäft der Seefahrer behindert.

Für uns als Algenkundler hat es in den 15 Untersuchungsjahren im Phytoplankton zwei kontrastierende Zustände gegeben. Der niedrigste Wasserstand war im Jahre 2002 erreicht. Der Ufersaum lag trocken, und es herrschte Wassermangel. Toxische *Microcystis* bildete einen blasigen Überzug auf dem Wasser und gefährdete Einwohner und ihre Nutztiere (Ballot et al. 2003). Danach stieg der Wasserspiegel auf ein „normales" Level, die giftigen Cyanobakterien gingen zurück und im Plankton dominierten Kieselalgen der Gattungen *Aulacoseira* und *Nitzschia*. Grünalgen entwickelten einen hohen Artenreichtum (an die 100 Taxa), vor allem coccale Formen (*Ankistrodesmus, Dictyosphaerium, Scenedesmus* und verwandte Gattungen). Ab 2010 stieg der Wasserspiegel Schritt für Schritt. Die Sichttiefe stieg von wenigen Zentimetern auf Werte von 30–50 cm. Durch die erhöhte Transparenz des Wasserkörpers siedelten sich wieder Makrophyten an (*Ceratophyllum, Najas, Nymphaea, Utricularia*), die von Aufwuchsalgen (*Cymbella, Characium*) bedeckt waren.

Der Mensch neigt dazu, dicht am Wasser zu bauen, denn die Aussicht ist so schön. Am Baringosee erwies sich das im letzten Jahrzehnt als fatal. Für die Einwohner und Hoteliers im Ort nahm der Wasserstand bedrohliche Ausmaße an und begrub schließlich Gebäude der Fischereigenossenschaft, der Hotels und Camps unter sich. Überschwemmungen sind hier normal. Doch die Siedlungsgebiete sind dichter an den See gerückt als früher, zu dicht!

Am Baringosee wird man förmlich von Vogelkennern und -kartierern mit ihren Teleobjektiven und Vogelstimmenrekordern überrollt. Der Baringo mit seinen umgebenden Felsen ist einer der vogelartenreichsten Seen, den wir jemals gesehen haben. Er ist eine wahre Vergnügungsstätte für Birder, die hier mehr als 500 Arten gezählt haben. Damit kann man hier etwa die Hälfte aller in Kenia vorkommenden Vogelarten finden. Aktuelle Erhebungen gehen von 1060 Arten in Kenia aus (Ngarachu 2017).

Am Baringo kommen einige wichtige Verwandte des Phönix vor. Hier erleben wir den größten heute lebenden Reiher, den Goliathreiher (*Ardea goliath*) (Abb. 5.19). Er sieht dem ägyptischen *Ardea bennuides* ähnlich, ist aber ein bisschen kleiner. Purpurreiher (*A. purpurea*) wirken mit ihrem rötlichen Gefieder wie Phönix auf dem Nest. Der Schreiseeadler (*Haliaeetus vocifer*) vom Baringo erscheint als Verwandter des Garuda, ihm fehlen allerdings die für Letzteren typischen menschlichen Extremitäten, und er ist kleiner als Garuda in dessen Normalinkarnation von Fußballfelder deckender Größe. Neben den zahlreichen Reiherartigen (*Ardea, Ardeola, Butorides, Egretta, Nycticorax*) sind besonders folgende Vogelgattungen am See alltäglich zu bewundern: Kormorane (*Phalacrocorax*), Schlangenhalsvögel (*Anhinga*), Gänse (*Alopochen*), Enten (*Dendrocygna*), Jacanas (*Actophilornis, Microparra*), Eisvögel (*Alcedo,*

Halcyon), Bienenfresser (*Merops*), Kiebitze (*Vanellus*) und Schwalben (*Hirundo*).

Die Fischfauna des Baringosees erinnert an das Leben im Nil und an biblische Episoden über Jesus im Heiligen Land. Es ist die Sammelgruppe der „Tilapien" aus der Familie der Cichliden, der Buntbarsche, die unser Interesse auf sich zog. Tilapien sind eine äußerst artenreiche Fischgruppe von Pflanzen- und Allesfressern. In den tropischen Ländern Afrikas, Asiens und Südamerikas wurden mehr als 1000 Arten entdeckt, die unterschiedlichen Gattungen zuzuordnen sind; allerdings werden sie noch oft mit dem alten Gattungsnamen *Tilapia* versehen. Erschwerend für ihre Systematik ist ihre Neigung, Hybriden zu bilden. Ihr Ursprung und Hauptverbreitungsgebiet liegt im Nildelta. Einige Arten, wie „*Tilapia niloticus*", die Nil-Tilapie, die korrekt den Namen *Oreochromis niloticus* trägt, und „*Tilapia nigra*", die Schwarze Tilapie, korrekt *Oreochromis spilurus niger*, haben eine enorme Bedeutung als Nahrungsfisch des Menschen. Sie werden in vielen Seen gefangen. Sie sind so robust und schnellwüchsig, dass sie unter einfachen Bedingungen in Teichen und Massenkulturanlagen aufgezogen werden. Sie gelten als Nahrungsfische der Zukunft und sollen in Ländern, deren Bevölkerung an Mangelernährung leidet, eine Eiweißlücke schließen.

Tilapien tragen die Beinamen „Jesusfisch" oder „Petrusfisch". Über Jesus wird in der Bibel (Markus 6, 35–44) berichtet, dass er mit fünf Broten und zwei Fischen am See Genezareth 5000 Menschen gesättigt habe. Es wird vermutet, dass es sich dabei um Tilapien gehandelt haben könnte, denn schon damals gehörten Tilapien zum Hauptfang der Fischer am See. Weiterhin soll Jesus seinen Jünger Petrus gebeten haben, Fisch zu angeln, und dieser fing eine Tilapie („*T. galilea*" = *Sarotherodon galilaeus*), die in ihrem Maul eine Vier-Drachmen-Münze hielt, mit der die heiligen Männer die fällige Tempelsteuer beglichen. Noch heute wird diese Tilapienart von den Fischern am Turkanasee gefangen; allerdings halten die maulbrütenden Fische anstelle der Münze ihre Jungen im Maul. Die Brutpflege der Tilapien dient als ein Unterscheidungsmerkmal zwischen den Gattungen. Während bei Vertretern der Gattung *Sarotherodon* beide Elternteile ihre Nachkommen zur Brutpflege im Maul beherbergen, tun dies bei *Oreochromis* nur die weiblichen Tiere, und bei *Tilapia* findet die Kinderbetreuung nicht im Maul, sondern an geschützen Bereichen des Gewässergrundes statt.

Am Baringosee erregt die endemische Tilapie *Oreochromis niloticus baringoensis*, eine Unterart der Nil-Tilapie die Aufmerksamkeit der Ichthyologen und erfordert deren Einsatz zum Schutz (Britton et al. 2009) (Abb. 5.20). Das Brutgeschäft dieses Fisches findet im Tiefenwasser statt und wird durch den Anstieg der Sedimente im See behindert. Die Fischer fangen diesen guten Nahrungsfisch gerne, der mit unter 25 cm Länge zu den kleineren Vertretern der Tilapien

Abb. 5.19 Ebenbilder des Feuervogels am Baringosee. (**a**) Schreiseeadler; (**b**) Purpurreiher auf dem Nest; (**c**) Goliathreiher auf Fischfang

Abb. 5.20 Fischfang auf dem Baringosee. (**a**) Blick aus dem Fenster der Lagerhalle der Fischereikooperative am Baringo auf die Inseln im See und die heimkehrenden Fischer. An der Innenwand wuchern junge Triebe der Invasionspflanze *Prosopis*. (**b**) Fischer im traditionellen Boot aus Ambachholz mit einer Tilapie (links) und einer Barbe (rechts); im Hintergrund ist das bis zum 2. Stockwerk geflutete Hammerkop Cottage zu sehen, Dezember 2013; (**c**) endemische Baringo-Tilapien

gehört. Das Aufkommen der Tilapie ist positiv mit dem Wasserstand korreliert. Während man bei hohem Wasserstand im Jahre 1970 noch 712 t fing, betrugen die Erträge bei niederem Wasserstand im Jahr 2005 nur 5 t, obwohl für 2002 und 2003 ein völliges Fangverbot ausgesprochen wurde. Mit dem dramatisch gestiegenen Wasserstand, befindet sich die *Tilapia*-Population in einer Erholungsphase. Generell gilt eine Länge von 18 cm als unterste Fanggröße. Außerdem kommt dieser Fisch in einigen Quellen, welche das Badebecken des Lake-Bogoria-Hotels speisen, nördlich des Bogoriasees vor und wird dort von Kindern geangelt.

Zu unseren Lieblingsgerichten am Baringo zählt eine schmackhafte Suppe aus den endemischen Tilapien. Falls die Fischer keine Tilapien gefangen haben, steigen wir auf Wels um. Im Baringosee kommt der Gemeine Wels (*Clarias gariepinus*) häufig vor und erreicht Längen von 150 cm. Die meiste Zeit seines Lebens verbringt er im Bodenschlamm des Sees. Um dem modrigen Geschmack zu entgehen, beschränken sich unsere Welskäufe auf Exemplare unter 50 cm. Der Fisch wird frisch oder geräuchert angeboten. Doch eines Tages beißen wir auf erbsengroße Knäuel aus Würmern im Fleisch der Welse. Es handelt sich um parasitäre Nematoden, die uns vom weiteren Verzehr abhalten. Dank unserer verpflegungsmäßigen Selbständigkeit am Baringo ist das nicht weiter tragisch, zumal wir immer reichlich Gemüse aus Marigat mitbringen.

Am Baringosee ist unsere erste Anlaufadresse „Roberts Camp", idyllisch direkt am Ufer gelegen. Im Camp ist man ständig von einer fröhlichen Vogelschar umgeben, deren Hauptvertreter folgenden Gattungen angehören: Hornvögel (*Tockus*), Starlinge (*Lamprotornis*), Spechte (*Campethera, Dendropicos*), Webervögel (*Ploceus*), Nektarvögel (*Nectarinia*), Drongos (*Dicrurus*), Fruchttauben (*Streptopelia*) und Lärmvögel (*Taurako*). Hinzu kommt eine unbeschreibliche Fülle weiterer Arten, die das Herz des Birders erwärmen und seine Checkliste komplettieren. Das Who's who der ostafrikanischen Vogelwelt ist hier zu Hause. Außerdem leben hier eine uralte Riesenschildkröte, Kamele, Warane und eine goldorangefarbene Katze. Tag und Nacht liegen Krokodile dösend am Ufer oder umstreichen die Kochfeuer mit den duftenden Stews der Camper. Nachts kommen die Nilpferde zum Weiden und schuffeln sich an den Zeltstangen und Pfählen der Schutzdächer. Man sollte vorsorglich über Alternativen nachdenken, falls man einen Ruf der Natur verspürt und gerade ein Hippo auf dem Pfad zwischen Zelt und Toilette grast.

Die Anlage wurde vom britischen Krokodiljäger Mr. Roberts und seiner Frau gegründet. In den Anfangsjahren unseres Aufenthaltes drehte Mrs. Roberts, eine rüstige Mittachtzigerin, noch regelmäßig mit altem Hund oder altem Auto ihre Runden, um ihre Belegschaft auf Trab zu halten. Beim Nachmittagstee berichtete sie über ihr Leben zur Kolonialzeit und die Probleme der Neuzeit: „Sad country – isn't it?"

Im Camp gab es viele verschiedene Übernachtungsmöglichkeiten: Safarizelte mit zwei Betten, einfache Bandas mit separater Küche und Bad sowie verschiedene Cottages mit allem, was der anspruchsvolle Reisende so braucht. Besonders szenisch war das Hammerkop-Cottage, noch vom Gründer aus knorrigem Holz erbaut und mit kolonialem Flair versehen. Wir haben alle Übernachtungsvarianten mehrmals genutzt und waren immer zufrieden. Doch auch „Roberts Camp", einschließlich der privaten Wohnhäuser der Familie Roberts und des Hammerkop-Cottages, ist weitgehend in den Fluten versunken (Abb. 5.20b). Geblieben sind die mobilen Safarizelte, eine Banda und ein Cottage, die auf höher gelegenem Land überdauerten sowie die „Thirsty Goat" mit Bar und Restaurant. Die Grabstätte von Mrs. Roberts und ihrer Riesenschildkröte in einem Hain aus Wüstenrosen (*Adenium obesum*, Desert Rose) liegt jetzt unter Wasser.

Auch in Kampi ya Samaki haben wir eine Getränkequelle außerhalb der Touristenmeile – die „Hippo-Bar". Abends, am 14. Juni 2001, sind wir zum ersten Mal dort. Kiplagat gibt uns diesen Insider-Tip aus aktuellem Anlass. Er trinkt nun seine Cola, und Andreas und ich unser Bier. In meinem Kopf geistert noch die Email meiner Kollegin Johanna, die ich gerade im Internetcafe mühevoll aus dem schwachen Netz über eine noch schwächere Telefonleitung rausfischen konnte. Sie beglückwünscht mich im Namen der Belegschaft zu meinem Geburtstag und zum ersten Forschungsaufenthalt „unter Palmen" und grüßt vom „winterlichen" Stechlin, denn es würden Minusgrade herrschen. Nach Deutschland zurückgekehrt habe ich mich artig für die Mail bedankt. Allerdings musste ich gestehen, dass ich mich nicht richtig über die Grüße hatte freuen konnte, weil ich die erfrorenen Pflanzen in unserem Garten vor Augen hatte. Johanna beschloss daraufhin, mir fortan keine Nachricht mehr nach Afrika zu senden.

Ein paar Jahre später hat die „Hippo-Bar" eine Metamorphose durchlebt. Es gibt zwar immer noch eisgekühlte Getränke, aber zusätzlich hängen heiße Ladies ausgebrannt auf den Bänken, ihre Zuhälter in Sichtweite. Wir nehmen unser Tusker und erfüllen ihre Bitte nach einem Gruppenfoto mit uns. Zum Abschied noch ein Blick auf den „Responsible Man's Drinking Plan", der schon 2001 an der Wand klebte. In dieser „To-do-List" für eine stabile Gesundheit wird empfohlen, eine gute, auf Tradition beruhende Trinkatmosphäre einzuhalten, etwas während des Trinkens zu essen, die Getränkearten nicht zu mischen und bei der nächsten Bestellung auch die anderen Gäste zu bedenken. Über den Umgang mit dem anderen Geschlecht wird keine Empfehlung gegeben.

Nach dem großen Regen am Baringo, als Teile des Ortes, unter anderem die Schule, die Kirche und die Schlangenfarm geflutet wurden, ist die „Hippo-Bar" zum Ausweichklassenzimmer für die jüngsten Schüler umgerüstet worden. Auf der Veranda toben die Kleinen in blau-karierten Schuluniformen und freuen sich über unsere mitgebrachten Stifte und Hefte. Die allerkleinsten, die Säuglinge, zappeln lautstark in den Armen ihrer Mütter, denn sie werden gerade vakziniert. Eine stramme Krankenschwester flößt den Kindern Schluckimpfung gegen Kinderlähmung ein.

Apropos „unter Palmen" – von diesen Bäumen ist am Baringo weit und breit nichts zu sehen. Hier ist *Prosopis*-Land. *Prosopis* ist eine wahre Phönixpflanze. Ihre meterhohen Büsche wuchern in der ausgebrannten Erde und beziehen ihren Flüssigkeitsbedarf über zähe Wurzeln, die bis in 15 m Tiefe vordringen können. Wenn die Büsche abgeschlagen und abgebrannt werden, regenerieren sie auf der eigenen Asche; ihre neuen Triebe kommen aus den vor der Hitze bewahrten Schichten des Untergrundes. Sie sind im Gebiet weit und hartnäckig verbreitet und geben der unter flirrender Hitze leidenden Landschaft ein zartgrünes Gepräge. Jeder Busch produziert Hunderttausende Samen, die mehr als 10 Jahre überleben können. Die Darmpassage im Körper von Wild- und Weidetieren überleben mehr als 10 % der zoochoren Samen und werden so durch die Tiere weit verbreitet. *Prosopis* ist ein Exot und hat einen weiten Weg quer über den Globus hinter sich gebracht.

Prosopis, die Gattung der Mesquite- oder Algarroba-Bäume und -Sträucher umfasst 44 Arten, von denen die meisten in tropisch heißen Regionen Amerikas beheimatet sind. Die Gattung gehört in die Familie der Fabaceae, der Schmetterlingsblütler, und ist mit den Mimosen und Akazien verwandt. Ihre johannisbrotähnlichen Hülsenfrüchte bilden essbare Samen und werden von den lateinamerikanischen Erntevölkern zur Herstellung von Mehl für Fladen und Kuchen sowie zum Bierbrauen genutzt. Ausgrabungen in Mexiko haben gezeigt, dass diese Pflanzen, lange bevor Mais als Hauptnahrungsmittel aufkam, den Indianern als Nahrungsquelle dienten. Dieses positive Image hat dazu beigetragen, sie in Afrika und Indien einzuführen.

Nach Kenia kamen in den 1970er bis1990er Jahren in mehreren Kampagnen insgesamt acht *Prosopis*-Arten. Davon erlangte *P. juliflora* die größte Bedeutung als „agressivster Einwanderer". Weiterhin haben sich *P. pallida* und *P. chilensis* festgesetzt. Sie können alle miteinander hybridisieren und an verschiedenen Standorten eine hohe genetische Vielfalt innerhalb der Art etablieren. Sie lassen sich allerdings morphologisch kaum unterscheiden, so dass genetische Differenzierungsmethoden eingesetzt werden, um Bestandsaufnahmen abzuklären. In der Praxis verwendet man jedoch den Namen *P. juliflora*. Sie ist tatsächlich die am häufigsten anzutreffende Art, was speziell für das Gebiet um Marigat dokumentiert wurde (Muturi et al. 2012).

Die *Prosopis*-Büsche erscheinen auf den ersten Blick als fragile Gewächse mit gefiederten Blättern, gelben Blütentrauben und schlank gebogenen Hülsen, doch wenn man ihnen unvorsichtigerweise zu nahe kommt, bohren sich spitze Dornen unter die Haut (Abb. 5.21). Die Büsche bilden

Abb. 5.21 Die Invasionspflanze *Prosopis* am Baringo. (**a**) Blätter und Früchte von *Prosopis* erinnern an die Verwandtschaft mit Akazien; (**b**) Frauen holen Trink- und Brauchwasser aus dem Baringosee, dessen Ufer von dornigen *Prosopis*-Büschen okkupiert ist

schwer kontrollierbare Dickichte und überwuchern die Pfade zwischen den Siedlungen und bewirtschafteten Flächen. Sie erobern mehr und mehr Land, verdrängen indigene Arten und beeinflussen die Lebensweise der Bevölkerung maßgeblich. Sie sind nur mit hohem körperlichen Einsatz in ihrem unbändigen Wuchs einzuschränken. Das Holz ist hart, widersetzt sich den Versuchen abgehackt zu werden, und die wehrhaften Dornen sind eine große Gefahr für Körper und Augen. *Prosopis* gehört, wie die Wasserhyazinthe, weltweit zu den 100 am wenigsten erwünschten „alien species" (Lowe et al. 2000).

Dabei ist *Prosopis* mit gutem Vorsatz eingeführt worden und sollte Ökologie und Ökonomie in den ariden Zonen befördern. Die widerstandsfähigen Sträucher gebieten der Bodenerosion und dem Vordringen der Wüste Einhalt. Als Schmetterlingsblütler gehen ihre Wurzeln Symbiosen mit stickstofffixierenden Knöllchenbakterien ein, was die Bodenfruchtbarkeit fördert. Ihre Blätter, Früchte und Samen dienen als Futter für die Weidetiere. Ihre Äste werden als Feuerholz genutzt bzw. zu Holzkohle verköhlert. Aus den dickeren Stämmen werden Zaunpfähle und Bauholz gewonnen. Die Rinde wird zu Seilen verarbeitet. Ihre Blüten dienen den Bienen als Nektarquelle zur Honigproduktion. Doch die Bilanzen, die von den Gewinnern oder Verlierern der Invasionspflanze erstellt werden, fallen durchwachsen aus. Die Phönixpflanze ist in Ostafrika angekommen, sie ist aber noch nicht richtig akzeptiert (Mwangi und Swallow 2008).

Wir starten mit dem Boot zur morgendlichen Wasserprobenahme. Traditionsgemäß begleitet uns Joseph, der Vogelflüsterer und Adlerdompteur. Joseph ist im Dorf eine Instanz, ein Original. Er hat das von der Dorfgemeinschaft organisierte Bootsausflugsgeschäft im Griff: „I am now the boss!" erzählt er uns stolz. Es bedarf auch einer starken Persönlichkeit, denn er hat viele Konkurrenten unter den privaten Anbietern und den Hotels. Entsprechend seiner Birder-Mission hat er einen Traum – er möchte Veterinär werden. Er ist jetzt über 30 Jahre alt, und deshalb erscheint der Weg zu diesem Berufsziel etwas schwierig. Immerhin hat er schon künstlerische Schreibfertigkeiten erworben und verziert seine Unterschrift mit einer stilisierten Silhouette der typischen, zweigipfeligen Kokwe-Insel des Sees. Dabei streckt er den kleinen Finger der rechten Hand weit ab, wobei der 1 cm lange „Überstand" des Fingernagels erst richtig zu Geltung kommt. Dieser verlängerte Nagel dient als universelles Werkzeug zum Schaben von Fischschuppen, Aushöhlen des Fischleibes, Kratzen juckender Körperstellen, als Sonde für die Erkundung von Körperöffnungen, wie Nasen- und Ohrenlöcher, sowie der Bedienung des Handys.

Die Menschen am Baringo gehören zum Stamm der Njemps, einer Untergruppe der Maasai. Njemps haben Talent für das Fischereihandwerk. Auf Booten, die traditionell aus dünnen Stämmen des leichten Ambatch- oder Balsabaumes (*Aeschynomene elaphroxylon*) zusammengebunden sind, befahren die Fischer den See und fangen bevorzugt endemische Tilapien und Welse. Sie kommen behände angepaddelt und verkaufen uns Fische für unser Dinner und für die Fütterung des „Garuda". Um den Adler für fotografische Zwecke anzulocken, wird in den Leib des Fisches ein Stück Ambatchholz gesteckt, damit er Auftrieb erhält. Joseph hat den Fischadler in einem Baum am Ufer entdeckt und erheischt dessen Aufmerksamkeit durch einen schrillen Pfiff und Schwenken des Armes. Nun wirft er den Fisch ins Wasser und lässt ihn für alle (den Adler und uns) gut sichtbar treiben. Wir fokussieren auf die Beute. Joseph sieht den Adler kommen und zählt: „One – two –three." Bei „three" sollen wir den Auslöser drücken und haben mit ein bisschen Glück den Adler, wie er seine Fänge nach der Tilapie ausstreckt. Uns wird klar, dass nicht jedes Bild, das Birder den staunenden Betrachtern präsentieren, ohne Zutun solcher Helfer wie Joseph zustande kommen würde.

Joseph ist für uns eine Person, die für die Entwicklung des Gebietes steht. Er passt in kein Schema der tribalen Struktur der Bewohner dieses Landstriches, sondern hat von allen Stämmen aus dem Verwandtschaftkreis der Maasai, die hier leben, ein bisschen. Er ist stolzer Besitzer von 50 Ziegen, wie ein Maasai oder ein Pokot; er bereist den See, wie ein Njemp; aber vor allem, er steht über den Dingen und ist ein cleverer Kommunikator zwischen den einheimischen Menschen, den Landwirten, Fischern, Hoteliers, und den Gästen, die hierher kommen, den Touristen und den Wissenschaftlern.

Die Seen Bogoria und Baringo und die spröde Landschaft, in die sie eingebettet sind, stellen ganz besondere Naturräume dar. Jeder See für sich ist ein Unikat, sie bilden einen ungewöhnlichen Kontrast, doch beide Seen zusammen üben eine enorme Anziehungskraft auf Naturenthusiasten und Wissenschaftler aus. Biologen, Geologen, Archäologen und Sozioökonomen werden hier zu kreativer Feldforschung inspiriert. Der Sodasee Bogoria steht unter Schutz und beherbergt die größte Population des Zwergflamingos. Der Süßwassersee Baringo steht nicht unter Schutz und ist Zuflucht einer kaum zu überbietenden Diversität an Vogelarten. An beiden benachbarten Seen dringen sprudelnd heiße Quellen aus dem vulkanischen Untergrund an die Oberfläche, als Sinnbild der Zusammengehörigkeit dieser ungleichen Gewässer (Abb. 5.22).

Die nilotische Fischfauna des Baringo- und des Turkanasees sowie der Quellen am Bogoria spricht für die Hypothese, dass diese drei Seen mit dem Weißen Nil in Verbindung standen. Vom Paläosee Kokwob, dem Vorgänger des Baringo aus der Periode des späten Pleistozän zum frühen Holozän (vor ca. 10.000 Jahren), hat möglicherweise eine hydrographische Verbindung zum Ursprungsland des Phönix bestanden. Über dieses Drainagenetzwerk könnten bei hohen Wasserständen Elemente der Fauna des Nils bis weit in den Süden, in das Gebiet des heutigen Baringo und Bogoria, vorgedrungen sein.

Das Einzugsgebiet der Seen ist von karger Trockensavanne geprägt, die einem hohen Druck unterschiedlicher Nutzungsinteressen unterliegt. Die Menschen hier leben von Weidewirtschaft, teilbewässertem Ackerbau, Bienenzucht zur Honigproduktion, Fischfang und Tourismus. Heuschreckenplagen, Überweidung, kurze, schwere Niederschläge, die tonnenweise Mutterboden in den Baringosee spülen, beuteln das Gebiet. Man kann dieses Areal mit zweierlei Augen betrachten: als degradierte Landschaft ohne Nachhaltigkeit und Hoffung oder als Freilandlaboratorium zum Studium des Missbrauchs einer empfindlichen tropischen Landschaft mit dem Ziel ihrer Regeneration. Das ungeschützte und degradierte Einzugsgebiet der Seen zeigt, dass man Land außerhalb der Naturreservate nicht den unkontrollierten ökonomischen Begehrlichkeiten opfern darf. Letztendlich würde eine fortschreitende Zerstörung der Landschaft dazu führen, die Schutzgebiete zu einem Inseldasein zu verdammen. Diese isolierten Reste des Paradieses

Abb. 5.22 Landschaft am Baringosee und ihre Gestalter. (**a**) Blick über die Landschaft am Südufer; (**b**) Erosion durch Regenfälle; (**c**) Ziegenherden fördern die Erosion, indem sie die Pflanzendecke des Bodens zerstören

würden von den sozialen Brennpunkten der umgebenden Gebiete immer mehr abgekapselt werden. Dadurch wäre es schwieriger, ihr Potenzial in partnerschaftlicher Wechselwirkung für das Gemeinwohl zu nutzen (Burnett und Rowntree 1990).

Der Kampf um den Naturraum von Bogoria- und Baringosee könnte aus einer dreidimensionalen Perspektive – Landwirtschaft, Tourismus und Wissenschaft – als Vorbild für die anderen, noch weitgehend unerschlossenen Regionen des nördlichen Riftvalleys dienen.

5.1.5 Mau Forest und Mount Kenya – verwundbare Wassertürme

Das Bergland selbst in seinem Inneren ist unermesslich groß, malerisch und wechselnd, voller Schlupfwinkel, langer Täler, Dickichte, grüner Hänge und felsiger Klippen … Quellen und Brunnen rieseln dort oben in den Bergen, ich habe an ihnen gelagert und gerastet. (Tania Blixen 1937, *Jenseits von Afrika*. Übersetzung R. v. Scholtz)

Bevor wir unsere Reise in die Bergwelt von Kenia starten, fahren wir noch einmal an das Ufer des Nakurusees. Im Nordwesten fließt der Njoro in den See (Abb. 5.23) und ganz im Süden der Makalia, der sich seinen Weg in den Nationalpark über einen Wasserfall sucht. An den Zuflüssen, wo das Süßwasser der Flüsse auf die Sodalauge des Sees trifft, ist die Tierwelt besonders reich. Antilopen, Zebras, Büffel und Nashörner kommen zum Trinken und Rasten an die Flussmündung. Flamingos, Pelikane, eine Vielzahl von Reihern, Störchen und Regenpfeiferartigen suchen hier ihre unterschiedliche pflanzliche oder tierische Nahrung in der Übergangszone zwischen Süß- und Salzwasser. Doch wo kommt das Wasser her, das dieses Ökosystem am Leben hält und die beeindruckenden Naturschauspiele antreibt? Und woran liegt es, dass die Flüsse nur noch unregelmäßig ihren Weg in den See finden?

Wir nehmen die Fahrt in jene Bergregionen auf, welche die Feuchtgebiete im Tal mit Wasser versorgen. Die Kenianer bezeichnen ihre Berge als „water towers“, als Wassertürme. Nur ein geringer Anteil der Landfläche Kenias ist mit Wäldern bedeckt. Im Jahr der Unabhängigkeit Kenias (1963) waren es noch 12 %, vier Jahrzehnte später war die Waldfläche auf 2 % geschrumpft und ist inzwischen wieder auf 5 % aufgeforstet worden. In der Verfassung Kenias wird ein Aufforstungsziel von 10 % festgeschrieben (Raisig 2015). Zum Vergleich: In Deutschland sind 31 % der Fläche bewaldet.

Vom Ufer des Nakurusees fahren wir auf den Kraterrand des 2490 m hohen Menengai, dem „Hausberg“ von Nakuru, wo die Bauern auf der fruchtbaren Vulkanasche Felder angelegt haben. Den fast baumfreien Hang mit unserem Fahrzeug emporklimmend können wir nur erahnen, wie hier die reißenden Sturzbäche zur großen Regenzeit nach unten brausen. Langsam setzt sich bei den Bewohnern die Erkenntnis durch, dass ein paar schnell wachsende Eukalyptusbäume zumindest ein bisschen Schutz bieten könnten, bis die langsam gedeihenden heimischen Bäume wieder aufgeforstet sind. Oben am Rand angekommen, blicken wir nach Norden in weite, schwarze Lavafelder am Grunde des Kraters und in südlicher Richtung über bunte Flickenteppiche der Felder bis zum Stadtrand von Nakuru und den von Flamingos gesäumten

Abb. 5.23 Die Mündung des Njoroflusses im Nakuru National Park. Der aus dem Mau-Forest kommende Fluss ist um 2 m gestiegen und flutet den Nakurusee, Januar 2013

See. Vom Kraterrand bis zum Grund sind es 485 m. Die Kaldera hat einen Durchmesser von 12 km. Der Blick in die Unermesslichkeit wird nur von Schafherden und Specksteinschnitzereien schwenkenden Souvenierhändlern durchbrochen. Ein Wegweiser zeigt die Entfernung zu Städten an, die in anderen Welten liegen: Cape Town 4186 km, New York 12.360 km und Tokyo 10.988 km.

Von Nakuru aus fahren wir über das Mau Escarpment in das wichtigste Wasserschutzgebiet Kenias. Die ökologische und wirtschaftliche Bedeutung des Mau Forests kann nicht hoch genug eingeschätzt werden. Seine Flüsse speisen die Seen und ihre Einzugsgebiete und sichern Lebensqualität für Mensch und Tier. Hier entspringen mehr als 12 Flüsse, unter anderem der Njoro, Makalia, Ewaso Ng'iro, Kerio und Mara. Der Forst versorgt die sechs prägenden Seen des Landes: Baringo, Naivasha, Nakuru, Natron, Turkana und Victoria. Als Wasserspeicher sorgt der Wald mit seiner dichten Pflanzendecke für Vorrat und verhindert Hochwasserfluten. Er unterbindet Bodenerosion, filtert das Oberflächenwasser und erneuert das Grundwasser. Schließlich ist er ein Hort hoher Biodiversität und wertvoller Hölzer (Krhoda 1988).

Wir kommen an die in mehr als 2500 m Höhe liegende Kreuzung „Mau Summit", die oftmals in dichtem, tropfenden Nebel liegt. Hier verfehlen zuweilen große Überlandbusse ihre Spur, stürzen auf speckig-schlüpfrigem Boden die Böschung hinab, drehen sich auf ihre Dächer und finden sich in zerbeultem Zustand wieder, umringt von ihren überlebenden Passagieren. Auch die kopflosen Fahrer von Matatus, Trucks oder Personenwagen sind sich nicht zu schade, im Dreck zu landen. Wir haben den Mau Summit in 15 Jahren nur 5-mal passiert, aber es war unfalltechnisch immer was los, und zwar jeweils an der gleichen Kreuzung. Aus dem Dunst erscheinen dem Autofahrer riesige Werbeflächen über Aidsverhütung, was ein deutscher Rennfahrer in Rot über eine Reifenfirma denkt und wie die moderne schwarzhäutige Hausfrau ihr Gesicht mit Nivea pflegt. Die Straße ist gesäumt von Gemüseverkaufsständen mit gebündeltem Mangold und Sukuma Wiki, dem kenianischen Blattkohl, gewaltigen Haufen aus Kohlköpfen, aufgeschichteten Wänden aus Plastikeimern mit Kartoffeln. Fliegende Händler offerieren, hektisch an die Frontscheibe klopfend, Beutel mit bereits ausgepolkten grünen Erbsen und geröstete Maiskolben.

Es ist für uns nicht möglich, von der Straße aus an unberührte Gebiete des Mau Forest zu gelangen, nur an einigen Stellen führt die Verkehrsader nach Westen direkt an dichtem Baumbestand vorbei. Der Urwaldforst muss früher einmal ausgesehen haben wie ein Märchenwald, mit nebelverhangenen Baumriesen voller Moose und Flechten, die wie ein Schwamm das Wasser speicherten und dosiert an die Umgebung abgaben. Ursprünglich erstreckte sich

der Wald über eine Fläche von mehr als 400.000 ha. Hier hatten die berühmten Partisanen der Mau-Bewegung, die zähen Kämpfer gegen den britischen Kolonialismus, ihre Schlupfwinkel. Dann, nachdem das Land 1963 unabhängig geworden war, und besonders zu Zeiten des Präsidenten Arap Moi, wurden Filetstücke des Forstes fragmentiert, abgeholzt, in Ackerland verwandelt und an Parteigänger, Kirchen- und Stammesfürsten sowie an Kleinbauern verteilt. Durch legale und illegale Besiedlung, oftmals durch Korruption und Machenschaften der politischen Führer lanciert, sind 120.000 ha des Forstes zerstört und Acker- und Siedlungsflächen für mehr als 34.000 Haushalte zuzüglich Infrastruktur wie Kirchen, Schulen, Handels- und Serviceeinrichtungen geschaffen worden. Allein zwischen 1990 und 2001 wurden 107.000 ha abgeholzt, das ist mehr als ein Viertel der Waldfläche. Die lebenswichtigen Funktionen des Forstes konnten nicht aufrechterhalten werden. Jetzt, nachdem das Dilemma eingetreten ist, realisiert man widerwillig, dass Kenia ohne verantwortungsvollen Umgang mit seinen Wasserschutzgebieten einer düsteren und staubtrockenen Zukunft entgegensieht. Nun versucht man, die Bergregion mit internationaler Hilfe wieder aufzuforsten. Menschen müssen umgesiedelt werden. Dabei kommt es zu unfassbaren Ungerechtigkeiten, die das Land in einen schier unlösbaren Strudel an Problemen stürzt. Dass der berühmte Flamingosee Nakuru ebenfalls ein Opfer dieser zerstörerischen Landpolitik werden könnte, wird wohl als eines der kleineren Probleme angesehen (Chrisphine et al. 2016).

Leider wird die Problematik, die sich um den Mau Forest rankt, für politische Zwecke missbraucht. Dabei wird der Konflikt zwischen den einzelnen Ethnien des Landes angeheizt – man nennt das Tribalismus. Als Wissenschaftler, die sich der Gewässerfürsorge verschrieben haben, sind wir alltäglich mit den Auswirkungen der Politik im Lande konfrontiert worden.

Von den rund 40 Ethnien in Kenia sind wir besonders mit folgenden Stämmen in Kontakt gekommen: den ausdauernden Kalenjin aus dem Riftvalley, den fleißigen Kikuyu aus den zu Ackerland verwandelten Urwäldern der Berge, den fischessenden Luo vom Victoriasee, den etwas zurückgebliebenen Maasai, dem Hirtenvolk. Die hier provokativ verwendeten, stigmatisierenden Eigenschaften der einzelnen Stämme spiegeln die „öffentlichen" Vorurteile wider. Auch wir als Ausländer konnten Unterschiede in der Mentalität der Ethnien feststellen, jedoch fanden wir innerhalb der Stämme weitgefächerte Charaktere, wie wir an einigen Beispielen zeigen werden. Der Tribalismus spielt in der afrikanischen Kultur eine wichtige Rolle und zieht sich wie ein roter Faden durch die Gehirnwindungen von einfachen Menschen bis in jene der höchsten politischen Verantwortungsträger, die damit auf Stimmenfang gehen.

Früher waren große Teile des Territoriums von Kenia in den Händen der Maasai. Selbst das Land, auf dem heute die Hauptstadt Nairobi wuchert, gehörte ihnen. Sie nannten es „Platz des kühlen Wassers". Doch trickreiche Kolonialisten haben ihnen das Land abgeluchst. Die gerissenen Nachfolger haben die Verträge einfach fortgeschrieben, so dass die Maasai heute mit einem Bruchteil der Fläche auskommen müssen. Natürlich reicht das nicht für ein naturschonendes Bewirtschaften ihrer überdimensionalen Herden, so wie es früher der Fall war. Die ackerbauenden Kikuyus sind die Hauptnutzer des ehemaligen Maasai-Landes. Kikuyus und Maasai sind die Inkarnation des seit der Bibel immerwährenden Konfliktes zwischen Ackerbauern und Hirten, zwischen Kain und Abel. Aber wie man sieht, führen beide Lebensphilosophien und Bewirtschaftungsformen zu ähnlichen Ergebnissen. Die schützende Pflanzendecke wird geschädigt, das bergige Einzugsgebiet schrittweise entwaldet, der Boden erodiert und wird in die Senken, in denen sich die Seen befinden, verfrachtet. Beide Ethnien tragen so zum Problem der Zerstörung des Lebensraums der Flamingos bei. Es wäre jedoch völlig falsch, ausschließlich diese beiden Stämme für die Umweltzerstörung verantwortlich zu machen. Dieses Dilemma ist ein gesamtkenianisches Problem, denn alle Ethnien haben zu hohen Geburtenraten beigetragen und übernutzen ihre Umwelt. Es ist in unserer globalisierten Welt ein internationales Problem, denn Länder und Erdteile übergreifende Konsortien nutzen die sich bietenden Profitmöglichkeiten aus, meisens ohne für äquivalente Ausgleichsmaßnahmen zum Schutze der empfindlichen Natur und ihrer Kreisläufe zu sorgen.

Ich wohnte einem scherzhaften tribalistischen Dialog im Hauptquatier des Kenya Wildlife Service (KWS) zur Erneuerung unserer Forschungsgenehmigung bei. Unser Kooperant Kiplagat Kotut (ein Kalenjin) führte die Gespräche mit dem Verantwortlichen für Gewässer in den Schutzgebieten, Anderson Koyo (ein Kikuyu): Die Parlamentswahlen Ende 2002 waren gerade (im Gegensatz zu den darauffolgenden Wahlen 2007) relativ friedlich verlaufen, und der Kikuyu Mwai Kibaki (*1931) hatte mit seiner oppositionellen Vereinigung NARC (National Rainbow Coalition) die übermächtige KANU (Kenya African National Union) unter dem Kalenjin Daniel Arap Moi (*1924) abgelöst. Dies wurde international als das „Wunder von Kenia" gewertet. Koyo fragte Kotut mit feinem Lächeln, was er über den Ausgang der Wahlen denken würde. Kiplagat ließ sich nicht aus der Reserve locken und antwortete gelassen: „The winning party is always my party."

Arbeitslosigkeit ist neben Tribalismus und Korruption eines der weiteren Probleme der politischen Situation in Kenia. Viele arbeitsuchende junge Männer belasten das soziale Klima in den Ballungszentren. Sie hängen hoffnungslos herum und suchen Gelegenheitsjobs. Sie sind im Grunde genommen nicht aggressiv, aber in ihnen gärt eine mentale, von Ohnmacht gesteuerte Zeitbombe, die von Politikern geschickt instrumentalisiert werden kann.

In seinem Buch *Nairobi, River Road* schreibt Meja Mwangi (1982):

> Es wimmelte nur so von Menschen, die sich ihren Weg zur Arbeit suchten. Der nasskalte Wind, der über alles hinwegblies, trug nicht nur den Gestank von Scheiße und Urin mit sich, sondern auch manches Gemurmel, Zeichen von Elend, Angst und Resignation. Sie marschierten ruhig und langsam, ihre abgerissenen Stiefel kneteten Schlamm und Exkremente zu einem Brei. Hier und da blieb einer stehen und mischte seinen warmen Urin dazu. Dann nahm er seinen Marsch wieder auf, reihte sich ein in den endlosen Trott, eine Tretmühle der Verdammten. (Übersetzung: Carola Böhnk)

Als Ende 2007 erneut Parlamentswahlen in Kenia anstanden, war die Bilanz des amtierenden Präsidenten Kibaki ernüchternd. Nach Anfangserfolgen seiner Politik gegen Korruption und für wirtschaftliche Erfolge hatte er doch nichts weiter bewirkt als eine Verschärfung der Stammesinteressen und Selbstbedienungsmentalität der politischen Elite. Sein Konkurrent, der Luo Raila Odinga (*1945), der zu DDR-Zeiten in Magdeburg Maschinenbau studiert hatte, galt nun, nach langer politischer Karriere, bei der er 2002 als Präsidentenmacher von Kibaki brillierte, als neuer Hoffnungsträger. Er lag zunächst bei der Auszählung der Wahlergebnisse vorn. Doch Kibaki kippte die Wahlergebnisse und wurde erneut zum Präsidenten ausgerufen. Dann setzten blutige Kämpfe ein, bei denen beide Lager ihre Garden, die jungen arbeitslosen Männer, zu Straßenschlachten aufhetzten. Mehr als 1300 Menschen kamen ums Leben, und über 600.000 verloren Haus und Heimat. Unzählige Frauen wurden vergewaltigt und zahllosen Männern wurden die Geschlechtsteile abgeschnitten. Der ehemalige UN-Generalsekretär Kofi Annan wollte es besser machen als seinerzeit in Ruanda und setzte sich mit allem Nachdruck für eine Friedenslösung in Kenia ein, die in einer Großen Koalition und dem Ministerpräsidentenamt für Raila Odinga mündete. Die Probleme im Lande wurden allerdings nicht gelöst, sondern sie verschärften sich. Ein riesiger Regierungsapparat mit 94 Ministern plus Stellvertretern verschlang einen Großteil des Budgets. Während einfache Arbeiter weniger als 100 $ Monatslohn bekamen, gingen die Minister mit mindestens 17.000 $ im Monat nach Hause.

Bei der Suche nach den Ursachen des gescheiterten „Wunders von Kenia" wird man an die Parabel von den sechs blinden Männern, die auf einen Elefanten treffen, erinnert. Der erste Blinde betastet den Schwanz, der zweite ein Bein, der dritte die Breitseite, der vierte ein Ohr, der fünfte einen Stoßzahn und der sechste den Rüssel des Elefanten. Als die Männer dann diskutieren, wie der Elefant denn beschaffen sei, kamen folgende Versionen heraus: wie der

Ast eines Baumes, wie der Stamm eines Baumes, wie eine rauhe Wand, wie ein leerer Beutel, wie ein gebogenes Horn oder wie eine weiche Trompete. Aus der Einzelperspektive hatte jeder der Männer ein bisschen Recht, das Gesamtbild der Elefanten konnten sie jedoch nicht umreißen. Vor einem ähnlichen Dilemma stehen die Interessengruppen, welche die Ursachen der Gewalttaten versuchen zu erklären. Man kann grob gesehen sechs blinde Männer und ihre Parteigänger gruppieren: der alte und neue Präsident Kibaki, der vermeintliche Wahlsieger Odinga, die Medien, die internationale Gemeinschaft, die Kirchenfürsten, und schließlich das Volk. Irgendwie haben sie aus ihrer Sicht alle ein bisschen Recht und Unrecht, sind gleichzeitig Teil des Problems und der Lösung. Aber so lange sie bei ihren isolierten, eigennützigen Interessen, in ethnischen, politischen und religiösen Identitäten verharren, können sie niemals der Wahrheit und Lösung näher kommen.

> Ein ernsthafter Politiker muss einen Plan des Spiels haben. Wenn du keinen Plan hast, spielst du anderer Leute Spiel, und wenn du anderer Leute Spiel spielst, hast du keine Kontrolle. (William Ruto, im Interview von Ng'etich und Gekara *Daily Nation*, Nairobi, 26.10.2010, Übersetzung: L.K.)

Als Gegensatz zu den hoffnungslosen Menschen in Nairobis River Road sei hier der Lebensweg eines Siegertypen wiedergegeben: William Ruto (*1966), talentiert, charismatisch, polarisierend, demagogisch, religiös, eifriger Kirchgänger mit den Gaben eines begnadeten christlichen Missionars – „a prayerful man" – nach Arap Moi, der Vorbeter der Kalenjins. Sein Lebensweg ist in mehrfacher Hinsicht mit dem Phönix-Motiv verknüpft: Am Anfang waren es Hühner, später der rote Hahn, das Sinnbild der KANU-Partei, und am Ende braucht er die Fähigkeit des Feuervogels, um aus der Asche aufzuerstehen. Er begann ganz bescheiden und verkörperte einen normalen, guten, kenianischen Jungen: fleißig und intelligent, in einer Kleinbauernfamilie geboren. Um sein Schulgeld zu verdienen, erwarb er billig Hühner in seinem Dorf und verkaufte sie mit Gewinn am Kenia-Uganda-Highway. Nach der Schule absolvierte er ein Studium der Botanik und Zoologie an der Universität von Nairobi, dann wurde er Sekretär der „Youth for KANU", der jungen Garde der führenden Staatspartei. Erfolgreicher Wahlkampf für Arap Moi 1997. Ruto wurde Parlamentarier, Innenminister, später Minister für Bildung und 2010 aufgrund verschiedener Skandale suspendiert. Dann war er beim Internationalen Gerichtshof in Den Haag als einer der sechs Rädelsführer der Gewalttaten nach den Wahlen in Kenia 2007 gelistet. Er wurde angeklagt, die Gewalt geschürt und gesponsert zu haben, für deren Unterbindung er in der Öffentlichkeit inbrünstig gebetet hatte. Ende der Karriere? Oh, nein! Es war interessant, Ruto,

diese schillernde, ambivalente Figur in Kenia weiter zu beobachten, denn ihm wurde zu Recht nachgesagt, dass er, wie eine Katze, sieben Leben habe. Sein trockener Kommentar nach seiner Suspendierung als Minister: „Ich trage mein Kreuz, verbringe jetzt mehr Zeit im Fitnessstudio als auf der Straße und werde das Spiel von Neuem gestalten." (Ng'etich und Gekara 2010).

Wie kaum anders zu erwarten hat er sich wieder aufgerappelt. Uhuru Kenyatta (*1961), ebenfalls in Den Haag als einer der Initiatoren der Gewalttaten von 2007 angeklagt, allerdings auf der gegnerischen Seite, den Kikuyus, hatte ihm angeboten, den Wahlkampf 2013 gemeinsam zu gestalten. Dieser geniale Schachzug, der zwei ehemals verfeindete Rädelsführer vereinte, brachte den Wahlsieg. Seit März 2013 ist Uhuru Präsident und Ruto Vizepräsident. Beide ließen keine Gelegenheit aus, gegen den Internationalen Gerichtshof als neokolonialistisches Sprachrohr zu wettern. Die Gerichtsverfahren gegen die beiden Politiker wurden im Dezember 2014 (Uhuru) bzw. April 2016 (Ruto) eingestellt, weil die am Anfang des Verfahrens reichlich vorhandenen Zeugen später nicht mehr zur Verfügung standen. Bei den Wahlen am 8. August 2017 wurden Uhuru und Ruto für eine zweite Legislaturperiode zum Präsidenten bzw. Vizepräsidenten gewählt.

Ein anderer Kalenjin ist William Kimosop, Beschützer von Flamingos und Menschen. Er ist der „Senior Warden" (ranghöchste Wildhüter) des Schutzgebietes am Bogoriasee und damit verantwortlich für einen der wichtigsten Lebensräume der Zwergflamingos in Ostafrika. Er ist studierter Forstfachmann und hat vieles in der Region auf die Beine gestellt. Gerade arbeitet er am Aufbau eines „Global Village", eines Begegnungs- und Bildungszentrums am Äquator (Abb. 5.24). Er will hier so viele Informationen wie möglich über seine Heimat, den Afrikanischen Grabenbruch, und darüber hinaus über die Länder der Welt sammeln. Wir treffen ihn am „Global Village", um die Daten zum letzten Flamingozensus durchzugehen und Luftaufnahmen auszuwerten. Es ist Sonntag, vormittags gegen 10 Uhr, eine Zeit, in der sich andere Verantwortungsträger mit gebeugtem Rücken in der Kirche beim Gebet, und später vor der Kirche mit verbalem Säbelrasseln von der Presse filmen lassen.

In der Periode der Gewalttaten nach den Wahlen 2007 wurde Kimosop zum wahren Helden. Überall im Lande floss Blut, keiner wusste so richtig, wie er sich positionieren sollte, in diesem tödlichen Ränkespiel um die Macht. Niemand konnte die wankelmütige Rolle der Sicherheitsorgane einschätzen und die Entwicklung im Lande überhaupt. Aber William Kimosop handelte einfach als Mensch: Ende Januar 2008 versteckte er 865 Flüchtlinge verschiedenster Stammeszugehörigkeit in einer Schlucht im Riftvalley. Draußen

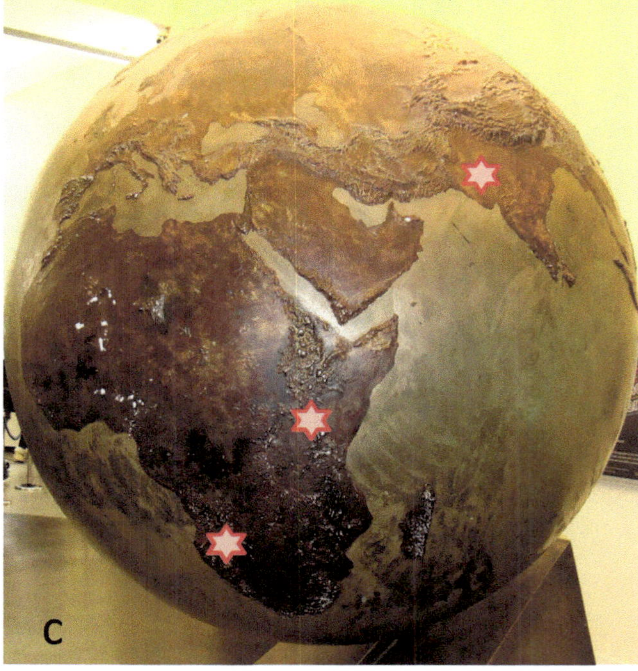

Abb. 5.24 „Global Village". (**a**) William Kimosop, der Initiator des Global Village als Bekenntnis gegen Tribalismus und für Verständigung der Völker (Foto: Hartmut Fiebig); (**b**) Denkmal des Global Village am Äquator nördlich von Nakuru; (**c**) Globus im Naturhistorischen Museum in London mit den Haupteinstandsgebieten des Zwergflamingos (rote Sterne)

herrschte Gefahr für ihr Leben und drinnen mangelte es an Essen und Wasser. Drei Babys wurden geboren. Mit seinem Handy gelang es ihm, Hilfe von außen herbeizurufen.

Kommen wir zu Raila Odinga zurück. Als Ministerpräsident nach den Wahlen 2007 hatte er die A-Karte gezogen, denn er musste die äußerst unpopulären Maßnahmen der „Eviction", der Vertreibung aus dem Paradies des Mau Forests, verantworten und verlor dadurch Rückhalt bei manchen Wählergruppen. Er hat dennoch tapfer seine Pflicht getan. Bis zum Abschluss der Legislaturperiode wurden 20.000 Familien aus dem Mau-Forst ausgesiedelt und 70.000 ha Wald wiederaufgeforstet. Doch als er erneut die Wahlen verlor und 2013 Uhuru und Ruto die Macht als Präsident und Vizepräsident übernahmen, wurde die Politik der Mau-Eviction gezielt hintertrieben. Immer wieder wurde Ruto vorgeschickt, um über Ausnahmeerlasse weitere Gebiete des Forstes von den Aufforstungsmaßnahmen zu befreien. Inzwischen geht die Zerstörung des Waldes munter weiter. Verantwortungsträger reden die Situation jedoch schön. So jubiliert Cosmas Ikingu, der Chef der „Mau Conservancy", in der *Daily Nation* vom 06.01.2016, dass die Aufforstungsprogramme greifen und die Ökosysteme auf einem guten Weg seien: „We have now Lake Nakuru overflowing and the River Mara is full." (Obiria 2016). Damit werden allerdings Ursache und Wirkung durcheinandergebracht, denn dass der Nakurusee inzwischen überläuft und der Mara-Fluss gut gefüllt ist, beruht auf der zerstörten Rückhaltekapazität des Waldes. Und so ganz nebenbei schläft der Flamingotourismus ein, weil im ausgesüßten Wasser des Nakurusees kein Futter mehr für den Cash-Vogel des Gebietes wächst und dieser auf die Suche nach besseren Nahrungsgründen gehen muss.

Unsere nächste Station ist der Mount Kenya National Park. Wir wollen uns ein Bild davon machen, wie es um den Waldgürtel des am höchsten gelegenen Schutzgebietes in Kenia bestellt ist. Wir umkreisen das Bergmassiv auf einer Ringstraße und machen an verschiedenen Stellen Zwischenstopps, wo wir weitere Plätze kennenlernen, die eng mit dem Schicksal der Gewässer im Tal vernetzt sind. An einigen Stellen der Ringstraße ist der Blick frei auf das Bergmassiv (Abb. 5.25). Hier können wir die Konfliktregion als Panorama auf uns wirken lassen. Die bis 5199 m hohen Gipfel des Mount Kenia in der dunstigen Ferne, von scheinbar vegetationsloser, doch von Flechten und Mosen bedeckter Felslandschaft (über 4500 m) umgeben, darunter die Zone der montanen Flora (3000–4500 m), dann die Bergwälder, in denen das Wasser gespeichert wird (2500–3000 m), und der abrupte Übergang in die landwirtschaftliche Kulturlandschaft bis hin zum bunten Treiben der Kleinhändler an der Straße direkt an unserem Beobachtungspunkt in 2000 m Höhe.

Abb. 5.25 Am Fuße des Mount Kenya. (**a**) Blick auf die Höhenstufen des Bergmassivs. Im Vordergrund ist ein abgeerntetes Maisfeld zu sehen; (**b**) Werbeträger des River Side Hotels; (**c**) Forellenzuchtteiche von Kentrout

Wir übernachten am Sirimon-Gate des Mount Kenya National Park in 2300 m Höhe und durchwandern den Bergwald, der im Schutzgebiet noch erhalten ist, in drei Stunden bis zur Baumgrenze oberhalb von 3000 m. Nun geht es durch Buschland aus Heidekräutern bis zum „Old Moses Camp" auf 3300 m. Dort können wir von oben über das Schutzgebiet bis an seine „Kampfzone" mit der Zivilisation blicken, wenn der Nebelschleier aufreißt. Nach dem Verlassen des Parkes wirkt der Überlebenskampf der Bauern in dieser rauhen Gebirgslandschaft auf uns noch doppelsinniger. Die nicht unter Schutz gestellten Flächen sind von Kartoffelfeldern bedeckt. Einsam stehende knorrige Bäume wirken wie von einem Kriegsschauplatz. Der Kontrast zwischen den geschützten und den ungeschützten Flächen ist extrem. Die armen Bergbauern quälen sich mit einfachsten Werkzeugen auf dem schweren roten Boden. Es ist gerade Erntezeit, und die Ernte scheint nicht besonders gut auszufallen, es überwiegen die kleinen Kartoffeln.

An den Flanken des Mount Kenya gibt es drei Forellenfarmen, die jährlich etwa 30 t Fisch produzieren. Eigentlich erwartet man dieses Geschäft hier gar nicht, denn die Regenbogen-Forelle (*Onkorhynchus mykiss*) ist nicht heimisch. Doch sie wurde 1905 von Ewart Grogan (1874–1967) in Kenia eingeführt. Grogan, eine schillernde Gestalt unter den weißen Siedlern, hat sich noch durch andere Aktionen hervorgetan und seinen Platz in der Geschichte gesichert. Um seinen zukünftigen Schwiegervater von seiner Stärke zu überzeugen, wanderte er 1898–1900 von Kapstadt nach Kairo. Unterwegs hatte er zahlreiche abenteuerliche Begegnungen mit wilden Tieren, Kannibalen und Kopfjägern (Grogan und Sharp 1902). Er war der erste Mensch, der den Kontinent zu Fuß in seiner ganzen Länge durchquert hat.

Wir besichtigen die Forellenfarm „Kentrout" in Timau, eine der größten im Lande. Auf dem Gelände werden zahlreiche Teiche bewirtschaftet. Hier fließt von den Bergen frisches, sauerstoffreiches Wasser, so dass die Fische gut gedeihen. In den gedüngten Teichen finden wir eine reiche Algenflora, unter anderem eine neue Art unserer „Hochperformer": *Mychonastes timauensis*.

Niemand weiß, wie lange das frische Wasser noch in ausreichenden Mengen in die Farmen am Mount Kenya fließen wird und wo es auf seinem Weg weiter ins Tal versiegen wird. Die Konflikte um die Nutzung des Wasserangebotes sind hart. Sie werden zwischen den verschiedenen Interessenvertretern ausgefochten: den Natur- und Ressourcenschützern, den Landwirten, den Gewächshausbetreibern, den Fischwirten – und natürlich fühlen sich jene betrogen, die weiter unten im Tal vergeblich auf das Wasser warten. Schon frühzeitig wurde über Verluste berichtet. So erlitt im März 2002 eine Forellenfarm Einbußen von ca. 50.000 $, als 30.000 Jungforellen starben, weil die Teiche austrockneten (Kiteme und Gikonyo 2002).

Wissenschaftler der Universität Bern und des Center for Training and Integrated Research (CETRAD) in Nanyuki führten eine einprägsame Modellstudie über die Wassernutzungspraktiken am Massiv des Mount Kenya durch (Liniger et al. 2005). Sie ermittelten in einer Langzeituntersuchung (1960–2004) die Abflussmengen der Flüsse Buguret, Nanyuki, Likii und Timau. Diese Flüsse entwässern von der Westflanke des Mount Kenya in das Becken des Braunwasserflusses Northern Ewaso Ng'iro, der aus dem Mau Forest kommend durch das Laikipia-Plateau in die trockene Samburu-Ebene fließt und schließlich die berühmten Schutzgebiete Samburu und Buffalo Springs National Reserves erreicht. Im Vergleich zum Zeitraum 1961–1970 verringerte sich der Abfluss der vier genannten Bergflüsse von 1995 bis 2004 um bis zu 71 %. Die Zahl der Punkte, an denen Wasser abgeleitet wird, hat sich in dieser Zeit verdoppelt, und die abgezapfte Wassermenge hat sich verachtfacht. Um eine Vorstellung von den Mengen zu vermitteln, hier zwei Beispiele: Am Likii-River erhöhte sich die Zahl der Ableitungsstellen von 15 auf 38, und der Abfluss stieg von 43 auf 343 l pro Sekunde; am Nanyuki-River stiegen die Zahlen von 34 auf 73 Ableitungen und von 123 auf 197 l. Der erhöhte Wasserbedarf ist auf einen dramatischen Wandel der Bevölkerungsstruktur und der Nutzung des Areals unterhalb des Bergmassivs zurückzuführen. Während in vorkolonialer Zeit Viehhirten über die Hänge streiften, schufen die Kolonialisten großflächige, fruchtbare Farmen. Nach der Unabhängigkeit wanderten einheimische „Agropastoralisten" ein und ließen die Bevölkerung innerhalb von 40 Jahren auf das Zehnfache wachsen. Gleichzeitig wurden große Gebiete für den Gemüseanbau mit künstlicher Bewässerung erschlossen. Einige urbane Siedlungszentren wurden ausgebaut, wie Nanyuki (über 50.000 Einwohner) und Timau (über 10.000 Einwohner).

Die Autoren der Studie fordern die Entscheidungsträger auf, die Wassernutzungspraktiken langfristig zu überwachen und zu regulieren. Als Hauptinstrument wird die Stärkung der „Water User's Associations" (WUAs) vorgeschlagen. Diese lokalen Vereinigungen der Wassernutzer sind für das Monitoring und die Regulation des Wasserverbrauchs verantwortlich. Sie müssen Konflikte regeln und vorbeugende Maßnahmen, wie Aufforstung, Verbesserung des Beregnungsregimes sowie Umweltbildung der Bevölkerung, treffen. Im Zeitraum von 1990 bis 2003 wurden 13 WUAs gegründet.

Doch das Wasser ist nur das eine Kampffeld, das mit der Abholzung der Bergwälder einhergeht. Das andere Problemfeld ist das Feuer. Die dichter werdende menschliche Besiedlung der Naturräume hat zu einem massiven Anstieg des Bedarfes an Feuerholz und Holzkohle geführt. Kenia braucht jährlich 41,7 Mio. m³ Holz, davon 18,7 Mio. m³ Feuerholz und 16,3 Mio. m³ für Holzkohle. Nur 31,4 Mio. m³ des Holzbedarfes können aus nachhaltiger Holzwirtschaft, z. B. Eukalyptusbaumfarmen, gedeckt werden. Die Naturwälder des Landes verlieren also jährlich mehr als 10 Mio. m³ Holz

(Wanjiru und Omedo 2014). Holzimporte aus Westafrika sollen das Problem mildern. Im Gegenzug verschärft sich die Situation in Westafrika.

Aus 10 t Holz kann 1 t Holzkohle hergestellt werden. Während die Landbevölkerung vorwiegend Feuerholz als Energieträger nutzt, greifen 82 % der städtischen Haushalte auf Holzkohle zurück. Eine 10-köpfige Familie braucht im Monat einen großen, 70 kg schweren Sack Holzkohle, der umgerechnet etwa 17 € kostet (Abb. 5.26). In Kenia werden 1,6 Mio. t Holzkohle im Jahr erzeugt. Das wirft einen Gewinn von 32 Mrd. Kenia-Shilling (267 Mio. €) ab und schafft 700.000 Arbeitsplätze (Oimeke 2012). Diese Dimension ist vergleichbar mit der Teeproduktion, die knapp 300 Mio. € erwirtschaftet. Zum Vergleich: Die Schnittblumenindustrie bringt 445 Mio. € und der Tourismus 1550 Mio. €. Alle diese Zahlen stammen aus dem Jahre 2014 und wurden aus den im Internet zugänglichen Statistiken der Industriezweige entnommen.

Eine besondere Art von Tourismus, die wahrscheinlich im Budget anderer Ministerien erscheint (eventuell Verteidigung oder Gesundheit?), erlebten wir in der Stadt Nanyuki,

einer Ausgangsbasis für die Besteigung des Mount Kenya und Geburtsort des von uns hoch geschätzten kenianischen Buchautors Meja Mwangi (*1948). Unweit der Stadt befinden sich Militärbasen der kenianischen und der britischen Armee. Die Briten nutzen am Fuße des Mount Kenya einen Truppenübungsplatz, auf dem in so ziemlich allen Landschaftstypen Krieg trainiert werden kann, vom Bergdschungel bis zur wüstenartigen Savanne.

Am „River Side Hotel" geht es heiß her. Hier kommen Feuer und Wasser zusammen. Das Hotel ist angesagter Treffpunkt der Prostituierten der Umgebung mit Soldaten der britischen Sondereinheit SAS (Special Air Service). Die Militärs sind dafür bekannt, sich in der Stadt dem Vergnügen hinzugeben, bevor der nächste Einsatz kommt. Was man hier nicht sieht: Es handelt sich um die Truppe mit der höchsten Selbstmordrate in der britischen Armee. Nach Abschluss ihres Dienstes sind die Soldaten völlig ausgebrannt und finden nur schwer ins normale Leben zurück. Doch das Gleiche gilt für die zahlreichen jungen Mädchen, die ihren Unterhalt und den ihrer Familie damit bestreiten,

Abb. 5.26 Hier enden die Bergwälder Kenias: Säcke mit Holzkohle, dem wichtigsten Brennstoff im Lande

ihren Körper zu verkaufen. Die Soldaten wirken entspannt. Sie präsentieren sich in der Öffentlichkeit als gute Jungs von nebenan. Es ist kein Problem für sie, dass wir uns in die Gästeschar der Disco einreihen. Als wir (Peter und Tine, Doris und ich) gegen 19:00 Uhr in der Partyzone auftauchen, herrscht dort schon aufgekratzte Stimmung. Einige der Soldaten und Offiziere haben bereits ihre Wahl getroffen und ziehen sich mit ihren attraktiven Partnerinnen in die stundenweise gemieteten Bungalows zurück. Wir hingegen haben bei unserer Ankunft, ohne zu wissen, was auf uns zukommt, schon für die ganze Nacht gebucht und vorausbezahlt. An der Bar, die vergittert ist, damit es nicht zu Übergriffen auf die Getränkevorräte kommt, hat sich eine dichte Blase aus Uniformierten gebildet, die heftig ihre Drinks nehmen. Auch uniformierte Frauen halten an den Biertischen tüchtig mit. Auf dem Hof spielt ein melancholischer Dudelsackbläser, und ein Mädchen wiegt sich nachdenklich dazu im Tanz.

Die Prostituierten und ihre Zuhälter sitzen strategisch gut verteilt am Rande der Partyzone. Einige, bei denen es schon gefunkt hat, die aber noch nicht ins Bett wollen, turteln in farbig ausgeleuchteten Separees. Die rot ausgeleuchtete Lustgrotte ist am besten besucht. Die Musik ist tanzbar, und es tummeln sich einige Pärchen auf der Tanzfläche. Wir nutzen die Gelegenheit und wagen ein Tänzchen zur Musik von Cher. Das kommt gut an, und gleich fordern uns ein paar Mädels und Jungs zum Gruppentanz auf. Fotografieren ist nicht untersagt, sondern ausdrücklich erwünscht.

Für uns vier haben wir einen Tisch auf dem luftigen Hof ausgesucht, unter einem Tusker-Sonnenschirm. Auf der Tusker-Wachstuchtischdecke wird Tusker-Bier, die führende Biermarke Kenias, zu unserem Bedarf vom aufmerksamen Kellner weitsichtig bereitgestellt. Im Verlauf des Abends gesellt sich die 18-jährige Naomi zu uns. Sie ist offensichtlich froh, dass sie von ihrem Zuhälter und den Soldaten in Ruhe gelassen wird, so lange sie sich bei uns aufhält. Dominiert wird das Tischgespäch von Steward, dem ranghöchsten Gast, der uns etwas über sich und seine Probleme als Verantwortungsträger bei der Truppe erzählt. Er lässt sich den Schnaps in 200 ml Flaschen bringen und leert diese Serviereinheiten in beängstigender Frequenz. Er gibt ganz schön an, zeigt seine Corps-Tätowierungen und erzählt, dass sie gerade aus dem Irak gekommen seien und sich hier erholen sollen, bis sie wahrscheinlich in Afghanistan eingesetzt werden. Als Zeichen seiner Macht trägt er einen Rungu, den terminal verdickten Knüppel der Maasai, mit dem er wuchtige Gesten gegen einen imaginären Angreifer ausführt.

Obwohl der reale Hintergrund dieses fröhlichen Treibens traurig ist, drängt sich uns immer mehr das Gefühl auf, als seien wir hier im falschen Film, in einer Parodie, einer Art „Police Academy". Alles, was man sich als Zivilist über Geheimhaltung und Sicherheitsvorkehrungen beim Militär so ausmalt, scheint hier nicht zuzutreffen. Als Stewards Stimme schwerer und Naomi immer trauriger wird, halten wir es für

an der Zeit, uns zurückzuziehen, völlig wirr im Kopf. Später laufen im Nachbarzimmer die Gäste ein, sie sind leise, es rascheln nur ihre Kleidungsstücke. Make love, not war!

5.1.6 Magadi und Natron Nord – Leslie Browns Herausforderung

… the world's most inhospitable lakes, Magadi and Natron – two corrosive sumps of water and soda. (Colin Willock 1974, *Africas's Riftvalley*)

… die unwirtlichsten Seen der Welt, Magadi und Natron – zwei ätzende Sümpfe aus Wasser und Soda. (Übersetzung L. K.)

Der Magadisee ist eine flache Salzpfanne mit einer Fläche von bis zu 120 km², die in verschiedene Lagunen zerklüftet ist. Bei höchstem Wasserstand kann die Tiefe des Sees an wenigen Stellen bis 5 m betragen. Die Wasserbeschaffenheit in den einzelnen Bereichen hängt von den Mischungsverhältnissen dreier Wassersorten ab, die sich extrem in ihrem Salzgehalt und ihren Temperaturen unterscheiden:

- Salzarmes, kühles Fluss- oder Grundwasser mit hohem Gehalt an Bicarbonat. Allerdings mündet kein Fluss in den See. Lediglich der Ewaso Ng'iro passiert auf seinem Weg zum Natronsee das Magadibecken in etwa 20 km Abstand und speist dessen Grundwasser. Der Salzgehalt des Fluss- und Grundwassers liegt unter 1 ‰.
- Salines, heißes Grundwasser mit hohem Gehalt an Bicarbonat. Aus zahlreichen salinen-alkalinen, bis 86 °C heißen Quellen sprudelt Wasser in die Lagunen. Der Salzgehalt der Quellen beträgt bis 27 ‰. Die Quellen stellen die Hauptwasserzufuhr des abflusslosen Seenbeckens dar. Täglich gelangen etwa 300.000 m³ Wasser und 4300 t Soda in die Lagunen (Coe 1967).
- Stark saline, kühle oder warme Sole an der Oberfläche mit hohem Gehalt an Carbonat-Chlorid. Die Salzlauge („brine") gehört zu den Solen mit der höchsten gemessenen Salinität (über 300 ‰) an Sodaseen der Erde. Diese Sole durchläuft einen chemisch-physikalischen Wandel, der durch ein Wechselspiel von Verdunstung und Kristallisation bestimmt wird. Schließlich schlägt sich die auskristallisierte Sole als Trona nieder (Abb. 5.27). Sie besteht aus Natriumcarbonat und Natriumhydrogencarbonat. Die Trona hat sich im Verlauf der letzten 6000 Jahre auf eine 40 m dicke Schicht akkumuliert und bedeckt etwa 72 km² des Sees (Eugster 1970).

Trona stellt die Grundlage der industriellen Sodaproduktion am See dar (siehe Abb. 5.28). Die Magadi Soda Company wurde im Jahr 1911 eröffnet. Seit 2005 gehört das Unternehmen der indischen TATA-Gruppe (TATA Chemicals Magadi, TCM). Die Firma ist Afrikas größter Produzent von Soda,

Abb. 5.27 Gesichter des Magadisees. (**a**) Fahrt durch die Salzlake des Sees; (**b**) ausgetrocknete Fläche mit grauer Kruste aus Trona

Abb. 5.28 Heiße Quellen am Magadisee. (**a**) Quellen entwässern ins Seebecken und schaffen Bedingungen für Algenwachstum, das die Zwerg-flamingos anlockt; (**b**) Hauptquelle am Südrand des Magadi; (**c**) Maasai-Kinder helfen uns bei der Probenahme; (**d**) ein Moran wird verarztet; (**e**) Ziegen brechen zum Weidegang auf

einem der wichtigsten Exportartikel des Landes. Jährlich werden 320.000 t Soda produziert, das bringt etwa 90 Mio. $ auf dem Markt.

In den heißen Quellen des Magadisees lebt ein spezieller Angehöriger der Cichliden (Buntbarsche). Es ist *Alcolapia grahami* (Synonym: *Oreochromis alcalicus*). Er hat hier sein einziges natürliches Vorkommen und ist perfekt an die extremen Bedingungen mit der hohen Salinität und Temperaturen bis 45,6 °C angepasst. Kein Fisch auf der Welt kann mit ihm mithalten, sondern würde hier in kürzester Zeit zu Grunde gehen (Kavembe et al. 2016). Fast 90 % der Nahrung des 3–4 cm kleinen Fisches besteht aus Cyanobakterien, die in reicher Entfaltung die heißen Quellen besiedeln. Die Art gehört zu den Maulbrütern. Der Schwarm junger Fische im Maul einer Mutter kann von mehreren Vätern abstammen, denn der Rogen des Weibchens wird von den Spermien mehrerer Männchen befruchtet. Manchmal setzt die Mutter die Jungen in kleinen „pools" an den Quellen ab, die etwas kühler und weniger salzhaltig sind, um die Entwicklung der Brut unter weniger harschen Bedingungen zu beschleunigen (Kavembe et al. 2016). Aufgrund des engen Verbreitungsgebietes dieser kleinen Population von *A. grahami* und seiner engen Anpassung an das harsche Habitat, besteht höchste Gefahr, dass die Art aussterben könnte.

Am Magadi leben ein paar Tausend Flamingos. Bisher wurde nur ein einziges Mal über ein Brutereignis berichtet. Im Jahre 1962 legten die Zwergflamingos 1,1 Mio. Eier, und 350.000 Küken schlüpften (Brown und Root 1971). Seitdem wurden nie wieder brütende Flamingos am Magadi beobachtet. Warum? Die Naturschützer von „Nature Kenya" sehen einen engen Zusammenhang zu den Störungen und Veränderungen durch die Sodafabrik. Abwässer haben die Umwelt kontaminiert, und mechanische Störungen durch die Tronaentnahme verhindern die Krustenbildung an den Bruthabitaten, so dass die Vögel im Schlamm stecken bleiben (Boyes 2013). In den 15 Untersuchungsjahren in Kenia haben wir den Magadisee insgesamt 7-mal beprobt (Abb. 5.28).

Von Magadi aus sind wir zweimal bis zum Nordteil des Natronsees vorgestoßen. Durch die stark wechselnden Bedingungen, haben wir heterogene Befunde. Natürlich haben wir auch eine Sole von etwa 300 ‰ untersucht, um zu sehen, wie sich das anfühlt. Allerdings fanden wir in dieser rotbraunen Lake von öliger Konsistenz keine Cyanobakterien oder Algen. Unsere algologischen Proben beschränkten sich auf eine Salinitätsspanne von 29–81 ‰. In allen Proben fanden wir pennate Kieselalgen, vorwiegend *Anomoeoneis sphaerophora*, die offensichtlich die Hauptnahrung der Zwergflamingos am Magadi darstellt. Häufig waren fädige Cyanobakterien der Gattung *Phormidium*, die in jungen, nicht verfilzten Stadien fressbar sind. Ähnliche Verhältnisse fanden wir im Nordteil des Natronsees vor. In einer Probe vom Magadi mit 64 ‰ dominierte *Picocystis*, die hier, ähnlich wie am Bogoria- und am Nakurusee, die

anderen Algen auskonkurriert. In einer heißen Quelle am Magadi fanden wir eine neue Art von *Picocystis*, die noch der Beschreibung harrt. Bei einer Salinität von 81 ‰ wiesen wir coccale Cyanobakterien nach, die dafür bekannt sind, unter extremen Bedingungen auch in anderen Sodaseen zu existieren: spezielle Vertreter der Gattungen *Synechococcus* und *Synechocystis* sowie die nadelförmigen Zellen von *Myxobactron* (Krienitz und Schagerl 2016). In keiner Probe fand sich *Arthrospira fusiformis*.

Da es mit Übernachtungsmöglichkeiten in Magadi oder gar am Natronsee schlecht bestellt ist, machten wir Quartier in einfachen Hütten am Olorgessailie National Monument, etwa 50 km vor Magadi. Von hier aus kann man den Magadisee innerhalb eines Tages bereisen und abends wieder zurückkommen. Olorgessailie beherbergt ein Freilichtmuseum zur Geschichte unserer menschlichen Vorfahren. Bislang hat man hier zwar noch keine Überreste von Skeletten fossiler Hominiden ausgegraben, aber Abgüsse der wichtigsten Schädelfunde im Lande sind ausgestellt. Der Standort ist wegen eines anderen Umstandes interessant. Der Geologe John Walter Gregory (1864–1932), nach dessen Namen der ostafrikanische Zweig des Riftvalleys benannt wurde, entdeckte hier 1919 eine ungewöhnlich große Ansammlung von faustkeil- und klingenartigen Steinwerkzeugen aus der Acheuléen-Periode. Jahrzehnte später betrieben die Leakeys hier Ausgrabungen und fanden heraus, dass es sich um eine Produktionsstätte dieser Werkzeuge handelte, im Fachjargon spricht man von „Feuersteinindustrien". *H. erectus* lebte hier in größeren Horden in der beutetierreichen Feuchtsavanne am Ufer eines paradiesischen Sees, der von zwei Vulkanen (Olorgessailie und Oldonyo Esakut) flankiert war. Sie mussten ihr steinernes Rohmaterial, wie den dunklen Feuerstein Obsidian („vulkanisches Glas") und Quarze, von den 10 km entfernten Vulkanhängen herbeischaffen, um es im Tal zu bearbeiten. Die Manufaktur wurde etwa 1Million Jahre lang betrieben (im Zeitraum von vor 1,2 Mio. bis 200.000 Jahren) – eine unvorstellbar lange Zeit! Als der See austrocknete, zogen die Urmenschen in andere Gebiete. Die weltweit dichteste Massenanhäufung der Steinwerkzeuge ließen sie zurück und auch die Frage nach dem „Warum" dieser Überschussproduktion in solch archaischer Welt. Ein Vergleich drängt sich auf, zu den Faustkeilen und Speerspitzen unserer heutigen Zeit, den Industrierobotern und Smartphones. Für die moderne Generation ist es unerklärlich, wie ein und dieselbe Art von Werkzeugen, ohne wesentliche Änderungen am Design 1 Million Jahre lang hergestellt und genutzt werden kann. Inzwischen haben wir Halbwertszeiten einer Smartphoneauflage von wenigen Jahren oder gar Monaten.

Das Freilichtmuseum liegt in einer Landschaft zwischen den zwei genannten, inzwischen erloschenen Vulkanen. Von Wellblechdächern geschützt, sind die Ausgrabungsstellen der Werkzeuge in ihrer ursprünglichen Fundposition belassen worden und wirken authentisch. Es ist so, als ob ihre Hersteller gerade von einem Vulkanausbruch überrascht wurden und ihr Heil in der Flucht suchen mussten. Überall liegt poröses Bimsgestein herum, wie Kanonenkugeln von den beiden Vulkanen ausgespuckt, mit Löchern, die beim Abkühlen aus den Gasvakuolen entstanden. In der glühenden Sonne steigt man über geschichtete oder wie gepresster Staub wirkende Hänge, die mit stacheligen Gräsern und niedrigen Dornbüschen bewachsen sind. Nach der Wanderung ist unsere Kleidung voll mit widerhakigen Pflanzensamen. In den Niederungen wachsen mannshohe Pflanzen, die wirken, als seien sie von einem anderen, noch heißeren Planeten. Sie haben eine fahlgrüne, wachsartige Blattoberfläche und violette Blütenstände: *Calotropis procera*, eine Stromtalpflanze. Ihre faustgroßen Früchte enthalten Samen mit wattigen Gewebefasern, die zur leichten Verbreitung durch Wasser und Wind beitragen. Wir fanden sie nicht nur hier, sondern in anderen surrealistischen Landschaften in Afrika und in Indien, wie z. B. in der Wüste Thar in Rajasthan.

Ein kleines Flüsschen hat sich in die Ebene gefressen, der El Keju Ngiro, der oft austrocknet. Die Restlöcher werden von den Maasai zum Tränken ihrer Huftierherden genutzt. Von überall her klingt das Bimmeln der Glocken an den Ziegenhälsen über die Ebene. Hier ist das Ufer lehmig. Zahlreiche Hufspuren zeigen, wie groß die Herden der stolzen Maasai sind. Je kleiner die Restlöcher geschrumpft sind, umso intensiver wird der Geruch der Ausscheidungen der Herdentiere, die den Harnstoffgehalt des Wassers konzentrieren. Fliegen schwirren von Kothaufen auf. Die Restlöcher sind von blühenden Akazien umgeben, deren Blütenduft die Bienen der Umgebung anlockt. Das ruft wiederum leuchtend grüne Malachit-Bienenfresser auf den Plan, die wie Gemmen im dornigen Gehölz eingefasst verharren, aber blitzschnell aus ihren Edelsteinfassungen ausbrechen, um mit einem Insekt im Schnabel wieder Ruheposition einzunehmen. An Stellen, die noch „frischeres" Wasser enthalten, sitzen die Maasai und waschen hingebungsvoll ihre wie Ebenholz glänzenden Körper. Die mächtigen, abgeschliffenen Gerölle, die im Flussbett lagern und die über 10 m hohen Erosionstäler, in deren steilen Wänden die Bienenfresser Nistlöcher gebaut haben, künden von der Gewalt des „Flüsschens". Wenn sich aus den umgebenden Escarpments, den bruchwallartigen Felswänden, nach kurzen, aber heftigen Regenfällen, das Wasser seinen Weg durch die tiefste Rinne des Terrains bahnt, ist es zu einem reißenden Fluss angeschwollen.

Abseits des Flusses sind sanfte, flach erodierte Hügel von Diatomit entstanden. Hier in Olorgessailie hat das Diatomit die Artefakte, die Steinwerkzeuge des *Homo erectus*, für die Zukunft sicher eingeschlossen. Auch heute noch kommen Paläoanthropologen, um in den Hügeln zu graben.

Maasai-Frauen strömen aus den nahegelegenen Manyattas herbei, wenn sich Gäste mit ihren staubaufwirbelnden Fahrzeugen dem Camp am Olorgessailie nähern. Sie bieten Hals- und Armbänder aus hartem Leder an, auf das in mühevoller Kleinarbeit bunte Glasperlen gestickt sind. Glasperlen haben den faden Beigeschmack des Billiggeschenks von Eroberern an Eingeborene. In den von den Maasai angebotenen Souveniers erleben die Perlen jedoch eine neue Aufwertung, die den Nachfahren der weißen Eroberer etwas Geld aus der Tasche locken soll. Noch wichtiger ist das zweite Produkt, das die Frauen an die Übernachtungswilligen in Olorgessailie verkaufen: Bündel von Akazienholz, das mit der Panga, einer Art Machete, von vertrockneten Bäumen und Büschen geschlagen wurde. Es ist eisenhart und entwickelt eine ungeheure Hitze. Dieses Holz ist unentbehrlich für das abendliche Kochfeuer, hier an den Flanken des Ologessailie-Vulkans. Wenn das Stew in den rußigen Töpfen zubereitet wird, kommt die Zeit der Romantiker. Man kann vorsichtig das Feuer am Leben erhalten und auf die Geräusche der Nacht im Tal lauschen. Vor uns liegt die weite Ebene im Dunkeln, nur von einem endlosen Meer von Sternen überspannt. Die Phantasie trägt uns dorthin, wo sich zu Zeiten des *Homo erectus* noch ein See ausbreitete, an dessen Ufern sich unsere Vorfahren gerade einen Schutz für die Nacht suchten. Unsere Gedankengänge werden nur ab und zu unterbrochen, durch die Boten der Zivilisation des *Homo sapiens* in Form von schüchternen Klängen einer Ziegenglocke, deren Trägerin eine gute Übernachtungsposition im Dornkraal sucht. Manchmal flackert in der Ferne das Licht eines Autos auf, das zu später Stunde noch die Wildnis queren will, um das 50 km entfernte Magadi zur Nachtruhe zu erreichen. Wenn am Morgen die aufgehende Sonne die Savanne in goldene Glut taucht, dann wird die Ebene zwischen den Vulkanen zu einem monumentalen Panorama.

Wer ein Faible für Orte mit seltsamen Stimmungen hat, ist in Magadi goldrichtig. Alle anderen Reisenden wird es vermutlich ziemlich schnell in die Umgebung ziehen, in der extreme Landschaften locken. (Hartmut Fiebig 2001, *Reiseführer Kenia*)

Magadi ist die Stadt der Sodawerker am Ufer des Magadisees. Da es sich in Magadi um einen wichtigen Industriestandort handelt, müssen wir zunächst an einem Schlagbaum berichten, woher und wohin. Dann führt die Asphaltstraße den Hang hinauf. Rechts unter sich blickt man über eine marsähnliche Landschaft von Evaporationsteichen, die je nach Salzkonzentration in verschiedensten Spielarten von Rosarot leuchten (Abb. 5.29). Bahngleise führen zwischen den Teichen hindurch, und man sieht von hier oben die 20–30 Waggons, die den Inhalt einer Tagesproduktion Soda transportieren, in Spielzeuggröße.

Auf dem Grat des Hanges über den Salzteichen schweifen die Augen über die Anlagen der Sodafabrik, eine bunte Mischung von Fällungstürmen, Kesseln, Röhren, Transportbändern, alles überzogen mit einem weißen Guss aus Salz- und Sodastaub. Zwischen den Anlagen wuseln Arbeiter in

Abb. 5.29 Bewirtschaftung der Extreme. (**a**) Salzteiche in Magadi, die roten Farbtöne werden von extremophilen Bakterien verursacht; (**b**) Tata Chemicals Magadi am Rande des Salzsumpfes

Sodawerkeruniform herum. An den Gesichtern sieht man, dass sie verschiedenen kenianischen Stämmen angehören, denn die Sodafabrik lockt mit relativ guten Gehältern und sozialer Absicherung. Dennoch, ganz klar, es dominieren die Gesichter der heimischen Maasai, die am besten an die umgebende, scheinbar lebensfeindliche Landschaft angepasst sind, aber irgendwie nicht zu diesem industriellen Habitat passen. Ganz bizarr wird es, wenn sie sich nach Feierabend aus den Overalls schälen und in ihre bunten Decken hüllen – es ist die moderne Metamorphose der Maasai-Krieger, der „moran". Fremd wirkend, stehen sie auf den Balkonen ihrer fernsehantennenstarrenden Wohnblöcke und blicken versonnen auf das Treiben der Stadt der Sodawerker (Abb. 5.30).

> Und so ist der stolze *moran* ein Inbegriff unbewältigter Zukunft. Er steht verloren am Wegesrand der Zivilisation, herausgerissen aus dem Zeitmaß der Natur. (Bartholomäus Grill 2005, *Ach, Afrika. Berichte aus dem Inneren eines Kontinents*)

Kinder tollen auf dem Fussballplatz. Junge Maasai-Mütter in weißen Kunststoffslippern, mit ihren Babys auf dem Rücken, wetteifern um die besten Plätze im letzten Matatu, das sie ins Nirgendwo bringen soll. Frauen, deren perforierte Ohrläppchen vom schweren Schmuck nach unten gezogen

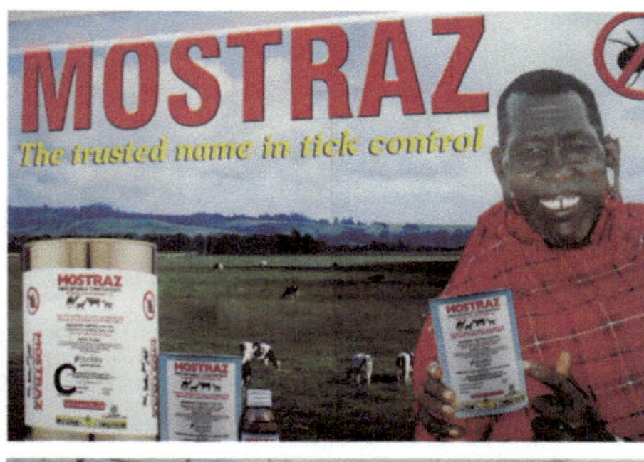

Abb. 5.30 Die Metamorphose der Maasai. (**a**) Leben in der traditionellen Manyatta; (**b**) Maasai-Frauen mit Schmuck; (**c**) Maasai als Werbeträger; (**d**) Maasaifrauen in Betriebswohnungen der Tata Chemicals; (**e**) Arbeiter der Sodafabrik

werden, plaudern mit ihren Nachbarinnen beim Kauf eines Beutels Maismehl aus dem Kaufladen, wo bereits bierselige Morans am Geländer lehnend ihr Nickerchen machen. Die Frauen sollten sich beeilen, um in den Wohnblöcken ihre Männer mit Essen zu versorgen, bevor diese zur nächsten Schicht aufbrechen. Am Rande der Stadt befinden sich die Wohnbungalows der Manager der „Factory", umgeben von einem Golfplatz, der wahrscheinlich in seiner staubigsteinigen Art einzigartig in der Welt ist – kein Grün, kein Wasserloch. Dann passiert man ein Schild, das darauf hinweist, dass man von hier ab mit keiner Hilfe oder Verantwortlichkeit der Sodafabrik rechnen darf. Hier beginnt die Welt der Maasai, hier treiben sie ihre Herden, deren Größe ihr Ansehen, ihren Reichtum ausmacht, auf der Suche nach dem letzten Grashalm oder feuchter Baumrinde, nach dem letzten Tropfen Wasser. Wir erinnern uns, was uns Kiplagat über seine Erfahrung bei „Earthwatch" berichtet hat. Er betreut hoch im Norden bei den Samburu, den Verwandten der Maasai, ein Projekt, in dem Urlauber aus aller Welt (vor allem aus den USA und Großbritannien) das Privileg nutzen, für einen nicht geringen Betrag an wissenschaftlichen Erhebungen teilzuhaben. In diesem Earthwatch-Projekt zählen die Freiwilligen, wie viele Wild- und Haustiere pro Tag an eine bestimmte Wasserstelle kommen, um zu trinken. Kiplagat meint, es wäre problematisch, den Samburu oder Maasai beizubringen, Regenwasser zu sammeln. Das würde dazu führen, dass sie noch mehr zerstörerische Rinder, Ziegen und Schafe halten würden, welche die schützende Pflanzendecke wegfressen. Alan Weisman (*1947) hat eine Vision publiziert, wie die Welt ohne uns Menschen aussehen würde. Die Zahl der von Menschen gehaltenen, wiederkäuenden, huftragenden Haustiere wäre geringer und die Welt grüner (Weisman 2007).

Doch nun sind wir im Maasai-Land. Am Horizont dient die Silhouette des Shompole-Vulkans als Wegweiser. Die Maasai sind die Farbtupfer in einer besonders archaischen Landschaft mit wenigen Akazienbüschen oder -bäumen, aber mit viel sonnenverbrannter, schotteriger oder staubiger Vulkan landschaft. Auf unserer Fahrt zur Südspitze des Magadisees müssen wir Buchten des Sees überqueren, die mit einer vertrockneten Salzkruste bedeckt sind. Ab und zu passiert man eine Stelle, an der die Kruste nicht gehalten hat und einer unserer Vorgänger, besser „Vorfahrer", martialische Spuren hinterlassen hat, um sich wieder aus dem Salzschlamm zu befreien.

Dann sind wir an den heißen Quellen des Magadisees. Sie fließen einfach aus dem Untergrund und bilden keine spritzenden Geysire wie am Bogoria oder fauchende Kamine wie am Baringo. Sonntags, wenn kein Schulunterricht ist, kommen die Kinder aus den Manyattas herbei, um auf Besucher der Quellen zu warten. Als die Maasai-Jungen unsere Fotoapparate sehen, wollen sie Aufnahmen damit machen. Sie hatten noch niemals zuvor einen Fotoapparat

in der Hand, können aber bessere Bilder damit gestalten als mancher andere Nutzer nach mehreren Wochen Übung. Offenbar haben die Kinder einen scharfen Blick für wichtige Details und ästhetische Anordnung der Bildelemente. An den Quellen trinken viele Vögel, unter anderem verschiedene Storcharten und Flamingos.

Der Natronsee liegt 30 km südwestlich des Magadi an der Flanke des Shompole-Vulkans. Wir verlassen den Magadisee und folgen der kaum noch wahrnehmbaren Piste und passieren zwei armselige Weiler, Oloika und Alangarua, auf unserem Weg zum Natronsee. Am auffälligsten ist die Cola-Bude aus Wellblech im Zentrum des Fleckens. Schwer zu sagen, wie die Händler hier Nachschub besorgen – wahrscheinlich auf dem Pickup aus dem fernen Magadi? Es sind keine reinen Maasai-Dörfer. Angehörige anderer Stämme sitzen vor ihren Hütten an den Nähmaschinen oder basteln an irgendwelchen Resten von Autos herum. Die typischen Manyattas der Maasai stehen außerhalb der Ortschaften. Das dominierende Massiv des Vulkans Shompole kommt immer näher.

Im Vergleich zum Magadi ist der Natronsee größer, aber flacher, hat ein kleineres Einzugsgebiet und besitzt keine so dicke Tronaschicht. Zwei Flüsse, speisen den See, der Ewaso Ng'iro im Norden und der Engare Sero im Süden. Durch die extreme Verdunstung verändert sich die Oberfläche des Natronsees ständig. Seine minimale Ausdehnung im Verlaufe der letzten 20 Jahre erreichte er im Oktober 2000 mit 81 km^2. Seine maximale Oberfläche betrug 804 km^2 im Jahre 2007. Die Fischfauna im Natronsee unterscheidet sich von der des Magadi. Hier leben drei Arten Buntbarsche: *Alcolapia alcalicus*, *A. ndalalani* und *A. latilabris* (Seegers und Tichy 1999). Die Art *A. grahami* kommt hier nicht vor. Der Natronsee ist der Nistplatz des Zwergflamingos. Hier sind die Bedingungen so harsch, dass kaum Fraßfeinde den Weg zu den Brutkolonien finden. Die höchste Zahl an Zwergflamingos wurde mit 750.000 dokumentiert (Tebbs et al. 2013a).

Leslie Brown entdeckte 1954 das weltweit größte Brutgebiet des Zwergflamingos am Natronsee. Damit war er der Erste, der Licht in den bis dato unbekannten Lebenszyklus dieses geheimnisvollen Vogels brachte. In seinem Buch *The Mystery of the Flamingos* beschrieb er, wie er das erste Mal eine Brutkolonie dieser Vögel erreichen wollte. Am Ufer des Natronsees erklomm er einen Hang, auf den ein bequemer Trampelpfad hinaufführte, der von Wildtieren ausgetreten wurde. Mit Befriedigung blickte er in die weite Ebene zu seinen Füßen. Er schätzte noch etwa eine Stunde, bis er die Nester erreicht haben würde. Er hatte vermeintlich genug Nahrung und vor allem Wasser in einem Wasserschlauch mit, um den beschwerlichen Weg vom Ufer aus über die morastige Ebene mit der Salzkruste zu überwinden. Seinen afrikanischen Helfer, Njeru, ließ er mit einer Wasserreserve am Ufer unter einer schattigen Akazie zurück.

Bald wandelte sich die harte Salzkruste in brüchige, polygonale Platten, so groß wie Seerosenblätter. Leslie brach bei jedem Schritt ein, versank im darunterliegenden Modder und schnitt sich an den scharfen Kanten des Salzes. Unter der erbarmungslosen Sonne begann er zu schwitzen, und sein Körper verlor viel Flüssigkeit. Von der Hoffnung getrieben, dass das Terrain alsbald festen Untergrund bieten würde, stapfte er unermüdlich vorwärts. Er hatte schützende Gummistiefel übergestreift. Doch zum ersten Mal in seinem Leben musste er die überaus unerwartete Erfahrung machen, dass sich die Stiefel in lebensgefährliche Beinkleider verwandelten. Salziger Schweiß sammelte sich in ihnen, der durch eindringende Salzlauge noch aufkonzentriert wurde. Immer, wenn er ein Bein aus dem Morast zog, sank er mit dem anderen Bein noch tiefer ein, so dass weitere Lauge über die Stiefelränder quoll. Die Beine schwollen an und wurden wund. Mit Schrecken stellte Leslie fest, dass in seinem Wasserschlauch wie durch eine permeable Wand Salz eingedrungen war und das Wasser nahezu ungenießbar machte. Er trank trotzdem fast alles auf. Er war noch eine Viertelmeile von der Flamingokolonie entfernt. Einige Jungvögel beobachteten ihn neugierig.

Leslie war ein bärenstarker Mann und als Ornithologe ein erfahrener Schlammläufer. Aber nun ging es an seine letzten Reserven. Er meinte zu fühlen, wie sich das Fleisch von seinen Fußknochen löste. Es gelang ihm, eine Stelle zu erreichen, wo der Untergrund fester wurde. Er setzte sich auf den Boden und zog seine Stiefel aus. Das offene Fleisch war von Salzkristallen durchsetzt und wurde nun, unter Lufteinfluss, bräunlich-schwarz! Er blickte den Pfad der tiefen Spuren, den er hinterlassen hatte zurück und realisierte, dass er nun, unverrichteter Dinge, den Rückweg antreteten musste, um zu überleben.

Er rief nach Njeru, doch dieser hörte ihn nicht. Er zog statt der Stiefel seine Lederschuhe an, die er die ganze Zeit in Erwartung besserer Wege mitgeführt hatte. Auf seinem Rückweg fand er eine kleine Mulde, die von einer Süßwasserquelle gespeist und von Wildtieren als Tränke genutzt wurde. Mit dem fauligen Wasser wusch er seine Füße. Nun hörte Njeru seine Hilferufe und kam herbeigeeilt. Leider hatte dieser inzwischen nahezu den gesamten Wasservorrat ausgetrunken, so dass für Leslie nur ein wenig labender Tropfen „auf dem heißen Stein" übrigblieb. Bis zum Camp waren es noch weitere sieben Meilen Fußmarsch. Als sie es gegen Abend an einem kleinen Bach erreichten, legte er sich vollständig in das Rinnsal, trank und wusch sich, während kleine Fische an seinen Wunden nagten.

Im Camp nahm er seinen ganzen Vorrat an Aspirin ein, überlegte noch, wie er trotz der schrecklich wunden Füße eventuell doch noch die Flamingokolonie am nächsten Tage erreichen könnte, und fiel in einen kurzen Schlaf. Er wurde bald von unerträglichen Schmerzen geweckt. Seine Beine waren stark geschwollen. Am Morgen musste er wohl oder

übel mit seinem Geländewagen zurück nach Magadi. Er hatte kaum noch Kraft, sein Auto über die Piste zu fahren. Jeder Tritt auf Kupplung oder Bremse war von tierischen Schmerzen begleitet. Inzwischen war sein ganzer Körper angeschwollen, auch die Augenlider. Er musste mit einer Hand ein Augenlid anheben und mit der anderen Hand Lenkrad und Schalthebel bedienen. Mit letzter Kraft erreichte er das Hospital der Sodafabrik in Magadi, wo er mit Morphium und kühlenden Lotionen behandelt wurde. Sein bandagierter Körper begann einen Kampf auf Leben und Tod, den er nach drei Tagen gewann. Glücklicherweise mussten seine Beine nicht amputiert werden. Nach einer Woche konnte er in das 400 km entfernte Krankenhaus von Kisumu am Victoriasee überstellt werden, wo er nach einer Hauttransplantation noch sechs Wochen zubringen musste.

Der Hauptteil der Fläche des Natronsees liegt in Tansania, und auch die größeren Brutgebiete liegen weiter südlich. Wir überqueren die „grüne Grenze" zwischen Südkenia und Nordtansania. Unsere Hoffnung, Flamingos im Nordteil des Sees brüten zu sehen oder am Ufer entlang noch weiter gen Süden zu kommen, erfüllt sich nicht. Auf der Salzkruste fahren wir noch einige Hundert Meter auf tansanischem Gebiet, bekommen die Zwergflamingos nicht zu Gesicht, was ohnehin schwierig ist. Die Produzenten des Films *The Crimson Wing. Mystery of the Flamingos* von Disneynature (2008) nutzten ein luftkissenartiges Fahrzeug, um mit ihren Kameras den brütenden Flamingos näher zu kommen und so noch nie gefilmte Vorgänge im Leben der Flamingos in faszinierender, erbarmungsloser Natur aufzunehmen. Wir geben auf, denn wir haben nicht das Bedürfnis, auf Leslie Browns Spuren durch die rasierklingenscharfen Salzkrusten zu wandern. Wir nehmen noch eine Algenprobe von der nur mit wenigen Zentimetern Salzlauge bedeckten Lagune, in der wir später Kieselalgen und fädige Cyanobakterien nachweisen.

Als wir zum Auto zurückkehren, ist es fast bis zu den Radnaben eingesunken, und wir müssen es mithilfe einiger Maasais ausgraben. Sie geben uns zu verstehen, dass sie ohnehin nach Magadi wollen und wir ihnen gerade recht kommen. Kiplagat gibt seine Armeeerfahrung zum Besten: „Never give a Maasai a lift" (Nimm nie einen Maasai mit), was wohl nicht nur mit den vielen Fliegen zusammenhängt, die so ein Krieger mit ins Auto bringt, sondern auch mit ihrem Einfallsreichtum, die gewiss nicht oft vorkommende Möglichkeit, per Anhalter transportiert zu werden, weidlich zu nutzen. In diesem Falle wollen wir nicht so unfreundlich sein und nehmen unsere Helfer auf, denn wir sind nur zu dritt. Offenbar waren die Maasai noch nie in Kenia, denn die Geldscheine und Münzen, die wir ihnen als Lohn für ihre Hilfe geben, gucken sie enttäuscht an – sie haben tansanisches Geld erwartet, auf das wesentlich größere Zahlen aufgedruckt sind (Umrechnungskurs: 1 Kenia-Shilling = 20 Tansania-Shilling). Wir machen es uns mit den drei heftig ums Geld diskutierenden Kriegern so bequem wie möglich in der Enge des Autos – Kiplagat am Steuer, Steve, sein Assistent, und ich auf den Beifahrersitz gequetscht – und fahren die 30 km lange, rauhe Piste zurück nach Magadi. Unterwegs, schon auf kenianischem Boden, bittet uns ein weiterer Maasai um einen „lift". Seine Begründung klingt etwas unglaubwürdig: Seine Frau liege im Krankenhaus, entbinde sein Baby und brauche Milch. Aber wir wollen heute nicht so streng sein und nehmen ihn mit, denn auf der Rückbank, bei seinen drei Stammesbrüdern aus Tansania, war ja noch genügend Platz. In Magadi angekommen, fordert er von uns noch das Geld für die Milch, die er seiner Frau ins Krankenhaus bringen müsse. Als wir es ihm geben, haben wir das ungute Gefühl, dass er mit der Spende in den Bierladen abdriften würde, und richtig, später sehen wir ihn dort, angeregt mit ein paar Kollegen plauschend.

Am Ende eines anderen aufreibenden Trips zur Südbucht, zusammen mit Doris, Peter und Tine, also vier Biertrinkern, versuchen wir unser Glück beim Bierkauf in Magadi. Während im noblen Club am Golfplatz kein Bier für uns abgerissene Typen zu haben ist („strictly members only"), sind wir im „Magadi Club" unterhalb der Wohnsilos gern gesehen. Wir trinken unser Tusker, das förmlich verdampft, als es in unsere erhitzten Körper strömt. Als wir noch ein zweites ordern, tun wir damit offenbar kund, dass wir nun zur Trinkergemeinschaft gehören. Jetzt nehmen trunkene Maasai-Krieger in Stammestracht das Gespräch mit uns auf, bedeutsam ihre Rungus schwingend. Mit diesen Allzweckwaffen suggerieren sie, mühelos die Schädeldecke eines angreifenden Löwen zertrümmern zu können. Einer der älteren Maasai tut besonders gewichtig und hat heute wohl schon einen längeren Aufenthalt im Club gehabt, denn sein Duktus ist lallend und konfus. Er fordert ein frisches Tusker von uns und posiert dann ohne, dass wir ihn darum gebeten hätten, für ein Foto – ein nicht hoch genug einzuschätzender Vertrauensbeweis. Ein Schichtarbeiter aus der „Factory", wir vermuten, er gehört zum Stamme der weltoffenen und diplomatischen Kamba, genießt sein Feierabendbier und fällt durch seine großen, feucht-traurigen Augen auf, die schon vom Trunke etwas glasig wirken. Er vertraut uns an, der respektable alte Maasai sei sein „landlord", also sein Vermieter. Wir konnten jedoch nicht genau klären, ob er sich in einer Manyatta eingemietet hatte oder in einem modernen Plattenbau.

Weitere Höhepunkte kündigen sich im Magadi Club an. Ist heute etwa Feiertag? Normalerweise leben die Maasai von Milch und Blut, Fleisch kommt selten auf den „Tisch", aber heute schmoren Teile eines Rindes auf einem anderthalb Meter großen Holzkohlegrill. Es wird das landestypische Nyama Choma zubereitet, überdimensionale Portionen gegrillten Fleisches. Neben Bein- und Schulterstücken zischen endlose Schleifen von Gedärm auf dem Rost. Bizarr-zottige Innenansichten der vier verschiedenen Mägen des wiederkäuenden Rindes hüpfen auf dem heißen Metall infolge des hitzigen Wasserverlustes. Biologielehrer und Rinderanatomen wären glücklich über die vollständige Sammlung von Anschaungsmaterial über den Verdauungstrakt des Gemeinen Hausrindes (*Bos primigenius taurus*). Wir dürfen nicht fotografieren, auch glänzende Münzen lassen die Grillzangen und Feuerhaken schwingenden Grillgourmets nicht einlenken.

Wir verlagern deshalb unsere Aufmerksamkeit auf das Schwimmbecken, das vormittags zur Schwimmausbildung der Schulkinder genutzt wird, um sie auf ein Leben in feuchteren Gebieten Kenias vorzubereiten. Es gilt der strenge Hinweis, erst ab 17:00 Uhr stehe das Becken den „residents" (Einwohnern) von Magadi zum Schwimmen offen. Wir erwirken vorab von der drallen Barkeeperin die Zusage, dass wir – wenn der Manager der Anlage um 5 p.m. mit dem Schlüssel käme –Residentenstatus genießen könnten. Wir gehen schon mal in die Katakomben, um unsere schweißgebadeten Körper in Badesachen zu werfen. Leider war die Mühe umsonst, denn es kommt kein Manager mit dem Schlüssel. Demonstrativ legen wir uns in das etwa 15 cm flache Wasser des nicht eingezäunten Kinderplanschbeckens mit dem Springbrunnen – zur großen Überraschung der anwesenden Residenten. Um es vorwegzunehmen, unsere Aktion hat dazu geführt, dass Monate später, bei unserem nächsten Probentrip in Magadi, auch das Kinderbecken eingezäunt war. Während der sieben Aufenthalte am Magadi haben wir nach Schulschluss niemals einen Manager mit Schlüssel zum Schwimmbecken zu Gesicht bekommen und die anwesenden, mehr oder weniger trinkfesten Residenten wohl auch nicht.

Zurück zum Nyama Choma. Inzwischen sind die Därme zu appetitlich duftenden, krossen Strängen geschrumpft, und die fest an den Knochen klebenden Fleischbatzen sind außen schwarz gebrannt. Wir verzichten auf eine Kostprobe und machen uns auf den Weg, zurück nach Olorgessailie, um unser spartanisches, heute fleischfreies Stew zuzubereiten. Wenn wir aus Nairobi kommen, nehmen wir Fleisch nur für den Anreisetag mit, wegen fehlender Lagermöglichkeiten. Wir sind immer nahe daran, doch einen Batzen Rindfleisch mitzunehmen und ihn zur Aufbewahrung einfach in die Sonne zu hängen, so wie auf den Märkten. Lediglich unsere Abwesenheit in Olorgessailie wegen der Wasserprobenahme in Magadi hindert uns daran, dies auszuprobieren. Die Katzen an der „Prehistoric Site" würden sonst wohl freidrehen. Wir sind fasziniert, wie kräftig rot und fest das Fleisch in Kenia bleibt, ohne Kühlung frei an der Luft hängend! Würde man ein solches Experiment in Deutschland wagen, wäre manches Fleischstück nach wenigen Stunden grau, schlaff und schmierig.

Die Herausforderungen der neuen Zeit haben auch vor Magadi nicht Halt gemacht. Im Sommer 2014 verkündete TATA Chemicals Magadi (TCM), die Sodafabrik nur noch auf Sparflamme zu betreiben und die Belegschaft zu reduzieren, denn die Betriebskosten, vor allem für Energie, seien zu hoch. Außerdem berichtete das Unternehmen über Qualitätsmängel des produzierten Sodas, die sich aus der zeitweiligen Überflutung der Trona mit schlammigem Wasser aus starken Regenfällen ergeben haben. Dies führe zu empfindlichen Einbußen auf dem internationalen Markt. Später erfahren wir aus dem Internet, dass TCM ins Tourismusgeschäft eingestiegen ist und Fahrten mit der Werksbahn anbietet. Ein luxuriöses Zeltcamp ist eröffnet worden, und der elitäre Golfclub offeriert jetzt Übernachtungen für Nichtclubmitglieder. An den heißen Quellen im südlichen Teil des Magadisees werden neuerdings Badetouristen betreut. Man hat Liegen aufgestellt, und zur Abenddämmerung werden Kerzen angezündet. Die Frage, wie lange die sensiblen Quellen und ihr exklusiver Bewohner, die endemische Magadi-Tilapie das aushalten, kann niemand beantworten.

Zurück aus Magadi in unserer einsamen Hütte in Olorgessailie. Wir bereiten, wie geplant, unser Gemüse-Stew auf dem Akazienholzfeuer. Dabei schüren wir die Glut respektvoll, denn einerseits gibt das Holz eine derartige Hitze ab, dass unsere Edelstahltöpfe sich verbeulen könnten, andererseits kommt gegen Abend ein Windzug aus der Ebene herauf. Wir müssen Sorge tragen, dass unser Feuer nicht auf die Schilfdächer der Bandas überspringt, so wie es schon einmal geschehen ist, als sorglose Gäste mit ihrem Lagerfeuer die Hütten bis auf die Grundmauern abgefackelt haben. Vielleicht waren es Geschäftsleute, Inder, die die Verbrennung eines Vorfahren auf einer Feuerstätte geprobt haben? Überhaupt sollte man am Wochenende Olorgessailie meiden, denn das ist die Zeit der Abenteuer suchenden kenianischen Yuppies und indischer Residenten (welche besonders allergisch sind gegen Stille), die aus ihren muffigen Wohnungen und ihren hektischen Büros ausbrechen. Sie kommen wahrscheinlich nur einmal im ihrem Leben an diesen stillen, von den Urmenschen geheiligten Platz. Um ihren Irrtum bei der Wahl ihres Wochenendausflugsziels zu kompensieren, telefonieren sie mit ihrem Handy quer durch Kenia, um allen mitzuteilen, an was für einem schrecklich ruhigen Ort sie heute übernachten müssen. Sie unterhalten sich laut, um die dröhnenden Bässe ihres Autoradios zu übertönen, die sie laufen lassen, um die beängstigend leisen Naturgeräusche nicht wahrnehmen zu müssen. Aus einer solchen Wochenendinvasion haben wir gelernt, besser wochentags zu kommen.

Wie immer vor der Abreise aus Olorgessailie kommt die Bitte nach einem „lift". So wird wenigstens einem Mitglied der Belegschaft die Möglichkeit zum Freigang aus der Einöde gegeben, um z. B. einmal im 50 km entfernten Kiserian einzukaufen. Um den Umfang der zu verstauenden Gepäckstücke zu ermessen, fragen wir den leitenden Caretaker Peter, ob der Kollege, den wir heute mitnehmen sollen, nur zum Shoppen mitkommt, oder ob er seine Familie besuchen möchte, oder ob er sich gar beruflich verändern wolle. Peter versichert: „This man will not return." Uns wird klar, dass wir seinen gesamten Hausstand, der sein Überleben auf diesem Außenposten gesichert hat, mitnehmen müssen. Immerhin, nach europäischen Maßstäben eine zu vernachlässigende Größe. Trotzdem passte die wuchtige sargartige Kiste aus weichem Metall (Aluminium oder Weißblech) gerade noch in die Ladezone unseres Geländewagens. Die obere Ecke stieß jedoch direkt an die Heckscheibe. Glücklicherweise waren noch etliche wohlgefüllte Beutel zu transportieren und dienten als Polster, auch ein Schlafsack wurde aus einem mannsgroßen unergründlichen Kunststoffbeutel gezaubert und vor die gefährdete Scheibe geklemmt. Im langsamen Tempo ging es dann, wie mit rohen Eiern, bis in die nächste Stadt, Kiserian, von wo aus unser Fahrgast nach einer Nacht in einer Herberge, am nächsten Morgen mit dem Matatu weiterreisen wollte, um irgendwo eine neue Existenz aufzubauen.

5.1.7 Turkana und Turkwel – mit letzter Luft

Die viel gescholtenen Entwicklungsexperten und vor allem Nothelfer, die bei den großen Katastrophen des Kontinents – Hungersnöte, Dürren, Seuchen, Massenflucht – im Einsatz sind, müssen jeden Tag mit einem moralischen Dilemma fertig werden. Sie retten Menschenleben und stärken unfreiwillig Machtstrukturen. (Bartholomäus Grill 2005, *Ach, Afrika. Berichte aus dem Inneren eines Kontinents*)

Der Gedanke, wenigstens einmal am Ufer des größten Wüstensees der Welt, dem Turkana (vormals Rudolfsee), zu stehen, ist nicht aus unseren Köpfen herauszubekommen. Es gibt allerdings bedenkenswerte Argumente, den Weg in den Norden Kenias mit Vorsicht anzugehen. Die Pastoralistenstämme liefern sich Scharmützel um die knappen Ressourcen, stehlen sich gegenseitig das Vieh und schrecken nicht vor blutigen Gewalttaten an der Dorfbevölkerung zurück. Banditen, oftmals aus benachbarten Krisenregionen kommend, überfallen Reisende – Tendenz steigend. Der Zustand der Straßen ist erbarmungswürdig. Eine Planung unserer Aktivitäten am Turkana ist nicht möglich, weil wir keine Kontakte dort haben. Der Kenya Wildlife Service tut sich schwer, uns an die Ranger im Norden zu vermitteln – dort herrschen eigene Gesetze. Häufig fegen heftige südöstliche Winde über die flache Ebene und wühlen den See auf. Die Entfernungen auf dem Wasser sind groß. Somit wäre es illusorisch, über Bootsfahrten nachzudenken, die uns auf die Inseln im See mit den kleinen alkalischen Gewässern und ihren Flamingos bringen könnten.

Dennoch siegte die Neugierde, und die Losung aus dem „Rusam Village" („Seid getrost und unverzagt … ") stärkte unsere Entscheidungskraft. Zugegeben, es war unsere blauäugigste Reise in den 15 Jahren in Kenia, aber Wasserproben aus dem Turkanasee könnten in naher Zukunft für

Vergleichszwecke von großem Interesse sein, denn dem See stehen dramatische hydrologische Veränderungen bevor. Der Wandel könnte so einschneidend sein, wie bei keinem anderen der großen Seen Afrikas außer dem Tschadsee, der nahezu von der Landkarte verschwunden ist. Wenn wir hier die morphometrischen Daten des Turkanasees nach Beadle (1974) wiedergeben, dann ist zu bemerken, dass sich diese Werte heute schon im Sinken befinden: Länge 265 km, Breite 30 km, mittlere Tiefe 30 m, maximale Tiefe 120 m.

Der größte Teil des Sees liegt auf dem Territorium von Kenia, nur die Nordspitze gehört zu Äthiopien. Allerdings kommt der kräftigste Zufluss (über 90 %) über den Omo-Fluss aus Äthiopien. Der Turkwel, an den Flanken des Mount Elgon in Kenia entspringend, ist der zweitgrößte Wasserzubringer und mündet am Westufer in den See. Der Turkanasee hat keinen Abfluß, er verliert Wasser also vorwiegend durch Verdunstung. Ursprünglich waren Zufluss und Verdunstung in einem ausgeglichenen Verhältnis, doch nun sind beide Hauptzuflüsse über Staudämme reguliert, und es kommt zu wenig Wasser im See an. In Äthiopien, am Lauf des Flusses Omo (der in seinem südlichen Teil Gibe genannt wird), baut man fünf große Staudämme (Gibe I–V). Gibe III ist im Dezember 2016 eingeweiht worden.

Die Staustufen regulieren den natürlichen Lauf des Wassers und unterbinden dadurch den fruchtbringenden Überflutungszyklus der Flussebenen. Die natürliche saisonale Wasserspiegelschwankung beträgt 30 cm pro Monat bzw. 110 cm im Jahr. Auch wenn das relativ gering erscheint, durch die Seespiegeloszillation werden jeweils Hunderte Meter des Ufersaumes geflutet oder ausgetrocknet. Ein großer Teil des Flusswassers soll für Beregnungsprojekte in Äthiopien abgezweigt werden. Bis 2224 will man 32–50 % des Wassers aus dem Omo auf landwirtschaftlichen Flächen verregnen. Wenn die Pläne der äthiopischen Ökonomen realisiert werden, dann entstehen 445.000 ha Nutzfläche. Davon sind 150.000 ha für den Anbau von Zuckerrohr geplant. Es werden Flächen aus den Nationalparks Omo und Mago ausgeschnitten. Die heimischen Ethnien werden aus ihren Siedlungsgebieten vertrieben. Es werden Millionen Siedler und Landarbeiter kommen. Die Lebensweise der Menschen in Südäthiopien wird sich völlig ändern (Avery 2013).

Die Positionen der Befürworter und Gegner klaffen weit auseinander. Äthiopische Politiker frohlocken, dass nun moderne Entwicklung und ökonomische Unabhängigkeit bevorstünden, und die Zeit vorbei sei, in der westliche Touristen die urtümlichen Stämme in den Dörfern am Omo wie in einem Museum besichtigen. Die Geißeln von Dürre und Flut würden gebändigt. Ökologen zeichnen hingegen das Bild eines Umweltdesasters ähnlich wie am Aralsee, wo das Wasser der Flüsse Amu Darja und Syr Darja exzessiv verregnet wurde, vorwiegend auf Baumwoll- und Reisfeldern. Nicht nur das Wasser des austrocknenden, mehr und mehr versalzenden (45 ‰) Aralsees ist unbrauchbar geworden,

sondern auch die Böden wurden durch die künstliche Wasserzufuhr ausgelaugt und mit Düngern und Pestiziden zerstört. Salzstürme suchen das Land heim. Für 5 Mio. Menschen am Aralsee in Kasachstan und Usbekistan hat sich das Leben verschlechtert (Micklin 2007).

Auch für den Turkanasee zeichnet sich ein solches Szenario ab. Der fehlende Wasserzufluss wird weite Teile des Sees austrocknen. Kalkulationen gehen von einer Schrumpfung des Wasserkörpers von 238 km^3 auf 42 km^3 aus. Die nördliche Uferlinie wird sich um 80 km nach Süden verschieben. Der Seespiegel wird um mehr als 20 m sinken. Voraussichtlich wird der Turkana in zwei kleinere Seen separiert, der nördliche Restsee erhält sein Wasser aus dem Omo, und der südliche Restsee wird durch die Flüsse Turkwel und Kerio gespeist. Hinzu kommen Effekte des Klimawandels, die sich in dieser trockenen, glühend heißen Niederung (375 m über dem Meeresspiegel, mit weniger als 200 l Niederschlag pro m^2 und Jahr) negativ auf den Wasserstand auswirken werden (Avery 2013).

Fischereiexperten sagen einen Kollaps der Fischpopulationen im Turkanasee voraus, wenn das Wasser um 25 m sinken würde (Gownaris et al. 2017). Der See hat im Gegensatz zu den vom Buntbarsch dominierten anderen großen Seen Afrikas eine nilotisch geprägte Fischfauna. Das ist ein Relikt aus der Zeit vor etwa 7000 Jahren, als der Wasserstand 80 m höher und das Omo-Turkana-Becken mit dem Weißen Nil verbunden war (Beadle 1974). Die Biodiversität der Fische im Turkana ist vergleichsweise niedrig. Es wurden 48 Arten nachgewiesen, 7 davon gelten als endemisch. Eine herausragende Rolle spielen die Afrikasalmler (Characiniden). Schwärme der beiden endemischen Arten *Brycinus ferox* (Turkana-Langzahn-Raubfisch) und *B. minutus* (Turkana-Zwerg-Raubfisch) produzieren die Hauptbiomasse. Sie leben in instabilen mittleren Wasserschichten. Ein weiterer wichtiger Raubfisch aus der Familie der Afrikasalmler ist *Hydrocynus forskahlii* (Kleiner Tigersalmler). Die größten Raubfische des Sees sind *Lates longispinis* (Riesenbarsch) und *L. niloticus* (Nilbarsch). *Citharinus citharus intermedius* (Turkana-Citharine) aus der Familie der Geradsalmler, ist ein Aufwuchsfresser, der im Litoral lebt. Einige Arten wandern für ihr Brutgeschäft in die Mündung des Omo. Sie sind durch die Regulierung des Flusses gefährdet (Kolding 1992).

Der Fischfang am Turkanasee ist weitestgehend auf lokale Bewirtschaftungsformen ausgerichtet. Der Fisch wird getrocknet und gesalzen. Weite Transportwege und fehlende Lagerkapazität verhindern eine überregionale Fischindustrie. Dennoch ist die Fischproduktion eine wichtige Versorgungskomponente der Menschen, die am Ufer des Turkana leben. Die Fischmenge, die jährlich aus dem See entnommen wird, ist mit 15.000–30.000 t die zweithöchste in Kenia, nach dem Victoriasee. Wenn man diese Menge jedoch pro Flächeneinheit berechnet, so ist die Fangquote verschwindend klein, am Victoriasee wird das 50-Fache gefangen.

Am Turkana kommen Flamingos vor. Sie leben bevorzugt an den salinen Kraterseen auf den Inseln im See. Ein wichtiges Habitat ist der Flamingosee auf der „Central Island". Er besitzt eine 10-mal höhere Salzkonzentration als der Hauptsee, also 15 ‰. Die Seen auf den Inseln erhalten jedoch eine unterirdische Wasserzufuhr aus dem Hauptsee. Folgerichtig werden sie austrocknen, wenn der Wasserspiegel des Turkana wirklich so drastisch sinken würde. Wäre es zynisch zu konstatieren, dass die Flamingos dann zwar ein kleines Refugium auf den Inseln verlieren, aber ein oder zwei große Habitate gewinnen würden, nämlich die beiden Restseen des Turkana, die verbleiben und versalzen? So könnte der Zwergflamingo einer der wenigen Profiteure der hydrologischen Veränderungen sein.

Zum Turkana kann man von Süden kommend zwei Wege einschlagen, über Maralal bis an die Ostküste oder über Kitale, Lokichar und Lodwar an die Westküste. Wir entschieden uns für die westliche Piste, weil sie am Turkwel-Gorge-Reservoir vorbeiführt, jenem Gewässer, an dem Kiplagat Kotut in den 1990ern seine limnologischen Forschungen begann, die den Grundstein unserer gemeinsamen Projekte in Kenia legten. Außerdem wollten wir jenen Fluss kennenlernen, der das meiste Wasser von kenianischer Seite in den Turkana bringt, den Turkwel River.

Ende Januar 2005 haben wir uns mit unserem Pajero in mehreren Etappen bis an die Südwestküste des Turkanasee durchgeschlagen. Wir haben dabei eine Menge gelernt. Zunächst haben wir danach die Bereifung unseres Geländewagens auf „tubeless" umgestellt. Beim nächsten Mal sollten wir vielleicht mit zwei Fahrzeugen fahren, um bei Pannen besser gewappnet zu sein. Andererseits verdoppeln zwei Fahrzeuge, statistisch gesehen, das Risiko, dass eines reparaturbedürftig liegen bleibt und Opfer zwielichtiger Banden wird, die im Gebiet operieren.

Hier soll über das Erlebnis von Ajuma Nasenyana berichtet werden, das international erfolgreichste Model vom Stamme der Turkana. Sie ist eine afrikanische Schönheit mit Ausstrahlung und Charakter, und sie ist auf den Laufstegen der Welt unterwegs. Sie hängt an ihrer Heimat und ist so oft wie möglich zu Hause. Als sie eines Tages mit einer Gruppe schwedischer Archäologen von Lodwar nach Lokichogio fuhr, gerieten sie in einen Hinterhalt von Banditen. Ihr väterlicher Freund, der Leiter der schwedischen Gruppe, verhandelte mit ihnen und erwirkte die Freilassung von Ajuma, ihren Freuden und seinen Kollegen. Er musste jedoch mit seinem Leben bezahlen. Als die Gruppe sich in sichere Entfernung gebracht hatte, hörten sie die Salve der Exekution (Migiro 2008).

Es wird oft empfohlen, solche pisten- und sicherheitsmäßig schwierigen Gebiete im wilden Norden Kenias im Konvoi zu befahren. Das Problem dabei ist das äußerst unterschiedliche Fahrverhalten der Konvoiteilnehmer, das zur Entzerrung der Fahrzeugkolonne führt. Viele Busse und moderne Geländewagen werden mit ignoranter Gewalt gefahren, um die Schlaglöcher zu überfliegen. Wir, mit unserem guten alten Pajero könnten da nicht mithalten. Weiterhin macht uns Sorgen, dass die Konvois zu relativ festen Zeiten losfahren und sich die Wegelagerer auf ihren Ansitzen zeitlich darauf einstellen können. So entschlossen wir uns, individuell zu fahren, mit nur einem Fahrzeug, antizyklisch, außerhalb der Konvoifahrzeiten.

Der Weg nach Lodwar führt uns über das „Marich Pass Field Studies Centre", ein Ökotourismuscamp am Fuße der imposanten Cherangani Hills. Hier, am Moruny-Fluss, erleben wir, wie man sich sinnvolle Entwicklungshilfe vorstellen könnte. Im tiefsten Land der Pokots, die von den anderen Stämmen als Sinnbild für Viehdiebstahl und Konfliktlust abgetan werden, finden wir freundliche Menschen und eine gut funktionierende Infrastruktur vor. Die Pokots werden mit allen machbaren Mitteln in die Unterhaltung des Zentrums einbezogen, und ihre ethnischen Besonderheiten werden respektiert. Bildung kommt vor Profit, respektvoller Umgang mit der Natur und den einheimischen Menschen sind die Leitgedanken des britischen Gründers und „Motors" der Station, des ehemaligen Geographielehrers Dr. David Roden. „Wir beginnen gewöhnlich früh um sieben.", sagt er, und dann greift ein ausgeklügeltes System der Schulausbildung, Arbeit zum Unterhalt des Camps und der Tierherden und der Meisterung des mühevollen Alltags der Pokots. Als wir 2014 das Camp ein zweites Mal besuchen wollten, erfuhren wir, dass David bei einem Verkehrsunfall ums Leben gekommen ist, und das Camp sich in einer Phase der Neuorientierung befinde.

Wir machen einen Abstecher an den Turkwel-Gorge-Stausee, Kiplagats „Taufgewässer" als Limnologe (Abb. 5.31). Der Damm wurde 1990 fertiggestellt. Der Stausee soll verschiedene Aufgaben erfüllen. Neben der Stromerzeugung soll er zur Wasserversorgung von Haushalten und der Landwirtschaft dienen. Außerdem soll er die Fischwirtschaft ankurbeln. Der Stausee hat eine mittlere Tiefe von 16–17 m. Der tiefste Punkt ist an der Staumauer und beträgt 63,8 m. Wir besichtigen die imposante Staumauer, die Turbinenhalle und nehmen Wasserproben. Wie schon aus Kiplagats Proben aus den 1990ern konnten wir uns an einer reichen

Abb. 5.31 Blick über den Turkwel-Gorge-Stausee

Mikrophytenflora erfreuen. Es dominiert die Kieselalge *Achnanthes catenata*, die auch in den Tana-Stauseen zu finden ist. Außerdem ist eine reiche Gesellschaft interessanter Cyanobakterien und Grünalgen mit vielen für die afrikanische Flora neuen Elementen zu beobachten (Kotut et al. 1998a, b).

Wie wir Jahre später aus der Literatur erfahren, steht es mit der Diversität der Makrophyten im Einzugsgebiet allerdings nicht so gut. Unsere gute Bekannte aus Marigat, die Invasionspflanze *Prosopis*, ist aus dem Turkanabecken eingewandert, wo sie in den 1980ern von Entwicklungshelfern eingeführt wurde, um die Wüste zu begrünen. Zwei verschiedene Arten der Gattung wurden zu verschiedenen Zeiten für experimentelle Zwecke angesiedelt: *P. juliflora* und *P. chilensis*. Inzwischen haben die beiden Arten Hybriden gebildet (Muturi et al. 2012). Nun stellt *Prosopis* im Flutgebiet des Turkwel dichte Bestände, die das Wachstum junger Schirmakazien, des vorherrschenden heimische Florenelementes, behindern. Darüberhinaus übt *Prosopis* einen negativen Effekt auf die Artendiversität in der Krautschicht aus (Muturi et al. 2010).

In der Flutebene des Turkwel wachsen 113 verholzende Pflanzenarten, von denen mehr als 90 Arten von den einheimischen Pastoralisten genutzt werden, als Feuerholz, Baumaterial, Nahrung und Medizin. Dazu steht ihnen ein profundes traditionelles ökologisches Wissen zur Seite. Dieser ethnobotanische Erfahrungsschatz wird von Generation zu Generation weitergegeben und bietet viele Ansätze zu einer nachhaltigen Nutzungsstrategie der gefährdeten Natur im Flusstal (Stave et al. 2007). Die halbnomadischen Hirten hängen besonders in der Trockenzeit von den Pflanzen im Flusstal ab, wenn in den Hauptweidegründen keine Nahrung mehr für Mensch und Tier verfügbar ist. Am Turkwel kann man im kleineren Maßstab das studieren, was im großen Maßstab in der Flutebene des Omo passieren wird. Der Einfluss des Staudammes liegt vorrangig in der Regulation des Wasserflusses und der Verhinderung von Überflutungsphasen. Ein Vergleich der Einflußfaktoren innerhalb eines Gradienten im Tal des Turkwel ergab, dass die Veränderung der Flora zu 63 % vom hydrologischen Regime abhängt (Stave et al. 2005).

Am nächsten Morgen geht es dann in das wilde Gebiet des Nordens. Die Piste ist wirklich schrecklich. Kantige Reste der ehemaligen Asphaltdecke, in den frühen 1980ern von Norwegern aufgetragen, erschweren die Fahrt und walken die erhitzten Reifen. Die Entwicklungshelfer wollten mit der Straße die Zufahrt zu einer von ihnen am Turkanasee errichteten Fischfabrik ermöglichen. Leider war nicht nur die Straße, die später von den Konvois internationaler Hilfsorganisationen zermörsert wurde, sondern auch die Fischfabrik eine Fehlplanung. Die Turkana als Hirtenvolk waren weder für Fischkonsum noch für Lohnarbeit zu gewinnen. Der Betrieb der Fabrik war nicht möglich, weil es in der Wüste an Strom und sauberem Brauchwasser mangelt.

Dieser „Weiße Elefant" (Sinnbild für fehlgeschlagene Entwicklungshilfe) der Norwegian Agency for Development Cooperation (NORAD) avancierte zum Running Gag über die Branche. Man sollte zur Ehrenrettung der norwegischen Helfer besser sagen, dass sie eventuell ihrer Zeit zu weit voraus waren. Jetzt, wenige Jahrzehnte später, wird gerade von den Turkana gefordert, ihre Lebensweise zeitgemäßer zu gestalten – mit einem wohldosierten Mix aus moderner Land- und Fischwirtschaft sowie qualifizierter Arbeit in der sich entwickelnden Industrie der Region. Doch dazu später mehr.

Inzwischen sind wir vom Land der Pokots in das der Turkana gewechselt. Wir kommen an Wegweisern wie „E361 Kaputir 4 km" vorbei – das ist kein Hinweis auf eine Europastraße, sondern auf eine Piste der 5. Kategorie. Die Straßen in Kenia werden nach ihrer Bedeutung und Ausbaustufe alphabetisch in Kategorien eingeordnet. Es ist ein Kuriosum, dass eine Trasse derart niedriger Kategorie überhaupt einen Wegweiser hat, aber erklärt sich dadurch, dass es hier an höherklassigen Straßen mangelt. Hochaufragende Termitenbauten markieren den zerfetzten Straßenrand. Wenige Kleinstsiedlungen finden sich unterwegs, deren wichtigste Requisiten eine Cola-Bude und eine Minimalausstattung für Reifenreparatur sind. Nach unserem ersten Platten vor Lokichar finden wir ausreichend Zeit, das Lokalkolorit auf uns wirken zu lassen. Trampelpfade führen durch staubige Dornbüsche in die wenigen, lethargisch wirkenden Weiler. Kein Anzeichen dafür, dass hier, 10 Jahre später, eine „Boomregion" entsteht, in der man Erdöl fördern wird.

Vier Reifenpannen können wir unterwegs, an den Freiluftwerkstätten mit einfachsten Werkzeugen reparieren lassen. Die Platten Nr. 5 und 6 werden an der Tankstelle in Lodwar behoben, die wir mit Müh und Not und einer großen Portion Glück erreichen. Lodwar ist eine kleine, unsagbar traurige Stadt am Südwestufer des Turkanasees. Der Ortskern ist staubgrau: ein paar Dukas und ein paar Werkstätten. Wichtigste Infrastruktur ist der Flughafen, auf dem Hilfsgüter aus der ganzen Welt eintreffen. Lodwar ist ein wichtiger Standort von internationalen Hilfsorganisationen. Die hohe Dichte der Hilfszentren lässt uns an das Problem der „carrying capacity" (Tragfähigkeit) denken, auf das wir immer wieder im Zusammenhang mit der Flamingonahrung stoßen. Wieviel Menschen kann ein Gebiet mit dem Charakter einer Wüste pro Quadratkilometer ernähren? Einen oder ein Dutzend? Mittels der Hilfsgüter, die aus aller Welt eingeflogen werden, ernähren die Hilfsorganisationen auf ihre Weise hier Hunderte oder gar Tausende von Menschen pro Quadratkilometer und führen auf diesem Wege die Theorie ad absurdum.

Wir gehören normalerweise nicht zu den Empfängern von Hilfsleistungen durch internationale Organisationen und Missionsstationen, sondern helfen unseren Freunden und Kollegen nach besten Kräften. Unsere brenzlige Situation nach inzwischen sieben Reifenpannen an unserem Fahrzeug ist jedoch ein interessanter Testfall zum Thema Hilfsbereitschaft. Die siebte Panne ereignet sich zum Glück in der Nähe des „Nawoitorong Women Center" in Lodwar. Hier arbeiten starke Frauen, die ein schwieriges Schicksal hinter sich haben, und keinen Schutz durch ihre Familien erfahren. Sie vermieten ein paar gut geführte Unterkünfte, so dass wir nach der anstrengenden Fahrt ausspannen können. Mit letzter Luft im vierten Reifen des Pajeros retten wir uns in der Abenddämmerung auf den Parkplatz, dann sind es nur noch drei fahrtüchtige Reifen. Den Ersatzreifen hat es längst zerschlissen. Die Frauen helfen uns gerne. Mit ihrem Pickup fahren sie uns am nächsten Morgen in die Stadt, auf dem Heck acht fröhliche Frauen, die zu einem Seminar über Selbsthilfe wollen. Dann klappert Maria, die Leiterin des Zentrums, mit uns gemeinsam zahllose Missionsstationen und Hilfsorganisationen ab. Obwohl so mancher gebrauchte Reifen, der auf den weitläufigen Höfen vor sich hinschmort, zu unserem Fahrzeug passen würde, wollen uns die internationalen Helfer nichts verkaufen.

Bei unserer Suche werden wir von zahlreichen bettelnden Kindern umringt. Viele von ihnen sind blind oder blicken uns mit schwärenden Augen an. Ein Tropenmediziner bestätigte später, dass es sich um Vitamin-A-Mangel oder um eine Infektion mit Chlamydien handelt, die zum Trachom führt. Diese Krankheit muss mit Antibiotika oder im fortgeschrittenen Stadium durch eine OP behandelt werden. Auf unserer Reise durch Kenia haben wir nirgends so viele augenkranke Menschen gesehen wie in Lodwar und nirgends so viele Missionsstationen und Hilfsorganisationen.

Obwohl wir beispielhafte Hilfsprojekte und aufopferungsvolle Menschen im Lande kennengelernt haben, kommt in uns die Frage der Ambivalenz von Entwicklungshilfe hoch. So viel ist klar, Entwicklungshilfe ist ein kompliziertes Geflecht von Interessenkonflikten. Die „Geberländer" wollen ihre Produkte an den Mann bringen, z. B. die USA das Getreide ihrer Landwirte und nicht die Produkte aus den hilfsbedürftigen Ländern selbst. So werden die Produktions- und Vermarktungsstrukturen der Entwicklungsländer geschwächt. Die „Nehmerländer" werden oft von Autokraten regiert, die mit den Hilfsgütern ihre Stammesbeziehungen pflegen. Es ist bekannt, dass der Staatshaushalt solcher Länder in Ostafrika zu mehr als 30 % von internationalen Zuwendungen abhängt. Es ist für die „Big Chiefs" viel einfacher, auf diese Mittel zurückzugreifen, als heimische Wirtschaftsstrukturen zu reformieren und zu fördern. Die Hungerkrise im Nordosten Kenias im Jahre 2011 bietet Beispiele für diese Disproportionen. Im feuchten Westen des Landes war in diesem Jahr durch günstige Wetterbedingungen eine Rekordernte eingefahren worden, doch weder nationale noch internationale Entscheidungsträger konnten oder wollten die Verteilung dieser Güter organisieren. Diejenigen, die auf internationalem Parkett als Bittsteller auftreten, haben

persönlich die Hilfe nicht nötig. In Kenia ist mehr als die Hälfte des privaten Reichtums in den Händen der führenden Politiker und ihrer Familien. Uhuru Kenyatta ist einer der reichsten Präsidenten Afrikas. Sein Vermögen wird auf 500 Mio. $ geschätzt (Nzioka und Namunane 2014).

Wir fahren desillusioniert ins „Women Centre" zurück. Maria gibt nicht auf. Sie ruft in Kitale, einer knapp 300 Pistenkilometer südlich gelegenen Stadt, einen indischen Händler an, der bereit ist, einen Reifen für uns auf das Dach des nächsten Busses nach Lodwar zu schnallen. Das nötige Geld hinterlegen wir bei Maria, die es nach Kitale transferieren wird. Beeindruckend: Gegen 12:00 Uhr mittags bestellt, und um 22:00 Uhr rollt der Bus an die Rezeption und liefert den Reifen für uns ab.

Den Nachmittag des Wartens auf den neuen Reifen überbrücken wir mit einer Fahrt nach Kalokol. Der Fahrer, einer der wenigen Männer des Frauenzentrums, fährt uns mit dem Pickup zum Turkanasee. Die Uferbereiche bei Kalokol sind unspektakulär (Abb. 5.32). Sandige Flächen sind mit wenigen windflüchtigen Palmen bewachsen. Ein paar Fischerboote ankern am Ufer. Der Tagesfang wird auf

Abb. 5.32 Im Turkana County. (**a**) am nördlichsten Punkt unserer Probentour durch Kenia. Christine und Peter haben interessierte Beobachter beim Aufarbeiten ihrer Sedimentprobe am Ufer des Turkanasees; (**b**) Versammlungsplatz Narumatunga, Ort der kollektiven Weisheit auf dem Weg nach Lodwar

einem Fahradgepäckträger abtransportiert. Kinder schleppen in schweren Kanistern Seewasser in ihre Wohnhütten. Am Turkana sollen mehr als 1000 Flamingos leben, doch es sind nicht viele von ihnen zu sehen. Unsere Prognose: das wird sich voraussichtlich im Laufe der nächsten Jahrzehnte ändern, denn der Salzgehalt des Sees wird steigen.

Unsere Wasserproben ergaben veränderte Befunde im Vergleich zur Beobachtung von Kolding (1992), der lediglich acht wesentliche Phytoplankter gefunden hatte, mit *Microcystis aeruginosa* als Dominante. In unseren Proben dominierten pennate Kieselalgen und eine heterocytenführende Art der Gattung *Cronbergia*, also ein Stickstofffixierer. Weiterhin waren dünnfädige Cyanobakterien des Verwandtschaftskreises um *Pseudanabaena* und *Planktolyngbya* häufig. Die Erfahrung der letzten Jahre zeigt, dass sich dahinter zahlreiche neue Taxa verbergen können. Es wird auf alle Fälle interessant, das Phytoplankton des Sees im Auge zu behalten.

Auf unserem Rückweg von Kalokol nach Lodwar halten wir an einer Kultstätte, Narumatunga, ein Versammlungsplatz aus der Periode um 300 v. u. Z. (Abb. 5.32). Das von 19 stehenden Basaltsäulen geprägte schotterige Rondell soll einen kuschitischen Mondkalender darstellen, wie er auch in Ägypten Anwendung fand. Hier kommen Turkana-Älteste und Schamanen dreimal im Jahr zusammen, um zu orakeln und um kollektive Weisheit zu ringen. Doch Narumatunga ist eine relativ junge Wirkungsstätte unserer Vorfahren. Im Gebiet um den Turkanasee hat man viele ältere Funde zur Evolution des Menschen ans Licht gefördert. Auf einer Halbinsel am Ostufer des Sees liegt die Ausgrabungsstätte Koobi Fora. Hier haben Richard Leaky (*1944), Spross der berühmten Paläoanthropologen Mary (1913–1996) und Louis Leaky (1903–1972), und seine Frau Meave (*1942) zusammen mit ihrem Team von zeitweilig bis zu 70 Wissenschaftlern und Ausgrabungsspezialisten seit 1968 mehrere Hundert Fundstücke fossiler Hominiden ausgegraben. Es sind vor allem Fossilien jener Arten, die schon vor gut 1,5 Mio. Jahren den Nutzen des Feuers für sich entdeckt haben: *Homo habilis, H. rudolfensis*, *H. ergaster* und *H. erectus*.

Mit unseren verfügbaren logistischen Mitteln war es nicht möglich, eine der Fundstätten zu besichtigen, zumal die meisten Ausgrabungen am anderen Ufer des Sees lagen. Eine Bootstour mit den Fischern war wegen der stundenlangen Fahrt bei unberechenbaren Windbedingungen und hohem Wellengang viel zu riskant und hätte uns seekrank gemacht. Gerade hier am Turkana holte uns die Gegenwart ein, die Prioritäten, die wir setzen mussten, um unsere Hauptaufgaben bezüglich Algen und Flamingos und unsere Tagesprobleme in dieser kräftezehrenden Region zu lösen.

In dem Jahrzehnt nach unserer Reise an den Turkanasee hat man hier einige großartige Funde gemacht, die eine Brücke zwischen Vergangenheit und Gegenwart schlagen.

Fußspuren Knapp 500 pleistozäne Fußspuren von *H. erectus* und seinen Verwandten sowie ihrer Beutetiere am Ufer des Sees geben Auskunft über die enge Bindung der Urmenschen zum Gewässerhabitat (Roach et al. 2016). Diese Ausgrabungen, die zwischen 2006 und 2015 bei Ileret nördlich von Koobi Fora durchgeführt wurden, bestätigen uns Limnologen, die der Meinung sind, dass menschliches Leben vom Wasserangebot abhängt.

Skelette In einer Ausgrabungsstätte bei Nataruk, 30 km westlich der heutigen Uferlinie des Turkanasees, hat man 27 Skelette aus dem Jung-Pleistozän ausgegraben, von denen mindestens 10, darunter Frauen und Kinder, Zeichen eines gewaltsamen Todes trugen (Lahr et al. 2016). Dies wird als klarer Beweis gewertet, dass schon vor langer Zeit am Turkanasee zwischen den Gruppen der Jäger und Sammler harte Verteilungskämpfe um die knappen Ressourcen stattgefunden haben.

Erdöl Im Becken südlich von Lokichar hat man vor etwa fünf Jahren die Hinterlassenschaft fossiler Algen entdeckt: Erdöl! Mehr als 750 Mio. Barrel warten auf die Förderung, die im Jahre 2016 begonnen hat. Und es werden immer neue Ölreserven entdeckt. Tullow Oil („Africas leading independent oil company") hat den Auftrag übernommen. Das Unternehmen ist in 18 Ländern tätig, auch in Südamerika, Europa und Asien. Die ersten Konflikte mit Vertretern der einheimischen Interessen sind schon entflammt. Ein neues Zeitalter ist für eine Region angebrochen, die jahrzehntelang vernachlässigt wurde. Kiplagat bringt es auf den Punkt: „Länder, die reich an Erdöl sind, sind auch reich an Konflikten." Ein pikantes Detail: NORAD ist wieder am Turkana aufgetaucht – die norwegische Entwicklungshilfeorganisation hat auf Anfrage der Regierung von Kenia für fünf Jahre ein Programm zum „sound management of petroleum resources" (sachgemäßer Umgang mit den Erdölvorräten) aufgelegt und kann von ihren Erfahrungen aus den 1980er Jahren zehren.

Wasser In verschiedenen Becken westlich des Turkanasees hat man stattliche Grundwasservorräte entdeckt. Im Lotikipi Basin lagern 250 Mrd. m³ Wasser in 300 m Tiefe. Das könnte nach Kalkulationen optimistischer Manager für 70 Jahre reichen, und man könnte künstlich bewässerte Landwirtschaft betreiben, allerdings mit den gleichen Problemen wie am Omo im Süden von Äthiopien. Doch in Kenia erheben sich warnende Stimmen, denn die Natur könnte in diesem ariden Gebiet Schwierigkeiten haben, diese Vorräte wieder aufzufüllen. Außerdem haben erste Wasseranalysen ergeben, dass das Grundwasser für die menschliche Ernährung zu salzig ist und Wasseraufbereitungsanlagen betrieben werden müssten.

Um die reichen Geschenke von Mutter Erde in eine Erfolgsgeschichte zu verwandeln, bedarf es größter Anstrengungen. Die Voraussetzungen sind durchwachsen. Zum einen könnte man aus den Erfahrungen anderer Länder lernen, denn es gibt gute und schlechte Beispiele. Zum anderen treffen diese Entdeckungen auf eine völlig unvorbereitete Gesellschaft. Es ist wie die Neubesiedlung eines jungfräulichen Bodens nach Vulkanfeuer und -asche. Es werden Entscheidungsträger mit ausgeprägtem Phönix-Gen gebraucht, und die kollektive Weisheit von Narumatunga ist mehr als je zuvor gefragt.

Die Turkana-Region wurde bisher von allen politischen Systemen benachteiligt. Sie führte ein Dasein am Rande der Wüste, doch nun wird sie durch ihren plötzlich entdeckten Reichtum an Öl und Wasser aus der Versenkung geholt. Seit den Wahlen 2013 wurde die territoriale Gliederung von Kenia in 47 Countys mit eigener Regierung durchgesetzt. Diese neue Struktur basiert auf der neuen Verfassung aus dem Jahre 2010. Turkana, mit seiner Hauptstadt Lodwar, ist das flächenmäßig größte County (71.597 km^2). Hier leben inzwischen 855.399 Einwohner. Das entspricht knapp 12 Einwohnern pro km^2. Zum Vergleich: Baringo County hat 50, Nakuru County 214, Kenia 81, Deutschland 226 und Namibia 3 Einwohner pro km^2.

Turkana County ist weitläufig, unerschlossen und unsicher. Man geht davon aus, dass jeder Mann über 17 eine eigene AK47-Maschinenpistole besitzt. Die Männer fühlen sich verantwortlich, ihre Familien und Viehherden zu schützen, vor Pokots aus dem Süden, vor Banditen aus Uganda im Westen, aus Südsudan im Norden, aus Äthiopien und Somalia im Osten. Islamistische Fundamentalisten verunsichern die Region. Hier trifft man auf die niedrigste Alphabetisierungsquote Kenias. Diese Voraussetzungen erfordern hohe Führungsqualitäten von den Regierenden des Turkana County und von der zentralen Regierung in Kenia. Den Führern wird empfohlen, von der üblichen „Teile-und-herrsche"-Politik abzukommen und sich für Einheit und Partnerschaft einzusetzen (Kakonge 2015).

Die Bevölkerung des Turkana County wird erst Vorteile aus den Naturreichtümern ziehen, wenn es gelingt, folgende Voraussetzungen zu schaffen:

- Die Gewalt müsste eingedämmt und Frieden mit den Nachbarn gesichert werden.
- Die Menschen müssten solide ausgebildet werden, um die neuen Anforderungen der Wirtschaft zu erfüllen.
- Es müsste zu einer Diversifizierung der Wertschöpfung übergegangen werden. Nicht nur Weidetierhaltung, sondern auch Farmhaltung von Tieren, Ackerbau, eventuell mit ökologisch kontrollierter Bewässerung müssten etabliert werden.
- Soziale Elemente müssten in die Gesellschaft eingepflanzt werden, wie Gesundheitsfürsorge, Armutsbekämpfung und Gleichstellung der Frauen.

- Umweltschutz sollte verhindern, dass durch die Ölbohrungen Boden und Wasser kontaminiert werden.
- Bei allen administrativen Entscheidungen sollten ein hohes Maß an Transparenz gesichert, und die Lasten und Gewinne gerecht verteilt werden.
- Korruption und Tribalismus müssen konsequent bekämpft werden.
- Die Infrastruktur muss praktisch aus dem Nichts geschaffen werden.

Diese nach Kakonge (2015) zusammengefassten Visionen erfordern in der Tat einen ungewöhnlich neuen Stil des Zusammenwirkens von Politik und Ökonomie.

Es tut sich was im County – Gutes und weniger Gutes. Im Jahr 2015 standen 2000 Menschen in Lohn und Brot bei der Tullow Oil Company. Davon wurden 50 % der Arbeiter aus dem County rekrutiert, leider nur für die weniger qualifizierten Jobs. Es ist zu befürchten, dass die Industrie zu wenige Arbeitsstellen für Einheimische schafft, aber deren Lebensgrundlage zerstört. Leider zeigt sich schon jetzt, dass lokale Entscheidungsträger nicht gebührend mit einbezogen werden. Neue Straßen werden gebaut, über den Marich Pass vorbei an der Turkwel Gorge hin zu den Ölfeldern im Turkanaland und bis zu den Geschäftspartnern und Entwicklungshelfern im Südsudan. Eine Strecke wird über 960 km von Eldoret über Lodwar nach Juba (Südsudan) gebaut. Eine andere Strecke von 605 km Länge wird „unserer" alten Piste von Kitale nach Lodwar folgen und ebenfalls im Südsudan enden. Die Reise an den Turkanasee würde sich heute ganz anders gestalten als vor zehn Jahren. Und wer weiß, was wir für Entscheidungshilfen für oder gegen so eine „blauäugige" Reise ins Feld führen würden. Doch wahrscheinlich würde unsere Neugier wieder siegen.

5.1.8 Simbi und Victoria – bei den Fischessern

Der weiße Mensch ist unter diesen Palmen, diesen Lianen, in diesem Busch und Dschungel ein seltsamer, auffallender Eindringling. Bleich, schwach, das Hemd verschwitzt, die Haare verklebt, ständig von Durst geplagt, vom Gefühl der Kraftlosigkeit, der Trübsal. Dauernd hat er Angst, fürchtet Moskitos, Amöben, Skorpione, Schlangen – alles, was sich bewegt, erfüllt ihn mit Furcht, Schrecken, Panik. Ganz anders die Eingeborenen: Sie bewegen sich mit Kraft, Anmut und Ausdauer ganz natürlich und frei, in einem von Klima und Tradition diktierten Tempo, weil man im Leben ohnehin nicht alles erreichen kann, was würde denn sonst für die anderen bleiben? (Ryszard Kapuściński 1999, *Afrikanisches Fieber. Erfahrungen aus vierzig Jahren,* Übersetzung: Martin Pollack)

In diesem Kapitel geht es um zwei ungleiche Nachbarn, die Seen Simbi und Victoria. Sie liegen nur 3 km Luftlinie voneinander entfernt, im Westen von Kenia, in der Provinz Nyanza, auf einer Höhe von 1142 bzw. 1135 m über dem

Meeresspiegel. Nyanza ist das Kerngebiet des Stammes der Luo, allgemein als „Stamm der Fischesser" bezeichnet. Wissenschaftler des Nationalmuseums von Kenia haben herausgefunden, dass es für den Frühmenschen vor 2 Mio. Jahren ganz entscheidend war, Fisch in seine Nahrungspalette aufzunehmen. Der hohe Gehalt an Omega-3-Fettsäuren in Fischölen hat das Wachstum seines Gehirns maßgeblich vorangetrieben. Also besteht kein Grund für die Überheblichkeit anderer (carnivorer) Ethnien gegenüber den fischessenden Luo.

Der Simbisee hat eine Größe von 0,29 km^2 und ist 23 m tief. Der Victoriasee bedeckt eine gewaltige Oberfläche von 69.000 km^2 und ist maximal 84 m tief. Der Simbi ist ein Kratersee, also eine geflutete Kaldera, während der Victoriasee entstand, indem sich eine ausgedehnte Senke vor etwa 400.000 Jahren mit Wasser füllte. Die Gewässer unterscheiden sich im Salzgehalt und in ihrer Besiedlung mit Mikrophyten: Der Simbi ist ein Sodasee (Salinität 10–18 ‰, Leitfähigkeit 15.000–29.000 μS/cm) mit wenigen Arten von Cyanobakterien, der Victoria dagegen ein Süßwassersee (Leitfähigkeit ca. 200 μS/cm) mit mehr als 100 Mikrophytenarten. Beiden ist gemeinsam, dass sie eine vergleichsweise hohe Primärproduktion aufweisen. Das wird auf dichte Populationen hochproduktiver Cyanobakterien und Algen in der lichtdurchfluteten Schicht zurückgeführt, die aufgrund kräftiger Nährstoffzuflüsse gut gedeihen können.

Dem Simbi eilt der Ruf voraus, dass er von den Zwergflamingos als Alternative angenommen wird, wenn das Nahrungsangebot im Rift nicht ausreicht. Der Victoriasee ist ein Magnet für Limnologen, ein Binnenmeer in einer anderen Höhen- und Klimazone als die kleineren Seen Kenias. Von den vielen Herausforderungen, mit denen dieses „Binnenmeer" konfrontiert ist, wollen wir uns ein eigenes Bild machen, speziell von der Nährstoffbelastung und ihren Folgen für die Algenflora, den Teppichen aus Wasserhyazinthen und der Manipulation der Fischfauna.

Die Fahrt an diese Seen lässt sich am besten als Abstecher von den Flamingoseen Nakuru oder Bogoria im Riftvalley gestalten. Die Straßen aus dem Rift nach Nyanza gewähren starke Eindrücke in die reichen Natur- und (Land)wirtschaftsräume Kenias. Von Nakuru aus geht es über die Universitätsstadt Njoro (Egerton University, wo unser Kollege Steve Omondi Oduor als Ökologe arbeitet) hinauf in den nebeligen Mau Forest, einen der wichtigsten „Wassertürme" des Landes. Anschließend fährt man durch kühles Hochland mit weiten Teeplantagen um Kericho, der Stadt der Teefarmer, bevor es in die schwüle Ebene des Nyando-Flusses geht, mit seinen Zuckerrohrplantagen und sumpfigen Wasserlöchern. Auf dieser heftig von Trucks, Matatus und Fahrradkurieren befahrenen Strecke muss man mit erheblichen Behinderungen und Gefährdungen rechnen. Rücksichtslose Fahrweise, tiefe Schlaglöcher, Spurrinnen im von der Hitze aufgeweichten Asphalt und Sichtprobleme vor Bergkuppen und Kurven fordern Aufmerksamkeit und glückliche Fügung.

Die Route von Bogoria sieht zunächst bedeutend besser aus. Eine hervorragende Straße beginnt bei Marigat und führt durch die Heimat des ehemaligen Präsidenten Arap Moi. Ihr Bau soll unter seiner Schirmherrschaft gestanden und eine Menge Geld verschlungen haben – behaupten böse Zungen. Wir queren das Riftvalley in atemberaubender Landschaft und meistern Höhenunterschiede von mehr als 1000 m (Abb. 5.33). Dabei müssen wir lernen, unser Fahrzeug zu schonen, denn bergauf riechen die Kupplungsbeläge und bergab qualmen die Bremsbeläge. Rechtzeitiges Schalten in die niederen Gänge und der Einsatz der Motorbremse sind hier nötig. Die Geschwindigkeit des Autos bei der Bergabfahrt ausschließlich über einen „Bleifuß" auf dem Bremspedal zu drosseln wäre fatal.

Von Kabernet („the town where the president comes from") geht es in Serpentinen hinab bis zum Grunde des Grabens, wo der Kerio-Fluss eine tiefe Schlucht gewaschen hat und bei Hochwasser bizarre Erosionsskulpturen formt. Vom Tal winden sich Haarnadelkurven wieder hinauf zum Grabenrand bis Iten, wo in dünner Luft die Trainingscamps der legendären Marathonläufer Kenias angesiedelt wurden. Von hier aus geht es nach Eldoret, der Stadt der Farmer und Händler, und danach zeigt die Strecke ihren martialischen Charakter. Über Kakamega am Rande des letzten Stückchen Regenwaldes (der sich ursprünglich vom Kongo bis an den Indischen Ozean erstreckte), dem Kakamega Forest, nimmt man Fahrt auf, die uns, so weit es „potholes and bumps" (Schlaglöcher und Bodenwellen) erlauben, in einer Schussfahrt in die Ebene des Victoriasees führt, wo uns die zum Schneiden dicke, feuchte Tropenluft fast den Atem nimmt. Hier, auf gut 1100 m Höhe über Normalnull fällt durchschnittlich 1278 mm Niederschlag pro Jahr.

Im Allgemeinen werden Weiße, die wie wir mit einem eigenen Fahrzeug durch die Gegend fahren, als Missionare oder Entwicklungshelfer angesehen. Oftmals werden unsere Erklärungen, dass wir Biologen seien und Gewässer und Flamingos untersuchen wollten, zunächst milde lächelnd bezweifelt. Aber was soll's, Biologen gelten als ehr- und gottesfürchtige Menschen und passen somit ins Beuteschema. Manche der Gespräche münden geradewegs darin, dass wir gebeten werden, Wege aufzuzeigen, wie man einen Job in Deutschland, am besten noch im kirchlichen Umfeld, bekommen könne. Mein Vorname Lothar und seine Aussprache im Englischen führen zu Verwechslungen mit dem bekannten Übersetzer der Heiligen Schrift, was mich, als einem vermeintlichen Nachfahren Martin Luthers, besonders dazu prädestiniert, Arbeitsstellen in der Kirche zu beschaffen. Um dies zu umgehen, nutze ich manchmal meinen zweiten Vornamen, den Namen meines Vaters, Paul. Aber auch dieser Name ist in der christlichen Geschichte nicht unbelastet. Paulus hat als der eifrigste Apostel, den Staffelstab von Petrus übernehmend, als Verkünder der Mission Christi maßgeblich an der Erschaffung und Verbreitung

Abb. 5.33 Im Großen Afrikanischen Grabenbruch auf dem Weg von Marigat nach Iten. (**a**) von den steilen Wänden ergießen sich Wasserfälle; (**b**) Ackerflächen auf dem Plateau am oberen Grabenrand, auf der Talsohle schimmert der See Kamnarok (Pfeil); (**c**) der Kerio-Fluss hat sich tief in den Grund des Rifts eingearbeitet; (**d**) Serpentinen überbrücken die extremen Höhen und Tiefen

des Christentums beigetragen. Unterwegs mit Peter, hat die Kombination Peter und Paul die jobsuchenden Jünger Jesu, die bekennendermaßen das Blut des Predigers von Nazaret in sich spüren, auf unsere Fährte gebracht und abendliche Gespräche bibellastig gestaltet.

Am Simbi haben wir ein besonderes Erlebnis, bei dem – wie in einem Tiegel voller Stew – die Erfahrungen mit Flamingos, ihrer Nahrung und dem Phönix Jesus zu einer wundersamen Melange verschmelzen. Die fahrbahnmäßigen Zustände sind durch Hartmut Fiebigs Kommentar in seinem Reiseführer *Kenia* hinreichend charakterisiert: „Wer schlechte Pisten in abgelegenen Gebieten liebt, ist hier richtig." Auf der Piste zum See fahren wir an der Oberkante tiefer Erosionsrinnen, Kreationen des zu Regenzeiten wilden Flusses Awash. Vorsichtig prüfen wir den Abstand unseres Fahrzeuges zur Abbruchkante und hoffen, dass durch unseren schweren Pajero die bizarren Klüfte nicht ins Rutschen kommen. Sicherheitshalber bleibt nur der Fahrer im Auto. Unser Risiko wird belohnt. Am Kraterrand angekommen haben wir einen grandiosen Blick über den Kratersee mit seinem jadefarbenen Wasser. Gruppen des Zwergflamingos bilden rosa Farbtupfer. Eifrig filtern sie ihre Nahrung aus der Sodalauge. Frauen und Kinder haben am Ufer Löcher gegraben, aus denen durch Uferfiltration salzärmeres Wasser an die Oberfläche dringt. Die Anwohner benutzen es als Trink- und Waschwasser. Rinder-, Schaf-, und Ziegenherden runden die biblische Szenerie ab. Wir entnehmen Wasser- und Algenproben aus dem See und den Löchern mit Uferfiltrat.

Drei Missionare in flamingofarbenen Roben tauchen über dem Kraterrand auf und kommen federnden Schrittes zum Ufer des Sees. Sie fallen auf die Knie und verrichten dramatisch wirkende Gebete, die sie mit ekstatischen Ausrufen begleiten. Dann bricht einer von ihnen zu einer rituellen Umrundung des Sees auf. Er wird für die knapp drei Kilometer in brütender Hitze und in der prallen Sonne weniger als eine halbe Stunde brauchen. Zunächst versuchen die Missionare und wir uns auf unsere Verrichtungen zu konzentrieren, doch dann siegt die gegenseitige Neugierde. Es handelt sich um Anhänger eines Heiligen Ordens der Mutter Maria, die gerade mit dem Matatu aus Kisumu gekommen sind. Bereitwillig zeigen sie ihre überdimensionalen Devotionalien, heiligen Steine und Uller (Talismane), so groß wie Siegestrophäen auf einem Schießstand des Oktoberfestes (Abb. 5.34). Wie wohl an jedem geflutetem Kratersee wird nun eine ähnliche Geschichte erzählt. Die Mutter Maria, die wir eigentlich im Heiligen Land nahe Jerusalem vermuteten, kam eines Tages in das Dorf am Simbi-Krater, als noch kein See existierte. Da sie inkognito reiste, kümmerte man sich nicht um sie. Zur Strafe für die mangelnde Gastfreundschaft flutete sie die Kaldera und ließ die Dorfbewohner im Kratersee ertrinken. Nur einige der Ärmsten hatten ihr Essen mit Maria geteilt und überlebten die Katastrophe. Sie gründeten den Orden der Mutter Maria von Simbi und besänftigen

Abb. 5.34 Missionare des Heiligen Ordens der Mutter Maria am Kratersee Simbi

regelmäßig die Geister der Toten, deren Stimmen klagend des Nachts aus dem See dringen. Als wohlfeilen Lohn dieses friedenstiftenden Aktes erwarten die Mitglieder des Heiligen Ordens von den Anwohnern des heutigen Simbi eine kleine Anerkennung.

Wer durch Kenia fährt, findet an den Hauptstraßen durch Städte und Dörfer einen Schilderwald kirchlicher Einrichtungen aller Couleur, am häufigsten für die „Kingdom Hall" der Zeugen Jehovas, für die Seventh-Day Adventist Church sowie für diverse christliche Akademien. Die meisten Kenianer sind gläubig und bilden eine fruchtbare Masse für Missionierungen. In den letzten Jahren haben Berichte über Sekten zugenommen, die ihren Jüngern predigen, Kerosin oder Pestizide zu trinken, um das Blut Jesu in ihren Körpern zu spüren. Steigende Mitgliederzahlen scheinen für eine positive Wirkung dieser ungewöhnlichen geistigen Getränke zu sprechen.

Um auf unsere Mission zurückzukommen, so ist über den Simbisee bisher nur wenig publiziert worden. Die Arbeiten über Algen des Simbi stammen von Melack (1979a, 1981) und beschäftigen sich mit der photosynthetischen Aktivität des Phytoplanktons. Verglichen mit drei anderen Sodaseen in Kenia (Bogoria, Elmentaita und Sonachi) war diese Aktivität außerordentlich hoch (maximale Rate 12.900 mg Sauerstoff pro m^3 und Stunde). Sie wurde von *Arthrospira fusiformis* realisiert und gehört zu den höchsten, jemals an Phytoplankton gemessenen Photosyntheseraten. Wir fanden *A. fusiformis* als dominierende Art, allerdings auch noch *Anabaenopsis abijatae* als Begleitform. In den Phytoplanktonproben wiesen wir die Cyanotoxine Anatoxin-a und vier verschiedene Microcystine nach (Ballot et al. 2005).

Der Victoriasee ist flächenmäßig der drittgrößte Binnensee der Welt und wird nur noch vom Kaspischen Meer und dem Lake Superior übertroffen. Er grenzt an Kenia, Uganda und Tansania. Der kenianische Anteil des Victoriasees beläuft sich auf lediglich 6 % und ist mit 20 m relativ flach. Aufgrund der Bedeutung des Victoriasees für das Leben von Millionen Menschen in Ostafrika stellt sich die Frage der wissenschaftlichen Studien ganz anders dar als für den Simbi. Der Fundus an Fachliteratur ist groß, und auch über das Phytoplankton wurde viel veröffentlicht. Eine Zusammenstellung der Arbeiten aus historischer Zeit findet sich bei Talling (1987). Die ersten algenkundlichen Abhandlungen gehen auf Schmidle (1898, 1902) zurück und beschäftigen sich mit Desmidiaceen sowie Chloro- und Cyanophyceen. Damit sind schon die drei Hauptgruppen des Phytoplanktons im Victoriasee umrissen. Thomasson (1955) erstellte mit 144 Taxa die artenreichste Liste von Phytoplanktern, die von den genannten drei Gruppen dominiert wird. Hinzu kommen noch die charakteristischen Kieselalgen des Freiwassers, wie großzellige Arten der Gattungen *Surirella* und *Cymatopleura*, sowie *Nitzschia* und *Melosira*. Die Problematik der klassischen Untersuchungen bestand darin, dass die Proben von Expeditionsteilnehmern gesammelt wurden, die sich anderen Fachgebieten verschrieben hatten. Die Proben wurden fixiert und erst später, nach Rückkehr in die Heimat oder nach langer Zwischenlagerung in Museen, den Algenkundlern zur Bearbeitung übergeben.

Bei einem solch großen, buchtenreichen Gewässer ist es klar, dass die unterschiedlichen Habitate in Ufernähe oder im freien Wasser in unterschiedlichen Tiefen und Jahreszeiten enorme Differenzen in der Besiedlung durch Mikrophyten zeigen. Je nach Lage und Nutzung des Einzugsgebietes der Buchten gibt es bestimmte Schwerpunkte der Belastung durch Abwasser aus der Fischindustrie, aus Siedlungsräumen oder aus landwirtschaftlichen Nutzflächen. Generell lässt sich eine alarmierende Tendenz im Zusammenhang mit der Zunahme der Bevölkerungsdichte im Dränagebecken des Sees feststellen. Paläolimnologische Analysen an Sedimentkernen zeigen, dass die Phytoplanktonproduktion seit den 1930er Jahren steigt (Verschuren et al. 2002). Innerhalb von 40 Jahren (1960er–2000er) hat sich die Biomasse versiebenfacht, wobei Kieselalgen zurückgingen, während Cyanobakterien stark anstiegen (Kling et al. 2001). Als Antwort auf die verstärkte Nähstoffbelastung des Sees in neuerer Zeit, besonders in den flachen Buchten nahe der Städte, wie Kisumu oder Entebbe, verarmt die ufernahe Algenflora und macht Platz für Massenentwicklungen von Cyanobakterien. An Hand einer Wasserblüte (*Microcystis*, *Anabaena*) am Ufer von Dunga führten wir den Erstnachweis an Cyanotoxinen für den Victoriasee (Krienitz et al. 2002). Auch in Homa Bay wiesen wir dichte Blüten von Cyanobakterien und Toxine nach. Bestätigung fanden unsere Befunde im Mwanza Gulf auf tansanischer Seite (Sekadende et al. 2005) und im Murchinson Gulf, Uganda (Okello et al. 2010). Semyalo et al. (2010) wiesen in Gewebe von Tilapien aus dem Murchinson Gulf Cyanotoxine nach.

Ein interessanter Aspekt der Algenflora im Victoriasee ist ihre Eignung als Futter für die Larven der Malariamücken. Es wurde nachgewiesen, dass Larven von *Anopheles gambiae* fast ausschließlich von Algen leben und ein enger Zusammenhang zwischen der Menge und Artzusammensetzung der Nahrung und der Populationsdichte der Moskitolarven besteht (Tuno et al. 2006). Besonders gut gedeihen die Larven, wenn epizoische Grünalgen der Gattung *Rhopalosolen* anwesend sind. Eine Zusammenarbeit von Malariaforschern mit Algen- und Insektenkundlern könnte mehr Licht in die Epidemiologie dieser gefährlichen Tropenkrankheit bringen und besser zu ihrer Kontrolle beitragen. Martens (1987) fand heraus, dass aufgrund der Zellwandstruktur manche Grünalgen, wie z. B. *Scenedesmus* und *Coelastrum*, nicht für die Moskitolarven verdaubar sind und die Insekten verhungern, wenn sie solche Algen aufnehmen.

Ein weiterer bedeutsamer Primärproduzent im Victoriasee ist ein Makrophyt und Neophyt, die Wasserhyazinthe *Eichhornia crassipes*, die aus Südamerika eingewandert ist. Im Nil ist sie schon seit den 1870er Jahren bekannt, doch in den Victoriasee wurde sie erst in den 1980ern eingeschleppt (Williams et al. 2005). Diese schön anzusehende Blütenpflanze, die in dichten Teppichen von 2 m Mächtigkeit wächst, verursacht jedoch gravierende ökologische und ökonomische Probleme. *Eichhornia* kommt und geht in scheinbar erratischen Massenzyklen. Ende der 1990er war sie fast aus dem See verschwunden, doch dann trat sie wieder ihren verheerenden Siegeszug an. Im Januar 2017 waren 10.360 ha des Nyanza Gulf von dem Unkraut bedeckt. Sie führt besonders in der trockenen Saison zu hoher Verdunstung des Seewassers. Unter den dichten Teppichen stagniert das Wasser, es kommt zu Sauerstoffverbrauch und einer Verschlechterung der Wasserqualität. Das Mikroökosystem unterhalb der Decke aus *Eichhornia* gerät aus der Balance, die Biodiversität leidet, weil nur wenige andere Pflanzen gedeihen und viele Tiere hier nicht überleben können. Andererseits können hier die Vektoren verschiedener Tropenkrankheiten wie Malaria (Mückenlarven) und Bilharziose (Wasserschnecken) ihr Refugium finden. Die undurchdringlichen Pfanzenbestände führen dazu, dass Boote nicht ans freie Wasser gelangen können. Die Fischerei wird behindert. Haustiere und Kinder verheddern sich in den Pflanzen. Turbinen der Wasserkraftwerke werden verstopft. Einige Vorteile sollen dennoch nicht verschwiegen werden. Manche Fischbruten, vor allem die des Lungenfisches und der Welse und eventuell einige Taxa der gefährdeten Buntbarsche, finden im *Eichhornia*-Dickicht Schutz. Massenentwicklungen von Algen werden durch Schattierung und Allelopathie behindert.

Man hat mehrere chemische, biologische und physikalisch-technische Möglichkeiten der Bekämpfung von *Eichhornia* erprobt. Die chemische Keule mit Diquat und Glyphosat ist keine gesunde Lösung. Langfristig wirkende biologische Lösungen erwartet man durch den Einsatz von

Käfern, Motten oder Pilzen, die in bestimmten Entwicklungsstadien das Pflanzenmaterial dezimieren. Die beste Kurzzeitlösung besteht in *Eichhornia*-Erntemaschinen, die wie schwimmende Mähdrescher das Pflanzenmaterial ernten, schreddern und der Verwertung zuführen.

Die Biomasse von *Eichornia* stellt eine potenzielle ökonomische Resource dar (Gunnarsson und Petersen 2007). Aus den Fasern der Pflanze fertigt man Körbe, Möbel und Seile. Einkaufskörbe und Papiertüten aus Wasserhyazinthe könnten als alternative „Shopping-Behälter" Plastik ersetzen, seitdem Ende August 2017 Plastiktüten im Lande verboten wurden. Man kann aus dem „Unkraut" Eiweißfutter für Strauße und andere Nutztiere zur Fleischproduktion für den Menschen gewinnen. Nach ihrer Verkohlung kann man aus den Pflanzen unter Beimischung von Altpapier und organischem Abfall Holzkohlebrikettes mit einem guten Brennwert herstellen. Selbst wenn man sie nur trocknet und anschließend zu Brikettes presst, erreichen sie mit 8,3 GJ/m^3 einen vergleichbaren Brennwert wie Holzkohle (9,6 GJ/m^3). Ein Gigajoule entspricht der Energiemenge, die bei Verbrennung von 23,9 kg Erdöl entsteht. Wasserhyazinthen werden in Kläranlagen zur Abwasserbehandlung eingesetzt. Sie absorbieren Schwermetalle und andere Wasserverunreinigungen. Die Gewinnung erneuerbarer Energien in Form von Biogas und Bioethanol stehen auf dem Prüfstand. Aufgrund des hohen Wassergehaltes (95 %) und der zähen Fasern muss noch nach optimalen Lösungen gesucht werden. Die geschredderte Biomasse kann als organischer Dünger verwendet werden und als Substrat für Pilzkulturen dienen. Es scheint so, dass man sich noch nicht um diese Ressource reißt, aber die Zeit für *Eichhornia* als begehrter Rohstoff wird kommen. Der Biochemiker Simon Njoroge konstatiert, so die *Daily Nation* vom 02.06.2017, „This plant is gold". Er nutzt in einem von ihm entwickelten und patentierten Verfahren seit mehr als 10 Jahren eine Maschine, die an einem Tage bis zu 10 t *Eichhornia* zerkleinert. Die gewonnene Frischmasse wird in eine feste und eine flüssige Phase separiert. Beide Komponenten sind gleichermaßen als Dünger nutzbar. Der Flüssigdünger wird in 5-Liter-Kanistern abgefüllt und bringt 1150 KSh (= 9,6 €) auf dem Markt. Die festen Bestandteile werden zu einem Granulat verarbeitet und bringen 1000 KSh pro 10 kg. Die schleimigen Substanzen in den Düngemitteln können die Struktur von Sandböden verbessern und sind bei der Rekultivierung von Wüsten einsetzbar (Gitau 2017).

Doch nicht nur die Primärproduzenten, sondern auch höhere trophische Glieder sind im Victoriasee durch den Menschen aus den Angeln gehoben worden. Der See ist der wichtigste Standort der Binnenfischerei in Ostafrika. Als man in den 1950er Jahren der Meinung war, die Fischproduktion sei noch steigerungsfähig, setzten Fischereispezialisten verschiedene exotische Fischarten ein: zum einen den Nilbarsch (*Lates niloticus*), einen Raubfisch, um die kleinen, knochigen Buntbarsche des Verwandtschaftskreises *Haplochromis* unter Kontrolle zu bringen, und zum anderen einige (2–5)

herbivore Tilapien (*Oreochromis niloticus, O. leucostictus, Tilapia rendalii* und *T. zillii*), um die Fangergebnisse wieder anzukurbeln, die stark unter der Praxis des Überfischens gelitten hatten. Das Ergebnis dieser Manipulationen war verheerend für die Fisch-Biodiversität des Sees. Da der Nilbarsch keine natürlichen Feinde hatte, entwickelte er sich überproportional und vernichtete viele endemische Buntbarsche. Spezialisten befürchten, dass von den 500 Buntbarsch-Taxa mindestens 200 extinkt oder stark gefährdet sind. Der Anteil der Haplochromiden an der Fischbiomasse sank von 83 % auf unter 1 % bis Mitte der 1980er Jahre (Njiru et al. 2005). Der Verlust an Fischarten im Victoriasee ist der größte dokumentierte Verlust an Fischbiodiversität, der vom Menschen verschuldet wurde. Seit Anfang der 2000er werden vor allem folgende drei Fischarten gefangen: *Lates niloticus* (60 %), *Rastrineobola argentea*, ein endemischer Verwandter des Karpfens, die Lake-Victoria-Sardine oder Mukene (30 %) und *Oreochromis niloticus* (7 %). Die Mukene ist die einzige im See verbliebene heimische Fischart mit ökonomisch interessanten Beständen. Die Populationen des Lungenfisches (*Protopterus aethiopicus*) und der Welse (*Clarias* spp.) konnten sich stabilisieren, weil ihre Larven Schutz in den Teppichen der Wasserhyazinthe fanden. Die völlig umgekrempelte Fischwirtschaft hat massive Auswirkungen auf die Menschen. Die gesamte Wertschöpfungskette der Fischindustrie vom Fang bis zur Vermarktung wird von großen Firmen gesteuert. Nahrungssicherheit, Beschäftigung und Lebensstandard der kleinen Fischer und ihrer Familien bleiben weitgehend auf der Strecke (Njiru et al. 2005).

Neueste Analysen, die empirische Beobachtungen mit Modellen kombinieren, lassen die Dominanz des Nilbarsches in einem ganz anderen Licht erscheinen. Nilbarsch und Buntbarsche haben in ihrer Jugendphase unterschiedlich erfolgreiche Überlebensstrategien. Während der Nilbarsch planktische Eier und Larven bildet, die leicht zu fressen sind, finden die jungen Buntbarsche Schutz im Maul ihrer Eltern, denn diese sind Maulbrüter. So gesehen, haben die jungen Buntbarsche beste Voraussetzungen, mit der Nilbarschbrut eine stabile Koexistenz zu entwickeln. Das Problem liegt allerdings in einer höheren Mortalität der Buntbarsche, die durch äußere Bedingungen verursacht wird. Die steigende Nährstofflast des Sees führt dazu, dass Algen stärker wachsen und dadurch Transparenz und Sauerstoffgehalt des Wasserkörpers sinken, was zum Tod der Buntbarsche führt. Die Schwächung der Buntbarsch-Populationen könnte schon *vor* dem Einsetzen des Nilbarsches begonnen haben. Somit wäre der Siegeszug des Nilbarsches nicht Ursache, sondern Konsequenz des Buntbarsch-Rückganges (Zwieten et al. 2015).

Wir bekommen nur einen „Zipfel" des Victoriasees zu sehen, den Nyanza Gulf. Dennoch kann unser Auge die andere Seite des Ufers nicht wahrnehmen, der Horizont ist weit, wie bei einem Meer. Das große Hauptbecken des Sees gehört zu Uganda und Tansania. Unsere Probenahmepunkte am Victoriasee liegen an der Bucht von Dunga, einem

Vorort von Kisumu und an der Bucht der kleinen Stadt Homa Bay. Auf dem Weg zur „beach" begegnen wir Karren voller öliger, stinkender Fische, die zur Verarbeitung in die übrig gebliebenen Familien„betriebe" geschafft werden. Frauen tragen Eimer mit verkeimtem „Trinkwasser" mit klumpigen Cyanobakterien in ihre Hütten. Charles und Kennedy, zwei Gelegenheitsarbeiter bei der Fischerkooperative, führen uns in die Halle, wo der „catch of the day" gewogen wird. Es sind vor allem Nilbarsche, Tilapien, Victoria-Sardinen, ein paar Lungenfische und Welse.

Auf einer Bootstour sehen wir die verschiedensten lokalen, kleinskaligen Fischfangtechniken in der Nähe des Ufers. Besonders effektiv soll eine Methode sein, bei der Stellnetze im Kreis gesetzt werden und Fischer in diesem Kreis tauchen, um die in den Maschen verfangenen Fische zu entnehmen und in ihre Boote zu werfen. Die Schwimmer wissen sehr wohl, dass sie nach wenigen Wochen von Bilharziose infiziert sein werden, aber sie haben keine Alternativen. Die vom Pärchenegel *Schistosoma* verursachte Krankheit ist nach der Malaria die häufigste Parasitose in den Tropen und verursacht chronische Entzündungen der Harnblase, der Leber oder des Darms. Da sie bei den armen Menschen in Nyanza nicht behandelt wird, führt sie zu lebenslangem Leiden und schränkt die Arbeitsfähigkeit und die Lebensqualität erheblich ein. Der Parasit durchläuft

einen Zyklus, bei dem Wasserschnecken, die im Makrophytengürtel des Sees leben, als Zwischenwirte dienen. In den Schnecken entwickeln sich durch ungeschlechtliche Vermehrung die Cercarien, die infektiösen Stadien von *Schistosoma*, die ausgeschieden werden. Sie können einen Tag lang im Wasser schwebend überleben und bei Kontakt mit der Haut des Menschen in dessen Körper eindringen und sich dort geschlechtlich fortpflanzen. Chronisch Kranke scheiden mit ihren Fäkalien Eier des Parasiten aus, und der Teufelskreis beginnt von vorn (Ruppel 2008).

Ungeachtet der schwierigen Umstände, in denen die Luo am Victoriasee leben, und der Gefahren für die Gesundheit, hier wird auch die Schönheit und Üppigkeit der tropischen Natur deutlich (Abb. 5.35). Überall am Ufer der Dungabeach, zwischen den hellblau blühenden Wasserhyazinten und den Papyrusstauden, gehen Frauen ihren täglichen Pflichten nach, waschen Wäsche und spülen Geschirr, versorgen die Kinder oder halten einen Schwatz ab. Gerade kommen wieder fünf Segelboote der Fischer an die Anlegestelle, und erwartungsvolle Frauen in ihren bunt bedruckten Kangas, Tüchern, die sie einfach um ihre Hüften binden, lehnen sich über die Bootsplanken, um den Fang zu begutachten (Abb. 5.36). Später werden sie mit geübten Bewegungen die feuchten Segel am Ufer zum Trocknen ausbreiten. Die Fischer und ihre Frauen haben sich bei ihrer Alltagsarbeit

Abb. 5.35 Fischersfrau mit Heiligen Ibissen und Hammerköpfen am Ufer des Victoriasees

Abb. 5.36 Fischfang am Victoriasee. (**a**) Fischer kehren heim; (**b**) Frauen bewerten den Fang; (**c**) Nilbarsche dominieren die Tagesausbeute

an die ungewöhnlich grüne und lebendige Kulisse mit den zahlreichen Vögeln gewöhnt, so dass sie sie gar nicht mehr bemerken. Wir hingegen geraten wegen dieser herrlichen Kreaturen in einen wahren Fotorausch. Die Vögel sind hier nicht scheu. Ibisse, Kormorane, Hammerköpfe, Reiher, Stelzenläufer kommen nahe vor unsere Kameras. Es wirkt so, wie man sich die Zeit damals am Nil vorstellen könnte, als die Welt noch in festen Angeln schien und die Pharaonen das Sagen hatten. So abwegig ist der Gedanke gar nicht, denn wir befinden uns ja nahe der Quelle des Nils.

Kisumu, die farbenfrohe Hauptstadt von Nyanza, dem Luoland, liegt direkt am Victoriasee. Mehrmals hielten wir uns in dieser schwülwarmen Stadt auf. Den „Public Servants Club" (Club der Öffentlich Bediensteten) haben wir dabei nicht in so guter Erinnerung. Schmierige Räume, volle Klobecken mit nicht funktionierender Spülung, träges, unfreundliches Personal; aber ein aufkommendes Gewitter hindert uns daran, nach einer besseren Bleibe zu suchen. Da nun auch noch der Strom ausfällt, setzen wir uns bei Kerzenlicht auf die Betten und machen wie allabendlich einen Plan, wie wir unsere Moskitonetze spannen könnten. Die angebotenen Netze der Vermieter hängen staubig und löchrig von einem Haken an der Decke herab, den wir nicht erreichen können, weil die Zimmer aus Gründen der „Frischluft" hoch sind. Wie so oft müssen wir unsere eigenen Netze installieren, von denen wir zwei verschiedene Typen mitbringen: in Kastenform oder kreisförmig als „Pavillon". Je nach Aufhängungsmöglichkeiten wählen wir für jedes unserer Betten das passende Netz aus. Die in den Zimmern vorhandenen Haken und Halterungen erweisen sich als nicht gut eingedübelt. So muss man beim Netzbau Vorsicht walten lassen, um nicht nachts von herabfallenden Teilen überrascht zu werden. Deshalb bringen wir an Wänden oder anderen Stellen im Raum stabile Haken an, spannen zwischen den Haken Leinen durch den ganzen Raum, deren Kreuzungspunkte über unseren Betten liegen, und dort hängen wir dann unsere Netze ein. Wir legen größten Wert darauf, die Netze sorgfältig zu installieren, weil die Mücken durch jede Öffnung dringen. Löcher im Netz und seitliche Einstiegsschlitze werden mit Wäscheklammern geschlossen. Wenn man im Bett liegt, muss man sorgfältig die Netze unter die Matratze schlagen. Lose im Faltenwurf über dem Bett hängen lassen, wie man es manchmal in den teuren Lodges hat, wie im Himmelbett, nützt gar nichts, denn die Mücken steigen unter den Netzen auf und werden zum gefährlichen Störenfried. Da wir bei Malariaprophylaxe mit Mefloquinprodukten unter starken Nebenwirkungen leiden, haben wir die Medikamente abgesetzt. Deshalb ist der Netzbau, gerade in dieser höchstgefährlichen Region am Victoriasee, die wichtigste vorbeugende Maßnahme gegen Malaria.

Der unter Tropenreisenden kursierende Geheimtipp, in der gefährlichen Phase der Abenddämmerung den Blutalkoholspiegel auf 0,8 Promille zu heben – das sei die Konzentration, in der *Plasmodium*, der Malaria-Parasit, nicht

überleben könne – wurde uns bisher von keinem Mediziner bestätigt. Dennoch haben wir in mückenreichen Gebieten, diese flankierende Maßnahme zur „Happy Hour" durchgezogen. Da ich nach etwa fünf Jahren keine einschlägige medikamentöse Malariaprophylaxe mehr vertragen konnte, habe ich umso hoffnungsvoller zu diesem Strohhalm gegriffen. Es scheint, mit Erfolg – oder einer unverschämten Portion Glück. Manch anderem Reisenden ist es nicht so gut ergangen. Es wird von Transitreisenden auf dem Kenyatta Airport in Nairobi berichtet, die sich nur wenige Stunden in Kenia auf dem Flughafen aufhielten, dort von Moskitos attackiert wurden und schwer erkrankten.

Vielleicht lag es aber auch an unserem wohlsortierten Arsenal internationaler Repellents. Von herkömmlichen Versionen, wie Autan® oder NoBite®, bis zu lokalen Produkten aus Afrika und Indien benutzten wir die Einreibungen mit wechselndem Erfolg, in Abhängigkeit von unserem Schweiß mit all seinen Verlockungen und den Präferenzen der Angreifer. Generall galt, ein Mittel, das an einem bestimmten Ort an einem bestimmten Tag gute Erfolge zeigte, konnte sich an einem anderen Ort oder an einem anderen Tag als völlig unwirksam erweisen. Die meisten Abwehrerfolge stellten sich mit „Military" aus Indien ein, das versprach, Soldaten bis zu acht Stunden vor Insektenstichen zu schützen. An vielen Stellen in Afrika fühlten wir uns mit „Military" gut versorgt. Am schwächsten war ein Mittel aus Florida, das mit dem Slogan „Tested in the Everglades" warb.

Für uns Europäer ist das Klima hier wirklich anstrengend – extreme Luftfeuchtigkeit bei hohen Temperaturen. Doch der tropisch-süße Duft nach Blüten und feuchtem Humus entschädigt uns. Er ist ein Gleichnis für das Werden und Vergehen in schnelleren Zyklen als anderswo in kühleren Gefilden. In der schwülen Luft am Victoriasee war es das erste Mal, dass ich bewusst mitbekam, welche chemischen Signale in Form von Duftattacken unsere gestressten Körper aussenden können. Wir hatten einen anstrengenden Tag beim Probensammeln an den Satellitengewässern des Victoriasees (Dämme und Teiche: Kaleny Juok, Kanyaboli und viele unbenannte Feuchtgebiete). Die Landschaft war so afrikanisch, wie man sie sich vorstellt, wenn man Bücher über die Entdeckungsgeschichte der großen Seen am Äquator liest. Als wir schwitzend im Uferschlamm stapften, hatten wir zuweilen das Gefühl, als müsste jeden Augenblick David Livingstone mit seinem Tross um den hohen Papyrussaum kommen und uns fragen, wo es hier denn zu den Quellen des Nils gehe. Am späten Nachmittag realisierten wir, dass wir auf den von Trucks verstopften Straßen zwischen Nyanza und Uganda nicht nach Kisumu zurückkehren konnten. Deshalb machten wir Quartier im Gästehaus der Maseno University, 20 km landeinwärts. Abends saßen wir zusammen, um unsere weiteren Pläne zu beraten. Lästige Moskitos umschwärmten uns, und unsere Diskussion war etwas hektisch. Offenbar hatte Kiplagat das Gefühl, ich würde ihn verbal bedrängen, denn aus seiner Richtung strömte mir ein prägnanter animalischer Geruch entgegen. Andererseits wird von Schwarzafrikanern berichtet, wie sie solche chemischen Signale aus Körpern von Weißen empfinden: In solchen Situationen sollen wir angeblich wie nasse Hühner stinken.

Am Beispiel des Stammes der Luo wird deutlich, wie schwierig es für einen Ausländer ist, die Vielschichtigkeit der Religiosität im Übergangsfeld zwischen traditioneller Naturreligion und moderner (meist christlicher oder muslimischer) Glaubensbekenntnisse auch nur annähernd zu begreifen. Das zeigt sich besonders am Bestattungsritual („tero buru"), das noch wesentliche Elemente der Tradition enthält. Dieser Stamm hat im Vergleich zu den anderen Ethnien in Kenia, eine der tiefsten Bindungen an den Heimatort, den Ort, an dem der Leichnam zur Ruhe gebettet werden sollte. Die Luos unternehmen alles in ihren Kräften stehende, einen Verstorbenen an den Ort seiner Geburt und seiner Ahnen zurückzuführen. Auf den Straßen Kenias fallen zuweilen Autokolonnen auf, die einem mit roten Schleifen geschmückten Auto folgen, auf dessen Dach ein Sarg befestigt ist. Hier erfolgt die Rückführung eines fern der Heimat verstorbenen Toten. In Homa Bay, drei Stunden westlich von Kisumu, kamen wir bei einer Wasserprobenahme unfreiwillig in eine solche Prozession, die den Wechsel von der Straße auf den See vollzog. Der Sarg wurde unter großem Lamento vom Autodach auf ein wackeliges Boot verladen, und die gesamte Trauergemeinde „schiffte" sich auf weiteren Booten ein, um den Verstorbenen auf seine Heimatinsel zu begleiten.

Das Bestattungsritual unterscheidet sich in Abhängigkeit von Geschlecht, Alter und Bedeutung des Verstorbenen. Das komplette Szenario umfasst 14 Einzelprozeduren, die besonders bei wichtigen alten Männern in voller Länge über mehrere Tage zur Anwendung kommen. Hierbei ist es wichtig, ganz gleich welch „moderner" Religion man angehört, traditionell überlieferte Rituale in aller Form zu vollziehen. Das gilt für die Verkündung des Todes, das mehrtägige Versammeln der Angehörigen im Gehöft des Verstorbenen, das Ausheben des Grabes, die Beisetzung, die Begleitung der Seele des Verstorbenen zu seiner ursprünglichen Wirkungsstätte, mehrere Bewirtungsgänge, die Verteilung der Erbschaft und einen finalen Leichenschmaus zur Erinnerung an den Toten (Shiino 1997). Diese bunten und lauten Rituale werden vor allem noch in ländlichen Gebieten zelebriert. In Städten nimmt man sich diese Zeit nicht mehr. Man geht immer mehr von bestimmten Praktiken ab, wie z. B. der „Übernahme" der Witwe oder des Witwers durch ein Familienmitglied. Diese Praxis führt zu einer Verbreitung von Aids, dennHIV als Todesursache ist weit verbreitet, und wenn der hinterbliebene Partner infiziert ist, gibt er die Viren an den neuen Partner weiter.

Als Asentus Ogwella Akuku starb, stand ganz Luoland Kopf. Akuku trug den Spitznamen „Danger", in Anspielung auf seine Wirkung auf das andere Geschlecht. „Akuku Danger takes his last bow" (frei übersetzt: „Akuku Danger

macht seine letzte Biege") titelte *The Standard*, Nairobi, am 03.10.2010 (Karama und Anyuor 2010). Kenias berühmtester Polygamist starb am 1. Oktober 2010. Seine Art zu sprechen, zu lachen, zu tanzen und sich zu kleiden, ließ die Frauen vor Wonne dahinschmelzen. Er behauptete von sich, er sei ein Magnet. Mit 22 Jahren hatte er schon fünf Frauen. Seine 13. Frau konstatierte: „He was just the best!" (Cherono 2010). Mit 35 heiratete er seine 45. Frau. Als er mit 92 Jahren an Diabetes starb, konnte er auf 130 Hochzeiten, mehr als 80 Scheidungen und 210 Kinder zurückblicken. Seine letzte Frau heiratete er mit 79, als sie gerade 18 war. Er zeugte mit ihr drei Kinder. Das Geheimnis seines Erfolgs war, dass er angeblich alle Frauen gleich gut behandelt hat. Allerdings schätzte er keine faulen, stolzen und arroganten Frauen und ebnete ihnen den Weg zur Trennung. Er hatte große soziale Tugenden, kümmerte sich liebevoll um seine Frauen und Kinder und sorgte für deren Bildung und beruflichen Werdegang. Sie wurden Ärzte, Juristen, Ingenieure und Politiker. Akoko gründete ein Handelsunternehmen, mit dem er viele Arbeitsplätze für seinen Clan schuf. Seine Familie ist so groß, dass sie zwei Monate brauchte, um alle Vorbereitungen für die Bestattung zu treffen und am 4. Dezember 2010 aus aller Welt zusammenzukommen. Da er ein Luo war, vollzog sich dieses Ritual nach striktem, langem Drehbuch.

Andere Ethnien in Kenia gehen wesentlich pragmatischer mit dem Tod um. So berichtet unser Kooperationspartner Kiplagat Kotut, dass bei seinem Stamm, den Kalenjin, keine großen Umstände gemacht werden. Wenn ein Kalenjin auf dem Lande stirbt, wird er auf seinem Kohlfeld in 80 cm Tiefe vergraben. Inwieweit man die Trauerfeierlichkeiten ausweitet, hängt in hohem Maße davon ab, ob man sich den Ritualen der modernen Religion, der man mehr oder weniger anhängt, verpflichtet fühlt. Ein überzeugender Weg zur Lösung eines Interessenkonfliktes wurde bei der Feuerbestattung der kenianischen Friedensnobelpreisträgerin Wangari Maathai (1940–2011), einer Kikuyu, gegangen. Die starke Frau, Wissenschaftlerin und Politikerin begründete die „Green Belt"-Bewegung zum Schutz und zur Neuanpflanzung heimischer Bäume, um der fortschreitenden Erosion in Afrika entgegenzuwirken. Um ein Signal über ihren Tod hinaus zu setzen, hat sie verfügt, nicht in einen Sarg aus Holz gebettet zu werden. Sie erhielt ein Staatsbegräbnis nach christlichem Ritual. Die Organisatoren dieses Begräbnisses ließen den Sarg von Kunsthandwerkern am Victoriasee aus einem Geflecht aus Wasserhyazinthe und Papyrus herstellen, das durch ein Gestell aus Bambus verfestigt wurde (Anyuor 2011). Eine innovative Lösung, bei der eine weitere Verwendungsmöglichkeit der aggressiv wuchernden Wasserhyazinthe erschlossen wurde. Das könnte die Bestattung armer Luos, deren Nachkommen sich keinen Autotransport leisten können und die Särge auf dem Fahrradgepäckträger befördern müssen, im wahrsten Sinne erleichtern.

5.2 Uganda – Grenzgänge an den Quellen des Nils

Zuweilen warben sie im Binnenland Führer an … Oft hatten dieselben Personen Gelegenheit, bei einem europäischen Reisenden nach dem anderen Dienst aufzunehmen und ihnen den Weg nach den Ländern, Seen und Flüssen zu zeigen, die diese zu ‚entdecken' wünschten. (Bengt Sjögren 1974, *Afrika neuentdeckt*, Übersetzung: A.O. Schwede)

Wir waren aus vielen Gründen daran interessiert, Uganda zu bereisen. Zum einen war es der Victoriasee. Uganda hat von ihm einen größeren Bereich abbekommen als Kenia. Der Ausfluss des Sees nach Norden nahe Jinja ist die offizielle Quelle des Nils, die wir einmal sehen wollten, um die geistige Brücke zu Benu am Nil zu schlagen. Das Land hat weitere große Süßwasserseen, von denen wir Lake Edward und Lake George beprobten. Diese beiden Seen liegen am Queen Elizabeth National Park (QENP), unserem Hauptziel mit seinen zahlreichen alkalinen Kraterseen, also potenziellen Flamingoseen. Weiterhin sammelten wir Proben der Seen am Fuße des Virunga-Gebirges. Bei dieser Gelegenheit machten wir einen Abstecher zu unseren nahen Verwandten, den Berggorillas. Schließlich besuchten wir das grenzüberschreitende Vulkanmassiv des Mount Elgon mit seinen interessanten Höhlen und den Algen darin.

Das Phytoplankton der Seen Victoria, Edward und George wurde durch die klassischen Arbeiten von Talling (1986,1987) und Hecky und Kling (1987) bekannt. Unsere Favoriten, die artenreichen Cyanobakterien und Grünalgen, produzieren dort mehr als zwei Drittel der Biomasse. Über das Phytoplankton der Kraterseen gibt es bislang keine Befunde. Mungoma (1990) fand erhebliche Unterschiede in den dominierenden Anionen der Salze: Carbonat-Chlorid (Lake Nyamanyuka), Sulphat-Chlorid (L. Bagusa) und Chlorid (L. Katwe). Auch die Seen Mulehe und Mutanda am Fuße des Virunga-Gebirges sind noch nicht phytoplanktologisch untersucht worden.

Der Grenzverkehr zwischen Kenia und Uganda ist chaotisch. Wir erleben diese „Grenzerfahrungen" im Februar 2003 in Busia und 2005 in Malaba. Es gilt, Mensch, Material und Fahrzeug über die Grenze zu bekommen, ohne Verluste und mit allen notwendigen Papieren, so dass eine reale Chance besteht, Tage später, wieder problemlos ins Ausgangsland zurückzukehren. Die Grenzzone ist von hin- und hertreibenden Menschen verstopft, die ähnliche Probleme haben wie wir. Es ist ein nervenaufreibendes Unterfangen, all die Stempel und Genehmigungen einzuholen, Versicherungen abzuschließen, Gebühren zu entrichten, deren Eintreiber in verschiedenen Baracken des weitläufigen Geländes vor den Schlagbäumen residieren. Geldwechsler, Taschendiebe, Polizisten, Agenten von Kopierservices und Passbildfotografen, Obstverkäufer, Autowäscher, Bettler brodeln in der menschlichen Suppe. Von allen Seiten stürmen hilfreiche „Assistenten"

lärmend und gestikulierend auf uns ein. Sie wollen uns durch das Chaos geleiten. Wir müssen einsehen, dass wir nicht ohne Hilfe auskommen würden. Wir haben keine Kenntnis über die richtigen Abläufe, keine ausreichende Autorität, all die „Freunde" abzuwimmeln, die sich anheischig machen, denn die riechen unsere Unsicherheit meilenweit und weichen nicht von unserer Seite. Wir nehmen zwei Typen von der ruhigeren Sorte, die Hektiker ignorierend, was gar nicht so einfach ist, denn die haben sich förmlich an uns festgebissen. Unsere „Assistenten" sichern zu, den gesamten „clearance process" zu begleiten. Etwas abseits vom Pulk findet die obligatorische Verhandlung über ihr Honorar statt. Wir haben Glück, die beiden haben nicht nur hier ihre Verbindungen, sondern sind per Handy mit ihren Partnern in Uganda kurzgeschlossen, die uns auf dem Parkplatz auf der anderen Seite der Demarkation in Empfang nehmen und uns die Gänge zu den verzweigten Einwanderungsbehörden erleichtern.

Der Grenzübertritt von Kenia nach Uganda weckt Erinnerungen an eine atmosphärisch völlig andere, aber nicht minder denkwürdige Grenzpassage Ende 1989. Es war unsere erste Reise von Ost- nach Westberlin, etwa vier Wochen nach dem Mauerfall, ein Übertritt in eine andere Welt, der Beginn einer Unrast, die uns in kontrastreiche Winkel der Welt führen sollte. Doris (36), Anja (14), Stefan (11) und Lothar (40, so alt, wie die DDR) – Angaben in Klammern geben das jeweilige Alter bei Grenzübertritt an – bereiten sich gut auf diesen großartigen Tag vor. Wir packen genügend zu Essen und zu Trinken ein, um unser erstes Westgeld nicht für solche profanen Dinge zu verschwenden. Ich nehme noch meine schwere und voluminöse Pentacon Six mit, die angesagteste Großbildkamera der DDR sowie genügend Schwarz-Weiß-Filme. Die ganze Fotoausrüstung packe ich in einen von meiner Großmutter genähten Beutel aus Stoffresten.

Es verkehrt ein regelmäßiger Bus-Shuttle zwischen Hennigsdorf (Ost) und Tegel (West). Wir fahren bis zur Grenze. Der Bus hält hier vor einer Baracke, in der die Formalitäten zügig abgewickelt werden. Nach dem Ansturm in den ersten Tagen der Grenzöffnung haben sich die innerdeutschen Regularien inzwischen gut eingespielt. Es herrscht routiniertgelassene Stimmung. Die Businsassen steigen aus, gehen an einem Ende in die Baracke rein, quellen am anderen Ende mit ihren abgestempelten Reisepässen wieder raus, steigen in den Bus und fahren auf das Territorium der freien Stadt (West)Berlin. In der vierköpfigen Familienschlage gehe ich am Ende, Doris und die Kinder bekommen nicht mit, dass ich mit meiner wuchtigen Kamera die Aufmerksamkeit der Grenzer erregt habe. Sie winken mich in einen Nachbarraum und lassen mich eine Erklärung unterschreiben, dass ich diese Kamera nicht in Westberlin verkaufen werde, sondern sie wieder vollständig auf unser volkseigenes Territorium zurückführen werde. Gesagt, getan. Inzwischen hat die sich kontinuierlich vorwärtsbewegende Schlange wieder in den Bus geschoben, nur ich fehle noch, was niemand bemerkt.

In Tegel angekommen vermissen mich meine Lieben. Sie machen das einzig Richtige (Handys gibt's noch nicht!): Sie warten in der klirrenden Dezemberkälte mit verzweifelten Blicken auf den nächsten Bus, dem ich 20 Minuten später wohlbehalten entsteige. Zur glücklichen Familienzusammenführung mache ich erst mal ein Erinnerungsfoto mit der Pentacon Six von den Dreien unter der Litfasssäule, die vollständig mit einem Werbeplakat eines Zigarettenherstellers beklebt ist. „Test the West!" steht darauf, und auf Russisch: „Poproby West!" Eine aufreizend lächelnde Blondine bietet einem Sowjetoffizier in Schirmmütze eine „West" an. Geniale, unvergessliche Werbung und guter Einstieg in unsere neue, spannungsgeladene Glitzerwelt! Damals ahnten wir nicht, welch abenteuerliche Reisen uns noch bevorstanden.

Zurück nach Uganda. Im Nordwesten grenzen die „Mondberge" der Ruwenzoris an den QENP und spenden ihr Schmelzwasser für den Victoriasee. Für die weißen „Entdecker" (eigentlich haben sie nur das gesehen, was die Eingeborenen schon lange kannten), wie Richard Burton (1821–1890), John Hanning Speke (1827–1864), Samuel Baker (1821–1893) und seine Frau Florence (1841–1916), David Livingstone (1813–1873), Henry Morton Stanley (1841–1904) und andere Afrikareisende in der Mitte des 19. Jahrhunderts war es ein kompliziertes, aufreibendes, manchmal todbringendes Unterfangen, die Quellen des Nils zu suchen. Unzählige Bücher wurden darüber geschrieben. Aufgrund von Stanleys Entdeckung im Jahr 1888 weiß man, dass die Quellen des Nils ein komplexes System von Zuflüssen aus dem Hochgebirge, den 5000 m hohen Ruwenzori- oder Mondbergen, sind. So gesehen hatte Aristoteles (384–322 v. u. Z.) Recht, wenn er behauptete, der Nil entspringe einem silbernen Berg. Die Flüsse aus den Mondbergen speisen unter anderem den Victoriasee, aus dessen nördlichem Zipfel der Weiße Nil entspringt. Der Abfluss des Victoriasees wird offiziell als Quelle des Nils bezeichnet, wohl wissend, dass die Zuflüsse aus den Bergen zum See die wirklichen Quellflüsse darstellen. Nahe Khartum, im Sudan, wird der Weiße durch den Blauen Nil verstärkt, und gemeinsam fließen sie als „Nil" noch weitere 2000 km nach Norden, um die ägyptische Hochkultur am Unterlauf zu ermöglichen und schließlich im Mittelmeer zu münden.

Wir verbringen einen feuchtheißen Tag und eine schwüle Nacht im „Timton-Hotel" in Jinja am Victoriasee. Wir wollen uns der Quelle des Nils nähern. Zunächst kommen wir an der Brauerei „Source of Nile" vorbei. Es riecht genau so gärig wie an deutschen Brauereien. Wir setzten den Weg fort zu „Spekes Camp" an den Bujagali Falls des Nils, der hier gerade in mehreren Stromschnellen den Victoriasee verlassen hat (Abb. 5.37). Wir sitzen eine halbe Stunde am schnellfließenden Nil und beobachten die geschickten Angler. Wir halten ein Bier der Marke „Source of Nile" in der Hand und haben das Gefühl, dass hier eigentlich überall die Quelle des Nils ist. Eine entnommene Wasserprobe zeigt die gleiche Mischung aus Cyanobakterien und Grünalgen, vorwiegend in schleimigen Kolonien wachsend, wie wir sie vom Nyanza Gulf des Victoriasees in Kenia kennen.

Nachts, im „Timton" werden wir beinahe von einer herabfallenden Gardinenstange getroffen, die auf den Giebel unseres Bettes kracht. Als wir unser Moskitonetz daran befestigten, ahnten wir nicht, dass die massiven Tropenholzstangen der Gardinen nur mit ausgeleierten Dübeln befestigt waren. Gerade am Victoriasee ist es ein befriedigendes (allerdings auch verunsicherndes) Gefühl, die Mücken außerhalb des Netzes schwirren zu hören. Man liegt schweißgebadet wach bis spät in die Nacht, hört das Sirren der Moskitos, das Schrillen des Telefons an der Rezeption, das Klappern der Töpfe in der Restaurantküche, hämmernde Discomusik, Soaps im Fernseher, Beischlafgeräusche aus dem Nachbarzimmer und das Klopfen des Blutes in den eigenen Schläfen.

Zwei Jahre später sind wir ein zweites Mal in Uganda und steuern die Hauptstadt Kampala an. Wir wollen dem führenden Ornithologen des Landes, Derek Pomeroy, unsere Aufwartung machen. Er hat eine Professur am Institute of the Environment and Natural Resources an der Makerere University (Abb. 5.37b) und gilt als „partly retired superman in birds". Er hat sich für uns einen halben Tag Zeit genommen. Er residiert in einem mit Büchern vollgestopften Büro und führt uns in die Vogelwelt Ugandas ein. Um uns die Arbeit mit den Wildhütern des QENP zu erleichtern, gibt er uns ein Schreiben mit auf den Weg, das uns als seine Kooperanten ausweist. Der Brief ist hilfreich, weil er es uns ermöglicht, für drei Tage in einem Gästehaus der Uganda Wildlife Authority (UWA) direkt im Park unterzukommen.

Von hier aus erleben wir die Vielfalt der Kraterseen in einer wilden Landschaft, in der die Kandelaber-Euphorbien das bestimmende Vegetationselement darstellen. Einige der Kraterseen haben einen außerordentlich hohen Salzgehalt. Andere haben ähnliche Salzkonzentrationen wie der Bogoria- oder der Nakurusee in Kenia. Dennoch produzieren sie nicht genügend Nahrungsalgen, um größere Schwärme von Flamingos zu ernähren. So beobachteten wir lediglich einige Hundert Flamingos. Derek Pomeroy berichtete, dass vier dieser Seen regelmäßig mehr als 1000 Zwergflamingos beherbergen, nur ein einziges Mal wurden etwa 60.000 gezählt (Pomeroy et al. 2003).

Ein See außerhalb des Parks erregt unsere besondere Aufmerksamkeit, der Lake Katwe (Abb. 5.38), in einem Explosionskrater durch Auffüllung mit mineralischem Quellwasser entstanden und 230 m vom Ufer des Edwardsees entfernt. Innerhalb von 10 Jahren verfrachten die salinen Quellen mehr als 2000 t Salz in den See (Kirabira et al. 2013). Er ist etwa 2,5 km^2 groß und hat eine extrem hohe Salzkonzentration von 100 bis zu 300 ‰. Wir können die Salinität erst richtig messen, nachdem wir das Probenwasser im Verhältnis 1:10 verdünnen. Das Wasser ist wie eine schwere, träge, dunkelbraune Flüssigkeit und kristallisiert an den Rändern farbig aus.

Abb. 5.37 Grenzgänger an den Quellen des Nils. (**a**) Kolonie des Nilflughundes; (**b**) an der Makerere Universität; (**c**) habituierter Berggorilla; (**d**) Brauerei an den Quellen des Nils; (**e**) Auslauf des Victoriasees – die offiziellen Quellen des Nils

Abb. 5.38 Am Katwesee in Uganda. (**a**) Salzernte; (**b**) Tronabrocken und Stützhölzer; (**c**) Salzkristalle, *Arthrospira* (A) und *Synechococcus* (S).
Skala = 20 µm

Am Katwesee wird seit dem 14. Jahrhundert Salz produziert. Die Oberfläche des Sees ist in kleine Teiche und etwa 10.000 Evaporationspfannen unterteilt. Aus den 1 m tiefen Teichen oder direkt aus dem ungeteilten Rest des Sees werden mit Holzstangen Salzkrusten aus dem Sediment gebrochen und in 5 cm dicken und 30 cm langen Brocken geerntet. Diese zermürbende Arbeit wird vorwiegend von Männern ausgeführt. Sie verdienen dabei 1–2 € am Tag. Die Methode hat noch einen anderen Effekt – den der Geburtenkontrolle, denn die hohe Salzkonzentration schadet den Hoden der Männer. Das so geerntete Salz hat den Qualitätsgrad 3 und wird in Gerbereien verwendet. Grad 1 und 2 reifen in den flachen Evaporationspfannen, in die Salzlake aus dem See eingeleitet und der Verdunstung durch die Sonne ausgesetzt wird. Das kristalline Salz wird von der Oberfläche geschöpft. Diese Arbeit wird von den Frauen erledigt. Salz des Grades 2 wird an Tiere verfüttert, während Salz der höchsten Qualitätsstufe 1 der menschlichen Ernährung dient. Am See arbeiten 15.000 Menschen, davon 12.000 Frauen (Kirabira et al. 2013).

Deutscher Unternehmergeist hat in Katwe eine Salzfabrik entstehen lassen. Der gewaltige Betonblock der Produktionsanlage der Thyssen-Rheinstahl Salt Factory aus den 1970er und 1980er Jahren liegt auf der Ebene zwischen Katwe und dem Ufer des Edwardsees. Doch es ist eine Geisterfabrik – leere Fabrikhallen, leere Wohnhäuser. Die Deutschen scheiterten mit der Industrialisierung von Katwe, sie bekamen die Erosionsschäden, hervorgerufen von der aggressiven Salzlauge, einfach nicht in den Griff.

Die Salzvorräte des Katwe werden auf 22,5 Mio. t kristallinen Salzes geschätzt. Damit stellt der See die größte Salzreserve des Landes dar. Die Salzernte ist von 3000 t pro Jahr im Zeitraum von 1925 bis 1949 auf heute 15.000 t gestiegen. Ingenieure der Makerere University beraten die Salzbauern, wie sie die Reinheit des gewonnenen Salzes durch ausgeklügelte Methoden der Salzfällung und Wasserverdunstung steigern können (Kirabira et al. 2013).

Im mikroskopischen Bild unserer Wasserproben zeigen sich überwiegend Stäbchen des polyphyletischen Cyanobakteriums *Synechococcus* und ganz vereinzelt *Arthrospira* (nur in den Proben mit knapp 100 ‰). Später, im Labor, versuchen wir aus der Lauge des Katwe etwas Algenkundliches zu isolieren. Unsere Anreicherungsexperimente erbrachten erfreuliche Resultate. Es gelang, sowohl *Arthrospira* zu gewinnen als auch ihren Gegenspieler *Picocystis*.

Der QENP liegt zwischen den großen Süsswasserseen Edward und George, die durch den Kazinga-Kanal miteinander verbunden werden. Eine Bootsfahrt auf diesem Kanal ist eines der eindrucksvollsten Erlebnisse für Freunde der afrikanischen Tierwelt. Große Herden von Huftieren kommen zum Trinken, Schwärme von Wasservögeln versammeln sich hier, Elefanten heben ihre Rüssel und spannen ihre Ohren auf, wenn das Boot vorbeituckert. Weiter in Richtung des Lake George kann man das Leben der Fischer und ihrer Familien am Ufer beobachten. Während das Phytoplankton von Lake Edward und Lake George dünn ist und ähnliche Arten enthält wie der Victoriasee, zeigen unsere Proben vom Kazinga Channel eine dichte Suspension von *Microcystis*.

Im Südosten des QENP sind einige dichte Wälder unterhalb des Kraterhochlandes erhalten geblieben. Im Maramagambo-Forst führt uns Rangerin Betty zu den Pythongrotten. Aber interessanter als der träge auf dem Tuffgestein liegende Felspythonsind Zehntausende Ägyptische Fruchtflughunde (Nilflughund, *Rousettus aegyptiacus*) in dieser Lavahöhle (siehe Abb. 5.37a). Sie hängen kopfüber an der Decke und veranstalten einen Höllenlärm, der weit durch den dichten Forst klingt. Der frische Guano, der zentimeterdick den Boden bedeckt, stinkt pestilenzartig.

Dennoch üben Fledermauskolonien eine starke Anziehungskraft auf uns aus. Geht das allen Menschen so? Ist es das Schicksal der Hunderten von Fledermausarten, die,

obwohl sie völlig unterschiedliche Ernährungsstrategien verfolgen, alle mit den blutsaugenden Vampiren verglichen und deshalb mit ein bisschen Gänsehaut betrachtet werden? In der Höhle sind die etwa 15–20 cm langen Flughunde in verschiedenen Stadien ihrer Ontogenie zu beobachten, vor allem säugende Mütter mit ihren rosaroten Babies und Männchen mit erigierten Penissen, die Flüssigkeit (Urin oder Sperma?) durch die Kolonie spritzten. Die außerordentliche Platzeinsparung durch die enge Besiedlungsdichte erinnert an die Sozialbindungen in den Flamingoschwärmen. Die Fähigkeit der Fledermäuse, als einzige Säugetiere zu fliegen, erinnert an die Vögel.

Vor den Ausscheidungen der Flughunde haben wir Respekt und kommen der Kolonie nicht zu nahe. Der Zufall will es, dass uns drei Jahre später ein Bericht erreicht, in dem der erste Fall, bei dem ein Mensch einen Virus der Ebola-Gruppe aus Afrika nach Europa eingeschleppt hat, ausgewertet wird. Eine Niederländerin hatte im Juli 2008, kurz vor ihrer Heimreise, noch die Pythongrotten im QENP besucht und zeigte wenige Tage später die typischen Symptome der inneren Verblutung. Es wurde der Marburg-Virus identifiziert, ein naher Verwandter des Ebola-Virus. Die Patientin starb trotz intensivster medizinischer Hilfe in Amsterdam nach 24 Tagen. Die WHO warnte daraufhin vor dem Besuch von Fledermaushöhlen in Uganda. Soll es wirklich einen Zusammenhang zwischen den Fledermäusen und der Übertragung von Ebola geben? Ja! Bei Untersuchungen an 400 Nilflughunden aus der Kitaka-Mine, die etwa 50 km von den Pythongrotten entfernt liegt, wurde in 53 Tieren RNS des Marburg-Virus nachgewiesen. In dieser Mine erkrankten im Juli 2007 vier Bergleute an Marburg-Fieber, und einer von ihnen starb (Amman et al. 2014).

Bisher sind Übertragungswege von Marburg- und Ebola-Viren von Affen (Schimpansen, Gorillas) und Antilopen (Ducker) auf den Menschen bestätigt worden. All diese Tiere können selbst an Marburg-Fieber oder Ebola erkranken. Es wird jedoch vermutet, dass noch andere Warmblütler eine wichtige Rolle im Lebenszyklus der Viren spielen. Im Zentrum der Nachforschungen stehen die Fledermäuse. Es wurde nachgewiesen, dass sie als Reservoir der Viren dienen (Olival und Hayman 2014). Sie halten sich latent in ihnen auf, ohne sie krank zu machen und warten auf Bedingungen, die sie „auferstehen" lassen. Doch warum werden die Fledermäuse nicht krank? Dazu gibt es einige Theorien, die mit speziellen Merkmalen der Physiologie und des Immunsystems dieser Tiere zusammenhängen: Erstens die intensive Flugaktivität der Fledermäuse. Sie können weite Distanzen fliegen und kurbeln dabei ihren Stoffwechsel hoch, so dass Stoffwechselrate und Körpertemperatur steigen und wie Fieber wirken und den Erreger im Zaum halten (O'Shea et al. 2014). Zweitens das Genom der Fledermäuse. Ihnen fehlt eine Gruppe von Genen, die auf externe Proteine (z. B. von Viren) ansprechen und ihr Eindringen in den Körper zulassen (Zhang et al. 2013). Drittens halten Moleküle mit Signalfunktion (Cytokine) das Immunsystem in ständiger Abwehrbereitschaft, so dass die Viren keine Möglichkeit haben „anzudocken" (Zhou et al. 2016). Erschwerend für Untersuchungen an Fledermäusen kommt hinzu, dass sie, im Gegensatz zu anderen Versuchstieren, nicht unter Laborbedingungen zu halten sind.

Die bisher größte Ebola-Epidemie hat einen kräftigen Schub in der Forschung über die Familie der Filoviridae (Filoviren) gebracht, zu der Ebola und Marburg-Viren gehören. Der Ebola-Virus wurde 1976 entdeckt. Seitdem sucht er in sporadischen Attacken die Menschen in den Tropen heim. Bisher hat es etwa 20 größere Ebola-Ausbrüche gegeben. Er ist einer der tödlichsten Erreger, den wir kennen. Ende 2013 hielt er die Welt in Atem. Der Erreger breitete sich schnell vom Ursprungsort in Guinea aus und griff auf Sierra Leone, Liberia und weitere Länder Westafrikas über. Einige Erkrankte erreichten auch die reichen Länder der westlichen Welt. Auf den Flughäfen herrschte Ausnahmezustand, und jedes Land versuchte, sich auf seine Weise zu wappnen. Die WHO resümierte, dass es bis 2016 etwa 28.000 registrierte Ebola-Fälle gab, von denen 11.300 tödlich endeten. Experten gehen jedoch von einer weitaus höheren Zahl aus. Diese Ebola-Epidemie war der Auslöser von Angst, die um sich griff und Aktivitäten auslöste. Auf medizinisch-wissenschaftlicher Seite wurden zwei Hauptstoßrichtungen intensiviert: die Entwicklung von Impfstoffen und die Aufklärung der Faktoren, die Ebola-Epidemien verursachen. Damit sollten Möglichkeiten geschaffen werden, solche einschneidenden Ereignisse vorherzusagen und zu bekämpfen (Buceta und Johnson 2017).

Der Ausbruch der Ebola-Epidemie im Dezember 2013 ist mit hoher Wahrscheinlichkeit auf einen direkten Kontakt zwischen einem 2-jährigen Jungen mit einer Fledermaus zurückzuführen. In dem kleinen Dorf Meliandou in Guinea spielte dieser Junge in einem alten ausgehöhlten Baum, in dem eine Kolonie der insektenfressenden Angola-Bulldogfledermaus (*Mops condylurus*) nistete. Der Junge starb im Dezember 2013 und infizierte noch weitere Familienmitglieder mit dem tödlichen Virus. Ein internationales Wissenschaftlerteam unter Leitung von Mitarbeitern des Robert-Koch-Institutes Berlin klärte die Zusammenhänge während einer Expedition vor Ort im April 2014 auf (Saéz et al. 2014). Die Epidemie wurde von der gefährlichsten der fünf Ebola-Virus-Arten, dem Zaire-Ebola-Virus, ausgelöst, dessen Ursprungsgebiet im Kongobecken, Tausende Kilometer vom Ort des Ausbruches entfernt liegt. Da man in das abgelegene Meliandou erst nach mehr als 12 Stunden rauher Pistenfahrt von den nächstgelegenen Flughäfen in den Hauptstädten Guineas, Liberias und Sierra Leones gelangt, wird eine Übertragung durch Flugreisende ausgeschlossen. Alle Umstände sprechen dafür, dass Fledermäuse, die innerhalb eines Jahres Entfernungen von mehreren Tausend Kilometern zurücklegen können, den Virus nach Guinea gebracht haben (Bausch und Schwarz 2014).

Doch zurück nach Ostafrika. Auf unserem Weg zu den Salzseen Ugandas machten wir einen Zwischenstop im Mount Elgon National Park, und zwar zunächst auf kenianischer und dann auf ugandischer Seite. Dieses Schutzgebiet beherbergt eine Reihe von interessanten Höhlen (Abb. 5.39), die eng mit dem Thema Salz verbunden sind. Die Höhlen sind etwa 8500 Jahre alt und wurden durch die aushöhlende Kraft von Wasserfällen geschaffen. Ihre Erweiterung erfahren sie durch eine Form der Geophagie, des Verzehrs

Abb. 5.39 Höhlen im Mount Elgon National Park. (**a**) Blick aus der Tutum-Höhle in den tropischen Regenwald; (**b**) üppige Vegetation vor der Kitum-Höhle; (**c**) im Eingangsbereich der Höhle bilden sich Wasseransammlungen mit Algen

von Steinen und Erden. Salzhungrige Elefanten dringen in die Höhlen ein und lösen mineralhaltige Gesteine aus den Wänden (Lundberg und McFarlane 2006). Auf dem Boden der Höhlen bilden sich Wasseransammlungen, deren mikrophytische Bewohner unser Interesse erregten.

Die bekannteste dieser Höhlen ist Kitum Cave, die in den Blickpunkt der Virusforscher geraten ist. Einer der ersten Ebola-ähnlichen Erkrankungsfälle eines Europäers durch den Marburg-Virus wurde an einem 10-jährigen Jungen aus Dänemark diagnostiziert, der mit Verwandten 1987 die Kitumhöhle im Bergmassiv des Elgonvulkans auf kenianischer Seite besucht hatte. Nach seinem Tod setzten aufwändige Untersuchungen in der Kitumhöhle ein. Die geballte Kompetenz von Spezialisten wollte im Jahre 1988 den Übertragungsmechanismus der Viren über Fledermäuse nachweisen. Zu diesem Zweck haben 35 in Plastikschutzanzüge verpackte Experten aus den USA, aus Kenia und aller Welt jeden Stein, jeden Guanofladen in der Kitum umgedreht, Proben eingetütet, von Hunderten Fledermäusen Abstriche gemacht, Gewebe von Affen, Vögeln, Nage- und Raubtieren, Regenwürmern und Rindern entnommen und untersucht und nichts vom Marburgkeim gefunden. Richard Preston (1994) versuchte in seinem Buch *Hot Zone: Tödliche Viren aus dem Regenwald – Ein Tatsachenthriller* diesem Phänomen nachzugehen, aber die Antwort blieb damals noch im Dunkeln. Doch eines schien sicher: „Der Marburg-Virus lebt im Schatten des Elgon.", so Preston. Nun, 20 Jahre später ist es bewiesen, dass Fledermäuse auf ihren langen Flügen die Filoviren, über alle Grenzen hinweg, quer durch Afrika verfrachten können.

Wir kraxeln den mit urtümlichen Baumriesen (Ostafrikanischer Wachholder, *Juniperus procera*) bewachsenen Hang zur Kitumhöhle hinauf. Der 2 m hohe und 15 m breite Eingang der Höhle ist hinter hohen Felsbrocken versteckt. Es rieselt unaufhörlich Wasser an den Felsen herab und speist bizarre Gärten von Moosen und Farnen, die den Höhleneingang zieren. Am Boden der Höhle bilden sich Pfützen, die bis etwa 10 m ins Innere hinein von diffusem Licht erreicht werden. So entwickeln sich gelbgrün schimmernde Reflexe im Wasser. Unsere Probenahme wird von den flatternden Bewohnern der Grotte begleitet, deren Augen unter dem Strahl unserer Lampen wie die Sterne der Milchstraße leuchten. Wir haben vorsichtshalber einen Mundschutz umgebunden, aber unser Atem dringt in der feuchten Hitze am oberen Rand des Mundschutzes nach außen und lässt unsere Brillen beschlagen, so dass wir unser zweifelhaftes Werk, fast im Blindflug, zügig zu Ende führen. Wie das Mikroskop zeigt, sind es bodenbürtige Algen aus der Gattung *Stichococcus*, urtümliche Grünalgen, die als kleine Stäbchen wachsen und diese Höhlenflora bilden, sowie unsere Favoriten aus der Verwandtschaft von *Chlorella*. Aus den schwarz-blauen Krusten der Höhlenwand hat das Wasser unbekannte, dünnfädige Cyanobakterein des *Leptolyngbya*-Morphotypes abgespült.

Auf ugandischer Seite gelangen wir über das Städtchen Mbale in den Nationalpark. Während in Kenia nur 169 km² des Mount-Elgon-Massivs als Nationalpark deklariert sind – der Rest hat den niedrigeren Status einer Forstreserve, beläuft sich der geschützte Bereich in Uganda auf respektable 1110 km². Der bittere Nebeneffekt des strengen Schutzes sind tiefe Interessenkonflikte zwischen den Menschen, die aus ihrer Heimat am Mount-Elgon-Massiv ausgesiedelt wurden und den regionalen und internationalen Beschützern der Umwelt und des Naturreichtums. Die Vertreibung von 30.000 Sabiny und Bagisu aus ihrem Lebensraum am Elgon war gewaltsam, schlecht geplant und unvorteilhaft kompensiert. Ihnen wurde Haus und Land genommen und der Zugang zum Forst verwehrt. Im Gegenzug wurde nicht viel getan, um die Neuansiedlungen außerhalb des Schutzgebietes zu erleichtern, und immer wieder brach Gewalt aus. Sozioökonomen versuchen, Ausgleichsmaßnahmen zu ergründen, die beiden Seiten gerecht werden, doch bislang mit nur wenig Erfolg. Eine Kalkulation über Verlust und Gewinn ist schwierig, weil sich die Vertreibung aus der Heimat nicht quantifizieren lässt. Reale ökonomische Gegebenheiten vermitteln jedoch einen Einblick. Außer Land (dessen Fläche mehrfach wieder beschnitten wurde) wurde den Umsiedlern nichts zur Verfügung gestellt, weder für Hausbau noch für die Etablierung einer Landwirtschaft. Wildtiere (Affen, Wildschweine, Füchse und Antilopen) des Parkes vernichten durchschnittlich 30 % der Ernte der Umsiedler. Leoparden und Hyänen reißen Nutztiere. Der direkte ökonomische Nutzen aus dem Nationalpark für die lokalen Haushalte wird hingegen mit nur 1,2 % des Einkommens ermittelt. Es fehlt an fairen Ausgleichsmaßnahmen (Vedelt et al. 2016). Der ökologische Wert des Schutzgebietes am Mount Elgon als Wasserspeicher und Hort der Biodiversität ist unschätzbar hoch. Er gilt jedoch in der Ökonomie der Naturschutzbetreiber als „nichtcharismatischer" Park, weil er weniger attraktive Wildtiere beherbergt, als z. B. andere Parks, wie die Schutzgebiete der Berggorillas oder der QENP. Deshalb zieht er nur wenige internationale Besucher an. Im Jahre 2012 kamen knapp 2500 Touristen. So spielt er wenig Geld ein, und die Praxis des „Benefitsharing" fällt entsprechend unvorteilhaft für die lokale Bevölkerung aus. Wir empfinden den Park als charismatisch und wünschen den Hütern dieser majestätischen Märchenwälder und den geheimnisvollen Höhlen viele neue Besucher.

Zurück in Mbale stoßen wir auf pure Lebensfreude, überall in der Stadt herrscht geschäftiges Treiben zur morgendlichen Rushhour (Abb. 5.40). Kinder eilen zur Schule, Männer machen sich auf den Weg zu ihrer Arbeit, Fahrrad- und Mopedtaxis transportieren elegant gekleidete Frauen in ihre Büros. Die Frauen sitzen seitlich auf den Gepäckträgern oder Rücksitzen, denn ihre engen Röcke lassen kaum eine andere Stellung zu. Wenn sie dann auf ihren Stöckelschuhen auf den unebenen Wegen die letzten Meter zurücklegen, erregen sie die Phantasie der Männer. Jede Frau in Uganda

Abb. 5.40 Bevölkerungswachstum in Uganda. (**a**) Werbung für Kondome als Möglichkeit zur Geburtenkontrolle; (**b**) Kinder in Mbale; (**c**) Vorbereitungen zum Schulweg

bringt durchschnittlich 5,91 Kinder zur Welt. Uganda hat weltweit die jüngste Bevölkerung, mehr als 50 % der Einwohner sind weniger als 15 Jahre alt. Verglichen mit Tansania und Kenia hat das Land mit 3,3 % (5,91) die höchste Bevölkerungswachstumsrate, in Tansania sind es 3,1 % (5,24) und in Kenia 2,6 %(4,41) (In Klammern: die mittlere Fertilitätsrate im Jahre 2015, http://www.factfish.com/de/ statistik/fertilit%C3%A4tsrate). Heute leben etwa 40 Mio. Menschen in Uganda. Demographen sagen einen Anstieg um das 5-Fache bis zum Jahr 2100 voraus. Dazu müsste allerdings die Wachstumsrate auf 2 % sinken. Mit der heutigen Rate würde sich die Einwohnerzahl des Landes auf das 30-Fache erhöhen (Wermelskirchen 2015).

Es sind jedoch nicht die Frauen in den Städten, die den höchsten Anteil am Bevölkerungswachstum haben, sondern mehr die Frauen auf dem Lande. Wenn man der Problematik

der Überbevölkerung entgegensteuern will, gilt es, die ländlichen Regionen stärker zu entwickeln. Es sollte zu einem Umdenken in der traditionellen und religiösen Bewertung von Kinderreichtum kommen. Den Frauen muss mehr Mitspracherecht zugebilligt werden; Empfängnisverhütung und Bildung sind gute Investitionen. Die vorwiegend auf Subsistenzwirtschaft, auf Selbstversorgung des Familienverbandes abzielende Landwirtschaft muss produktiver gestaltet werden. Es müssen Überschüsse erwirtschaftet und die Rohprodukte vor Ort, unter Schaffung von Arbeitsplätzen, veredelt werden. Erneuerbare Energien müssen das Leben auf den Dörfern erleichtern (Klingholz 2016). Diese Gedanken beschäftigen uns auf unserem Weg in den Südwesten von Uganda, in die Region der Virunga-Vulkane. Er führt uns durch eine Kulturlandschaft, die von steilen Hängen mit Feldern aus blutroter Erde geprägt wird. Hier schinden sich die Menschen Tag für Tag, um dem fruchtbaren Land in Handarbeit mit einfachsten Werkzeugen Ernten abzuringen. Am Grunde der Hänge wurden von Dämmen aus erkalteten Lavaströmen zungenförmige Seen aufgestaut. Unsere Wasserproben an den Seen Mulehe und Mutanda, die sich malerisch im Tal vor der unbeschreiblich schönen Kulisse der Vulkane Muhavura (4127 m), Gahinga (3474 m) und Sabinyo (3669 m) aufgestaut haben, zeigen eine Mischung aus potenziell toxischen Cyanobakterien und *Botryococcus* (Öl-Grünalge).

In den nebelfeuchten Bergwäldern wollen wir unseren verwandten hominiden Zeitgenossen, den Berggorillas, einen einstündigen Besuch abstatten. Damit begeben wir uns auf die Fährte unseres Landsmannes aus Sachsen-Anhalt, Hauptmann Robert von Beringe (1865–1940), der in Aschersleben geboren wurde. Als Offizier der „Schutztruppe" für Deutsch-Ostafrika trug er dazu bei, afrikanische Führer zur „Anerkennung der deutschen Herrschaft zu zwingen". Im Jahre 1902 wollte er den Sabinyo-Vulkan besteigen. Als er mit seinen Begleitern in 3100 m Höhe sein unkomfortables Nachtlager aufschlug, bemerkte er „eine Herde schwarzer, großer Affen, welche versuchten, den höchsten Gipfel des Vulkans zu erklettern." Weiter führte von Beringe im *Deutschen Kolonialblatt* aus: „Von diesen Affen gelang es uns, zwei große Tiere zur Strecke zu liefern, welche mit großem Gepolter in eine nach Nordosten sich öffnende Kraterschlucht abstürzten. Nach fünfstündiger, anstrengender Arbeit gelang es uns, ein Tier angeseilt heraufzuholen" (Beringe 1903). Die Reste dieses Tieres wurden ans Zoologische Museum Berlin geschickt, wo Paul Matschie (1861–1926) das Tier als neue Gorilla-Art nach seinem „Entdecker" benannte: *Gorilla beringei*. Heute unterscheidet man zwei Gorilla-Arten mit jeweils zwei Unterarten:

- *Gorilla gorilla gorilla* (Westlicher Flachlandgorilla)
- *Gorilla gorilla diehli* (Cross-River-Gorilla)
- *Gorilla beringei beringei* (Berg-Gorilla)
- *Gorilla beringei graueri* (Östlicher Flachlandgorilla).

Die Gorillas sind vom Aussterben bedroht. Gefahren gehen von der Zerstörung ihrer Lebensräume, Krankheiten (z. B. Ebola), Wilderei für „Bushmeat" und Tierhandel und militärischen Konflikten aus. Die Berggorillas, die wir besuchen wollen, gehören zu der am stärksten gefährdeten Unterart und leben nur noch in zwei kleinen Hochgebirgszonen, die von dichten menschlichen Siedlungsgebieten eingekreist sind. Im Virunga-Gebirge (grenzüberschreitend Uganda, Ruanda, Kongo) lebten in Jahre 2003 noch 380 Berggorillas, und in den Bwindi-Bergen waren es 2006 noch 336 (Robbins et al. 2009). Aktuelle Zahlen gehen von etwa jeweils 400 Exemplaren an den beiden Standorten aus, sind aber mit hoher Unsicherheit behaftet.

Nachdem wir die schon vor Monaten bezahlten „Gorilla Trekking Permits" im Hauptquartier der Uganda Wildlife Authority (UWA) in Kampala abgeholt haben, fahren wir ins 500 km entfernte Tororo, einen Markflecken kurz vor der Grenze zu Kongo und Ruanda. Um ehrlich zu sein, waren wir ein bisschen enttäuscht, als uns Sachbearbeiterin Aggie im UWA-Büro in Kampala mitteilte, dass wir die Nacht vor dem Gorillabesuch zunächst in Tororo verbringen müssten. Wir hatten im Internet schon ein uriges, von der Dorfgemeinde geführtes Camp direkt an der Parkgrenze des Bwindi Impenetrable Forest ausgesucht, lagen damit jedoch falsch, weil es sich auf der anderen Seite des Parks in der Nähe einer anderen Gorillagruppe befand. Doch nun müssen wir in dieser Grenzstadt am Dreiländereck übernachten und am frühen Morgen in der Dunkelheit die 30 km bis zum Startpunkt des Gorilla Trekkings fahren. Würden wir das schaffen und rechtzeitig ankommen? Im Büro der UWA in Tororo nimmt man uns in Empfang und weist vage in die Richtung, die wir morgen früh nehmen sollten, es sei alles genau ausgeschildert. Da wir in Ostafrika noch keine Strecke mit genauer Ausschilderung kennengelernt haben, fahren wir vorsichtshalber den Anfang der Strecke ab, und richtig, es tauchen missverständliche Wegmarkierungen auf. Wir bitten deshalb im UWA-Büro einen Ortskundigen, mit uns die ersten Kilometer abzufahren, bis es nur noch „geradeaus" gehen würde. Ohne diese Vorbereitungen hätten wir schlechte Karten gehabt, in der Morgendämmerung unseren Weg zu den Gorillas zu finden. Bei Nichterscheinen wären unsere „Permits" ersatzlos verfallen.

Am Nachmittag checken wir im „Travellers Rest" ein. Die Straße vor dem Hotel führt direkt an die Grenzstation. Wir sind uns einig, irgendwie vibriert hier die Luft, aus verschiedenen Gründen. Einerseits lastet die Restatmosphäre der Greueltaten, die zu unterschiedlichen Zeiten schon in allen drei Ländern stattgefunden haben, auf der Stadt. Andererseits ist das Hotel ein bemerkenswerter Platz, denn alle aus der Literatur bekannten Gorillaforscher haben hier mal übernachtet oder gearbeitet. Hier ist das „inoffizielle Hauptquartier", wie es der Verhaltensforscher George Schaller (*1933) genannt hatte. Der Sachse Walter Baumgärtel (1902–1997)

hat „Travellers Rest" 1955 aus der Taufe gehoben und bis zu den politischen Unruhen 1969 betrieben. Er war der erste Weiße, der mithilfe einheimischer Fährtenleser herausfand, dass die Berggorillas keine blutrünstigen Bestien, sondern friedliche, familiäre, in ihren Beständen bedrohte Wesen sind. Er war es, der die Fachwelt mobilisierte und seine Erfahrungen in seinem Buch *Unter Gorillas – Erlebnisse auf freier Wildbahn* niederschrieb (Baumgärtel 1977). In all den Jahren hat er sich einfühlsam um seine illustren Gäste gekümmert. Auch die furchtlose Gorillaforscherin Dian Fossey (1932–1985) hat sich hier mehrmals von ihrer außerordentlich strapaziösen und gefährlichen (nicht wegen der Gorillas, sondern wegen der Menschen) Arbeit am Gipfel des Visoke-Vulkans in Ruanda erholt. Hier entstanden Teile ihres Buches *Gorillas im Nebel – Mein Leben mit den sanften Riesen* (Fossey 1989). Im Gästebuch des „Travellers Rest" findet sich eine Eintragung von Bernhard Grzimek (1909–1987): „Es war sehr interessant für mich, mit den sehr erfahrenen Führern die Pflanzen zu suchen u. zu kosten, die Gorillas essen und ihren Lebensraum kennen zu lernen."

Vergleicht man die Zahl der Berggorillas mit der ständig wachsenden menschlichen Bevölkerung auf unserem Planeten, so kommen auf einen Berggorilla etwa 10 Mio. Menschen. Umso glücklicher sind jene, die es sich leisten können und die Möglichkeit haben, diese Tiere in freier Wildbahn zu sehen. Um die Gorillas zu schützen, unternimmt man eine riskante Gratwanderung, einen Grenzgang: die Habituierung, die Gewöhnung ausgewählter Gruppen der Tiere an den Menschen. Nur so sind sie für den Ökotourismus erschließbar, nur so können die nötigen Geldmittel zu ihrem Schutz erwirtschaftet werden und nur so besteht eine Chance, sie täglich mit den Tourismusgruppen zu finden und in Ruhe zu beobachten. Die Habituierung birgt viele Gefahren in sich. Die Gorillas verlieren die Scheu vor dem Menschen, sie können daher leichter von Wilderern aufgespürt werden, sie können auf kurzem Wege mit menschlichen Krankheitserregern konfrontiert werden. Sie wagen sich auf die Felder und Plantagen der Bauern, um leichter an Nahrung zu kommen, was Konflikte heraufbeschwört.

Die ständige Suche nach ihrer ausschließlich vegetarischen Nahrung macht die Berggorillas zu umtriebigen Wesen. Sie befinden sich ständig auf Wanderung und suchen täglich neue Nahrungsgründe auf. Wir wussten zwar, dass mehrere (5–7) Gorillagruppen auf ugandischem Gebiet für die Trekkingtouren habituiert wurden, aber erst jetzt wird uns klar, wie unterschiedlich die Startpunkte der einzelnen Touren an der Peripherie der Schutzgebiete gelegen sind. Zwischen diesen Gebieten ist es unmöglich, eine Verbindung herzustellen. Entweder liegen dichte Wälder, hohe Berge oder undurchdringliche Sümpfe dazwischen. So wird der auf der Landkarte klein wirkende Bwindi Impenetrable National Park (ca. 30 km lang, 10 km breit) zu einem, wie der Name sagt, „undurchdringlichen" Forst. Sein Name „Bwindi" bedeutet „sumpfiger, morastiger Urwald voller Dunkelheit". Er leitet sich von einer Geschichte ab, die sich vor mehr als 100 Jahren ereignet haben soll, als viele Flüchtlinge aus Ruanda und Kongo in das Gebiet einwandern wollten. Eine Familie strandete am Rande eines dunklen Morastes. Die Sumpfgeister forderten die schöne Tochter, erst dann würden sie die Familie sicher über den Sumpf geleiten. Die Familie verharrte verzweifelt zwei Tage lang und konnte keine Entscheidung fällen. Doch sie hatten keine Chance, weder zurück noch vorwärts zu kommen. Deshalb stießen sie ihre Tochter in den Sumpf und gelangten danach sicher auf die andere Seite.

Wir starten vorsorglich früh mit unserem Pajero und holpern im Dunkeln über die steinige Straße zum 30 km entfernten Startpunkt der Wanderung in Rubuguri. Dort sind wir die ersten vier (Peter, Tine, Doris und ich). Kurz darauf kommen die vier anderen Teilnehmer mit einem Hotelkleinbus. Inzwischen ist es hell geworden. Wir sind mental auf eine lange Wanderung auf steilen Bergpfaden mit nebelverhangenen Bäumen und Riesenpflanzen, vorbereitet, doch „unsere" Zielgruppe, die Nkuringo-Gruppe, lebt an der Grenze des Parks und ist weitgehend an die menschliche Umgebung angepasst. Die Gruppe wurde Ende der 1990er habituiert und entwickelt sich zu einem Problemfall, weil sie immer wieder die Grenzen des Parks überschreitet und bei der Nahrungssuche die Felder der Bauern verwüstet. Es kommt vor, dass die Kinder nicht zur Schule gehen können, weil sie fürchten, dass sich ihre Wege mit denen der Gorillas kreuzen, oder die Kinder müssen die Felder bewachen. Unsere Wandergruppe bewegt sich zunächst auf der Straße an der Parkgrenze entlang, bis uns das erlösende Telefonat der vier „Tracker" erreicht, und dann geht es an geeigneter Stelle über Wiesen und Felder, auf denen nur noch einzelne Urwaldriesen stehengelassen wurden, bergab ins Tal.

Wir acht „Ökotouristen" werden von vier Soldaten, vier „Portern", die unser Gepäck tragen, und dem Ranger Paul geführt. Vier „Tracker" haben die Gorillas am frühen Morgen aufgespürt. So kommen wir schon nach etwa 2 Stunden den Gorillas ganz nahe. Nachdem wir Wanderstöcke, Rucksäcke, Wasserflaschen bei der Wachmannschaft gelassen haben, schleichen wir auf einem frisch getretenen Pfad, nur noch mit Fotoapparat bewaffnet, in Richtung eines dichten, mit Baumfarnen bestandenen Waldes, der sich um den Lauf eines Baches entwickelt hat. Als „Nasentier" kann ich unsere Verwandten schon riechen, denn Gorillas sind Nestbeschmutzer. Ungeniert lassen sie ihre Fäkalien in ihren Nestern und bauen sich für die nächste Nacht ein frisches Nest.

Wir treten auf eine Lichtung, deren ganzer Boden mit rankenden Pflanzen, vorwiegend Brennesseln bestanden ist. Diese Bodenpflanzen bilden eine etwa 50 cm hohe verfilzte Decke über dem Grund, und wir müssen wie die Störche über die Lichtung bis zum nächsten Waldrand staksen.

Unvermittelt stehen wir neben einem halbwüchsigen Gorilla, der am Fuße eines Baumes sitzt, mit dem Rücken angelehnt und uns mit samt-braunen Augen ansieht (siehe Abb. 5.37c). Ab jetzt beginnt die Uhr zu ticken, wir haben genau eine Stunde Zeit mit den Gorillas. Neben dem zeitlichen Limit gibt es ein räumliches: nicht näher kommen als 5 m, wegen der Infektionsgefahr für die Gorillas, die empfindlich gegen menschliche Krankheitskeime sind. Dann sehen wir zwei Halbwüchsige, die in den Nesseln sitzen und stoisch das Pflanzenmaterial in sich reinstopfen. Sie werden dabei von zwei kleinen Gorillas gestört, die im Geäst hin- und herschaukeln und von Zeit zu Zeit zwischen ihre älteren Geschwister hopsen. Dann kommt der Silberrücken, blickt an uns vorbei und dreht uns seinen namensgebenden Rücken zu. Später finden wir ihn zusammen mit drei Frauen in seinem zerwühlten Nest der letzten Nacht. Patriarchalische Familienrunde, die unseren Besuch kaum beeindruckt eine Stunde lang über sich ergehen lässt. Wir sind halb betäubt von der Unglaublichkeit der Situation, von dem Glück, der größten und seltensten Subspecies unseres Verwandtschaftskreises so einfach gegenüberzustehen und nehmen so viel wie möglich in uns und unsere Kameras auf.

Der Rückweg geht steil bergauf, ungeschützt vor der prallen Sonne schnaufen wir in der dünnen Bergluft den serpentinenartigen Pfad entlang. Ich muss öfter mein Schweißband aus Vliesstoff auswringen. Paul ist geschockt, welche Flüssigkeitsmenge aus meinem Kopf rauskommt. Wahrscheinlich ähnlich viel, wie die Ranger, Soldaten und Porter nach der Wanderung aus ihren Gummistiefeln kippen werden.

Zu unseren Erfahrungen in Uganda gehören noch zwei Kontakte zu den Ordnungshütern. Zweimal schnappt für uns die Polizeifalle zu. Als wir aus dem Supermarkt in Fort Portal treten, stellen wir erschrocken fest, dass das Vorderrad des Pajeros von einem wuchtigen Stahlblock mit Kette arretiert wurde. Wir müssen nicht lange warten, die Polizei kommt, um uns zum Richter zu führen, wegen Falschparkens in einem besonders „schweren Fall". Glücklicherweise kann der Leiter des Marktes uns davor bewahren, indem er einen „einflussreichen Freund" bei der Stadtverwaltung anruft, der uns dann per Telefon aus den Händen der eifernden Uniformträger befreit. Auf dem Wege zur Grenze passieren wir einen an der Straße parkenden Pickup mit Polizisten, die scheinbar grüßend die Hand heben. Als wir ihren „Gruß" erwidernd vorbeifahren, springen sie auf ihr Fahrzeug und kommen mit hoher Geschwindigkeit hinter uns her, um uns zu stoppen. Sie wollen uns vor den Richter führen, wie das in Ostafrika üblich ist, wegen Missachtung einer polizeilichen Anweisung zum Stoppen und wegen Fluchtversuches. Wir können sie nur durch ein „local agreement" davon abhalten, indem wir ihnen den gesamten Inhalt unserer Portemonnaies übergeben (80.000 Uganda-Schilling = etwa 35 €, andere Geldreserven hatten wir glücklicherweise zwischen benutzter Wäsche verborgen).

5.3 Tansania – Hatari

Den armen Ländern wird gesagt, sie müssten hart arbeiten, mehr produzieren und wären dann in der Lage, ihre Armut zu überwinden … Nehmen wir den Fall von Sisal – früher Tansanias wichtigster Exportartikel – und beziehen ihn auf den Preis von Traktoren. 1965 konnte ich einen Traktor für 17,25 Tonnen Sisal kaufen; der gleiche Traktor kostete 1972 indes soviel wie 47 Tonnen Sisal … Die reichen Länder werden reicher, weil ihre wirtschaftliche Stärke ihnen wirtschaftliche Macht verleiht; die armen Länder bleiben arm, weil ihre wirtschaftliche Schwäche sie zu Marionetten im Machtspiel der Anderen macht. (Julius Nyerere, 1. Präsident von Tansania, 1977, zitiert nach *Wikipedia*, https://de.wikipedia.org/wiki/Julius_Nyerere)

Und damit kommen wir in das dritte Land der ehemaligen Ostafrikanischen Union: Tansania, einstige deutsche Kolonie und zwischenzeitlich, unter Präsident Julius Nyerere, einziger sozialistischer Staat in Ostafrika. Vorinformationen über den Umgang von weißen Eindringlingen mit den Afrikanern in diesem Naturparadies entnahmen wir hauptsächlich zwei Büchern, die von einer Farm bei Arusha an den Momelaseen handeln:

- Rolf Ackermann: *Die weiße Jägerin*. Im Mittelpunkt des Romans steht das Leben der deutschen Siedlerin Margarethe Trappe (1884–1957), auf Momela in der Zeit der Kolonialisierung des Landes bis zum Zweiten Weltkrieg (Ackermann 2005).
- Hardy Krüger: *Eine Farm in Afrika*. Der Autor berichtet über sein Tourismus- und Landwirtschaftsprojekt auf der Farm, die er nach seiner Arbeit am Film *Hatari* in den 1960er Jahren von der Familie Trappe übernommen hatte (Krüger 2008).

Unsere Motivation, die Flamingoseen in diesem Land zu beproben, war hoch, denn es handelt sich bei Tansania um das wichtigste Land für den Zwergflamingo bezüglich seines Brutgeschäfts am Natronsee und das zweitwichtigste Land bezüglich seiner Nahrungssuche. Allerdings wurde bisher kaum etwas dazu veröffentlicht. Lediglich Hecky und Kilham (1973) analysierten die Diatomeenflora und Melack und Kilham (1974) berichteten über die Primärproduktion der nordtansanischen Sodaseen Big Momela, Manyara, Reshitani und Makat. Tuite (1981) zog die Seen in seine Betrachtungen über Flamingonahrung ein. Die Sodaseen in Tansania bieten eine reiche Vielfalt größerer und kleinerer Habitate, die für Flamingos geeignet sind. Im Arusha National Park, am Fuße des Mount Meru, liegen sieben kleine alkaline Seen, die Momelaseen, von denen der Big Momela die größte Bedeutung als Nahrungsquelle der Zwergflamingos erlangte. Hier hielten sich 1992 mehr als 200.000 Zwergflamingos auf. Der Manyarasee im Manyara National Park ist ein größerer See von bis zu 40 km Länge und über 400 km² Fläche. Er ist sehr flach (meistens unter 1 m) und trocknet oftmals aus. Wenn er jedoch gut gefüllt ist, kann er *Arthrospira* in Massen beherbergen. Hier wurde die höchste Flamingodichte in Tansania gezählt, als sich im Jahre 1991 knapp 2 Mio. Flamingos versammelten. Später waren es 382.500 (2004) bzw. 640.850 (2008) Individuen (Mlingwa und Baker 2006; Kihwele et al. 2014). Am Burunge-See am Nordwestrand des Tarangire National Park wurden bisher lediglich unter 70.000 Flamingos beobachtet (Woodworth et al. 1997). Am Grunde des Ngorongoro-Kraters liegt der See Makat, oder Magadi und ernährt einige Tausend Flamingos (Hanby und Bygott 1998). Lake Eyasi ist bis 70 km lang und hat eine Fläche bis zu 600 km². Er soll nach unpublizierten Daten zeitweilig *Arthrospira* und Zwergflamingos in großen Zahlen beherbergen. In der Serengeti liegen drei kleine Sodaseen – Masek, Ndutu und Magadi –, die als Stop-over für die Vögel dienen. Ja, in Ostafrika tragen gleich mehrere Seen den Namen Magadi (=Soda), der Magadisee in Kenia, der Magadisee im Ngorongoro-Krater und der in der Serengeti in Tansania. Am Natronsee wurden 1994 bis zu 507.117 Zwergflamingos gezählt, und im Jahre 2010 waren es 104.947 (Clamsen et al. 2011).

Der Natronsee ist das Schlüsselhabitat für die Zwergflamingos. Hier schlüpfen mehr als zwei Drittel aller Zwergflamingos der Welt. Er ist zwischen knapp 0,1 bis 3 m tief und unterliegt einer starken Verdunstung. Doch zwei Zuflüsse sorgen für die Regeneration des Wasserkörpers, der Ewaso Ng'iro im Norden und der Engare Sero im Süden. Durch das Wechselspiel von Zuwachs und Verlust an Wasser verändern die Lagunen des Sees ständig ihre Gestalt. Die bisher dokumentierte Veränderung der Wasseroberfläche oszillierte zwischen 81 und 804 km² (Tebbs et al. 2013a).

Wir fuhren im Oktober 2002 für fünf Tage nach Tansania, um die Spuren der Zwergflamingos, der Trappes, Krügers, Grzimeks und Vareschis aufzunehmen. Die Formalitäten an der Grenzstation in Taveta waren viel einfacher zu bewältigen als bei unserem chaotischen Übertritt nach Uganda. So waren wir positiv gestimmt und fuhren im Bannkreis des Kilimandscharo unseren Zielen im Norden des Landes entgegen. Aus der Literatur war uns damals kein tansanischer Wissenschaftler bekannt, der an einer Universität über Algen, Flamingos oder Ökologie der Sodaseen forschte. Wir hatten keinen potenziellen Partner der als „Eisbrecher" bei den Naturschutzbehörden unser Vorhaben erläutern würde und setzten daher unsere Hoffnung auf direkte Gespräche mit Erfahrungsträgern in den Naturschutzbehörden. Unser Plan war, zunächst in Arusha die Zentralen der Tansanischen Nationalparkbehörde (TANAPA) und des Tansanischen Wildlife Research Institutes (TAWIRI) aufzusuchen, um Möglichkeiten und erste Schritte einer Zusammenarbeit zu erörtern. Es wurde bald klar, dass wir zu naiv an dieses Vorhaben gegangen waren.

Der „Acting Director" von TANAPA nahm sich Zeit für uns, erläuterte ausführlich seine freundschaftlichen und familiären Verbindungen zu Deutschland, äußerte größtes Wohlwollen bezüglich unseres Ansinnens und versprach, umgehend mit den Wildhütern der avisierten Nationalparks zu telefonieren. Dann eröffnete er uns, dass vor einem gemeinsamen Projekt eine klare Prozedur zu durchlaufen sei. Zunächst müsste bei der Tanzania Commission for Science and Technology (COSTECH) auf Formblättern detailliert unser Anliegen beantragt werden. Dann sei es notwendig, den Status eines „C class residents" zu erlangen und mit der Erlaubnis einer „Host Agency", in unserem Falle wäre das TAWIRI, in enger Kooperation mit allen Verantwortlichen, das eigentliche Projekt durchzubringen. Bereits in den Antragsunterlagen wurde darauf hingewiesen, dass die Prozedur im Normalfall Monate beanspruchen würde. Die zu entrichtenden Gebühren neben den eigentlichen Projektkosten erfordern eine gut gefüllte Brieftasche. Wir fassten den festen Entschluss, nicht schon am Anfang die Flinte ins Korn zu werfen und uns nach Verbündeten umzusehen, obwohl es von den Naturschutzverwaltern in Tansania eine klare Ansage gab: „Unsere Flamingos sind gesund, und sie brauchen keine Hilfe."

Um wenigstens einen ersten Eindruck von den potenziellen Untersuchungsgebieten zu bekommen, bereisten wir drei Seen: Big Momela, Manyara und Makat im Ngorongoro-Krater. Tatsächlich, im Big Momela fanden wir eine dicke Suspension von *Arthrospira*, und in dem buchtenreichen See tummelten sich Tausende Flamingos vor der dunstigen Kulisse des Kilimandscharo. Der Manyarasee war nahezu ausgetrocknet, so dass wir nicht fündig werden konnten. Im Makat rochierten zahlreiche Rosa Flamingos und sammelten mit ihren Schnäbeln ihre Nahrung aus dem Schlamm des flachen, austrocknenden Gewässers. Unsere Proben erlaubten nur einen groben Blick auf die Mikrophytengemeinschaften. Weiterführende Befunde konnten wir nicht erheben.

Die Ironie des Schicksals wollte es so, es gab noch zwei traurige Nachspiele zu unserer Visite bei den Amtsträgern in Arusha. Das erste Nachspiel fand knapp zwei Jahre nach unserem Besuch statt: am Big Momela und am Manyarasee setzte im Juli 2004 ein Massensterben der Zwergflamingos ein (Lugomela et al. 2006). Am Big Momela starben 700 Individuen, und am Manyara wurden 15.000 tote Zwergflamingos gefunden. Während über die Todesursache am Manyara nur spekuliert wurde, gelang es am Big Momela, einen Nachweis zu führen, *Arthrospira* trat nahezu in Monokultur im Plankton des Sees auf. Analysen des Mageninhaltes verendeter Zwergflamingos wiesen *Arthrospira* als alleinige Nahrung aus. Von den dichten Planktonproben wurden Extrakte gewonnen, die im Maustest zu letalen Effekten führten. Es wurde daraus geschlossen, dass die toxische Wirkung durch die Hauptnahrung der

Zwergflamingos verursacht wurde. Mehr als ein Jahrzehnt später erschien ein Bericht über das Massensterben des Zwergflamingos im Empakaai-Kratersee und im Natronsee in den Jahren 2000 (also ein Jahr *vor* unserem Besuch) und 2002, als mehr als 1000 Zwergflamingos starben, und 2004, als über 15.000 Zwergflamingos am Manyarasee verendeten. Es wurden umfassende toxikologische Befunde erhoben und der positive Nachweis von Microcystinen und Anatoxin-a geführt. Gleichzeitig traten Infektionskrankheiten auf, die durch opportunistische Bakterien verursacht wurden (Fyumagwa et al. 2013). Eine weitere Publikation nahm auf Todesfälle unter Zwergflamingos am Manyarasee im Jahre 2008 Bezug und kam zu ähnlichen Befunden (Nonga et al. 2011). In allen Fällen wurde *Arthrospira* als Hauptnahrung identifiziert.

Das zweite traurigen Nachspiel betraf Ekkehard Vareschi (*1941). Er ist der Pionier der deutschen Flamingoforschung. Wir haben diesen geschätzten Kollegen und führenden Spezialisten zur Ökologie afrikanischer Sodaseen zum ersten Mal im März 2003 in Nakuru getroffen (siehe Abschn. 5.1.2). Hier hatte er zusammen mit seiner Frau Angelika (*1947) in den 1970er Jahren seine Forschungen in einem Feldlabor direkt am Ufer des Sees durchgeführt, bis eines Tages das Haus in Flammen aufging und er seine Studien abbrechen musste. Nun, 2003, wenige Jahre vor seiner Emeritierung, wollte er den Faden wieder aufnehmen und die Ökologie der ostafrikanischen Salzseen unter den sich rasant verändernden Bedingungen erneut studieren.

Ekkehard und Angelika waren konsequent in ihren Vorbereitungen zum Forschungsaufenthalt in Ostafrika. Sie verkauften ihr Haus in Deutschland. Angelika gab ihre Anstellung als Laborantin auf, und Ekkehard wollte ab 2005 die verbleibenden drei Jahre bis zur Emeritierung und eventuell auch danach in Afrika bleiben. Sie entschieden sich, ihre „Zentrale" in Tansania aufzubauen, denn hier hatten sie Verbündete. Zwei seiner ehemaligen Schüler und Doktoranden hatten sich an einflussreicher Stelle des Naturschutzes in Tansania positioniert. Doch selbst für die Vareschis war es kein einfacher Weg durch die Behörden. Nachdem sie mit 400 kg Ausrüstung im Frühjahr 2005 nach Tansania übergesiedelt waren, rangen sie monatelang um die Forschungsgenehmigungen. Fördergelder der Frankfurter Zoologischen Gesellschaft versandeten bei TANAPA – angeblich wurden sie für die dringende Reparatur eines Kleinflugzeuges gebraucht. Schließlich durften sie ihr Forschungscamp am Manyara errichten. Wenig später zog sich Angelika eine schwere Malaria zu, an der sie beinahe starb. In Kenia, im Nairobi Hospital, wurde sie behandelt, bis sie wieder „expeditionstauglich" war. Am 4. Juli 2005 schrieben sie in einem Rundbrief an ihre Familie und Freunde: „Wir hatten auch kurz erwogen, die Arbeit ganz abzubrechen und nach Deutschland zurückzukehren, aber dann haben wir realisiert, dass wir durch bessere Vorsorge und, im sehr unwahrscheinlichen Falle einer erneuten Infektion, durch die richtigen Medikamente das Risiko doch so stark reduzieren können, dass wir guten Gewissens unsere Pläne weiter verfolgen können. Und darauf freuen wir uns sehr!" Als sich alles zum Guten zu wenden schien, startete Ekkehard mit der Vorbereitung eines Treffens aller Zwergflamingoexperten aus Ostafrika und Europa in Tansania. Wir standen in engem Kontakt, und alles schien positiv zu verlaufen, Ort, Zeit und Teilnehmerkreis waren fixiert. Doch dann kam per Email die unfassbare Nachricht von Ekkehards und Angelikas Tod am 9. September 2005 im Arusha National Park: „Sie wurden während einer Safari schlafend im Zelt von einem Baum erschlagen und waren sofort tot." Auch heute noch bin ich nicht in der Lage, diese Nachricht richtig einzuordnen.

Der Verlust von Ekkehard Vareschi als Schlüsselperson zu vernetzter Forschung an Sodaseen, hat uns 14 Jahre zögern lassen, bis wir wieder zu den Seen in Nordtansania aufbrachen. Hauptziel war es, mit unserer beschränkten Ausrüstung so weit wie möglich an die Flamingos und ihre Nahrungsquellen am Natronsee heranzukommen. So reisten wir im Oktober 2015 als Touristen ins Land, ausgerüstet mit Fernglas, Fotoapparat und Feldmikroskop, um die einmalige Natur in ihrer Komposition auf uns wirken zu lassen. Getreu dem Backpacker-Motto: „Take only photos, and leave only footprints."

Der Motor der Tourismusindustrie brummt in Tansania. Im Jahre 2012 wurde die Millionengrenze geknackt, und die Zahl ausländischer Touristen steigt weiter. Die Ambivalenz dieser Entwicklung wurde uns vor Augen geführt. Es wird gesagt, dass etwa jeder zweite Ökotourist den Ngorongoro-Krater besucht, die Arche Noah oder den Garten Eden der afrikanischen Tierwelt. Hier posieren die Wildtiere vor der imposanten Kulisse der Kraterwand. Im Kessel gibt es unterschiedliche Lebensräume, von der Trockensavanne über Akazienwälder und Sumpflandschaften bis hin zum Highlight für Flamingoenthusiasten, den Sodasee Makat. Durch diese wundervollen Landschaften führen Pisten, die ein geordnetes Kreisen der Geländewagen mit den Naturreisenden ermöglichen. Es wird beklagt, dass viele der Fahrzeuge nur wenige Touristen transportieren (2–8) Wenn man grob kalkuliert, wären das bei gut einer halben Million Besucher im Jahr etwa 300 Autos täglich. Sollte man die Zahl der Fahrzeuge regulieren? Einstweilen hat man die Fahrzeuggebühren erhöht. Je nach Gewicht sind 150–300 \$ zu entrichten zuzüglich 60 \$ pro Person und Tag Eintrittsgebühr. Diese Preissteigerung hat noch keine abschreckende Wirkung erzielt. Auch wenn die Preise für Übernachtung und Eintritt in die Höhe getrieben werden, die Reiselust bleibt ungebrochen. Obwohl man bei Unterkünften innerhalb oder am Rande der Parks schon mit 500 \$ pro Einzel- oder Doppelzimmer und Nacht rechnen sollte, bleibt nach oben ausreichend Luft. Der Fokus auf das Luxussegment wird von namhaften Tierschützern

propagiert, um mit Massentourismus nicht die wertvollen Tierbestände und Landschaften zu gefährden.

Mittendrin im Getümmel des Ngorongoro leben noch 40.000 Maasai mit ihren Herden. Sie sind ein Farbtupfer im Ensemble und verkörpern die Koexistenz von Wildtieren und Menschen. Nun fürchten regierungsnahe Naturschutzmanager, dass diese charismatischen Hirten die Natur im Krater zerstören könnten, und man diskutiert, sie aus ihrem Paradies zu vertreiben. Sollte man das tun? Und wo wäre noch angemessener Platz für die Pastoralisten? Sie würden ihre Identität verlieren, ihre ursprüngliche Art zu leben. Generell lassen sich in Tansania (wie auch in Kenia) Aktivitäten beobachten, das Siedlungsgebiet indigener Stämme einzuschränken, oftmals unter Anwendung brachialer Maßnahmen, wie Brandschatzung. Das betrifft neben den Maasai auch die Datooga, die Hüter des Schmiedefeuers, und die Hadzabe, die letzten Buschmänner des Landes (Bellini 2008).

Die Entscheidungsträger haben es nicht leicht in diesem Lande mit reicher Naturausstattung, aber unzureichender Infrastruktur. Sie haben eine Balance zwischen ökonomischer Entwicklung, Armutsbekämpfung, Industrialisierung und ökologischer sowie kultureller Integrität zu finden. Paradebeispiele sind die Auseinandersetzungen zum Bau einer Autobahn durch die Serengeti und eines Sodawerkes am Natronsee. Ökonomen und Politiker wollen die vermeintlich profitabelsten, aber umweltunverträglichsten Varianten durchsetzen. Über die Schäden, die an den Ökosystemen der Serengeti und des Natronsees durch diese Pläne entstehen würden, haben wir in Abschn. 1.4 berichtet. Dabei gibt es Fallstudien, die bessere Lösungsvorschläge bieten, die zu nachhaltiger Entwicklung führen würden, ökonomisch und ökologisch. Die Straße wäre in der Tat eine wichtige Lebensader und würde Aufschwung in unterentwickelten Gebieten bringen. Sie soll zwei Schlüsselzonen des Landes verbinden, die weit in andere Regionen Afrikas ausstrahlen – den Victoriasee und Arusha, die Verwaltungshauptstadt der East African Community (EAC). Eine Fallstudie zur Autobahn vergleicht drei Trassenführungen vom Ufer des Victoriasees bei Musoma bis nach Arusha (Tab. 5.2):

1. die vom Staat gewollte Serengetiquerung
2. die südliche Umfahrung nahe des Eaysisees
3. eine noch weiter südlich liegende Strecke über Mbulu

Die meisten Argumente sprechen für die Trasse über Mbulu. Diese Straße bietet die besten Chancen für zukünftige Entwicklungen der Infrastruktur und vermeidet die ökologische Katastrophe in der Serengeti. (Hopcraft et al. 2015). Die südliche Trasse verbindet die meisten Dörfer und kleine und mittlere Betriebe, erreicht die höchsten Zahlen an Arbeitslosen und Schülern und ermöglicht die kürzesten Verbindungswege zu Hospitälern.

Tab. 5.2 Vergleich der Trassenführungen einer geplanten Autobahn von Musoma nach Arusha in Tansania. (Nach Hopcraft et al. 2015)

Strecke	Länge [km]	Neu zu bauende Strecke [km]	Fahrzeit [h]	Zahl der erreichten Menschen	Zahl der erreichten Arbeitslosen
(1) Serengeti	548	428	7,9	1,04 Mio.	458.000
(2) Eaysi	628	332	7,8	1,69 Mio.	768.000
(3) Mbulu	692	402	8,6	1,96 Mio.	905.000

Die Straße erlaubt den Bauern Zugang zu Saatgut, Düngemitteln und anderen Produkten zur Versorgung der Farmen und ermöglicht eine bessere Vermarktung der Ernten. Gegenwärtig sind nur 1,7 % der Fläche Tansanias unter permanenter landwirtschaftlicher Nutzung. Es wären jedoch etwa 11,3 % für Landwirtschaft geeignet. Zwei Kriterien sind von besonderer Bedeutung für die Qualität landwirtschaftlicher Nutzflächen: die Bodenfruchtbarkeit und die Niederschlagsmenge. Die Serengetitrasse führt zwar über Böden, die aus fruchtbarer Vulkanasche entstanden, aber es regnet hier viel zu selten. Außerdem wird dieses aride Gebiet bevorzugt von Pastoralisten und Ökotouristen genutzt. Die Mbulu-Route ist für die Landwirtschaft die zukunftsträchtigste Strecke, mit zwar nur durchschnittlich fruchtbaren Böden, aber bester Versorgung mit Regen (Hopcraft et al. 2015).

Die Straße soll etwa 500 Mio. $ kosten. Aufgrund vieler Unwägbarkeiten des Geländes und schwieriger Logistik könnte der Finanzbedarf noch steigen. Die Serengeti-Trasse schneidet kostenmäßig am schlechtesten ab, weil sie über höher gelegenes (2200 m) und unwegsames Terrain führt. Tansania alleine könnte die Gelder nicht bereitstellen. Internationale Geldgeber werden also Einfluss auf die Entscheidungen nehmen.

Die Fallstudie für den Bau einer Sodafabrik am Natronsee ergab, dass es wirtschaftlich am sinnvollsten wäre, sich auf Ökotourismus zu fokussieren und nicht auf eine unrentable Sodaproduktion (Kadigi et al. 2014). Es wird geschätzt, dass eine Sodafabrik, die starker internationaler Konkurrenz ausgesetzt wäre, in 50 Jahren einen Verlust von 44 bis 492 Mio. $ einfahren würde. Die Förderung von Ökotourismus und regionaler Wirtschaft unter Erhalt der Naturreichtümer würde hingegen einen Gewinn von 1,28 bis 1,57 Mrd. $ abwerfen. Im März 2018 kam die erlösende Nachricht. Die Regierung von Tansania hat entschieden, die Sodafabrik nicht zu bauen.

Unsere Reise im Oktober 2015 führte uns an alle wichtigen Flamingoseen des nordöstlichen Tansanias (Northern Circuit). Zunächst ging es an vier Sodaseen in drei Nationalparks, den Big Momela und den Tulasiasee im Arusha National Park, den Manyarasee im Manyara National Park und den Burungesee am Nordwestrand des Tarangire National Parks (Abb. 5.41). Der Sodasee Makat (oder Magadi) am Grunde des Ngorongoro-Kraters war uns einen Abstecher

wert. Dann besuchten wir den Eyasi-See und nahmen danach die Querung der Serengeti in Angriff, um dabei drei Sodaseen in diesem Schutzgebiet in Augenschein zu nehmen: Masek, Ndutu und Magadi. Die Serengeti verließen wir im Nordosten und steuerten unser Hauptziel an, den Natronsee. Wir folgten dabei im Wesentlichen der geplanten Trassenführung der Autobahn durch das Schutzgebiet.

Nachdem der Wasserspiegel in den Sodaseen Kenias seit 2010 immer stärker angestiegen war und die Flamingos sich neue Nahrungsgründe suchen mussten, erhofften wir die Vögel recht zahlreich in Tansania wiederzutreffen. Doch leider erfüllte sich diese Erwartung nicht. Im Gegensatz zu Kenia war in vielen Gewässern Nordtansanias der Wasserstand aufgrund extremer Trockenheit stark zurückgegangen. Die Bedingungen ließen nur Cyanobakterien und Algen aus der Gruppe der alternativen Nahrungsorganismen der Zwergflamingos als Aufwuchs auf dem Schlamm der Gewässer gedeihen: *Spirulina, Haloleptolyngbya, Oscillatoria, Anomoeoneis* und andere benthische Diatomeen. Phytoplankton, vor allem *Arthrospira*, entwickelte sich nur in wenigen Gewässern. Am Burungesee fanden wir Plankton, das von *Anabaenopsis arnoldii* dominiert wurde, aber keine Flamingos anlockte. Am Tulasiasee, dümpelten wenige Hundert junge Zwergflamingos und lebten von einer dünnen *Arthrospira*-Suppe. Lediglich im Big Momela konnte sich ein dichter *Arthropira*-Bestand halten. Allerdings waren hier nur wenige Tausend Flamingos anwesend. Wir vermuteten, dass sich die Zwergflamingos am Natronsee versammelt hatten, um bei günstigen Bedingungen, wenn die anstehende „kleine" Regenzeit für eine moderate Flutung des Gebietes sorgen würde, das Brutgeschäft in Angriff zu nehmen.

Ein paar Erlebnisberichte von unterwegs. Nachdem wir die touristischen Hochburgen um Arusha, Manyara, Mto wa Mbu und Ngorongoro hinter uns gebracht haben, geht es, vorbei an den Kaffeeplantagen unter Eukalyptusbäumen um Karatu, auf die 70 km lange steinig-staubige Piste in Richtung Eyasisee. Hier, in der einsamen und spartanischen Landschaft mit Trockenvegetation fühlen wir uns wohler. Doch die „Zivilisation" lässt nicht lange auf sich warten. Im Einzugsgebiet des Eyasisees zapfen blubbernde Pumpen Quellwasser an und leiten es auf die ausgedehnten Felder. Die ausgedörrte Landschaft und die grünen, von Palmen und

Abb. 5.41 Auf der Suche nach Flamingos an Salzseen Tansanias. (**a**) Tulusiasee mit einem kleinen Schwarm von Zwergflamingos; (**b**) Nilpferde in Restlöchern des Manyarasees – kein Platz für Flamingos; (**c**) Trockenfläche Eyasisee

Affenbrotbäumen gesäumten Äcker bilden einen strengen Kontrast. Hier werden für den Export rote Zwiebeln angebaut. In den dünn besiedelten Dörfern stehen überdachte Flachbauten voller Regale, die Zwiebeldarren, um die Ernte vor dem Abtransport nach Übersee zu trocknen. Wir sehen nur wenig Landtechnik, wie teure Traktoren, man verlässt sich auf billige Handarbeiter.

Wenn der Eyasisee mit salzigem Wasser gefüllt ist, sollten reiche *Arthrospira*-Bestände Flamingos in großer Zahl anlocken. Doch wir kommen zur falschen Zeit. Der See liegt bis zum Horizont öde und trocken vor uns. Nun wird das ganze Abenteuerprogramm auf der flimmernden Fläche abgespult. Unser Lehrgeld, das wir an anderer Stelle bereits bezahlt haben, spielt hier keine Rolle, es ist unter der Sonne zerronnen. Unsere beiden Führer, Salomon, der örtliche „Naturalist", und Michael, unser „Driverguide", setzten alle Hebel in Bewegung, doch noch ein Wassererlebnis für uns zu ermöglichen. Zunächst fallen wir einer Fata Morgana zum Opfer. In greifbarer Nähe stehen „schattige Büsche", Restwasser signalisierend – man brauche nur ein paar Hundert Meter in Richtung Seemitte wandern. Ich möchte unseren Führern nicht widersprechen und ihren Enthusiasmus bremsen, und so stapfen wir 1–2 km in der glühenden Hitze über die krachende Salzkruste, ohne den „Büschen" einen Schritt näher zu kommen. Doris lassen wir beim Auto warten. Sie muss dabei zusehen, wie das schwere Gefährt Zentimeter um Zentimeter in der vermeintlich festen Seeoberfläche einsinkt. Wir kommen gerade rechtzeitig zurück, denn das Fahrzeug sitzt noch nicht ganz auf dem Boden auf. Doris hat schon vorsorglich feste Hilfsmittel, wie Palmwedel und trockenes Gesträuch bereitgelegt. Fußmatten, Spaten und das Geschick von Michael und Salomon tun das Übrige, wir kommen wieder aus eigener Kraft frei. Nun geht's am Ufer entlang bis zum erlösenden Auftauchen einer Quelle, die ihr lebensspendendes Nass für Menschen und Haustiere in das trockene Seebecken ergießt. Die hier gesammelten Algen haben nichts mit dem Freiwasser zu tun, aber sie helfen wenigstens, unseren Führern Vollzug und Zufriedenheit zu melden.

Am frühen nächsten Morgen haben wir ein ganz besonderes Treffen vorgesehen. Wir besuchen die Hadzabe, die Buschleute Tansanias. Sie leben als nomadisierende Jäger und Sammler an den Ufern des Eyasisees in Hütten aus Zweigen und Blättern unter schützenden Hecken und hohen Baobabs. Ihre Lebensräume und Lebensweise werden immer stärker von den „Bedürfnissen" ihrer „zivilisierten" Landsleute beschnitten. Es soll wohl noch knapp 2000 Hadzabe geben, und die Hälfte davon hat sich dem Tourismus geöffnet.

Als wir ankommen, haben sie sich gerade um die frisch entfachten Lagerfeuer geschart, um ihre in der kalten Nacht steif gewordenen Gelenke aufzuwärmen (Abb. 5.42). Überall in den Bäumen hängen Häute von Pavianen und Antilopen zum Trocknen. Im Camp tummeln sich mindestens 15 Hunde. Sie sind Begleiter bei der Jagd, Beschützer und Entertainer. Wir verbringen zwei Stunden im Großfamilienverband der Hadzabe. Wir sitzen mit ihnen am Feuer und bewundern ihre Jagdwaffen – Pfeile und Bögen. Unter den Bäumen sind auf einem Steinsockel Früchte des Affenbrotbaumes aufgereiht – ein Schießstand, an dem wir mit den Schusswaffen üben. Anschließend gibt ein melancholischer Musiker eine Probe seiner Virtuosität auf einem violinenartigen Saiteninstrument aus Wildkürbis und Tiersehnen. Zum Abschied versammeln sich unsere neu gewonnenen Freunde zu Gesang und Tanz – wir zählen 8 Männer, 9 Frauen und 9 Kinder. Wir tanzen gemeinsam im Kreis, stampfend, Staub aufwirbelnd, der sich mit dem dunstigen Licht unter den Baobabs vermengt.

Die Hadzabe sind schutzlos der Moderne ausgeliefert. Doch sie stellen für die modernen Menschen einen wichtigen, unwiederbringlichen Schatz an Erfahrungen in koexistenzieller Lebensweise mit der Natur dar. Sie verkörpern einen Teil unseres phylogenetischen und kulturellen Erbes. Sie verdienen, dass wir sie und ihren Lebenskreis respektieren und schützen. „Dr. Shit" und seinen Kollegen verdanken wir außerdem die Erkenntnis, dass sie ein Reservoir an „unverbrauchten" Mikroben und Stoffwechselwegen in sich bergen, die den gestressten und verwöhnten Neuzeitmenschen auf die Sprünge helfen könnten. Doch wer ist „Dr. Shit"? Es ist der amerikanische Anthropologe, Archäologe und Mikrobiologe Jeff Leach von der New York University, der ursprünglich über Kochtechniken der Steinzeit forschte, doch sich nun der Stuhlforschung verschrieben hat. Er verbrachte in den letzten Jahren mehrere Forschungsaufenthalte bei den Hadzabe, um Tausende Stuhlproben für seine Forschungszwecke zu sammeln. Er folgte damit einem internationalen Forscherteam, das zuvor unter der Leitung von Wissenschaftlern des Max-Planck-Institutes für Evolutionäre Anthropologie, Leipzig, und der Universität Bologna das Mikrobiom der Hadzabe-Darmflora mit dem Mikrobiom italienischer Probanten verglich (Schnorr et al. 2014). Leach und seine Kollegen gehen davon aus, dass diese im Einklang mit der Natur lebenden Menschen eine andere Darmflora besitzen, die noch nicht durch Cola, Fastfood, Whisky und Produkte der Pharmaindustrie degeneriert wurde, wie bei uns modernen Allesfressern und Hypochondern. Das möchte er mit seiner umfangreichen Kotaufsammlung beweisen, indem er die bakterielle Darmflora mit modernsten Methoden der DNS-Sequenzierung analysiert. Aber er geht noch einen Respekt einflößenden Schritt weiter: Im Selbstversuch führt er eine Fäkaltransplantation durch, bei der er eine frische Kotprobe eines Hadzabe in sterilem Wasser suspendiert und sich mittels einer Plastikspritze in den eigenen Dickdarm injiziert. Die Wirkung des Zusammentreffens der Hadzabe-Urdarmflora mit dem

Abb. 5.42 Hadzabe, indigene Jäger und Sammler Tansanias, deren Existenz bedroht ist. (**a**) am Lagerfeuer; (**b**) Tanz unter den Baobabs

Mikrobiom des eigenen, urbanen Darmes soll detailliert untersucht werden. Mittels eines engen Probenrasters über mehrere Wochen vor und nach der Applikation will Jeff verfolgen, wie sein Darm verwildert, wie urtümliche Elemente eingebaut werden, und ob das eine Wirkung hervorruft oder nicht (Piltz und Paley 2015). Er hofft, mit den gewonnenen Erkenntnissen der Genese solcher Krankheiten wie Diabetes, Rheuma und Morbus Crohn auf die Spur zu kommen – alles Krankheiten, die bislang bei den Hadzabe nicht diagnostiziert wurden. Es wird vermutet, dass diese Autoimmunkrankheiten durch das Fehlen bestimmter Bakterienarten ausgelöst werden. Könnte also unsere verkümmerte Darmflora durch Ansiedlung urtümlicher Darmbakterienstämme wieder aufgepäppelt werden?

Nach dem Besuch bei den Hadzabe bleibt noch Zeit, um die Vettern der Maasai, die Datooga, zu besuchen. Sie sind die Spezialisten des Schmiedefeuers. Sie schmelzen Schrott und erwecken zivilisatorische Metallreste aller Art, alte Wasserhähne, krumme, rostige Nägel, defekte Metallschlösser etc., zu neuem Leben als Armreifen, Halsschmuck, Jagdmesser oder widerhakige Jagdpfeile.

Kommen wir nach dem bakteriengetriebenen Kreislauf unserer Nahrung und Ausscheidungen und dem Recycling der Metalle am Schmiedefeuer nun zu den Kreisläufen zweier spektakulärer Tiere im Großraum der Serengeti, deren Wirkung über die Grenze nach Kenia ausstrahlt: in die Masai Mara und die harschen Sodaseen, den grenzüberschreitenden Natron- und den Magadisee. Es geht um zwei der größten Tieransammlungen unserer Erde, den regelmäßigen Wanderzyklus des Streifen-Gnus und den unregelmäßigen Brutzyklus des Zwergflamingos. Jedes Jahr durchwandern etwa 1,5 Mio. Gnus auf ihrer Suche nach Weidegründen einen mehr als 1000 km langen Kreislauf im Serengeti-Mara-Ökosystem. Sie überqueren dabei Landesgrenzen und gefährliche Flüsse. Zur Erhaltung dieses Naturschauspiels waren große Naturräume in Nordtansania und Westkenia unter Schutz zu stellen und eine Teilung der Schutzzone zu verhindern. Diese Erfolgsgeschichte verdanken wir dem Einsatz zweier deutscher Zoologen, Berhard Grzimek (1909–1987) und seinem Sohn Michael Grzimek (1934–1959), die mit ihren Untersuchungen und dem Naturfilm *Serengeti darf nicht sterben* maßgeblich an der Gestaltung der Schutzzonen beigetragen haben.

Dem Serengeti Research Centre in Seronera im Herzen der Serengeti ist ein Bildungs- und Informationszentrum angeschlossen. Hier treffen wir auf ein lebensgroßes Standbild von Bernhard Grzimek. Instruktive Informationstafeln erläutern die ökologischen Zusammenhänge in der Serengeti. Für uns verbindet sich mit den Grzimeks die erste akkurate Methode, Flamingos zu zählen. Auf Luftaufnahmen werden die Flamingos mit Stecknadeln durch Einstiche in die Fotos markiert und gezählt (Grzimek und Grzimek 1960). Diese mühevolle und zeitaufwändige Methode wurde erstmals

am Natronsee praktiziert und später auch von Flamingoforschern an anderen Sodaseen angewendet. Heute ersetzen Bildanalyseverfahren die Stecknadeln.

Die Serengeti verabschiedet sich von uns mit einem Riss: Ein getötetes Gnu dient ein paar Geiern als Nahrung und uns als günstige Fotogelegenheit. Nun sind wir auf der 130 km langen Piste über kühles, regnerisches, 2000 m hohes Bergland Richtung Loliondo, einem Marktflecken, der es bis zur Distrikthauptstadt gebracht hat. Danach geht es auf dem instabilen Untergrund einer lockeren Schotterstraße abwärts in den Glutkessel des Natronsees. Wir sind von besorgten Kennern des Gebietes auf diesen Trip vorbereitet worden, der höchste Anforderungen an Fahrzeug und Fahrer stellt, und sind froh, uns in die Hände eines erfahrenen Safariunternehmens begeben zu haben. So können wir die Fahrt entspannter genießen. Im Nachhinein entpuppt sich die Piste als relativ harmlos. Böse Zungen behaupten, dass die Wege inzwischen öfter als früher gewartet werden, denn im Vorfeld des Autobahn- und Sodawerkbaus verirren sich hierher auch mal ein paar höher gestellte Persönlichkeiten.

Je näher wir dem Natronsee kommen, umso öfter bieten sich vom Höhenzug aus weite Blicke über den dunstverhangenen See. Wir begegnen nur wenigen Fahrzeugen. Der Fahrer eines steckengebliebenen Linienbusses entlässt gerade seine Passagiere nach draußen zur Rast, bis Hilfe kommt. Am Straßenrand liegen ausgetrocknete Karkassen von Zebras. Die meisten Kadaver bleiben der bakteriellen Zersetzung überlassen, weil nicht genug Fleischfresser in dieser rauen Gegend existieren. Unten in der Ebene liegen zwei Siedlungen an der Piste, vorwiegend von Maasai bewohnt. Durchs offene Autofenster werden uns Tafeln porösen, grauen Salzes für unsere Haustiere als Salzlecke angeboten. Dann erscheint linker Hand das trockengefallene Seeufer, und in der Ferne erspähen wir jene markanten Felsformationen aus geschichtetem Salz, die sich an einer Stelle über den See erheben, die schon öfter Flamingoschwärmen als Fotostaffage dienten – wie man sie auf der Homepage von Wildtier-Fotografen bewundern kann.

Nach dem Einchecken im „Natron Tented Camp“, wo fest installierte Zelte mit Betten und anderen Annehmlichkeiten, wie Moskitonetze, Dusche und WC, vorhanden sind, steht bereits die erste Probenahmetour an. Wir melden uns im Maasai Cultural Centre und holen unseren heimischen Flamingo-Experten und Führer ab. Bei unseren Probegängen gilt es, die Frage zu beantworten, wo die brütenden Flamingos ihre Nahrung finden könnten. Es wird an einigen Literaturstellen angedeutet, aber nicht schlüssig dokumentiert, dass sich die Zwergflamingos am Natronsee von *Arthrospira* ernähren könnten. Es ist aber davon auszugehen, dass dort, wo sie brüten, solch höllische Salzkonzentrationen herrschen, dass *Arthrospira* nicht existieren kann. Die Elternvögel müssten also in den Randzonen des Sees, die von unterirdischen Quellen oder Oberflächengewässern gespeist werden, auf Nahrungssuche gehen. Dort könnten sich in der kleinen Regenzeit die Wasserpegel so einstellen, dass eine Salinität erreicht wird, die *Arthrospira* verträgt. Doch jetzt finden wir locker verstreute feuchte Gebiete mit wenigen Zentimetern Wasserstand, die nur benthische Cyanobakterien und Algen beherbergen. An diese Wasserstellen kommen Antilopen und Zebras zum Trinken, und verschiedene Wasservögel zum Fangen von Amphibien, Würmern und Insekten. Weiter draußen, auf dem flachen See, weisen wir vor allem benthische Kieselalgen nach (Abb. 5.43).

Vor dem Einschlafen erinnern wir uns noch einmal an den spektakulären Flamingofilm *Crimson Wings*. Das Filmteam um Matthew Aeberhard und Leander Ward war für die aufwändigen Filmaufnahmen in den Jahren 2007 und 2008 auf dem denkbar harschem Terrain mit einem Luftkissenboot ausgestattet, das uns nicht zur Verfügung steht. So ist die Erwartungshaltung an den morgigen Tag etwas gedämpft. Doch wir sind glücklich, den Weg hierher gefunden zu haben.

Am nächsten Morgen sehen wir Abertausende Flamingos über dem See kreisen (Abb. 5.44). Doch noch ist es zu früh für ihr Brutgeschäft am Natronsee. Der notwendige Regen wird erst in 1–2 Monaten einsetzen. Es ist schwierig, den

Abb. 5.43 Nahrungsquellen am Natronsee. (**a**) feuchtes Restloch am Rande des Natronsees; (**b**) langsam fließender Bach in Richtung Südbucht des Sees; (**c**) *Anomoeoneis* (A) und *Haloleptolyngbya* (H); (**d**) *Phormidium* (P), *Cronbergia* (C) und *Nitzschia* (N). Skala = 10 µm

Flamingos Geheimnisse zu entlocken, wenn die Feuchtgebiete, in denen sie leben, nicht auf dem Landweg zugänglich sind. Wie wir nun am eigenen Leibe erfahren können, sind uns am Boden Grenzen gesetzt. Wir können nicht weit genug auf den See vordringen. Uns bleibt nur noch, am Rande des Sees einige Proben der braunen Salzlake zu untersuchen.

Es wird von Bedeutung sein, die technischen Möglichkeiten der Satellitenerkundung auszubauen. Schon jetzt steht ein System zur Verfügung, Brutvoraussetzungen und Nahrungsressourcen der Flamingos aus dem All zu erkunden. Tebbs et al. (2013a) nutzten Archivbilder des NASA-Landsat-Programms, um die sich schnell ändernden hydrologischen Bedingungen des Natronsees zu dokumentieren. Dabei wurde abgeschätzt, wann Umstände eintraten, die für den Bau der Brutkolonien geeignet waren, z. B. ob sich im Flutungsgebiet trockene Zonen, Salzinseln bildeten, auf denen Nester errichtet werden konnten. Eine weitere Analysenserie wurde an den Seen Bogoria, Nakuru, Elmentaita, Magadi (Kenia) und Natron (Tansania) durchgeführt. Dabei wurden *in situ*, also vor Ort am Boden, Pigmentspektren an den Seen aufgenommen und mit Satellitenbildern abgeglichen (Tebbs et al. 2013b, 2015). Es war möglich, zwischen fünf verschiedenen Gruppen von potenziellen Nahrungsalgen zu unterscheiden: 1) niedrige Phytoplanktonbiomasse, 2) suspendiertes Sediment, 3) Mikrophytobenthos, 4) hohe Cyanobakterienbiomasse und 5) dichte, gebleichte Klumpen aus Cyanobakterien. Damit ließen sich grobe Abschätzungen zur Eignung als Flamingonahrung treffen. Gruppe 4 erscheint am besten geeignet, wobei es noch Unsicherheit gibt, ob die Größenklassen eine Nahrungsaufnahme durch die Flamingos erlauben (viele Cyanobakterien sind zu klein, andere sind zu groß für die Filterlamellen im Schnabel). Gruppe 3 stellen die alternativen Nahrungsquellen dar. Die anderen Gruppen sind kaum als Nahrung geeignet. Der Erkenntnisgewinn wird deutlich, aber auch die Herausforderungen. Es bedarf weiterer, mikroskopischen Abgleichs am Boden.

Am Abreisetag bei Sonnenaufgang besuchen wir eine Maasai-Familie in ihrer Manyatta. Das Licht der aufgehenden Sonne bringt die Farben der grandiosen Landschaft am Ol Doinyo Lengei, dem Berg der Maasai-Götter, zum Leuchten. In friedlicher Harmonie widmen sich die Hirten ihren Tieren. Nur das Flattern der Flaggen auf den Manyattas scheint nicht in diese archaische Welt zu passen. Die Fahnen zeigen eine zum Victory-Zeichen erhobene Hand. Heute ist Sonntag, Wahltag! Der Oppositionsführer, Edward Lowassa, ist ein Halbblutmaasai. Die Hoffnung ist groß, dass es zu einem Wechsel an der Spitze des Landes kommt. Doch sein Ruf ist nicht unbeschädigt, als „Mr. Bribe" (Schmiergeld) dankte er im Jahre 2008 als Ministerpräsident ab. Unterwegs, auf unserem Rückweg nach Arusha sehen wir zahlreiche Wahllokale mit langen Schlangen wartender Maasai in Festtagskleidung. Ein Wahllokal ist uns in besonderer

Abb. 5.44 Am Natronsee. (**a**) Flamingos überfliegen den Natronsee; (**b**) Probenahme in der Salzlake des Natronsees, im Hintergrund der heilige Berg der Maasai, Ol Doinyo Lengai

Erinnerung geblieben: Im Schatten einer einsamen Akazie in der Savanne unter dem Ol Doinyo Lengai sind ein paar dünne Windschutzwände aus Schilf, eine Wahlurne, eine Wahlkabine und ein paar Sitzgelegenheiten fürs Wachpersonal und die Wahlhelfer aufgebaut. Doch welch starke afrikanische Regierungspartei lässt sich ihre zementierte Macht von einem Oppositionsführer nehmen? Nach der Auszählung der Wahlunterlagen wird klar: Es bleibt alles beim Alten. Die amtierende Regierungspartei stellt den neuen Präsidenten, John Magufuli. Lediglich auf Sansibar gehen die Uhren anders. Hier bekommt der Oppositionsführer die meisten Stimmen – doch die Wahl auf der Insel wird kurzerhand wegen „Unregelmäßigkeiten" für ungültig erklärt. Danach kommt es zu Schlägereien im Parlament. Es bleibt der Trost, dass die enttäuschten Tansanier wenigsten so clever sind, ihre Parlamentarier selber die Fäuste schwingen zu lassen und nicht auf den Straßen blutige Schlachten zu entfachen, so wie in Kenia nach den Wahlen im Jahre 2007. Die *Frankfurter Allgemeine Zeitung* vom 29.10.2015 titelt lapidar: „Nach den Wahlen tansanische Groteske".

5.4 Äthiopien – der Geist von Arsi

The lakes exhibit a wide variation in morphometry, physical and chemical features … among which salinity stands out as a major feature. (Elizabeth Kebede 2002, *Phytoplankton distribution in lakes of the Ethiopian Riftvalley*)

Die Seen zeigen eine weite Variation der Morphometrie sowie der physikalischen und chemische Merkmale … , von denen die Salinität das Hauptkriterium darstellt. (Übersetzung L. K.)

Dem Großen Afrikanischen Grabenbruch und seinen Gewässern nach Norden, nach Äthiopien, zu folgen, ist eine Idee, die uns schon lange fasziniert hat. Die Reise dorthin würde uns die Möglichkeit bieten, die Situation der Zwergflamingos in diesem Teil Ostafrikas mit der im Kerngebiet in Kenia und Tansania zu vergleichen. Wir wollten ins Zentrum des äthiopischen Riftvalleys mit den Sodaseen Abijata, Shalla und Chitu vordringen, denn hier konzentriert sich das Leben der Zwergflamingos. Von Addis Abeba startend wäre es möglich, auf dem Wege dorthin aus der Fachliteratur bekannte Gewässer mit den eigenen Sinnen zu erfahren. Nichts ist für einen Limnologen interessanter, als Gewässer vor Ort mit seinem eigenen Probenbesteck zu untersuchen. Die salinen Kraterseen Arenguade und Hora-Kilole bei Bishoftu, die durch den Menschen einer ökologischen Umwandlung unterzogen wurden, und die Süßwasserseen Koka, Ziway und Awasa, die einer vergleichsweise intensiven Bewirtschaftung unterliegen, haben wir ins Programm aufgenommen. Sehr hilfreich für die Vorbereitung auf den Besuch dieser Ökosysteme war das Buch *Ethiopian Riftvalley Lakes* (Tudorancea und Taylor

2002), in dem in einem umfangreichen Kapitel zum Phytoplankton dessen Abhängigkeit von der Salinität untersucht wurde (Kebede 2002). Außerdem lag ein vergleichsweise gutes Spektrum aktueller Fachpublikationen vor.

Wir beprobten 22 Gewässer in Äthiopien und wählen hier 9 aus, die den Salinitätsgradienten gut zeigen, gewissermaßen als Abschiedgeschenk aus dem Ostafrikanischen Grabenbruch: die Süßwasserseen Hora-Kilole, Koka, Ziway (0 ‰), Awassa (0,2 ‰), Langano (0,7 ‰) und die Sodaseen Arenguadi (2,9 ‰), Shalla (15 ‰), Abijata (22 ‰) und Chitu (37 ‰).

Äthiopien wirbt mit 13 Monaten Sonnenschein und einer Verjüngung des Reisenden um 7 Jahre. Das ist keinesfalls übertrieben, denn der julianische Kalender, der im Lande gilt, macht dies möglich. In Äthiopien hat das Jahr 13 Monate, und verglichen mit unserer Zeitrechnung, nach dem gregorianischen Kalender, liegt man dort 7–8 Jahre zurück. Auch die Tageszeit wird in Äthiopien anders berechnet. Der Tag beginnt mit dem Sonnenaufgang 6:00 Uhr MEZ. Man muss sich also konzentrieren, wenn man sich verabredet. Dennoch haben wir niemals aufeinander warten müssen, wie das in den anderen Flamingoländern schon passieren kann. Unter diesen erfreulichen Voraussetzungen war es ein Vergnügen, mit den äthiopischen Kollegen zusammenzuarbeiten. Unser Aufenthalt war leider viel zu kurz, um die komplexe Melange der Ethnien, Kulturen, Religionen und politischen Ränke in diesem Vielvölkerstaat, der niemals in den Händen einer Kolonialmacht war, näher auf uns wirken zu lassen. Aber wir haben erfahren, wie gut man mit Äthiopiern zusammenarbeiten kann. Sie gehen unkompliziert und zielführend an die Tagesaufgaben heran und kommunizieren offen mit uns.

Was die Gewässerforschung betrifft, so gibt es in Äthiopien eine Reihe guter junger Limnologen, mehr als anderswo in Afrika. Unser Kollege Michael Schagerl von der Universität Wien hat einige davon ausgebildet. Er und sein erfolgreicher Doktorand Fasil Degefu und zwei seiner Mitarbeiter vom Ethiopian Institute of Agricultural Research, National Fishery and Aquatic Life Research Center haben Doris und mich im Oktober 2014 in 13 Tagen an die Gewässer geführt.

Die Fahrt geht nach Bishoftu (Debre Zeit), 45 km südöstlich der Hauptstadt Addis Abeba. Das bedeutet vier Stunden in Stau und Staub. Das Zielgebiet dient der Naherholung der Hauptstädter. Hier gibt es 16 idyllische Kraterseen, die leider dem menschlichen Ansturm nicht gewachsen sind. Zwei Kraterseen haben schon immer unser besonderes Interesse erregt, weil an ihnen in vermeintlich guter wirtschaftlicher Absicht erhebliche Eingriffe vorgenommen wurden, die ihren Charakter als Soda- und Flamingoseen zerstört haben. Darauf weisen aktuelle Publikationen mit Nachdruck hin.

Im Kratersee Arenguade wurden in den 1970er Jahren mehrere seismische Explosionen ausgelöst, entweder im Freiwasser, tief unter der Oberfläche, oder in Bohrlöchern am Grunde des Sees. So detonierte 1971 ein Sprengsatz von 1,1 t. Das war zu einer Zeit, als *Arthrospira fusiformis* im Plankton des Sees gut wuchs und Tausende von Zwergflamingos ernährte. Jahrzehnte später ist davon nichts mehr zu sehen. Bis 2009 sank die Salinität von 5,1 auf 2,5 ‰, die Phytoplanktonbiomasse betrug nur noch ein Zwanzigstel. Die Artzusammensetzung änderte sich von *Arthrospira* zu *Anabaenopsis elenkinii* (Girma et al. 2012). Wenn man diese Arbeit liest, kommt man ins Staunen, an wie vielen Seen solche geologischen Experimente zum Studium der Erdkruste und auf der Suche nach Bodenschätzen durchgeführt wurden, z. B. in Äthiopien an den Riftvalleyseen Awasa und Shalla sowie in Kenia am Naivasha, Elmentaita, Nakuru, Bogoria, Baringo, Magadi und Turkana. Es werden tonnenschwere Sprengladungen gezündet, und nach einigen Jahren wundert man sich, was aus den Experimentalgewässern geworden ist. Gerade jetzt besteht in Kenia der Verdacht, dass neben den starken Regenfällen unterirdische Zuflüsse zu den exorbitanten Wasserständen geführt haben. Hat man eventuell durch die seismischen Experimente die unterirdischen „Schleusen" geöffnet? Was war am Arenguade-Kratersee passiert? Die Autoren liefern Indizien für den Anteil der seismischen Explosionen an den schwerwiegenden Veränderungen.

Als wir nun, weitere fünf Jahre später, den See beproben, können wir die Befunde von Girma und seinem Team bestätigen. Das Wasser ist nur noch schwach salin, die Phytoplanktonbiomasse ist niedrig und wird hauptsächlich von *Anabaenopsis* gebildet, von *Arthrospira* gibt es nur wenige Fäden als Beifang. Von Flamingos keine Spur. Hirten bringen ihre Tiere zum Tränken und sind froh, dass das Wasser nicht mehr so salzig ist.

Der Kratersee Hora-Kilole war bis 1989 ein typischer Soda- und Flamingosee. *Arthrospira* lieferte den Hauptteil der Biomasse. Da der See aufgrund dieser Merkmale nicht für Landwirtschaft und Versorgung der Menschen genutzt werden konnte, entschied man, das Wasser zu verdünnen. Eine einschneidende Maßnahme! Während der Regenzeit 1989 leitete man den Fluss Mojo über ein Wehr in den See. Die maximale Tiefe des Gewässers stieg daraufhin von 6,4 auf 29 m. In unregelmäßigen Intervallen wurde die Prozedur wiederholt. Das Wasser süßte aus, und *Arthrospira* wurde von typischen Süßwasseralgen verdrängt (Lemma 2003). In den Folgejahren stellten kritische Gutachter die Wasserzufuhr infrage und erreichten, dass die Einleitung reduziert wurde. Der Wasserspiegel sank daraufhin auf 7,8 m. Der Charakter eines Süßwassersees mit seiner typischen Flora blieb jedoch erhalten. War es das wert, ein Flamingorefugium in diesem dünn besiedelten Gebiet zu opfern? Die Verantwortlichen haben eine schwierige Abwägung zu

treffen, zumal im Einzugsgebiet die Landwirtschaft intensiviert werden soll – durch Beregnung mit Wasser aus dem Hora-Kilole. Und so schließt sich der Teufelskreis. Aus den Intensivkulturen werden Pestizide, z. B. DDT, und Schwermetalle, z. B. Quecksilber, in den Boden dringen, von dort in den Fluss Mojo ausgewaschen und über das Wehr in den See gepumpt.

Als wir am späten Nachmittag am Hora-Kilole ankommen, herrscht dort reges Leben. Die Einwohner des nahegelegenen (einzigen) Dorfes am Ufer des Sees tränken gerade ihre Tiere. Urinierende Rinder, Pferde mit feucht-glänzendem Fell, blökende Fettschwanzschafe und meckernde Zicklein geben sich ein munteres Stelldichein. So sind wir bald von einer dichten Menschen- und Tiermenge bei unserer Probenahme umgeben und können die vielen Hilfsangebote gar nicht alle annehmen. Beim späteren Mikroskopieren komme ich in einen Interessenkonflikt. Eine so reiche und schöne Algenflora voller interessanter Cyanobakterien und Grünalgenarten erfreut das Auge des Algenspezialisten (Abb. 5.45). Ich glaube, Arten aus mindestens fünf verschiedenen Gattungen meiner geliebten *Chlorella*-Verwandtschaft zu erkennen. Aber diese Flora ist das Abbild eines nährstoffreichen Süßwassersees, der sich weit von seinem ursprünglichen Charakter entfernt hat.

Während des Frühstücks verbreitet sich die Nachricht: „Kuki is waiting in Meki." Kuki, eigentlich Kibru, ein Kandidat auf eine Doktorandenstelle, wird ab heute unser Team verstärken, denn Michael fährt das Probenprogramm im Riftvalley hoch. Zusätzlich wird noch Zooplankton gesammelt, und etliche weitere physikalische und chemische Daten gilt es zu erfassen. Kuki erweist sich als enthusiastischer und geschickter Probennehmer. Er parliert auch etwas Österreichisch, mit ein paar Sätzen, die er sich bei einem Praktikum in Europa angeeignet hat. Wir werden zunächst die Süßwasserseen mit ihrem reichhaltigen Plankton untersuchen, bevor wir die Sodaseen als Höhepunkt für Salzjunkies bereisen werden.

Der See Koka ist ein Stausee des Flusses Awash. Die überflutete Flussaue ist starken saisonalen Schwankungen ausgesetzt. In der regenfreien Zeit trocknen weite Bereiche aus. Als wir den See erreichen, sind die Bauern gerade dabei, trockengefallene Bereiche umzupflügen und für den Anbau ihrer Feldfrüchte zu nutzen, bis wieder die Flut kommt – wie am Nil. Frauen treiben ihre Esel ans Ufer. Sie wollen den täglichen Bedarf an Trink- und Brauchwasser holen. Sie müssen weit laufen, bis sie in dem Flachwasser mit ihren 25-Liter-Kanistern relativ schlammfreies Wasser schöpfen können. Fischer zerlegen am Ufer ihren Fang. Hunde balgen sich um die Fischreste.

Der See Ziway ist ein natürlicher Riftvalleysee, der sich in einer Senke des Grabens gesammelt hat. Er ist über 30 km lang und 20 km breit (die anderen Seen sind ein wenig kleiner). Um einen Eindruck vom See zu vermitteln, laden uns Kollegen des ansässigen Fischereiinstitutes zu einer

Abb. 5.45 Impressionen aus Äthiopien. (**a**) *Anabaenopsis abijatae* vom „locus classicus"; (**b**) Typuslokalität Abijata-See, das Gewässer in dem das Cyanobakterium zum ersten Mal gefunden und neu beschrieben wurde; (**c**) reiches Süßwasserphytoplankton aus dem Kilole-See (1 *Aphanothece*, 2 *Planktothrix*, 3 *Cosmarium*, 4 *Botryococcus*-Einzelzellen, 5 *Comasiella*, 6 *Monactinus*, 7 *Pediastrum*); (**d**) der Kilole war früher ein Sodasee und wurde aus wirtschaftlichen Interessen durch Wassereinleitung aus einem Fluss in einen Süßwasserspeicher umgewandelt, Hirten kommen vom Tränken, Limnologen gehen zur Probenahme; (**e**) kanisterweise Feuerwasser, Araki-Destillate mit *Hagenia*-Extrakten auf dem Markt von Arsi-Negele

Bootsfahrt ein. Neben unserer Probenahme besuchen wir zwei Inseln: Die erste, Cralia, ist mit großen Bäumen und Kandelaber-Euphorbien bewachsen. Die Gewächse sind voller stabiler, klebriger Netze, in deren Zentren schlanke, 4–8 cm lange Spinnen auf Beute lauern. An der höchsten Stelle der Insel steht eine kleine Kirche, deren lebensgroße Heiligenbilder von einer engen Vernetzung der Götterboten mit der Natur künden. Auf der zweiten, einer Vogelinsel, betreiben Hunderte Kormorane, Schlangenhalsvögel und Reiher ihr Brutgeschäft. Der ätzende Geruch des Guanos weht von den Bäumen herüber. Am fernen Ufer des Ziway sehen wir weite Bereiche mit Gewächshäusern bedeckt, in denen Schnittblumen kultiviert werden. In unserem Kopf schaltet sich die Lampe ein, die uns an die Probleme am Naivashasee in Kenia erinnert.

Der See Langano fehlt in keinem Tourismusprospekt des Landes. Sein Ufer ist mit hohen Felsen und flachen Strandstränden ausgestattet. Urlauber unter Palmen genießen die frische Brise. Der Langano ist der einzige Süßwassersee des Landes, in dem man von Bilharziose verschont bleibt. Die braune Farbe des Wassers kommt durch einen erhöhten Schwefelgehalt, dem positive gesundheitliche Wirkung zugeschrieben wird. Unsere Phytoplanktonprobe weist eine Dominanz von *Peridinium* nach, einem Dinoflagellaten, der mit seiner braunen Färbung sicher zum schwefelfarbenen Schimmern der Wasseroberfläche beiträgt.

Am See Awassa erleben wir am frühen Morgen die Heimkehr der Fischer vom nächtlichen Fischfang. Sie werden schon ungeduldig von ihren Frauen erwartet, die den „catch of the day" in Empfang nehmen. Zahlreiche Marabus und Pelikane hoffen nicht zu Unrecht auf gutes Futter mit Fischabfällen. Frauen haben Stände aufgebaut, in denen sie auf Holzkohlestövchen frische Brotfladen zubereiten. Die Fischer sind nach der anstrengenden Arbeit auf dem See hungrig und finden jetzt Zeit für ihr Frühstück. Dazu filetieren sie eine rohe Tilapie und packen sie in den Fladen. Den Bissen schieben sie tief in den Mund. Mit einem furchteinflößenden Messer schneiden sie das nach außen stehende Stück unmittelbar vor ihren Lippen ab. Wir bevorzugen frittierte Tilapien, die in Kesseln brodelnden Öls zubereitet werden. Hier warten anstelle der Großvögel Hunde und Katzen geduldig auf die ihnen zustehenden Reste. Inzwischen werden die ersten Touristen aus ihren Hotels herangefahren, um das entspannte Treiben zu beobachten.

Die Süßwasserseen des äthiopischen Riftvalleys sind fischreich (Lemma und Desta 2016). Die Fischereimanager haben alle Hände voll zu tun, die Fischgesellschaften so zu bewirtschaften, dass es immer wieder genug Nachwuchs gibt, und die Bevölkerung ausreichend versorgt wird. Das Problem an diesen Gewässern ist ihre Gefährdung durch Abwässer aus Intensivlandwirtschaft, Gewächshauskulturen, Industrie (Textilfabriken) und Haushalten. Die Abwässer werden nicht genügend geklärt (Gebre-Mariam 2002).

Messungen der Belastung der Seen mit Pestiziden und Schwermetallen ergaben, dass die Konzentrationen dieser Umweltgifte im Wasser selbst noch unbedenklich sind. Allerdings haben sie sich in der Nahrungskette angereichert. Besonders die Raubfische (Barben) haben im Muskelfleisch bedenkliche Werte DDT und Quecksilber akkumuliert (Dsikowitzky et al. 2013; Deribe et al. 2014).

Am nächsten Tag geht es an die drei Sodaseen Abijata (176 km²), Shalla (329 km²) und Chitu (0,8 km²), die alle im Abijata-Shalla National Park liegen. Ihre durchschnittliche Fläche ist in Klammern angegeben. Nicht nur ihre Oberfläche ist unterschiedlich, sondern auch ihre Tiefe. Der Abijata ist vergleichsweise flach (maximal 14 m) und hat sich in einer Senke am Boden des Riftvalleys gebildet. Die beiden anderen Seen entstanden in tiefen Kratern, der Shalla ist mit 266 m der tiefste See Äthiopiens. Der Chitu ist 20 m tief.

Zuerst fahren wir an den Shalla. Die holprige Piste ins Tal des Sees führt eng an Wänden erodierten Sedimentgesteins vorbei. Am Ufer angekommen, entdecken wir nur wenige Zwergflamingos, die im flachen Saum am Sediment nach spärlicher Nahrung suchen. Das Wasser ist relativ klar, hat eine Salinität von 15 ‰ und ist hauptsächlich von Kieselalgen und Schlundgeißlern besiedelt. Für uns ist dieser Salzsee wirklich etwas Ungewöhnliches, nicht vergleichbar mit den Sodaseen in Kenia, mit ihren dichten Blüten aus Cyanobakterien. Insgesamt ist die Limnologie des Shallasees kaum erforscht. Aufgrund seiner Tiefe ist das eine Herkulesaufgabe, der sich Kuki in seiner Doktorarbeit gerne stellen würde, aber noch suchen wir einen Sponsor für diese Arbeit.

Unseren Weg kreuzen immer wieder Viehherden, aber das Wasser des Sees ist zu salzig zum Trinken für die Tiere. Als wir am Ufer entlanggehen, bis wir über eine weitere Bucht blicken können, sehen wir die Antwort auf unsere Frage. Vor uns liegt eine flache Hügellandschaft, die von Erosionsrinnen mit dampfenden Bachläufen durchbrochen ist. Dazwischen liegen spiegelnde Wasserbecken mit wenigen Metern Durchmesser von deren Grund Gasblasen aufsteigen. Eine urtümliche Landschaft, gestaltet von heißen Quellen liegt auf einem Areal von 200 × 200 m vor uns. Es scheint, als befänden wir uns auf der Reise zum Mittelpunkt der Erde. Die warmen Fließe ergießen sich wie ein Delta in den See. Im Mündungsbereich wird die Temperatur erträglicher, sodass die Herden hier ihren Durst stillen können. Überall an den Quellen, Becken und Fließen sitzen Menschen, waschen im warmen, alkalischen Wasser genussvoll ihre Körper und Wäsche. Die spärlichen Dornhecken an den Hügeln sind mit farbenfrohen Wäschestücken zum Trocknen behängt. Als wir „Muzungus" (Weiße) mit unseren äthiopischen Freunden in dieses Tal mit den nackten Menschen treten, herrscht plötzlich Stille, nur ein paar Viehglocken bimmeln und ein Lärmvogel kreischt. Alle blicken schweigend in unsere Richtung. Doch dann, als sie sehen, wie wir ein paar Wasserproben nehmen, setzt das geschäftige Gemurmel wieder ein.

In enger Nachbarschaft zum Shalla, in nordwestlicher Richtung, liegt der Abijatasee, der „locus classicus" des Cyanobakteriums *Anabaenopsis abijatae*, das 1996 von der äthiopischen Phytoplanktologin Elisabeth Kebede und ihrer schwedischen Betreuerin Eva Willén beschrieben wurde (Kebede und Willén 1996). Diese berühmte Art ist uns in so vielen Gewässern Ostafrikas als Begleiterin und Konkurrentin von *Arthrospira fusiformis* begegnet. Ungerührt von dieser menschlichen Spitzfindigkeit der Artbeschreibung ihrer Nahrung, stehen ein paar Hundert Zwergflamingos im flachen Wasser, immer eine Fluchtdistanz von 200 m wahrend. Eigentlich ist es enttäuschend, an dieser historischen Stätte der Cyanobakteriologie so wenige Flamingos anzutreffen, aber unsere Probe ergab nur eine dünne Suppe von *Anabaenopsis*. Dennoch, es freut uns, diese Charakterart hier zu finden (Abb. 5.45). Untersuchungen zur Nahrungsökologie der Zwergflamingos am Abijata haben gezeigt, dass die Vögel sich hauptsächlich von benthischen Kieselalgen ernähren (Kumssa und Bekele 2014). Das erklärt die niedrige Zahl an Flamingos hier am See. Das Gewässer wird inzwischen auch vom Menschen ausgebeutet. In den 1980er Jahren ging eine Sodafabrik am Ufer des Sees in Betrieb. Über Gewinn oder Verlust wird noch gestritten, aber die Stimmen, die von einer Umweltzerstörung sprechen, werden immer deutlicher (Getaneh et al. 2015). Fakt ist, dass die Fabrik zu viel Wasser aus dem See entnimmt. Nun überlegt man, ob man den See mit Wasser aus dem Shallasee auffüllen sollte. Umso dringender wäre es, diese Gewässer zuvor gründlich zu erforschen. Zwischenzeitlich hat es eine gute Nachricht für die Birder am Abijata gegeben: In den Jahren 2005 und 2006 wurden einige Tausend Nester des Zwergflamingos gezählt, und 2500–3500 Jungvögel sind geschlüpft (Bozik und Ewnetu 2008).

Der kleine Kratersee Chitu liegt nur unweit südwestlich vom Ufer des Shalla. Um ihn zu erreichen, müssen wir das Gebiet auf rauer Piste großräumig umfahren. Doch die Fahrt lohnt sich. Auf luftiger Höhe können wir vom Kraterrand aus den Blick über eine atemberaubende Landschaft schweifen lassen. Die Kaldera ist mit blaugrünem Wasser gefüllt, in dem sich Tausende Zwergflamingos tummeln (Abb. 5.46). Doch nicht nur die Vogelfreunde kommen auf ihre Kosten, sondern auch die Viehhirten. Am Ufer spenden warme Quellen trinkbares Wasser für Mensch und Tier. So wird der Chitu zum Mittelpunkt des Lebens hier in dieser dünn besiedelten Region. Unsere Messungen ergeben eine Salinität von 37 ‰, optimal für das Gedeihen von *Arthrospira*. Der See ist unlängst limnologisch untersucht worden (Ogato und Kifle 2014). Man kann sagen, Lake Chitu ist in Äthiopien das einzig verbliebene Gewässer, dessen Bedingungen dichte Schwärme des Zwergflamingos zulassen.

Nach getaner Arbeit über die Nahrung der Zwergflamingos, wollen wir uns unserer Ernährung im Lande zuwenden. Die Auswahl an interessanten Gerichten ist groß. Dabei haben uns zwei Spezialitäten aus Äthiopien besonders beeindruckt: Injera und Teresega. Obwohl die Äthiopier völlig darauf abfahren und auf sorgsamste Auswahl der Ausgangsprodukte achten, haben diese beiden Gerichte es nicht in den Kreis unserer Favoriten geschafft. Injera ist die wichtigste Sättigungsbeilage aus Sauerteig. Das Mehl dazu wird aus winzigsten Samen eines endemischen Süßgrases aus der Familie der Liebesgräser gemahlen: Tef (*Eragrostis tef, E. abyssinica*). Wo immer der Anbau sich lohnt, werden große Felder von Tef angebaut und mit der Sichel per Hand abgeerntet. Der vergorene Teig ist sauer, und die daraus gebackenen Fladen haben eine schwammige Konsistenz. Teresega ist rohes Rindfleisch, aus besten Rinderteilen geschnitten und grob gewürfelt. Es wird mit scharfen Soßen zu Injera gereicht. Bei rohem Fleisch ist man besorgt, dass man sich parasitische Würmer einverleiben könnte. Praktischerweise gehen Teresega-Restaurants und Apotheken eine Symbiose ein. Die Pharmaprodukte für Wurmkuren werden gleich „nebenan" vermarktet, obwohl man erst einige Wochen nach einer Teresega-Mahlzeit merkt, wenn sich ein hungriger Mitbewohner im Körper einquartiert hat.

Äthiopien als Heimat des Kaffees (*Coffea arabica*) ist ein Paradies für Kaffeetrinker. In einer Kaffeezeremonie, Puna, werden die Kaffeebohnen vor den Augen der Gäste geröstet und gemahlen und in kleinen, langhalsigen Kannen aufgebrüht. In Verschlägen an der Straße, die mit frischem Gras ausgelegt sind, zelebrieren die Punafrauen ihre hohe Schule der Kaffeezubereitung.

Von den alkoholischen Getränken verdient – neben vorzüglichem Traubenwein aus dem Riftvalley und dem goldgelben Honigwein Tej – der hochprozentige Araki besondere Erwähnung. Um Araki herzustellen, geht man folgendermaßen vor: Getrocknete Blätter des Afrikanischen Faulbaumes (*Rhamnus prinoides*) werden gemahlen und fünf Tage in Wasser ziehen gelassen. Parallel dazu wird ein Sud aus Tef oder anderen Zerealien zusammen mit gekeimter braufähiger Gerste (Malz) vergoren. Beide Flüssigkeiten werden dann vereint. Der Sud wird nach knapp einer Woche in Hausdestillen destilliert. Gute Produzenten destillieren das Produkt ein zweites Mal. So entsteht der Araki als Spirituose mit 45 % Alkoholgehalt. In einer anderen Variante der Arakiherstellung werden noch verschiedene Teile von „Hyginia", dem Kossobaum (*Hagenia abyssinica*), mit verarbeitet. *Hagenia* wird in Äthiopien seit Jahrhunderten als Medizinpflanze von hoher lokaler Bedeutung genutzt. Eine Infusion aus getrockneten weiblichen *Hagenia*-Blüten dient zur Behandlung gegen Bandwürmer. Wurzeln, zusammen gekocht mit Fleisch, dienen zur Steigerung der Abwehrkräfte, selbst bei Malaria. Rindenextrakte helfen bei Durchfall und Magenerkrankungen.

Der Markt von Arsi-Negele ist ein belebter Umschlagplatz für alles, was man gerade braucht, Landwirtschaftsprodukte, Lebensmittel, Haushaltswaren, Werkzeuge, Kleidung,

Abb. 5.46 Chitu, der einzige Sodasee in Äthiopien mit dichter Population des Zwergflamingos. (**a**) Flamingos umsäumen das Ufer des Kratersees; (**b**) Hirten bringen ihre Herden zum Tränken an die warmen Quellen des Chitusees

Möbel bis zu überdimensionalen Stahltoren. Wenn man die Stände im Sog der zahlreichen Eselskarren abklappert, hat man das Gefühl, all dieser Handel und Wandel hat sich um ein noch wichtigeres Vermarktungszentrum gruppiert. Es ist der zentrale „Araki-Market", der eine hohe Anziehungskraft auf die Besucher ausübt. In dem dichten Gewühl des fussballfeldgroßen Platzes ist es schwierig, sich zu orientieren und unter den vielen Anbietern zu wählen. Es ist ganz offensichtlich, Araki zieht im Vergleich zu all den anderen angebotenen Waren und Gütern die meisten Kunden an. Um 6:00 Uhr äthiopischer Zeit tummeln sich hier schon etliche Genießer, die wohl etwas zu tief ins Glas geschaut haben und sich nun aufdrängen, ihre Erfahrungen mit uns zu teilen. Mit Kukis und Fasils Hilfe entscheiden wir uns für eine ruhige Dame, die strategisch gut am Rande des Marktes am Zaun sitzt, ihre Araki-Kanister im Halbkreis vor sich aufgestellt, gewissermaßen als Schutzwall, um ein bisschen Abstand zum fröhlichen „get together" des Marktes herzustellen. Sie saugt mit einem Plastikschlauch eine Probe aus dem Hyginia-Kanister und füllt sie für uns in kleine, 50 ml fassende Glasbembel zum Verkosten. Es ist Mittagszeit, und die Sonne steht im Zenit, so dass wir auf vergleichendes Probieren der anderen Sorten verzichten und den Handel sogleich bekräftigen.

Das Destillat dringt von hier aus in Plastikkanistern in alle Ecken des Landes vor, auf Eselskarren, Fahrrädern, Mopeds oder gar Lastkraftwagen. Auch in den Kofferräumen von Limousinen verschwinden etliche 20-Liter-Kanister. Es wird behauptet, dass Araki bevorzugt auf dem Lande getrunken werde, und in der Stadt nur von jenen, die zu wenig Geld hätten, um sich den teureren industriell hergestellten Schnaps zu leisten. Wenn wir die Gelegenheit hätten, zwischen diesen beiden Varianten der geistigen Nahrung zu wählen, würden wir uns doch für den Araki entscheiden, wegen seines rauen, naturnahen Geschmacks. Er erinnert uns an die warme afrikanische Erde. So ist eine Flasche des edlen Getränkes mit uns bis nach Deutschland gereist. Bei jedem positiven Anlass einer Veröffentlichung unserer Ergebnisse aus Afrika wird die Flasche aus dem Keller geholt und mit einem winzigen Schluck angestoßen. Wenn sich der brennende Geschmack auf der Zunge und am Gaumen verteilt, dann spüren wir den Geist von Arsi aus dem Großen Afrikanischen Graben.

Um eine erste Bekanntschaft mit dem Südwesten Afrikas zu machen, nutzten Doris und ich eine Urlaubsreise im Februar 2007. Auf eigene Faust erkundeten wir in vier Wochen mit einem Mietwagen die Länder Namibia, Sambia und Botswana. Schon auf dem Flug mit Air Namibia wurde klar, dass es ins Flamingoland des Südens ging, denn das „In-Flight-Magazin" der Fluglinie trägt den Titel *flamingo*. Von Windhoek, der Hauptstadt Namibias, ging es nach Norden in die Etosha-Pfanne und von dort in den Caprivi-Streifen. In Katima Mulilo stießen wir zum ersten Mal auf den Sambesi, der so etwas wie unser afrikanischer Schicksalsfluss werden sollte. Wir überquerten den Fluss und die Grenze nach Sambia. In Livingstone ließen wir die grandiosen Victoria-Fälle auf uns wirken und fuhren weiter zum Lake Kariba, einem Stausee des Sambesi. Auf der Fähre bei Kazungula kreuzten wir den Strom und erreichten Botswana. Es schloss sich eine lange Fahrt zur Makgadikgadi-Pfanne an, und von dort ging es auf schier endloser Straße – mit Zwischenstop bei den Buschleuten in Ghanzi – durch die Kalahari. Zurück nach Namibia und Windhoek fuhren wir ganz nach Norden an den Kunene, einem Fluss an der Grenze zu Angola. Die Epupa Falls und die dort lebenden phönixroten Owahimbas beeindruckten uns sehr. Danach ging es auf steinigen oder salzigen Pisten an die Küste nach Walvis Bay, wo die Flamingos ihre Zeit verbringen, wenn es in Etosha zu trocken ist. Durch die faszinierende Namibwüste, vorbei an bizarren Überlebenspflanzen, wie *Welwitschia mirabilis*, schloss sich der Kreis unserer 8000 km langen Reise in Windhoek in „Joe's Beerhouse".

Getreu unserer Devise, als Algenkundler sollte man nie ohne sein Planktonnetz auf Reisen gehen, konnten wir einen guten Überblick über die Mikrophyten der Flüsse, Standgewässer und salinen Feuchtgebiete im Binnenland und an der Küste gewinnen. Die Reise ermöglichte uns erste Kontakte zu Kollegen für die in nächster Zeit geplanten Untersuchungen der Flamingohabitate in dieser Region. Der Auftaktreise schlossen sich Sammel- und Vortragsreisen in den Jahren 2008 und 2014 an.

6.1 Botswana – Überfall am Sambesi

Sie war eine gute Detektivin und eine gute Frau. Eine gute Frau in einem guten Land, könnte man sagen. Sie liebte ihr Land Botswana als einen Ort des Friedens, und sie liebte Afrika, trotz all seiner Plagen. (Alexander McCall Smith 2003, *Ein Krokodil für Mma Ramotswe*. Übersetzung Gerda Bean)

Die Makgadikgadi-Pfanne ist der wichtigste Standort für den Zwergflamingo in Botswana und eines seiner wenigen Brutgebiete im südlichen Afrika. Im Jahre 2000 wurden hier mehr als 30.000 Zwergflamingos geboren (McCulloch und Irvine 2004), und 2010 erreichte die Zahl von flüggen Küken sogar 35.000 (Flamingo 2011). Mit 16.000 km^2 ist dieses Gebiet eines der größten Salzpfannen der Welt. Ein Teilgebiet der Makgadikgadi-Pfanne ist die Sua-Pfanne mit 3400 km^2 Fläche, auf der die meisten Nester gebaut werden. Hydrologie und die Chemie dieses Salzsumpfes variieren stark und sind von Niederschlägen, sowie Süß- und Salzwasserzufluss, aus dem Untergrund abhängig (Eckardt et al. 2008). Zusätzlichen Einfluss hat die Salzfabrik „BotAsh" durch Abpumpen von Salzlake aus der Pfanne. Aus der Lake werden verschiedene Salze produziert (NaCl, Na$_2$CO$_3$, Na$_2$SO$_4$, NaHCO$_3$). An den Flamingostandorten übersteigt die Konzentration der Natriumionen jene der Magnesium- und Calciumionen. Generell ist die Makgadikgadi-Pfanne mit den anderen Salzpfannen des südlichen Afrikas, wie z. B. der Etosha-Pfanne, vergleichbar, unterscheidet sich jedoch von den Sodaseen Ostafrikas durch niedrigere Konzentrationen an Natriumhydrogencarbonat und höherem Chloridgehalt (Eckardt et al. 2008).

Als wir im Februar 2007 zum ersten Mal auf die Makgadikgadi-Pfanne vordringen wollen, hindert uns die tückische Salzfläche daran. Stellenweise ist die Ebene unter der verhärteten Kruste von tiefem, zunächst schwer wahrnehmbarem Morast durchzogen. Unser Gastgeber in Gweta berichtet, dass unlängst fünf Autos steckengeblieben sind und bei den Versuchen, sich gegenseitig herauszuziehen, immer weiter im Schlamm versanken. Herbeigerufene Jeeps und Traktoren

© Springer-Verlag GmbH Deutschland, ein Teil von Springer Nature 2018
L. Krienitz, *Die Nachfahren des Feuervogels Phönix*,
https://doi.org/10.1007/978-3-662-56586-5_6

konnten nichts ausrichten und steckten selbst mehrere Tage fest, bis sie mühsam wieder in die Freiheit gezogen wurden. Wir begnügen uns daher mit einer kurzen Fahrt zum Vogelbeobachtungsturm des nahegelegenen Nata Bird Sanctuary. Dabei bekommen wir nur vereinzelte Flamingos aus der Ferne zu sehen (Abb. 6.1). Doch ihre Nahrung ist interessant. Das Plankton, das die Zwergflamingos hier vorfinden, besteht zum größten Teil aus dem fädigen Cyanobakterium *Nodularia*, einer typischen Art der Brackwässer. In unseren mikroskopischen Proben zur Flamingonahrung fanden wir *Nodularia* nur hier in Nata und an keiner anderen Stelle in Afrika. Allerdings wiesen wir sie mithilfe molekularer Analysen auch im Nakurusee in Kenia nach. Dieses Cyanobakterium ist uns erstmals in der Ostsee begegnet, wo es für die Bildung von Nodularin, ein Cyanotoxin, das giftig für die Leber ist, verantwortlich gemacht wird (Karjalainen et al. 2008).

Auch als wir ein Jahr später, zusammen mit Peter und Christine, die Makgadikgadi-Pfanne untersuchen wollen, haben wir kein Glück. Ein verheerendes Buschfeuer hat wenige Tage zuvor die „Nata Lodge" und das Gate des Bird Sanctuary niedergebrannt und nur verrußte Ruinen hinterlassen. Weite Teile der Ebene und des Galeriewaldes wurden in weiße Asche verwandelt. An einem feuchten Flussbett bekommen wir knapp 100 Zwergflamingos zu sehen, wie sie benthische Kieselalgen von der schlammigen Oberfläche aufnehmen.

Wir brechen in die endlose Weite der Kalahari und ihrer Trockensavannen auf. Hier ist die Heimat der San, der Buschleute. Wir haben die Gelegenheit genutzt, diese

Abb. 6.1 Auf der Makgadikgadi Pfanne nach der Regenzeit. (**a**) wenige Flamingos suchen nach Nahrung; (**b**) Naumann-Falke ♀ – ein Überwinterungsgast aus Europa, lauert auf Beute; (**c**) Salzernte

ältesten „modernen" Menschen zu treffen, die angeblich noch wie in der Steinzeit leben. Über die Namensgebung ist man sich weitestgehend einig – sie ist abwertend und bedeutet soviel wie „Eingeborene". In Botswana werden sie deshalb weniger diskriminierend als „Basarwa" bezeichnet. Diese Ureinwohner des südlichen Afrika haben an den Salzpfannen der Kalahari unter anderem mit Eiern und Fleisch der Flamingos ihre Nahrung abwechslungsreicher gestaltet.

Für eine Begegnung mit den San gibt es im südwestlichen Afrika verschiedene Möglichkeiten. Eine Version besteht in den wenigen Exemplaren, die es zum Parkplatzwächter oder Liftboy in den Kaufhaustempeln der Städte gebracht haben. Sich in einer Ellenbogengesellschaft so „hoch" zu arbeiten, gehört nicht zu den ererbten Charaktereigenschaften eines San. Sie haben ganz andere Prioritäten, die sich aus ihrem gemeinsamen Überlebenskampf als Gruppe in der freien Natur ergeben. Sie realitätsnäher zu beobachten, bietet sich in der Umgebung von Tsumkwe, im Osten Namibias an, wo die der Trunksucht und Hoffnungslosigkeit anheimgefallenen, bedauernswerten Geschöpfe gewissermaßen in einem „Ballungsraum" zu sehen sind. Hier gibt es aber auch Projekte einer vermeintlichen „Arche Noah" für die San in Namibia – allerdings unter christlich-agrotechnischem Vorzeichen –, und was haben die San mit der christlichen Religion und Ackerbau zu tun?

Nachdem wir unfreiwillig die beiden obengenannten Versionen zu Gesicht bekommen hatten, entscheiden wir uns für eine andere Variante, die „ethnotouristische", die in einer perfekten Illusion inszenierte Wanderung mit einer Gruppe von Basarwa in der Kalahari. Diese Vorspiegelung einer heilen Welt in rauer Natur ist eine eindringliche Art, sich mit dem Schicksal der Basarwa zu beschäftigen. Ich glaube, diese Form ist legitim, weil sie den Basarwa hilft, ihre Kultur in einer kleinen Nussschale zu bewahren. Auf einem unter Schutz gestelltem Territorium nahe der Stadt Ghanzi in Botswana bieten die „Trail Blazers" gemeinsame Wanderungen durch die Kalahari an. Die Basarwa beherrschen ihre Traditionen noch weitestgehend, finden sich im Gelände zurecht, suchen und finden ihre Nahrung, haben alle Überlebenstrategien und ihre kulturellen Eigenheiten noch fest im Repertoire. Sie leben nicht die ganze Zeit in dem Reservat, sondern werden von Zeit zu Zeit, in einer Art Rotationsprinzip ausgetauscht und gehen wieder zurück zu ihren Familien, die bereits in der „Zivilisation" leben.

Wir kommen gegen Mittag bei den „Trail Blazers" an, checken in einer „originalen" Grashütte der Basarwa ein, allerdings mit Campingliegen, damit wir auf dem Boden nicht eventuell von Schlangen oder lästigen Ameisen überrascht werden. Dann werden wir von einem „Kommunikator" namens Robert in das bevorstehende Treffen eingewiesen. Die Gruppe der Basarwa wird gegen Abend bei bestem Fotolicht eintreffen und mit uns eine Runde um den Kraal drehen, um auf Nahrungssuche zu gehen, danach ein Lagerfeuer errichten und traditionelle Tänze vorführen. Die Zeit bis dahin möchten wir jedoch nutzen, um an einem etwa 6 km entfernten Staugewässer Wasserproben zu nehmen. Wir fahren mit unserem Hilux, einem langgezogenen, halbwegs geländegängigen Mietauto los, kommen jedoch auf dem weichen Sand ins Schleudern, und eine Wurzel reißt uns die Flanke eines Reifens auf. Wir versuchen, den Reifen zu wechseln, was uns nicht gelingt, weil einige Schrauben festgefressen sind. Glücklicherweise sind wir in der „Zivilisation" und können mit dem Handy unseren Kommunikator anrufen. Der kommt zur vereinbarten Zeit gleich mit der gesamten Basarwa-Gruppe, die auf der Ladefläche seines Pickup steht, zu unserem Pannen-Platz, und das Fahrzeug wird unter Volksfeststimmung wieder flottgemacht. Inzwischen geht die Sonne langsam unter und bringt die Kalahari zum Gleißen.

Dann beginnt die Vorstellung der Basarwa. Sie sind hocherfreut, dass infolge unserer Reifenpanne, der Sammeltrip diesmal nicht direkt um den Kraal stattfindet, wo das Meiste an nahrhaften Pflanzen schon abgesammelt ist, sondern in einem länger nicht abgeernteten Gebiet. Förmlich auf Schritt und Tritt wird der scheinbar unwirtlichen Natur etwas Essbares abgerungen: Früchte, Blätter, Wurzeln, Raupen, alles kommt in die ledernen Sammelbeutel. Dann setzt man sich im Kreis zusammen. Die Gruppe ist gut gemischt. Ein älterer Mann als Erfahrungsträger, der zwei jungen Männern Ratschläge gibt. Eine Großmutter, zwei junge Mütter mit Kind, zwei Backfische und ein etwa anderthalbjähriges dralles Baby. Die Männer machen Feuer, einen Stock zwischen den Händen drehend, dessen Spitze hitzeerzeugend auf einem flachen Holz rotiert. Schnell greifen die Flammen auf ein leicht brennbares Pflanzengeflecht über. Nun kann sich die Großmutter eine „Zigarre" anzünden, die aus einem mit Blättern gefüllten Holzrohr besteht. Genüsslich atmet sie den Rauch ein, und ihr faltiges Gesicht überzieht sich mit einer zufriedenen Grimasse. Die Zigarre macht die Runde, und offenbar bekommt der eine Backfisch Bauchschmerzen davon und krümmt sich auf dem Boden. Ihre Kameradin steht vor der Liegenden und führt mit dem Fuß eine Bauchmassage aus. Eine besonders fette Mopaneraupe wird geröstet und an das Baby verfüttert, das die Raupe sofort in den Mund steckt und mit knackendem Geräusch den Raupenpanzer zerbeißt und das cremige Innere im Munde zergehen lässt. Die Mopane-Bäume (*Colophospermum mopane*) mit ihren tief eingeschnittenen Blättern und die darauf lebenden Raupen haben eine überlebenswichtige, zyklische Funktion im Leben der Basarwa.

Der Häuptling hat mit einem einfachen Grabestock eine babygroße Wurzel aus dem steinharten Boden der Kalahari ausgegraben. Die jungen Mütter nehmen sich ihrer an und

zerquetschen sie. Dann lassen sie die Flüssigkeit der Wurzel über Gesicht und Körper tropfen, und verreiben sie mit der Hand, eine perfekte Art, sich für den kulturellen Höhepunkt des Abends frisch zu machen (Abb. 6.2).

Nun geht's mit dem Pickup in den Kraal, ein wenig von der Glut des Feuers in einem Holzgefäß mitführend. Dort wird damit das Lagerfeuer entzündet, um das sich alle Frauen und Kinder lagern. Sie beginnen einen rhythmischen, monotonen Gesang. Die Männer haben inzwischen Girlanden ausgetrockneter Mopaneraupen, die rasselnde Geräusche verursachen, um die Fußgelenke gewunden und beginnen ihren ruckartig stampfenden Tanz, in dem sie Tiere nachahmen. Sie steigern sich immer mehr in eine ekstatische Stimmung. Ihre Palette ist groß, vom Leoparden bis zur Schlange wird alles Getier in den Tänzen dargestellt, und die mystischen Geräusche der nächtlichen Kalahari vereinen sich mit der Melodie der Basarwa.

Die rassistische Sicht auf die Basarwa sieht sie als minderwertige Rasse. Doch man könnte die Argumentation auch umgekehrt aufzäumen: Rein genetisch gibt es keinen Grund, die Basarwa anders zu bewerten als die schmalbrüstigen, bleichen Computerfreaks in den fensterlosen Räumen einer HighTech-Zentrale. Die einen kennen sich mit der Natur besser aus, die anderen (so hofft man) mit der Zukunftstechnologie … Leider befindet man sich auf dem falschen Weg, wenn man von einer friedlichen Koexistenz der verschiedensten Lebensmodelle träumt. Das geht schon allein deshalb nicht, weil die meisten jungen Leute solcher Naturvölker keine echte Alternative darin sehen und haben, im Lendenschurz, mit Pfeil und Bogen, durch die immer enger werdenden Naturräume zu streifen. Die Zivilisation beschneidet ihre Jagd- und Sammelgebiete und -rechte derartig, dass ein Überleben nicht möglich ist. Sie stülpt die verwirrende, administrative „Rechtsordnung" der Moderne über diese hilflosen, naiven, aber freiheitsliebenden Kreaturen. Basarwa dürfen z. B. offiziell nicht jagen! Für sie bieten sich als Ausgleich so unwahrscheinlich attraktive Dinge an, wie Cola, Computer, Jeans, Jesus Christus, Whisky und Zigaretten (in alphabetischer Reihenfolge), dass man schon in der Schule, die man besuchen muss und auch sollte, magisch davon angezogen wird. Sie lockt mit individualistischen Lebensmodellen und nicht mit überlebensnotwendigem Gruppenzwang.

Botswana hat sein Tourismuskonzept auf das Luxussegment fokussiert. Es ist dabei üblich, gut zahlende Touristen mit Ultraleichtflugzeugen über die Flamingokolonien zu fliegen. Da dieser „Ökotourismus" die Vögel beim Brutgeschäft empfindlich stört, kommen wir gar nicht erst in die Versuchung, dieses teure Unterfangen zu buchen. Stattdessen leisten wir es uns, zusammen mit Peter und Christine 2008 in einer Cessna über die Victoriafälle zu fliegen, den Flug der

Abb. 6.2 Familie der San (Basarwa) in der Kalahari. (**a**) Frau bei der Abendtoilette, Oma betreut ihre Enkeltochter, Männer beim Feuermachen; (**b**) Basarwafrauen warten auf den Tanz des Schamanen am Feuer

Zwergflamingos in ihre Einstandsgebiete in Botswana nachvollziehend. Wir starten vom Flughafen Kasane in Botswana und fliegen in etwa 500 m Höhe über das Einzugsgebiet des Sambesi Richtung Livingstone, dem Flughafen Sambias nahe der Victoriafälle. Wir landen dort, entrichten unseren Obulus in Form von Visa- und Flughafengebühren und können nach kurzer Zeit wieder starten, nachdem man uns ein freundlichspöttisches „Thank you for coming!" nachgerufen hat. Nun kreist der Pilot über den gigantischen Wasserfällen und lässt uns Fotos aus allen Blickwinkeln schießen. Wir sehen alles genau so, wie wir es uns zuvor von der Übersichtszeichnung im Reiseführer eingeprägt haben: die verschiedenen Katarakte der mehr als 1000 m breiten Wasserfälle, von denen gigantische Gischtwolken aufsteigen, die vier Schluchten, die der Fluss nacheinander in den Fels geschnitten hat, die Inseln, die bis zur Abbruchkante reichen, die Eisenbahnbrücke zwischen Sambia und Simbabwe und immer wieder die spiegelnde Wasserfläche des breiten Stromes, die sich majestätisch und unaufhaltsam auf jene Linie zubewegt, von der es 100 m in die Tiefe geht (Abb. 6.3). Wir sind hin- und hergerissen zwischen dem faszinierenden Naturschauspiel und dem magenhebenden Fluggebaren unseres „Kunstfliegers". Auf dem Rückflug nach Kasane folgt die Cessna in etwa 200 m Höhe dem Lauf des Sambesi stromaufwärts und gewährt uns wundervolle Blicke über üppig bewachsene Inseln im Fluss, Galeriewälder direkt am Ufer, Dörfer und Trockenwälder etwas abseits des Flutbereiches. Ein langgehegter Traum wurde mit diesem Flug für uns wahr.

Wieder am Boden angekommen nehmen wir weitere Wasserproben aus dem Sambesi. Die Algenflora ist völlig anders, als wir sie aus Flüssen Europas, Ostafrikas und Indiens kennen. Es dominieren große, bizarre Formen der Desmidiaceen (Zieralgen), deren Vielfalt wir aufnehmen, aber taxonomisch nicht bewerten können. Die Systematik der Zieralgen sollte man Spezialisten überlassen. Dennoch, bis zur Gattungsdiagnose schaffe ich es, und eine Gattung beeindruckt mich besonders: *Spondylosium*, bestehend aus langen Fäden von Doppelzellen, die wie eine Wirbelsäule aneinandergereiht sind und mich an mein „Problemorgan" erinnern. Als Subdominante finden sich zahlreiche Arten der polyphyletischen Grünalgen *Pediastrum*, die inzwischen, mit unserer Hilfe, in verschiedene Gattungen separiert wurde (Buchheim et al. 2005). Eine faszinierende morphologische Vielfalt entwickelt beispielsweise *Monactinus*, ehemals *Pediastrum simplex*, ein vermeintlich gut bekanntes Taxon, das oftmals als Fotomodell einer „typischen" coccalen Grünalge herhalten muss. Doch für uns von besonderem Interesse sind die vielen kleinzelligen Formen, die manchmal übersehen werden, die Arten des Nanoplanktons (4–40 µm). Es sind zwei morphologische Besonderheiten, die in unseren

Abb. 6.3 Die Victoriafälle aus der Flamingoperspektive

Proben häufig auftreten und die uns schon in den Proben von den Victoriafällen auffielen: Schleimhüllen und Inkrustationen (dunkle „Warzen" aus Eisen und Mangan). Warum bilden unsere Bezugsorganismen gerade hier solche Merkmale aus? Vermutlich handelt es sich um Anpassungen an die turbulenten Umweltbedingungen des schnell fließenden Flusses. Schleimhüllen schützen die Zellen vor Verletzungen. Die schweren Metallauflagerungen an den Zellwänden wirken wie ein Anker, ziehen die Zellen nach unten, in ruhigere Bereiche des Wassers, wo die Algen sich vermehren können.

Abends übernachten wir auf dem Campingplatz einer Lodge in Kasane, am botswanischen Ufer des Sambesi. Wir befinden uns im Dreiländereck Botswana, Namibia, Sambia. Wir stellen unsere beiden Fahrzeuge in zwei nebeneinander liegende Zeltplatzbereiche und bauen auf den Dächern der Autos die Dachzelte auf. Wir sind die einzigen Camper auf dem weitläufigen Terrain. Es ist herrlich, am Ufer des Sambesi die friedliche Abendstimmung zu genießen, das Wasser plätschert leise gegen alte, ins Uferbett eingesunkene Bäume. Die Holzkohle kann auf dem Grill in aller Ruhe durchbrennen, und wir lassen bei Bier und Whisky die wunderbaren Eindrücke des Tages nachwirken. Die „boerewors" (Bauernwurst) schmeckt heute besonders gut. Wir teilen sie mit dem Wachmann, der sich uns vorstellt. Cherry ist sein Name, und er berichtet, dass er in einem Monat seinen Job als schlafloser Wachmann aufgeben wird. Er hat dann nämlich seine Lizenz als Guide. Er wirkt auf uns ein bisschen großmäulig, wir schieben das aber auf seinen Umgang mit den vielen Touristen. Immerhin, es ist ein gutes Gefühl, ihn für die Nacht versorgt zu haben. Gegen 23 Uhr gehen wir in die Dachzelte. Doris und ich fühlen uns darin beengt und unfrei. Normalerweise nehmen wir die Gelder, Kreditkarten und Reisedokumente mit hoch ins Zelt. Ich bin heute hingegen zu faul, fühle mich sicher, und lasse alles in meiner Hose stecken, die ich auf den Rücksitz des Autos werfe. Die Vorwürfe von Doris und ihre Sicherheitshinweise lasse ich abprallen. Sie nimmt sorgfältig alles mit nach oben. Unten auf dem Rücksitz bleiben Fotoapparat, Messausrüstung für Wasserproben und noch eine kleine Reisetasche mit einigen mehr oder weniger wichtigen Reiseutensilien liegen. Der vollgepackte Rücksitz war im Nachhinein gesehen vielleicht wieder so eine glückliche Fügung, wie wir sie öfter in unserem Leben erfuhren.

Nun liegen wir oben in der Enge unseres Zeltes, die Glieder schmerzen. Um Mitternacht gehen wir noch mal die Blase entleeren. Es ist immer mühsam, sich mit steifem Rücken aus dem Zelt zu winden, und die schmalen Leitersprossen drücken in die schmerzenden Füße. Wieder oben im Dachzelt angekommen, fallen wir in einen unruhigen Schlaf. Gegen 1:30 Uhr wecken mich leise Geräusche. Ich denke, dass auch Peter zum Wasserlassen aus dem Zelt geklettert ist oder dass der Wachmann unseren Zeltplatzbereich observiert,

und drehe mich auf die andere Seite. Doch die Geräusche hören nicht auf, man hört Tuscheln, hastende Schritte nackter Beine und dann einen lauter Knall, der durch das Bersten der Seitenscheibe an der Rückbank des Autos verursacht wird. Wir brüllen los – instinktiv in unserer Muttersprache: „Eh, ihr Schweine, was soll das?!!" Dann kracht der Schuss einer Maschinenpistole, in einem trockenen Ton, den ich noch vom Schießplatz aus der Armeezeit kenne. Schon dringen Pulvergeruch und der metallische Geschmack heißen Kupfers ins Zelt. Wir sind wie betäubt und warten schweigend und hilflos darauf, was nun kommen wird. Das Auto mitsamt Zelt wackelt heftig – man bedient sich gerade im Erdgeschoss. Es vergehen mehrere Minuten, dann tritt eine Phase der Ruhe ein, der Rücksitz ist offenbar leergeräumt. Eine Situation der Entscheidung naht, wir spüren das körperlich, bleiben jedoch ruhig und irgendwie hoffnungsvoll. Werden sie uns zwingen, aus dem Zelt rauszukommen? Die Wende kommt mit der vom Schuss aufgeweckten Managerin, die mit ihrem Hund und dem lärmenden Wachmann anrückt. Es war wie eine Ewigkeit, der Wächter muss sich wohl irgendwie abgeduckt haben, denn es ist inzwischen viel Zeit vergangen. Die Räuber verschwinden auf hektischen, leisen Sohlen, wie sie gekommen sind.

Wir steigen aus dem Zelt und bewerten die Situation. Peter und Tine kommen aus dem Nachbarzelt geklettert und staunen nicht schlecht. Sie dachten, der Wachmann hätte mit bewaffneter Verstärkung irgendwelche Hippos von unseren Fahrzeugen wegscheuchen wollen. Die Seitenscheibe ist in kleine Splitter zerbrochen. Das Tatwerkzeug wird klar, es ist ein Stein aus dem gemauerten Grill. Alles, was auf der Rückbank lag, ist mit den Räubern verschwunden, nur meinen alten Baumwoll-Hut mit der Aufschrift „Keoladeo National Park, Bharatpur, India" und einer Stickerei mit einem Eisvogel darauf, liegt noch unter der Rückbank. Wie in Trance setze ich den Hut auf, wo sollte ich ihn auch im Moment hinlegen, bei dem Chaos. Glücklicherweise wurde das Heck des Fahrzeugs nicht aufgebrochen, und das größte Glück war, dass Doris und ich im Dachzelt unversehrt geblieben sind. Tine ist beeindruckt, dass ich mit Hut den Tatort besichtige.

Bestandsaufnahme mit der Managerin. Inzwischen ist es gegen halb drei. Tine kocht erst mal Tee. Dann kommt ein Auto nach dem anderen. Sicherheitsdienste, Wildschutzbehörde, Armeeoffiziere, Kriminalpolizei, darunter ein paar hübsche Politessen mit den runden Hüten, deren Design von Scotland Yard übernommen wurde. Wir werden getrennt befragt: die beiden betroffenen Ehepaare, die Managerin und der Wachmann. Dieser bläst sich unheimlich auf und erzählt offenbar eine völlig andere Variante, die seine Fehlleistung bemänteln soll. Sein Bericht scheint Wirkung zu zeigen. Man glaubt uns nicht, dass der Schuss in unserer Nähe gefallen sei. Man hat keine Patrone gefunden. Meine empfindliche Nase, die den Pulverrauch aufgenommen hat, wird zweifelnd belächelt. Immerhin, Doris und ich halten uns ganz gut, sind freundlich, gelassen und konstruktiv, offenbar eine Wirkung des Schocks oder eine Schutzmassnahme unserer Körper und Nerven, die uns jetzt nicht durchdrehen lässt. Im Morgengrauen, als bereits unzählige Offiziere und Beamte den Tatort besichtigt und zertreten hatten, findet Doris die Patronenhülse direkt unter der Leiter zu unserem Dachzelt, schon fest eingetreten im Erdboden, aber noch nach frischem Rauch riechend. Unsere Glaubwürdigkeit ist damit wiederhergestellt, und Doris bekommt von uns den Ehrennamen „Mrs. Ramotswe", nach der legendären Privatdetektivin aus Garbarone, der Hauptstadt von Botswana (McCall Smith 2003).

Inzwischen hat sich ein Stück des Raubgutes wieder angefunden: Meine benutzte Unterhose wird am Ufer nahe der Schleifspuren des Bootes der Räuber aus den Büschen geklaubt. Die Diebe haben sie einfach weggeworfen. Auch die letzten Politessen sind wieder nach Hause gefahren. Es bleibt nur noch ein Auto mit der örtlichen Polizei von Kazungula am Tatort. Ein gut 40-jähriger Kriminalbeamter in Zivil mit zerschlissenen Jeans (offenbar hatte er weniger Zeit als die anderen Uniformträger, als er zum Tatort gerufen wurde), zeigt uns seinen Dienstausweis: C. N., Rank ASP (Assistent Commissioner of Police). Er macht auf uns einen sympathischen Eindruck. Er berichtet, dass er seine Frau in Francistown gelassen hat und nun mit seinen vier Kindern zusammen in Kazungula lebt, weil er sie hier besser versorgen kann. Bedächtig und detailliert nimmt er das Tatprotokoll auf, traurig blickend, in getrennten Gesprächen. Zwischendurch wirft er ein „We are collaborating with the police in Zambia, and *even* with Namibia." (Wir arbeiten mit der Polizei in Sambia zusammen, und *sogar* mit Namibia.) Er will uns damit Hoffnung machen, aber hier wird deutlich, dass man von namibischen Beamten nichts hält – eine Sicht, die wir später teilen werden.

Mit mir unterhält sich der Commissioner etwa eine Stunde. Wir trinken zusammen Tee und knabbern Kekse, die Tine fürsorglich bereitstellt. Er ist angetan von der Detailtreue und der plastischen Beschreibung der gestohlenen Gegenstände, die ich an diesem frühen Morgen geben kann. Wir holen die geleerte Whiskyflasche der Marke „Black & White" mit einem schwarzen und einem weißen Hund auf dem Etikett aus der Mülltonne und erklären ihm, dass solch eine Flasche, allerdings noch nicht angebrochen, mit den Räubern ihren Weg genommen hat. Etwas schwieriger ist die Beschreibung unserer „Traveller", zweier kleiner Plüschtiere, die unser Sohn Stefan vor etwa 20 Jahren aus einem sogenannten Plüschtier-Automaten geangelt hat: ein gelber Elch (Lars) und ein rotes Teufelchen (Ole). Beide sind mit Trophäen bestückt, die wir während unserer ersten Reisen zu internationalen Kongressen in Japan und China gesammelt haben: Abzeichen vom Fujiyama und der Großen Mauer. Der Commisioner weiß mit der Beschreibung solcher Kuscheltiere nichts anzufangen. Möglicherweise sind sie inzwischen

in den Händen afrikanischer Kinder gelandet, die sie mit leuchtenden Augen bestaunen. Nun haben uns also die Verteilungskämpfe zwischen der armen Bevölkerung und den reichen Besuchern des Landes persönlich erreicht – originellerweise in einem der nobelsten und sichersten Länder Afrikas. Als ich die Summe des Geldes nenne, die ebenfalls abgängig ist, stöhnt der Commissioner teilnahmsvoll auf (ich weiß nicht, wieviele Monatsgehälter das für ihn gewesen wären). Damit erfüllen wir voll das Klischee: „Weiß" bedeutet „reich", und das stimmt ja meistens auch. Es waren etwa 1300 € in fünf verschiedenen Währungen. Es ist einfach so viel zusammengekommen, weil wir an der Grenze zu drei Ländern operierten und campierten und dazu noch eine Sicherheitssumme in Euro und Dollar bevorratet hatten.

Während der Protokollaufnahme ist ein zweiter Mann am Werk, ein sorgfältig arbeitender Spurenleser in braunem Arbeitskittel. Doris, die ihm die Patronenhülse aufgespießt auf einem kleinen Ast überreicht, behandelt er fast wie eine Kollegin. Ich bin stolz auf sie. Die Patrone wurde von einer AK47 abgeschossen, einer Schwester unserer Soldatenbraut Kalaschnikow. Der Kollege von der Spurensicherung nimmt Fingerabdrücke, einen leisen Vorwurf in den Augen, wegen der vielen, von den Offizieren und Inspektoren verwischten oder hinzugefügten Spuren. Unser Wachmann hat all die Leute über den Tatort und um unser Auto geführt, und sie haben alles angegrapscht. Inzwischen spüren wir, dass er mit den Banditen unter einer Decke gesteckt haben muss. Wir vier zur Tatzeit anwesenden Weißen werden an den Händen und Fingern mit Ruß eingepinselt, genau wie die wichtigen Stellen zur Spurensuche am Auto, und dann werden hingebungsvoll alle 10 Fingerabdrücke inklusive Handballen auf dafür vorgesehenen Formblättern abgezogen. Später werden wir sehen, dass solche Protokolle von anderen Fällen in einer Ecke der Polizeistation aufgestapelt sind. Wir schätzen die Stöße zusammen auf etwa 3 m Höhe. Wir besuchen unsere neuen Freunde auf der Polizeistation in Kanzungula, und ich darf sogar ein Gruppenfoto mit ihnen machen. Der Commissioner trägt diesmal Uniform, und auf seinen schmalen Schultern lasten die gewichtig aussehenden Epauletten mit drei silbrig-glänzenden Sternen. Den Polizisten ist die Hilflosigkeit in die Gesichter geschrieben. Immerhin, es sind äußerst nette, witzige und pragmatische Beamte, die wir in Botswana kennenlernen. Dies sollte sich in Namibia schlagartig ändern!

Es wird klar, dass die Banditen aus Sambia mit dem Boot über den Grenzfluss Sambesi, den wir wenige Stunden zuvor mit der Cessna überflogen hatten, gekommen und mit der Beute wieder entwichen sind. Somit hat die Polizei aus Botswana keine Chance, ihrer habhaft zu werden. Wir erfahren von einem ähnlichen Überfall eine Woche zuvor, bei dem aber die Touristen aus dem Dachzelt geholt und geschlagen worden waren. Wahrscheinlich ist uns das erspart geblieben, weil die Räuber genügend Beute im Auto unter uns gefunden haben.

Normalerweise hätten wir nun mit dem „offenen" Auto ohne Seitenfenster zu unserer 700 km entfernten Botschaft in Garbarone, der Hauptstadt von Botswana, gemusst, aber wir versuchen erst einmal, nach Namibia zurückzukommen, um dort unser Auto reparieren zu lassen. Glücklicherweise hat Doris all ihre Reisedokumente und die Kreditkarte behalten, so dass wir uns auf den Ersatz meiner Dokumente konzentrieren können. Im ersten Anlauf, gelingt es uns nicht, nur mit dem Polizeiprotokoll ausgestattet, die Grenze nach Namibia zu passieren. Wir müssen zurück nach Kasane, einer botswanischen Grenzstadt, in der es glücklicherweise ein Immigrationsbüro gibt. Nachdem ich mir Passbilder habe machen lassen, auf denen mein inzwischen abgerissener Zustand deutlich wird, kann mir ein freundlicher Mitarbeiter ein „Travel Certificate" ausstellen, das mit ein paar gutgemeinten, handschriftlich verfassten Informationen endet: „The bearer of this certificate is a German national whose passport got stolen while on tour. May border officials allow him to go to Namibia and proceed to his country of origin." (Der Inhaber dieses Dokuments ist deutscher Nationalität, sein Pass wurde während der Reise gestohlen. Mögen die Grenzbeamten ihm erlauben, in Namibia einzureisen und bis in sein Heimatland weiterzureisen.) Wie wir später merken, sehen die namibischen Beamten und die deutschen Botschaftsangestellten die Sache nicht so locker. Noch ein witziger Dialog am Rande der Ausstellung des provisorischen Reisedokuments im Immigrationsbüro, geführt von zwei Beamten der Republik Botswana: „Warum, zum Geier, wollen die nach Namibia? – Oh, Namibia ist eine deutsche Kolonie!"

6.2   Namibia – an den Salzpfannen

Unterhalb der Quelltümpel waren Sand und Schotter mit Salz verkrustet, und mehrere Felsrinnen und Becken waren mit weißen Salzkrusten verkleidet. Hier war unser Salz! (Henno Martin 1984, *Wenn es Krieg gibt, gehen wir in die Wüste*)

Bevor wir uns den Ergebnissen unserer Beobachtungen an Zwergflamingos und ihren Nahrungsalgen an den verschiedenen Standorten in Namibia, dem wichtigsten Flamingoland im südlichen Afrika, widmen, möchte ich berichten, wie unser Abenteuer mit den Behörden weitergeht. Zumindest gelingt es im zweiten Anlauf, mit dem „Travel Certificate" aus Kasane die namibische Grenze zu passieren. Der Grenzbeamte in Ngoma, Namibia, gibt mir aber nur einen Tag Zeit, bis Katima Mulilo vorzudringen und mich bei der „Immigration" zu melden. Doris wird gleich in Sippenhaft genommen: Obwohl sie ihren Reisepass in tadellosem Zustand vorlegt, werden ihr nicht die üblichen vier Wochen Bleibedauer gewährt, sondern rein willkürlich nur vier Tage eingetragen, danach hält sie sich dann ebenfalls illegal im Lande auf. Als

Erstes lassen wir in einer Werkstatt in Katima Mulilo die neue Autoscheibe einbauen, die unser Autovermieter Hubert Hester von Kalahari Car Hire innerhalb eines Tages (ein dickes Lob und Dank an ihn!) aus Windhoek geschickt hat. Nun sind wir wieder reisefähig, denn mit der provisorisch als Windschutz in die Fensteröffnung geklebten Pappe hätte uns jedermann noch einmal ausrauben können.

Der Beamte in der „Immigration" erweist sich als fieser Amtsschimmel, erklärt uns, wie glücklich wir doch sind, dass wir noch unsere Kleidung anhaben. Es hätten schon Leute nackt vor ihm gestanden, denen man noch zu allem Überfluss den ganzen Schmuck geraubt hätte. Er sagt das alles mit weinerlicher Stimme und reckt uns dabei seine, mit fetten Ringen bestückten Hände entgegen. Immerhin gibt er mir nach halbstündigem Palaver zwei Tage, um nach Windhoek zu kommen. Nun trennen sich unsere Wege von Peter und Tine, die ihre Probenahmetour fortsetzen. Doris und ich ändern unseren Reise- und Probenplan und schlagen uns nach Windhoek durch.

In der deutschen Botschaft sieht uns das große Foto des damaligen Bundespräsidenten Horst Köhler mit aufmunterndem Blick an, allerdings lächelt er etwas vage. Wir realisieren, dass die Öffnungszeiten eng sind und sich viele Leidensgefährten in der Warteschlange finden, die auf einen Behelfspass warten. Offenbar ist das dünnbesiedelte Land doch nicht ganz so sicher, wie gepriesen. Ein in Norddeutschland gut bekannter Hanseat hat eine Oldtimer Rallye durch Namibia organisiert. An einer Kreuzung bei Windhoek steht er fachsimpelnd mit einigen Freunden an seinem Wagen, als ihm jemand unmissverständlich zu verstehen gibt, ganz ruhig zu bleiben und zuzusehen, wie seine Sachen aus dem Oldtimer entwendet werden. Am späten Nachmittag kann ich meinen für vier Wochen gültigen Behelfspass abholen. Nun fehlt nur noch der Aufenthaltstempel darin. Die nette Mitarbeiterin der Botschaft gibt dazu genau so vage Auskunft, wie Herr Köhler von der Wand lächelt. Hier sei die Macht der Botschaft der Bundesrepublik Deutschland am Ende. Sie bezeichnet es als bemerkenswert, dass wir von Kasane überhaupt bis Windhoek vorgedrungen sind und empfiehlt uns einen Rechtsanwalt, der solche Fälle wie den unseren betreuen könnte, damit wir nicht, wie andere vor uns, noch im Gefängnis landen würden. Eine ermutigende Ansage. Wir verzichten jedoch auf den Rechtsanwalt.

Wir sind so naiv und denken, am Flughafen bei der „Immigration" könne man uns problemlos so einen Stempel in die Pässe reindrücken. Ab morgen würde auch die Aufenthaltsgenehmigung für Doris auslaufen. Wir starten also in Richtung des 40 km entfernten Flughafens „Hosea Kutako". Unterwegs werden mir an einer Straßenkontrolle meine Grenzen aufgezeigt. Ich hatte vorsorglich eine Kopie meines Führerscheins aus Deutschland mitgebracht, die mir glücklicherweise nicht geraubt wurde. In Botswana wurde mir auf dieser Kopie ihre Gültigkeit bestätigt. Der namibische Straßenkontrolleur fragte mich jedoch hinterlistig, wie denn die Beamten in Botswana die Richtigkeit dieser Kopie überhaupt bestätigen konnten, wenn sie das Original gar nicht zu Gesicht bekommen hätten, weil es ja von den Räubern entwendet wurde? Scharfsichtig, aber nicht hilfreich. Wir drehten uns eine Viertelstunde lang argumentativ im Kreis, und einigten uns dann darauf, dass von nun ab meine Frau das Steuer übernimmt. Ich weiß nicht, ob der Typ auf Schmiergeld gewartet hat. Ich wollte ihn aber nicht beleidigen, und außerdem war ich ja ausgeraubt worden.

Nach langer Suche auf dem Flughafen finden wir eine adrette namibische Beamtin namens Miina, die uns bedauernd mitteilt, dass wir für die Aufenthaltgenehmigung zum Ministerium für Auswärtige Angelegenheiten nach Windhoek zurückmüssen. Doris fährt uns zurück, und wir machen erst mal dort Quartier in der Pension „Schwalbennest". Beim Studium der grünen Seiten des Telefonbuches stellen wir fest, dass es auch ein Ministerium für Inneres und Einwanderung gibt, das wohl viel mehr für uns zuständig sein könnte? Unsere Vermieterin kann uns mit ihren Erfahrungen leider nur auf einen langen Leidensweg durch die ministeriellen Ämter vorbereiten. Wir merken langsam, dass wir ohne professionelle Hilfe wohl nicht weiterkommen. Wir erinnern uns an einen Konsularservice, der uns bei der Vorbereitung unserer Forschungsgenehmigung unterstützt hatte, und vereinbaren telefonisch einen Termin für den nächsten Morgen, an dem wir beide nun illegal im Lande sind. Wir treffen auf eine völlig überarbeitete Dame, die mit ihrer afrikanischen Sekretärin und ihren „connections" bei den Amtsträgern diesen prosperierenden Service betreibt. Sie verspricht, innerhalb der nächsten sieben Tage die Stempel zu beschaffen und bestätigt, dass wir Windhoek nur auf illegalem Wege verlassen könnten.

Da wir unser Probenprogramm trotzdem durchführen wollen, beschließen wir, dass Doris mit ihrer gültigen Fahrerlaubnis uns aus dem Bannkreis von Windhoek hinausfährt, und draußen in der Wildnis hoffentlich niemand nach unseren Papieren fragen würde. Es geht schließlich alles gut, nach 10 Tagen kehren wir nach Windhoek zurück und erhalten unsere abgestempelten Dokumente. In der *Allgemeinen Zeitung*, einer deutschsprachigen namibischen Tageszeitung, lesen wir unter der Überschrift „Willkür und die Wirkung" von zahlreichen weiteren skurrilen Fälle beamtlicher Willkür im Innenministerium bei der „Zuteilung" der Aufenthaltstage, deren Zahl seit Einführung eines neuen Einreisestempels manuell eingetragen werde, um dem Beamten bei seiner Entscheidung „mehr Spielraum" geben zu können. Die Wirkung auf uns: Die aberwitzige Mischung aus junger schwarzer Bürokratie und übernommener deutscher Kolonialbürokratie in Namibia hat uns doch etwas die Freude an diesem herrlichen Land vergällt.

Die Umstände sollen uns jedoch nicht daran hindern, einen besonders denkwürdigen Platz im Lande und seine jüngere Geschichte zu würdigen: Wir wollen in der erbarmungslosen Einöde des Kuiseb Canyons jenen Felsvorhang besuchen, der Henno Martin und Hermann Korn, zwei deutschen Geologen, 2 ½ lange Jahre als Unterschlupf gedient hat, um während des Zweiten Weltkriegs dem Internierungslager zu entkommen. Henno Martin hat darüber 1956 in seinem eindrucksvollen Buch „*Wenn es Krieg gibt, gehen wir in die Wüste*" berichtet. In dieser für Menschen lebensfeindlichen Umgebung inmitten der harschen, grandiosen Wildnis haben sie ein entsagungsreiches (Über)Leben geführt. Martin (1984) resümiert im Vorwort zur Neuausgabe des Buches:

> Als wir vor 30 Jahren wie Raubtiere lebten, während der große Krieg wütete, machten wir uns Gedanken über die Entwicklung des Lebens und die Entwicklung der Menschheit … Aber das Wichtigste bleibt für mich die eindringliche Erfahrung, dass der menschliche Geist sich weit über die äußeren Umweltbedingungen zu erheben vermag. Ob diese Fähigkeit ausreicht, um der Menschheit über die lawinenartig anwachsenden Gefahren hinweg zu helfen, welche ihre ungezügelte Entwicklung schafft, kann nur die Zukunft zeigen.

In seinem Nachwort zur Neuauflage 1984 kommt er zu dem Schluss:

> Wir sind alle überfordert. Wir brauchen Nachsicht miteinander … Wir brauchen noch nicht zu resignieren. Wir sind Nachkommen von Überlebenskünstlern.

In der gnadenlosen Mittagshitze (der Zeitplan ließ es nicht anders zu) wandern wir den schmalen, mit trockenen und stachelnden Gräsern gesäumten Pfad, der zum Canyon mit dem „Henno Martin Shelter" führt. Nach gut einer viertel Stunde erreichen wir den Felsüberhang, der den beiden Geologen als „Wohnhöhle" etwas Schutz vor den Unbilden der Natur und vor den Nachforschungen ihrer Häscher geboten hat. Die Natur hat sich inzwischen ihren Raum wiedergeholt. Heute ist die Grundorganisation der Behausung nur noch andeutungsweise erkennbar. Leider umso deutlicher einige Kothaufen unserer Art-und Zeitgenossen. Es ist nicht anders zu erklären, die Hinterlassenschaften stammen von vermeintlich „kultivierten" Wanderern, die diese historische Stätte besucht haben. Wir schämen uns für diese Mitmenschen. Ihnen war die Symbolik ihres Tuns nicht gegenwärtig.

Nach diesem Exkurs stürzen wir uns wieder in unsere Arbeit. Im südlichen Afrika leben die meisten Flamingos auf dem Territorium von Namibia. Je nach Wasser- und Nahrungsangebot pendeln sie zwischen den Küstengewässern, den Salzevaporationsteichen von Swakopmund und Walvis Bay und den Salzpfannen des Etosha National Park. In Etosha siedeln zeitweilig Brutkolonien mit mehreren Tausend Nestern (Berry 1972). Im Februar 2007, im November 2008 und im März 2014 hatten wir Gelegenheit, die Nahrungsalgen in den Küstenhabitaten mit denen aus der

Etosha-Pfanne zu vergleichen. Dabei hatten wir tatkräftige Unterstützung von Verantwortlichen des Naturschutzes an den entsprechenden Standorten.

Walvis Bay und Swakopmund zählen zu den wirtschaftlichen Schwerpunktgebieten (Salzindustrie und Hafenwirtschaft bzw. Bergbau und Tourismus) im ansonsten dünn besiedelten und industriearmen Namibia. Das erfordert eine ganz besonders durchdachte Umweltpolitik. In der Umgebung der Küstenstadt Walvis Bay gibt es drei Wasservogelhabitate von internationaler Bedeutung. Ein 9000 ha großes Gebiet ist in das RAMSAR-Programm aufgenommen worden: die „Walvis Bay Lagoon", eine geschützte Bucht mit dem Charakter eines Watts. Die Lagune wird täglich durch die Gezeiten mit nährstoffreichem Meerwasser geflutet, und wenn das Wasser zurückgeht, kommen die Flamingos, um Kieselalgen aus dem Schlamm zu filtern (Abb. 6.4).

Abb. 6.4 Die Lagune von Walvis Bay, dem bequemsten Platz, bei Ebbe Flamingos zu beobachten. (**a**) ein Hund stört die Flamingos; (**b**) die Vögel kommen bis an den Deich; (**c**) Zwerg- und Rosa Flamingos nehmen Diatomeen vom Schlamm des Watts auf

Als Rekordzahl wurden bis zu 43.420 Zwergflamingos dokumentiert, und der Rosa Flamingo kommt ebenfalls in ähnlich hohen Zahlen vor (Wearne und Underhill 2005). Die Lagune liegt direkt vor der Flaniermeile der Stadt. Abends macht man hier Spaziergänge und führt seine Hunde aus. Die Flamingos lassen sich jedoch nicht beeindrucken. Sie weichen den kläffenden Störenfrieden kurz aus und kommen dann wieder ans Ufer, wo offensichtlich das Nahrungsangebot am dichtesten ist.

Eine Frage ist bislang noch ungenügend geklärt: der Verdacht auf Vergiftung von Flamingos durch Kieselalgen aus dem Meer vor Namibia. Wir erinnern uns an Hitchcocks verrückte Vögel. Im Jahre 2012 starben etwa 100 Rosa Flamingos vor Walvis Bay, und man vermutete Domoinsäure aus *Pseudo-nitzschia* als Todesursache (Anonymus 2012). Der analytische Beweis wurde jedoch nicht erbracht. Der Gefährdungsgrad für die beiden Flamingoarten im südlichen Afrika wird dabei unterschiedlich eingeschätzt. Rosa Flamingos sollen stärker gefährdet sein, weil sie Zooplankton fressen, das zuvor die Algentoxine in sich angereichert haben. Dem muss man entgegenhalten, dass auch die Zwergflamingos stark gefährdet sind, weil sie die giftigen Algen direkt aufnehmen.

Die Salzevaporationsteiche der Walvis Bay Salt Refiners locken zahlreiche Wasservögel an, inklusive der Flamingos. Auf einer Fläche von 3500 ha werden jährlich 24 Mio. t Meerwasser verdunstet und 700.000 t Salz produziert (www.walvisbaycc.org.na). Das Meerwasser wird von Teich zu Teich gepumpt. Dadurch entsteht ein Salinitätsgefälle, und die Nahrungsalgen der Flamingos gedeihen dort, wo die Bedingungen am geeignetsten sind. Nach dem gleichen Prinzip arbeitet die Guano & Salt Company Swakopmund, deren Salzteiche wir im März 2014 beprobten. Als dritter Flamingostandort in Walvis Bay gilt das „Bird Paradise". Das ist ein Gebiet in der Wüste am Rande der Stadt, in das geklärtes kommunales Abwasser geleitet wird. In den Dünen haben sich einige Teiche gebildet, die von einer Vielzahl von Vögeln besucht werden. Das Gebiet wird von den Birdern Namibias gehegt und ist für Vogelenthusiasten aus aller Welt offen. Die Zahlen der verschiedenen Vogelarten werden regelmäßig erfasst.

Keith Wearne (1926–2008) aus Walvis Bay ist für uns die Inkarnation eines Birders, mit vollem Einsatz dabei, passionierter Erfasser und Beschützer der Vogelwelt, Sammelleidenschaft mit ökologischem Sachverstand verknüpfend, zuweilen schrullig, oftmals belächelt, aber auch gefürchtet, weil unnachgiebig für seine Vögel kämpfend. Ein Sonntagmorgen im Februar 2007. Wir sind um 10:00 Uhr mit Keith verabredet. Er wird uns zu den Zwergflamingos an den Salzevaporationsteichen und an die Küste bringen. Wir sind schon übereifrig eine halbe Stunde früher da und klingeln an seinem Häuschen in der Vorstadt. Keiner regt sich im

Hause, und so warten wir in unserem Auto. Punkt 10:00 Uhr öffnet sich die Tür von innen und Keith schaut heraus. Er winkt mürrisch und lässt uns in seinem Zimmer warten, bis er sich für den Trip zurechtgemacht hat. Das Arbeitszimmer ist voller Devotionalien an die Vögel, Literatur und Handzettel für Birder-Kampagnen und Fotos über Fotos. Dann ist er bereit: vom Kopf bis zu den Knien auf kühle Temperaturen, doch von den Knien bis zu den Zehen auf Hitze bzw. feuchten Untergrund eingestellt. Wir haben erwartet, dass er mit einem schweren Geländewagen in das unwegsame Zielgebiet fährt, aber er nimmt in unserem bescheidenen Mietwagen Platz und verliert keine Zeit, knappe Anweisungen zu geben. Wir schlingern auf matschigen Dämmen zwischen den Teichen und am Küstenstreifen entlang. Doris klammert sich am Sitz fest. Unterwegs fesseln Tausende Seeschwalben die Aufmerksamkeit von Keith, er gibt präzise Informationen über die geschätzte Zahl der Vögel und wann und wo er solch seltene Massenaufkommen beobachtet hat. Wenige Rosa Flamingos suchen in der Lagune nach Kleinkrebsen. Einige Hundert Zwergflamingos dümpeln im Schlamm nach Kieselalgen. Nirgendwo können wir *Arthrospira* entdecken. Keith meint, die meisten „Lessers" seien auf dem Wege in die Etosha-Pfanne, um zu erkunden, ob man dort brüten könnte. Nachdem er gesehen hat, mit welchem Eifer wir unsere Algensammlung betreiben, hellt sich seine Stimmung auf, und am Ende des Ausflugs sind wir Freunde. Er hat eine Sinnesverwandtschaft gespürt. Ein Jahr später ist der Birder-Aktivist, den seine Freunde „Brummbär" nannten, im Alter von 82 Jahren friedlich für immer eingeschlafen.

Im Jahr 2014 übernehmen Rod Braby und seine Mitarbeiterin Justina Shihepo die Führung unseres Sammeltrips. Rod ist Leiter des Projektes NACOMA (Namibian Coast Conservation and Management) des Ministeriums für Umwelt und Tourismus. Sie haben das öffentlichkeitswirksame Profil der „Coastodians" erarbeitet, ein Schirm, unter dem alle, die am Schutz der Küstengewässer teilhaben möchten, vereint werden, von Schulkindern bis zu Sponsoren. Wir fahren an die gleichen Standorte an der Küste und an den Salinen, die wir mit Keith besucht hatten. Da wir wiederum keine *Arthrospira* an diesen Stellen vorfinden, sondern „nur" Kieselalgen, ist unsere Erwartungshaltung an das „Bird Paradise" umso höher. Je nach Größe und Tiefe der Teiche in den Sanddünen variieren ihr Chemismus und die Besiedlung durch Mikrophyten. Wir finden auf engstem Raum eine hohe Diversität an Cyanobakterien und Algen vor. Auch für die Zwergflamingos ist gesorgt (Abb. 6.5). Im größten Teich (Salinität 4,1 ‰) und einem weiteren flachen Wasserkörper (Salinität 25,8 ‰) können wir *Arthrospira* entdecken. Das „Bird Paradise" ist während unserer Untersuchungen das einzige Gebiet des Landes, in dem wir diese wichtige Nahrung der Vögel nachweisen können; nach unseren Literaturrecherchen ist das der Erstnachweis für Namibia.

Abb. 6.5 Im „Bird Paradise" Walvis Bay wird das geklärte Abwasser der Stadt in die Wüste geleitet, um dort Nahrungsgründe des Zwergflamingos zu schaffen. (**a**) Flamingos vor den Sanddünen; (**b**) Teich mit Grünalgen-Blüte; (**c**) Hauptteich, in dem die Flamingos *Arthrospira* finden; (**d**) Teich mit *Anabaenopsis*-Blüte

Zum Abschied empfiehlt Rod noch, dass wir doch auch die Salzteiche der Guano & Salt Company in Swakopmund untersuchen sollen. Die Birder hätten dort ein paar Flamingoleichen gesammelt und einem toxikologischen Labor zur Analyse übergeben. Die Tierpathologen kamen zu dem Schluss, dass die Vögel nicht an Toxinen oder Infektionen verendet, sondern verhungert seien. Wir verbinden die Probenahme mit unserem Weg nach Henties Bay, wo sich eine Zweigstelle der Universität von Namibia befindet. Dort bin ich zu einem Vortrag über die aktuell erhobenen Befunde zu den Nahrungsalgen der Zwergflamingos und dem Schutz der Flamingos im südlichen Afrika eingeladen. Die Guano & Salt Company versucht, die Balance zwischen drei Produktionslinien zu halten, der Guanoproduktion durch Seevögel auf Felsen und Plattformen direkt am Meeresufer, der Salzgewinnung in Evaporationsteichen und der Austernzucht im Küstenbereich. Es bestehen Fragen, wie sich diese Geschäftsbereiche gegenseitig beeinflussen, z. B. der Einfluss der Fäkalien der Seevögel auf die Wasserqualität in den Salzteichen und der Austernfarm einerseits und die

Aktivitäten bei der Salz- und Austernproduktion (Pumpen, Ernten) auf die Anwesenheit der Guano produzierenden Vögel andererseits.

Die Anlagen in Swakopmund sind von einer weiten Fläche umgeben, die mit rotbrauner Salzlake überflutetet ist (Abb. 6.6). Diese Landschaft ist voller Farben und Krusten mit kristallinen Mustern – ein Eldorado für Fotografen und Wissenschaftler, die für einen Aufenthalt auf einem anderen Planeten trainieren wollen. Es ist früh am Morgen, und die dicke Nebelfront, die sich gerade vom Meer ins Inland über die Namibwüste wälzt und dort Wasser spendet, bringt uns gedanklich wieder zurück auf unseren Planeten. Wir fahren direkt auf das Betriebsgelände und können eine Reihe unterschiedlichster Teiche beproben. Das Seewasser hat die normale Salzkonzentration von 30 ‰. Doch in den Evaporationsteichen ist die Konzentration in Abstufungen wesentlich höher.

Zwei Teiche erregen unser besonderes Interesse, denn sie verdeutlichen eindrucksvoll, wie schwierig es für die Zwergflamingos sein kann, geeignete Algennahrung zu finden. Der erste Teich (Salinität 68 ‰) ist grasgrün. Die dichte Algensuspension suggeriert üppige Futterquellen, doch merkwürdigerweise hält sich nicht ein einziger Flamingo an diesem

Teich auf. Ein Blick durchs Mikroskop macht klar, warum das so ist. Die dicke Algenbrühe besteht aus der winzigen Gelbgrünalge *Microchloropsis salina* mit Zelldurchmessern von 3–4 µm und ist damit viel zu klein, um von den Vögeln aufgenommen zu werden (siehe Abb. 2.7). Unerwarteterweise stehen die meisten Flamingos in einem Nachbarteich (Salinität 38 ‰), dessen Wasser ziemlich klar ist und fehlende Nahrungsressourcen vermuten lässt. Im Mikroskop zeigt sich, dass die Flamingos hier Kieselalgen vorfinden, die sie mühsam aus der dünnen Suspension filtern oder vom Sediment aufnehmen. Übrigens, in Swakopmund dominiert die gleiche pennate Diatomeengattung *Opehora*, wie schon in den Salzteichen und in der Lagune von Walvis Bay. Das Interessante daran ist, dass die vorgefundenen Zellen von *Opephora* mit einer Länge von 4–19 µm im Grenzbereich der Zellgröße liegen, die von den Filterlamellen der Zwergflamingos aufgenommen werden können. Wenn wir von der Mindestgröße der filtrierbaren Partikel von 15 µm (Jenkin 1957) ausgehen, dann liegt mehr als die Hälfte der Population unterhalb dieser Größe, rutscht durch die Filterlamellen und kann sich fortpflanzen, während die längeren Zellen von den Vögeln verzehrt werden können. Wir vermuten daher, dass die Dominanz von *Opephora* in den

Abb. 6.6 Die Guano & Salt Company Swakopmund mit den bunten Farben des Salzes

Untersuchungsgewässern zwar von den physikalischen und chemischen Umweltbedingungen abhängt, doch zusätzlich eine biologische Komponente wirkt. Die kleineren Kieselalgen entgehen dem Fraßdruck der Flamingos und stellen ein dichtes Inokulum für die nachwachsende Generation von *Opephora* dar.

Während der Trockenzeit halten sich die Flamingos an der Küste bei Walvis Bay und Swakopmund auf, doch wenn der Regen in die Etosha-Pfanne kommt, machen sie sich sofort auf den Weg dorthin und fliegen die 500 km innerhalb einer Nacht (Simmons 2000). Der Etosha National Park ist eines der bekanntesten und größten Naturschutzgebiete im südlichen Afrika. Hauptbestandteil ist die 4800 km² große Salzpfanne, die in Ost-West-Richtung 130 km lang ist. „Etosha" bedeutet in der Sprache der Ureinwohner Namibias, den San, „Ort des trockenen Wassers". Nur in der Regenzeit ist die Salzpfanne bis zu 10 cm mit Wasser überflutet. In der anderen Jahreszeit ist sie eine Salzwüste, die in den angrenzenden Regionen von Savannen und Trockenwald umgeben ist. Das Wasser der Pfanne ist zwar alkalisch, aber Soda spielt im Gegensatz zu den ostafrikanischen Seen keine große Rolle. Dennoch lockt es in unregelmäßigen Abständen – in Abhängigkeit vom Wasserangebot – Zehntausende Zwerg- und Rosa Flamingos an, die hier auch erfolgreich brüten können. Berry (1972) gibt einen detaillierten Bericht über den bislang größten Bruterfolg der Zwergflamingos im Jahre 1971, als 30.000 Zwergflamingos ausgebrütet wurden.

Wir treffen uns am Etosha Ecological Institute in Okaukuejo mit Wilferd Versfeld. Wilferd, ein hagerer Südafrikaner, ist der „Research Warden", der Verantwortliche für Forschung im Etosha National Park. Er ist der Nachfolger solch namhafter Flamingoschützer wie Hu Berry und Rob Simmons. Hu hatte seinerzeit minutiös das Brutereignis von 1971 studiert. Rob war der Erste, der Ideen zur Schaffung künstlicher Brutkolonien im Etoscha National Park publiziert hat. Auf der Landkarte zeigt uns Wilferd, wo es heute hingehen soll: nach Norden direkt an der Westgrenze der Pfanne entlang zu den Flamingos. Er hat eine martialische Ausrüstung mit allerlei Winden und Hebeln auf seinem Geländewagen, für alle Eventualitäten, zum Wiederflottmachen eines in der Pfanne festgefressenen Fahrzeugs. Die Pfanne ist so weit trockengefallen, dass sie teilweise befahrbar ist. Eine ausgefahrene Spur führt schnurgerade ins Nichts. Wir können Wilferd mit unserem Hilux kaum folgen, denn es ist nicht so einfach, sich in der Spur mit hoher Geschwindigkeit „treiben" zu lassen. Nach gut 100 km „Wüstenrallye" erreichen wir das feuchtere Gebiet, müssen die Pfanne verlassen und uns auf durchwachsenen Pisten den Flamingogebieten nähern. Es herrscht Gewitterstimmung, dunkle Wolkenberge vor blutrotem Himmel. Wilferd treibt zur Eile, denn wenn wir nicht schon vor dem Gewitter ein Stück des Rückweges bewältigt haben, besteht keine Chance, heute noch ins Camp zurückzukehren. Aber wir haben ja noch nicht einmal den

Wendepunkt unseres Trips erreicht: die mit Wasser gefüllten Bereiche der Pfanne, wo sich die Flamingos aufhalten und wo wir Algenproben nehmen wollen. Als wir nach schier endloser Fahrt auf regennasser Piste, gepeitscht von den Zweigen dorniger Akazien unser Ziel erreichen, ist es schon ein bisschen enttäuschend: Die Flamingos sind nur als kleine rosa Punkte in weiter Ferne zu sehen.

Zu einem Exemplar der Flamingos haben wir allerdings eine größere Nähe. Wilferd hat in seinem Fahrzeug einen jungen Rosa Flamingo mitgenommen, den er als halbverhungerten Nestflüchter aufgesammelt und wieder hochgepäppelt hat. Uns gegenüber ist der Vogel ängstlich und hackt nach uns, wenn wir dem Autofenster näher kommen, hinter dem er in einem Sack verpackt sitzt; nur sein langer Hals lugt hervor. Wilferd entlässt ihn in die Wildbahn, zum Abschied halten beide noch einmal Zwiesprache, dann fliegt er mit ungelenkem Flügelschlag in Richtung seiner Artgenossen (Abb. 6.7). Immerhin können wir viele Wasserproben am Gewässersaum sammeln, bevor wir den Rückweg antreten.

Unterwegs nehmen wir noch Proben im Mündungsbereich des Ekumaflusses. Dieses Gebiet ist vor allem aus zwei Gründen von Interesse. Zum einen kommen die flüggen Flamingoküken aus den Brutgebieten hierher, um sich selbständig zu machen. Sie sammeln sich nahe ihrer Nester zu großen Gruppen und brechen dann in Begleitung einiger Elternvögel zu ihrem langen, gefährlichen Treck auf. Im Jahre 1971 waren es etwa 90 km von der größten Brutkolonie bei Okerfontein bis zum Ekumadelta. Diese Wanderung war mit großen Verlusten verbunden, und die Ranger mussten versuchen, so viele junge Flamingos wie möglich zu retten. Die Nahrungsalgen an diesem Standort spielen

Abb. 6.7 Wilferd verabschiedet sich von seinem Pflegling, einem jungen Rosa Flamingo

dann eine Schlüsselrolle, wie sich die Jungvögel in ihrem neuen Lebensabschnitt ernähren können. Zum anderen ist die Ekumamündung wichtig für die Wasserversorgung der Etosha-Pfanne. Doch der Fluss birgt Gefährdungspotenzial in sich. Die Region nördlich des Etosha National Park hat die höchste Bevölkerungsdichte des Landes, was mit unkontrollierter Verschmutzung direkt im Einzugsgebiet des Ekuma-Flusssystems einhergeht. Dieses reichgegliederte Flussdelta entwässert wie ein Trichter in die Etosha-Pfanne.

Das Gewitter streift uns glücklicherweise nur, und wir schaffen es völlig durchgerüttelt bis zum Lager. Als Ausgleich für den fehlenden Flamingokontakt zeigt uns Wilferd am nächsten Tag die Luftaufnahmen, die er im Juni 2008 vom Brutgebiet gemacht hat (Abb. 6.8). Die Nester sehen aus einer Höhe von mehreren Hundert Metern wie kleine schwarze Vulkankegel aus, zwischen denen die rosa gefärbten Elterntiere stehen und ihre Küken versorgen. Die meisten der schwarzgrauen Jungvögel haben die Nester bereits verlassen und bilden dunkle, wolkenartige Gruppen zwischen den Nestbereichen und den großen Schwärmen der Erwachsenen, um alsbald zum Treck an die Ekumamündung aufzubrechen.

Die mikroskopischen Befunde ergaben, dass sich an allen beprobten Standorten in der Etosha-Pfanne fädige Cyanobakterien aus der Verwandschaft von *Oscillatoria*, *Anabaenopsis* und *Cyanospira* entwickelten. *Arthrospira* konnte nicht nachgewiesen werden. Damit lassen sich die – im Vergleich zu ostafrikanischen Seen – niedrigen Besiedlungsdichten der Flamingos im Gebiet erklären. Alternativ steht den Flamingos Kieselalgennahrung zur Verfügung. Unsere Befunde decken sich weitgehend mit den Untersuchungen von Berry (1972), der an allen Flamingohabitaten die Cyanobakterien *Anabaena*, *Oscillatoria* und *Nodularia* nachwies und zusätzlich Kieselalgen der Gattung *Navicula*. Lediglich *Nodularia* konnten wir nicht finden (nur in Botswana), und nach modernen phylogenetischen Auswertungen verbergen sich hinter den „Sammelnamen" *Anabaena* und *Oscillatoria* noch Vertreter einiger weiterer Gattungen, z. B. *Anabaenopsis* und *Cyanospira* bzw. *Planktothrix* und *Leptolyngbya*.

Abb. 6.8 Luftaufnahme einer Brutkolonie des Zwergflamingos im Etosha National Park, 2008. Die hellen Punkte sind Elternvögel auf ihren Nestern, die dunklen Punkte sind Küken, im Vordergrund einige leere Nester. (Foto: Wilferd Versfeld)

Am nächsten Tag untersuchten wir die Cyanobakterienflora einiger Quellen im Etosha National Park. Diese Quellen stellen eine wichtige Grundlage für die Wasserversorgung der Tiere im Park dar. Die Okandeka-Quelle ist die bedeutendste Wasserstelle nördlich von Okaukuejo, dem Sitz des Etosha Ecological Institute. Okandeka ist eine sogenannte Kontaktquelle, die sich dadurch auszeichnet, dass Wasser oberhalb einer Bruchkante des steinigen Untergrundes ins Freie dringt. Die Okandeka-Quelle entwässert bis zu 600 m in die Salzpfanne und wird von zahlreichen Tieren frequentiert, die auf der Suche nach Trinkwasser sind, unter anderem auch von Flamingos. Das Quellwasser ist mit 4,8 ‰ weniger salzig als Wasseransammlungen an der Oberfläche der Pfanne. Die gesamte Wasserfläche der Quelle ist von einer „Monokultur“ eines fädigen Cyanobakteriums der Gattung *Phormidium* bedeckt und bildet blasige Überzüge. Durch DNS-Analysen wiesen wir nach, dass es sich um eine neue Art, handelt, die wir *Phormidium etoshii* tauften (Dadheech et al. 2013b). Später stellte sich heraus, dass dieses Cyanobakterium an allen feuchten Stellen des Parkes praktisch allgegenwärtig ist und eine wichtige Nahrungsgrundlage für die Zwergflamingos bilden könnte. Das Problem ist nur, dass dieses fädige Geflecht, und das gilt auch für viele andere Cyanobakterien im Park, schwer von den Filterlamellen der Flamingos aufzunehmen ist. Wir experimentierten mit einer Aufsammlung von *P. etoshii* und fanden heraus, dass das Material in jungem Zustand gut zu suspendieren ist und damit von den Vögeln aufgenommen werden kann.

Die zahlreichen Probenahmen haben unseren Vorrat an Formaldehyd zum Fixieren der Algen schrumpfen lassen, und wir müssen nachfüllen. Nigel, Assistent von Wilferd und gute Seele am Ecological Institute, führt uns in die „Post Mortem Hall“, den Sektionssaal, in dem genügend Platz ist, einen Elefanten zu sezieren. Glücklicherweise ist hier heute keine Tierleiche eingeliefert worden. In riesigen Kübeln lagern die Vorräte an Formaldehyd, von der wir uns eine kleine Menge abfüllen und froh sind, diesen unheimlichen Ort der Nachbereitung des Todes schnell wieder verlassen zu können.

Es schließt sich ein Gespräch darüber an, welche Todesfälle von Tieren des Schutzgebietes die Ranger am meisten umtreibt. Es ist Anthrax, der Milzbrand, der vorwiegend Weidegänger befällt. Der Erreger *Bacillus anthracis* produziert Dauersporen, die über Jahrzehnte Hitze, Kälte, Trockenheit und Sonnenstrahlung überdauern. Dadurch bleibt der Boden in der Nähe von Tierkadavern, die an Anthrax verendet sind, über lange Zeit kontaminiert, und die Sporen werden beim Weiden aufgenommen. In Etosha sind vor allem drei Arten betroffen: Zebras, Springböcke und Elefanten (Turner et al. 2013). Falls sie in der „Post Mortem Hall“ landen, werden sie durch ihre aufgequollene, brandig dunkelrot verfärbte Milz auffallen, wie es der Name „Milzbrand“ so treffend beschreibt. Die meisten Kadaver verbleiben im Kreislauf der

Wildnis. Wenn Ranger die Kadaver finden, sind sie angehalten, die Tierleichen nach Möglichkeit zu verbrennen oder sie zumindest mit Planen abzudecken, um ihre Zersetzung zu beschleunigen. Der Zugang von Leichen verwertenden Tieren, wie Geier, Hyänen und Raubkatzen, soll weitgehend verhindert werden.

Somit sind wir wieder bei den Vögeln angekommen, speziell bei den Geiern, die unter Verdacht stehen, die Anthraxsporen zu verbreiten. Dieser Verdacht konnte jedoch nicht bestätigt werden. Geier nehmen die Leichenteile in einer frühen Phase auf, wenn der Anthraxbazillus noch überwiegend vegetative Fortpflanzung betreibt und keine Sporen gebildet hat und diese Erreger von den ätzenden Säuren des Verdauungstraktes der Vögel zerstört werden (Turnbill et al. 2008). Damit haben Geier einen positiven Einfluss auf die Entsorgung des verkeimten Gewebes. Außerdem signalisieren sie den Rangern durch ihr Kreisen über Kadavern, wo Handlungsbedarf besteht. Es ist wenig bekannt, welche Rolle andere Vögel, z. B. auch Flamingos, die an ihren Futter- und Trinkplätzen in Kontakt mit den Keimen kommen, in diesem Kreislauf der Verbreitung von Anthraxdauersporen über weite Entfernungen haben und wie hoch ihr Erkrankungsrisiko ist. Es wird viel über Anthrax in Etosha geforscht, und Wilferd und seine Kollegen sind ständig mit Fragen des Umgangs mit dieser Krankheit konfrontiert.

Abends kommt Nigel zu uns ins Camp, um einen Abschiedstrunk zu nehmen. Er geht in zwei Wochen in Rente, mit 60, so wie es hier üblich ist. Doch um zu überleben, muss er sich anderweitig verdingen, z. B. als Touristenführer. Am Lagerfeuer übt er schon mal „Yes Sir; No Sir; Can you see the Rhino, Sir? Yes, it's a Black Rhino, take care! Sorry Sir; Thank You Sir!"

Als wir im März 2014 mit Ranger Kohannes noch einmal in den Norden der Etosha-Pfanne fahren, stellt sich die Situation an den Gewässern ganz anders dar als 2008. Die beiden Flamingopfannen an der Nordwestgrenze sind ausgetrocknet, und auf der Oberfläche weniger feuchter Stellen haben Schwefelbakterien einen stinkenden Überzug gebildet. An der Ekumamündung finden wir jedoch bessere Bedingungen für Flamingos vor. Im Wasser leben zahlreiche fressbare, fädige Cyanobakterien und pennate Kieselalgen. Im Jahre 2008 hingegen war die Probe von nicht fressbaren Grünalgen dominiert. Eine Erklärung ergibt sich durch die Salinitätswerte: 2008 waren es 11,2 ‰, 2014 dagegen 29,0 ‰. Der erhöhte Salzgehalt hat zu einem Anstieg der Cyanobakterien geführt. Allerdings verfilzen die Blaualgen schnell, und das trockengefallene Ufer ist von ihren harten Krusten bedeckt (Abb. 6.9). Zusammenfassend kann man die Nahrungssituation für die Zwergflamingos im Etosha National Park als schwierig einschätzen, da die Hauptnahrung *Arthrospira* bislang nicht gefunden wurde und die cyanobakteriellen Nahrungsquellen potenziell giftig sein können oder durch Verfilzung in einen nicht aufnehmbaren Zustand übergehen.

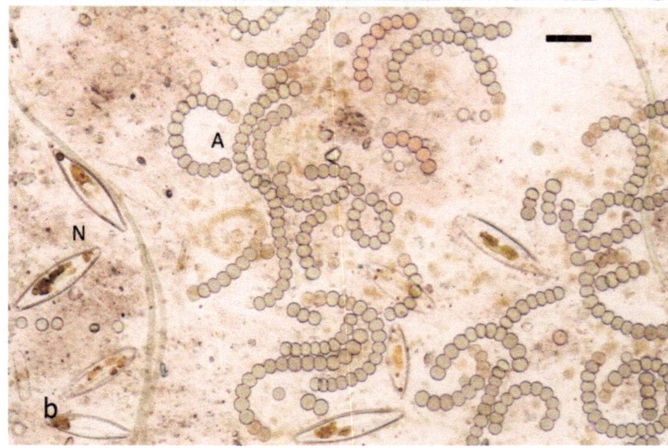

Abb. 6.9 Getrocknete Algenfladen an der Mündung des Ekuma Flusses; hierher kommen heranwachsende Zwergflamingos auf ihrer Suche nach Nahrung. (**a**) mit Ranger Kohannes; (**b**) die Algenmatten werden von *Cyanospira* (mit perlschnurartigen Reihen von Akineten [A]) und *Navicula* (N) dominiert

Die alternative Nahrung aus Diatomeen ist überall vorhanden, aber nicht in hoher Suspensionsdichte.

Simmons (1996) unterzieht die Populationsentwicklung der Zwergflamingos auf der Etosha-Pfanne einer kritischen Analyse. Insgesamt konnten in 40 Jahren (1956–1995) nur drei große Brutereignisse beobachtet werden. Alle Daten zusammengefasst ergeben für diesen Zeitraum eine Bruteffektivität von 0,04 Küken pro Paar und Jahr. Wenn man kalkuliert, dass ein Paar zwei Küken großziehen muss, um sich selbst zu reproduzieren, bräuchte es dafür 50 Jahre. Berücksichtigt man dazu noch die hohen Verlustraten bei der Aufzucht, kommt man auf eine unrealistische Zahl von 83 Jahren, denn ein Flamingo wird nur 20–50 Jahre alt. Somit ist die Population der Zwergflamingos in Etosha und im gesamten südlichen Afrika rückläufig. Um die Reproduktionsrate zu erhöhen, wurde darüber diskutiert, auf der Etosha-Pfanne eine künstliche Brutinsel zu errichten. Als Vorbild könnte die erste künstliche Brutkolonie für Rosa Flamingos in Südfrankreich dienen. Nahe der Küste des Mittelmeeres, auf einer Salzpfanne in der Fangassier-Lagune im Rhone-Delta (Camargue), haben Vogelschützer seit 1974 aus Schlamm Nester gebaut, die von den Flamingos als Bruthabitat angenommen wurden. Diese „anthropogenen" Nester existieren zusätzlich zu jenen, die von Elternvögeln gebaut werden. Seit dieser Zeit entstammen 29–47 % der hier regelmäßig ausgebrüteten Flamingos den künstlichen Nestern (Bechet und Johnson 2008).

Der Plan sah vor, im Jahre 1992 im Nordwesten der Etosha-Pfanne eine experimentelle Brutinsel zu schaffen, die während des gesamten Brutgeschäftes von salinem Wasser umgeben sein sollte. Falls die natürlichen Wasservorräte aus Niederschlägen nicht ausreichten, stünde in einer Tiefe von 80 cm ausreichend Grundwasser zur Verfügung, das von einer dichten Lehmschicht in 1,2–1,5 m Tiefe gehalten wird. Unter der Lehmschicht befindet sich eine 38 m mächtige Kalksteinschicht. Falls dieses Experiment erfolgreich sein sollte, könnte nahe des Ekumadeltas eine dauerhafte Brutinsel gebaut werden. Die Finanzierung war durch private Sponsoren abgesichert. Doch die Befürworter einer solchen Maßnahme sahen sich Vorbehalten ausgesetzt, künstliche Nester in der Etosha-Pfanne zu erbauen, um die Geburtenrate der Zwergflamingos zu erhöhen und ihren Bestand zu sichern. Das Für und Wider bestand in folgenden Argumenten (nach Simmons 1996):

- Es wurden Zweifel geäußert, ob so eine künstliche Insel für die Flamingos attraktiv sei. Die Erfahrungen in der Camargue und später am Kamfers Dam, Südafrika, zerstreuen jedoch diese Zweifel.
- Die geplante Kapazität von 4000 Brutpaaren auf einer Fläche von 100×20 m würde den Bruterfolg nicht signifikant erhöhen. Dem wurde entgegnet, dass bei 50 % erfolgreicher Nestnutzung in 10 Jahren 20.000 Küken ausgebrütet werden könnten, was in etwa der notwendigen Erfolgsrate zur Bestandserhaltung entsprechen würde.
- Es wurde angezweifelt, ob eine Synchronität mit den natürlichen Brutereignissen hergestellt werden könne, um z. B. sicherzustellen, dass in der Massen-Balzphase auch für die künstliche Insel genügend „interessierte" Vögel rekrutiert werden. Doch es ist bekannt, dass die Vögel auch ohne vorhergehende Balz brüten könnten.
- Die Nahrungsverfügbarkeit sei in der Nähe der Insel nicht gesichert. Doch es ist auch an anderen Standorten (Natronsee, Rann of Kutch) notwendig, dass die Elternvögel weite Stecken zur Nahrungssuche zurücklegen müssen. Auf der Etosha-Pfanne wären durch die weit verzweigten Wasserarme des Ekuma und die Quellgebiete, z. B. Okandeka und Springbokfontein, zusätzliche Nahrungsgründe in Flugnähe. Ob diese Möglichkeiten den Bedarf decken, muss erst durch die Praxis bestätigt werden.
- Prädatoren könnten die Brut gefährden. Als Gegenargumente wurde aufgeführt, dass die Marabupopulation in

Etosha im Vergleich zu Ostafrika klein ist, und Fraßfeinde aus der Gruppe der Säugetiere (z. B. Schakale) durch das umgebende Salzwasser abgehalten würden, denn sie fänden genügend Trinkwasser und Beute an den natürlichen Süßwasserquellen.

- Erdbewegungen könnten Anthraxbazillen an die Oberfläche bringen und das Infektionsrisiko erhöhen. Dem stehen Befunde von Turnbill et al. (1989) entgegen, dass stehende Gewässer und Lehmgruben kein gefährliches Anthraxreservoir darstellen.
- Aktive Einflussnahme auf Tiere und ihre natürlichen Fortpflanzungszyklen würden der Ethik des Schutzgedankens widersprechen. Dies ist eines der Hauptargumente der Gegner. Doch ironischerweise gibt es im Etosha National Park und auch anderen Parks des südlichen Afrikas viele Beispiele, wie der ursprüngliche Charakter durch zahlreiche Maßnahmen unterlaufen wird: Künstliche Wasserlöcher werden aus Tiefbrunnen beschickt, Zufahrten für das Touristengeschäft geschaffen, Einzäunungen als Schutz vor diversen Einwanderern und Wilderern gebaut, an Tieren wird künstliche Besamung oder Sterilisation vorgenommen, Tiere werden gefangen, umgesiedelt oder verkauft. Somit wäre es logischer, eine von der Brutinsel beanspruchte Fläche von 0,0128 km^2 im Vergleich zur Gesamtfläche der Etosha-Pfanne mit 4800 km^2 nicht überzubewerten.

Leider ist bislang keine künstliche Brutkolonie für Flamingos in der Etosha-Pfanne erbaut worden. So war es den Vogelschützern vom Kamfers Dam in Kimberley, Südafrika, vorbehalten, die erste erfolgreiche Brutkolonie für Zwergflamingos im südlichen Afrika zu errichten (Anderson 2008).

6.3   Südafrika – Pink Diamonds

Wir tragen die Wunder in uns, die wir außen suchen. Ganz Afrika und seine Wunder sind in uns. (Laurens van der Post, zitiert nach Peter Ammann 2006, Mythisches Feuer)

Frank Koch, mein Freund aus Köthener Zeiten, jetzt Entomologe am Naturkundemuseum Berlin, hat mir 1999 – anlässlich seiner Forschungsreise zu den Hautflüglern (Bienen, Wespen und Co.) Südafrikas – angeboten, mich mit Binnengewässern der nordöstlichen Provinzen des Landes vertraut zu machen. Das Team wurde durch die pensionierte Kollegin Ursula verstärkt. Sie war ebenfalls Entomologin, und speziell an Wanzen interessiert. Frank bevorzugte für seine Insektenfänge sogenannte Malaisefallen, von denen er bis zu 20 Stück entlang eines Gradienten ausgewählter Umweltverhältnisse in der Nähe von Hecken aufbaute. Die zeltartigen, schwarz-weißen Fallen besaßen keine Außenwände, sondern nur eine Innenwand, auf die die Insekten prallten, wenn sie ungestüm um die Hecke geflogen kamen. Der vermeintliche

Weg in die Freiheit, zum Licht, nach oben, endete in einem Tötungsglas mit Chloroform. Ursula nutzte eine andere Taktik für den Wanzenfang. Sie schlug mit einem Knüppel auf die Büsche und fing die herabfallenden Insekten mit einem Regenschirm auf. Den Schirm hielt sie mit der konkaven Seite nach oben. So fielen die Opfer in einen schüsselförmigen „Rettungsschirm". An allen stehenden und fließenden Gewässern hielten wir an. Während meine Kollegen die Zeit nutzten, schnell mal mit dem Insektenkescher auf Fang zu gehen, hatte ich Gelegenheit, mein Planktonnetz auszuwerfen. Die im Netz angereicherten Algen nutzte ich sowohl im lebenden wie im fixierten Zustand. Das war mein erster Forschungsaufenthalt in Afrika, mit dem Ergebnis einer schweren Infektion durch den „Afrikavirus".

Unser gemischtes Team erregte aus verschiedenen Gründen Interesse bei den einheimischen Zulus, vor allem wegen der ungewöhnlichen Fangausrüstung und ihres Einsatzes. So wundert es nicht, wenn abends an den Kochfeuern phantasievolle Schilderungen die Runde machten, die ungefähr so geklungen haben müssen: Da draußen läuft eine Alte herum, die auf die Büsche klopft, um die Geister rauszuscheuchen. Mit einem Regenschirm werden die dann eingefangen und in Flaschen gefüllt. Ihre beiden Jungs sind nicht ganz bei Troste. Der eine stellt kaputte Zelte auf, ohne Innenraum und freut sich, wenn daran Fliegen und Motten Kobolz schießen. Der andere wirft eine Zipfelmütze ins Wasser, zieht sie an einer Leine wieder heraus, ohne darin was Brauchbares zu fangen, außer dicker blaugrüner Brühe. – Solch verrückte Typen hat man hier noch nicht gesehen, und alle hoffen, dass sie noch lange ihren wirren Müßiggang treiben und weiter zur allgemeinen Erheiterung beitragen.

Wir kamen an Gewässer, die schon unsere „Klassiker" studiert hatten. Der Schweizer Arzt und Hydrobiologe Gottfried Huber-Pestalozzi (1877–1966), Herausgeber und Autor einer Reihe der wichtigsten Handbücher zur Bestimmung von Algen (*Das Phytoplankton des Süßwassers*), bereiste das Gebiet von September bis November 1926 und war von der Vielfalt der Flachgewässer und ihrer immensen Bedeutung für das wasserarme Land beeindruckt. Das größte seiner Untersuchungsgewässer stand auf unserem Probenplan: das Chrissiemeer in der Provinz Mpumalanga. Es ist ein Vley – so nennt man in Südafrika periodische oder permanente Flachgewässer natürlichen Ursprungs mit hohem Gehalt an Mineralien und pflanzlichem Detritus. Das teichartige Gewässer hatte am 06.11.1926 eine respektable Ausdehnung von 2–3 km Länge, 1 km Breite, aber nur wenigen Zentimetern Tiefe. Als wir, 73 Jahre später, am 14.11.1999, dort auftauchten, war das Vley nur noch halb so groß und hatte einen breiten sumpfigen Saum.

Huber-Pestalozzi (1929) schrieb „Mein Buschmannboy musste wegen des flachen Bettes dieses Teiches weit hinauswaten, um mit dem Wurfnetz brauchbares Material zu holen." Interessanterweise ist das Chrissiemeer eng mit der Geschichte der Buschleute verbunden, und möglicherweise war Gottfrieds Assistent ein Nachfahre der San vom Chrissiemeer. Bis ins 19. Jahrhundert führten die Buschleute hier ein zurückgezogenes Leben. Sie bauten Plattformen aus Schilf, die auf dem Wasser schwammen. Darauf konnten sie sich, von den umgebenden Wasserflächen geschützt, verbergen, wenn Gefahr drohte.

Offenbar liegt am Chrissiemeer der Ursprung meiner Vorliebe für Wasserproben, die erst hart erarbeitet werden müssen: Auf der Anfahrt geht es durch wildes Terrain, die Wasserfläche ist schwer erreichbar, weil von einem schlammigen Ufersaum geschützt. Wenn ich mich dann soweit durch den Morast vorgearbeitet hatte, dass ich den Wasserschöpfer mithilfe einer Teleskopstange ins Wasser tauchen konnte, machte sich ein befriedigendes Gefühl in mir breit. Eine gute Möglichkeit, es schätzen zu lernen, wenn man von einem Steg oder Boot aus Proben nehmen kann.

Im Jahre 2005 hatte ich Gelegenheit, nochmals nach Südafrika zu reisen. Zusammen mit Doris nahm ich am 8. Internationalen Phykologenkongress in Durban teil, um einen Vortrag über die Nahrung der Zwergflamingos zu halten. Darin nahm ich zum Nachweis von Cyanotoxinen und ihrer möglichen Beteiligung am Massensterben der Zwergflamingos in Ostafrika Stellung. Interessanterweise war der Vortrag in jener Sitzung platziert, in der es um Massenkulturen von „Spirulina" (*Arthrospira*) und ihrer Nutzung ging. Ich war darauf gespannt, was wohl die Alphatiere der Massenkulturszene dazu sagen würden, dass wir einige Isolate von *Arthrospira* kultiviert hatten, die Cyanotoxine enthielten, und welche Konsequenzen das für die Vermarktung dieses „Superfoods" haben könnte. Bisher schien es, als ob man sich solcher Gefahr nicht bewusst sei. Doch die „Spirulina"-Protagonisten blieben kühl und ließen sich nicht aus der Reserve locken. Ohne subtile Fragen ging es in der Tagesordnung weiter.

Nach dem Kongress versuchten wir, in der Provinz Kwazulu-Natal, den Flamingos in Küstennähe, im St.-Lucia-Wildreservat, auf die Spur zu kommen. Doch wir wurden leider nicht fündig, auch nicht mithilfe der einheimischen Birder. Unweit des Ästuars von St. Lucia befindet sich das Mkuzi-Wildreservat, indem wir ein Safarizelt buchten. Diese Bleibe ist gut ausgestattet mit Holzfußboden, Betten, Regalen, einem Schrank, Sitzgelegenheiten und Beleuchtungseinrichtungen. Zwischen dem Wohnzelt und der Nasszelle mit Dusche befindet sich ein mit Reißverschlüssen abgesicherter Übergang aus Zeltplanen.

Am Nachmittag unternehmen wir mit unserem Mietwagen eine Fahrt durch das Reservat und beproben mehrere Wasserstellen. Vor unserer Abfahrt schließen und sichern wir alle Reißverschlüsse am Zelt nach bestem Gewissen. Als wir zurückkommen, empfangen uns unsere Nachbarn, um uns vorsichtig darauf vorzubereiten, dass sie eine Horde Affen aus unserem Zelt vertreiben mussten. Die dominierenden Primaten von Mkuzi, die Paviane, haben uns einen Streich

gespielt. An der Übergangszone zwischen Wohn- und Nasszelle hatten sie einen Verschluss gefunden, den sie öffnen konnten, und waren ins Zelt eingedrungen. Was wir vorfinden, ist abstoßend. Auf der Suche nach was Essbarem haben die Paviane Kleidung und Ausrüstung aus den Reisetaschen gezerrt. Offenbar sind sie dabei, wie es sich für Herrentiere geziemt, in einen handfesten Streit verfallen, den man austrägt, indem man sich mit Fäkalien beschmeißt. Die stinkenden Klumpen sind im ganzen Zelt und auf unseren Habseligkeiten verstreut. Offenbar wurden sie mehrfach verwertet, immer wieder aufgegriffen und erneut im Raum verteilt. Die Luft ist miefgeschwängert. Alles ist beschmiert. In den Ritzen der Holzdielen sind cremige Dungpartikel von den Kämpfern festgetreten worden. Auf den Regalen finden sich bunt schimmernde Häufchen mit rötlichen Fruchtschalenresten darin. An den Zierleisten der Schränke kleben tropfende Kotklumpen. Es hilft nichts, wir müssen uns Zentimeter für Zentimeter durch das Zelt arbeiten, alle auch noch so kleinen Kotpartikel aufsammeln, mit Pappestreifen aus den Ritzen schaben, aufwischen und nochmals nachwischen und unsere Klamotten einer zweistufigen gründlichen Handwäsche unterziehen. Ein ekelerregendes, aber glückbringendes Tagwerk, wie man sagt.

Am nächsten Morgen sehen wir Paviane am Kumazinga Hide in disziplinierten Gruppen zum Trinken kommen. Es ist trocken zu dieser Jahreszeit, und das Leben der Tiere spielt sich nahe der wenigen Wasserstellen ab. Wie sie sich vorsichtig über das Wasser beugen und in maßvollen Zügen das Wasser aufsaugen, graziös ihre roten Hinterteile nach oben streckend, lässt auf gute Erziehung der Pavainfamilie schließen. Sie machen ihr schändliches Werk vom Vortag vergessen, und es scheint, als wollten sie uns die nun einsetzende Tierprozession als Entschädigung präsentieren. Wir können es gar nicht fassen, eine Tiergruppe nach der anderen kommt zum Trinken. Zebras, Nyalas, Impalas, Gnus, Kudus und als Höhepunkt zwei halbwüchsige Nashörner, die sich wie Models in 10 m Entfernung vor unseren Kameras drehen. Und wie soll es anders sein? Vögel über Vögel – Ringeltauben, Perlhühner, Bulbuls, Ibisse und bunte Turakos als Abgesandte des Phönix. Doris schießt ein Foto, das ich nutzen kann, um den Konflikt eines Biologen zu illustrieren, der eine Entscheidung fällen muss, ob er sich mehr den Vögeln oder mehr den Algen widmen sollte. Das Bild zeigt einen wunderschönen Lärmvogel, Violetthauben-Turako (*Gallirex porphyreolophus*), der sich auf dem Schlamm niedergelassen hat. Dicht neben ihm wachsen auf der feuchten Oberfläche schmutzigblaue Cyanobakterien und grüne Chlorellen (Abb. 6.10). Soll ich mich nun auf Vögel oder Algen konzentrieren? Trotz der faszinierenden Ausstrahlung des Vogels bin ich den Algen treu geblieben, habe aber das Angenehme mit dem Nützlichen verbinden können, indem ich mich auf die Nahrungsbeziehung des Zwergflamingos mit den Mikrophyten eingelassen habe.

Abb. 6.10 Violetthauben-Turako an der Wasserstelle mit Cyanobakterien und Grünalgen auf der feuchten Erde. Diese Szene symbolisiert den Konflikt des Autors bei der Wahl seines Forschungsschwerpunktes: Algen oder Vögel? Besser: Algen und Vögel! (Foto: Doris Krienitz)

Eine dritte Reise nach Südafrika führte uns 2012 an den Kamfers Dam in Kimberley. Dieses Gewässer gehört zu jenen sechs Gebieten in der Welt, die von den Zwergflamingos als Brutplatz genutzt werden. Es ist das einzige Brutgebiet, das künstlich geschaffen wurde. Ursprünglich war das Gewässer ein periodisches Vley, doch seit 1970 wird es als Abwasserteich für die städtischen Abwässer genutzt und führt seitdem ständig Wasser. Hohe Nährstofffrachten und salziges Wasser ermöglichten massenhaftes Wachstum von *Arthrospira*, das Zehntausende von Zwergflamingos anlockte. Einige begannen, am Ufer Nester zu bauen, jedoch wurde das Brutgeschäft von Menschen und ihren Haustieren gestört. Die Vogelschützer der Organisation BirdLife Southafrica unter Leitung ihres Direktors Mark Anderson beschlossen, den Zwergflamingos eine künstliche Brutinsel zu bauen (Anderson 2008). Im Stausee wurde ein Damm aufgeschüttet. Freiwillige Helfer formten aus Lehm mehr als 1000 kraterförmige Stümpfe als Basis für Flamingonester. Die Vögel nahmen das Angebot an. Im Jahre 2008 brüteten erstmals Tausende Zwergflamingos am Kamfers Dam. Die Brutsaison begann im Oktober und endete im April des Folgejahres. 2009 kamen 13.000 Zwergflamingoküken in Kimberley zur Welt, und 2010 waren es noch mal 1800 (Anderson und Anderson 2010). Die Ornithologen installierten Webkameras in der Nähe der Flamingoinsel und übertrugen im Internet die Brutaktivitäten der Zwergflamingos. Den Flamingofreunden weltweit wurde so demonstriert, dass sie die Hoffnung nicht aufgeben sollen. Zwergflamingos sind anpassungsfähiger als ursprünglich angenommen. Sie können auch in weniger abgeschiedenen Gebieten brüten und nehmen künstliche Brutplätze an.

Ein Problem hatten die Flamingoküken vom Kamfers Dam allerdings: Im Alter von 3–4,5 Monaten wurden 30 % der Jungvögel von den Vogel-Pocken (*Avipoxvirus*) befallen.

Als Überträger wurden stechende Insekten vermutet. Dieser Erreger ist schon bei 232 Vogelarten nachgewiesen worden, doch hier handelte es sich um den Erstnachweis für den Zwergflamingo. Die Krankheit kommt in zwei Formen vor: einer kutanen Form mit warzigen Läsionen der Haut an allen unbefiederten Stellen des Körpers und einer Diphtherie-artigen Form mit Befall des Atmungstraktes. Glücklicherweise handelte es sich bei den Befunden am Kamfers Dam um die erstgenannte Form, die nach einiger Zeit abheilte (Zimmermann et al. 2011).

Nach drei Jahren wurde der Bruterfolg der Zwergflamingos am Kamfers Dam durch äußere Bedingungen unterbrochen. Starke Regenfälle fluteten Anfang 2011 die Brutinsel. Ausserdem wurden geklärte und ungeklärte Abwässer der schnell wachsenden Stadt Kimberley eingeleitet. Dies führte zur Verdünnung des salzhaltigen Wassers. Das Wasser war ungenügend gereinigt, so dass Kontaminationen mit Fäkalkeimen nachgewiesen wurden. Hinzu kamen hohe Konzentrationen von Ammonium (Beangstrom 2011; Hill et al. 2013). Die Zwergflamingos konnten 2011 und 2012 nicht brüten. Die Mitarbeiter von BirdLife wandten sich an die internationale Fachwelt, den Schutz der Zwergflamingos am Kamfers Dam zu unterstützen. Wir wollten helfen, indem wir die Algenflora des Flamingogewässers analysierten, um sie mit unseren Befunden aus Ostafrika und Indien zu vergleichen. Vielleicht ließen sich daraus Schutzstrategien ableiten, wie die Nahrungsgrundlage der Zwergflamingos erhalten werden könnte.

Im Januar 2012 fliegen wir nach Kimberley. Wir sind auf dem Weg zu den Diamanten in mehrfacher Hinsicht. Natürlich waren es die „Pink Diamonds", die Flamingos, die uns zu dieser Reise ins weitentfernte Südafrika verlockt haben. Aber Kimberley hat noch weitere Diamanten zu bieten. Kimberley ist die Diamantenhauptstadt Südafrikas. Zwischen den Abwasseranlagen und Kamfers Dam befindet sich das „Flamingo-Casino", eine Zweigstelle von „Sun City", in der man in einer Nacht seinen ganzen Diamantenbesitz verspielen kann. Man denkt an Frauen von Werbeplakaten in atemberaubend engen Kleidern, die wie geschliffene Diamanten verführerisch glänzen. Das schöne Geschlecht ist hier in Südafrika in allen Hautfarben vertreten. Das Casino ist ein Schmelztiegel der menschlichen Rassen, die ein Ziel eint: Gewinnen!

Um „Milieustudien" im „Flamingo-Casino" zu betreiben, quartieren wir uns im zugehörigen Hotelkomplex, der „Road Lodge" ein. Diese Bettenburg für Spielernaturen liegt im Norden Kimberleys an der Ausfallstraße nach Johannesburg, wenige Hundert Meter vom Kamfers Dam entfernt. Ab und zu fliegen ein paar Flamingos vorbei. Die Zimmer sind eng. Die Temperatur ist drückend heiß, und die Klimaanlage scheint die extreme Sommerhitze nur umzuwälzen. Man möchte sich nicht lange im Hotel aufhalten, sondern gleich zur Sache, zum Casino, kommen. Am Eingang des Casinos fällt ein Springbrunnen auf, dessen Wasser- und Lichteffekte einen Schwarm metallener Flamingos umspielen

Abb. 6.11 In Kimberley, der Diamanten- und Flamingohauptstadt Südafrikas. (**a**) Werbung mit den „Pink Diamonds" für das Flamingo-Casino der Stadt; (**b**) Flamingodenkmal am Casino von Kimberley

(Abb. 6.11). Man passiert eine Sicherheitskontrolle. Fotografieren ist im Casino nicht erlaubt – die Glückssucher müssen sicher sein, nicht auf kompromittierenden Fotos im Internet zu landen. Kinder unter 18 Jahren haben im Casino nichts zu suchen. Doch keine Bange, Eltern können beruhigt mit ihren Kindern anreisen. Man kann die kleinen Quälgeister in einem Gebäudetrakt nahe des Eingangs abgeben. Dort können sie sich kostenfrei mit den neuesten Computerspielen vertraut machen. So wird ganz nebenbei für Spielernachwuchs gesorgt.

Nun tritt man in die weite, hohe, gedämpft ausgeleuchtete Spielhalle des Casinos. Wir haben als Zeitpunkt den Samstagabend gewählt, um gewissermaßen den Höhepunkt des „Saturday-Night-Feavers" abzupassen. Doch schon der erste Eindruck ist ernüchternd. Die Halle ist lediglich mit ein paar Dutzend Menschen gefüllt, wobei die Damen mit den engen, diamanten glänzenden Kleidern eindeutig in der Minderzahl sind. Es sind eher die Menschen wie du und ich, die hier dominieren, Alte, Junge, Dicke, Dünne, Schöne und weniger Schöne. Auch die Kleidung trägt kaum festliche Züge. Die meisten Glückssucher sitzen versunken an einem der in langen Reihen angeordneten funkelnden Spielautomaten, die

eine Kakophonie dudelnder und klimpernder Töne von sich geben. Zentral eingespielte Rhythmen von Popmusik unterlegen das Tonchaos. An der Peripherie der Automatenzone sind ein paar Tische aufgestellt für Roulette und Black Jack. Die daran sitzenden Spieler vermitteln den Eindruck, als verstünden sie kaum etwas von den Regeln. Die Croupiers haben den lustlos einige Randscheine oder Jetons über den Tisch schiebenden Akteuren eine Menge zu erklären. Der Mindesteinsatz beträgt 5 Südafrikanische Rand, was etwa 50 Eurocent entspricht. Eine mutige afrikanische Dame mit überdimensionaler Sitzfläche wirft 60 Rand auf den Tisch und wartet gespannt, was die Spielleiterin, die offensichtlich einem Buschmannstamm angehört, wohl dazu sagen würde. Ein zerknitterter Weißer hat sich in diese Spielergruppe eingepasst, zögert aber noch mit seinem Einsatz. Wir spüren inneres Gelächter bei dieser Szene, die vor 25 Jahren, als noch Apartheit im Lande herrschte, undenkbar gewesen wäre.

Auch wir beherrschen die Regeln nicht und ziehen es vor, Abstand zu den Automaten und Spieltischen zu wahren. Wir begeben uns in die benachbarten Räumlichkeiten. Hier kann man seine Gewinne oder seinen Kummer über Verluste gleich in Kalorien oder Souveniers umsetzten. Wir stärken uns im Restaurant, dessen Wände mit Fotos aus der diamantenen Gründerzeit Kimberleys bestückt sind: sich auf dem Minengelände drängende Menschen auf der Suche nach diamantführendem Gestein, der mit Ochsenkarren überfüllte Markplatz von Kimberley, gut gekleidete, geschäftsmäßig blickende Herren mit Hüten und Westen und ihre Kurtisanen in ovalen Bilderrahmen …

Hinter dem Restaurant beginnt der Teil des Casinos mit den „conference facilities". Hier ist es an diesem Abend menschenleer. Die noble, stille Atmosphäre dieser Räumlichkeiten steht im Gegensatz zur Spielhalle. Die einzelnen Tagungsräume sind mit „Flamingo" A, B und C bezeichnet. In ihnen finden dann wohl Treffen statt, bei denen es nicht nur um 60 Rand geht. Müde und ernüchtert von den wirren Eindrücken, die wir vom „Flamingo-Casino" gewonnen haben, begeben wir uns in unser überhitztes, schweißtreibendes Zimmer in der „Road Lodge".

Die nächsten Tage sollen uns kurze Eindrücke über die ältere und jüngere Geschichte dieser dornigen Halbwüstenregion und ihrer Schätze vermitteln. Es wird sich zeigen, in welch engem Zusammenhang „unsere" Zwergflamingos vom Kamfers Dam zu ihrer menschlichen Begleitfauna stehen.

Wir blicken auf eine Kuppe am Wildebeest Kuil, die mit Basaltbrocken übersät ist. Hier haben vor 1000 bis 2000 Jahren Schamanen der Buschmänner mehr als 400 mythische Tier- und Menschenbilder in die Steine eingraviert; die Historiker bezeichnen sie als Petroglyphen. Ein Projekt der San und Khoi-Stämme hat hier, 15 km nordwestlich von Kimberley, ein „Rock Art Centre" geschaffen, um diesen kultischen Platz zu schützen und für die Bewahrung ihrer Kultur zu nutzen. Auf schmalen Pfaden wandern wir in der flirrendheißen Luft durch die trockene Landschaft zwischen stacheligen Gräsern und Halbsträuchern hindurch, an kuppelförmigen Termitenbauten vorbei. Die Basaltbrocken haben eine braune Oberfläche, aber wenige Millimeter darunter schimmert sie blau-grün. Diese verschiedenen Schichten dienten als Grundlage für die Petroglyphen, die im Laufe der Jahrhunderte durch Verwitterungsprozesse eine Patina angelegt haben. Wir balancieren zwischen den Steinen hindurch und betrachten die verschiedenen Gravuren in der Größe von 10–40 cm. Besonders schön erhalten sind Darstellungen der Elenantilope, des Elefanten und des Nashorns. Auch eine Gruppe tanzender Menschen ist erkennbar.

In der Ferne blinkt eine Wasserfläche, an der einige Hundert Flamingos Rast machen. Solche Gewässer entstehen nach reichlichem Regen in der Halbwüste zwischen Kalahari und Karoo und verdampfen nach wenigen Monaten. Dabei versalzen sie und bilden willkommene Nahrungsgründe für die Vögel. Vielleicht haben die Salzpfannen die Künstler vor Tausend Jahren angeregt, auch Flamingos auf die harte Basaltoberfläche zu gravieren? Derartige Flamingobilder sind zum Beispiel aus Twyfelfontein in Namibia bekannt. Könnte es uns gelingen, hier nahe des Kamfers Dam fündig zu werden? Bafana, unser Petroglyphen-Führer, ruft uns zu einem Stein, auf dem eindeutig ein Vogel mit einem langen Hals abgebildet ist. Ist es ein Strauß oder ein Flamingo? Ähnliche Zweifel überkommen uns bei einer zweiten Darstellung. Hals- und Schnabelform sprechen für Flamingos, Körperform und gedrungene Beine eher für Strauße (Abb. 6.12). So ist es tröstlich von Bafana zu hören, dass es hier nicht um eine naturgetreue Darstellung ging, sondern vor allem um eine spirituelle Wahrnehmung und Deutung der Natur als Weg zur Lösung der Probleme der Buschmänner in ihrem harten Überlebenskampf. Es ist also berechtigt, von einer Kombination der Stärken beider Vogelarten auszugehen. Wir schlussfolgern, vom wissenschaftlichen Standpunkt aus gesehen haben wir keine Flamingodarstellung vor uns, aus spirituellem Blickwinkel erscheint es jedoch möglich,

Sinnbildern unserer „Leitvögel" gegenüberzustehen. Zumindest beflügeln diese von steinzeitlichen San-Künstlern geschaffenen Vogeldarstellungen unsere Phantasie.

> Bring me my bow of burning gold
> Bring me my arrows of desire!
> (Bring mir meinen Bogen aus brennendem Gold
> Bring mir meine Pfeile des Verlangens!) (Übersetzung L. K.)

Der südafrikanisch-britische Schriftsteller Sir Laurens van der Post (1906–1996) trat in seinen Werken für die Gleichberechtigung von schwarzen und weißen Menschen ein. Besonders intensiv war seine Zuneigung zu den San. Mit diesem Ausruf eines Buschmanns drückt er in seinem Buch *The heart of the hunter* (van der Post 1961) die außerordentliche Bedeutung des ersten, von einem Buschmann geschaffenen Werkzeugs zur Überwindung von Distanzen aus, die sich weit von seinem eigenen Körper entfernen. Bogen und Pfeile sind im Leben eines Buschmanns zwar auch für die Beschaffung von Nahrung nötig, aber vor allem haben sie eine spirituelle Dimension im Austausch des Individuums mit seiner Umwelt, den freien Flug der Vögel nachahmend.

Doch hier ist kein Platz für Romantik, denn von der Kultstätte mit den Steingravuren an der Wildebeest Kuil bis nach Platsfontein sind es nur knapp 4 km. An diesem weitgehend unbekannten, aber denkwürdigen Ort finden wir Zeitzeugen eines der unrühmlichsten Kapitel in der Geschichte der San. Hier haben ehemalige Mitglieder des sogenannten Buschmann-Batallions und ihre Familien ihren vorerst letzten Rückzugsort gefunden. Seit Jahrhunderten wurden die San als Ureinwohner in ihren Heimatregionen im südlichen Afrika in eine defensive Rolle gedrängt, und zwar nicht nur von den weißen Kolonialherren, sondern auch von den schwarzen Stämmen. Durch deren Repressalien ist es zu einer Feindschaft zwischen den Buschleuten und den schwarzen Kulturen gekommen. Diese Feindschaft wurde von Portugiesen und Südafrikanern geschürt, indem sie Kollaborateure aus den Reihen der San rekrutierten und gegen Befreiungsbewegungen einsetzten.

Als die Portugiesen Angola 1974 verließen und schwarze Gruppierungen einen blutigen Machtkampf entfesselten, flüchteten die San nach Südwestafrika. 1975 versuchten die Südafrikaner im sogenannten Burenkrieg in Angola Fuß zu fassen und warben San als Söldner an (Dornseif, ohne Jahr). Im „Camp Omega" im Caprivistreifen am Ufer des Okawango, dem Grenzfluss zwischen Angola und Südwestafrika, wurden etwa 840 Buschmannsoldaten mit 900 Frauen und 1500 Kindern stationiert. Im Laufe der Jahre stieg die Zahl der Buschleute im „Camp Omega" auf 7500 Personen. Dieses Camp unterstand den South African Defence Forces (SADF) und wurde als „Familienbetreuung" verstanden. Während die Männer in den Krieg zogen, die Frauen im Camp unter Anleitung der Südafrikaner die Selbstversorgung durch Ackerbau und Viehzucht übernahmen, wurden

Abb. 6.12 Petroglyphen und moderner Flamingokitsch. (**a**) Gravur eines Vogels in Basalt am Wildebeest Kuil; (**b**) Flamingo-Miniatur vom Juvelier an der ehemaligen Diamantenmine

die Kinder in Militärschulen ausgebildet. Die Wappen der Buschmannsöldner zeigten scharfäugige Krähen und gespannte Bögen. Neben den traditionellen Fähigkeiten als Späher und Spurenleser wurden die Buschmänner als Infanteristen eingesetzt und dafür in langwierigen Ausbildungen an den Gebrauch moderner Schusswaffen herangeführt. So wurden sie nach und nach ihrer Kultur des Friedens und des Einklangs mit der Natur entfremdet. Als Kollaborateure der verhassten Weißen hatten sie nie eine Chance, nach Angola zurückzukehren. Später wurden sie im namibischen Befreiungskrieg gegen die South West African People Organization (SWAPO) eingesetzt.

So verwundert es nicht, dass die Buschleute nach Beendigung der Kriege räumlich und mental entwurzelt waren. Als es in Verhandlungen der Regierungen Südafrikas und Namibias mit den Buschleuten um deren zukünftige Ansiedlung ging, entschieden sich die meisten San für eine südafrikanische Staatsangehörigkeit. Ende 1989 wurden die San aus dem Buschmannbataillon und ihre Familien in eine Zeltstadt am Fluss Vaal bei Schmidtsdrift, 70 km westlich von Kimberley, umgesiedelt. Unter den Provisorien in den undichten, vom Wind zerfetzten Zelten begann ein anderthalb Jahrzehnte langer Leidensweg, der erst durch die Schaffung der Ansiedlung Platsfontein endete. Nun gilt es, Eigenständigkeit, menschenwürdige Unterkunft, Ausbildung, Nahrungs- und Gesundheitsversorgung in der neuen Heimat zu sichern. Ein Platz für die Wahrung des kulturellen Erbes ist die Kultstätte an der Wildebeest Kuil. In Kimberley selbst begegnet man auf Schritt und Tritt Gesichtern, die zeigen, dass San-Blut in ihren Adern fließt. Dennoch hat ein starker Vermischungsprozess der Kulturen eingesetzt. Unser Petroglyphen-Führer Bafana bemerkt gelassen, dass es im Raum Kimberleywohl kaum noch reinstämmige Buschleute gebe.

Für Kimberley ist das Schicksal der San nur eine kleine, nebensächliche Facette der Geschichte der Stadt. Nachdem im Jahre 1866 der erste Diamant zufällig von Kindern weißer Siedler als besonderer „Kieselstein" am Fluss gefunden und später an einen Handelsreisenden verschenkt wurde, der ihn einem Fachmann zur eindeutigen Identifizierung zuführte, gab es kein Halten mehr. Der Stein hatte 21 Karat und wurde „Eureka" getauft. Nachdem weitere hochkarätige „Tränen der Götter" gefunden wurden, setzte ein beispielloses Diamantenfieber ein, das Kimberley begründete, zum Zentrum der industriellen Revolution in Südafrika machte und Zehntausende abenteuerlustige Digger anlockte, die unter unsäglichen Bedingungen ihre Grabungen auf der größten Diamantenfundstelle der Welt durchführten. An die Spitze der „Nahrungspyramide" setzten sich so schillernde Gestalten wie der Brite Cecil Rhodes (1853–1902), der Begründer der De Beers Company und Einpeitscher der imperialen britischen Bestrebungen im südlichen Afrika, sowie der deutsche Industrielle Ernest Oppenheimer (1880–1957), der erste Bürgermeister von Kimberley. Als im Jahre 1914 dieses

Minenfeld geschlossen wurde, waren 14.504.566 Karat (2,9 t) Diamanten abgebaut und 22.500.000 t Erd- und Gesteinsmassen bewegt worden, so dass eines der größten von Menschenhand gegrabenen Löcher der Welt entstand, das man heute noch unter der treffenden Bezeichnung „Big Hole" als Wahrzeichen der Stadt Kimberley besichtigen kann. Eine Aussichtsplattform am Rande der „Big Hole" bietet die Möglichkeit, einen Überblick über die beeindruckenden Ausmaße zu erlangen: 300 m Breite, 215 m Tiefe (davon 41 m mit Wasser gefüllt).

Doris und ich sind nicht schwindelfrei. Wir nähern uns dem Geländer der Plattform nur mit Vorbehalt und mulmigem Gefühl im Bauch – doch es muss sein, denn der Blick auf das Loch ist einmalig und atemberaubend. Die Morgensonne zeichnet noch scharfe Schatten über dem bläulich schimmernden Wasserkörper, der von kraterartigen, 174 m hohen Felsen- und Geröllflanken umgeben ist. Wir stehen vor diesem unvorstellbaren, durch die Gier des Menschen entstandenem Werk. Es ist eine tiefe Wunde in der Erdkruste vor der Silhouette der Stadt Kimberley – einem pulsierenden urbanen Zentrum, das hier aus dem geöffneten Schoß der Mutter Erde geboren wurde. Die Hochhäuser der Skyline sehen aus wie kleine Bausteine, und es scheint, als hätte die gesamte Stadt in diesem Loch Platz (Abb. 6.13). Wie schon bei der Erschaffung dieses Kraters kommt es heute noch zu Erdabbrüchen, die menschliches Siedlungsgebiet in den Abgrund reißt. So ist der Wahlspruch der De Beers Company, des führenden Diamanten schürfenden Konzerns, „Diamonds are forever" ein wenig zweifelhaft.

Doris feierte am Tage unseres Besuches am „Big Hole" gerade ihren 59. Geburtstag. Freunde empfahlen mir, ihr einen Diamanten zu schenken. Doch ich entschied mich anders, nämlich für eine „small hole" am Rande der „Big Hole". In der Vitrine des Diamantenladens im Besucherzentrum stand eine 8 cm hohe, colorierte Miniatur eines Flamingos, aus einer Zinnlegierung gegossen, mit Strass bestückt, von drei goldbraunen, speerförmigen Rohrkolben drapiert, so gnadenlos kitschig, dass es schon wieder witzig war (siehe Abb. 6.12b). Das Praktische an dieser Skulptur: Dank eines kleinen Scharniers in Höhe des Anus des Flamingos kann das Kunstwerk entlang der Bauchnaht aufgeklappt werden, der Blick auf das hohle Innere des Flamingoimitats wird frei, und die Beschenkte kann darüber nachdenken, welche wertvollen Kleinigkeiten sie darin aufbewahren möchte. Zwei kleine Magneten in der Brustregion nahe des Halsansatzes des Vogels sorgen für den sicheren Verschluss des „small hole"-Hohlraums.

Am Rande der „Big Hole" hat man ein interessantes Museum geschaffen, das die Atmosphäre rund um den Diamantenabbau und das Leben der Reichen und Armen in dieser Stadt in der zweiten Hälfte des 19. Jahrhunderts widerspiegelt. Wir schlendern an historischen Geschäftszeilen entlang, die vermitteln, wie elegant die Elite gekleidet

Abb. 6.13 „Big Hole", die geflutete Diamantenmine am Rande der Stadt Kimberley

war und was sie konsumierte. Es wird gezeigt, wie die Menschen wohnten und arbeiteten, in welche Kirche sie gingen und in welche Särge sie gebettet wurden. Historische Förderanlagen und Beförderungsanlagen – Kimberley war die erste afrikanische Stadt mit Straßenbahn –, Aufkaufbüros der glitzernden Funde sind zu sehen, und Kneipen, in denen der Gewinn versoffen wurde und wo Geschäfte aller Art angebahnt wurden. Es gab damals Hunderte von diesen Versorgungseinrichtungen, die in den Nächten für hochprozentige Flüssigkeitsnachfuhr und Unterhaltung aller Art unter den schrill hämmernden Klängen der Pianos sorgten.

Über die ganze Stadt verteilt sind heute noch ein paar dieser Pubs aus der Pionierzeit erhalten worden. Die Bars sind mit den entsprechenden besten Spirituosen bestückt, Marken, die schon damals in die von der Hitze und dem Kimberlitstaub ausgedörrten Kehlen gegossen wurden. Wir nehmen uns am Tag vor der Abreise Zeit, um im geschichtsträchtigen Stadtteil Beaconsfield zwei dieser Etablissemants zu besuchen. An erster Stelle steht für uns natürlich das „Phoenix". Doch wir müssen feststellen, dass diese Lokalität bessere Zeiten erlebt und eine schöpferische Regenerationsphase eingelegt hat. Um dieses bekannte Hotel mit legendärem Pub häuft sich der Abfall der modernen Recyclinggesellschaft. Auch die abgewetzten schwarzen und weißen Gestalten, die auf der Staße herumlungern, lassen uns nur für kurze Zeit verweilen. Das Innere der Bar wirkt gediegen und gut organisiert, ist aber um diese Mittagszeit nur von einem Gast besucht. Ein junger, etwas aufgequollener Weißer hängt lethargisch auf dem Barhocker, ihm gegenüber hinterm Thresen ein listig blickender schwarzer Barkeeper, der alles im Griff zu haben scheint.

Wir wechseln ein paar Häuserzeilen weiter auf die freundliche Mainstreet ins besser besuchte, 1872 erbaute „Halfway House", wo einst Cecil Rhodes seine Bohnen mit Speck verzehrte. Man traf sich hier auf halbem Wege zwischen den Diamantenminen „Dutoitspan" und „New Rush" (später Kimberley-Mine, Big Hole). Auch heute noch bietet die Bar alles, was den Durst löscht, in gelassener Atmosphäre und historischem Ambiente. In der mit einem tönernen Schild gekennzeichneten „Bullshitcorner" sitzen zwei Yuppies, an ihrem Castle Lager nippend und auf ihren Tabletcomputern reibend. Über der Szene thront ein in Glas geätztes Portrait von Cecil und sein cooler Spruch: „So much to do, so little done" (So viel zu tun, so wenig geschafft). Er hat es auf seinem Sterbebett gesagt, am Ende eines 49 Jahre währenden zwiespältigen Lebens. Dieses Zitat ist oft kopiert worden, und es bestehen Zweifel, ob Rhodes wirklich der Erste war, der dieses geflügelte Wort ausgesprochen hat. Es sollen auch die letzten Worte von Alexander Graham Bell (1847–1922) gewesen sein, der die Telefonie zur Marktreife geführt und somit das Informationszeitalter eingeleitet hat. Diese „alles oder nichts" bedeutenden Worte sind nur im Zusammenhang mit dem Lebenswerk des jeweiligen Menschen zu bewerten. Vielleicht drücken sie ein bisschen Selbstkritik am Ende des Weges einer kraftvollen Person aus, die ein Leben lang unter Volldampf stand.

Unwillkürlich lassen mich die nicht in die „Halfway"-Bar passenden Tabletcomputer an einen anderen Helden und einen seiner Sprüche denken, den vor wenigen Monaten verstorbenen Apple-Titanen Steve Jobs (1955–2011): „Und dennoch ist der Tod das Schicksal, das wir alle teilen. Niemand ist jemals entkommen. Und das ist so, wie es sein sollte, denn der Tod ist höchstwahrscheinlich die beste Erfindung des Lebens. Er ist der Vertreter des Lebens für die Veränderung. Er räumt das Alte weg, um Platz zu machen für das Neue." Er hielt die betreffende Rede bereits im Jahre 2005 vor Studenten der Stanford University (Frenser 2011). Jobs' Ansicht über den Tod gilt universell, für alle Recyclingprozesse, für die der Computertechnik und für die des organismischen Lebens allgemein. Steve Jobs hat sicher die Ambivalenz seines Wirkens erkannt: Er hat durch seine Kreativität immer neue Produkte der Informationstechnologie auf den Markt gebracht und damit einerseits Innovation, aber andererseits Verschwendung gefördert. Steves Handelsvertreter haben, wie überall auf der Welt, auch die gut betuchten Afrikaner mit hochwertiger Apple-Computertechnik ausgerüstet. So können sie praktisch überall aufs Internet zugreifen und die damit verbundenen Segnungen des Informationszeitalters abrufen. Leider hat das einen verheerenden Einfluss auf die Internetcafés, die reihenweise abgeschafft werden und nun der breiten, weniger betuchten Masse nicht mehr zur Verfügung stehen. Auch uns hat die Pleite der Internetcafés betroffen. Ihr Fehlen zwingt uns nun, auf unseren Reisen zu den Flamingos, einen internetfähigen Laptop im ohnehin durch Mess- und Mikroskopierausrüstung

aufgeblähten Reisegepäck mitzuführen, um unseren Kommunikationspartnern regelmäßig zur Verfügung zu stehen. Seitdem entwickeln sich die Handgepäckkontrollen bei den Transfers auf den Flughäfen für uns zu einem schweißtreibenden „Halfway"-Intermezzo.

Wie wir zeigen konnten, ist die Stadt Kimberley ein Leuchtturm der Zivilisation. Ist auch der Zwergflamingo in der Zivilisation angekommen? Auf unseren Probefahrten zum Kamfers Dam erleben wir, dass die Flamingopopulation auf einige Tausend Individuen zurückgegangen ist (Abb. 6.14). Die Brutinsel ist immer noch vom zu hohen Wasserstand bedeckt. Unsere Algenproben machen jedoch Hoffnung. *Arthrospira* entwickelt sich in ausreichenden Mengen im Stausee. Doch es gibt Alarmzeichen. Der Salzgehalt, der für das Wachstum von *Arthrospira* nötig ist, nähert sich einer kritischen Untergrenze von 4 ‰. Interessanterweise fanden wir nicht die großzellige *Arthrospira*, wie aus den Sodaseen Ostafrikas, Bogoria und Nakuru, die einen etwa 10-mal höheren Salzgehalt haben, sondern die kleinzellige Form, die wir erstmals im Olodiensee bei Naivasha bei Salzkonzentrationen von 3–5 ‰, nachgewiesen haben.

Der Salzgehalt hat eine entscheidende Rolle für die Ausprägung der Nahrungsalgen für die Zwergflamingos. Wenn der Salzgehalt zu stark sinkt, werden die Arthrospiren von

Abb. 6.14 Kamfers Dam in Kimberley. (**a**) Zwergflamingos fliegen über ihr Refugium; (**b**) Werbung für die Initiative „Save the Flamingos"

anderen Cyanobakterien überwuchert, wie zum Beispiel die potenziell toxischen Arten der Gattung *Microcystis*, die wir erfreulicherweise nur in niedrigen Zellkonzentrationen im Kamfers Dam nachweisen konnten. Unsere Befunde unterstützen die Forderungen der Flamingoschützer, die Arbeit des Klärwerkes zu verbessern und streng zu kontrollieren sowie die Abwasserlast des Stausees zu reduzieren. Gegenwärtig werden Pläne erarbeitet, Teile des Abwassers von Kimberley in den Fluss Vaal (den Namensgeber der ehemaligen Provinz Transvaal) abzuleiten (Anderson 2015). Es bleibt nun abzuwarten, was am Kamfers Dam passiert, wenn die Insel wieder aus dem Wasser herausragt. Werden die Zwergflamingos ihr Brutgeschäft wieder aufnehmen und mit den Herausforderungen der Zivilisation fertig werden?

Unser indischer Forschungspartner kommt aus Rajasthan, jenem ariden Landstrich im Nordwesten des Subkontinents, der eine reiche Palette von Extremhabitaten, gedeihlich für *Arthrospira* und Zwergflamingos, zu bieten hat. Als mich Pawan K. Dadheech im Jahre 2001 auf dem Internationalen Phykologischen Kongress in Thessaloniki ansprach, ahnte ich noch nicht, dass uns einmal eine enge Zusammenarbeit über die Flamingoseen verbinden würde, denn unser Einstieg in dieses Forschungsthema stand noch bevor. Er fragte damals, ob er seine Studien an Cyanobakterien in unserem Labor am Stechlin als PostDoc weiterführen könne. Ich sagte zu, und 2002 kam er zum ersten Mal nach Neuglobsow. Im Laufe von mehr als 10 Jahren entstanden 13 gemeinsame Publikationen zum Thema Flamingos und über Systematik, Ökologie und Toxikologie von Cyanobakterien. Dabei brachte Pawan vor allem seine Expertise in molekular-phylogenetischen Methoden ein. In diesem Rahmen wurden zwei neue Gattungen von Cyanobakterien aus Extremhabitaten (Wüste, Sodaseen) beschrieben: *Desertifilum* und *Haloleptolyngbya*. Besondere Aufmerksamkeit widmeten wir der Gattung *Arthrospira* aus Aufsammlungen auf drei Kontinenten. Im Jahre 2007 organisierte Pawan mit seinen Kollegen einen Workshop in Ajmer über die Bedeutung von *Arthrospira* für die menschliche und tierische Ernährung, verbunden mit Feldtrips zu wichtigen Standorten cyanobakterieller Massenentwicklungen.

An dieser Stelle soll auf drei Standorte näher eingegangen werden, die eine zentrale Rolle bei unseren Untersuchungen in Indien spielten: den Little Rann auf Kutch, eine Salzpfanne, auf der die meisten Zwergflamingos Indiens geboren werden, den Salzsee Sambhar mit seinen zahlreichen Evaporationsteichen und assoziierten Gewässern als Quelle von *Arthrospira* sowie den oberen und mittleren Lauf des Flusses Ganges mit seiner reichhaltigen Algenflora und den religiösen Wirkungsplätzen des Feuervogels *Garuda*.

Die Frage, ob es sich bei der indischen Flamingopopulation um einen „Ableger" einer ursprünglich geschlossenen Population mit Kernzone in Afrika handelt, ist noch weitgehend offen. Doch unlängst ist es einem internationalen Wissenschaftlerteam aus Indien, Italien und Großbritannien gelungen, mithilfe molekularer Methoden einen genetischen Austausch zwischen den indischen und den afrikanischen Populationen nachzuweisen. In dieser Studie wurden ausgewählte Gene von 69 Zwergflamingos untersucht. Dafür wurde am Bogoriasee (Kenia) Blut von 33 Vögeln entnommen, und am Rann of Kutch (Indien) wurden 36 Individuen beprobt. Pro Generation, d. h. innerhalb eines Zeitraums von 25 Jahren, wurden 2–3 Migranten nachgewiesen (Parasharya et al. 2015). Somit war der erste Beweis für eine interkontinentale Migration der Zwergflamingos erbracht.

7.1 Little Rann of Kutch – Koexistenz auf dem Prüfstand

Our excitement knew no bounds for very few dared to visit this place. But it didn't take long for the excitement to wither. (Uday Mahurkar 2004, *Visiting Flamingo City*)

Unsere Aufregung kannte keine Grenzen, denn nur wenige wagen es, diesen Platz aufzusuchen. Doch es sollte nicht lange dauern, bis der Enthusiasmus verdorrte. (Übersetzung L. K.)

Auf dem Gebiet des indischen Bundesstaates Gujarat leben etwa 300.000 Zwergflamingos. Ihre Verbreitungs- und Brutgebiete liegen überwiegend im Great Rann of Kutch (18.000 km^2) und im Little Rann of Kutch (5000 km^2), zwei Salzpfannen nördlich des Golfes von Khambhat. Ursprünglich waren sie eine Bucht des Arabischen Meeres, aber die Gebiete hoben sich im Pleistozän auf etwa 4 m über den Meeresspiegel. So bildeten sich Salzseen, die heute eher als Salzsümpfe bezeichnet werden müssen. In den lang anhaltenden Phasen der Trockenheit hat der Rann of Kutch einen wüstenähnlichen Charakter angenommen. In der Zeit der Überflutungen kann er bis zu 50 cm mit Wasser bedeckt sein. Während Stürme auf dem Meer Salzwasser in die Ebene des Kutch drücken, kommt es während des Monsunregens zu Überschwemmungen mit Süßwasser. Aus der Ebene des Little Rann of Kutch ragen zahlreiche Bodenerhebungen, sogenannte Bets, mehrere Meter heraus, während andere

© Springer-Verlag GmbH Deutschland, ein Teil von Springer Nature 2018
L. Krienitz, *Die Nachfahren des Feuervogels Phönix*,
https://doi.org/10.1007/978-3-662-56586-5_7

Gebiete niedriger als die Hauptebene liegen und flache Wasserlöcher bilden. Somit ist eine faszinierende Diversität von Habitaten gesichert.

Der Boden der Ebene setzt sich vor allem aus Halit, Gips, Lehm und Sand zusammen und bildet bei Austrocknung eine steinharte Oberfläche (Gupta und Ansari 2014). Die chemische Zusammensetzung ist durch hohe Natrium- und Chlorkonzentrationen sowie mittlere Mengen an Magnesium charakterisiert. Carbonate und Hydrogencarbonate fehlen, was den Unterschied zu den ostafrikanischen Sodaseen ausmacht. Die Kochsalzkonzentration im Little Rann of Kutch ist 5- bis 6-mal höher als im Meerwasser (Thomas et al. 2012). Hier werden 25 % der indischen Salzproduktion ermöglicht, indem salziges Wasser in flachen Teichen verdunstet wird.

Auf dem Little Rann of Kutch befindet sich das größte Schutzgebiet des Asiatischen Wildesels (*Equus hemionus khur*). Die stark gefährdete Unterart war 1967 auf 362 Exemplare zurückgegangen. Interessenkonflikte in der Landnutzung durch die Anwohner des Rann zogen die Weidegründe des Wildesels in Mitleidenschaft. Schon frühzeitig wurden Satellitenaufnahmen in die Bewertung der Nahrungsgrundlage dieser anspruchslosen Tiere in den schwer zugänglichen Gebieten des Salzsumpfes einbezogen und deren Erhaltung gesichert (Prasad et al. 1994). Inzwischen ist die Population der Wildesel wieder auf mehr als 4000 angewachsen.

Eine weitere wichtige Charakterart des Rann ist eine endemische Krabbe, die Kutch- oder Ginger-Garnele (*Metapenaeus kutchensis*). Sie wächst saisonal in dichten Populationen während der Monsunzeit. Wenn von Juni bis Oktober der Rann mit Wasser bedeckt und mit dem Meer verbunden ist, wandern die Garnelen ein. Sie ernähren sich von kleinen Fischen und Zooplankton und gedeihen im warmen, flachen Wasser prächtig, so dass sie ökonomisch genutzt werden. Die erwachsenen Shrimps erreichen eine Länge von 10–13 cm und werden mit Netzen gefangen. Die Salzbauern, die in der Flutungsphase keine Arbeit haben, werden zu Fischern auf Zeit. Jeder von ihnen fängt täglich 35–40 kg Garnelen. In einer Saison werden etwa 2500 t dieser Delikatesse auf den Markt gebracht (Dash et al. 2012). Die Gefahr der Überfischung ist groß, und es wird nach Möglichkeiten gesucht, die Ginger-Garnele langfristig in einer stabilen Populationsdichte zu erhalten. Die Lösung des Problems liegt in verschiedenen Formen der Aquakultur (Yusufza et al. 2015). Beste Möglichkeiten ergeben sich dabei aus der Nutzung von Kleinfischen aus dem Rann als Futter für die Shrimpskulturen.

Das Reservat hat eine wichtige Funktion für den Vogelschutz. An den Kreuzwegen der Vogelzüge gelegen und aufgrund der Kombination von Feucht- und Trockengebieten mit See- und Süßwasserstandorten beherbergt der Little Rann of Kutch eine reiche Vogelwelt. Auch der Zwergflamingo findet hier Rückzugsgebiete, um sich fortzupflanzen. Es wurden

etwa 10 Areale auf der Salzpfanne ausfindig gemacht, in denen Zwerg- und Rosa Flamingos Nester bauen und brüten (Singh et al. 1999). Seit 1998 beobachten die Vogelkundler, dass die Zwergflamingos regelmäßig größere Brutkolonien in unmittelbarer Nähe der Salzevaporationsteiche bauen. Mensch und Tier kommen hier ganz gut miteinander aus. Auf einem Terrain von etwa 100 ha wurden zeitweilig bis zu 30.000 Nester und 25 Salzgewinnungscamps gezählt. Ende der 1990er Jahre wurden 70.000–75.000 Zwergflamingos auf dem Gebiet erfasst. Die höchste Zahl Nester in neuerer Zeit wird mit 5000 im Jahre 2009 angegeben (Parasharya 2009). Doch der Bruterfolg ist vage. Der Wasserstand ist der entscheidende Regulationsfaktor des Brutgeschäftes der Zwergflamingos. Für den Nestbau und die Entwicklung von Nahrungsalgen, ist ein höherer Wasserspiegel von ca. 10–30 cm in der Nähe der Brutkolonie vorteilhaft. Trocknet das Wasser schnell aus, sind Brut und Ernährung gefährdet. Bei geringem Wasserstand entwickelt sich auf den Schlammschichten Kieselalgennahrung. Bei völliger Trockenheit ist überhaupt keine Nahrung zu finden. Die Elternvögel müssen dann weit fliegen, um ihren Nahrungsbedarf zu decken. Eine Entfernung von 120–180 km gilt als „praktikable Distanz". Erhöht sich diese Entfernung, verhungern die Flamingoküken. Weiterhin sind die Brutkolonien durch Zyklone und damit verbundene Überflutungsereignisse gefährdet, oder die Hitze ist so erbarmungslos, dass die Eier anfangen zu „kochen" und denaturieren.

Im November 2006 ist es Zeit für uns, das Gebiet zu erkunden. Nach langen Vorbereitungen nehmen wir die Expedition auf den Little Rann of Kutch in Angriff. Wir haben einen lokalen Verbündeten, Devjibhai Dhamecha, einen vielseitigen Naturalisten, der sich selbst mit der Berufsbezeichnung „Wildlife Photographer" versieht. Pawan hat uns zu ihm geführt. Wir sitzen in seinem Allzweckraum in einem kleinen Haus in einer Nebenstraße in der Stadt Dhrangadhra, die südlich unseres Zielgebietes liegt. Das Zimmer ist Büro, Bibliothek, Versammlungs-, Fernseh-, Speise- und Schlafzimmer gleichzeitig. Aber die dominierenden Elemente im Raum sind Bücher über Bücher, Kladden, Poster und stapelweise Fotos und Fotoalben. Wir trinken Tee, wie er typischerweise in Indien gebraut wird: schwarz, mit Milch, Zucker und Gewürzen, vorwiegend Kardamom, eines der Lieblingsgewächse des Phönix. Devjibhai zeigt uns seine Fotos aus all den Zeiten, als die Zwergflamingos erfolgreich gebrütet und ihre Küken auch durchbekommen haben. Doch er dämpft unsere Erwartungen, dieses Jahr sei kein gutes Jahr für die Flamingos – zu trocken. Aber insofern gut für uns, als dass wir die Salzpfanne befahren können, ohne einzusinken.

Dann schult uns Devjibhai, wie respektvoll wir uns verhalten sollen bei einer bedeutenden Person, dem Obersten Wildhüter des Schutzgebietes, zu dessen Büro wir uns gleich begeben werden. Der Boss throhnt wirklich gewaltig hinter seinem noch gewaltigeren Schreibtisch. Sein Lieblingsgerät ist allerdings ein kleiner abgegriffener Klingelknopf in Armhöhe an der Wand gleich hinter seinem Sitz. Er braucht bei der Bedienung des Knopfes gar nicht mehr hinter sich zu sehen. Automatisch greift er in die richtige Richtung. Die fettigen Spuren rings um den Klingelknopf zeigen, dass er oft auch beim Essen eingesetzt wird. „Trät" klingt es kurz und herrisch. Sekunden später geht die Tür auf, und ein devoter Mitarbeiter nimmt knappe Anweisungen in sich auf. „Trät-trät" – ein hagerer stoppeliger Kellnertyp bringt auf einem Tablett Gläser mit Wasser herein. Dann kommt Tee in kleinen Tassen, und wir trinken ihn gerne. „Trät", „trät", geht es in einem fort, und die Befehlsempfänger kommen und gehen. Die Befehle verstehen wir zwar nicht, weil in Hindi oder einer anderen Landessprache ausgegeben, aber wir merken, es geht nicht um unseren geplanten Trip zur Salzpfanne, es geht hier um bloße Machtdemonstration. Wie vereinbart blicken wir die ganze Zeit freundlich und nehmen seine mehrmaligen Anweisungen, die er in den Pausen zwischen den „Träts" in schleimigem Englisch auf uns herniederlässt, dass wir keinerlei Proben nehmen dürften, gelassen und dienstbeflissen nickend auf. Es werden noch ein paar Formulare ausgefüllt, und der Tour steht nichts mehr im Wege.

Wir verlassen die quirlige Kleinstadt Dhrangadhra und fahren mit dem Jeep des Wildlife-Photographers nach Norden in den Little Rann of Kutch. Wegen meiner Rückenprobleme darf ich auf dem Beifahrersitz Platz nehmen. Die anderen finden auf der Rückbank einen unkomfortablen, engen Platz, es sind immerhin drei Personen: Doris, Peter und Christine. Pawan und ein Mitarbeiter von Devjibhai müssen mit Klappsitzen im Gepäckbereich vorliebnehmen. Schon auf der schlaglöcherigen Straße zum Gate wird uns klar, was für eine Tortur uns bevorsteht. Die Federung des Jeeps ist gleich null. Links vom Gate türmen sich hohe Berge von gleißend weißem Salz, das aus Evaporationsteichen im Little Rann of Kutch von Salzbauern gewonnen wird. Rechts des Gates, in einer kleinen Bretterbude, wird Tee gekocht. Pawan belegt mitgebrachte Weißbrotscheiben mit Tomatenscheiben, unser Standardessen vor großen Trips. Wir genießen dieses Mahl, bevor es in das Schutzgebiet geht.

Zunächst zeigt sich der Salzsumpf von seiner grünen Seite. Die Randgebiete sind mit Schilf- und Rohrkolbenbeständen umsäumt. Bäche speisen kleine Teiche. Eine bunte Vogelwelt tummelt sich hier. Allerlei Singvögel zwitschern im Schilf. Am Ufersaum dümpeln zahlreiche Watvögel. In kleinen Wasserlöchern und auf der Oberfläche schlammiger Feuchtgebiete wachsen Kieselalgen und fädige Cyanobakterien. Hier können sich die Zwergflamingos stärken, bevor sie zu ihren harschen, vegetationsfreien Brutgebieten aufbrechen.

Der Übergang zur eigentlichen Salzpfanne gestaltet sich heterogen. Schon nach den ersten Eindrücken wird klar, dass der Little Rann of Kutch ein Biotop mit vielen Facetten ist,

der es wert wäre, einen längeren Aufenthalt zu planen. Eine Zone der Salzpflanzen liegt zwischen den Feucht- und Trockengebieten, dominiert von Salzkraut (*Salsola*) und Queller (*Salicornia*). Schmale Streifen sind mit Grasland oder Trockensträuchern besiedelt und von der Invasionspflanze *Prosopis juliflora* beherrscht. Dieser aggressive Neophyt stammt aus Mittelamerika und hat inzwischen weite Teile Afrikas und Asiens erobert. Der Little Rann of Kutch ist einer der wenigen Standorte in Indien, in denen der heimische Vertreter der Gattung noch existiert, die als heiliger Strauch verehrte *P. cineraria*. Umweltschützer haben die Standorte mit Vegetationsdecke als hochempfindlich eingestuft und warnen vor Desertifikation. Überweidung, Landwirtschaft, die von künstlicher Bewässerung abhängt und Salzindustrie tragen zur Zerstörung der Pflanzendecke und damit des Rückzugsgebietes zahlreicher Tiere bei. Ein besser abgestimmtes Management der verschiedenen Bewirtschaftungselemente soll den grünen Gürtel des Rann schützen (Gupta 2015). In den feuchten Gebieten der Randzone des Little Rann of Kutch finden wir die günstigsten Bedingungen für das Wachstum von Cyanobakterien und Kieselalgen als Flamingonahrung. In unseren Proben dominierte *Campylodiscus bicostatus* (siehe Abschn. 2.2.5).

Doch nun geht es ins Kerngebiet. Gelinde gesagt, die Salzpfanne ist zu hartem Stein getrocknet, scheinbar härter als Beton, und voller Risse und Fahrspuren aus Zeiten, als der Schlamm noch weich war (Abb. 7.1). Etwa fünf Stunden (mit einigen Unterbrechungen) müssen wir in dem Foltergefährt über die Holperstrecke rumpeln. Unser Führer bevorzugt den schnellen Fahrstil, um nicht jede Rille mitnehmen zu müssen. Das Fehlen einer Minimalfederung wirkt sich entsprechend verheerend aus. Ich bin in der Beifahrerposition noch in einer wesentlich besseren Situation als meine Leidensgefährten und stütze mich so gut es geht ab oder hänge in halbstehender Position an den Haltegriffen. Ich bin sicher, diese Fahrt hat mich den beiden Wirbelsäulenoperationen, die sechs Monate später anstehen (nachdem ich schon 1995 einen komplizierten Eingriff an der Halswirbelsäule hatte), einen entscheidenden Schritt nähergebracht.

Die Salzpfanne ist eine in die Unendlichkeit reichende graue Einöde. Dennoch, am Horizont bewegt sich scheinbar ein Wasserspiegel, aber es ist eine Fata Morgana. Im flimmernden Licht sehen wir häufig die Wildesel, für die dieses unwirtliche Gebiet unter Schutz gestellt wurde. Mit ihrer freundlich beigen Fellfarbe und den dunkelbraunen Mähnen sind sie echte Farbtupfer im Einheitsgrau. Je mehr wir ins Epizentrum der Pfanne kommen, umso mehr Fata Morganas sehen wir. Sie umzingeln uns gewissermaßen. Eine derartige Ödnis haben wir noch nie erlebt. Ab und zu kommt uns ein Salzbauer auf dem Fahrrad entgegen, auf dem er Feuerholz und andere lebensnotwendige Dinge von weit her holt. Anlass für eine Fahrtpause, die ausgiebig zur Diskussion der Fahrtrichtung genutzt wird. Die Salzbauern weisen weit

Abb. 7.1 Little Rann of Kutch I. (**a**) unser Fahrzeug auf dem ausgetrockneten Morast; (**b–d**) Salzbauern; (**e**) Asiatische Wildesel vor einer Fata Morgana

ausholend jeweils vage in diese oder jene Richtung, so dass wir uns schon Sorgen machen, ob wohl unsere mitgeführten Wasservorräte für einen Notfall reichen würden. Aber unser Führer lässt sich nicht beirren – er kennt sich aus. Nach schier endloser Fahrt kommen wir an ein paar flachen, notdürftig mit Planen geschützen Gerippen von Holzhütten an – das Camp der Salzbauern – und unmittelbar daneben eine Kolonie von etwa 300 Flamingonestern. Die nahezu in Reih und Glied gebauten Nester sind verlassen (Abb. 7.2). Überall liegen zerbrochene Eierschalen mit eingetrockneten Embryonen herum. Einige Küken waren wohl schon geschlüpft und dann verhungert, weil ihre Eltern einen zu weiten Weg zum lebensspendenden, nahrungshaltigen Wasser hatten.

Die Salzbauern laden uns zum Tee ein. Trotz enormer Zuckerzugabe schmeckt er wie kräftige Salzlösung, die wir herunterwürgen. Was für ein osmotisches System müssen die Körper der Salzbauern besitzen? Eine der Frauen stellt sich für ein Foto in Positur. Obwohl sie in weite Kleidungsstücke gehüllt ist, zeichnet sich im ausdörrenden Wind ihr drahtiger, muskulöser Körper ab. Wir nehmen Abschied von den Salzbauern. Auf der Rückfahrt nahe des Pfannenrandes sehen wir in einigen Hundert Metern Entfernung einen Schwarm von 20–30 Flamingos in einem Wasserloch nach Nahrung suchen. In solch grünen Oasen können die Vögel Kräfte sammeln und ihr Körpergewicht aufstocken, bevor sie demnächst einen weiteren zehrenden Versuch starten, in der Nähe der Salzcamps zu brüten. Trotz der Strapazen hat dieser Tag unwiederbringliche Eindrücke gebracht und uns ein weiteres Mal die erbarmungslosen Bedingungen spüren lassen, an die unsere Zwergflamingos angepasst sind.

Angesichts des friedlichen Zusammenlebens der Salzbauern mit den Zwergflamingos an ihren Brutkolonien befremden mehrere Wildererattacken auf dem Little Rann of Kutch ab 2012. In *The Times of India* vom 17.01.2012 und in weiteren Online-Artikeln wird über die wiederholten Räubereien berichtet (Kaushik 2012). So wurden in der Nähe des Dorfes Venasar 64 Zwergflamingos mit Drahtschlingengefangen, die unter der Wasseroberfläche aufgestellt wurden. Es erhebt sich die Frage, ob die Koexistenz des Menschen und der Zwergflamingos durch die Wilderei infrage gestellt werden muss. Indische Wildschutzbehörden und Vogelschützer versuchen, diese gefährlichen Eingriffe auf die Flamingopopulation zu verhindern. Auch unser Freund Devjibhai ist an vorderster Front dabei und hat schon etliche Flamingos gerettet. Er ist entsetzt über das Ausmaß der Wilderei, die ganz offensichtlich von organisierten Banden geleitet wird. Das Fleisch wird als Spezialität an indische Gourmets und Touristen verkauft. In Luxusmenüs wird Flamingocurry angeboten. Aufgrund der logistischen und klimatischen Bedingungen im Salzsumpf ist es ein äußerst schwieriges Unterfangen, den Wilderern und ihren Hintermännern auf die Schliche zu kommen.

Im Internet fanden wir einen Bericht, wie es Leidensgefährten erging, die zu einer feuchteren Jahreszeit versucht haben, die Brutkolonien der Zwergflamingos zu erreichen (Mahurkar 2004). Unter Führung des indischen Ornithologen B. B. Parasharya unternahmen Journalisten von *India Today* einen 35 km langen Trip in einem Aluminiumboot. Streckenweise konnten sie rudern, aller 3–4 km mussten sie das Boot über ausgetrocknete oder matschige Passagen tragen. Nach 6 Stunden blieben sie wieder im Flachwasser stecken und entschieden, im 43 °C heißen Salzwasser zu waten, mit den entsprechenden osmotischen Effekten. Nach weiteren 2 Stunden verweigerten ihre völlig dehydrierten Körper die Kooperation. Ihre Trinkwasserreserven waren aufgebraucht, und sie konnten nur noch auf Rettung hoffen. Diese kam nach einer weiteren Stunde mit Trinkwasser. Aus dem Bericht wird nicht klar, wie sie diese Rettung herbeirufen konnten, und wie die Retter den Ort des Geschehens erreichten. Sie entschieden, sich weiter vorwärts zu quälen. Am späten Nachmittag erreichten sie „Flamingo City" und konnten Tausende toter Küken und Jungvögel in Augenschein nehmen. Nach Sonnenuntergang starteten sie ihren mühevollen Rückweg. Nachts um 2:00 Uhr setzten sie Anker und warteten den Tagesanbruch ab. Nach 26 Stunden erreichten sie mit salzverkrusteten Körpern ihr Ausgangscamp.

Doch nicht alle Flamingohabitate in Gujarat sind so schwer zugänglich. Erfreulich viele Berichte gibt es über Zehntausende Flamingos, die in der trockenen Jahreszeit in den Feuchtgebieten nahe der Stadt Porbandar am Meer Zuflucht finden. Im Rahmen des „Asian Waterbird Census" wurden bis zu 30.000 Zwergflamingos und 9000 Rosa Flamingos gezählt. Ornithologen weisen auf mehr als 200 verschiedene kleine und mittlere Feuchtgebiete mit unterschiedlichem Salzgehalt hin, die den Flamingos Nahrung bieten. Der Chaya Rann ist mit seinem Überflutungsregime mit dem Rann of Kutch zu vergleichen. Bei den anderen salinen Feuchtgebieten handelt es sich um permanente oder temporäre Wasseransammlungen. David Harper bereiste 2008 die Region und berichtete in *Nature India* (einem Internetportal) vom 12.03.2008 über seine überraschenden Beobachtungen von Tausenden von Flamingos an einem ausgedehnten Abwassersee vor den Industrieanlagen der Stadt, die eine immense Kontamination mit Umweltgiften verursachen (Priyadarshini 2008). Die Naturschützer in Porbandar sind aktiv und organisieren seit 2016 das Flamingo-Festival „Pink Celebrations", auf dem Flamingospezialisten über ihre Projekte berichten (www.mokarsagar.com). Doch sie haben es nicht einfach, sich gegen das ökonomische Establishment zu behaupten.

Ein Abstecher in die Geschichte der Region zeigt, dass der Name einer großen indischen Lichtgestalt, des Philosophen und Politikers Mahatma Gandhi (1869–1948) auch eng mit dem Thema Salz verbunden ist. Gandhi lebte 20 Jahre in

Abb. 7.2 Little Rann of Kutch II. (**a**) Flamingos auf Nahrungssuche in den feuchten Randgebieten; (**b**) verlassene Nester des Zwergflamingos nahe eines Salzevaporationsteiches; (**c–e**) die Trockenheit hat gesiegt, der Brutversuch ist gescheitert

Südafrika und war dort Rechtsanwalt und Führer der indischen Minderheit. Er kehrte 1914 in seine Heimat zurück und leitete dort den gewaltlosen Widerstand (Satyagraha) der Inder gegen die britische Kolonialmacht. Eine seiner bekanntesten Kampagnen war der Salzmarsch, der in einem Landstrich stattfand, der uns durch die Flamingos des Rann of Kutch bekannt wurde. Im März 1930 wanderte Gandhi mit seinen Mitstreitern 385 km innerhalb von 24 Tagen von Ahmedabad vorbei am Rann of Kutch durch 40 Orte, wo er bejubelt und mit Blumen überhäuft wurde, bis an die Küste des Arabischen Meeres. Nahe des Ortes Dandi hob er ein paar Klumpen Salz vom Erdboden auf und rief seine Landsleute zum Boykott des britischen Salzmonopols auf. Die Kolonialmacht zwang die Inder bislang durch ein Salzgesetz, ausschließlich aus Großbritannien importiertes oder aus britischen Salzwerken in Indien gewonnenes Salz zu Wucherpreisen und mit hohen Steuern belastet zu kaufen. Salzgewinnung, -transport und -handel waren den Briten vorbehalten. Gandhi erkannte, dass Salz neben Luft und Wasser wahrscheinlich die größte Lebensnotwendigkeit ist. Mit seinem Marsch initiierte Gandhi, dass die Inder von nun an das Salz selber produzierten, indem sie Salzwasser verdampften. Das war ein symbolischer Akt zivilen Ungehorsams gegen die Kolonialisten, dem sich immer mehr Menschen auf dem gesamten Subkontinent anschlossen. Die Gewaltlosigkeit war jedoch nur auf Seiten der Anhänger der Satyagraha. Über 50.000 Inder wurden wegen Verstoßes gegen das Salzgesetz der Briten verhaftet, und an einigen Orten kam es zu blutigen Gewalttaten. Der britische Journalist Webb Miller (1891–1940) berichtete über eine Demonstration von 2500 Anhängern der Satyagraha vor den Salzwerken von Dhrasana. Dabei wurden mehrere Hundert Demonstranten von einheimischen Polizisten mit stahlbeschlagenen Schlagstöcken niedergemäht. Die Anhänger Gandhis setzten sich völlig ungeschützt den mörderischen Schlägen aus. Sie hoben noch nicht einmal die Hände, um die Knüppel abzuwehren. Kampflos, mit erhobenen Häuptern, kontinuierlich vorwärts drängend, bewegten sich Demonstranten in Richtung Salzwerke, bis auch ihre Schädeldecken erbarmungslos eingeschlagen wurden.

Der Salzmarsch gilt als symbolischer Anfang des Endes britischer Kolonialmacht in Indien. Auf diesem langen Weg Indiens von einer unterdrückten Kolonie zu einem unabhängigen, in Jahre 1947 ausgerufenen Staat wurde Gandhi mehrfach ins Gefängnis gesteckt und musste dort insgesamt acht Jahre verbringen. Am 30.01.1948 wurde Mahatma, „die große Seele", von einem militanten Hindu, Nathuram Godse (1910–1949) durch drei Pistolenschüsse getötet. Godse war Mitglied einer nationalistischen Schlägergarde. Er wollte mit seiner Tat gegen die Bemühungen Gandhis, Frieden mit den Muslimen zu schließen, protestieren. Er tötete damit den enigmatischen spirituellen Führer der Inder, der wie kein anderer in der Lage war, die Menschen aus den verschiedenen Regionen, deren kontroverse Interessen, Kasten

und Religionen zu vereinen. Dieser gewalttätige Akt war in gewisser Weise symbolisch für die Widersprüche, die Indien in nachkolonialer Zeit belasten sollten. Einerseits trat Gandhi Zeit seines Lebens für Toleranz, Friedfertigkeit und Akzeptanz der verschiedenen Religionen ein, doch die Realität in diesem weitläufigen und multikulturellen Lande ist heute nicht frei von Separatismus und tödlichem religiösen Fanatismus.

Im Nachgang zum Thema Rann of Kutch gibt ein Plan aus der Gegenwart Anlass zur Sorge: Es wurde ein Vorhaben der Regierung bekannt, eine Straße durch die Salzpfanne zu bauen, um die unwirtliche Gegend zu erschließen und parallel, in 40 km Entfernung zur pakistanischen Grenze, einen Sicherheitskorridor einzurichten (Gupta 2011).

7.2 Sambhar Sagar – Platz für Experimente

Wenn das Land aus Silber ist, was können wir Menschen denn darauf anbauen – zum Essen?

(Aus dem alten indischen Epos *Mahabharata* über einen Zauber der wohltätigen Göttin Devayani, der ein Tempel am See gewidmet wurde, nacherzählt von Anwohnern des Sambhar Sagar. Devayani verwandelte den dichten Forst auf dem Gebiet des Sambhar in eine weite Ebene aus Silber. Als die Menschen erklärten, dass sie damit nichts anfangen könnten, verwandelte die Göttin das Silber in Salz.)

Der Sambharsee gilt als wichtigstes, temporäres Habitat für *Arthrospira* und Zwergflamingos in Rajasthan. Er übt eine magische Anziehung auf Freunde saliner Gewässer aus, weil er praktisch alle Übergänge bietet – von Süßwasserfeuchtgebieten an den Randzonen bis zu gesättigter Sole in gleißend heißer Salzwüste. Für uns war es ein lange gehegter Wunsch, dorthin zu gelangen und Proben zu nehmen. Doch wie so oft hat eine Exkursion in ein solch abgelegenes Gebiet eine längere Vorgeschichte und führt über verschiedene Zwischenstationen.

Die Zusammenarbeit mit Pawan hat uns geholfen, im neu etablierten Forschungsförderungsprogramm der UNESCO zur Grundlagenforschung (International Basic Sciences Programme, IBSP) einen Antrag zu platzieren. In Zusammenarbeit mit Kollegen aus Indien, Kenia, Mexiko, Äthiopien und Deutschland wollten wir die Nutzung der Hauptnahrung der Zwergflamingos, das Cyanobakterium *Arthrospira*, für den Menschen kritisch untersuchen. Nachdem unser Antrag positiv beschieden worden war, organisierten wir 2005 in Neuglobsow einen Start-Workshop. Zwei Jahre später kamen dann Teilnehmer aus fünf „*Arthrospira*-produzierenden" Ländern in Indien zusammen. Pawan und seinen Freunden ist es gelungen, an seinem Heimatinstitut, dem Staatlichen College in Ajmer (Rajasthan) einen großartigen Workshop einschließlich einer Tour zu den Zwergflamingos am Salzsee Sambhar Sagar zu organisieren (Abb. 7.3).

Abb. 7.3 Präsidium des UNESCO-Workshops über *Arthrospira* in Ajmer, Oktober 2007, mit Rajasthan's Wissenschaftsminister (3. v. l.). (Foto: Peter Casper)

Alle Lehrkräfte und Studenten, die irgendwie mit Biologie zu tun haben, sind einbezogen. So kommen wir auf mehr als 100 Teilnehmer. Wir strömen in den Großen Hörsaal. Jedem, der noch keinen roten Fleck (Bindi) oberhalb der Nasenwurzel hat, malen schüchterne Studentinnen am Einlass zur Tagung eine tropfenförmige, klebrige, rote Markierung zwischen die Augen, auf der kunstvoll ein paar Reiskörner platziert werden. Das ist ein vielseitig zu interpretierendes Zeichen der guten Wünsche, der Willkommensfreude, des Respekts, der Versicherung göttlichen Schutzes und ein von außen sichtbarer Nachweis der Teilnahme an diesem richtungsweisenden Ereignis.

Der Bildungsminister reist mit Gefolge und Polizeieskorte an. Zunächst weiht er an einem kleinen Schrein Saraswati, der Göttin der Kunst, Unterhaltung und Weisheit, ein paar Blumen und Reiskörner und zündet ein Öllämpchen an. Somit ist der Tagung ein voller Erfolg sicher. Dann überreicht sich das Führungspersonal gegenseitig herb duftende, bunte Blumenkränze aus *Tagetes*, der Studentenblume. Der Minister bekommt bei seiner Begrüßungsrede, die er in Hindi hält, spontan „standing ovations", der Vorlesungssaal bebt wie bei einem Sportereignis. Da wir Hindi nicht verstehen, klären uns unsere indischen Freunde auf, dass der Minister gerade das Versprechen abgegeben hat, den Hörsaal mit Klimaanlage und einem neuen Farbanstrich auszustatten. Noch heute warten die Kollegen auf die Einlösung dieses Versprechens.

Journalisten der führenden Zeitungen und des Fernsehens von Rajasthan berichten über unseren Workshop. Sie dringen in alle Ecken der Bildungseinrichtung, und die College-Administration nutzt geschickt die Gunst der Stunde zur öffentlichen Präsentation. Wir, die Akteure aus den Teilnehmerländern, sind pausenlos in Vorträge, Rundtischgespräche und Interviews verwickelt. Jeder, der es in Rajasthan wissen will, erfährt, dass in Kenia die Zwergflamingos an giftigen Blaualgen sterben, dass in Äthiopien Binnenseen kurzlebigen

industriellen Interessen geopfert werden, dass in Mexiko der Erfahrungsschatz der Azteken, die spiralige Blaualge für die menschliche Ernährung zu nutzen, erst wieder gehoben werden muss, und dass Indien großes Potenzial für die Kultivierung von *Arthrospira* besitzt, weil dafür drei gewichtige Voraussetzungen gegeben sind: 1) die hohe Biodiversität der Mikrorganismen, 2) die Kreativität der Inder und 3) die Standortvorteile Indiens als tropisches Land mit diversen salinen Gewässern und als Hightech-Standort.

Dann kommt es zu einem sozialen Höhepunkt der Veranstaltung, bei dem sich die Teilnehmerzahl auf etwa 250 mehr als verdoppelt: ein öffentliches Mittagessen, an dem alle Hungrigen, vom Minister über die Direktoren bis zum einfachen Studenten teilnehmen und lebhaft und respektvoll bei der Nahrungsaufnahme miteinander reden. Auf drei langen U-förmig gestellten Tischen sind die frisch zubereiteten vegetarischen Köstlichkeiten aufgereiht, so dass sich jeder sein fünfgängiges Menü selbst zusammenstellen kann. Schmackhafte Suppen, Dal, der obligatorische Hülsenfruchtbrei als Haupteiweißquelle des Vegetariers, Chapatis, die Brotfladen in verschiedenen Ausfertigungen, würziger Tee mit diversen Süßigkeiten. Es herrschte eine gelöste und kommunikative Stimmung. Man wird es kaum glauben, diese zwar einfache, aber liebevoll und opulent aufbereitete Massenspeisung kostete nur 9850 Indische Rupien (knapp 150 €). In meinen Unterlagen fand ich unlängst wieder eine Kopie der Rechnung des Catering-Unternehmens, das für diese Speisung verantwortlich war.

Am Nachmittag begibt sich ein Tross interessierter Studenten, Kollegen und Journalisten in die Praxis, zum zentral gelegenen Stadtsee Ana Sagar. Wir sehen Gruppen von in edlen Saris gekleidete Frauen und deren Familien, wie sie versuchen, mit einfachen Angelschnüren Fische aus dem See zu angeln, teilweise mit Erfolg. Heilige Rinder und verachtete Schweine wühlen in Abfallhaufen. Die Teilnehmer unseres Workshops suchen sich ein paar standfeste Plätze am Ufer des Sees und verfolgen, wie wir unsere Messsonden und Planktonnetze in die dicke, dunkelgrüne Brühe des Wassers versenken und unsere Meinung möglichst vorsichtig dazu formulieren (Abb. 7.4). Früher wuchs gesunde *Arthrospira* im See. Heute ist nur noch das bekannteste aller toxischen Cyanobakterien, *Microcystis*, zu finden. Ganz in unserer Nähe wird die Bettwäsche eines Hotels gewaschen und auf den dornigen Büschen der überall wuchernden *Prosopis juliflora* zum Trocknen aufgehängt. Vor laufenden Diktiergeräten der Presse versprechen Verantwortliche in diplomatischen Worten, die Qualität des Wassers und des Einzugsgebietes dieses großen Sees zu verbessern. Verschwörerisch flüsternd fragt mich eine indische Kollegin, welche Schritte man denn zuerst einleiten müsste. Ich weise auf die dicht an dicht bebaute Uferpromenade mit luxuriösen Seegrundstücken in bester Lage und rate ihr, dort einflussreiche Verbündete zu suchen, die helfen, die Müll- und Abwasserbelastung des Sees konsequent zu unterbinden. Zuvor

Abb. 7.4 Probenahme am Ana Sagar in Ajmer mit Teilnehmern des *Arthrospira*-Workshops. Der See ist mit einer dicken Suspension des Cyanobakteriums *Microcystis* bedeckt; im Vordergrund Waschtröge mit eingeweichter Bettwäsche aus den Hotels am Ufer

müssen sie ein öffentliches, kollektives und geschäftliches Interesse entwickeln, diesen Unrat beseitigen zu wollen und zu bewirtschaften.

Aber mir ist klar, dass dieser europäische Blick auf die ungelöste indische Abfallfrage Anklänge von Besserwisserei zeigt. Zwar wird für viele Indienreisende die Müllproblematik zu einem Thema, doch die Inder selbst sehen es scheinbar gelassen. So ist es angebracht, erhobene Zeigefinger und berufsbedingte Neigungen, Gefahren für die Gewässer und ihre Umwelt klar zu benennen, nur vorsichtig einzusetzen. Immerhin, das Thema wird in zahlreichen wissenschaftlichen Publikationen vertieft, und viele Privatleute und Organisationen haben lokale Initiativen mit unterschiedlichem Erfolg initiert.

In einem Übersichtsartikel kommen Gupta et al. (1998) zu der Einschätzung, dass in Indien Sammlung, Transport und Verarbeitung von Müll unwissenschaftlich und chaotisch abläuft. Die zahllosen, unorganisierten Halden sind eine permanente Gefahr für Mensch und Umwelt. Müllmanagement bleibt bislang dem informellen Sektor vorbehalten und ist weitgehend auf unzeitgemäße Techniken angewiesen. Es wird dringend nach konzertierten Ansätzen von Staat, Wirtschaft und Wissenschaft gerufen.

Eine wissenschaftliche Analyse von Kumar et al. (2017) resümiert, dass noch keine wesentlichen Fortschritte erzielt wurden. Allein die sieben größten Städte des Landes mit 80 Mio. Einwohnern produzierten im Jahre 2011 mehr als 30.000 t Müll pro Tag. Das gesamte Land erreichte 133.760 t pro Tag. Die Tendenz ist steigend, denn es fehlt weitgehend an Umweltbewusstsein und Interesse, moderne Methoden der Müllverarbeitung zu entwickeln. Es wird eine starke, unabhängige Autorität gefordert, die strenge Regularien einführt.

Unsere indischen Kollegen sind sicher, dass die Müllproblematik auch religiöse Ursachen hat. Das Weiterleben der Kasten, ihres Denkens und ihrer Art der Verteilung von Aufgaben in der indischen Gesellschaft „erlaubt" keine zielführende Herangehensweise. Es gibt vier Hauptkasten (Varnas), die vom Schöpfer der Welt, Lord Brahma, geschaffen und für bestimmte Aufgaben vorgesehen wurden:

1) Ganz oben in der Hierarchie stehen die Brahmanen, die aus dem Gehirn Brahmas modelliert wurden. Sie sind die Intellektuellen, deren Aufgabe in der Weitergabe der Heilslehren (Veden) besteht.
2) Die Kshatriyas, geschaffen aus der Schulter Brahmas, sind für den Schutz der Menschen zuständig.

3) Die Vaishyas, geboren aus dem Rumpf Brahmas, hüten das Vieh und treiben Handel.
4) Die unterste Kaste, aus den Füßen Brahmas geformt, ist die der Shudras, deren Pflicht es ist, untertänigst den anderen drei Kasten zu Diensten zu sein.

Diese unterste Kaste ist in „Reine" und „Unreine" geteilt. Die „Unreinen" sind aus dem Kastensystem ausgestoßen. Sie werden mit unterschiedlichen Namen belegt, wie „Kastenlose", „Unberührbare", „Dalits", „Harijans", „Parias" oder auch „Scheduled Caste". Gerade die „Scheduled Caste" bringt im Hochschulwesen Indiens ein Klima der Missgunst und des Neides. Die Brahmanen erheben Anspruch auf einflussreiche Positionen an den Unversitäten, fühlen sich jedoch von den Kastenlosen benachteiligt, denn diese werden durch eine Quotenregelung bei der Postenvergabe bevorteilt. Diese Quote wurde in guter Absicht eingeführt, um das Kastenwesen aufzuweichen und den Unterprivilegierten eine bessere Bildungs- und Entwicklungschance zu geben, doch offenbar wurden damit neue Schwierigkeiten heraufbeschworen.

Die Hauptkasten gliedern sich noch in ca. 4000 Unterkasten, deren Rechte und Pflichten durch ihr gesellschaftliches Umfeld einer ständigen Nachjustierung unterliegt. (Wir könnten uns z. B. zwanglos in die Unterkaste der Kahars, der Wasserholer, eingliedern …) Es kann zum Verschwinden alter Unterkasten kommen, und neue können bei Bedarf etabliert werden. Die Unterkasten haben im Lebensgetriebe Indiens festgeschriebene Aufgaben. Die Tätigkeitsbereiche können mitunter eng gefasst sein und umfassen oftmals nur Teilschritte eines Arbeitsganges. So könnten sich möglicherweise manche der Angesprochenen leicht herausreden, weil für ihre Kasten keine derartigen Aufgaben vorgesehen sind. Man wird bei der Komplexität der Müllentsorgung schnell zu der Einsicht kommen, dass mehrere Unterkasten zusammenwirken müssten, um die Aufgabe zu meistern. Die Bereitschaft, gemeinsam an die Müllbeseitigung und das Verhindern von Gewässerverunreinigungen heranzugehen, muss noch entwickelt werden. Es sind sowohl hohe als auch niedrige Kasten gefragt, die Ärmel hochzukrempeln. Bisher ist es so, dass die Beseitigung der Abfälle und Fäkalien alleine auf die kastenlosen Unberührbaren abgeschoben wird. Die Mitglieder der auf dem Hinduismus beruhenden Kasten selbst fühlen sich nicht zuständig für solch schmutzige Arbeiten. Politiker lassen sich dennoch besonders gerne vor Wahlen mit Gummistiefeln, Keschern, Rechen und anderen nützlichen Werkzeugen an Seeufern fotografieren, wie sie Plastiktüten und andere unansehnliche Dinge zusammenharken.

Indien hat viele Visionäre, von denen einige unabhängig von ihrer Kaste ideenreich in der Entsorgungsbranche wirken. Die Verarbeitung von Elefantenkot ist ein gutes Beispiel für den Pioniergeist der Inder, ihr Recylingproblem zu lösen. Im *Sunday Express*, Kozhikode, vom 13.03.2011 wird über Vijender Shekhawat berichtet, der pro Woche etwa 1500 kg Elefantendung in 2000 handgefertigte, 1 m² große

Papierbögen verwandelt. Die Idee hatte Vijender, als er das Amber Fort bei Jaipur besichtigte und dort die Hinterlassenschaften der Elefanten, die Tag für Tag Heerscharen von Touristen den Berg hinaufschaffen, zu Gesicht bekam. Er beginnt, mit dem Kot zu experimentieren. Er stammt aus einer noblen Familie hochdekorierter Offiziere, die seine Experimente mit Argwohn zur Kenntnis nehmen. Was wohl die Nachbarn dazu sagen würden, und wie tief Vijender die Familie noch in den Dreck ziehen würde? Inzwischen sind sie stolz auf ihn, sie haben akzeptiert, dass die Idee Aufmerksamkeit und gutes Auskommen generiert, und dass diese Geschäftsidee auch im südlichen Afrika und in Thailand erfolgreich umgesetzt wird. Leider ist ein Joint Venture mit einem deutschen Papierhersteller gescheitert, weil dieser die „Dinge" ein bisschen zu genau genommen hat. Nachdem die Rezeptur optimiert wurde, und der Laden läuft, besteht das Hauptproblem in der Beschaffung des Ausgangsmaterials. Als Vijender die Mahouds, die Betreuer der Elefanten, finanziell stimuliert, bekommen die schnell mit, wie wichtig ihm die Fäkalien sind und neigen dazu, ihn zu übervorteilen. Der Kompromiss ist nun, dass er im Austausch mit dem Kot, Futter für die Elefanten kauft, und so die Qualität des Dungs beeinflussen kann. Es wäre zu wünschen, dass weitere Abfallstoffe der indischen Wegwerfgesellschaft zu solch hohem Wertschöpfungspotenzial gelangen.

Szenenwechsel. – Am nächsten Tag beginnt für die Kooperationspartner das praktische Programm in Sachen *Arthrospira* und Flamingos. Wir fahren mit einem Kleinbus an den Sambhar Sagar, der etwa 100 km südwestlich von Jaipur liegt. Die Fahrweise der Inder ist beeindruckend, sie haben offenbar einen siebten Sinn, um Gefahrensituationen auf den überfüllten Straßen innerhalb der nötigen Sekundenbruchteile im Voraus zu erkennen. Wichtige Informationen zur Steuerung des Verkehrsflusses werden tagsüber mittels durchdringender Hupe und nachts zusätzlich per Lichthupe übermittelt. Auf dem Heck der zahlreichen Trucks, die den Verkehr zäh werden lassen, ist neben diversen Götterbildern zum Schutz von Mensch und Fracht auch die ernstzunehmende Aufforderung geschrieben: „Please Horn." Der Wahlspruch unseres Fahrers Rajah lautet: „Good horn, good brake, good luck!" (Gute Hupe, gute Bremse, viel Glück!).

Der Sambhar Sagar, der größte Salzsee Indiens, ist 35 km lang und 11 km breit und erreicht bei höchstem Wasserstand eine maximale Tiefe von 3 m. Er liegt etwa 364 m über dem Meeresspiegel in einer Senke am Fuße der Aravalli-Berge. Im Sommer erreicht das Wasser Temperaturen von bis zu 40 °C. Extreme Verdunstung führt zu einer hohen Akkumulation von Salz, vorwiegend von NaCl. Das Wasser ist alkalisch und enthält außer Kochsalz noch Na_2CO_3, Na_2SO_4 und $NaHCO_3$. Der Gehalt an Soda ist jedoch niedriger als in den ostafrikanischen Sodaseen. Die Salinität schwankt zwischen 9,6 und 164 ‰ in Abhängigkeit von der Jahreszeit und Hydrologie (Baid 1968). Dort, wo wir *Arthrospira* fanden, ermittelten wir eine Salinität von 35 ‰. An den Stellen, wo Salz durch Verdampfen gewonnen wird, herrscht eine wesentlich höhere Konzentration von etwa 300 ‰.

Die Salzindustrie am Sambhar ist die größte in Rajasthan. Ein Damm teilt vom Hauptsee ein ca. 80 km² großes Gebiet im Osten ab (Reservoirzone). Nach den Monsunregen im Juli und August wird vom Hauptsee Wasser in die Reservoirzone geleitet und dort in Evaporationsteichen für die Salzgewinnung genutzt. Die Teiche zeigen extrem hohe Unterschiede in der Salinität und in der Besiedlung. Die Salzproduktion am Sambhar hat eine jahrtausendealte Tradition, wurde jedoch zur Kolonialzeit von den Briten restriktiv genutzt. Hier wird etwa 10 % des Salzbedarfes Indiens gewonnen. Das Einzugsgebiet des Sees beherbergt 38 menschliche Ansiedlungen. So stehen ökonomische und ökologische Interessen nicht immer in Einklang. Im Winter soll der See von Tausenden von Flamingos bevölkert sein. Einige Teiche zeigen intensives Wachstum von für Zwergflamingos aufnehmbaren Cyanobakterien und Algen. Der See wurde ins RAMSAR-Programm aufgenommen, weil er ein bedeutsames Überwinterungsgebiet von Zugvögeln aus Nordasien und ein Refugium von Zwerg- und Rosa Flamingos ist (Kulshreshtha et al. 2011).

Im Einzugsgebiet des Sambhar befinden sich zahlreiche kleinere Restwässer und Reservoirs von hochdiversem Charakter; sie können ebenfalls als Nahrungsgründe für die Flamingos dienen, speziell nach den Monsunregen, wenn der Salzgehalt nicht zu hoch ist. All diese Gewässer und ihr ökologisches Potenzial für den Schutz der Zwergflamingos müssen noch intensiv untersucht werden. Sie sind ein Eldorado für experimentelle Limnologen. Auf engstem Raum lässt sich eine Fülle unterschiedlicher Bedingungen erzeugen, so dass ihr Einfluss auf die Vögel und ihre mikrophytische Nahrungsgrundlage simuliert werden kann. So könnte zum Beispiel experimentell untersucht werden, unter welchen Bedingungen die besten Nahrungsorganismen gedeihen, welche Mikrophyten am besten aufgenommen werden, wie sich Mischpopulationen von Cyanobakterien und Algen auswirken, und ob es, wie von Vareschi (1978) postuliert, eine kritische Konzentration der Nahrungssuspension gibt, bei der die Flamingos die Nahrungsaufnahme stoppen.

Die mit etwa 20.000 Einwohnern größte Siedlung am Sambhar Sagar ist die Stadt Sambhar. Ihre Ausläufer erstrecken sich bis nahe ans Ufer des Sees. Die Stadt sieht aus wie ein Freilandlager aus weiß oder farbig getünchten Kisten. Als wir ankommen, erhebt sich die Sonne als Riesenorange aus dem Häusermeer. Wenige Minuten wirkt es, als habe sie sich in den vielen Elektroleitungen und Masten in den Häuserschluchten verfangen, doch dann setzt sie ihren Weg zügig fort und sendet alsbald Hitzewellen auf den Salzsee. Zwischen Stadtrand und Seeufer liegt ein etwa 200 m breiter Streifen, der mit *Prosopis*-Büschen bewachsen ist. Er stellt die „Kampfzone" zwischen der Zivilisation und ihren Nebenwirkungen und dem harschen, vegetationslosen Salzsumpf dar.

Wir werden von einem ehemaligen Studienkollegen Pawans am Sambhar empfangen, der sich entschuldigt, dass es zum Seeufer durch „vermintes" Gebiet geht. Verursacht wird das Dilemma durch den „morning stool" so mancher Stadtrandbewohner der Salzstadt, die keine andere Möglichkeiten haben, Fäkalien und Müll hygienisch zu entsorgen. Es dauert nicht lange, bis wir das Gebiet erreichen, in dem wir die Menschen bei ihrem morgendlichen Geschäft antreffen. Die Mehrzahl der Inder muss ihre Notdurft im Freien verrichten. Es soll weit mehr Inder mit Handy als mit Toilette geben. So können viele Inder zwar einen Telefonanruf adäquat beantworten, doch einem Ruf der Natur folgen sie nach archaischer Sitte.

Westlich dieser gequälten, abfallbelasteten Zone befinden wir uns nahezu übergangslos in einer blühenden Landschaft. Wie zur Markierung der Grenze zwischen den kontrastreichen Lebensräumen steht ein riesiger Banyanbaum, eine Würgfeige (*Ficus benghalensis*). Unter ihm versammeln sich Kinder vor ihrem Weg zur Schule. Vorbei an einem halbverfallenen Tempel führt ein Weg zu einem Teich. Frauen in malerischer Kleidung transportieren Messingtöpfe auf ihrem Kopf, die sie am Gewässer füllen. Das Ufer ist mit Wasserpflanzen bewachsen. Rohrkolben- und Binsengemeinschaften gehen in den Schwimmblattgürtel mit erlesenen Arten wie Wassernuss (*Trapa bispinosa*), Wasserschlauch und Seerosen über. Hier suchen Reiher ihre Beute, wie z. B. der mit der Rohrdommel verwandte Indische Teichschopfreiher (*Ardeola gayii*). Im Uferschlick suchen Sandpiper und Regenpfeifer nach Würmern. Ein Eisvogel (*Alcedo atthis*) stürzt sich ins Wasser, um mit einem zappelnden Fisch im Schnabel aufzutauchen. Enten und Haubentaucher schwimmen auf dem Wasser. In einem verdorrten Baum findet ein verschlafener Brahmankauz (*Athene brama*) seinen Unterschlupf. Mit anderen Worten – ein Paradies für Botaniker und Ornithologen.

Die Probenahme im anthropogen belasteten Teil des Sees wird einem Einheimischen, wahrscheinlich einem Angehörigen der „scheduled caste", überlassen, der per Handy herbeigerufen wird. Ein hagerer Mann mittleren Alters, krempelt seine Hose hoch und watet durch den stinkenden Uferschlamm, um eine Probe aus der freien Wassersäule zu entnehmen. Leider ist hier *Arthrospira* durch andere Cyanobakterien verdrängt worden. Einige hundert Meter weiter treffen wir dann auf eine gemischte Gruppe von knapp 100 Zwerg- und Rosa Flamingos. Aufgrund von Nahrungsknappheit ist die Schwarmdichte wesentlich geringer als in Ostafrika. Das Gruppenfoto der Vögel zeigt im Hintergrund Tempel, Stromleitungen und Schienenstränge. Von einem ungestörten Leben für die Flamingos kann hier keine Rede sein.

Wir wandern am Ufer entlang und besichtigen den industriellen Teil des Sees, der in verschiedene Evaporationsteiche zum Eindampfen der Salzlauge unterteilt und glücklicherweise nicht so stark verschmutzt ist (Abb. 7.5). Nun finden wir *Arthrospira* und in einer benachbarten Bucht die

Abb. 7.5 Der Sambhar Salzsee. (**a**) Flamingos an einem Restwasser des Sambhar; (**b**) Teilnehmer des UNESCO-Workshops begutachten Massenentwicklungen von *Arthrospira*; (**c**) Salzevaporationsteiche; (**d**) Verpackungsteam der Salzwerke bei der Arbeit

gefärbte Grünalge *Dunaliella*, deren charakteristische rötliche Färbung im Alter durch Beta-Carotin (Provitamin A) hervorgerufen wird. Die Alge enthält hohe Konzentrationen dieses Farbstoffes als Schutz gegen die hohe Lichteinstrahlung. Massenkulturen von *Dunaliella* sind eine wichtige Grundlage für die Herstellung pflanzlichen Eiweißes, und ihre Inhaltsstoffe sind für die Produktion von Nahrungsergänzungsmitteln bedeutsam. Wenn diese Charakteralge hochsaliner Gewässer in dichten Wolken an der Seenoberfläche aufrahmt, bildet sie bizarre Farbmuster. Wir finden ein Muster, das an die Form des indischen Subkontinents erinnert (Abb. 7.6). Cyanobakterien des Verwandtschaftskreises

Abb. 7.6 Salz und Algen des Sambhar. (**a**) Salzarten des Sees im Labor der Salzwerke; (**b**) Probenahme; (**c**) Rast auf der Salzkruste; (**d**) Aufrahmung der Grünalge *Dunaliella*

um *Oscillatoria* überleben auf feuchtem Schlamm und bilden froschhautartige, blasige Überzüge, die je nach Austrocknungsgrad blau, giftgrün, braun oder orange, der Farbe der aufgehenden Sonne, erscheinen. Halophile Bakterien wachsen zu Kahmhäuten in verschiedenen Pinkschattierungen auf Pfützen und feuchten Spurrinnen.

Wir fahren weiter, um die ländliche *Arthrospira*-Massenproduktionsanlage „Manjul *Arthrospira* Samwardhan Sansthan" in Burthal zu besichtigen. Hier werden in offenen Teichen täglich8–12 g *Arthrospira* pro Quadratmeter produziert und geerntet (Srivastava und Gajraj 1996). In betonumrandeten Becken mit einer Größe von 2–20 m^2 wird blaugrüne *Arthrospira*-Suspension umgewälzt, indem die Arbeiterinnen, mit besenförmigen Wischern (wie Schneeschieber) am Beckenrand sitzend, mit paddelartigen Bewegungen die Brühe am Zirkulieren halten (Abb. 7.7). Wenn man das Material ernten will, unterbricht man die Zirkulation, lässt die Blaualgen aufrahmen und schöpft sie mit großen „Kochlöffeln" ab. Anschließend wird die Paste auf ein Leinentuch aufgestrichen, das in einem Holzrahmen eingespannt ist. Nach dem Trocken wird die Algenkruste abgeklopft, zermahlen und als Pulver oder in Tabletten gepresst verkauft. Die Frauen versorgen die Familie durch ihr kleines Einkommen an der Algenanlage, während die Männer am Tee-Kiosk nebenan herumlungern. Die Frauen sind scheu und haben ihren Schleier tief ins Gesicht gezogen. Ihre Chefin, die leitende Wissenschaftlerin Pushpa ermutigt sie, den Schleier zu lüften: „Your pictures will go around the world" (Eure Bilder werden um die Welt gehen). Sie hat Recht, unsere Besuchergruppe aus Wissenschaftlern aus Afrika, Mittelamerika, Indien und Europa fotografiert eifrig– Grund genug, dass sich einige Frauen vor uns in Sicherheit bringen. Nach der Besichtigung, beim gemeinsamen Mikroskopieren, gibt's Tee, der warm abgefüllt in Plastikbeuteln vom Kiosk geholt wird.

Später, an unserem Institut, testen wir den in der Massenkultur verwendeten *Arthrospira*-Stamm und finden keine Toxine. Eine Garantie für den unbedenklichen Zustand dieser Kulturen kann für die Zukunft aber nicht gegeben werden. Die Natur ist flexibel, und die genetischen Anlagen von Cyanobakterien, Gifte in ihren Zellen zu produzieren, sind seit Urzeiten (über 3 Mrd. Jahre) in ihnen. Aus unseren Proben haben wir mithilfe feiner Glaskapillaren Einzelfäden von *Arthrospira* isoliert und Reinkulturen daraus angezogen. Der molekularbiologische Vergleich der verschiedenen Kulturen erbringt, dass *Arthrospira* aus Afrika und Indien der gleichen phylogenetischen Linie angehört. *Arthrospira* aus Mexiko, von unserem Partner Eberto Novelo aus dem Salzsee Texcoco gesammelt, gehört jedoch zu einer anderen Art (*Arthrospira maxima*) (Dadheech et al. 2010). Diese Ergebnisse zeigen, dass nicht, wie ursprünglich angenommen, in den über den gesamten Erdball verbreiteten Extremhabitaten, wie den Salzseen, die gleichen evolutionären Prozesse stattgefunden haben. Es gibt eine unterschiedliche

Besiedlung, und die in Ostafrka aufgetretenen giftigen Typen von *Arthrospira* müssen nicht zwangsläufig in Salzseen anderer geographischer Regionen vorkommen.

7.3   Ganges – Fluss des Lebens

Indien liegt am Einfluss des Ganges. (G.A. Galletti 1876, *Gallettiana*, Nr. 203).

Der Ganges, von den Indern liebevoll „Mutter Ganga" genannt, ist mit seinen 2525 km nach dem Indus der zweitlängste Fluss des indischen Subkontinents. Vom Wasser des Ganges hängen 43 % der Bevölkerung Indiens ab (Dixit et al. 2017). Er gilt als einer der verunreinigtsten Flüsse der Welt (Pandey et al. 2014). Aufgrund der außerordentlich hohen Amplituden seines Wasserstandes erfährt der Ganges eine extreme Saisonalität seiner hydrologischen und biologischen Parameter. In heißen Trockenzeiten und in der Phase des Monsunregens enthält er eine ungeheure Zahl von Mikroben, so kann seine Belastung mit dem Fäkalkeim *Escherichia coli* um ein Vielfaches höher sein, als es nach indischen und WHO-Standards „erlaubt" ist (Mishra et al. 2009). Hinzu kommen Leichenreste und giftige Umweltchemikalien. Die Parameter sind stark von der jeweiligen Entnahmestelle und -zeit abhängig. Im Oktober und November zeigt der Fluss nach den Regenfluten des Monsuns ein starkes Algenwachstum, an dem viele Arten teilhaben, die aus den Böden und Gewässern des Einzugsgebietes eingeschwemmt werden. In den heißen und trockenen Monaten wird die Belastung der Wasserqualität durch Keime und Chemikalien auf ein extremes Maß gesteigert. Die indische Regierung hat 1986 einen „Ganga Action Plan" (GAP) initiiert, um die Belastung des Flusses zu reduzieren. Der Plan ist jedoch nicht aufgegangen. Schlechte Planung, religiöse Vorbehalte und fehlendes öffentliches Interesse ließen den Strom von Fördergeldern zu einem Rinnsal schrumpfen. Die National Ganga River Basin Authority erweckte im Jahre 2009 den GAP zu neuem Leben und erklärte den Ganges zu Indiens Nationalfluss. Doch es wollen sich keine großen Erfolge einstellen (Dixit et al. 2017). Täglich fließen 1,3 Mrd. l kommunales Abwasser, 260 Mio. l industrielles Abwasser, 6 Mio. t Düngemittel und 9000 t Pestizide in den Ganges (Das 2011).

Wasserproben aus dem Ganges zu entnehmen, war für mich wie das Schließen eines Kreises. Meinen wissenschaftlichen Einstand zur Erforschung von Algen in Flüssen habe ich 1972 an der Elbe gegeben, einem Strom, der zu dieser Zeit Deutschland teilte und die Umweltschützer vor und nach der Wiedervereinigung des Landes elektrisierte. Dann, 30 Jahre später, mit dem Afrikavirus befallen hat mich der Sambesi in seinen Bann gezogen. Er ist ein Grenzfluss, der niemals vollständig austrocknet und seinen Algen ein bewegtes Fließregime zumutet, mit Zwischenstation an den imposanten

Abb. 7.7 *Arthrospira* Massenkultur in Burthal. (**a**) Frauen halten die Massenkultur durch ruderartige Bewegungen in Zirkulation; (**b**) aufgerahmte cyanobakterielle Masse; (**c**) die „Algenpaste" wird mit Kellen und Sieben abgeschöpft; (**d**) Trocknung der Ernte auf einem Leinentuch

Victoriafällen. Schließlich, weitere 10 Jahre später, erreichen wir den Ganges. Dieser Fluss hat einen ambivalenten Ruf als Kloake und als Ort des spirituellen und biologischen Reichtums. In seiner gewaltigen Ebene speist er mit seinen fruchtbringenden Wassermassen die Felder, lagert Schwemmlandboden ab und sichert das Leben von Millionen Menschen. Der überbordene Algenreichtum in Phasen, wenn die Monsunfluten viele Nährstoffe eingespült und so manchen Unrat hinweggespült haben, vereint für den Algenkundler produktionsbiologische und spirituelle Momente.

Die Reisen an den Ganges hatten mehrere Ziele. Im Fokus standen die Algen und damit verbundene Kontakte zu Kollegen an verschiedenen Universitäten. Hinzu kam der Wunsch, herausragende Stätten des Wirkens der Feuervögel auf dem indischen Subkontinent zu besuchen. Was passiert, wenn ein Naturwissenschaftler auf Pilger trifft? Am Oberlauf des Ganges besuchten wir die Pilgerstätten von Rishikesh und Haridwar, und in der weiten Ebene des Mittellaufes beprobten wir den Fluss in der heiligsten Hindustadt Varanasi.

7.3.1 Rishikesh und Haridwar – Pilgerstätten am Oberlauf

On the road to Rishikesh
I was dreaming more or less
And the dream I had was true …
I'm just a child of nature
I don't need much to set me free …
I'm one of nature's children.
(John Lennon 1968)

Auf der Straße nach Rishikesh
Habe ich ein bisschen geträumt
Und der Traum, den ich hatte, war wahr
Ich bin doch nur ein Kind der Natur
Ich brauch nicht viel, um frei zu sein
Ich gehöre zu Mutter Natur's Kindern.
(Übersetzung L. K.)

Wir wollten den Ganges zunächst in seiner naturnahen, weitgehend unbelasteten Form kennenlernen und nutzen dazu einen Besuch unseres Kollegen Rajan Kumar, einem Spezialisten für Cyanobakterien an der Universität Rishikesh, den wir 2005 während des 8. Phykologenkongresses in Durban kennengelernt hatten. In Rishikesh fließt der Ganges noch kühl und rein zwischen den hohen Felswänden hindurch. Sein Wasser ist etwas milchig infolge der mineralischen Teilchen, die er aus dem Felsgestein gewaschen hat. Planktonalgen sind kaum zu finden, bestenfalls einige Kieselalgen und dünnfädige Cyanobakterien, die aus dem Aufwuchs von Steinen abgerissen und ins freie Wasser verfrachtet wurden. Wir unternehmen eine Fahrt mit dem Motorboot flussaufwärts bis die Felsentür eng ans Ufer reicht und der Lauf des Flusses uns auf flachem Geröll heftiger entgegenströmt. Pawan stellt fest: „It's like in heaven" (Es ist wie im Himmel).

Große Blöcke von Sedimentgestein, deren Schichten zart in Sand- und Grüntönen schimmern, umsäumen wie namenlose Gedenkplatten das Flussbett. Diese schweren Geschiebe sind in Phasen der Schneeschmelze mit tobender Gewalt aus den Bergen gebrochen und bis hierher getragen worden.

Wir brausen mit hoher Geschwindigkeit zurück in die Zivilisation, die Gischt des heiligen Wassers einatmend. Am Ufer sind große Hotels und kleine Absteigen für die Tausenden von Gästen der Stadt errichtet worden. Ein nicht enden wollender Strom von Pilgern und Touristen schiebt sich durch die schmalen Gassen, in denen Devotionalien hinduistischer Religions- und Souvenirkultur in vielfältigster Form angeboten werden. Allerlei Räucherwerk verströmt betörende Gerüche. Überall finden sich Hinweise auf besonders interessante Yogaschulen oder Ashrams berühmter Gurus. Rishikesh ist wohl die Stadt am Fuße des Himalayas mit den meisten Gurus. Sie gilt als Welthauptstadt des Yoga. Auch die Beatles haben hier in den 1960ern einige Kurse bei ihrem Guru Maharishi Mahes Yogi gebucht. Hier wird so mancher religiöse Asket zum erfolgreichen Geschäftsmann. Bunte Tempel laden zur Einkehr ein. Relaxierende „Tempelmusik" tönt aus Lautsprechern.

Badende Pilger stehen im eiskalten Wasser und nehmen rituelle Reinigungen vor. Eine fast 300 m lange Hängebrücke spannt sich über den Fluss, und bietet Gelegenheit, von oben die dichten Fischschwärme im Wasser zu bewundern, die sich von den Pilgern füttern lassen. Hier dominieren die beiden Verwandten des Karpfens, der Rohu (*Labeo rohita*) und die Olivenbarbe (*Puntius sarana*). Im hinduistischen Glauben symbolisieren zwei goldene Fische die Rettung aller Wesen aus den Leiden des irdischen Ozeans. Gott Vishnu war in seiner ersten Inkarnation ein Fisch namens Matsya, der eng mit dem indischen Mythos über die Sintflut verbunden ist. Der Urahn der Menschheit, Manu, rettete einst Matsya vor dem Tode durch Gefressenwerden. Als Dank warnte der Fisch seinen Retter vor einer bevorstehenden großen Flut. Manu baute ein sicheres Schiff, auf dem er Tiere, Samen, heilige Schriften und sieben Rishis (Seher) unterbrachte. Als die verheerende Flut einsetzte, vertäute Manu die Arche am Fisch, der sie in sichere Höhen des Himalayas schleppte.

Zahlreiche Rhesusaffen lungern argwöhnisch auf den Spannseilen der Brücke über dem Ganges herum, um einen Teil der Leckereien für die Fische zu erhaschen. Einige von ihnen sind arg von Verteilungskämpfen oder vom hohen Alter gezeichnet, haben zerfetzte Lippen oder abgebrochene Zähne. Die Alphatiere recken ihre roten Hintern provozierend in die Höhe. Heilige Kühe machen sich auf den Müllkippen zu schaffen und zermalmen in Ermangelung besseren Futters Plastiktüten zwischen den Zähnen.

In einem Land, in dem sämtliche Lebewesen einem ständigen Zyklus der Reinkarnation ausgesetzt sind, wo das wertlose körperliche Material verbrannt wird, um der Seele Raum zu geben, sich in einem neuen Körper zu manifestieren, tut man sich schwer mit der Paläontologie, der Wissenschaft vom Finden und Erforschen fossiler Reste der vormaligen Lebewesen auf unserem Planeten. Dessen ungeachtet ist inzwischen ein richtiger Wettlauf zwischen den indischen Kulturen entbrannt, Vorfahren zu entdecken und zu identifizieren. Lange Zeit schien es, als ob man nicht wesentlich weiter in der Zeit zurückkäme als bis vor etwa 300.000 Jahren, als ein Urmensch im Gebiet des heutigen Rann of Kutch lebte und dort den Flamingos nachstellte. Doch nun haben Anthropologen von der Punjab University 2 Mio. Jahre alte Steinwerkzeuge in den Siwalik-Bergen in Nordwestindien entdeckt. Damit wird in gewisser Weise der Ansicht widersprochen, dass der asiatische Raum erst nach der Auswanderung des *Homo erectus* aus Afrika mit Urmenschen besiedelt wurde. So vermuten indische Wissenschaftler, wie auch Gelehrte in anderen Regionen der Welt, dass der entscheidende Schritt zur Evolution vernunftbegabter Menschen in ihrer jeweiligen Heimat stattgefunden habe.

Für uns als Indienreisende der Gegenwart bleiben von den Primaten nur unsere Zeitgenossen, die frechen Tempelaffen, die auf dem gesamten Subkontinent ungestraft ihr Unwesen treiben können, nur weil sie mit dem Gott in Affengestalt Hanuman verglichen werden. Doch das verwundert nicht, denn Hanuman besitzt die Fähigkeit zum Fliegen. Dabei erinnert er mit seinem brennenden Schwanz an Phönix.

Haridwar, Dwar of Hari (Torweg zu Gott), liegt 24 km flussabwärts von Rishikesh und ist nach Varanasi die zweitwichtigste Pilgerstätte der Hindus. Hier tritt der Ganges aus den Ausläufern des Himalayas hervor und fließt in die nach ihm benannte Flussebene, wo er sich in mehrere Arme teilt. Nahe des berühmten Har-ki-Pauri Ghats steht eine 30 m hohe Statue des Gottes Shiva. Er ist ausgerüstet mit Dreizack und strahlt übermächtige körperliche und geistige Größe aus. Zur Trimurti gehörend, der Dreieinigkeit der hinduistischen Hauptgötter (Brahma, der Schöpfer, und Vishnu, der in neun Reinkarnationen erscheinende Erhalter, sind die beiden anderen), verkörpert Shiva die Ambivalenz allen Seins. Er kann in 1008 verschiedene Erscheinungsformen schlüpfen und vereinigt zerstörerische und heilbringende Elemente. Als Biologe kann man ihn als Gott der Stoffkreisläufe, die auf zersetzenden und aufbauenden Teilprozessen beruhen, bezeichnen.

Der Har-ki-Pauri Ghat ist die bedeutendste Badetreppe für Pilger in der Stadt und steht für den Ausbruch aus dem endlosen Kreislauf des Sterbens und der Reinkarnation der Hindus. Auch hier sind, ähnlich wie in Varanasi, die Chancen gut, durch ein Bad im heiligen Fluss, den Status der Unsterblichkeit, Moksha, zu erlangen. Nicht nur Shiva hat hier Zeichen gesetzt, sondern auch Vishnu hat einen Fußabdruck nahe des Ghats hinterlassen. Und Garuda, die Inkarnation des Feuervogels in Indien, hat hier aus seinem irdenen Krug einen Tropfen Amrita, Wasser des Lebens, verschüttet, was

ihm nur an vier Stellen Indiens passiert ist, neben Haridwar noch in Nasik, Ujjain und Allahabad. In jeweils einer dieser vier heiligen Städte findet alle drei Jahre im Wechsel die größte hinduistische Wallfahrt statt, die Kumbha Mela, an der Millionen von Pilgern teilnehmen. So erlebt jede Stadt im Abstand von 12 Jahren dieses Festival, das als größte Menschansammlung der Welt gilt und die logistischen Möglichkeiten und Infrastrukturen der jeweiligen Region weit über ihre Grenzen hinaus fordert.

Wir bereisten Haridwar zu einer ruhigeren Zeit im Herbst 2006. Nähert man sich dem Ufer des Ganges am Har-ki-Pauri Ghat, kommt man wahrscheinlich wie die meisten Besucher über den riesigen Parkplatz voller Busse mit Pilgern. Diese machen es sich gleich an Ort und Stelle gemütlich, zäunen mit Schilfmatten ihr Terrain ab, stellen ein paar Öllämpchen, Räucherstäbchen und Plastikgötter auf, entzünden aus Kuhdung ein Kochfeuer, auf dem Teekessel erhitzt werden, um sich mit dem belebenden Getränk zu stärken. Danach geht's zum Fluss, um das von Sünden reinigende Bad zu nehmen. Ganze Reisegruppen, Familien, Schulklassen oder andere Zweckgemeinschaften entern den Fluss und tanzen ausgelassen oder melancholisch schwingend, je nach Temperament, im Wasser. Frauen sitzen träumend im Fluss und schamponieren ihre hüftlangen, schwarzen Haare. Der Fluss riecht wie eine Mischung aus Dusch- und Abwasser.

Überall werden Kanister in verschiedenen Größen verkauft, damit man seinen Lieben zu Hause Wasser aus dem heiligen Fluss mitbringen kann. So ist es den Daheimgebliebenen wenigstens im Miniaturformat möglich, ein Bad im Ganges zu nehmen oder mit ein paar Schlucken des belebenden, geweihten Abwassers den Körper von innen zu reinigen. Man ist fest von der ausserordentlichen Selbstreinigungskraft des Gangeswassers überzeugt, und ist sicher, dass Keime darin nicht überleben können. Ablasshändler patrouillieren am Ufer und drängen allen Gästen ein Ticket der „Universal Welfare Society Haridwar", der Universellen Wohlfahrtsgesellschaft von Haridwar, auf. Auf einer kleinen Brücke über einem seichten Nebenarm sind auf Pritschen Leprakranke aufgereiht, die um eine milde Gabe bitten. Jungen, die als Zeichen tiefer Trauer kahlgeschoren wurden, erfüllen den letzten Wunsch ihrer verstorbenen Vorfahren und bringen deren Asche in Plastiktüten zum heiligen Fluss. Wenn sie ihre Beutel raschelnd im Wasser entleert haben, und eine Wolke feinen Aschestaubes über dem Wasserspiegel entschwebt, stehen junge Schatzsucher bereit, um nach festeren Bestandteilen, nach Wertmetallen, die sich zwischen Asche und Knochensplittern am Grunde des Ganges abgelagert haben könnten, wie Zahngold, Titanprothesen oder am Fingerknochen vergessene Siegelringe, zu tauchen. Einige führen Magneten mit sich, zur Ortung eisenhaltigen Materials. In Glasgefäßen oder in getrockneten Büscheln wird der urtümliche Moosfarn (*Sellaginella bryopteris*), eine

Wiederauferstehungspflanze, angeboten. Inmitten der Besucherströme gelingt es hageren Gurus, auf kleinstem Raum unter schattigen Bäumen, mit einem zerschlissenen Teppich ein Stück Abgeschiedenheit und Entsagung zu etablieren. Es verwirrt etwas, bei einigen von ihnen Kofferradios zu sehen, offenbar dienen diese zum Abspielen tranquillierender Mantren.

Wenn die Dunkelheit hereingebrochen ist, kommt es zum Höhepunkt des Tages, das Abendgebet Aarti. Es ist wie ein Lichterfest mit Fackeln und Musik. Blumen- und Kerzenschiffchen aus gefaltetem Papier werden auf dem Wasser ausgesetzt und dienen als Suchanzeige an einen vermissten Geliebten oder als letzter Gruß. Die Stimmung schaukelt sich hoch in einem spirituellen Rausch aus Bildern, Klängen und Düften. Hier haben die Beatles die Inspiration für die Lieder ihrer indischen Phase geschöpft, die zumeist Eingang in ihr „Weißes Album" fanden. Zeit, die Atmosphäre der Harmonie und der Leichtigkeit in sich aufzunehmen und die Gedanken schweifen zu lassen.

Auch hier nehmen wir unsere Arbeit gerne wahr und entnehmen Algenproben an verschiedenen Stellen des Flusses. Wie in Rishikesh ist kaum natürliches Phytoplankton zu finden. Das weitestgehend klare Wasser erlaubt es, Aufwuchsalgen (Kieselalgen, Grünalgen und Cyanobakterien) einige Bestände auf steiniger Unterlage oder auf Plastikmüll zu bilden. Mikrobiologen werden in diesem Flussbereich schon fündiger. Ein Bericht von Arona et al. (2013) gibt interessante Einblicke in das exorbitante Anschwellen der bakteriellen Werte während des religiösen Großereignisses, des Kumbha Mela vom 14.01.–28.04.2010. Millionen von Pilgern kamen hier zusammen um zu feiern. Allein am wichtigsten Tag des 104 Tage währenden Festivals, am Tag 90 (Baisaki), dem königlichen Bad, gingen geschätzte 10 Mio. Menschen in den Fluss. Die Mikrobiologen ermittelten Abundanzen coliformer Keime als Indikator fäkaler Verunreinigung und Anwesenheit von Erregern wasserbürtiger Krankheiten. Die mittels Standard-Plattentest (Auszählung der Gesamtzahl der Keime auf Fangplatten mit Bakterienagar) gewonnenen Werte stiegen von 1 (am ersten Tag) auf 622 zum Höhepunkt der Feierlichkeiten am 90. Tag. Fäkale coliforme Keime stiegen von 0 auf 150. Dennoch dürfte der Absatz des heiligen Wassers an diesem Tage Rekordwerte erreicht haben.

Beim Exkurs in die Geschichte der Kumbh Mela in Haridwar stößt man auf Daten, die mit dem Auftreten von Cholera-Epidemien einhergehen. Aus dem Jahre 1783 ist erstmals ein Bericht überliefert, demzufolge von den 1–2 Mio. Pilgern innerhalb von 8 Tagen 20.000 an Cholera starben. Im Jahre 1891 musste die Veranstaltung vorzeitig abgebrochen werden, weil es 169.013 Cholera-Opfer gab. Pandemische Ausmaße erreichte die Cholera im Jahre 1913, als die Keime ausgehend von dieser Veranstaltung bis nach Europa, Afghanistan, Persien und Südrussland vordrangen (Rogers 1926).

7.3.2 Varanasi – heiliges Herz des Ganges

Knisterndes, loderndes, gewaltiges Feuer. Wie die Sonne, wenn sie frühmorgens über dem Ganges aufgeht. In Benares scheint beides ein und dieselbe Quelle zu haben. (Wolfgang Hieber 1986, *Der unbekannte Kontinent.*)

Am liebsten würde sich jeder Hindu nach seinem Ableben in Varanasi (vormals Benares) am Ufer des heiligen Flusses Ganges verbrennen lassen. Hier, in der Stadt Shivas, sollen die Chancen besonders groß sein, die endgültige Erlösung, Moksha, zu erlangen. Hier werden jährlich etwa 100.000 Leichen auf Scheiterhaufen verbrannt, die jeweils aus mindestens 200–400 kg trockenen Holzes bestehen. Diese Holzmenge ist nötig, um einen menschlichen Körper zu veraschen. Nicht immer reicht das Budget der Hinterbliebenen, um diese Holzmenge zu finanzieren, und so kommt es oft dazu, dass die Leichen nicht vollständig verbrennen. Eine gute Brennkraft ist aber nötig, um den Schädel des Toten zum Bersten zu bringen, damit seine Seele entweichen kann und für die Wiedergeburt zur Verfügung steht. Falls die Feuerkraft nicht ausreicht, muss der älteste Sohn des Toten dessen Schädel zertrümmern. Während die nun befreite Seele ihrer neuen Bestimmung entgegensieht, ist der Körper des Toten wertlos und unrein, und seine Beseitigung obliegt den kastenlosen Unberührbaren, welche die mehr oder weniger vollständige Verbrennung als Geschäft betreiben.

Eine kostspielige Verbrennung mit tropischen Harthölzern kann nicht jedem der mehr als 800 Mio. Hindus in Indien ermöglicht werden. Ganz zu schweigen von den immensen Holzverlusten, die in den indischen Wäldern zu beklagen sind. Jährlich werden für die rituellen Einäscherungen der Leichen 60 Mio. Tonnen Holz eingeschlagen; bei dessen Verbrennung entstehen Emissionen von 8 Mio. t Kohlendioxid. In unserer modernen Zeit akzeptieren fortschrittliche Inder die Einäscherung in Krematorien, wo anschließend die Asche an die Hinterbliebenen ausgehändigt wird. Der älteste Sohn des Verstorbenen hat dann den Auftrag, die Asche dem Ganges zu überbringen oder, falls dies nicht möglich ist, über dem Meer oder in alle vier Winde zu verstreuen. Die weniger Wohlhabenden oder die sieben Gruppen der Unverbrennbaren (Kleinkinder, Sadhus [asketische, Shiva verehrende Wanderprediger], schwangere Frauen, an Cholera, Lepra, Pocken oder Schlangenbissen Verstorbene) werden einfach verscharrt oder ins Wasser geworfen. In Varanasi gelangen jährlich 60.000 unverbrannte Leichen in den Fluss; hinzu kommen noch 15.000 unvollständig verbrannte Leichen (Mishra et al. 2009). Premierminister Narendra Modi, ein Hindu-Nationalist, fordert für alle Inder, unabhängig von Stand und Religion, die (in- oder outdoor) Krematierung. Details zur Umsetzung dieser schwierigen Maßnahme sind bislang noch nicht veröffentlicht worden.

Die hinduistischen Verbrennungsrituale greifen auch auf Europa über. Seit Februar 2010 kann die Verbrennung auf einem Scheiterhaufen in Großbritannien erfolgen. Eine führende Tageszeitung Indiens, *The Hindu* vom 25.09.2009, titelt: „The right of open-air cremation to have in fire (Agni) after death a sacramental re-birth, like the mythical phoenix arising from the flames anew." (Das Recht auf Verbrennung unter freiem Himmel, um im Feuer [Agni] eine heilige Wiedergeburt zu erleben, um, wie der mythische Phönix, erneuert den Flammen zu entsteigen.) Zwei Jahre zuvor wurde das Ansinnen des Hindu D. K. Ghai aus Nordengland, im Todesfalle nach hinduistischem Brauch auf einem Scheiterhaufen verbrannt werden zu dürfen, vom High Court in London abschlägig beschieden, weil dies gegen das Krematoriumsgesetz von 1902 verstoße. Gai kämpfte sich durch die Revision, musste allerdings ein Zugeständnis machen. Der offene Scheiterhaufen darf nur in einem überdachten Raum mit Rauchabzug abgefackelt werden. Damit genügte er den Anforderungen des besagten Gesetzes und machte den Weg frei für die etwa 600.000 Hindus, die in Großbritannien leben und dort voraussichtlich auch sterben werden.

Anfang November 2013 war ich zu einem Vortrag an der Banares Hindu University (BHU) in Varanasi eingeladen. Es ging um das Thema Zwergflamingos, ihrer Nahrung und ihres Überlebens in einer sich wandelnden Umwelt. Wie so oft begleitete mich Doris auf dieser Reise. Auf dem Flug nach Indien konnten wir den Film *Young Frankenstein* (1974) von Mel Brooks genießen. Es gibt darin eine köstliche Sentenz über Wissenschaftler. Frankenstein Junior wollte in der Burg seines Vaters in Transsylvanien dessen Labor wieder in Betrieb nehmen und Leichen durch Implantation wohlselektierter Organe wiederbeleben und nach Gutdünken mit bestimmten Eigenschaften, wie hohe Intelligenz, ausstatten. Schon beim ersten Experiment kam es zu unerwünschten Nebeneffekten. Die Leiche eines Gewalttäters bekam das falsche Hirn eingepflanzt und geriet außer Kontrolle. Die irritierten Bürger des Ortes, in dem die Burg der Frankensteins stand, wollten das Labor stürmen. Frankenstein Junior trat ihnen mit den Worten entgegen: „Wir sind Wissenschaftler. Sie haben nichts zu befürchten. Wir haben alles im Griff." Die Menge skandiert vorwurfsvoll: „Wissenschaftler sind alle gleich. Sie sagen, sie wollen mit uns zusammenarbeiten, aber in Wirklichkeit wollen sie die Welt beherrschen." Der Film ist auflockernd, wenn man in eine Stadt reist, in der das religiöse Geschäft mit vielen Leichen betrieben wird, um deren Übergang in eine neue Identität (Inkarnation) oder besser in einen friedlichen Endzustand (Moksha) zu befördern. Auch hier haben die Wissenschaftler nicht alles im Griff, und Mutter Ganga bleibt in einem erbarmungswürdigen Zustand.

Vor dem keimigen Wasser des Ganges gewarnt wollten wir Vorsorge treiben, um genügend desinfizierende Flüssigkeiten in Form von Whisky zur Hand zu haben. Da es nicht klar war, ob wir in der heiligen Stadt, in der Alkoholkonsum verpönt ist, an konzentrierte Getränke kommen würden,

versorgten wir uns schon auf dem Flughafen in Deutschland. Auf dem Inlandflug von Delhi nach Varanasi mit Air India durften wir diese Getränke nicht im Handgepäck befördern, sondern mussten sie in einem fest verklebten Karton einchecken. Auf dem Gepäckfließband in Varanasi kam unser Karton schon an erster Stelle, gewissermaßen als Kommandeur des Gepäcktransportes, auf dem Elevator angeschwebt. Übrigens war die Vorsorge übertrieben, denn das Essen im Gästehaus der Banares Hindu University (BHU) war vorzüglich. Die Betreuung war hervorragend. Der Caretaker brachte uns persönlich Premium-Klopapier aufs Zimmer, und früh um 7:00 Uhr kam der Morgentee. Auch bei der Entnahme von Wasserproben am Fluss war unter Einhaltung hygienischer Grundsätze ein problemloses Arbeiten möglich.

Der Kampus der BHU befindet sich in einer weitläufigen grünen Landschaft am Südrand der Stadt. Historische Gebäude, moderne Universitätsgebäude, Tempel, Serviceeinrichtungen und Sportplätze lagern in lockerer Form in einer Wald- und Gartenoase mit mehr als 5 km^2 Fläche. An einem Kreisverkehr mit dem Denkmal des Gründers Pandit Madau Mohan Malaviya vor dem Haupttor der Universität brandet der meiste Verkehr ab, und nur noch wenige Fahrzeuge fahren auf das Universitätsgelände. Die im Jahre 1916 gegründete BHU gehört zu den besten Universitäten des Landes und belegt regelmäßig den 3. oder 4. Platz im nationalen Ranking. Hier studieren mehr als 20.000 Studenten aus 34 Nationen in 140 verschiedenen Departments. Ich folge einer Einladung des Botany Departments. Meine Gastgeber sind die Professoren R. P. Sinha und A. K. Rai, die lange Zeit in Deutschland geforscht haben – unter der Ägide der Humboldtstiftung und des Deutschen Akademischen Austauschdienstes. Für die Feldarbeiten sind uns drei ihrer Doktoranden zur Seite gestellt, die umsichtig unser Probenprogramm auf dem Ganges und seines Einzugsgebietes unterstützen. Arun, Jain und Raj haben uns wissbegierig assistiert und unsere Methoden von der Probenahme bis zur Isolation und Kultivation der Mikrophyten übernommen.

Mein Vortrag findet im großen Hörsaal des Botany Departments statt. Etwa 100 Zuhörer sind gekommen. Wie es bei Vorträgen so ist, der Vortragende hat nur wenige Minuten Zeit, um für Aufmerksamkeit zu werben, bevor das Auditorium in geistige Abwesenheit driftet. Zur Motivation habe ich deshalb das Foto eines Grenzsteines im Keoladeo National Park in Bharatpur, einem Vogelschutzgebiet von internationaler Bedeutung, gezeigt, mit der Inschrift: „Your next incarnation could be a Sibirian Crane" und habe es ergänzt mit „or a Lesser Flamingo" (Ihre nächste Reinkarnation könnte ein Sibirischer Kranich sein – oder ein Zwergflamingo). Da viele Studenten und Lehrkräfte mit Cyanobakterien arbeiten, sind sie interessiert, etwas über die Nahrungsnetzbeziehung dieser mystischen Vögel zu erfahren. So kann ich mit einigen von ihnen während der Veranstaltung Blickkontakt halten. Die zahlreichen Fragen in der Diskussionsrunde zeigen ihre Aufgeschlossenheit. Von den Gastgebern gibt es noch mehrere Aufmerksamkeiten nach dem Vortrag – ein wunderschöner Blumenstrauß mit üppigem Duft, ein in kupferfarbenen Kunststoff gepresstes Relief mit der Skyline von Varanasi, den Ghats, Tempeln und einem Shiva Linga, dem Symbol des unsterblichen, omnipotenten Gottes Shiva, dem „Schirmherren" der heiligen Stadt, mit einer Widmung der BHU. Ein Briefumschlag wird mit verstohlenem Lächeln dazu gereicht. Er enthält das symbolische Honorar für meinen Vortrag, 500 Indische Rupien (ca. 6,30 €), eine Summe, die an anderer Stelle in der Stadt noch von Bedeutung sein wird.

Wir gleiten in einem Ruderboot vorbei an den Ghats, den treppenförmigen Übergängen zwischen Land und Wasser. Überall sind noch Aufräumungsarbeiten im Gange. Die Überflutung durch den Monsunregen zwischen Mai und Oktober, mit Höhepunkt im August, hat den Ganges auf einen Pegel gehoben, der die Gebäude an den Ghats bis in 10 m Höhe geflutet hat. Die höchsten Wasserstände sind als dunkle Streifen an den Bauwerken im oberen Drittel zu sehen. Die Bausubstanz leidet stark unter den Fluten und kann aus Mangel an Mitteln nur provisorisch wiederhergerichtet werden. Der Strom hat Unmengen lehmigen Geschiebes mitgebracht, das sich auf den Ghats abgesetzt hat. Der zähe Schlamm wird mühsam mit Schaufeln von den Stufen gekratzt, in Säcke verpackt und mit Eseln fortgeschafft, damit die Pilger wieder ans Wasser können, ohne auf den glitschigen Stufen auszurutschen. Diese Maßnahmen laufen auf Hochtouren, denn für die nächsten Tage sind wichtige Festivitäten angesagt, an denen Abertausende Pilger teilnehmen werden. Der gesamte November ist praktisch ein Feiermonat. Täglich finden Festivals statt, angefangen von Diwali, dem Festival des Lichtes, bis zum Surya Shashti Chhath Puja, dem Freudenfest für den Sonnengott Surya.

Dort, wo die Ghats schon vom Schlick gesäubert sind, spielt sich der Alltag ab. An jedem Ghat lässt sich ein Schwerpunkt seiner Nutzung außerhalb der Gebetszeiten und der spirituellen Festivals erkennen. So gibt es Ghats, an denen die Bootsführer ihre Boote abdichten und deren Boden teeren. An anderen Ghats wird Bettwäsche gewaschen oder Kleidung oder Küchenutensilien. Es werden Rinder und Ziegen getränkt oder Wasserbüffel im Wasser gebadet. Hier und dort verrichten nackte Männer ausgiebig ihre Vormittagstoilette. Eine Frau mit Baby auf dem Arm, die auf den obersten Stufen vorbeihuschen will, wird lauthals beschimpft. Andere Frauen dürfen bleiben und den Badenden Wasser über den Körper gießen. Die Ghats mit hoher Tempeldichte haben zahlreiche Besucher, auch einige Touristen haben sich hierher begeben, umworben von zahlreichen Händlern für Naschwerk, Trinkwasser und Souvenirs. An manchen Ghats überwiegt offenbar das wirtschaftliche Interesse, denn es sind einige Seidenmanufakturen ausgeschildert, Wasser- und Abwassereinrichtungen und

Krematorien reihen sich zwanglos in die Uferbebauung. Einige Ghats sind der rituellen Verbrennung von Leichen auf Scheiterhaufen vorbehalten. Doch nicht nur Leichen werden verbrannt, sondern auch Haufen voller Unrat schwelen vor sich hin. Ganz in der Nähe ist ein Ghat mit erhöhter Präsenz von Anglern, die mit einfachen Schnüren die Karpfenverwandten aus dem Fluss fischen. Und schließlich: Nach der Puja ist vor der Puja (spirituelles Festival zur Ehrung der Hindu-Götter). So laufen an vielen Ghats die Nachbereitungen der letzten Puja und die Vorbereitungen auf die nächste Veranstaltung. Am Ufer werden schwimmende Plastikpontons mit Plattformen für die Pilger vorbereitet, Lichterketten ausgebessert, Umkleidekabinen aus Wellblech mit Wassereimern ausgespritzt und Abzäunungen gerichtet.

Vom Boot aus nehmen wir unsere Wasserproben. Die Leitfähigkeit des Wassers ist mit 426 µS niedrig – es ist also eine Menge „Frischwasser" durch den Monsun in den Fluss eingespült worden (Abb. 7.8). Die Proben sind voller interessanter Cyanobakterien und Algen aus allen wichtigen Gruppen des Phytoplanktons. Wie in nährstoffreichen Flüssen typisch sind die Kieselalgen jedoch in der Minderzahl. Dafür gibt es in reichlichen Mengen Cyanobakterien, *Arthrospira* ist in einzelnen Fäden vorhanden. Das absolut dominante Element des Phytoplanktons sind jedoch die Grünalgen. Wie molekulare Analysen zeigten, verbergen sich dahinter viele neue Arten und Gattungen von Verwandten unserer Lieblingskugelalge *Chlorella*. Eine Menge Arbeit wartet auf uns, das alles ins System einzubringen.

Das Wasser des Ganges stellt ein unerschöpfliches Reservoir von Mikrophyten dar, die sich in Altarmen des Flusses oder Restgewässern jederzeit massenhaft vermehren können und dort die Nahrungsnetze versorgen. So kann man sich vorstellen, dass sich *Arthrospira* in kleinen Wasserlöchern als Quasi-Monokultur anreichern kann. Das ist ein Vorgang, der offensichtlich schon öfter die Anwohner angeregt hat, solche Algenmassen aus ihren Teichen zu ernten und ihre Tiere damit zu füttern oder sie ihren eigenen Speisen beizufügen. Als Ausgangsmaterial für Laborkulturen sind die Algen des Ganges bestens geeignet. Reinkulturen dieser Organismen dienen als Testorganismen in Umwelttests oder für Grundlagenuntersuchungen, wie im Labor von Professor Sinha, um zum Beispiel den Einfluss von Komponenten des Lichts auf Cyanobakterien zu studieren.

Die BHU wirbt an den Ghats mit dem Slogan: „Save water – Save life." Das Jahr 2013 brachte für die Bewegung zum Schutz des Ganges („Clean Ganga") einen schweren Verlust. Einer ihrer prominentesten Kämpfer starb am 3. März dieses Jahres im Hospital der BHU an einer Infektion seiner Lunge. Veer Bhadra Mishra (1938–2013), „the warrior for a river" (der Kämpfer für einen Fluss), vereinte wie kaum ein anderer wissenschaftliche und religiöse Kompetenz beim Einsatz zum Schutz des Ganges. Er war Professor für Hydraulik an der BHU und Mahant (Hohepriester)

Abb. 7.8 Probenahme auf dem Ganges in Varanasi. (**a**) Messung der Leitfähigkeit des Wassers (Foto: Doris Krienitz); (**b–i**) Cyanobakterien und Algen aus dem Ganges: (**b**) *Microcystis* und *Pseudanabaena*; (**c**) *Merismopedia, Mallomonas* und *Diploneis*; (**d**) *Aulacoseira* und *Monactinus*; (**e**) Fäden des *Leptolyngbya*-Morphotyps; (**f**) *Arthrospira*; (**g**) *Euglena* and *Coelastrum*; (**h**) *Pteromonas*; (**i**) *Actinastrum*

des Sankatmochan-Tempels. Seine Verdienste wurden weltweit geehrt: Das UN-Umweltprogramm setzte ihn 1992 auf die „Global 500 Roll of Honour". Das Magazin *Time* erklärte ihn 1999 zum „Hero of the Planet". In seiner Heimat erhielt er den Beinamen „Sohn des Ganges". Jeden Morgen, den er in Varanasi verbrachte, nahm er sein heiliges Bad im Ganges am Tulsi Ghat. Sein Motto war: „Ich bin ein Teil des Ganges, und der Ganges ist ein Teil von mir." Ihn hat die Hoffnung, dass eines Tages kein Tropfen Abwasser mehr in den Ganges fließt, nie verlassen. In seinem Nachruf hieß es, dass „seine letzten Rechte an den Ghats von Varanasi vollzogen wurden" (Rashid 2013).

Am bekanntesten Ghat für den Vollzug der letzten Rechte eines Hindus, dem Marnikanika Ghat, verlassen wir das Boot und besuchen die heilige Stätte des hinduistischen Phönix. Vom Fluss aus haben wir gesehen, dass knapp ein Dutzend Feuerstätten in unterschiedlichen Verbrennungsstadien lodern oder schwelen. Es ist ein ständiges Kommen und Gehen. Angehörige tragen ihre Hinterbliebenen auf Bahren zum Ghat und warten dort geduldig, bis sie an der Reihe sind. Als man uns aus dem Boot hilft, haben wir ein flaues Gefühl. Wir dringen in einen privaten Vorgang des Abschieds, des Übergangs in einen anderen Zustand, ein. Aber man geht hier mit unserem Kommen pragmatisch um. Es herrscht eine entspannte, getragene Stimmung. Man empfindet es als normal, dass sich Menschen aus anderen Kulturkreisen für die Atmosphäre dieser Stätte interessieren und sich ein persönliches Bild machen möchten. „Ein Bild machen" heißt natürlich nicht „fotografieren" – das verbietet die Pietät strikt.

Die Betreiber der Feuerstätte und die Hinterbliebenen der Toten stochern mit verbogenen Eisenstangen in den schwelenden Hölzern und entfachen die Glut, die um den Leichnam mehrere Meter hoch aufstiebt. Wir stapfen mit unseren Sandalen durch feuchte, fettige Asche am Ufersaum. Hunde schnuppern an unserem Schuhwerk. Phlegmatische Kühe zerkauen genüsslich die Girlanden aus Tagetes. Wir trauen uns nicht so recht hinzusehen, was noch alles auf unserem Weg liegt. Unsere Schritte sind unsicher, unser Hirn ist angespannt und scheint eine gallertige Blase als Schutzhülle aufzubauen, unser Körper wirkt außen wie von watteartiger Konsistenz.

Die Passage seitlich der Feuerstätten führt uns vom Ufer nach oben in eine tempelartige Ruine. Es geht vorbei an Stapeln von Holz. An jedem freien Platz an der Rückseite des Ghats und den umgebenden Gassen ist kunstvoll Holz zum Trocknen aufgeschichtet. Alles, was hier geschieht, wird in Holz umgerechnet. Holz ist hier die Währung, und die Investition der Hinterbliebenen in Feuerholz entscheidet darüber, wie nahtlos ihr Verstorbener den Zustand des Moksha erreicht.

Wir werden auf einen balkonartigen Platz im zweiten Stock des tempelartigen Bauwerks geleitet und können, wie von einer Aussichtsplattform, das Geschehen an den Feuerstätten beobachten. Der Rauch der Feuer dringt zu uns, sein Geruch erinnert an einen Friedhof in Deutschland, wenn die Gärtner die Kränze von den Gräbern nehmen und verbrennen. Wir sehen, dass sich unsere drei jungen Begleiter immer noch unglücklich fühlen, wenn sie direkt auf die Feuerstätten blicken. Sie haben in ihrem Alter wohl noch nicht so oft einen Gedanken an die nächste Inkarnation verwendet. Sie erleben, wie wir, die Rituale an den Verbrennungsstätten zum ersten Mal, aber offensichtlich aus einem anderen Blickwinkel.

Zu uns hat sich ein hagerer Mann gesellt, der in konspirativem Flüsterton die Prozedur in abgehackten Sätzen erläutert. Das Feuerholz ist vorwiegend Mango oder Würgfeige. Die Frauen sind in orangefarbene und die Männer in weiße Tücher gehüllt. Mit der blumengeschmückten Bahre werden sie nochmal kurz in den Ganges getaucht und dann auf die Feuerstätte umgebettet. Dann wird das Feuer vom Führer der Trauergemeinde gelegt, und der Körper mehrere Stunden der Hitze ausgesetzt. Nach diesen spartanischen Informationen fordert er ohne Umschweife sein Entgelt. Ich gebe ihm 110 Rupien. Er ist entsetzt, denn diese Summe würde gerade einmal für 1,5 kg Feuerholz reichen. Er verlangt weitere 500 Rupien, um mein Karma aufzubessern, wie er sagt. Ich tue überrascht, möchte aber an diesem Ort nicht feilschen. So gebe ich ihm mein Vorlesungshonorar und hoffe, er verwendet es für einen nützlichen Zweck.

Die respektlos lärmenden Krähen am Marnikanika Ghat lassen unsere Gedanken nochmals zu jenen drei Vogelgattungen mit Symbolcharakter schweifen, die uns am Ganges besonders aufgefallen sind. An den Ghats sind es die allgegenwärtigen Krähen. Bei näherer Betrachtung zeigt sich, dass es zwei Arten sind, die häufigere Glanzkrähe (*Corvus splendens*), auch als Indische oder Graunackenkrähe bekannt, und die Dickschnabelkrähe (*C. macrorhynchos*). Die Krähen kreisen um die Ghats auf der Suche nach was Fressbarem, im ständigen Streit mit den Hunden. Sie suchen die Nähe und die Rückenpartie der Rinder, die heiligen Kühe einerseits, die stoisch auf den Treppen liegen und wiederkäuen, und die nicht heiligen Büffel andererseits, die im Uferschlamm suhlen oder im Wasser stehen. Was symbolisieren diese Vögel und was sagen sie über unsere Zukunft? Ist die Zukunft vielversprechend? Es wird gesagt, dass Brahma das Geheimnis des langen Lebens in einer Krähe versteckt hat. Oder künden die Unglücksraben als Galgenvögel eher von einer dunklen Zukunft?

Das andere Ufer des Ganges gegenüber der Stadt ist nicht so dicht besiedelt. Auf dem Weg dorthin stößt unser Boot an merkwürdige Pakete, die in Plastiksäcke, Palm- und Bananenblätter eingehüllt, an der Wasseroberfläche treiben.

Es sind die nicht Verbrennbaren, die hier dem bakteriellen Zersetzungsprozess ausgeliefert werden. Am Ufer stehen Zelte oder einfache Hütten. Die Bewohner und ihre Tiere, vor allem Ziegen, schauen neugierig auf unser Tun. Wir möchten hier einfach den Kontrast zur spirituellen Fülle und Hektik der Stadt erleben. Es finden sich Büsche in frischem Grün und feuchte Restwässer. Hier begegnen uns die Reiher. Besonders symbolträchtig sind die weißen Silberreiher (*Egretta alba*) und die Seidenreiher (*E. garzetta*). Ein Paar weißer Reiher fliegt schweigend durch die Sonnenscheibe zu seinem Brutplatz und symbolisiert Gemeinsamkeit, Reinheit, Gelassenheit …

Etwas lautere Zeitgenossen sind die Halsbandsittiche (*Psittacula krameri*), die in den Bäumen lärmen. In den Gärten der Tempel und Schlösser flattern die gelb-grünen Vögel mit dem pinkfarbenen Halsband und bedienen sich von den Opfergaben. Pointe Amazan weiß aus Gangaridien zu berichten: „Wir haben vor allem ein paar Papageien, die wunderbar predigen" (Voltaire 1768). Doch diese herrlichen Vögel haben eine Unsitte, über die in neuester Zeit häufig berichtet wird. Sie fallen in die Felder ein, auf denen Schlafmohn für medizinische Zwecke angebaut wird. Bei den Verwandten der Papageien wird ein gewisses Suchtpotenzial nachgewiesen. Könnte das als Zeichen gewertet werden, dass Predigen die Sinne verwirrt?

Professor Sinha schlägt vor, zum Abschluss unseres facettenreichen Aufenthaltes in Varanasi noch eine spirituelle Massenveranstaltung zu erleben. Wenige Tage nach Diwali findet am Ganges in Varanasi die Surya Shashti Chhath Puja statt, die Feier zu Ehren des Sonnengottes Surya, einem Arbeitgeber des Phönix. Der Sonnenaufgang, also das Erscheinen Suryas, ist für 6:10 Uhr angekündigt. Wir starten 4:00 Uhr im Gästehaus, um gegen 5:00 Uhr einen Platz am Ufersaum zu finden, der bereits von festlich gekleideten Pilgern gefüllt ist. Kalkuliert man grob, dass die Menschen in einem 6 km langen Bereich, in dem sich etwa 70 Ghats aneinanderreihen, die Puja feiern, lässt sich folgende Abschätzung treffen. An den Ghats stehen die Pilger dichtgedrängt auf einem 20 m breiten Uferstreifen. Etwa 2 Personen teilen sich eine Fläche von 1 m². Somit käme man auf 240.000 Pilger direkt im Uferbereich. All jene, die noch auf den Straßen nachdrängen oder sich gerade in den Tempeln aufhalten, hinzugezählt, ergäben in so einem Moment 1 Mio. Partygäste.

Manche Pilgergruppen haben mit bunten Fähnchen kleine Flächen abgesteckt, auf denen sie die Devotionalien lagern, die sie vom Sonnengott weihen lassen wollen: Obst, Gemüse, Schälchen mit Reis und Lassi, Blumen, Öllämpchen, Bilder. Es ist ein Fest für alle Sinne: Die bunten Farben der Menschen vor der Kulisse der imposanten Bauwerke zu sehen, die sanfte Musik, das Gemurmel und Plantschen der Pilger

in den Fluten zu hören, räuchernde Stäbchen und würzige Studentenblumen zu riechen, die Nähe zwischen den Menschen und den schmatzenden Uferschlamm zu fühlen, das Amalgamat der Dünste, Düfte und Nebel, das sich auf der Zunge ablagert, zu schmecken, ist ein mitreißendes Erlebnis. Wir haben eine strategisch gute Stelle dicht am Ufer erreicht und lassen uns einfach von den Menschen in die Feier einbeziehen (Abb. 7.9).

Die Pilgergemeinschaften bilden Menschenketten vom Devotionalienlager aus quer durch die Massen bis zum Ufer, wo das männliche Oberhaupt der Gruppe mit hochgekrempelten Hosen oder die Mutter in geschürztem Sari im Wasser stehen, die auf Tabletts durchgereichten Früchte und Materialien entgegennehmen und in einer rituellen Handlung in den Ganges tauchen. Diese Gaben werden nicht dem Wasser übereignet, sondern wieder in das menschliche Nahrungsnetz eingespeist. Über die Menschenkette geht es zurück an die Ausgangsstation, wo die Nahrungsmittel zwischengelagert werden, bis sie für einen sinnvollen Zweck und zum alsbaldigen Verbrauch abtransportiert werden. Das Treiben wird immer fröhlicher, denn bis zum Sonnenaufgang sind es nur noch wenige Minuten. Dann ist es so weit, 6:10 Uhr, aber noch ist keine Sonne zu sehen. Milchiger Nebel verdeckt die glühende Kugel. Erst gegen 7:00 Uhr sieht man die Sonne oberhalb des Nebels auftauchen, nun schon ganz klein, hoch am Himmel. Als wir die Szenerie verlassen und in die Zufahrtsgassen untertauchen, sehen wir, dass unsere Schätzungen zur Teilnehmerzahl wohl doch zu vorsichtig waren. Im Gegenstromverfahren gehen und kommen Pilger in nicht enden wollenden Zügen.

Zeit, über Religion nachzudenken, am Beispiel des Sonnengottes, über den ich mit einem Yogi diskutierte, nachdem dieser den Sonnengruß zelebriert hatte. Als Einstieg dienten die 12 Mantren zum Sonnengruß (Surya Namaskar), die in Sanskrit aufgeschrieben sind und deren Übersetzung ins Englische. In den 12 Mantren wird die Sonne begrüßt, z. B. Mantra 1: „OM Mitraya Namah", englisch: „Salutations to him *who* is my everlasting friend." Kenner der Yoga-Szene wissen, das langgezogene „OooMmm" ist der Urlaut schlechthin, aus den Tiefen des Körpers und der Seele in die Tiefen des Universums gerufen.

Die 12 Mantren frei übersetzt ins Deutsche:

1) Gruß dem, der für immer mein Freund ist.
2) Gruß dem, der die ewige Quelle der Vitalität ist.
3) Gruß dem, der die Quelle des Lichts ist, das uns zu Aktivität anstachelt.
4) Gruß dem, der die Quelle der Wärme ist.
5) Gruß dem, der die Quelle des Lebens jener ist, die im Himmel sind.
6) Gruß dem, der Stärke gibt.

Abb. 7.9 Surya Shasti Chhath Puja, ein Freudenfest zu Ehren des Sonnengottes Surya am Ganges

7) Gruß dem, der aus seinem golden strahlenden Kranz Energie gibt.
8) Gruß dem, der Herr der Dämmerung ist und uns in Schwingungen versetzt.
9) Gruß dem, der Sohn der Aditya (der Mutter Erde) ist.
10) Gruß dem, der alles erschafft.
11) Gruß dem, der als höchste Essenz der Vitalität verehrt wird.
12) Gruß dem, der die Ursache des Glanzes ist, der uns innere Stärke, Vertrauen und Wachheit gibt.

Nachdem ich die Mantren durchgelesen habe, zieht mich dieses Personalfragewort „who", das in jedem Mantra in englischer Übersetzung erscheint, in seinen Bann, weil ich spüre, dass ich auf meinem erratischen Weg durch die Religionen und zu „meinem Gott" hier vielleicht eine Antwort bekommen könnte. Ich frage also den Yogi „Who is Who?" In der darauf folgenden Diskussion kommt es in mehreren Stufen zu einer interessanten Schlussfolgerung: Mit „who" ist die Sonne gemeint.

- Was ist die Sonne, ist es der glühende Feuerball am Tageshimmel oder ist es ein Gott? - Die Sonne ist ein Gott namens Surya (Abb. 7.10).
- Wo ist dieser Gott in der Hierarchie der Götter eingeordnet, ist er etwa eine Inkarnation eines der großen Drei: Brahma, Vishnu, Shiva? - Die Sonne ist ein selbständiger Gott und den Dreien subordiniert und keine Inkarnation von ihnen. Der Sonne ist der Mond untergeordnet, auch dieser ist ein Gott.
- Kann man die Sonne als seinen persönlichen Hauptgott wählen? Nun kommt es zu einer ausführlichen Diskussion der Vorgehensweise vieler Inder…

sich einen Hauptgott zu wählen, von denen in der Beliebtheitsskala Shiva, Ganesha, Lakshmi, Krishna, Hanuman ganz

Abb. 7.10 Sonnengott Surya. (**a**) Sonnenuntergang; (**b**) Surya auf einer siebenspännigen Kutsche in seinem Tempel in Khajuraho

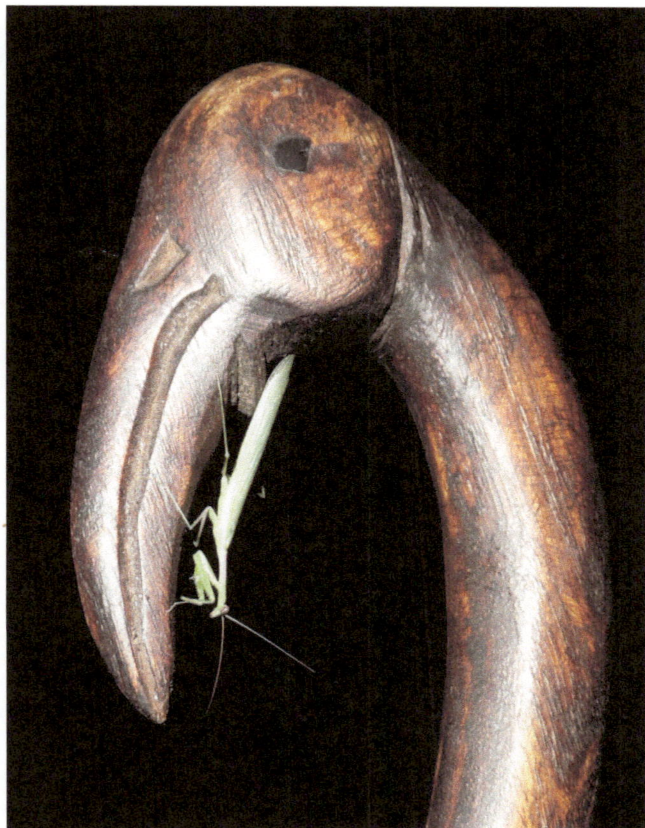

Abb. 7.11 Flamingoschnitzerei mit Gottesanbeterin

oben stehen. Die Wahl eines Gottes ihres Vertrauens sei unter anderem ein Zeichen, dass die meisten Hindus nicht „sattelfest" in ihrer Mythologie seien, deshalb wählen sie diese einfache Methode, sich auf einen Gott zu fokussieren. Das hat seine Ursache in der Schulbildung, die dazu kein ausreichendes Wissen vermittelt. Die Komplexität der hinduistischen Götterwelt verstünden nur die Bramahnen, die Priester, als Angehörige der höchsten Kaste. Wenn man sich aber fatalistisch auf einen Gott konzentriere, bleibe einem eine gewisse Steigerungsmöglichkeit vorenthalten, die darin bestehe, die Komplexität der Götter zu abstrahieren und somit in dieser Form zu „Gott" in einer Sammelform zu beten.

Doch es gebe noch eine weitere Steigerungsmöglichkeit, als zu dieser abstrakten Sammelform der Gottheiten zu beten: „Wenn du zu dir selbst betest und dein inneres Feuer zum Leuchten bringst, wenn du diese Flamme siehst, dann ist diese Flamme Gott. Dann bist auch du ein Gott." Doch es kommt noch besser. Der Yogi schließt seinen Exkurs in die Steigerungsformen des Gebetes damit: „When you are doing well, you don't have to pray!" (Wenn du Gutes tust, brauchst du nicht zu beten!)

Das gefällt mir, und so lasse ich meine Gedanken kreisen: Seit dem Entstehen der Erde existiert ein komplexer Kreislauf des Auf- und Abbaus der Moleküle. Dieser Kreislauf trägt zu ständiger Erneuerung bei. Das Wann und Wie des Kommens und Gehens ist von den jeweiligen wechselnden Bedingungen abhängig, die von Mutter Natur gesteuert werden. Der Mensch als Teil der Natur hat maßgeblich an der Veränderung der Bedingungen beigetragen. Auch er als Individuum baut ständig auf und ab und wird irgendwann völlig abgebaut und geht in andere Organismen und Stoffkreisläufe ein. Wenn er Gutes tut, wenn er seinen Beitrag, wo und wie auch immer, zum Schutz dieses empfindlichen Netzwerks an Kreisläufen leistet, dann ist das seine Mission, sein Gebet (Abb. 7.11).

Epilog

Wir haben versucht, alle wichtigen Verbreitungsgebiete des Zwergflamingos zu bereisen, um zu sehen, wie dieser geheimnisvolle Vogel lebt und welche Nahrung er zu sich nimmt. Wir mussten dabei feststellen, dass es mit herkömmlichen Mitteln wie einem Geländewagen, gar nicht so einfach ist, in den Lebensraum der Zwergflamingos vorzustoßen. Lediglich an wenigen Seen in Ostafrika ist das möglich. An erster Stelle sind die beiden Sodaseen Bogoria und Nakuru in Kenia zu nennen, an denen die dichtesten Flamingoschwärme vorkommen. Weiterhin ist der Große Momelasee in Tansania ein guter Standort, um Zwergflamingos zu beobachten. Alle weiteren Gebiete sind entweder nur mit Spezialfahrzeugen bzw. Kleinflugzeugen erreichbar, oder die Dichte der Flamingopopulation ist infolge des limitierten Nahrungsangebotes sehr niedrig oder stark schwankend. Wir berichteten hier über unsere mehr oder weniger geglückten Versuche, dennoch einen Eindruck von all diesen Habitaten zu gewinnen.

In diesem Bericht haben wir das Phönix-Motiv mit dem Leben der Zwergflamingos, den Stoffkreisläufen der Natur und den Lebensgängen des Menschen verknüpft. Es waren die Algen und Cyanobakterien, die uns schließlich zu den Zwergflamingos geführt haben, denn sie nehmen im Stoffkreislauf dieser Vögel eine zentrale Rolle als Nahrungsgrundlage ein. Leider haben unsere wissenschaftlichen Ergebnisse gezeigt, dass im Lebensraum der Zwergflamingos giftige Stoffe vorkommen und die Vögel Gefahren ausgesetzt sind. Wir haben giftige Blaualgen in der Nahrung und Gifte im Körpergewebe der Zwergflamingos nachgewiesen. Außerdem haben wir den Erstnachweis von Cyanotoxinen in heißen Quellen, den darin lebenden Fischen sowie im größten Binnensee Afrikas, dem Victoriasee, und damit in den Quellen des Nils geführt. Dennoch besteht keineswegs Grund zur Hoffnungslosigkeit, denn aus Untersuchungen anderer Forschungsgruppen ist bekannt, dass sich die Natur schon frühzeitig mit dem Problem der Cyanotoxine auseinandersetzen musste und Wege gefunden hat, diesen Stressfaktor zu kompensieren.

Der Mensch ist dringend aufgefordert, die Naturräume der Flamingos und ihrer Einzugsgebiete zu schützen. Die größte Gefahr für die Flamingos geht von der Zerstörung dieser Habitate aus, die aus wirtschaftlichen Interessen ihrer natürlichen Funktion im Kreislauf der Natur beraubt werden. Die Fallbeispiele von verschiedenen Standorten des Zwergflamingos zeigen, wie weit die Gefahren gediehen sind. Die Einzugsgebiete der Sodaseen und Salzpfannen und oftmals auch die Gewässer selbst unterliegen einer starken Übernutzung durch den Menschen. Auf der Roten Liste der World Conservation Union (IUCN) ist der Zwergflamingo in der Kategorie 2 (potenziell gefährdet) eingeordnet (BirdLife International 2017). Eine Höherstufung in Kategorie 1 (gefährdet) könnte bald auf der Tagesordnung der internationalen Artenschutzgremien stehen. Ein Schutzprogramm (International single species action plan for conservation of the Lesser Flamingo) wurde durch Initiativen verschiedener Vogelschutzorganisationen ins Leben gerufen (Childress et al. 2008). Es bleibt zu hoffen, dass diese Initiative international erfolgreich sein wird und die „Pink Diamonds" weiterhin ihr faszinierendes Vogelspektakel an den Salzseen aufführen können. Unsere Nachfahren haben eine große Verantwortung als intelligente „Begleitfauna" der Phönixflügeligen zu wirken.

Es wird erwartet, dass im Jahre 2050 mehr als 80 % der Weltbevölkerung in urbanisierten Gebieten leben werden. Diese Ballungsräume werden immer weiter ausufern. Immer mehr Schutzzonen für gefährdete Tiere werden dieser Expansion zum Opfer fallen. Keine gute Zeit für Flamingos? Könnte es nicht so kommen, dass die vom Menschen nicht okkupierten Gebiete immer mehr verwildern, vertrocknen und versalzen? Könnten sich möglicherweise in schwer zugänglichen Gebieten neue Refugien für Flamingos etablieren? Durch die Eroberung neuer Lebensräume könnten die Zwergflamingos, wie ihr mystisches Ebenbild Phönix ihre Kreise weiter ziehen. Es bleibt abzuwarten, denn wir haben am Beispiel der Stadt Phoenix in der Wüste Arizonas gezeigt, wie der Pioniergeist des Menschen auch in unwirtlichen Gegenden Lebensraum schafft, den er anderen Kreaturen streitig macht. Andererseits sieht man am Beispiel des Kamfers Dam in Kimberley, Südafrika, wie der Zwergflamingo Bruthabitate in Menschennähe nutzen kann, wenn man ihm den nötigen Schutz angedeihen lässt.

Der Mensch wird in Zukunft versuchen, den Flamingos mit hohem technischem Aufwand nachzustellen. Drohnen

© Springer-Verlag GmbH Deutschland, ein Teil von Springer Nature 2018
L. Krienitz, *Die Nachfahren des Feuervogels Phönix*,
https://doi.org/10.1007/978-3-662-56586-5

werden die Flamingos bis in ihre abgelegensten Nahrungs- und Brutgebiete verfolgen. Elektronische Chips, ins Gewebe der Vögel eingepflanzt, werden Nachrichten aus allen Einöden des Planeten senden. Sie werden Details über die Physiologie und das Agieren der Individuen vermitteln. Die Datenflut wird auf das aktuelle Verhalten des Schwarmes hochgerechnet werden. Vorhersagen über das Kommen und Gehen der Zwergflamigos können auf den Empfangsgeräten der Vogelfreunde abgefragt werden. Dennoch bleibt die Hoffnung, dass sich die Zwergflamingos den voyeuristischen Bemühungen des Menschen weiterhin entziehen können, denn was wären die Nachfahren des Phönix ohne ihre Geheimnisse?

Literatur

Ackermann R (2005) Die weiße Jägerin. Droemer Knaur, München

Amman BR, Nyakarahuka L, McElroy AK, Dodd KA, Sealy TK, Schuh AJ, Shoemaker TR, Balinandi S, Atimnedi P, Kaboyo W Nichol ST Towner JS (2014) Marburgvirus resurgence in Kitaka Mine bat population after extermination attempts, Uganda. Emerg Infect Dis 20:1761–1762

Ammann P (2006) Mythisches Feuer. Neue Zürcher Zeitung, 09.12.2006. Laurens van der Post in einem Gespräch mit dem Psychoanalytiker CG Jung. https://www.nzz.ch/articleEQ2PW-1.81824. Zugegriffen: 11. Okt. 2017

Andersen RA, Brett RW, Potter D, Sexton JP (1998) Phylogeny of the Eustigmatophyceae based upon 18S rRNA, with emphasis on *Nannochloropsis*. Protist 149:61–74

Anderson MD (2008) A vision in pink: Lesser Flamingo breeding success. Afr Birds & Birding April/May 2008:43–49

Anderson MD (2015) Happy Kamfers. African Birdlife Jan/Feb 2015:30–33

Anderson MD, Anderson TA (2010) Lesser Flamingos at Kamfers Dam, Kimberley, South Africa. Bull ABC 17:225–228

Anderson MD, Beasley VR, Carmichael WW, Codd GA, Cooper JE, Cooper ME, Franson C, Kilewo MK, Kock R, Maddox CW, Manyibe T, Mlengeya TK, Motelin G, Nelson Y, Ruiz MO, Pessier AP, Sreenivasan AS, Sileo L (2005) Mass die-offs of Lesser Flamingos (*Phoeniconaias minor*) in East and Southern Africa: current knowledge and priorities for research. Abstracts, Transdisciplinary Symposium at College of Veterinary Medicine, University of Illinois, 24–26 Sept, 2004, S 28

Anonymus (2012) Dead birds trigger bio-toxin scare. Informanté, 17.10.2012, www.informante.web.na/Coastal?page=57. Zugegriffen: 5. Nov. 2017

Anyuor N (2011) Meet the makers of Prof Wangari's casket. The Standard, Nairobi. https://www.standardmedia.co.ke/business/article/2000044594/meet-the-makers-of-prof-wangari-s-casket. Zugegriffen: 15. Okt. 2017

Arona NK, Tewari S, Singh S (2013) Analysis of water quality parameters of River Ganga during Maha Kumbha, Haridwar, India. J Environ Biol 34:799–803

Audubon JJ (1827–1838) The Birds of America; from original drawings by John James Audubon. Eigenverlag, London

Avery ST (2013) The impact of hydropower and irrigation development on the world's largest desert lake. What future for Lake Turkana? African Studies Centre, Oxford, S 64

Bachmann H (1939) Mission scientifique de l'Omo. Beiträge zur Kenntnis des Phytoplanktons ostafrikanischer Seen. Z Hydrologie 8:119–140

Baid IC (1968) Arthropod fauna of Sambhar salt lake Rajasthan India. Oikos 19:292–303

Baker M (2011) Lake Natron, flamingos and the proposed soda ash factory. www.tnrf.org/files/natronbriefing.pdf. Zugegriffen: 8. Okt. 2017

Ballot A, Dadheech PK, Krienitz L (2004a) Phylogenetic relationship of *Arthrospira, Phormidium* and *Spirulina* strains from Kenyan and Indian waterbodies. Algol Stud 113:37–56

Ballot A, Krienitz L, Kotut K, Wiegand C, Metcalf JS, Codd GA, Pflugmacher S (2004b) Cyanobacteria and cyanobacterial toxins in three alkaline Riftvalley lakes of Kenya – Lakes Bogoria, Nakuru and Elmenteita. J Plank Res 26:925–935

Ballot A, Krienitz L, Kotut K, Wiegand C, Pflugmacher S (2005) Cyanobacteria and cyanobacterial toxins in the alkaline crater lakes Sonachi and Simbi, Kenya. Harmful Algae 4:139–150

Ballot A, Kotut K, Novelo E, Krienitz L (2009) Changes of phytoplankton communities in Lakes Naivasha and Oloidien, examples of degradation and salinization of lakes in the Kenyan Riftvalley. Hydrobiologia 632:359–363

Ballot A, Pflugmacher S, Wiegand C, Kotut K, Krienitz L (2003) Cyanobacterial toxins in Lake Baringo, Kenya. Limnologica 33:2–9

Bargu S, Silver MW, Ohman MD, Benitez-Nelson CR, Garrison DL (2012) Mystery behind Hitchcock's birds. Nature Geosci 5:2–3

Baumgärtel W (1977) Unter Gorillas. Erlebnisse aus freier Wildbahn. Universitas Verlag, Berlin

Bausch DG, Schwarz L (2014) Outbreak of Ebola Virus disease in Guinea: where ecology meets economy. PLOS Neglct Trop Dis 8:e3056

Beadle LC (1974) The inland waters of tropical Africa. An introduction to tropical limnology. Longman Inc., New York

Beangstrom P (2011) Desaster at Kamfers. Diamond Fields Advertiser, 11.02.2011. http://www.savetheflamingo.co.za/news/dfa11feb2011.jpg. Zugegriffen: 15. Okt. 2017

Bechet A, Johnson AR (2008) Anthropogenic and environmental determinants of Greater Flamingo *Phoenicopterus roseus* breeding numbers and productivity in the Camargue (Rhone delta, southern France). Ibis 150:69–79

Becht R, Odada EO, Higgins S (2006) Lake Naivasha. Experience and Lessons learned brief. International Lake Environment Committee, Lake Basin Management Initiative. https://www.imarisha.le.ac.uk/sites/default/files/Overview of lake naivasha.pdf. Zugegriffen: 11. Okt. 2017

Beijerinck MW (1890) Culturversuche mit Zoochlorellen, Lichenengonidien und anderen niederen Algen I-III. Bot Ztg 48:726–740

Bellini J (2008) Ngorongoro – Broken promises – What price our heritage? http://pubs.iied.org/12546IIED/?a=Jam&p=14. Zugegriffen: 8. Okt. 2017

Bergner AGN, Strecker MR, Trauth MH, Deino A, Gasse F, Blisnick P, Dühnforth M (2009) Tectonic and climatic control on evolution of rift lakes in Central Kenya. Quaternary Sci Rev 28:2804–2816

Beringe R (1903) Bericht des Hauptmanns von Beringe über eine Expedition nach Ruanda. Deutsches Kolonialblatt XIV:12

Berry HH (1972) Flamingo breeding on the Etosha Pan, South West Africa, during 1971. Madoqua, Series I(5):5–31

Berry H (2008) Flamingos fly into a fragile future. Flamingo, Bull IUCN-SSC Wetl Int 16:2–3

© Springer-Verlag GmbH Deutschland, ein Teil von Springer Nature 2018
L. Krienitz, *Die Nachfahren des Feuervogels Phönix*,
https://doi.org/10.1007/978-3-662-56586-5

Berry H, Kyle R, Kyle D (2004) Mass breeding and diet of Red-billed *Quelea* in the Etosha National Park, Namibia, in 1978. Ostrich 75:66–74

BirdLife International (2012) Cost-benefit analysis demonstrates that mining of soda ash at LakeNatron is not economically viable. Presented as part of the BirdLifeState of the world's birds website. http://www.birdlife.org/datazone/sowb/casestudy/507. Zugegriffen: 14. März 2015

BirdLife International (2017) IUCN Red list for birds. http://www.birdlife.org. Zugegriffen: 22. Sept. 2017

Birthler M (2011) … auch viele Geschichten über mutige Menschen. Marianne Birthler im Interview mit P. Heimann, und S. Siebert. Sächsische Zeitung, online.de 06.03.2011. http://www.sz-online.de/nachrichten/-auch-viele-geschichten-ueber-mutige-menschen-751417.html. Zugegriffen: 3. Okt. 2017

Blixen T (Isak Dinesen) (1937) Out of Africa. Zitiert nach der Taschenbuchausgabe des Wilhelm Heyne Verlages, München, 1993: Jenseits von Afrika. Afrika, dunkel lockende Welten (übersetzt von R. v. Scholtz)

Born K (2013) Das alte Ägypten, Geschichte und Kultur, 2013. http://www.aegypten-geschichte-kultur.de. Zugegriffen: 3. Jan. 2018

Borowitzka MA, Moheimani NR (2013) Open pond culture systems. In: Borowitzka MA, Moheimani NR (Hrsg) Algae for biofuels and energy. Springer, Dordrecht, S 133–152

Bosma R, De Vree JH, Slegers PM, Janssen M, Wijffels RH, Barbosa MJ (2014) Design and construction of the microalgal pilot facility AlgaePARC. Algal Res 6:160–169

Boyes S (2013) A message from a 50-years-old flamingo. Explor J. https://voices.nationalgeographic.org/2013/10/26/message-from-a-50-year-old-flamingo/. Zugegriffen: 29. Okt. 2017

Bozik L, Ewnetu M (2008) First confirmed breeding record of the Lesser Flamingo (*Phoeniconaias minor*) in Ethiopia. Flamingo, Bull IUCN-SSC Wetl Int 16:29–30

Britton JR, Boar RR, Grey J, Foster J, Lugonzo J, Harper D (2007) From introduction to fishery dominance: the initial impacts of the invasive carp *Cyprinus carpio* in Lake Naivasha, Kenya, 1999 to 2006. J Fish Biol 71:239–259

Britton JR, Jackson MC, Muchiri M, Tarras-Wahlberg H, Harper DM, Grey J (2009) Status, ecology and conservation of an endemic fish, *Oreochromis niloticus baringoensis*, Lake Baringo, Kenya. Aquatic Conserv: Mar Freshw Ecosyst 19:487–496

Brown L (1959) The mystery of the Flamingos. Country Life Ltd., London

Brown L (1971) East African Mountains and Lakes. East African Publishing House, Nairobi, Dar Es Salaam, Kampala

Brown LH, Root A (1971) The breeding behavior of the lesser flamingo *Phoeniconaias minor*. Ibis 113:147–172

Buceta J, Johnson K (2017) Modeling the *Ebola* zoonotic dynamics: interplay between enviroclimatic factors and bat ecology. PLoS ONE 12:e0179559

Buchheim M, Buchheim J, Carlson T, Braband A, Hepperle D, Krienitz L, Wolf M, Hegewald E (2005) Phylogeny of the Hydrodictyaceae (Chlorophyceae): Inferences from rDNA data. J Phycol 41:780–790

Bühler M (2007) War *Ardea bennuides* der Totenvogel Benu? http://bestiarium.kryptozoologie.net/artikel/war-ardea-bennuides-der-totenvogel-benu/. Zugegriffen: 5. Nov. 2017

Burnett GW, Rowntree KM (1990) Agriculture, research and tourism in the landscape of Lake Baringo, Kenya. Landscape Urban Plan 19:159–172

Carmichael WW, Biggs DF, Gorham PR (1975) Toxicology and pharmacological action of *Anabaena flos-aquae* toxin. Science 187:542–544

Casper SJ (1991) Die Algen In: Urania-Pflanzenreich. Urania-Verlagsgesellschaft mbH, Leipzig

Chernogor L, Denikina N, Kondratov I, Solovarov I, Khanaev I, Belikov S, Ehrlich P (2013) Isolation and identification of the microalgal symbiont from primmorphs of the endemic freshwater sponge *Lubomirskia baicalensis* (Lubomirskiidae, Porifera). Eur J Phycol 48:497–508

Cherono S (2010) He rarely visited, and when he did, he was just the best! Daily Nation, Nairobi, online, 11.10.2010. http://www.nation.co.ke/lifestyle/dn2/My-life-with-Akuku-Danger-by-Wife-No--13/957860-1030542-rf334u/index.html. Zugegriffen: 15. Okt. 2017

Childress B, Hughes B, Harper D, Van Den Bossche W, Berthold P, Querner U (2006) Satellite tracking documents the East African flyway and key site network of the Lesser Flamingo *Phoenicopterus minor*. In: Boere GC, Galbraith CA, Stroud DA (Hrsg) Waterbirds around the world. The Stationery Office, Edinburgh, UK, S 234–238

Childress B, Nagy S, Hughes B (2008) International Single Species Action Plan for Conservation of the Lesser Flamingo (*Phoenicopterus minor*). CMS Technical Series No. 18, AEWA Technical Series, No. 34, Bonn, Germany

Chorus I (2001) Cyanotoxins: occurrence, causes, consequences. Springer, Heidelberg

Chrisphine OM, Odhiambo AM, Boitt KM (2016) Assessment of hydrological impacts of Mau Forest, Kenya. Hydrology Curr Res 7:1000223

Ciferri O (1983) *Spirulina*, the edible microorganism. Microbiol Rev 47:551–578

Clamsen TEM, Maliti H, Fyumagwa R (2011) Current population status, trend and distribution of Lesser Flamingo *Phoeniconaias minor* at Lake Natron, Tanzania. Flamingo, Bull IUCN-SSC Wetl Int 18:54–57

Codd GA, Metcalf JS, Morrison LF, Krienitz L, Ballot A, Pflugmacher S, Wiegand C, Kotut K (2003) Susceptibility of flamingos to cyanobacterial toxins via feeding. Vet Rec 152:722–723

Coe MJ (1967) Local migration of *Tilapia grahami* Boulinger in Lake Magadi, Kenya in response to diurnal temperature changes in shallow water. Afr J Ecol 5:171–174

Cooper JE (1990) Birds and zoonoses. Ibis 132:181–191

Cooper JE, Deacon AE, Nyariki T (2014) Post-mortem examination and sampling of African flamingos (Phoenicopteridae) under field conditions. Ostrich 85:75–83

Dadheech PK, Ballot A, Casper P, Kotut K, Novelo E, Lemma B, Pröschold T, Krienitz L (2010) Phylogenetic relationship and divergence among planktonic strains of *Arthrospira* (Oscillatoriales, Cyanobacteria) of African, Asian and American origin deduced by 16S–23S ITS and phycocyanin operon sequences. Phycologia 49:361–372

Dadheech PK, Mahmoud H, Kotut K, Krienitz L (2012) *Haloleptolyngbya alcalis* gen. et sp. nov., a filamentous cyanobacterium from the soda lake Nakuru, Kenya. Hydrobiologia 691:269–283

Dadheech PK, Glöckner G, Casper P, Kotut K, Mazzoni CJ, Mbedi S, Krienitz L (2013a) Cyanobacterial diversity in the hot spring, pelagic and benthic habitats of a tropical soda lake. FEMS Microbiol Ecol 85:389–401

Dadheech PK, Casamatta DA, Casper P, Krienitz L (2013b) *Phormidium etoshii* sp. nov. (Oscillatoriales, Cyanobacteria) described from the Etosha Pan, Namibia, based on morphological, molecular and ecological features. Fottea 13:235–244

Das S (2011) Cleaning of the Ganga. J Geol Soc India 78:124–130

Dash G, Sen S, Koya M, Sreenath KR, Mojjada SK, Bhint HM (2012) Ginger Prawn fishery in Gulf of Kutch: a seasonal livelihood for the traditional fisherman. Asian Agri-Hist 16:393–401

Deribe E, Rosseland BO, Borgstrøm R, Salbu B, Gebremariam Z, Dadebo E, Skipperud L, Eklo OM (2014) Organochlorine pesticides and polychlorinated biphenyls in fish from Lake Awassa in the Ethiopian Riftvalley: human health risks. Bull Environ Contam Toxicol 93:238–244

Disneynature (2008) The crimson wing. The mystery of the flamingos. http://nature.disney.com/the-crimsonwing. Zugegriffen: 3. Nov. 2015

Dixit RB, Patel AK, Toppo K, Nayaka S (2017) Emergence of toxic cyanobacterial species in the Ganga River, India, due to excessive nutrient loading. Ecol Indicat 72:420–427

Donde OO, Ojwang WO, Muia AW, Wanga LA (2014) Bacterial abundance on the skin, gills and intestines of *Cyprinus carpio* in Lake Naivasha, Kenya: implications for public health and fish quality. Lakes Reser Res Manag 19:46–55

Dornseif G (ohne Jahr) Südwester Buschmann-Soldaten im angolanischen Burenkrieg. https://www.yumpu.com/de/document/view/21413969/sudwester-buschmann-soldaten-im-angolanischen-golf-dornseif. Zugegriffen: 8. Okt. 2017

Dsikowitzky L, Mengesha M, Dadebo E, Veigo De Carvalho CE, Sindern S (2013) Assessment of heavy metals in water samples and tissues of edible fish species from Awassa and Koka Riftvalley lakes, Ethiopia. Environ Monit Assess 185:3117–3131

Eckardt FD, Bryant RG, McCulloch G, Spiro B, Wood WW (2008) The hydrochemistry of a semi-arid pan basin case study: Sua Pan, Makgadikgadi, Botswana. Appl Geochem 23:1563–1580

Eisler R (2000) Handbook of chemical risk assessment health hazards to humans, plants, and animals. Vol 1 Metals & Vol 3 Metalloids, radiation, cumulative index to chemicals and species. Lewis, Boca Raton

Eriksen H, Eriksen J (1996) Collect birds on stamps. A Stanley Gibbons Thematic Catalogue. Stanley Gibbons Ltd, London and Ringwood

Eugster HP (1970) Chemistry and origin of the brines of Lake Magadi, Kenya. Mineral Soc Amer Spec Pap 3:213–235

Everard M, Vale JA, Harper DM, Tarras-Wahlberg H (2002) The physical attributes of the Lake Naivasha catchment rivers. Hydrobiologia 488:13–25

Fawley KP, Fawley MW (2007) Observations on the diversity and ecology of freshwater *Nannochloropsis* (Eustigmatophyceae), with descriptions of new taxa. Protist 158:325–336

Feierabend M, Koschel R (2011) Faszination Stechlin. be.bra verlag Gmbh, Berlin

Ferroni L, Baldisserotto C, Pantaleoni L, Billi P, Fasulo MP, Pancaldi S (2007) High salinity alters chloroplast morpho-physiology in a freshwater *Kirchneriella* species (Selenastraceae) from Ethiopian Lake Awassa. Am J Bot 94:1972–1983

Fiebig H (2001) Reiseführer Kenia. Reise Know-How Verlag Peter Rump GmbH, Bielefeld

Fietz S, Bleiss W, Hepperle D, Koppitz H, Krienitz L, Nicklisch A (2005) First record of *Nannochloropsis limnetica* (Eustigmatophyceae) in the autotrophic picoplankton from Lake Baikal. J Phycol 41:780–790

Flamingo (2011) Breeding and ringing reports. Flamingo, Bull IUCN-SSC Wetl Int 18:1–6

Fontane T (1862) Wanderungen durch die Mark Brandenburg. 1. Teil. Die Grafschaft Ruppin. Zitiert nach der Großen Brandenburger Ausgabe 1998. Aufbauverlag, Berlin

Fontane T (1898) Der Stechlin. Zitiert nach der Taschenbuchausgabe 2012. Aufbauverlag, Berlin

Fossey D (1989) Gorillas im Nebel. Mein Leben mit den sanften Riesen. Kindler, München

Fox DL, Smith VE, Wolfson AA (1967) Carotenoid selectivity in blood and feathers of Lesser (African), Chilean and Greater (European) Flamingos. Comp Biochem Physiol 23:225–232

Frenser I (2011) „Der Tod ist möglicherweise die beste Erfindung des Lebens." Bild, 06.10.2011. http://www.bild.de/digital/computer/steve-jobs/apple-chef-steve-jobs-rede-liebe-verlust-tod-rede-stanford-universitaet-20324400.bild.html. Zugegriffen: 11. Okt. 2017

Fyumagwa RD, Bugwes Z, Mwita M, Kihwele ES, Nyaki A, Mdegela RH, Mpanduji DG (2013) Cyanobacterial toxins and bacterial infections are the possible cause of mass mortality of lesser flamingos in soda lakes in northern Tanzania. Res Opin Anim Vet Sci 3. https://www.researchgate.net/profile/Emilian_Kihwele/publications. Zugegriffen: 13. Sept. 2015

Galletti GA (1876) Gelattiana. 2. Auflage, Nicolaische Verlags-Buchhandlung, Berlin. Zitiert nach Wikisource. https://de.wikisource.org/wiki/Gallettiana. Zugegriffen: 20. Jan. 2018

Gardiner A (1927) Gardiner's sign-list. Zitiert nach Wikipedia. https://de.wikipedia.org/wiki/Gardiner-Liste. Zugegriffen: 22. Jan. 2018

Gebre-Mariam Z (2002) The Ethiopian Riftvalley lakes: major threats and strategies for conservation. In: Tudorancea C, Taylor WD (Hrsg) Ethiopian Riftvalley Lakes. Backhuys Publ., Leiden, 259–271

Gerlach GV (1998) Phönix: Symbol der unsterblichen Seele in Mythen und Legenden. Param Verlag, Ahlerstedt

Getaneh G, Temesgen G, Damena E (2015) Environmental degradation and its effect on terrestrial and aquatic diversity in the Abijata-Shala Lakes National Park, Ethiopia. Point J Agricult Biotechnol Res 1:1–12

Gherardi F, Britton JR, Mavuti KM, Pacini N, Grey J, Tricarico E, Harper DM (2011) A review of allodiversity in Lake Naivasha, Kenya: developing conservation actions to protect East African lakes from alien species impacts. Biol Conserv 144:2585–2596

Girma MB, Kifle D Jebessa (2012) Deep underwater seismic explosion experiments and their possible ecological impact – The case of Lake Arenguade-Central Ethiopian highlands. Limnologica 42:212–219

Gitau G (2017) Hey, don't condemn hyacinth, it is a good source of fertilizer. Daily Nation, Nairobi, online, 02.06.2017. http://www.nation.co.ke/business/seedsofgold/don-t-condemn-hyacinth-it-is-a-good-source-of-fertiliser/2301238-3953084-hoh4ckz/index.html. Zugegriffen: 10. Okt. 2017

Gownaris NJ, Pikitch EK, Aller JY, Kaufman LS, Kolding J, Lwiza KMM, Obiero KO, Ojwang WO, Malala JO, Rountos KJ (2017) Fisheries and water level fluctuations in the world's largest desert lake. Ecohydrol https://doi.org/10.1002/eco.1769

Grant WD (2004) Half of a lifetime in soda lakes. In: Ventosa A (Hrsg) Halophilic microorganisms. Springer-Verlag Berlin, Heidelberg, S 17–32

Grellet-Tinner G, Murelaga X, Larrasoaña JC, Silveira LF, Olivares M, Ortega LA, Trimby PW, Pascual A (2012) The first occurrence in the fossil record of an aquatic avian twig-nest with phoenicopteriformes eggs: evolutionary implications. PLoS ONE 7:e46972

Grey J, Jackson MC (2012) „Leaves and eats shoots": direct terrestrial feeding can supplement invasive Red Swamp Crayfish in times of need. PloS ONE 7:e42575

Grill B (2005) Ach, Afrika. Berichte aus dem Innern eine Kontinents. Wilhelm Goldmann Verlag, München

Grogan ES, Sharp AH (1902) From the Cape to Cairo; the first traverse of Africa from south to north. Hurst and Blackett Ltd, London

Grzimek M, Grzimek B (1969) Flamingos censused in East Africa by aerial photography. J Wildl Manag 24:215–217

Gunnarsson CC, Petersen CM (2007) Water hyacinths as a resource in agriculture and energy production: a literature review. Waste Manag 27:117–129

Gupta A (2011) End of the road for flamingos? Deccan Herald, 19.12.2011, online, *http://www.deccanherald.com/content/212854/end-road-flamingos.html*. Zugegriffen: 5. Nov. 2017

Gupta S, Mohan K, Prasad R, Gupta S, Kansal A (1998) Solid waste management in India: options and opportunities. Res Conserv Recycl 24:137–154

Gupta V (2015) Natural and human dimensions of semiarid ecology; a case of Little Rann of Kutch. J Earth Sci Clim Change 6:311. https://doi.org/10.4172/2157-7617.1000311

Gupta V, Ansari AA (2014) Geomorphic portrait of little Rann of Kutch. Arab J Geosci 7:527–536

Hackett S, Kimball RT, Reddy S, Bowie RC, Braun EL, Braun MJ, Chojnowski JL, Cox WA, Han KL, Harshman J, Huddleston CJ, Marks BD, Miglia KJ, Moore WS, Sheldon FH, Steadman DW, Witt CC, Yuri T (2008) A phylogenetic study of birds reveals their evolutionary history. Science 320:1763–1767

Hanby J, Bygott D (1998) Ngorongoro conservation area. Tanzania Printers LTD., Dar es Salaam

Harper D (2006) The sacrifice of Lake Naivasha. SWARA (J East Afric Wild Life Soc) 29:27–37

Harper DM, Boar RR, Everard M, Hickley P (Hrsg) (2002) Lake Naivasha, Kenya. Developments in Hydrobiology 168. Kluwer Acad Publ Dordrecht, Boston, London

Harper DM, Childress RB, Harper MM, Boar RR, Hickley PH, Mills SC, Otieno N, Drane T, Vareschi E, Nasirwa O, Mwatha WE, Darlington JPEC, Escutè-Gasulla X (2003) Aquatic biodiversity and saline lakes: Lake Bogoria National Reserve, Kenya. Hydrobiologia 500:259–276

Harper DM, Morrison EHJ, Macharia MM, Mavuti KM, Upton C (2011) Lake Naivasha, Kenya: ecology, society and future. Freshw Rev 4:89–114

Hecky RE, Kilham P (1973) Diatoms in alkaline, saline lakes: ecology and geochemical implications. Limnol Oceangr 18:53–71

Hecky RE, Kling HJ (1987) Phytoplankton ecology of the great lakes in the Riftvalleys of Central Africa. Arch Hydrobiol Beih Ergebn Limnol 25:197–228

Heuer S (2009) The Lake Bogoria extremophile: a case study. www.public.iastate.edu/~ethics/LakeBogoria.pdf. Zugegriffen: 3. Okt. 2017

Hickley P, Muchur M, Boer R, Britton R, Adams C, Gichuru N, Harper D (2004) Habitat degradation and subsequent fishery collapse in Lakes Naivasha and Baringo, Kenya. Ecohydrol Hydrobiol 4:503–517

Hieber W (1986) Der unbekannte Kontinent. Alltag in Indien. Econ Verlag GmbH, Düsseldorf und Wien

Hill LM, Bowerman WW, Roos JC, Bridges WC, Anderson MD (2013) Effects of water quality changes on phytoplankton and lesser flamingo *Phoeniconaias minor* populations at Kamfers Dam, a saline wetland near Kimberley, South Africa. Afr J Aquat Sci 38:287–294

Hopcraft JGC, Bigurube G, Lembeli JD, Borner M (2015) Balancing conservation with national development: a socio-economic case study of the alternatives to the Serengeti road. PLOS ONE 10:1–16. https://doi.org/10.1371/journal

Hostetler M, Knowles-Yanez K (2003) Land use, scale, and bird distributions in the Phoenix metropolitan area. Landscape Urban Plan 62:55–68

Huber-Pestalozzi G (1929) Das Plankton natürlicher und künstlicher Seebecken Südafrikas. Verh Internat Verein Theoret Angewandt Limnol 4:343–390

Iwasa M, Yamamoto M, Tanaka Y, Kaito M, Adach Y (2002) Spirulina associated hepatotoxicity. Am J Gastroenterol 97:3212–3213

Jenkin PM (1957) The filter feeding and food of flamingoes (Phoenicopteri). Philosoph Transact Royal Soc 240:401–493

Jochimsen EM (1998) Liver failure and death after exposure to microcystins at a hemodialysis center in Brazil. New Engl J Med 339:139

Kadigi RMJ, Mwathe K, Dutton A, Kashaigili J, Kilima F (2014) Soda ash mining in LakeNatron: a reap or ruin for Tanzania? J Electronic Commerce Res 2:37–49

Kaggwa MN, Gruber M, Oduor SO, Schagerl M (2013a) A detailed time series assessment of the diet of Lesser Flamingos: further explanation for their itinerant behaviour. Hydrobiologia 710:83–93

Kaggwa MN, Burian A, Oduor SO, Schagerl M (2013b) Ecomorphological variability of *Arthrospira fusiformis* (Cyanoprokaryota) in African soda lakes. MicrobiologyOpen 2:881–891

Kakonge JO (2015) Maximizing the benefits of oil and water discoveries in Turkana, Kenya. Pambazuka News, Oct. 01, 2015. https://www.pambazuka.org/land-environment/maximizing-benefits-oil-and-water-discoveries-turkana-kenya. Zugegriffen: 22. Jan. 2018

Kalff J, Watson S (1986) Phytoplankton and its dynamics in two tropical lakes: a tropical and temperate zone comparison. Hydrobiologia 138:107–114

Kapuściński R (1999) Afrikanisches Fieber. Erfahrungen aus vierzig Jahren. Eichborn Verlag, Frankfurt am Main

Karama B, Anyuor N (2010) With 210 children, Akuku Danger takes his last bow. The Standard, Nairobi, online, 03.10.2010 https://www.standardmedia.co.ke/business/article/2000019584/with-210-children-akuku-danger-takes-his-last-bow. Zugegriffen: 10. Okt. 2016

Karjalainen M, Pääkkönen J-P, Peltonen H, Sipiä V, Valtonen T, Viitasalo M (2008) Nodularin concentrations in Baltic Sea zooplankton and fish during a cyanobacterial bloom. Marine Biol 155:483–491

Kaushik H (2012) New Year party animals feasted on flamingo meat. Times of India, Ahmedabad, online, 17.01.2012. http://admin.india-environmentportal.org.in/print/346390. Zugegriffen: 30. Okt. 2017

Kavembe GD, Meyer A, Wood CM (2016) Fish populations in East African saline lakes. In: Schagerl M (Hrsg) Soda Lakes of East Africa. Springer Nature, Berlin, 227–257

Kear J, Duplaix-Hall N (1975) Flamingos. T & AD Poyser, Berkhamsted

Kebede E (2002) Phytoplankton distribution in lakes of the Ethiopian Riftvalley. In: Tudorancea C, Taylor WD (Hrsg) Ethiopian Riftvalley Lakes. Backhuys Publ., Leiden, 61–93

Kebede E, Willén E (1996) *Anabaenopsis abijatae*, a new cyanophyte from Lake Abijata, an alkaline, saline lake in the Ethiopian Riftvalley. Algol Stud 80:1–8

Kight CR (2015) Flamingo. Reaktion Books, London

Kihwele ES, Lugomela C, Howell KM (2014) Temporal changes in the Lesser Flamingo population (*Phoenicopterus minor*) in relation to phytoplankton abundance in Lake Manyara, Tanzania. Open J Ecol 4:145–161

Kimani RW, Mwangi BM, Gichuki CM (2012) Treatment of flower farm wastewater effluents using constructed wetlands in lake Naivasha, Kenya. Indian J Sci Technol 5:1870–1878

Kirabira JB, Kasedde H, Semukuuttu D (2013) Towards the improvement of salt extraction at Lake Katwe. IJSTR 2:76–81

Kitaka N, Harper DM, Mavuti KM (2002) Phosphorus inputs to Lake Naivasha from its catchment and the trophic state of the lake. Hydrobiologia 488:73–80

Kiteme BP, Gikonyo J (2002) Preventing and resolving water use conflicts in the Mount Kenya highland-lowland system through water users associations. Mountain Res Develop 22:332–337

Kling HJ, Mugidde R, Hecky RE (2001) Recent changes in the phytoplankton community of Lake Victoria in response to eutrophication. In: Munawar M, Hecky RE (Hrsg) The Great Lakes of the World (GLOW): food-web, health and integrity. Ecovision World Monograph Series. Backhuys Publ, Leiden, S 47–65

Klingholz R (2016) Das Kraftwerk im Dorf. http://www.zeit.de/2016/04/afrika-entwicklung-erneuerbare-energien-fluechtlinge-zuwachs-risiko. Zugegriffen: 2. Okt. 2017

Koenig R (2006) The pink death: die-offs of the Lesser Flamingo raise concern. Science 313:1724–1725

Kolding J (1992) A summary of Lake Turkana: an ever-changing mixed environment. Mitt Internat Verein Limnol 23:25–35

Komárek J, Anagnostidis K (2005) Cyanoprokaryota 2. Oscillatoriales In: Büdel B, Gärtner G, Krienitz L, Schagerl M (Hrsg) Süßwasserflora von Mitteleuropa, Bd. 19/2, S 1–759, Springer Spektrum, Berlin.

Komárek J, Kastovsky J, Mares J, Johansen JR (2014) Taxonomic classification of cyanoprokaryotes (cyanobacterial genera) 2014, using a polyphasic approach. Preslia 86:295–335

Kotut K, Krienitz L, Muthuri FM (1998a) Temporal changes in phytoplankton structure and composition at the Turkwel Gorge Reservoir, Kenya. Hydrobiologia 368:41–59

Kotut K, Krienitz L, Scheffler W, Engels M, Grigorszky I (1998b) Some interesting cyanoprocaryotes and algae from Turkwel Gorge Reservoir, Kenya. Algol Stud 91:37–55

Krausch H-D (1968) Die natürliche Umwelt in Fontanes Stechlin: Dichtung und Wahrheit. Fontane-Blätter 1:342–353

Krause H (1980) Die Roten Hähne vom Stechlin. Gebrüder Knabe, Weimar

Krause J, Krause S, Arlinghaus R, Psorakis I, Roberts S, Rutz C (2013) Reality mining of animal social systems. Trends Ecol Evol 28:541–551

Krhoda GO (1988) The impact of resource utilization on the hydrology of the Mau Hills Forest in Kenya. Mountain Res Devel 8 193–200

Krienitz L (2009) Die Nahrungsprobleme des Zwergflamingos. BiuZ 39:258–266

Krienitz L, Hepperle D, Stich H-B, Weiler W (2000) *Nannochloropsis limnetica* (Eustigmatophyceae), a new species of picoplankton from freshwater. Phycologia 39:219–227

Krienitz L, Ballot A, Wiegand C, Kotut K, Codd GA, Pflugmacher S (2002) Cyanotoxin-producing bloom of *Anabaena flos-aquae, Anabaena discoidea* and *Microcystis aeruginosa* (Cyanobacteria) in Nyanza Gulf of Lake Victoria, Kenya. J Appl Botany 76:179–183

Krienitz L, Ballot A, Kotut K, Wiegand C, Pütz S, Metcalf JS, Codd GA, Pflugmacher S (2003a) Contribution of hot spring cyanobacteria to the mysterious deaths of lesser flamingos at Lake Bogoria, Kenya. FEMS Microbiol Ecol 14:141–148

Krienitz L, Ballot A, Kotut K, Wiegand C, Codd GA, Pflugmacher S (2003b) Rift-Valley-Seen Kenias. Naturwunder in Gefahr. BiuZ 33:123–129

Krienitz L, Ballot A, Casper P, Codd GA, Kotut K, Metcalf JS, Morrison LF, Pflugmacher S, Wiegand C (2005) Contribution of toxic cyanobacteria to massive deaths of lesser flamingos at saline-alkaline lakes of Kenya. Verhand Int Verein Limnol 29:783–786

Krienitz L, Kotut K (2010) Fluctuating algal food populations and the occurrence of Lesser Flamingos (Phoeniconaias minor) in three Kenyan Rift Valley Lakes. J Phycol 46:1088-1096

Krienitz L, Bock C, Dadheech PK, Pröschold T (2011) Taxonomic reassessment of the genus *Mychonastes* (Chlorophyceae, Chlorophyta) including the description of eight new species. Phycologia 50:89–106

Krienitz L, Bock C, Kotut K, Luo W (2012a) *Picocystis salinarum* (Chlorophyta) in saline lakes and hot springs of East Africa. Phycologia 51:22–32

Krienitz L, Bock C, Kotut K, Pröschold T (2012b) Genotypic diversity of *Dictyosphaerium* morphospecies (Chlorellaceae, Trebouxiophyceae) in African inland waters, including the description of four new genera. Fottea 12:231–253

Krienitz L, Dadheech PK, Kotut K (2013a) Mass developments of the cyanobacteria *Anabaenopsis* and *Cyanospira* (Nostocales) in the soda lakes of Kenya: ecological and systematic implications. Hydrobiologia 703:79–93

Krienitz L, Dadheech PK, Kotut K (2013b) Mass developments of a small sized ecotype of *Arthrospira fusiformis* in Lake Oloidien, Kenya, a new feeding ground for Lesser Flamingos in East Africa. Fottea 13:215–225

Krienitz L, Dadheech PK, Fastner J, Kotut K (2013c) The rise of potentially toxin producing cyanobacteria in Lake Naivasha, Great African Riftvalley, Kenya. Harmful Algae 27:42–51

Krienitz L, Huss VAR, Bock C (2015) *Chlorella*: 125 years of the green survivalist. Trends Plant Sci 20:67–69

Krienitz L, Krienitz D, Dadheech PK, Hübener T, Kotut K, Luo W, Teubner K, Versfeld WD (2016a) Algal food for Lesser Flamingos: a stocktaking. Hydrobiologia 775:21–50

Krienitz L, Mähnert B, Schagerl M (2016b) Lesser Flamingo as a central element of the East African avifauna. In: Schagerl M (Hrsg) Soda Lakes of East Africa. Springer Nature, Berlin, 259–284

Krienitz L, Bock C, Dadheech PK, Kotut K, Luo W, Schagerl M (2016c) An underexplored resource for biotechnology: selected microphytes of East African soda lakes and adjacent waters. In: Schagerl M (Hrsg) Soda Lakes of East Africa. Springer Nature, Berlin, 323–343

Krienitz L, Schagerl M (2016) Tiny and tough: microphytes of East African Soda Lakes. In: Schagerl M (Hrsg) Soda Lakes of East Africa. Springer Nature, Berlin, 149–177

Krienitz L, Wirth M (2006) The high content of polyunsaturated fatty acids in *Nannochloropsis limnetica* (Eustigmatophyceae) and its implication for food web interactions, freshwater aquaculture and biotechnology. Limnologica 36:204–210

Krüger H (2008) Eine Farm in Afrika. Bastei Lübbe, Berlin

Kulshreshtha S, Kulshreshtha M, Sharma BK (2011) Ecology and present status of flamingos at Sambhar salt lake, Rajasthan, India: a critical comparison with past records. Flamingo, Bull IUCN-SSC Wetl Int 18:24–27

Kumar S, Smith SR, Fowler G, Velis C, Kumar SJ, Arya S, Kumar R, Cheeseman C (2017) Challenges and opportunities associated with waste management in India. R Soc Opensci 4:160764

Kumssa T, Bekele A (2014) Feeding ecology of Lesser Flamingos (*Phoeniconaias minor*) in Abijata-Shalla Lakes National Park (ASLNP) with special reference to lakes Abijata and Chitu, Ethiopia. Asian J Biol Sci 7:57–65

Lahr MM, Rivera F, Power RK, Mounier A, Copsey B, Crivellaro F, Edung JE, Fernandez JMM, Kiarie C, Lawrence J, Leaky A, Mbua E, Miller H, Muigai A, Mukhongo DM, Van Baelen A, Wood R, Schwenninger J-L, Grün R, Achyuthan H, Wilshaw A, Foley RA (2016) Inter-group violance among early Holocene hunter-gatherers of West Turkana, Kenya. Nature 529. https://doi.org/10.1038/nature16477

Lang B, Sakdapolrak P (2015) Violent place-making: how Kenya's post-election violence transforms a worker's settlement at Lake Naivasha. Political Geography 45:67–78

Lemma B (2003) Ecological changes in two Ethiopian lakes caused by contrasting human intervention. Limnologica 33:44–53

Lemma B, Desta H (2016) Review of the natural conditions and anthropogenic threats on the Ethiopian Riftvalley rivers and lakes. Lakes Reser Res Manag 21:133–151

Lennon J (1968) Child of nature. The beatles. http://www.songtexte.com/songtext/john-lennon/child-of-nature-1b978164.html. Zugegriffen: 11. Okt. 2017

Lerman SB, Warren PS (2011) The conservation value of residential yards: linking birds and people. Ecol Appl 21:1327–1339

Lewin RA (1999) MERDE. Excursions into scientific, cultural and socio-historical coprology. Aurum Press, London

Lewin RA, Krienitz L, Goericke R, Takeda H, Hepperle D (2000) *Picocystis salinarum* gen. et sp. nov. (Chlorophyta) – a new picoplanktonic green alga. Phycologia 39:560–565

Lieckfeld C-P, Straaß V (2002) Mythos Vogel. BLV Verlagsgesellschaft mbH, München

Liniger H, Gikonyo J, Kiteme B, Wiesmann U (2005) Assessing and managing scarce tropical mountain water resources. Mountain Res Develop 25:163–173

Lowe S, Browne M, Boudjelas S, De Poorter M (2000) 100 of the world's worst invasive alien species. A selection from the Global Invasive Species Database. Invasive Species Specialist Group of the World Conservation Union, Auckland, S 12

Lüderitz C, Gerth W (2009) „Heldendorf" Neuglobsow. Märkische Allgemeine Zeitung 28./29.03.2009

Lugomela C, Pratap HB, Mgaya YD (2006) Cyanobacteria blooms – A possible cause of mass mortality of Lesser Flamingos in Lake Manyara and Lake Big Momela, Tanzania. Harmful Algae 5:534–541

Lundberg J, McFarlane DA (2006) Speleogenesis of the Mount Elgon elephant caves, Kenya. In: Harmon R, Wicks CM (Hrsg) Perspectives on Karst geomorphology, hydrology and geochemistry – A tribute volume to Derek C. Ford and William B. White. Bd. 404, Geological Society of America, Boulder, Colorado, S 51–63

Luo W, Kotut K, Krienitz L (2013) Hidden diversity of eukaryotic plankton in the soda lake Nakuru, Kenya, during a phase of low salinity revealed by a SSU rRNA gene clone library. Hydrobiologia 702:95–103

Luo W, Huirong L, Kotut K, Krienitz L (2017) Molecular diversity of plankton in a tropical crater lake switching from hyposaline to subsaline conditions: Lake Oloidien, Kenya. Hydrobiologia 788:2005–2229

Mahurkar U (2004) Visiting Flamingo City. India Today online 29.04.2004 https://www.indiatoday.in/magazine/environment/story/20040524-migratory-bird-flamingoes-dying-in-flamingo-city-island-in-rann-of-kutch-due-to-lack-of-planktons-growth-because-of-increase-salinity-in-water-789995-2004-05-24. Zugegriffen: 21. Jan. 2018

Mari C, Collar C (2000) Pink Africa. The Harvill Press, London

Martens GG (1987) The potential of Mosquito-indigestible phytoplankton for Mosquito control. J Amer Mosquito Control Ass 3:105–106

Martin H (1984) Zitiert nach der Neuauflage 2016. Wenn es Krieg gibt, gehen wir in die Wüste. Verlag der Namibia Wissenschaftlichen Gesellschaft, Windhoek

Mathooko JM (2001) Disturbance of a Kenya Riftvalley stream by the daily activities of local people and their livestock. Hydrobiologia 458:131–139

Mathooko JM, Kariuki ST (2000) Disturbances and species distribution of the riparian vegetation of a Riftvalley stream. Afr J Ecol 38:123–129

Mayr G (2005) The Paleogene fossil record of birds in Europe. Biol Rev 80:515–542

Mayr G (2014) The Eocene *Juncitarsus* – its phylogenetic position and significance for the evolution and higherlevel affinities of flamingos and grebes. Comptes Rendus Palevol 13:9–18

Mazokopakis EE, Karefilakis CM, Tsartsalis AN, Milkas AN, Ganotakis ES (2008) Acute rhabdomyolysis caused by *Spirulina* (*Arthrospira platensis*). Phytomedicine 15:525–527

Mbaria J (2004) KWS seeks millions from Procter & Gamble. The East African, online, 23.08.2004, http://www.theeastafrican.co.ke/news/2558-244242-wkgos4z/index.html. Zugegriffen: 3. Okt. 2017

McCall Smith A (2003) Ein Krokodil für Mma Ramotswe. Bastei Lübbe, Berlin

McCulloch GP, Aebischer A, Irvine K (2003) Satellite tracking of flamingos in southern Africa: the importance of small wetlands for management and conservation. Oryx 37:480–483

McCulloch GP, Irvine K (2004) Breeding of Greater and Lesser Flamingo at Sua Pan, Botswana 1998–2001. Ostrich 2004:236–242

Mekonnen MM, Hoekstra AY, Becht R (2012) Mitigating the water footprint of export cut flowers from the lakeNaivasha basin, Kenya. Water Resour Manag 26:3725–3742

Melack JM (1979a) Photosynthesis and growth of *Spirulina platensis* (Cyanophyta) in an equatorial lake (Lake Simbi, Kenya). Limnol Oceanogr 24:753–760

Melack JM (1979b) Photosynthetic rates in four tropical fresh water. Freshw Biol 9:555–571

Melack JM (1981) Photosynthetic activity of phytoplankton in tropical African soda lakes. Hydrobiologia 81:71–85

Melack JM (1988) Primary producer dynamics associated with evaporative concentration in a shallow, equatorial soda lake (Lake Elmenteita, Kenya). Hydrobiologia 158:1–14

Melack JM, Kilham P (1974) Photosynthetic rates of phytoplankton in East African alkaline, saline lakes. Limnol Oceanogr 19:743–755

Metcalf JS, Morrison LF, Krienitz L, Ballot A, Krause E, Kotut K, Pütz S, Wiegand C, Pflugmacher S, Codd GA (2006) Analysis of cyanotoxins anatoxin-a and microcystins in lesser flamingo feathers. Toxicol Environ Chem 88:159–167

Metcalf JS, Banack SA, Kotut K, Krienitz L, Codd GA (2013) Amino acid neurotoxins in feathers of the lesser flamingo. Chemosphere 90:835–839

Micklin P (2007) The Aral Sea Desaster. Ann Rev Earth Planet Sci 35:47–72

Migiro D (2008) She's got the look. Drum 2008(64):12–15

Mishra A, Mukherjee A, Tripathi BD (2009) Seasonal and temporal variations in physico-chemical and bacteriological characteristics of River Ganga in Varanasi. Int J Environ Res 3:395–402

Misiko H (2010) A life from two hens to billionaire. Daily Nation, Nairobi, online, 12.10.2010. http://www.nation.co.ke/news/A-life-from-two-hens-to-billionaire/1056-1031512-4kn9h3z/index.html. Zugegriffen: 10. Okt. 2017

Mlingwa C, Baker N (2006) Lesser Flamingo *Phoenicopterus minor* counts in Tanzanian soda lakes: implications for conservation. In: Boere GC, Galbraith CA, Stroud DA (Hrsg) Waterbirds around the world. The Stationary Office, Edinburgh, UK, 230–233

Mohamed ZA (2008) Toxic cyanobacteria and cyanotoxins in public hot springs in Saudi Arabia. Toxicon 51:17–27

Moody JW, McGinty CM, Quinn JC (2014) Global evaluation of biofuel potential from microalgae. Proc Natl Acad Sci USA 111:8691–8696

Morrison EHJ, Harper DM (2009) Ecohydrological principles to underpin the restoration of *Cyperus papyrus* at Lake Naivasha, Kenya. Ecohydrol Hydrobiol 9:83–97

Mungoma S (1990) The alkaline, saline lakes of Uganda: a review. Hydrobiologia 205:75–80

Muturi GM, Mohren GMJ, Kimani JN (2010) Prediction of *Prosopis* species invasion in Kenya using geographical information system techniques. Afr J Ecol 48:628–636

Muturi GM, Machua JM, Mohren GMJ, Poorter L, Gicheru JM, Maina LW (2012) Genetic diversity of Kenyan *Prosopis* populations on random amplified polymorphic DNA markers. Afr J Biotechnol 11:15291–15302

Mwangi E, Swallow B (2008) *Prosopis juliflora* invasion and rural livelihoods in the Lake Baringo area of Kenya. Conserv Society 6:130–140

Mwangi M (1982) Nairobi, River Road. Unionsverlag, Zürich

Mwirichia R, Muigai AW, Tindall B, Boga HI, Stackebrandt E (2010) Isolation and characterization of bacteria from the haloalkaline Lake Elmenteita, Kenya. Extremophiles 14:339–348

Naumann JA (1795–1804) Naturgeschichte der Land- und Wasser-Vögel des nördlichen Deutschlands und der angrenzenden Länder. Eigenverlag, Köthen

Naumann JA (1818) Fallen und Fänge zum Vogelstellen. In: Baege L, Neumann J (Hrsg) nach dem Naumann'schen Originalmanuskript. Naumann-Museum, Köthen, 1989

Naumann JF (1820–1844, 1860) Johann Andreas Naumann's Naturgeschichte der Vögel Deutschlands, nach eigenen Erfahrungen entworfen. G Fleischer, Leipzig 1820–1844, 12 Bände, zuzüglich eines Ergänzungsbandes

Navrud S, Mungatana ED (1994) Environmental valuation in developing countries: the recreational value of wildlife viewing. Ecol Economics 11:135–151

Ndetei R, Muhandiki VS (2005) Mortalities of lesser flamingos in Kenyan Riftvalley saline lakes and the implications for sustainable management of the lakes. Lakes Reser Res Manag 10:51–58

Ndoo V (2013) Successful Flamingo breeding reported at LakeNatron! www.bridlife.org/africa/news/successful-flamingo-breeding-reported-lake-natron. Zugegriffen: 8. Okt. 2017

Ng'etich J, Gekara M (2010) He wakes up at 4 am daily to pray, and drives himself home. Daily Nation, Nairobi, online, 26.10.2010. http://www.nation.co.ke/lifestyle/dn2/957860-1040682-vsojqb/index.html. Zugegriffen: 10. Okt. 2017

Ngarachu C (2017) 50 Top birding sites in Kenya. Struik Nature, Cape Town

Njiru M, Waithaka E, Muchiri M, Van Knaap M, Cowx IG (2005) Exotic introductions to the fishery of Lake Victoria: what are the management options? Lakes Reser Res Manag 10:147–155

Nonga HE, Sandvik M, Miles O, Lie E, Mdegela RH, Mwamengele GL, Semuguruka WD, Skaare JU (2011) Possible involvement of microcystins in the unexplained mass mortalities of Lesser Flamingo (*Phoeniconaias minor* Geoffroy) at Lake Manyara in Tanzania. Hydrobiologia 678:167–178

Nyachiro DN, Ogarora BG, Kibet JK, Rono NK (2016) Characterization of cyanobacterial toxins in Lake Naivasha, Kenya Asian Res Chem 9:217–220

Nzioka P, Namunane B (2014) Political families own half of private wealth. Daily Nation, Nairobi. https://www.nation.co.ke/news/Kenyans-Wealth-Families-Politicians/1056-2215578-3bmv2mz/index.html. Zugegriffen: 15. Okt. 2017

Oaks JL, Gilbert M, Virani M, Watson RT, Meteyer CU, Rideout BA, Shivaprasda HL, Ahmed S, Chaudhry MJI, Arshad M, Mahmood S, Ali A, Khan AA (2004) Diclofenac residues as the cause of vulture population decline in Pakistan. Nature 427:630–633

Obiria M (2016) Educating local poeple crucial to conservation efforts, say experts. Daily Nation, Nairobi, online, 06.01.2016. http://www.nation.co.ke/lifestyle/dn2/Efforts-to-save-Mau-Forest-bearing-fruit/957860-3022714-garwu8z/index.html. Zugegriffen: 10. Okt. 2017

Odada EO, Olago DO, Bugenyi F, Karimumuryango J, West K, Ntiba M, Wandiga S, Aloo-Obudho P, Achola P (2003) Environmental assessment of the East African Riftvalley lakes. Aquat Sci 65:254–271

Oduor SO, Kotut K (2016) Soda Lakes of the East African Rift system: the past, the present and the future. In: Schagerl M (Hrsg) Soda Lakes of East Africa. Springer Nature, Berlin, 365–374

Oduor SO, Schagerl M (2007) Phytoplankton photosynthetic characteristics in three Kenyan Riftvalley saline-alkaline lakes. J Plankt Res 29:1041–1050

Ogato T, Kifle D (2014) Morphological variability of *Arthrospira* (*Spirulina*) *fusiformis* (Cyanophyta) in relation to environmental variables in the tropical soda lake Chitu, Ethiopia. Hydrobiologia 738:21–33

Ogutu JO, Kuloba B, Piepho H-P, Kanga E (2017) Wildlife population dynamics in human-dominated landscapes under community based conservation: the example of Nakuru Wildlife Conservancy, Kenya. PLoS ONE :1–30. https://doi.org/10.1371/journal.pone.0169730

Oimeke RP (2012) Charcoal production and commercialization in Kenya. Energy Regulatory Commission. Vortrag, PDF. Joint UN Habitat/IRENA workshop: renewables for growing cities in Africa: a roadmap from 2012 to 2050 Naples, 02.09.2012. http://irena.org/menu/index.aspx?mnu=Subcat&PriMenuID=30&CatID=79&SubcatID=210. Zugegriffen: 25. Sept. 2017

Okello W, Ostermaier V, Portmann C, Gademann K, Kurmayer R (2010) Spatial isolation favours divergence in microcystin net production by *Microcystis* in Ugandan freshwater lakes. Water Res 44:2803–2814

Okeyo V (2017) No Valentine's day rose from Karuturi flower farm, again. Daily Nation, Nairobi, online, 11.02.2017. Eigenverlag Kenya Wildlife Service. http://www.nation.co.ke/counties/nakuru/1183314-3809646-cyq57vz/index.html. Zugegriffen: 10. Okt. 2017

Olival KJ, Hayman DTS (2014) Filoviruses in bats: current knowledge and future directions. Viruses 2014:1759–1788

Onywere SM, Shisanya CA, Obando JA, Ndubi AO, Masiga D, Irura Z, Mariita N, Maragia HO (2013) Geospatial extend of 2011–2013 flooding from the Eastern African Riftvalley Lakes in Kenya and its implication on the ecosystems. In: Abstracts of the international workshop on the soda lakes of Kenya: their current conservation status and management. Naivasha, 04.–07.12.2013, S 16–17

O'Shea TJ, Cryan PM, Cunningham AA, Fooks AR, Hayman DTS, Luis AD, Peel AJ, Plowright RK, Wood JLN (2014) Bat flight and zoonotic viruses. Emerg Infect Dis 20:741–745

Ovid (Publius Ovidus Naso) (1971) Metamorphosen, übersetzt von Reinhard Suchier. Verlag Phillipp Reclam jun., Leipzig

Padisák J, Hajnal E, Krienitz L, Lakner J, Üveges V (2010) Rarity, ecological memory, rate of floral change in phytoplankton – and the mystery of the Red Cock. Hydrobiologia 653:45–64

Pandey J, Pandey U, Singh AV (2014) Impact of changing atmospheric deposition chemistry on carbon and nutrient loading of Ganga river: integrating land-atmospere-water components to uncover cross-domain carbon linkages. Biogeochemistry 119:179–198

Parasharya BM (2009) Nesting of flamingos in India, 2009. Flamingo, Bull IUCN-SSC Wetl Int 17:54–55

Parasharya BM, Rank DN, Harper DM, Crosa G, Zaccara S, Patel N, Joshi CG (2015) Long-distance dispersal capability of Lesser Flamingo *Phoeniconaias minor* between India and Africa: genetic inferences for future conservation plans. Ostrich 2015:1–9

Peduzzi P, Gruber M, Gruber M, Schagerl M (2014) The virus's tooth – cyanophages affect the flamingo population of an African soda lake in a bottom up cascade. ISME J 8:1346–1351

Piltz C, Paley M (2015) Auf Mikroben-Jagd mit „Dr. Shit". GEO 2(2015):25–41

Pistocchi R, Pezzolesi L, Guerrini F, Vanucci S, Dell'Aversano C, Fattoruso E (2011) A review on the effects of environmental conditions on growth and toxin production of *Ostreopsis ovata*. Toxicon 57:421–428

Podola B, Li T, Melkonian M (2017) Porous substrate bioreactors: a paradigm shift in microalgal biotechnology. Trends Biotechnol 35:121–132

Pomeroy D, Byaruhanga A, Wilson M (2003) Waterbirds of alkaline lakes in Western Uganda. J East Afr Nat Hist 92:63–79

Potter P (2005) Phoenix and fowl. Birds of a feather. Emerg Infect Dis 11:1810–1811

Prasad SN, Goyal SP, Roy PS, Singh S (1994) Changes in wild ass (*Equus hemionus khur*) habitat conditions in Little Rann of Kutch, Gujarat from a remote sensing perspective. Int J Remote Sens 15:3155–3164

Preston R (1994) Hot Zone: Tödliche Viren aus dem Regenwald – Ein Tatsachenthriller. Übersetzung Sebastian Vogel. Eichborn-Verlag, Frankfurt Main

Priyadarshini S, 2008. In the pink health. Nature India, 12.03.2008. https://www2.le.ac.uk/offices/press/pdf-files/In%20the%20pink%20of%20health%20_%20Nature%20India.pdf. Zugegriffen: 30. Okt. 2017

Raisig E (2015) Aufforstung in Kenia. Erfolge im Kampf gegen Waldzerstörung. 24.03.2015. http://www.deutschlandfunkkultur.de/aufforstung-in-kenia-erfolge-im-kampf-gegen-waldzerstoerung.979.de.html?dram:article_id=315116. Zugegriffen: 3. Okt. 2017

Rantala A, Fewer DP, Hisbergues M, Rouhianinen L, Vaitomaa J, Börner T, Sivonen K (2004) Phylogenetic evidence for early evolution of microcystin synthesis. Proc Natl Acad Sci USA 101:568–573

Rashid O (2013) Warrior for a river. The Hindu 16.03.2013

Renaut RW, Owen RB, Ego JK (2008) Recent changes in geyser activity at Loburu, Lake Bogoria, Kenya Rift valley. GOSA Transact 10:4–14

Renaut RW, Owen RB, Ego JK (2017) Geothermal activity and hydrothermal mineral deposits at southern Lake Bogoria, Kenya Rift valley: impact of lake level changes. J Afr Earth Sci 129:623–646

Richter D, Grün R, Joannes-Boyan R, Steele T, Amani F, Rué M, Fernandes P, Raynal J-P, Geraads D, Ben-Ncer A, Hublin -J-J, McPherron SP (2017) The age of the hominin fossils from Jebel Irhoud, Morocco, and the origins of the Middle Stone Age. Nature 546:293–296

Ridley MW, Moss BL, Percy LRC (1955) The food of flamingos in Kenya Colony. J East Afr Nat Hist Soc 22:147–158

Rindi F (2007) Diversity, distribution and ecology of green algae and cyanobacteria in urban habitats. In: Seckbach J (Hrsg) Algae and cyanobacteria in extreme environments. Springer Berlin, Heidelberg, S 619–638

Roach NT, Hatala KG, Ostrofsky KR, Villmoare B, Reevers JS, Du A, Braun DR, Harris JWK, Behrensmeyer AK, Richmond BG (2016) Pleistocene footprints show intensive use of lake margin habitats by *Homo erectus* groups. Sci Rep 6:26374. https://doi.org/10.1038/srep26374

Robbins MM, Gray M, Kagoda E, Robbins AM (2009) Population dynamics of the Bwindi mountain gorillas. Biol Conserv 142: 2886–2895

Rogers L (1926) The conditions influencing the incidence and spread of Cholera in India. Proc Roy Soc Med 19:59–93

Rowling JK (2007) Harry Potter und die Heiligtümer des Todes. Übersetzung Klaus Fritz. Carlsen Verlag GmbH, Hamburg

Ruppel A (2008) Der Pärchenegel *Schistosoma* und die Bilharziose. BiuZ 38:320–328

Saéz AM, Weiss S, Nowak K, Lapeyre V, Zimmermann F, Düx A, Kühl HS, Kaba M, Regnaut S, Merkel K, Sachse A, Thiesen U, Villányi L, Boesch C, Dabrowski PW, Radoni A, Nitsche A, Leendertz SAJ, Petterson S, Becker S, Krähling V, Couacy-Hymann E, Akoua-Koffi C, Weber W, Schaade L, Fahr J, Borchert M, Gogarten JF, Calvignac-Spencer S, Leendertz FH (2014) Investigating the zoonotic origin of the West African Ebola epidemic. EMBO Mol Med 7(17–23):e201404792

Sagan C (1977) Die Drachen von Eden. Droemer Knaur, München, Zürich

Schagerl M, Burian A, Gruber-Dorninger M, Oduor SO, Kaggwa MN (2015) Algal communities of Kenyan soda lakes with a special focus on *Arthrospira fusiformis*. Fottea 15:245–257

Schagerl M, Burian A (2016) The ecology of African soda lakes: driven by variable and extreme conditions. In: Schagerl M (Hrsg) Soda Lakes of East Africa. Springer Nature, Berlin, 295–320

Schagerl M, Renaut R (2016) Dipping into the soda lakes of East Africa. In: Schagerl M (Hrsg) Soda Lakes of East Africa. Springer Nature, Berlin, 3–24

Schindler DW (1987) Detecting ecosystem responses to anthropogenic stress. Can J Fish Aquat Sci 44 Suppl.(1):6–25

Schmidle W (1898) Die von Professor Dr. Volkens und Dr. Stuhlmann in Ost-Afrika gesammelten Desmidiaceen. Bot Jahrb Syst 26:1–59

Schmidle W (1902) VI. Das Chloro- und Cyanophyceenplankton des Nyassa und einiger anderer innerafrikanischer Seen. Bot Jahrb Syst 33:1–33

Schnorr S, Candel M, Rampelli S, Centanni M, Consolandi C, Basaglia G, Turroni S, Biagi E, Paeno C, Severgnini M, Fiori J, Gotti F, De Bellis G, Luiselli D, Brigidi P, Mabulla A, Marlowe F, Henry A, Crittenden AN (2014) Gut microbiome of Hadza hunter-gatherers. Natur Comm 5. https://doi.org/10.1038/ncomms4654

Schumacher Y (2001) Tiermythen und Fabeltiere. edition amalia, Bern

Scuti K, Moro I (2016) Detection of the new cosmopolitan genus *Thermoleptolyngbya* (Cyanobacteria, Leptolyngbyaceae) using the 16S gene and 16S–23S ITS region. Mol Phyl Evol 105:15–35

Seegers L, De Vos L, Okeyo DO (2003) Annotated checklist of the freshwater fishes of Kenya (excluding the lacustrine haplochromines from Lake Victoria). J East Afr Nat Hist 92:11–47

Seegers L, Tichy H (1999) The *Oreochromis alcalicus* flock (Teleostei: Cichlidae) from lakes Natron and Magadi, Tanzania and Kenya, with descriptions of two new species. Ichthyol Explor Freshw 10:97–146

Sekadende BC, Lyimo TJ, Kurmayer R (2005) Microcystin production by cyanobacteria in the Mwanza Gulf (Lake Victoria, Tanzania). Hydrobiologia 543:299–304

Semyalo R, Rohrlack T, Naggawa C, Nyakairu GW (2010) Microcystin concentration in Nile Tilapia (*Oreochromus niloticus*) caught from Murchinson Bay, Lake Victoria and Lake Mburo: Uganda. Hydrobiologia 638:235–244

Shiino W (1997) Death and rituals among the Luo in South Nyanza. Afr Stud Monogr 18:213–228

Simmons RE (1996) Population declines, viable breeding areas, and management options for flamingos in southern Africa. Conserv Biol 10:504–514

Simmons RE (2000) Declines and movements of Lesser Flamingos in Africa. In: Baldassarre GA, Arengo F, Bildtstein KL (Hrsg) Conservation biology of flamingos, Waterbirds 23, (Spec Publ 1):40–46

Simpson PD, Van Valkenburg SD (1978) The ultrastructure of *Mychonastes ruminatus* gen. et sp. nov., a new member of the Chlorophyceae isolated from brackish water. Brit Phycol J 13:117–130

Singh HS, Patel BH, Pravez R, Soni VC, Shah N, Tatu K, Patel D (1999) Ecological study of wild ass sanctuary. Little Rann of Kutch (A comprehensive study on biodiversity and management issues. Gujarat Ecological Education & Research (GEER) Foundation, Gandhinagar

Sjögren B (1974) Afrika neuentdeckt. Reiseberichte aus Ost- und Südafrika. VEB F.A. Brockhaus Verlag, Leipzig

Smart AC, Harper DM, Gouder De Beauregard A-C, Schmitz S, Coley S, Malaiss F (2002) Feeding of the exotic Louisiana red swamp crayfish, *Procambarus clarkia* (Crustacea, Decapoda), in an African tropical lake: Lake Naivasha, Kenya. Hydrobiologia 488:129–142

Srivastava P, Gajraj RS (1996) *Spirulina* biotechnology of Rajasthan-Jaipur. Recent Adv Biotechn 1996:47–56

Stave J, Oba G, Stenseth NC, Nordal I (2005) Environmental gradients in the Turkwel riverine forest, Kenya: hypotheses on dam-induced vegetative change. Forest Ecol Managem 212:184–198

Stave J, Oba G, Nordal I, Stenseth NC (2007) Traditional ecological knowledge of a riverine forest in Turkana, Kenya: implications for research and management. Biodiv Conserv 16:1471–1489

Stoof-Leichsenring KR, Junginger A, Olaka LA, Tiedemann R, Trauth MH (2011) Environmental variability in Lake Naivasha, Kenya, over the last two centuries. J Palaeol 45:353–367

Stoof-Leichsenring KR, Epp LS, Trauth MH, Tiedemann R (2012) Hidden diversity in diatoms of Kenyan Lake Naivasha: a genetic approach detects temporal variation. Mol Ecol 21:1918–1930

Straubinger-Gansberger N, Gruber M, Kaggwa MN, Lawton L, Oduor SO, Schagerl M (2014) Sudden flamingo deaths in Kenyan Riftvalley lakes. Wildlife Biol 20:185–189

Talling JF (1986) The seasonality of phytoplankton in African lakes. Hydrobiologia 138:139–160

Talling JF (1987) The phytoplankton of Lake Victoria (East Africa). Arch Hydrobiol Beih Ergebn Limnol 25:229–256

Tebbs EJ, Remedios JJ, Avery SD, Harper DM (2013a) Remote sensing the hydrological variability of Tanzania's Lake Natron, a vital Lesser Flamingo breeding site under threat. Ecohydrol Hydrobiol 13:148–158

Tebbs EJ, Remedios JJ, Harper DM (2013b) Remote sensing of chlorophyll-*a* as a measure of cyanobacterial biomass in Lake Bogoria, a hypertrophic, saline–alkaline, flamingo lake, using Landsat ETM+. Remote Sens Environ 135:92–106

Tebbs EJ, Remedios JJ, Avery ST, Rowland CS, Harper DM (2015) Regional assessment of lake ecological states using Landsat: a classification scheme for alkaline-saline flamingo lakes in the East African Riftvalley. Int J Appl Earth Obs Geoinform 40:100–108

Thomas M, Pal KK, Dey R, Saxena AK, Dave SR (2012) A novel lineage widely distributed in the hypersaline marshy environment of Little and Great Rann of Kutch in India. Curr Sci 103:1078–1083

Thomasson K (1955) A plankton sample from Lake Victoria. Svensk Bot Tidskr 49:259–274

Torres CR, Ogawa LM, Gillingham MAF, Ferrari B, Van Tuinen M (2014) A multi-locus inference of the evolutionary diversification of extant flamingos (Phoenicopteridae). BMC Evol Biol 14:36

Trauth MH, Maslin MA, Deino AI, Junginger A, Lesoloyia M, Odada EO, Olago DO, Olaka LA, Strecker MR, Tiedemann R (2010) Human evolution in a variable environment: the amplifier lakes of Eastern Africa. Qaternary Sci Rev 29:2981–2988

Tudorancea C, Taylor WD (Hrsg) (2002) Ethiopian Riftvalley Lakes. Backhuys Publ, Leiden

Tuite CH (1981) Standing crop densities and distribution of *Spirulina* and benthic diatoms in East African alkaline saline lakes. Freshw Biol 11:345–360

Tuite CH (2000) The distribution and density of Lesser Flamingos in East Africa in relation to food availability and productivity. Waterbirds (Spec Publ) 23:52–63

Tuno N, Githeko AK, Nakayama T, Minakawa N, Takagi M, Yan T (2006) The association between the phytoplankton, *Rhopasolen* species (Chlorophyta; Chlorophyceae), and *Anopheles gambiae* sensu lato (Diptera: Culicidae) larval abundance in western Kenya. Ecol Res 21:476–482

Turnbill PCB, Diekmann M, Kilian JW, Versfeld W, De Vos V, Arntzen L, Wolter K, Bartels P, Kotze A (2008) Naturally acquired antibodies to *Bacillus anthracis* protective antigen in vultures of southern Africa. Onderstepoort J Vet Res 75:95–102

Turner DP, Ritts WD, Cohen WB, Gower ST, Running SW, Zhao MS, Costa MH, Kirschbaum AA, Ham JM, Saleska SR, Ahl DE (2006) Evaluation of MODIS NPP and GPP products across multiple biomes. Remote Sens Environ 102:282–292

Turner WC, Imologhome P, Havarua Z, Kaaya GP, Mfune JKE, Mpofu IDT, Getz WM (2013) Soil ingestion, nutrition and the seasonality of anthrax in herbivores of Etosha National Park. Ecosphere 4:Article 13, 1–19

Ullmann J (2015) *Chlorulina spirelli*: Erstes Gigafood der Welt entwickelt. Blog „Die Welt der Algen", 01.04.2015. https://weltderalgen. wordpress.com. Zugegriffen: 3. Jan. 2018

Van den Broek R (1971). The myth of the Phoenix – According to classical and early christian traditions. Übersetzt von I. Seeger. E.J. Brill, Leiden. https://books.google.de/books/about/The_Myth_of_the_Phoenix.html?id=jwIVAAAAIAAJ&redir_esc=y. Zugegriffen: 14. Okt. 2017

Van der Post L (1955) Flamingo Feather. Zitiert nach der Ausgabe des Deutschen Buchklubs, Bochum 1959: Flamingofeder. (übersetzt von M. Landé)

Van der Post L (1961) The heart of the hunter. The Hogarth Press. Ltd., Richmond, London

Van Someren VGL (1922) Notes on the birds of East Africa. Novit Zool 29:1–246

Vareschi E (1978) The ecology of Lake Nakuru (Kenya) I. Abundance and feeding of the Lesser Flamingo. Oecologia 32:11–35

Vareschi E (1979) The ecology of Lake Nakuru (Kenya) II. Oecologia 37:321–335

Vareschi E (1982) The ecology of Lake Nakuru (Kenya) III. Abiotic factors and primary production. Oecologia 55:81–101

Vareschi E, Jacobs J (1984) The ecology of Lake Nakuru (Kenya) V. Production and consumption of consumer organisms. Oecologia 61:83–98

Vareschi E, Jacobs J (1985) The ecology of Lake Nakuru (Kenya) VI. Synopsis of production and energy flow. Oecologia 65:412–424

Vareschi E, Vareschi A (1984) The ecology of Lake Nakuru (Kenya) IV. Biomass and distribution of consumer organisms. Oecologia 61:70–82

Vedelt P, Cavanagh C, Petursson JG, Nakakaawa C, Moll R, Sjaastad E (2016) The political economy of conservation at Mount Elgon, Uganda: between local deprivation, regional sustainability and global public goods. Conserv Soc 14:183–194

Verschuren D, Johnson TC, Kling HJ, Edgington DN, Leavitt PR, Brown ET, Talbot MR, Hecky RE (2002) History and timing of human impact on Lake Victoria, East Africa. Proc R Soc Lond B 269:289–294

Vieira Vaz MGMV, Genuário DB, Andreote APD, Malone CFS, Sant'Anna CL, Barbiero L, Fiore MF (2015) *Pantanalinema* gen. nov. and *Alkalinema* gen. nov.: novel pseudoanabaenacean genera (Cyanobacteria) isolated from saline alkaline lakes. Int J Syst Evol Microbiol 65:298–308

Volkman JK, Brown MR, Dunstan GA, Jeffrey SW (1993) The biochemical composition of marine microalgae from the class Eustigmatophyceae. J Phycol 29:69–78

Voltaire (1768) Zitiert nach Voltaire 1964, übersetzt von I. Lehmann. Die Prinzessin von Babylon. Fischer Bücherei KG, Frankfurt a.M. und Hamburg

Wanjiru H, Omedo G (2014) How Kenya can transform the charcoal sector and create new opportunities for low-carbon rural development. Stockholm Environment Institute, Stockholm, S 6

Wearne K, Underhill LG (2005) Walvis Bay, Namibia: a key wetland for waders and other coastal birds in Southern Africa. Water Study Group Bull 107:24–30

Wegener AT (1982) Am Kreuzweg der Welten. Buchverlag der Morgen, Berlin

Wenzel W, Krienitz L, Baege L (1980) Über die Pflanzendarstellungen auf den Vogeltafeln von Johann Friedrich Naumanns Hauptwerk. Blätter aus dem Naumann-Museum Köthen 2: 1–9, 4 Tafeln.

Wermelskirchen A (2015) In Afrika wird es eng. FAZ, online, http://www.faz.net/aktuell/gesellschaft/rapides-bevoelkerungswachstum-in-afrika-wird-es-eng-13725733.html. Zugegriffen: 5. Okt. 2017

Wildeboer N (2013) Mystery bird deaths at N Cape dam. IOL News. https://www.iol.co.za/news/mystery-bird-deaths-at-n-cape-dam-1617091. Zugegriffen: 25. Sept. 2017

Williams AE, Duthie HC, Hecky RE (2005) Water hyacinth in Lake Victoria: why did it vanish so quickly and will it return? Aquatic Botany 81:300–314

Willock C (1974) Africas's Riftvalley. Time-Life Books B.V., Time Warner Inc., U.S.A

Wondie A, Mengistu S, Vijverberg J, Dejen E (2007) Seasonal variation in primary production of a large high altitude tropical lake (Lake Tana, Ethiopia): effects of nutrient availability and water transparency. Aquat Ecol 41:195–207

Woodworth BL, Farm BP, Mufungo C, Borner M, Ole Kuwai J (1997) A photographic census of flamingos in the Rift Valley lakes of Tanzania. Afr J Ecol 35:326–334

Worthington S, Worthington EB (1933) Inland waters of Africa. The result of two expeditions to the great lakes of Kenya and Uganda, with accounts of their biology, native tribes and development. MacMillan and Co., Ltd., London

Yin C, Daoust K, Yong A, Tebbs EJ, Harper DM (2017) Tackling community undernutrition at Lake Bogoria, Kenya: the potential of Spirulina (*Arthrospira fusiformis*) as a food supplement. Afr J Food Agric Nutr Dev 17:11603–11615

Yuan C, Liu J, Fan Y, Ren X, Hu G, Li F (2011) *Mychonastes afer* HSO-3-1 as a potential new source of biodiesel. Biotechnol Biofuels 4:47

Yusufza SI, Lende SR, Mahida PJ (2015) The Ginger Shrimp. *Metapenaeus kutchensis*, a promising species for shrimp aquaculture in coastal Gujarat State, India. Internat Aquafeed Nov./Dec. 2015:1-2

Zaccara S, Crosa G, Vanetti I, Binelli G, Childress B, McCulloch G, Harper DM (2011) Lesser Flamingo *Phoeniconaias minor* as a nomadic species in African shallow alkaline lakes and pans: genetic structure and future perspectives. Ostrich 82:95–100

Zhan G, Cowled C, Shi Z, Huang Z, Bishop-Lilly KA, Fang X, Wynne JW, Xiong Z, Baker ML, Zhao W, Tachedjian M, Zhu Y, Zhou P, Jiang X, Ng J, Yang L, Wu L, Xiao J, Feng Y, Chen Y, Sun X, Zhang Y, Marsh GA, Crameri G, Broder CC, Frey KG, Wang LF, Wang J (2013) Comparative analysis of bat genomes provides insight into the evolution of flight and immunity. Science 339:456–460

Zhou P, Tachedjian M, Wynne JW, Boyd V, Cui J, Smith I, Cowled C, Ng JHJ, Mok L, Michalski WP, Mendenhall IH, Tachedjian G, Wang L-F, Baker ML (2016) Contraction of the type I IFN locus and unusual constitutive expression of IFN-α in bats. Proc Nat Acad Sci 113:2696–2701

Ziegler S, Brenner R (1998) Ecosystem metabolism in a subtropical, seagrass-dominated lagoon. Mar Ecol Prog Ser 173:1–12

Zimmermann D, Anderson MD, Lane E, Van Wilpe E, Carulei O, Douglas AL, Williamson AL, Kotze A (2011) Avian poxvirus epizootic in a breeding population of Lesser Flamingos (*Phoenicopterus minor*) at Kamfers Dam, Kimberley. South Africa J Wildlife Dis 47:989–993

Zwieten P, Kolding J, Plank MJ, Hecky RE, Bridgeman TB, MacIntyre S, Seehausen O, Silsbe GM (2015) The Nile perch invasion in Lake Victoria: cause or consequence of the haplochromine decline? Can J Fish Aquat Sci 73:622–643

Vogel-Mycobacteriose, 15
Vogel-Pocken, 188
Vogel-Tuberkulose, 15
Vulkan, 8, 118, 148

W
Waldfläche, 108
Wasserfloh, 19, 76
Wasserhyazinthe, 83, 135, 140
Wasserqualität, 85, 208
Water User's Associations, 113
WCK (Wildlife Club of Kenya), 74, 77
Weihrauch, 35, 37
Weißer Elefant, 128
Wels, 137
Wertschöpfung, 131
Wiedergeburt, 37, 42–43
Wildebeest Kuil, 189
Wilderer, 199
Wildesel, 196
WUA (Water User's Association), 113
Würgfeige, 205

Y
Yellow Bar, 99
Yin und Yang, 42

Z
Zellteilung, 19
Zenaida, 51
Zersetzung, 19
Zooplankton, 13, 19
Zuckerrohr, 126
Zukunftstechnologie, 171
Zunge, 11, 49

Springer Spektrum
springer-spektrum.de

Topfit für das Biologiestudium

Joachim W. Kadereit
Christian Körner
Benedikt Kost
Uwe Sonnewald
LEHRBUCH
Strasburger
Lehrbuch
der Pflanzen-
wissenschaften
37. Auflage
Springer Spektrum

Jeremy M. Berg
John L. Tymoczko
Lubert Stryer
LEHRBUCH
Stryer
Biochemie
7. Auflage
Springer Spektrum

Lorenz Adlung
Christian Hopp
Alexandra Köthe
Niko Schnellbächer
Oskar Staufer
Tutorium
Mathe
für Biologen
Von Studenten für Studenten
Springer Spektrum

D. Sadava   D. M. Hillis   H. C. Heller   M. R. Berenbaum
Purves
Biologie
Herausgegeben von Jürgen Markl
9. Auflage

Erstklassige Lehrbücher unter springer-spektrum.de